心理学考研一本通

——变态、咨询、人格、管理篇

陈 泉 许 念 主编

中国石化出版社

内 容 提 要

《心理学考研一本通——变态、咨询、人格、管理篇》是针对心理学考研中的四个重要学科进行编写，分别是变态心理学、心理咨询、人格心理学和管理心理学。本书以考点和考法为线索进行梳理：从历年真题中总结出考点，并将考点归类；又从考点中总结出各种考法，让考生彻底了解这个考点的各种出题思路，同时通过详尽的解析及答题过程掌握对应的解题方法，最后再通过真题练习，达到学练结合，帮助考生彻底掌握这四个学科。另外，对管理的知识点分类进行二次加工，归纳成四个主要板块，力求知识点清晰明了，减少考生在看书时的混乱感受。

本书主要适用于心理学考研人群。

图书在版编目（CIP）数据

心理学考研一本通．变态、咨询、人格、管理篇 / 陈泉，许念主编．—北京：中国石化出版社，2021.9

ISBN 978-7-5114-6424-8

Ⅰ．①心… Ⅱ．①陈…②许 Ⅲ．①心理学 - 研究生 - 入学考试 - 自学参考资料 Ⅳ．① B84

中国版本图书馆 CIP 数据核字（2021）第 174769 号

中国石化出版社出版发行

地址：北京市东城区安定门外大街 58 号

邮编：100011　电话：（010）57512500

发行部电话：（010）57512575

http://www.sinopec-press.com

E-mail:press@sinopec.com

北京科信印刷有限公司印刷

全国各地新华书店经销

*

889 × 1194 毫米 16 开本 20 印张 875 千字

2022 年 1 月第 1 版　2022 年 1 月第 1 次印刷

定价：68.00 元

本书编委会

主　编　陈　泉　许　念

编　委　郑　杨（武汉体育学院）

前言

应用心理是心理学的专硕方向，近几年，随着国家政策对于专硕方向的支持，越来越多的院校开设应用心理硕士方向，招生人数也日趋增多，应用心理成为考研最热门的报考专业之一。应用心理旨在培养心理学的应用和实践人才，因此在考核中更加注重对于学科的应用能力，变态心理学、心理咨询与治疗和人格心理学、管理心理学作为心理学当中特色的应用学科，是大多数院校在考研初试中会选择作为必考的科目。

在很多影视作品的渲染下，越来越多的年轻人开始将“抑郁症”和“强迫症”作为自己的口头禅。这固然体现出人们对于心理异常的重视，但另一方面大多数人对其的理解都仅流于表面，甚至还会有一些误解。在生活中，人们经常脱口而出：你是不是“神经病”？那个人简直就是个“疯子”。我们又如何界定“神经病”和“疯子”跟正常人的区别？这都是变态心理学探讨的问题。如果某个人患有抑郁症，那抑郁症有什么表现？我们又应该如何进行治疗？所谓的心理咨询是不是就跟好闺蜜聊天一样？这些问题都是心理咨询与治疗要回答的问题。我们每个人都是独一无二的个体，曹操的老奸巨猾，林黛玉的多愁善感，每个与众不同的个体，构成了这个丰富有趣的世界。或许你也曾好奇，为什么每个人都如此不同？又是什么因素塑造了今天的你？这些问题都是人格心理学探讨的内容。在一个企业里面，管理者如何更好地调动员工的积极性，发挥员工的价值？这些疑惑管理心理学会一一给你揭晓。学习变态心理学、心理咨询与治疗和人格心理学以及管理心理学，不仅能够让我们更好地了解自己，了解身边的人，也能更好地了解这个世界，更好地发挥人的潜能。因此无论是应对考试还是在日常生活，我们都十分有必要对这四个科目进行深入的学习。

在考研当中，这四个科目考查形式灵活，比如变态心理学通过案例诊断不同心理障碍，心理咨询与治疗需要针对性地选择不同流派的治疗方法，人格心理学涉及大量的人格理论，管理心理学涵盖各种管理理论。如何在短时间内吃透这些科目的知识点，无论对于本专业还是跨专业的同学，都是一道难关。

本书立足于解决考生在心理学考研中关于变态等实用性科目理解的难度问题，作为一本对知识点精确讲解、对考点精准把握、对考法深刻剖析的教材，它不仅可作为心理学考研的教辅书，也可作为广大心理学爱好者真正了解心理学以及学好心理学的参考书。

本书包含变态心理学、心理咨询与治疗和人格心理学以及管理心理学四个科目的内容，每个章节按照三部分的内容进行编排，第一部分是“考研基础必备”，让学生掌握扎实的理论基础，在短时间内吃透核心考点；第二部分是“考研考法突破”，让考生清楚该知识点会以何种形式进行考查，同时配以各个学校考研真题进行举例，让考生掌握解题思路和答题技巧；第三部分是“考研考法实战”，通过配备对应考点的习题，强化考生应试技能，迅速提高考试分数。

本书在编写的过程中，广泛吸收了广大考生、学员与同仁的意见，得到了许多学校的研究生的帮助，包括武汉体育学院的郑杨以及很多为我们提供了各大院校真题的研究生，在此一并感谢。由于时间和精力的原因，本书第一次出版，难免有不足之处，还希望读者理解并批评指正，在未来的时间，优加考研依然秉承为考生负责的态度，出版更加优秀的教辅书，助力更多考生成功考入自己理想的院校。

陈　泉

目录

变态心理学

第一章 变态心理学概述……002

第一节 变态心理学研究内容及相关概念……002

第二节 变态心理学研究方法……005

第二章 异常行为的理论模型和治疗……007

第一节 生物医学模型……007

第二节 心理动力学模型……008

第三节 认知行为模型……009

第四节 人本主义模型……011

第五节 来自亚洲的模型……011

第三章 临床心理评估与分类诊断……013

第一节 临床心理评估……013

第二节 心理障碍的分类与诊断……014

第四章 精神分裂症……016

第一节 概述……016

第二节 精神分裂症的临床症状和诊断……017

第三节 精神分裂症类型……019

第四节 病因……020

第五章 心境障碍与自杀……022

第一节 概述……022

第二节 心境障碍的分类、临床表现及诊断……023

第三节 心境障碍的病因……025

第四节 心境障碍的治疗……026

第五节 自杀……027

第六章 焦虑障碍……030

第一节 概述……030

第二节 恐怖症……031

第三节 焦虑症……036

目录

第四节 强迫症 040
第五节 应激相关障碍 042

第七章 躯体形式障碍与分离性障碍 048

第一节 概述 048
第二节 躯体形式障碍 048
第三节 分离性障碍 051

第八章 进食障碍 053

第一节 概述 053
第二节 临床表现 054
第三节 病因 055

第九章 物质滥用及依赖 058

第一节 概述及诊断标准 058
第二节 酒精滥用与依赖 059

第十章 心身疾病 061

第一节 概述 061
第二节 应激与应激的生理机制 061
第三节 影响心身疾病的因素 063
第四节 心身障碍的干预 064

第十一章 人格障碍 065

第一节 概述 065
第二节 人格障碍的类型 066

第十二章 儿童心理障碍 073

第一节 精神发育迟滞 073
第二节 孤独症 073
第三节 多动症 076

心理咨询与治疗

第一章 概述 080

第一节 心理咨询与心理治疗的含义及特征 080
第二节 心理咨询与心理治疗的类别和原则 083
第三节 心理咨询与心理治疗的发展历史 086
第四节 心理咨询师的专业成长与伦理规范 088

第二章 治疗关系的建立 092

第一节 治疗关系的含义和特征 092
第二节 治疗关系的影响因素 094

第三章 会谈 097

第一节 会谈的技巧 097

第四章　心理治疗的目标与阶段……100
第一节　心理治疗的目标……100
第二节　治疗的几个不同阶段……101
第五章　心理治疗中的阻力与问题……104
第一节　阻抗简述……104
第六章　心理分析的理论与方法……107
第一节　心理分析的理论……107
第二节　心理分析的治疗……109
第七章　行为治疗的理论与技术……111
第一节　行为主义的基本理论……111
第二节　行为治疗中的常用技术……112
第八章　以人为中心的治疗理论及过程……115
第一节　以人为中心的有关理论……115
第二节　以人为中心的治疗过程与方法……116
第九章　合理情绪治疗的理论与方法……119
第一节　合理情绪治疗的理论与方法……119
第二节　合理情绪治疗的基本步骤及技术方法……120
第十章　森田疗法的理论与方法……123
第一节　森田疗法的理论与原则……123
第十一章　心理咨询与心理治疗的发展趋向及方法的选择和思考……125
第一节　心理咨询与心理治疗的发展趋势……125

人格心理学

第一章　人格心理学导论……128
第一节　人格的界定……128
第二节　人格成因……130
第三节　人格心理学方法……132
第二章　经典精神分析学派……135
第一节　弗洛伊德的经典精神分析理论……135
第二节　荣格的分析心理学理论……141
第三节　阿德勒的个体心理学理论……144
第三章　新精神分析学派……147
第一节　霍妮的人格理论……147
第二节　弗洛姆的人格理论……148
第四章　行为主义学派……150
第一节　多拉德和米勒的人格理论……150

第五章 人本主义学派 …… 153
第一节 马斯洛的人格理论 …… 153
第二节 罗杰斯的人格理论 …… 156
第三节 罗洛·梅的人格理论 …… 159
第六章 人格特质理论 …… 161
第一节 奥尔波特的特质理论 …… 161
第二节 卡特尔的特质因素论 …… 164
第三节 艾森克及生物学理论 …… 166
第四节 五因素模型 …… 168
第七章 认知学派 …… 172
第一节 凯利的个人建构理论 …… 172
第二节 社会认知理论 …… 173

管理心理学

第一章 管理心理学概论 …… 178
第一节 绪论 …… 178
第二节 管理心理学的历史 …… 179
第二章 管理哲学 …… 182
第一节 传统管理学理论 …… 182
第二节 人性假设理论 …… 183
第三章 激励行为与管理 …… 191
第一节 激励概述 …… 191
第二节 内容型激励理论 …… 192
第三节 行为改造型激励理论 …… 196
第四节 过程型激励理论 …… 197
第四章 领导理论 …… 203
第一节 领导心理概述 …… 203
第二节 领导特质理论 …… 205
第三节 领导行为与风格理论 …… 207
第四节 领导权变理论 …… 211
第五节 领导理论研究新进展 …… 215
第五章 组织心理与管理 …… 218
第一节 组织概述 …… 218
第二节 组织结构与组织设计 …… 219
第三节 组织变革与发展 …… 221
第四节 组织文化与组织冲突 …… 223
第五节 组织承诺 …… 226

变态心理学

变态心理学是心理学本科生的必修课程之一，变态心理学的内容涉及对该领域中各种心理障碍临床特征的描述，不同理论模型对各种异常心理现象成因的分析，以及如何进行有效的治疗和干预等内容。

变态心理学的主要参考书有：钱铭怡版《变态心理学》、王建平版《变态心理学》和王玲版《变态心理学》。这三本参考书介绍的主体内容是一致的，但是所参考的体系不一样。钱铭怡版的《变态心理学》主要是以 DSM-IV 的诊断标准为参考，王建平版以 DSM-5 的诊断标准为参考，王玲版以 CCMD-3 的诊断标准为参考。本书主要以钱铭怡版为主要参考，补充其他版本的重点内容。

学习变态心理学，切勿对号入座。很多同学在学习变态心理学当中的各种心理障碍的时候，感觉自己有同样的各种症状，于是会以为自己是不是患了某种心理障碍。我们在对某种障碍进行诊断的时候，临床表现是一个方面，还需要看他症状持续的时间，也就是病程，并且需要看患者的社会功能损害程度，综合这三个方面来进行诊断，因此大家在看书过程中，切记不要对号入座，影响自己的学习效率。

学习变态心理学，要注意与普通心理学结合。变态心理学中很多概念初次看起来可能会有些生硬和难理解，大家需要结合普心来学习，普通心理学介绍的是什么是知觉、什么是思维。而变态心理学是从异常的角度来解释，也就是说当我们的知觉出现问题的时候，就会有幻觉了，当我们的思维出现问题的时候，就有思维迟缓或者思维奔逸了，所以大家从这个角度去理解这些概念就很好懂。

学习变态心理学，要善于总结规律，给自己的记忆减负。变态心理学当中每种心理障碍的定义都是根据 DSM-4 的诊断体系来介绍的、我们可以发现每种心理障碍的定义都是“一组以……为特征的心理障碍”，这就是这种心理障碍的主要特征，例如，“焦虑障碍是”一组以情感或心境改变为主要特征的精神障碍”。那么掌握了这个规律，我们就可以给自己记忆减负了。

学习变态心理学，要注意融会贯通。对于各种心理障碍的原因都是从生理原因和心理原因来介绍的。而生理原因不外乎神经解剖、神经递质和遗传这三个方面，心理原因就是各个不同流派对于异常心理的原因解释。对于各种心理障碍的治疗都是从药物治疗和心理治疗来进行，而心理治疗也是根据不同流派的治疗方法来介绍的。因此，对于各种心理障碍的原因和治疗，一定要结合第二章不同理论模型对于异常原因的解释和治疗的观点来进行学习。

第一章 变态心理学概述

心理世界如此复杂，我们很难清楚的区分什么是常态，什么是变态。尽管如此，我们仍然能够通过一些方法，发现变态心理的一些特征。本章首先介绍了变态心理学涉及的相关概念，然后介绍了变态心理学的评价标准，接着介绍了变态心理学的发展历史以及研究方法。本章内容在考试当中，可以以多种形式进行考查，在学习本章时，要能够区分变态心理学涉及的一些相关概念，比如心理障碍和精神障碍的区别。同时，要理解并掌握心理正常与异常的区分原则和标准。

第一节 变态心理学研究内容及相关概念

研究真题，明确考况

考试要求	自主命题	
	考题	考查点
变态心理学研究内容	江西师范大学，2015	单选：变态心理学研究的侧重点
心理异常概念	华东师范大学，2013；江西师范大学，2015	单选：心理异常的概念
正常与异常区别	东北师范大学，2011；西北师范大学，2013，2015	简答：正常心理与异常心理的标准化区分方法

考点 1 变态心理学及其研究任务

考研基础必备

变态心理学（Abnormal psychology），又称异常心理学，是心理学的一个分支学科，是研究异常心理现象的发生、发展和变化的原因及规律的学科。它是将心理科学运用于心理障碍，包括对其产生的原因及如何进行治疗进行研究的一个心理学的分支学科。与变态心理学相似的概念还有心理病理学，它往往更偏重于对异常心理现象的原因和机制的探讨。

工作重点：

（1）描述现象：描述异常表现与正常现象的区别、病程及预后。或；

（2）发现原因：考查生物、心理、社会方面的影响因素等；

（3）治疗：探讨对心理障碍进行干预的不同理论观点，治疗方法及疗效等。

考研考法突破

考法 1 考查变态心理学的研究重点

本考点旨在考查变态心理学与其他相近学科的区别和联系，常以选择题形式出现，考生要理解变态心理学研究的侧重点。

例 1：（江西师范大学，2015）变态心理学研究的侧重点是心理异常的（ ）。

A. 性质　　B. 发现　　C. 诊断　　D. 干预

【解析】变态心理学的重点是研究异常心理的分类和性质，诊断和干预是精神病学的主要任务。

参考答案：A

考点 2 心理异常的理解及区分标准

考研基础必备

1. 心理异常的含义

心理异常是指人的心理状态发生了病理性变化，行为表现明显与众不同，能力明显受损，需要心理治疗。关于心理正常与心理异常的划分内容，可见表 1–1。

表 1–1 心理正常与异常的划分内容

心理正常	心理健康	—
	心理不健康	一般心理问题 严重心理问题 神经症性心理问题（可疑神经症）
心理异常	神经症（焦虑障碍）	包括恐怖症、强迫症、创伤后应激障碍、躯体形式障碍等
	精神障碍	人格障碍、心境障碍、精神分裂症等

2. 心理异常的实质

心理异常是在大脑生理生化功能障碍和人与客观现实关系失调的基础上产生的对客观现实的歪曲的反映。对心理异常的看法经历了一个漫长的发展历程，即使到了现代，不同的理论流派对此也有不同的看法。例如，行为主义理论偏重外在行为而不去关心内部的心理状态，而精神分析理论中则主要以无意识中的冲突来解释心理异常。

有关心理异常的实质，应从如下两个方面去理解：首先，心理是人脑的机能，异常的心理活动可能是大脑机能障碍的表现。这种障碍可有物质基础，如脑器质性障碍、癫痫等。近年来的研究也发现，病人的侧脑室有明显的扩张。其次，心理是人脑对客观现实的反映，异常的心理可能是人脑对客观现实歪曲的反映。所有症状都来源于客观现实，取材于现实生活。例如，在青少年的妄想内容中，主要是孙悟空、外星人等，而老年人的妄想内容则较易与年轻时的经历有关。

3. 区分心理的正常与异常的原则

1）主观世界与客观世界同一性原则

心理是客观现实的反映，任何正常的心理活动或行为，必须就形式和内容上与客观环境保持一致。

2）心理活动的内在协调性原则

心理活动分为认知、情绪情感、意志行为部分，各种心理过程之间有协调一致的关系。比如遇到一件令人愉快的事，产生愉快的情绪，手舞足蹈，这是正常的精神与行为。反之，一边用低沉的语调，向别人述说令人愉快的事，则可以说他的心理过程失去了协调一致性，为异常状态。

3）人格的相对稳定性原则

人格一旦形成，便有相对的稳定性；人格特征也有倾向性和独特性。在没有明显外部原因的情况下，一个人的个性相对稳定性出现问题，可能他的心理活动出现了异常。

4. 心理异常的评价标准

1）以社会文化、社会常模及社会适应的情况进行判别

文化相对论的观点认为，对人的心理或行为的异常与否，不存在普适性的标准或规则，行为的正常与否与社会的常模有关，人在特定的文化、社会环境中生活，其行为必然受到文化背景和社会环境的影响。

2）界定心理异常的标准化区分方法

①以个体的经验为标准：涉及出现问题的人自己的主观感觉不良和研究者对异常现象的主观判断。

②社会常模和社会适应标准：一个社会中大多数人遵循的一般行为规范及道德标准。

③病因与症状存在与否的标准：医学模式常用的标准，主要根据致病因素和症状的存在与否进行判断。

④统计学标准：正常人的心理特征的人数分配多为常态分布，位居中间部分的大多数人为正常，居两端者为异常，即以个体的心理特征是否偏离平均值为依据。心理测验即可测查出个体的心理特征。

3）各种不同的判别标准

目前专业人员使用的是对心理障碍的医学诊断分类描述体系，在中国有《中国精神障碍分类与诊断标准：CCMD-3》，在美国有《精神障碍诊断和统计手册：DSM-5》，世界卫生组织则有《国际疾病及相关问题的统计分类标准》（新版已到ICD-11，在我国暂未改用），这些诊断分类系统为明确对异常心理现象如何分类及诊断提供了良好的依据。

考研考法突破

考法 1　考查对心理异常的理解

此考法可以以多种形式来进行考查，考生需要理解心理异常的内涵。

例 2：（江西师范大学，2012）单选：下列不属于心理异常的是（　　）。

A. 妄想　　B. 人际关系不好

C. 智商在 70 以下　　D. 性变态

【解析】妄想是精神分裂症的典型症状，属于心理异常。智商在 70 以下符合心理异常的统计学标准，性变态符合心理异常的古怪行为的判断标准。“人际关系不好”的程度没有达到异常标准。

参考答案：B

例 3：（湖南师范大学，2014）简答：如何理解心理异常？

【解析】本题需要从心理异常的实质来解答。

参考答案：心理异常是在大脑生理生化功能障碍和人与客观现实关系失调的基础上产生的对客观现实的歪曲的反映。对心理异常的看法经历了一个漫长的发展历程，即使到了现代，不同的理论流派对此也有不同的看法。例如，行为主义理论偏重外在行为而不去关心内部的心理状态，而精神分析理论中则主要以无意识中的冲突来解释心理异常。

有关心理异常的实质，应从如下两个方面去理解：首先，心理是人脑的机能，异常的心理活动可能是大脑机能障碍的表现。这种障碍可有物质基础，如脑器质性障碍、癫痫等。近年来的研究也发现，病人的侧脑室有明显的扩张。其次，心理是人脑对客观现实的反映，异常的心理可能是人脑对客观现实歪曲的反映。所有症状都来源于客观现实，取材于现实生活。例如，在青少年的妄想内容中，主要是孙悟空、外星人等，而老年人的妄想内容则较易与年轻时的经历有关。

根据异常心理的判别标准，个体会依据相关的社会文化对人的要求来衡量他人的行为，因此心理异常可能是偏离了某种文化背景和社会环境的要求。正常人的心理特征的人数分配多为常态分布，异常心理也有可能是偏离了统计学的标准。异常心理会表现出有威胁的行为或者古怪或无效的行为，比如幻觉、错觉、无原因的暴力、强迫行为等。异常心理会引起个人主观的不适。

考法 2　考查心理正常与异常的标准

此考法既可以以选择题考查考生对于区分三原则的理解，也可以直接以简答题考查三原则的内容，因此考生需要全面掌握。

例 4：（江西师范大学，2012）单选：精神活动内在协调一致的含义是（　　）。

A. 各种心理过程之间协调一致

B. 主观反映与客观世界相一致

C. 在不同条件下精神面貌一致

D. 人格的结构和特点相一致

【解析】精神活动内在协调一致是指各种心理过程之间的协调一致。

参考答案：A

例 5：（天津师范大学 /2018, 东北师范大学 /2017）简答：判定心理正常与异常的常见标准有哪些？

【解析】本题回答出正常与异常的标准即可。

参考答案：张伯源、陈仲庚提出下列判断标准：

①以个体的经验为标准：涉及出现问题的人自己的主观感觉不良和研究者对异常现象的主观判断。

②社会常模和社会适应标准：一个社会中大多数人遵循的一般行为规范及道德标准。

③病因与症状存在与否的标准：医学模式常用的标准，主要根据致病因素和症状的存在与否进行判断。

④统计学标准：正常人的心理特征的人数分配多为常态分布，位居中间部分的大多数人为正常，居两端者为异常，即以个体的心理特征是否偏离平均值为依据。心理测

验即可测查出个体的心理特征。

考研考法实战 答案见 D1 页

1. 单选：对人的正常心理与异常心理进行区分时，下列表达中符合医学标准的含义的是（　　）。

A. 将心理障碍当作躯体疾病一样看待
B. 将心理问题与统计学标准联系起来
C. 将症状当作内省经验标准
D. 将人的行为与社会行为常模相比较

2.（江西师范大学，2013）单选：对于心理异常的诊断标准，以下哪种不是常用的标准（　　）。

A. 权威观点的标准　　B. 个人经验标准
C. 社会文化标准　　D. 症状检查标准

3.（中山大学，2017）单选：心理健康工作者往往从以下（　　）方面，来判断是否行为错乱。

A. 攻击的、固执的、故意的
B. 自私的、习惯的、可避免的
C. 异常的、痛苦的、功能失调的
D. 生物影响的，无意识驱动的，不能改变的

4.（东北师范大学，2011/ 西北师范大学，2013）简答题：简述判别心理异常的四个指标。

5.（西北师范大学，2012）论述题：为什么不应轻易给患者贴上“精神病人”的标签？

考点 3　心理异常的相关概念

考研基础必备

1. 神经病

神经病属于临床医学中神经病学研究的范畴。当个体的神经系统出现障碍时，个体表现为神经系统的不同的疾病。

2. 精神障碍

精神障碍有时也译心理障碍，与精神疾病的含义大致相同，属于临床医学中精神病学的研究范畴。精神疾病内容包括了精神障碍的所有内容，例如精神分裂症、心境障碍、神经症或焦虑障碍、人格障碍等。

3. 精神病

精神病属于临床医学中精神病学的研究范畴。此概念分广义和狭义的用法，广义的精神病概念类似于精神疾病的概念；但人们提及此词汇时更多的是应用其狭义的概念，即指精神障碍中患者的心理功能严重受损，自知力缺失，不能应付日常生活要求并保持与现实接触的一组情况。精神病有三个特点：

①现实检验能力严重受损；②社会功能严重受损；③缺乏症状自知力。

4. 变态心理

变态心理，是指心理活动处于非正常状态，泛指低于心理健康水平的各种心理和行为表现，包括各种程度的心理失调和异常。

5. 心理障碍

心理障碍是一种不为某种特定文化所期待或非典型的行为反应，常常表现为内部的心理功能紊乱，并伴随着痛苦或功能性损伤而出现。

6. 心理障碍的基本元素

为了区分心理正常与心理障碍，有专家提出心理障碍包括 7 个基本元素，包含的元素越多越倾向于被判定为心理障碍。

（1）痛苦：患有心理障碍的人通常是痛苦的。但并非所有的心理障碍都是令人痛苦的，也并非所有的痛苦都能构成心理障碍的条件。所以尽管痛苦在判定心理障碍中是重要的，但它既不是充分条件，也不是必要条件。

（2）适应不良：几乎所有的心理障碍都会导致适应方面的问题。适应不良的严重程度是必须考虑的，这种适应不良只有当严重影响到正常生活和工作时才被认为是心理障碍。

（3）不合理：人们习惯于给行为一个合理的解释，当一个人的行为怪异到无法理解时，我们倾向于认为它是变态的。但行为是具有文化特异性的，在一种文化下合理的行为，在另一种文化下可能是不合理的。

（4）不可预知性和失去控制感：一个边缘型人格障碍患者会表现出极不稳定的行为，昨天还表示要好好活着，今天却可能要割腕自杀。这种情绪和行为的迅速变换令人难以捉摸和预测，给人一种失控感。

（5）少见和非传统性：有心理障碍的人表现出来的行为方式经常是少见的和非传统的。但如果把少见和非传统性作为界定变态的标准就会带来很多问题。

（6）旁观者不适：心理障碍患者的行为方式可能使旁观者不舒服。有些性格上的特点，如邋遢也会使旁人不舒服，但这不能作为心理障碍的标准。

（7）违背标准：任何社会都有一套规范，人们习惯于把符合规范的行为看成是正常的，把违背规范的行为看成是异常的。但社会规范也是相对而言的，在一个极其强调爱和忠诚的社会里，会把过分的仇恨和背叛看成不正常的行为，但在另一个社会里，情况可能完全不同。

考研考法突破

考法 1　考查相关概念的含义

此考法常见于名词解释及简答题中，考生需要将这些相近的概念进行区分，并把握住他们的本质特征。

例 6：（天津师范大学，2019）名词解释：变态心理

【解析】本题考查变态心理的含义。

参考答案：变态心理，是指心理活动处于非正常状态，泛指低于心理健康水平的各种心理和行为表现，包括各种程度的心理失调和异常。

例 7：（天津师范大学，2013）简答：精神病的主要特点有哪些？

【解析】此题要理解精神病属于重度的心理异常，掌握重度心理异常的特点即可。

参考答案：

精神病属于重度的心理异常，包括精神分裂症、躁狂抑郁症、反应性精神病等。其主要特点为：①具有重精神病症状，包括错觉、幻觉、思维破裂、妄想、情绪情感的极端不稳定等。②社会适应能力丧失，从专门的工作、技能到一般的人际交往和饮食起居都受到严重的影响。③明显的人格改变，即心理异常者与他们以往的人格特点有着

明显的不同：原来热情、善良的人可能变得冷漠、孤独等。④没有自知力。这是重症精神病患者的显著特点，也是区别于其他心理异常的重要特点。严重心理异常的人对自己的情况没有批判力，认为自己不存在任何障碍，因此不会主动求医。

考法 2　考查相关概念的对比

此考法常见于选择或简答题中，考生需要理解心理障碍与其他概念的异同。尤其是心理障碍与精神障碍、神经症和精神病这两对概念。

例 8：（郑州大学，2020）简答：心理障碍的概念与精神障碍的异同。

【解析】心理障碍和精神障碍的一个重要区别在于二者关注重点的差异，本题从含义和差异的角度去解答即可。

参考答案：

心理障碍：是许多不同种类的心理、情绪、行为失常的统称，属于心理学的研究范畴。

心理障碍广义的概念与精神病学中的精神障碍所涉及的内容是相似的。当采用心理障碍一词时，更偏重其狭义的概念，即更偏重于说明重性精神病、器质性精神障碍以外的那些更多地由心理原因所致的障碍，例如神经症或焦虑障碍。心理障碍更多地从心理学角度对异常现象的研究与理解，并采用心理治疗的理论观点和技术方法进行干预。

精神障碍有时也译为心理障碍，属于临床医学中精神病学的研究范畴。精神障碍包括精神分裂症、心境障碍、神经症、人格障碍等。精神障碍更偏重医学或精神病学的视角。精神病学从医学的角度研究各种障碍的发生、发展的原因及规律，并采用以医学手段为主的治疗理论观点和技术方法进行治疗。

例 9：（辽宁师范大学，2013）神经症和精神病的区别有哪些？

【解析】本题考查的是神经症和精神病的区分。

参考答案：神经症指由心理社会因素引起的一组表现为焦虑、抑郁、恐惧、强迫、疑病症状或神经衰弱症状的精神障碍。神经症的患者能够意识到自己的痛苦，并有强烈的就医愿望，它属于轻性的精神疾病。而精神病通常没有明显的发病诱因，被认为主要是由生物学因素引起的。精神病患者不能意识到自己有病，对自己的精神疾病没有认识和判断能力，他们去医院就诊经常是由于家属的要求或强迫，而不是自愿的，它属于重性的精神疾病。

考研考法实战 答案见 D1 页

1.（江西师范大学，2016）单选：相对于“轻性精神病”，“重性精神病”具备的特征有（　　）。

A.“重性”症状　　B. 社会适应能力丧失

C. 明显人格改变　　D. 自知力缺失

2.（华东师范大学，2017）论述题：目前得到最广泛认可的评定心理障碍的标准是什么？为什么有关“心理正常”和“异常”的界限在学术界的争论持续存在？

3.（江西师范大学，2013）简答题：严重心理障碍的评定标准。

第二节　变态心理学研究方法

研究考题，明确考况

考试要求	自主命题	
	考题	考查点
研究方法	华中师范大学，2011	个案法
变态心理学的研究方法	郑州大学，2020	研究方法的类型

考点 1　研究方法

考研基础必备

1. 实验法

实验法是在良好控制的条件下进行的研究。研究包括实验组、对照组，并通过控制其他无关变量，使得自变量的变化可以引起因变量的改变。

2. 单被试实验设计

在变态心理学领域，有某种特殊障碍或症状者很少，无法进行组间实验研究。此时单被试实验设计则可达到既有实验设计的严谨性，又不受人数的影响，把临床治疗与测评结合起来进行研究的目的。但所得到的结果往往不能重复，无法推广。

3. 流行病学方法

该法主要在于了解在不同人群中各种心理障碍发生的概率。其中一种方法是调查法，通常采用会谈或问卷方式进行调查。调查会注重某一人群中各种障碍发生的总的比例，以及在不同社会群体中的比例，例如民族、性别、社会阶层等。各种不同的统计内容涉及发病率、患病率。

4. 案例研究

案例研究曾经是变态心理学发展中影响最大的研究方法。著名精神病学家克雷丕林就曾以科学的方法研究个案。案例研究即是对个体进行的深入细致的研究，其中最重要的信息来自个人的报告。

考研考法突破

考法 1　考查变态心理学的研究方法

此考法常见于选择、简答或论述，考生只需要记住各种研究方法的内容即可正确作答。

例 1：（华中师范大学，2011）单选题：弗洛伊德提出精神分析理论使用了何种研究方法（　　）。

A. 神经生理研究法　　B. 实验法
C. 个案研究法　　D. 问卷法

【解析】弗洛伊德的理论来源于临床个案的研究，主要采用的是个案研究法。

参考答案：C

例 2：（郑州大学，2020）论述题：变态心理学研究方法有哪些？

【解析】本题考查变态心理学的研究方法。

参考答案：

（1）实验法：良好控制的条件下进行的研究。研究包括实验组、对照组，并通过控制其他无关变量，使得自变量的变化可以引起因变量的改变。

（2）单被试实验设计：在变态心理学领域，有某种特殊障碍或症状者很少或者无法进行组间实验研究。此时单被试实验设计则可达到既有实验设计的严谨性，又不受人数的影响，把临床治疗与测评结合起来进行研究的目的。但所得到的结果往往不能重复，无法推广。

（3）流行病学方法：主要在于了解在不同人群中各种心理障碍发生的概率。其中一种方法是调查法，通常采用会谈或问卷方式进行调查。调查会注重某一人群中各种障碍发生的总的比例，以及在不同社会群体中的比例，例如民族、性别、社会阶层等。各种不同的统计内容涉及发病率、患病率。

（4）案例研究：案例研究曾经是变态心理学发展中影响最大的研究方法。著名精神病学家克雷丕林就曾以科学的方法研究个案。案例研究即是对个体进行的深入细致的研究，其中最重要的信息来自个人的报告。

章节考点　综合训练

答案见 D1 页

一、单项选择题

1. 关于一般心理问题的特点，错误的说法是（　　）。
A. 内容泛化　B. 近期发生　C. 反应不强　D. 原因明确

2. 许又新教授提出的心理健康三标准，包括体验标准、发展标准和（　　）。
A. 医学标准　B. 统计标准　C. 操作标准　D. 实践标准

3. 在对人的正常心理与异常心理进行区分时，统计学标准的局限是（　　）。
A. 远离平均数的两端被视为异常
B. 多以心理测验法为工具，获得确定正常与异常的界限
C. 有些心理特征和行为不一定成常态分布
D. 位于平均值的大多数人属于心理正常范围

4. 在常识性区分法中，区分正常心理与异常心理的关键不包括（　　）。
A. 有无离奇怪异的言谈，思想和行为
B. 有无过度的情绪体验和表现
C. 有无个体自身社会功能不完整
D. 有无明显躯体反应

5. 将心理异常理解为对社会准则的破坏，这是（　　）的观点。
A. 认知心理学　B. 社会学　C. 文化人类学　D. 统计学

6. 在郭念锋评估心理健康水平的十个标准中，将个体对于精神刺激的抵抗能力定义为（　　）。
A. 情绪易感性　　B. 心理活动耐受力
C. 情绪的阈限　　D. 心理活动的强度

7. 促进心理健康的基本原则中不包括（　　）。
A. 遗传因素、教育因素与认知因素并重的原则
B. 以“自我”为中心，努力实现自我的原则
C. 身心统一的原则
D. 个体和群体相结合的原则

8.（江西师范大学，2013）以下不属于重性精神病的是（　　）。
A. 精神分裂症　　B. 躁狂抑郁症
C. 强迫症　　D. 躯体疾病引起的精神障碍

9.（江西师范大学，2014）单选：日常生活中，用悲伤的语调述说令人愉快的事情，表明（　　）。
A. 主观世界与客观世界不统一
B. 人格相对稳定性受到了破坏
C. 心理活动失去了协调一致性
D. 社会适应功能受到严重损害

10.（华东师范大学，2011）判断某行为是否异常，以该行为的发作频率作为依据，是基于（　　）。
A. 社会文化标准　　B. 理想模式标准
C. 统计学标准　　D. 功能标准

11.（南京师范大学，2014）从发展的角度看，心理健康是一种（　　）。
A. 健康常模　　B. 心理状态
C. 心理相对平衡的状态　　D. 内心无任何矛盾

二、名词解释

1.（湖南师范大学，2016）名词解释：心理障碍

三、简答题

1.（北京大学，2019）简述用来标识“变态”的标准有哪些？

2.（东北师范大学，2013）论述：试述正常心理与心理异常的常识性区分方法及心理学的区分原则。

3.（复旦大学，2017）健康日益成为当代人关注的方面，从心理学的角度，结合现代医学的标准，如何定义健康？试从该定义出发，阐述心理学在现代健康的研究，知识传播和产业建构等领域的可为之处。

第二章 异常行为的理论模型和治疗

面对同一现象，总有不同的研究者尝试着从不同的角度去寻找原因，并根据找到的原因设计出不同的治疗方案。本章介绍当代临床心理学家是如何解释异常行为的，以及对异常行为的不同解释是如何影响了对异常行为的治疗的。本章主要介绍七种异常行为的解释模型，即生物医学模型、心理动力学模型、行为主义模型、认知模型、人本主义模型以及来自亚洲的森田治疗理论和认识领悟治疗理论。

本章的理论内容在其他各科目均有重复出现，在此就不一一赘述，在变态心理学当中考查的也较少，考生重点理解这些理论模型是如何来解释异常行为的产生。

第一节 生物医学模型

研究真题，明确考况

考试要求	自主命题	
	考题	考查点
生物化学	华中师范大学，2014	选择题

考点 1 生物医学模型

考研基础必备

1. 生物学模型对于异常行为原因的解释

遗传基因和神经科学是生物学模型解释心理障碍的两个角度。

随着行为遗传学的出现和发展，人们越来越有理由相信，除了身体特征可以通过基因遗传，人的个性特征以及行为方式也受到遗传基因的影响。实验数据显示，遗传因素在情感障碍、精神分裂症等心理障碍起着重要作用。大量的家系调查、双生子以及寄养子的研究均已证实精神分裂症属多基因遗传疾病，遗传度高达 80%。

研究发现，一些心理障碍的发生与特定脑部的病变有关，比如亨廷顿氏病就是典型的脑部退化的疾病。

心理病理学家对神经递质的研究让人们相信，心理障碍的异常表现与神经元之间传递信息的化学递质有关。例如抑郁症的 5- 羟色胺假说是抑郁症发生机理中比较公认的假说。精神分裂症也有谷氨酸缺陷假说和多巴胺假说。这两个假说都认为是神经递质的异常导致了精神分裂症的种种症状表现。

2. 几种重要的神经递质：

现在已知的对心理病理过程起着重要作用的神经递质有以下几种：

（1）乙酰胆碱：它是最早发现的神经递质，参与将神经冲动传到周身的肌肉，在中枢神经系统，它与睡眠和阿尔采默氏病有关。

（2）多巴胺：这种物质参与运动行为和与奖赏有关的活动的调控。某些被滥用的药物，如兴奋剂，即作用于多巴胺系统。过度的 DA 活动被认为与精神分裂症有关。

（3）内啡肽：这类物质可能作用于脑内的阿片受体，可以受到阿片或相关药物的影响，如海洛因，内啡肽是体内的自然药物。

（4）γ－氨基丁酸：这种神经递质几乎只在大脑内起作用，阻止神经元激活。镇静剂就是通过增加 GABA 的活动来抑制焦虑的。

（5）去甲肾上腺素：在植物性神经系统中参与产生“战斗或逃跑”的反应，如心律加快和血压增高；在中枢神经系统，该激素激活对危险的警觉。

（6）五羟色胺（5–HT）：这种神经递质有重要的抑制作用。5–HT 与去甲肾上腺素（NE）的不平衡可能与严重的抑郁有关。

在治疗由于神经递质失衡引起的疾病时，医生采用药物，以作用于不同阶段的神经递质来纠正这种失衡。

3. 生物学模型的治疗方法

（1）药物治疗：通过化学药物影响神经递质的释放达到控制症状的目的。目前使用较多的药物有四种：抗焦虑药、抗抑郁药、抗双相障碍药和抗精神病药。

（2）电休克治疗：常用于治疗抑郁症，约有 60% 的抑郁症患者的情绪能得到改善。

（3）精神外科手术：主要通过对患者进行脑部切除手术达到治疗疾病的目的，但这种手术的后果是不可逆的，一般万不得已不会考虑。

考研考法突破

考法 1 考查神经递质对心理活动的影响

这种考法常见于选择题或简答题当中，考生需要掌握几种重要的神经递质对心理活动的影响。

例 1：（华中师范大学，2017）简答：谈谈神经递质的作用及其与变态行为的关系。

参考答案：

脑神经化学物质对维持人们正常精神活动起着重要作

用。脑神经化学物质功能变化，会导致相应的神经功能异常。现在已知的对心理病理过程起着重要作用的神经递质有以下几种：

（1）乙酰胆碱：它是最早发现的神经递质，参与将神经冲动传到周身的肌肉，在中枢神经系统，它与睡眠和阿尔采默氏病有关。

（2）多巴胺：这种物质参与运动行为和与奖赏有关的活动的调控。某些被滥用的药物，如兴奋剂，即作用于多巴胺系统。过度的 DA 活动被认为与精神分裂症有关。

（3）内啡肽：这类物质可能作用于脑内的阿片受体，可以受到阿片或相关药物的影响，如海洛因，内啡肽是体内的自然药物。

（4）γ-氨基丁酸：这种神经递质几乎只在大脑内起作用，阻止神经元激活。镇静剂就是通过增加 GABA 的活动来抑制焦虑的。

（5）去甲肾上腺素：在植物性神经系统中参与产生“战斗或逃跑”的反应，如心律加快和血压增高；在中枢神经系统，该激素激活对危险的警觉。

（6）五羟色胺：这种神经递质有重要的抑制作用。5-HT 与 NE 的不平衡可能与严重的抑郁有关。

考法 2 考查生物医学模型

考查完整的生物医学模型，要从特征、原因和治疗方法三个方面切入。不过考查生物医学模型的院校较少，考生可按照目标院校的历年真题考查情况对此考法进行取舍。

例 2：（华中师范大学，2018）简答：简述异常心理机制的生物学模式。

【解析】本题考查的是生物医学模型的内容。

参考答案：

（1）理论出发点 生物学模式对待心理疾病的探索遵从医学对待躯体疾病的模式。生物学模式主要从以下几个角度来解释异常的心理机制：

①脑结构完整受损：现代科学证明，人类所有的精神活动均由大脑调控，如果脑结构受到破坏，势必影响正常的心理功能。

②脑神经化学物质失衡：脑神经化学物质对维持人们正常精神活动起着重要作用。脑神经化学物质功能异常的变化，会导致相应的神经功能异常。

③遗传基因：生物的一切特性都是遗传与环境相互作用的产物。其中遗传起主导作用。遗传基因不仅决定人身体的性状，而且对人的行为也有影响。当然遗传只是带来了“易感性”，而不是疾病本身。

（2）治疗方式 生物学模式采用的治疗方法包括：

①电休克治疗：将电流通过大脑使病人暂时休克，这种治疗通常能使患者的技能迅速恢复正常。

②化学药物治疗：精神类化学药物能有效帮助减轻症状。

③外科手术：人工发热等疗法，对康复过程有很大帮助。

（3）对生物学模式的评价：

①神经科学家在了解生理系统与心理障碍之间关系方面取得巨大进展，研制出许多有效的药物，一些诊断工具为脑与心理障碍进一步的发现提供了有效的研究手段。

②心理障碍与生化异常有关，不能因此假设这些异常是心理障碍的原因，不能从有效治疗某障碍的方式上推断心理障碍的原因，而且并不是所有生物学治疗都是成功的，同时生物学研究也会引出伦理学问题。

第二节 心理动力学模型

研究真题，明确考况

考试要求	自主命题	
	考题	考查点
心理动力学	沈阳师范大学，2013	人格结构与心理健康的关系

考点 1 经典精神分析

考研基础必备

1. 精神分析理论关于心理异常的观点

无意识理论是心理动力学理论的基石。弗洛伊德把人的心理活动分为意识、前意识和潜意识，认为无法觉察到的无意识才是一切行为活动的动力来源。在无意识理论的基础上，弗洛伊德提出人格结构理论，人格包括三种主要的力量：本我、自我和超我。这三者各司其职，却又相互作用。在一个健康的人格中，这三个部分保持平衡，但是，由于他们的起源和行动原则各不相同，因此冲突不可避免，当三个部分的平衡关系遭到破坏，个体就会产生焦虑，为了缓解这种焦虑，个体发展出自我防御机制来保护自我免受这种压力，但是自我防御机制被过度使用或者防御不当，会导致歪曲现实或者导致个人挫败的行为。个体把大量的精神能量用于防御焦虑和冲突，以至于所剩的能力，无法提供个体一个有效率和满意的生活，个体就会表现出精神病和人格障碍。

从古典精神分析发展到当今的客体关系理论，也非常重视个体成长早期的创伤经验以及由此引起的内在冲突。

2. 治疗技术

它包括自由联想、梦的解析、阻抗的处理、移情技术。

考研考法突破

考法 1 考查人格结构与心理健康的关系

这种考法常见于简答或论述，考生要理解如何用弗洛伊德的人格结构理论解释心理问题的出现。

例1：（沈阳师范大学，2013）论述：试述弗洛伊德人格结构及其与心理健康的关系。

【解析】本题需要考生结合弗洛伊德的人格结构来分析心理异常产生的原因。

参考答案：

（1）人格结构中的“本我、自我、超我”三个层次相互交织，形成一个有机的整体。三个层次各行其责，分别代表人格的某一方面。本我反映人的生物本能，按快乐原则行事，是“原始的人”。自我寻求在环境条件允许的条件下让本能冲动能够得到满足，是人格的执行者，按现实原则行事，是“现实的人”。超我追求完美，代表人的社会性，是“道德的人”。当本我、自我、超我三者在人格结构中处于协调状态时人格表现一种健康的状况。当本我自我超我三者在人格结构中出现不协调的状态时，就会导致心理的疾病，并且会因而出现违反道德和法律的不良行为。

（2）根据精神分析理论，人在早期的经历可能留存在潜意识里，并且对人格产生好或坏的影响，同时表现出不同的心理疾病表现。通过精神分析可以挖掘出早年的潜意识里的印迹，消除不良影响，协调人格并改善人格，达到心与身以及个体与社会的和谐。

考法2　考查精神分析理论的观点和治疗方法

这种考法常见于简答或案例分析中，考生需要理解掌握心理动力学对于心理异常产生的原因以及治疗的观点。

例2：（浙江师范大学，2018）小红因为小时候成绩好，长大了成绩不好，被爸爸天天提醒学习问题，被妈妈天天埋怨学习退步，被父母拿来向哥哥比较，最好的朋友学习好，想向其倾诉也没办法，还喜欢同班一个男生但表白无果，有割腕经历。

问题：用精神分析理论分析其形成障碍或精神问题的原因，并根据你的理论说出你的辅导方法。

【解析】本题需要考生结合精神分析的理论观点来分析心理异常产生的原因和治疗方法。

参考答案：（1）精神分析理论对于心理障碍的看法。

弗洛伊德认为人格结构包括本我、自我和超我，本我遵循快乐原则，自我遵循现实原则，超我遵循道德原则，人格的这三种成分构成动态的平衡，如果这三种力量不能保持动态平衡，则会导致心理异常的产生。

小红成绩不好，本我遵循快乐原则，希望享受乐趣，而她的自我遵循现实原则，希望面对现实，她的超我遵循道德原则，希望能成为父母眼中的好孩子，当三种结构的冲突没有得到很好的处理，就会产生焦虑。为了缓解这种焦虑，就会产生自我防御机制，比如把本我的欲望压抑到潜意识当中，这些被压抑的情感体验、本能欲望与冲动会迫切的向上冲，力求在意识的行为中得到表现，又会引起个体的焦虑、羞耻感和罪恶反省，因而加以抵抗，给予相反的力量，这种病态的压抑则会导致心理疾病。

小红向喜欢的男生表白失败，这种受挫事件，导致她的本能欲望没有得到满足，而由于道德的要求，她不能对喜欢的男生做出任何举措，因此只能把自己的情感压抑到潜意识中，由于潜意识的冲突一直存在，没有得到解决，因此用割腕这样的形式，以此缓解自己的焦虑。

（2）治疗的方法：精神分析理论中常用的方法有自由联想、释梦、阻抗的处理和移情的分析，针对小红的个人情况，可以采用以下治疗方法。

①可以采用自由联想的方法。

让小红很舒适地躺着或坐好，把自己想到的一切都讲出来，不论多么微不足道都要如实报告。通过自由联想，帮助小红鉴别与解析潜意识中被压抑的事件与当事人症状有关联的资料。

②可以采用解释的治疗方法。

让小红正视他所回避的或尚未意识到的东西，使无意识之中的内容意识化，解释症状背后的无意识动机。

第三节　认知行为模型

研究真题，明确考况

考试要求	自主命题	
	考题	考查点
行为主义的观点	南京师范大学，2013 郑州大学，2020	选择题：行为主义对于心理紊乱的看法 名词解释：认知行为治疗

考点1　行为主义模型

考研基础必备

1. 行为主义对于心理异常的原因解释

行为主义认为，所有的行为，无论是人类的行为还是动物的行为，也无论是正常的行为还是异常的行为，都是从过去的经验中习得的。心理障碍的症状出现是因为个体学会了自我挫败或无效的行为方式。

（1）经典条件反射

当一个原本中性的刺激多次与一个引发强烈情绪反应的无条件刺激配对出现之后，中性刺激就可以引发强烈情绪反应。经典条件反射可以用来解释恐怖症的产生。

（2）操作性条件反射

经典条件反射中，人们习得的是特定刺激和反应之间的联系；操作条件反射中，人们学习得是一种对反应结果的预期。随着经验的增长，操作性学习变成了重要的机制，以区分什么行为会获得奖赏以及什么行为不会获得奖赏，人们用这种从学习中获得的行为应对外部世界的不同刺激。

我们有时候学习到一些应付方式，比如无助、或不负责任的行为，短期看来是应对生活的策略，长期来看这些是消极的、不适应的行为。

（3）回避学习

人体由于条件性地预期可怕的事件会发生（经典条件反射），并产生操作性反应以避免可怕的事件。许多类型的异常行为都与条件性回避反应有关。

2. 行为主义治疗

利用学习的基本原理，增加适应的行为，减少不适应的行为。依据经典条件反射和操作条件反射的原理，行为主义提出了多种治疗方法。冲击或暴露疗法就是建立在经典条件反射理论上的一种行为疗法，通常应用于恐怖症等焦虑障碍的治疗之中。在暴露疗法中，病人在不论是真实的还是假想的恐惧情境中持续待很长时间。

3. 对行为主义的评价

（1）行为主义的这些基础工作成为攻击当时占有统治地位的心理动力学派教条的有力武器。

（2）行为主义试图解释几乎所有类型的行为的获得、修正和消除等。

（3）对于行为主义者，治疗的着眼点在于改变特定的行为和情感反应——消除不受欢迎的反应，习得被期许的行为。

（4）行为学派以其精确、客观和丰富的研究，以及其在改变某些特定行为方面的有目共睹的有效性，奠定了该学派在心理治疗中的重要地位。

考研考法突破

考法 1　行为主义概况

此考法常见于简答或案例分析中，考生要掌握行为主义对于异常行为产生的原因解释。

例 1：（南京师范大学，2013）单选：行为主义理论认为，心理紊乱的症状是（　　）。

A. 神经症冲突的结果

B. 后天习得的不良行为模式

C. 不良认知或认知歪曲的结果

D. 人性内部结构的失衡

【解析】本题考查行为主义理论的含义。行为主义认为，无论是正常还是异常的行为都是通过习得的，因此心理紊乱的症状也是后天习得的错误的行为模式。

参考答案：B

考点 2　认知模型

考研基础必备

认知观点认为，心理障碍的起源关键是看，人们如何感知或思考他们自己以及他们与别人和周围环境之间的关系。认知观点认为心理问题是对现实情境的歪曲感知、错误推理以及不良的认知方式所引起的。认知过程中有几个比较重要的概念：

1. 期望

班杜拉强调期望对行为的影响。期望是一种认知，是关于未来会发生什么的预期。如果个体学到的是一种对行为所带来的结果的期望，班杜拉称之为结果期望。班杜拉认为，还有一种与结果预期不同的预期，叫作效能期望，指个体对于自己完成某行为的可能性的预期。

2. 归因

归因是指对已发生的事件进行解释的过程，归因存在不同的维度，常见的有内部 - 外部归因，稳定 - 不稳定归因。归因风格是指个体倾向于对好的事件或坏的事件做出特定的归因。归因是个体看待世界的重要部分，可以对人们的心理健康产生重要的影响。在认知治疗中，改变认知很重要的一个方面是让来访者看到对同一事件不同解释的可能性。

3. 认知评估

人们总是在评估发生的事情和自己的行为。对认知治疗师来说，个体所做的评估有些是有意识的，有些是自动的、无意识的。这种自动的和无意识的认知评估就叫做自动思维。Beck 将思维过程中常见的认知歪曲进行了归纳，主要的几种认知歪曲类型如下：

（1）武断的推论：指在缺乏证据或者证据不够客观的情况下，仅凭自己的主观感觉就草率得到结论。

（2）过度概括化：即指根据个别事件，不考虑其他情况，就对自己或者别人做出关于能力、智力和价值等整体素质的普遍性结论。

（3）选择性概括：指仅仅根据个别细节，忽略其他信息，就对整个事件做出结论。这是一种以偏概全的认知方式。

（4）“全或无”的思维方式：以绝对化的思考方式对事物做出判断或评价，要么全对，要么全错。以这种方式思维的人往往把生活看做非黑即白，认为不可能存在着中间状态。

（5）夸大或缩小：对客观事物做出歪曲的评价，或过分夸大自己的失误、缺陷，或过分贬抑自己的成绩、优点。

（6）个人化：将外界不幸的原因归咎于自己，即使在没有明确证据的基础上也是如此。

4. 图式

图式是包含个体最基本信念和假设的认知结构，发展于早期的个人经验之中，影响着其他的信念、价值观和态度，并且影响当前信息加工过程，例如自动思维。图式有适应性的也有非适应性的。不同类型的心理问题具有不同的失调的图式。例如，抑郁症病人的基本信念是对自己、对他人和未来的消极认知。在临床状态中，这种消极的图式被激活，使得病人在解释、预期和回忆经验时表现出系统的消极偏差。

5. 对认知模型的评价

（1）认知模型对异常行为的解释关注思维，包括期望、归因、记忆、信念等等是怎样被扭曲的，从而导致异常的情感和行为。

（2）相应的在治疗过程中，认知治疗因为认为思维是导致异常行为的原因，异常行为是内部心理过程的体现，因此治疗异常行为首先要明确内部心理过程中的问题并对其进行矫正。

（3）认知治疗将行为治疗过分强调外部行为的倾向引导向人的内部心理过程。

考研考法突破

考法 1　考查认知行为治疗的含义

本考法常见于名词解释题，考生要能够理解认知行为治疗是行为主义模型和认知模型的结合。

例 2：（郑州大学，2020）名解：认知行为治疗

【解析】本题考查认知行为疗法的含义。

参考答案：行为主义模型认为，人们的行为，无论是适应行为还是异常行为都是从过去经验中习得的，行为主义的治疗都是应用学习理论增加适应行为、减少异常行为，这个过程是一个重新学习的过程。认知模型认为，人们表现出来的异常行为和情绪是由扭曲的认知过程决定的。要改变异常行为和情绪，必须找到扭曲的认知过程，并且对其进行纠正。临床心理学家在理论上和治疗中结合了认知和行为的因素，这种结合行为和认知的治疗理论和实践，被统称为认知行为治疗。认知行为治疗最典型的方法就是合理情绪治疗。

第四节　人本主义模型

研究真题，明确考况

考试要求	自主命题	
	考题	考查点
人本主义模型	华东师范大学，2013	选择题：人本主义认为情感障碍的原因

考点 1　人本主义模型基本观点

考研基础必备

人本学派针对的是正常人，它强调成长和自我实现，而不是治愈疾病或缓解障碍，其从业者不是以治疗患有严重的精神障碍的患者为主。人本主义的观点认为，人性基本上是善良的，强调目前的意识过程，较少关注无意识过程和过去的经历，它将重点放在人们具有的自我指导的固有的能力上。

1. 自我是一个统一的主体

人本主义学派的著名心理学家罗杰斯进行了最为系统的描述，现将其一系列观点归纳如下：

（1）每一个体都存在于以个体为中心的经验世界，其中包括有 I、me 或 myself；

（2）个体最基本的奋斗目标是指向自我维持、自我提高和自我实现；

（3）个体根据他对环境的感知做出反应，与他的自我概念和看待世界的方式一致；

（4）自我对于可感知的危险会随后伴有防御——包括提高警觉、准备行动、启动自我防御机制；

（5）个体有指向健康或整体性的内在倾向；

（6）在正常情况下，一个人的行为方式是合理的和具有建设性的，选择走向个人成长和自我实现的道路。

2. 对自我价值和个人成长的关注

强调自我价值以及人们选择指导自身的行为来达成有意义的、完满的生活的过程。人本主义观点认为，关键是每个人根据自己的经验和评估发展自己的价值观，而不是盲目地接受其他人的价值观，否则，人们就会否认自己的经验，失去与自己感受的联系。

罗杰斯发展出以来访者为中心的治疗方法。

考研考法突破

考法 1　人本主义观点

此考法可以以多种形式进行考查，考生要理解人本主义对于异常心理现象产生的原因分析。

例 1：（华东师范大学，2013）人本主义理论认为，造成情感障碍的原因是（　　）。

A. 不健康的关系模式　　B. 不合理信念

C. 自我实现　　D. 社会和文化差异

【解析】人本主义认为任何人在正常情况下都有着积极的、奋发向上的、自我肯定的无限的成长潜力。如果人的自身体验受到闭塞，或者自身体验的一致性丧失、被压抑、发生冲突，使人的成长潜力受到削弱或阻碍，就会表现为心理病态和适应困难。如果创造一个良好的环境使他能够和别人正常交往、沟通，便可以发挥他的潜力，改变其适应不良行为。所以当心理健康遭到破坏即是个体的潜能发展受到阻碍的表现。

参考答案：C

第五节　来自亚洲的模型

研究真题，明确考况

考试要求	自主命题	
	考题	考查点
森田疗法	江西师范大学，2016	选择题：森条疗法的治疗原则

考点 1 森田疗法

考研基础必备

森田正马在日本创立森田疗法，森田疗法及其理论并不是针对所有的心理障碍，它主要解释了所谓“神经质症”的产生和发展，并且提出了针对“神经质症”的治疗方案。

1. 概念

神经质症主要表现为患者具有某种并非器质性原因造成的症状，而这种症状对其正常的生活、工作或学习造成障碍。森田正马将神经质症划分为普通神经质、强迫观念症和发作性神经质三种类型。

2. 病因理论

森田疗法认为神经质症的形成，是因为本来存在着的疑病素质，在偶然事件的诱因之下，通过精神交互作用而形成神经质症状。造成神经质症状的根本原因在于想以主观愿望控制客观现实，从而引起精神拮抗作用加强所导致的。

1）疑病素质

疑病素质是一种精神上的倾向性。精神上的倾向性有内向和外向之分：外向型精神活动的目标经常受外界对象的支配，追逐现实；而内向型精神活动的目标则常常指向自身，对于自己身体方面或者精神方面的状况非常关注和敏感。

2）精神交互作用

因某种感觉，偶尔引起对它的注意集中和指向，那么，这种感觉就会变得敏锐起来，这一敏锐的感觉反过来吸引更多的注意，这样一来，感觉与注意彼此促进，交互作用，致使该感觉越发强大起来。这种精神活动过程就是精神交互作用的过程。精神交互作用解释了神经质症状发展的过程。

3）精神拮抗与思想矛盾

神经症患者的根源在于精神拮抗作用和思想矛盾。森田疗法认为，人的精神活动有一种对应和调节的现象，这种现象类似于人体中作用相反、彼此制约、相互调节的拮抗肌的作用，因此被称为精神拮抗作用。

3. 森田疗法的治疗原则

1）顺其自然

注意不要以自己的主观想法去套客观事物，认清任何客观事物都有其自身的活动规律，包括每个人的感觉、情感、精神活动以及神经质症状的形成与改变都有一定之规，这是不以人的主观意志去转移的。

2）为所当为

它是对顺其自然的补充，认为一方面要对症状采取顺应自然的态度，另一方面要随着本来有的欲望去做应该做的事情。

考研考法突破

考法 1 考查森田疗法的治疗原则

此考法常见于选择题，考生了解森田疗法对于神经症的原因分析及治疗原则即可。

例 1：（江西师范大学，2016）治疗要点可概括为“顺应自然”和“为所当为”的治疗方法是（　　）。

A. 森田疗法　　B. 心理分析理论

C. 行为疗法　　D. 合理情绪治疗

【解析】本题考查森田疗法的治疗原理。森田疗法的治疗要点可以概括为“顺应自然”和“为所当为”两点。

参考答案：A

考点 2 认识领悟疗法

考研基础必备

认识领悟疗法是钟友彬结合中国人的实际情况与精神分析相结合，发展出的中国本土疗法。认识领悟疗法源于心理分析，是一种通过解释使病人得到领悟，从而使症状减轻或者消失的心理疗法。它一方面保留继承了心理分析疗法的一些治疗原理，另一方面结合中国人的生活经验和社会经济状况而建立。

适用症状：认识领悟疗法的主要适应证为强迫症、恐怖症和某些类型的性心理障碍，如露阴症、摩擦症和恋物症等。从治疗效果来看，露阴症等性心理障碍应该是最佳适应症，其次是恐人症和强迫症。

考研考法突破

考法 1 考查认知领悟疗法的含义

此考法常见于选择题或名词解释题，考生需要掌握什么是认识领悟疗法，它是怎么发展起来的以及它的适用症是什么？

例 1：（苏州大学，2016）名解：认知领悟疗法

【解析】本题考查认识领悟疗法的内涵。

参考答案：认识领悟疗法是钟友彬结合中国人的实际情况与精神分析相结合，发展出的中国本土疗法。认识领悟疗法源于心理分析，是一种通过解释使病人得到领悟，从而使症状减轻或者消失的心理疗法。它一方面保留继承了心理分析疗法的一些治疗原理，另一方面结合中国人的生活经验和社会经济状况而建立。认识领悟疗法的主要适应证为强迫症、恐怖症和某些类型的性心理障碍，如露阴症、摩擦症和恋物症等。

第三章 临床心理评估与分类诊断

本章主要介绍了临床心理评估和分类诊断的方法，以及常用的一些心理测验。在学习本章时，重点掌握心理评估和诊断的方法，常用的心理测验在其他科目都有介绍，这里就不赘述。

第一节 临床心理评估

研究考题，明确考况

考试要求	自主命题	
	考题	考查点
临床心理评估的方法	沈阳师范大学，2014 天津师范大学，2011 东北师范大学，2016	名词解释：治疗性会谈、非结构化会谈 名词解释：心理评估 简答：谈话法的特点

考点 1 临床评估的概念及方法

考研基础必备

1. 临床评估的含义

通过观察、会谈和测验等手段对来访者的心理或行为进行全面、系统和深入分析描述的方法和过程。通过临床评估，可以描述和判断来访者的心理状态是否异常，分析评价异常的性质与程度，辅助诊断。

2. 临床评估的方法

1）观察法

可以在自然条件下观察，也可以在标准情境下对来访者进行观察。观察内容主要包括：外表和行为、言语和思维、情绪、动作行为。

2）会谈法

（1）根据会谈内容，可以分为最初会谈、收集个案情况的晤谈和诊断性会谈。

①最初会谈：问候和关心来访者，建立良好关系。

②收集个案情况的晤谈：症状和病史、生理和神经系统状况、社会文化背景。

③诊断性会谈：重点是检查精神症状，可以按精神状况检查提纲进行会谈。

精神检查提纲包括检查来访者：①有无感知觉障碍，如幻觉；②有无智力和思维过程障碍，如妄想；③有无注意力和定向力障碍；④有无情绪高涨或低落；⑤有无异常行为表现；⑥有无自知力。

（2）根据会谈形式，诊断性会谈可分为非结构式会谈、结构式会谈和半结构式会谈。

①非结构式会谈问题不固定，因人而异，不同的评估者提问重点不同，有人关注现在的症状，有人关注与症状有关的因素，有人关注患者的感受。具有方便、灵活、深入的特点，但也有评定内容和结果不一致，缺乏可比性等缺点。

②结构式会谈有统一的形式并由一致的问题组成，可以量化评估结果，具有标准化、结果数量化和可比性强等特点，但也有不灵活、费时等缺点。

③半结构式会谈是非结构式会谈和结构式会谈的结合，既有一定灵适性，也有标准化和可比性特点。

3）心理测验法

心理测验法是在标准的情境下，对个人行为样本进行客观分析和定量描述的一类方法。

考研考法突破

考法 1 考查会谈的分类

此考法常以名词解释题出现，考生需要理解并记忆会谈的分类。

例 1：（沈阳师范大学，2014）名词解释：治疗性会谈

参考答案：治疗性会谈，是指治疗者与患者（有时也包括他的亲属或其他重要关系人）面对面的交谈。目的是尽可能掌握与患者的问题有关的资料，最大限度地帮助对方认识自己的问题，并在由会谈组成的治疗过程中获得成长。

考研考法实战 答案见 D3 页

1.（沈阳师范大学，2014）名词解释：非标准化（非结构式）会谈

2.（天津师范大学，2011）简答题：心理评估。

2.（东北师范大学，2016）简答题：根据谈话法的特点分析其在心理诊断中的作用。

第二节 心理障碍的分类与诊断

研究考题，明确考况

考试要求	自主命题	
	考题	考查点
分类体系	郑州大学，2019	名词解释：CCMD-3
分类体系	天津师范大学，2012	简答：癔症从神经症分离的原因
诊断标准	天津师范大学，2012	名词解释：诊断标准
诊断原则	苏州大学，2014	简答：等级诊断和多轴诊断的优势

考点 1 分类学

考研基础必备

生物医学中对疾病的分类学研究，其目的是把种类繁多的不同疾病按各自的特点和从属关系，划分为病类、病种和病型，并归成系统，为诊断和鉴别诊断及治疗和临床研究提供参照依据。

目前用得比较多的有三个分类体系，分别是：

（1）中国——《中国精神障碍分类与诊断标准》（CCMD-3）；

（2）美国——《精神障碍诊断和统计手册》（DSM-5）；

（3）世界卫生组织——《国际疾病及相关问题的统计分类标准》（ICD-10）。

考研考法突破

考法 1 考查三个常用的分类体系

精神疾病的分类体系属于变态心理学的基本知识，考生需掌握每个分类体系的特点，并能简要地对不同的分类体系加以比较。

例 1：（郑州大学，2019）名词解释：CCMD-3

【解析】本题考查考生对于 CCMD-3 的了解。

参考答案：CCMD － 3 是指《中国精神障碍分类与诊断标准第 3 版》。CCMD 的分类兼顾病因，病理学分类和症状学分类，分类排列次序服从等级诊断和国际疾病分类（ICD-10）的分类原则。且沿用了 ICD-10 的名词解释，仅在必要时作了修改和补充。

例 2：（复旦大学，2018）临床常用的 DSM-5 属于（　　）。

A. 医学模式　　B. 分类系统

C. 理论假设系统　　D. 生物学定义系统

【解析】对于精神障碍的分类，一般遵循病因病理学分类和症状学分类兼顾的原则进行。美国的《精神障碍诊断和统计手册》（DSM）就是根据这一原则处理的。2013 年公布了最新的 DSM-5。

参考答案：B

考研考法实战 答案见 D3 页

1.（复旦大学，2017）以下哪一种心理障碍属于 DSM-V 中一级分类障碍（　　）。

A. 强迫及相关障碍　　B. 抑郁症

C. 恐惧症　　D. 自闭症

2.（天津师范大学，2012）CCMD-3 把“癔症”从“神经症”中分出来，单列为一类，为什么？

考点 2 诊断学

考研基础必备

1. 诊断标准

有了统一的分类并不等于彼此间诊断一致。由于大部分精神障碍无确切的客观指标作为诊断依据，所以诊断一致性不高一直是限制功能性精神病研究的重要因素。

诊断标准是将不同疾病的症状表现按照不同的组合形式，以条理化形式列出的一种标准化的条目。实施诊断标准时包括两种诊断原则，即等级诊断原则和多轴诊断原则。在临床工作中，可结合运用两种诊断原则，使其优势能够在实践中更好的得以发挥。

1）等级诊断原则

首先要分析其精神活动是否异常，即是否可以用正常范围的变异来解释。

在确定异常后，再通过症状分析和躯体检查等分析是否为器质性问题，只有排除了器质性问题，才考虑“功能”性精神障碍。

在诊断“功能”性精神障碍的过程中，要分析其主导症状是什么，是精神病性障碍还是非精神病性障碍。

同时还要考虑心理应激因素与疾病的关系。然后按最可能出现此症状的疾病逐一鉴别，得出诊断。包括：症状标准、严重标准、病程标准、排除标准。

2）多轴诊断原则

轴Ⅰ：临床障碍；

轴Ⅱ：人格障碍和精神发育迟缓；

轴Ⅲ：一般医学情况，指精神科以外的各科疾病；

轴Ⅳ：心理社会问题及环境问题；

轴Ⅴ：功能的全面评定。

3）两者优势或区别

①等级诊断原则较多和较细致地考虑了异常现象的区分和辨别中应注意的问题，分等级情况确定诊断，思路清晰；

②多轴系统则将异常现象放在更为全面的框架中进行考虑，其思路不仅仅限于异常现象的辨别，而是考虑到人的整体状态和人与其生活的情境的关系等方面的情况；

③在临床工作中，可结合运用两种诊断原则，使其能够在实践中更好地发挥作用。

考研考法突破

考法 1　考查诊断标准的含义

这种考法常以名词解释题出现，考生需要理解并记忆诊断标准的含义。

例 3：（天津师范大学，2012）名词解释：诊断标准

【解析】本题考查诊断标准的含义。

参考答案：诊断标准是将不同疾病的症状表现按照不同的组合形式，以条理化形式列出的一种标准化的条目。实施诊断标准时包括两种诊断原则，即等级诊断原则和多轴诊断原则。在临床工作中，可结合运用两种诊断原则，使其优势能够在实践中更好的得以发挥。

考法 2　考查诊断原则的对比

诊断原则分为等级诊断和多轴诊断两种，考生需理解并掌握这两种原则的含义和各自的优势。

例 4：（苏州大学，2014）简答题：等级诊断原则与多轴诊断原则各有何优势？

【解析】本题考查等级诊断和多轴诊断的特点。

参考答案：1）等级诊断原则

首先要分析其精神活动是否异常，即是否可以用正常范围的变异来解释。

在确定异常后，再通过症状分析和躯体检查等分析是否为器质性问题，只有排除了器质性问题，才考虑“功能”性精神障碍。

在诊断“功能”性精神障碍的过程中，要分析其主导症状是什么，是精神病性障碍还是非精神病性障碍。

同时还要考虑心理应激因素与疾病的关系。然后按最可能出现此症状的疾病逐一鉴别，得出诊断。包括：症状标准、严重标准、病程标准、排除标准。

2）多轴诊断原则

轴Ⅰ：临床障碍

轴Ⅱ：人格障碍和精神发育迟缓

轴Ⅲ：一般医学情况，指精神科以外的各科疾病

轴Ⅳ：心理社会问题及环境问题

轴Ⅴ：功能的全面评定

3）二者的优势

①等级诊断原则较多和较细致地考虑了异常现象的区分和辨别中应注意的问题，分等级情况确定诊断，思路清晰；

②多轴系统则将异常现象放在更为全面的框架中进行考虑，其思路不仅仅限于异常现象的辨别，而是考虑到了人的整体状态和人与其生活的情境的关系等方面的情况；

③在临床工作中，可适合运用两种诊断原则，使其能够在实践中更好地发挥作用。

考研考法实战 答案见 D3 页

1.（华中师范大学，2014）名词解释：临床诊断

第四章 精神分裂症

在日常生活中，人们有时会遇到这样一些人，他们行为怪异，表情或呆滞或古怪，衣着褴褛，哭笑无常，人们通常把这样的人称为精神错乱或疯子。随着科学的进步，人们逐渐认识到这是一类精神疾病——精神分裂症。

本章主要介绍精神分裂症的临床表现、类型、病因以及治疗与康复措施。在学习本章时，重点掌握精神分裂症的概念、临床表现和分类，考试中常以各种形式出现。此外，也常以案例分析的形式考查精神分裂症的诊断，因此本章内容需要全面了解和掌握。

第一节 概述

研究考题，明确考况

考试要求	自主命题	
	考题	考查点
精神分裂症	复旦大学，2015 江西师范大学，2014 华东师范大学，2012	单选：精神分裂症的特点
	郑州大学，2021	名词解释：精神分裂症 4A 理论

考点 1 精神分裂症的概述

考研基础必备

精神分裂症是指现实生活中由于大脑功能紊乱导致的精神疾病。这里的“分裂”是指人的主观感觉、思维、意志、情感、行为等心理机能与客观现实之间的分离与不一致，而非指任何器质性的分裂样的病变。

精神分裂症是一组病因未明的常见精神疾病，多起病于青壮年，常有感知、思维、情感、行为等方面的障碍和精神活动的不协调，病程多迁延。精神分裂症属于精神病性障碍的典型病症，精神病性障碍与非精神病性障碍的区别见表 4-1。

表 4-1 精神病性障碍与非精神病性障碍的区别

	精神病性障碍	非精神病性障碍
现实检验力	自我及现实检验力丧失，无法区分主观体验和客观现实	自我及现实检验力保持，能够区分主观体验与客观现实
精神病性症状	具有幻觉、妄想、行为紊乱等精神病性症状	没有幻觉、妄想、行为紊乱等精神病性症状
自知力	常否认有病，自知力缺乏，不愿主动就医	自知力常保持，能主动就医并希望得到帮助
社会功能	社会功能严重受损	社会功能虽然受损，但能基本保持
人格结构	常常受损或不完整	完整
预后	较差，没有恰当治疗可能衰退	较好，但也有慢性的可能

考研考法突破

考法 1 考查精神分裂症的概况

此考法常见于选择题中，对于精神分裂症的概括：包括典型特点、流行病学情况以及跟其他障碍的本质区别，考生需要理解掌握。

例 1：（复旦大学，2015）单选题：对精神分裂症描述不正确的是（ ）。

A. 有一定的遗传性　　B. 一般知道自己得病了

C. 具体原因未明　　D. 社会功能受损

【解析】精神分裂症患者往往自知力丧失，不能够觉察或辨识自己精神状态是否正常，所以病人一般不会知道自己患病。

参考答案：B

例 2：（江西师范大学，2014）单选题：精神分裂症的主要表现是（ ）。

A. 一组神经功能的障碍　　B. 患病期自知力尚完整

C. 情绪和情感接近现实　　D. 精神活动脱离了现实

【解析】精神分裂症是一组病因未明的重性精神病，多在青壮年缓慢或亚急性起病，临床上往往表现为症状各异的综合征，涉及感知觉、思维、情感和行为等多方面的障碍以及精神活动的不协调。ABC 显然与精神分裂症的概念不符。

参考答案：D

考研考法实战 答案见 D3 页

1.（华东师范大学，2012）单选题：所有的心理疾患中，遗传度最高的是（ ）。

A. 抑郁症　　B. 惊恐障碍

C. 孤独症　　D. 精神分裂症

2.（郑州大学，2021）名词解释：精神分裂 4A 理论

第二节　精神分裂症的临床症状和诊断

研究真题，明确考况

考试要求	自主命题	
	考题	考查点
1. 精神分裂症的临床症状	复旦大学，2015； 华东师范大学，2012，2014； 江西师范大学，2012，2015； 中山大学，2017	单选：精神分裂症的描述
	辽宁师范大学，2011	简答题：精神分裂症的主要特征
	西北师范大学，2012	名词解释：自知力的概念

考点 2　精神分裂症的临床症状和诊断标准

考研基础必备

一、精神分裂症的主要症状特征

（一）思维障碍

1. 思维形式障碍

思维形式障碍（formal thought disorder）又称言语紊乱（disorganized speech），是指患者思维与语言的组织出现了问题，以至于使人难以理解。

（1）思维散漫：指联想范围过于松散，缺乏固定的指向，思维内容虽有些关联，但缺乏必然的逻辑联系，显得整篇谈话结构不紧密，内容很散漫。

（2）思维破裂：指联想破裂，思维内容缺乏内在联系，其每句话的语法结构虽然正确，意义也可以理解，但整段谈话中句与句之间无任何联系，往往是一些语句的堆积，缺乏中心思想。

（3）语词新作：指患者将同源的现象，近似的词汇归集一起，对其中的一些词赋予新的含义。

（4）象征性思维：指病人把一些很普通的概念、词句或动作和物品赋予某种特殊的意义，把抽象概念具体形象化。

（5）言语贫乏：语量显著减少，当言语内容贫乏时，即使说话很流利，但所表达要领的数量本质上明显减少。

2. 思维内容障碍

思维内容障碍主要为妄想（delusion）。妄想有三个缺一不可的特征：妄想是一种坚信，它不接受事实和理性的纠正，可以说是不可动摇和不可纠正的；妄想是自我卷入的；妄想是个人独特的。

临床上常见的妄想有：

（1）被害妄想：病人觉得周围发生的事不仅与他有关，而且矛头是指向他的，认为别人在侮辱、贬低、伤害甚至毁灭他。在环境中无害的事件可被感觉为威胁和跟踪迫害的迹象。

（2）牵连观念：又称为关系妄想，指病人认为在他周围出现和经历的事情都是为了他的缘故，不断地思考这对他将意味着什么。

（3）嫉妒妄想：指患者毫无任何依据地认为自己的配偶不忠。

（4）影响妄想：指患者认为自己的精神活动受外力干扰、控制、支配、操纵，或认为外力作用于自己的身体，产生种种不舒服的感觉。

（5）非血统妄想：指患者无故认为自己不是父母亲生的。

3. 思维体验障碍

思维体验障碍主要为异己体验，主要包括：

（1）思维被插入感（thought insertion）：认为自己大脑中某些想法不属于自己，是被别人放入的。

（2）思维扩大或被广播（thought withdrawal）：感到自己的思维即使不讲出来别人也能够知道，并且被广播出来，似乎人人都知道。

（3）妄想知觉（delusional perception）：在知觉的同时突然产生妄想。

（4）思维云集（pressure of thought）：思潮不受患者意愿的支配，强制性的大量涌现在脑内。

（二）知觉障碍

知觉障碍是指幻觉（hallucination），即在患者周围的环境中并无任何刺激，但患者却能产生感觉。幻觉包括有听幻觉、视幻觉、嗅幻觉、前庭性幻觉、内脏性幻觉、味幻觉、性幻觉和触幻觉等，听幻觉是最常见的幻觉，主要有以下几种：

（1）评论性幻听：听到别人在议论自己，议论的内容以负性的批评、讽刺、责骂、诬陷常见。

（2）命令性幻听：听到有声音命令自己去做某事，如打人、拒绝进食、自伤或自杀。

（3）争论性幻听：听幻觉的内容与患者本人无关，患者听到的是另外两个人的争论，有时舌战的内容可以以患者为中心，其中一人揭露患者的错误，另一人为这位患者辩护，但均以“他”来称呼患者。

（4）思维鸣响：在病人感觉到思维活动的同时，其脑内出现与思维活动一样的言语伴随思维活动而出现。

（三）情感平淡

情感平淡（flat affect）和言语贫乏一样被认为是精神

分裂症的典型的阴性症状，指病人缺乏活动的兴趣和能量，在讨论感人的事件时缺乏情感反应。在这种情况下，他们的工作、学习能力严重受损，往往整天坐着什么事都不干。

（四）紧张症

紧张症（satatonic syndrome）包括运动、姿势和行为等症状，其共同特征是其自身的不自主性，如木僵、自动症、作态等。

（1）木僵状态（stupor state）：指患者的动作和行为明显减少或抑制，常常会保持同一种姿势，如空气枕头。

（2）违拗症（negativism）：指患者对所有外来吩咐或要求的一种不自主的拒抗，并非有意的不合作。

（3）紧张性自动症：患者的某种运动、动作都不是按照自己本人的意志，而是根据某种外界的作用或影响表现为行动的。

（4）作态与特殊姿态：病人做出一些幼稚而又愚蠢的姿态、表情、步态和动作，这些表现并不离奇。病人是在故意的装相动作。

（5）刻板症：即病人无意识地、重复地、刻板地做一些简单的动作。这些动作不具任何目的性，也无现实意义。

（6）多动或兴奋：病人突然出现运动性兴奋，行为冲动，不可理解，言语内容单调刻板。

（五）自知力障碍

自知力（insight）也称为内省力，是指病人对其本身精神状态的认识能力，即能否觉察或辨识自己有病和精神状态是否正常，能够正确分析和判断，并指出自己既往和现在的表现和体验中哪些是属于病态的。

二、精神分裂症的诊断标准

DSM 对精神分裂症的诊断标准：

A. 存在 2 项（或更多）下列症状，每一项症状均在 1 个月中相当显著的一段时间里存在（如经成功治疗，则时间可以更短），至少其中 1 项必须是（1）、（2）或（3）：

（1）妄想；

（2）幻觉；

（3）言语紊乱（例如，频繁地离题或不连贯）；

（4）明显紊乱的或紧张症的行为；

（5）阴性症状（即情绪表达减少或动力缺乏）。

B. 自障碍发生以来的明显时间段内，1 个或更多的重要方面的功能水平，如工作、人际关系或自我照顾，明显低于障碍发生前具有的水平（当障碍发生于儿童或青少年时，则人际关系、学业或职业功能未能达到预期的发展水平）。

C. 这种障碍的体征至少持续 6 个月。此 6 个月应包括至少 1 个月（如经成功治疗，则时间可以更短）符合诊断标准 A 的症状（即活动期症状），可包括前驱期或残留期症状。在前驱期或残留期中，该障碍的体征可表现为仅有阴性症状或有轻微的诊断标准 A 所列的 2 项或更多的症状（例如，奇特的信念，不寻常的知觉体验）。

D. 分裂情感性障碍和抑郁或双相障碍伴精神病性特征已被排除，因为：①没有与活动期症状同时出现的重性抑郁或躁狂发作；②如果心境发作出现在症状活动期，则它们只是存在此疾病的活动期和残留期整个病程的小部分时间内。

E. 这种障碍不能归因于某种物质（如滥用的毒品、药物）的生理效应或其他躯体疾病。

F. 如果有孤独症（自闭症）谱系障碍或儿童期发生的交流障碍的病史，除了精神分裂症的其他症状外，还需有显著的妄想或幻觉，且存在至少 1 个月（如经成功治疗，则时间可以更短），才能作出精神分裂症的额外诊断。

考研考法突破

考法 1 考查精神分裂症的症状特征——思维障碍

此考法常见于选择题中，考生需要掌握妄想的含义以及妄想的几种分类，能够根据考题描述进行区分。

例 1：（江西师范大学，2012）单选：有嫉妒妄想的人可表现为（　　）。

A. 想象他人强于自己而生气

B. 见到他人强于自己而生气

C. 痴迷某种观念

D. 坚信配偶不忠

【解析】嫉妒妄想主要表现为坚信配偶不忠，从而做出跟踪伴侣等不信任行为。

参考答案：D

例 2：（江西师范大学，2015）单选："妄想"是一种脱离现实的病理性思维，其类型不包括（　　）。

A. 关系妄想　B. 自罪妄想　C. 被害妄想　D. 自大妄想

【解析】ABC 属于常见妄想类型，没有"自大妄想"。

参考答案：D

考法 2 考查精神分裂症的症状特征——知觉障碍

这种考法常以选择题出现，知觉障碍最主要的是幻觉，听幻觉是最常见的幻觉，听幻觉的几种分类的含义考生需要掌握。

例 3：（复旦大学，2015）单选：某位病人总是听到有人在耳边骂他，但别人都没有听到，他的这种症状是（　　）。

A. 听觉妄想　B. 幻听　C. 情感激越　D. 思维紊乱

【解析】题干所述人可以听到别人听不到的声音，属于幻听。

参考答案：B

例 4：（湖南师范大学，2015）名词解释：幻觉

【解析】本题考查幻觉的含义。

参考答案：幻觉是指在患者周围的环境中并无任何刺激，但患者却能产生感觉。幻觉包括有听幻觉、视幻觉、嗅幻觉、前庭性幻觉、内脏性幻觉、味幻觉、性幻觉和触幻觉等，听幻觉是最常见的幻觉，

考研考法实战

答案见 D3 页

1.（华东师范大学，2014）精神分裂症患者最显著的特征是（　　）。

A. 强迫症状　B. 反社会

C. 思维过程紊乱　D. 抑郁

2.（华东师范大学，2012）精神分裂症患者最常见的幻觉是（　　）。

A. 幻视　B. 幻听　C. 幻嗅　D. 幻触

3.（辽宁师范大学，2011）简答题：精神分裂症的描述性特征。

4.（西北师范大学，2019）名词解释：自知力

第三节　精神分裂症类型

分析考题，明确考况

考试要求	自主命题	
	考题	考查点
精神分裂症的类型	中山大学，2017	单选：偏执型精神分裂症的主要症状
精神分裂症的类型	西北师范大学，2012 北京大学，2021	简答：精神分裂症中有哪些不同类型 简答：精神分裂症的分类和临床表现

考点 1　精神分裂症的类型

考研基础必备

1. 偏执型

偏执型又称妄想型，是精神分裂症中最常见的类型。起病较缓慢，发病多在青壮年和中年。一开始表现多疑敏感，逐渐发展为妄想，妄想可以是系统的也可以是零乱的。有时伴有幻觉和感知觉综合障碍（如视物变形等），其中听幻觉最为常见。

2. 紧张型

病人多在青壮年起病，以木僵状态常见，主要症状是言语运动不同程度的受抑制。患者失去所有活力，以一种僵直的姿势维持不动，有时相同的姿势可以维持好几个小时甚至几天，直至其手脚都因为长期不动而变得苍白肿大，此状态称为木僵状态。病人也可出现运动缓慢、少语少动的情况（亚木僵状态）。紧张性木僵也可与短暂的紧张性兴奋交替出现，出现冲动行为，可能大声谈话或叫喊，无目的地砸东西。

3. 瓦解型

瓦解型又称青春型。此型病人青少年起病，主要症状是思维内容荒谬、思维破裂，情感不协调，表情做作，其行为幼稚、愚蠢，做鬼脸，傻笑，常有兴奋冲动行为和本能（主要是食欲和性欲）意向亢进，如当众脱光衣服、追逐异性等。在所有的分裂症类型中最符合一般人对“疯子”的印象。

4. 残留型

残留型指过去至少有一次发病，目前仍存在有个别的症状，如妄想、情感平淡、社会性退缩、人格改变等，症状保持相对稳定，近一年来无明显好转或恶化。

5. 未分化型

有些病人的症状不符合以上任何一种类型，或是同时存在有多种类型的部分症状，又有明显阳性症状的被称之为未分化型。随着对精神分裂症治疗水平的提高，早期诊断、早期治疗，诊断为未分化型的病人在精神分裂症病人中所占比例呈上升趋势。

考研考法突破

考法 1　考查精神分裂症的类型

精神分裂症的分型在 DSM-5 中已被删除，但在以往的考题中仍会出现，考生需要理解每种类型的症状表现。

例 1：（中山大学，2017）单选题：被害妄想（Delusions of persecution）以下（　　）精神分裂症的最主要症状。

A. 紧张型　B. 错乱型　C. 单纯型　D. 偏执型

【解析】被害妄想是偏执型精神分裂的主要症状。紧张型精神分裂症主要表现为木僵、蜡样屈曲等，错乱型主要表现为行为紊乱，而单纯型的主要表现是情感淡漠。

参考答案：D

例 2：（西北师范大学 /2012，北京大学，2021）简答题：精神分裂症中有哪些不同类型？ / 精神分裂症的分类和临床表现。

【解析】本题考查精神分裂症的类型。

参考答案：精神分裂症分为以下几种类型：

（1）偏执型：又称妄想型，是精神分裂症中最常见的类型。起病较缓慢，发病多在青壮年和中年。一开始表现多疑敏感，逐渐发展为妄想，妄想可以是系统的也可以是零乱的。有时伴有幻觉和感知觉综合障碍（如视物变形等），其中听幻觉最为常见。

（2）紧张型：病人多在青壮年起病，以木僵状态常见，主要症状是言语运动不同程度的受抑制。患者失去所有活力，以一种僵直的姿势维持不动，有时相同的姿势可以维持好几个小时甚至几天，直至其手脚都因为长期不动而变得苍白肿大，我们称此状态为木僵状态。病人也可出现运动缓慢、少语少动的情况（亚木僵状态）。

（3）瓦解型：又称青春型。此型病人青少年起病，主要症状是思维内容荒谬、思维破裂，情感不协调，表情做作，其行为幼稚、愚蠢，做鬼脸，傻笑，常有兴奋冲动行为和本能（主要是食欲和性欲）意向亢进，如当众脱光衣服、追逐异性等。

（4）残留型：指过去至少有一次发病，目前仍存在有个别的症状，如妄想、情感平淡、社会性退缩、人格改变等，症状保持相对稳定，近一年来无明显好转或恶化。

（5）未分化型：有些病人的症状不符合以上任何一种类型，或是同时存在有多种类型的部分症状，又有明显阳性症状的被称之为未分化型。随着对精神分裂症治疗水平的提高，早期诊断、早期治疗，诊断为未分化型的病人在精神分裂症病人中所占比例呈上升趋势。

考研考法实战 答案见 D3 页

1. 病人认知技能和情感相对完整，妄想和幻觉为主要症状，这是（　　）。

A. 偏执型精神分裂症　B. 青春型精神分裂症
C. 紧张型精神分裂症　D. 单纯型精神分裂症

第四节 病因

研究考题，明确考况

考试要求	自主命题	
	考题	考查点
社会因素	苏州大学，2015	简答题

考点 1 精神分裂症的病因

考研基础必备

1. 遗传因素

不少研究支持精神分裂症是多因素遗传，即这种遗传是由许多基因的积累作用造成的。

1）双生子的研究

这种研究的出发点是双生子在遗传上具有最大的相似性。研究结果表明，精神分裂症与遗传有关，但它并没有证明精神分裂症完全是通过遗传来传递的，环境的因素未能被排除。

2）家庭研究

病人家属患有精神分裂症的概率远高于一般人群。但这样的研究仍不能排除环境的影响，因为患者与其家属不仅基因相近，其生活环境与经历也是相近的。

3）寄养子研究

通过将精神分裂症母亲的子女交给无精神分裂症的养父母养育，来排除可能的环境因素的影响。研究结果表明，有相当程度的影响被认为是遗传的原因，但遗传影响的幅度又受制于领养家庭的健康状况。

4）染色体与基因研究

精神分裂症是一种多基因而非单基因的疾病。在运用了定量遗传技术对双生子样本进行研究后研究者发现，与精神分裂症有关的基因和分裂情感性精神障碍、躁狂症之间的基因有着显著的重叠现象。

2. 神经生化研究

1）多巴胺假说

精神分裂症是多巴胺在某些突触部位的过量活动所造成的，或者是多巴胺数量增多，或是突触后多巴胺受体过多，或是多巴胺受体由于某些原因变得过度敏感而造成的。

但经过几十年的深入研究，多巴胺学说不能完全解释精神分裂症，因为抗多巴胺精神疾病药物对其他疾病也有作用，并且多巴胺药物几个小时就能起作用，精神症状要经过几个星期才能缓解。

2）五羟色胺假说

精神分裂症患者的前额叶皮质 5-HT2A 受体密度减少，而 5-HT1A 受体密度增加。5-HT2A 受体能抑制多巴胺的合成和释放，5-HT1A 受体则与 5-HT2A 受体拮抗竞争。

3）乙酰胆碱假说

乙酰胆碱在几个脑区内都有抗多巴胺的效应，在精神分裂症前期，多巴胺增加，乙酰胆碱也代偿性地增加，故此期主要表现为情感迟钝、行为退缩。

3. 大脑及大脑影像学研究

目前根据脑 CT 和 MRI 的研究发现，约 30%~40% 的精神分裂症病人有脑室扩大或其他脑结构异常的情况。大量的数据表明大脑前皮质有着特殊的重要性，越来越多的证据表明精神分裂症的起因与神经发育的失调有关。

4. 社会心理因素

1）早期的心理创伤、心理诱因和生活事件

各种形式的儿童期虐待引起的儿童的退缩性行为被认为与精神分裂症的发生有关。另外，应激性生活事件也是精神分裂症发病的一个重要因素，但它既非必要条件也非充分条件。

2）心理动力学观点

在神经症病人中，自我受到防御机制的保护，而在精神分裂症病人中自我则被挫败。弗洛伊德认为，在对自我的把握不足时，高度发展的自我就无法守住他的全部界线，潜意识就会在自我失控之处入侵。倒退至早期的（幼年的）自我状态。

3）新精神分析学派

强调人与人之间的相互关系及焦虑的作用。他们认为精神分裂症是起源于人的焦虑并以混乱的方式对待他人的一种病态的状态。

4）家庭研究的观点

认为病人是疯狂家庭环境的延伸。

5. 心理病理学研究

（1）思维形式障碍：临床心理学家认为，思维形式障碍是由于联系的松弛造成的。

（2）妄想：妄想的内容是源于现实的，绝大部分也会出现在健康人的体验中。当一个人失去了这种超越、转换的能力时，妄想就开始了。妄想的本质特征不是它的不可理解性，而是病人不去追究妄想体验的根源，不对妄想的内容提出质疑，对他人的异样也不去检验核实。

（3）幻听：幻听的产生是由于患者不能区分真实的感觉和想象。患者他们觉得自己想象的内容就是外界的信息。

6. 认知功能研究

精神分裂症患者在完成认知任务的过程中存在着明显而广泛的缺陷。研究者也已经证实，初发的、未经药物治疗的精神分裂症患者同样存在着广泛的认知功能缺陷，这表明认知功能缺陷并不是由药物的副作用引起的。

7. 产前和产后的因素

产科并发症对胎儿的大脑发育有着不利的影响，与健康人相比，精神分裂症病人有产科并发症的病史可能性更大。

考研考法突破

考法 1 精神分裂症的社会心理因素

此考法常见于简答或论述，考生掌握精神分裂症的社会心理因素即可正确作答。

例 1：（苏州大学，2015）简答题：简述精神分裂症的主要社会心理因素。

【解析】本题从心理社会因素回答即可。

参考答案：精神分裂症的发病、病程和预后是受社会心理因素影响的。

1）早期的心理创伤、心理诱因和生活事件

各种形式的儿童期虐待引起的儿童的退缩性行为被认为与精神分裂症的发生有关。另外，应激性生活事件也是精神分裂症发病的一个重要因素，但它既非必要条件也非充分条件。

2）心理学对精神分裂症病因的研究

①心理动力学观点。在神经症病人中，自我受到防御机制的保护，而在精神分裂症病人中自我则被挫败。弗洛伊德认为，在对自我的把握不足时，高度发展的自我就无法守住他的全部界线，潜意识就会在自我失控之处入侵。倒退至早期的（幼年的）自我状态。

②新精神分析学派。强调人与人之间的相互关系及焦虑的作用。他们认为精神分裂症是起源于人的焦虑并以混乱的方式对待他人的一种病态的状态。

③家庭研究的观点。“指向精神分裂症理论”，提出了双重束缚的概念，认为病人是疯狂家庭环境的延伸。

考研考法实战 答案见 D4 页

1.（华东师范大学，2016）单选：与精神分裂症最为相关的神经递质是（　　）。

A. 多巴胺　B. 脑啡肽　C. 乙酰胆碱　D. 5- 羟色胺

2. 简答：在变态心理学中，精神分裂症的病因学主要涉及哪些方面？请阐述之。

章节考点　综合训练

答案见 D4 页

一、单选题

1.（华东师范大学，2013）精神分裂症与妄想性障碍的主要区别（　　）。

A. 现实适应性　B. 幻觉　C. 妄想　D. 行为混乱

2.（华东师范大学，2014）“思维贫乏”和“思维迟钝”两个症状的鉴别要点之一，是前者（　　）。

A. 在回答问题时的语速明显减慢

B. 在回答问题时的语言中断

C. 在回答问题时的语速加快

D. 在回答问题时内容极为简单

3.（华东师范大学，2015）对精神分裂症有诊断意义的症状是（　　）。

A. 被害妄想　B. 嫉妒妄想　C. 被控制感　D. 思维散漫

4. 意识清楚时出现的谈话内容缺乏逻辑性，可能是（　　）。

A. 思维松弛　B. 思维不连贯

C. 思维中断　D. 破裂性思维

5. “思维内容障碍”的类型不包括（　　）。

A. 强迫观念　B. 音阶义断　C. 妄想　D. 超价观念

6.（中山大学，2018）精神分裂症的主要特征是（　　）。

A. 思维错乱

B. 缺乏内疚

C. 在极端绝望和不现实乐观之间交替变换

D. 周期性无法控制的暴力

7.（江西师范大学，2015）不符合“感知综合障碍”定义的描述的是（　　）。

A. 感知客观事物的个别属性（如大小）时产生变形

B. 感觉周围的人在监视自己

C. 感觉周围事物像布景

D. 感觉自己面孔或体形改变了形

8.（华东师范大学，2012）抗精神病药物大多作用于（　　），从而改变精神状态。

A. 垂体　B. 血液系统　C. 丘脑下部　D. 神经递质

二、论述题

1.（东北师大，2020）论述：重症精神病和神经症的区别。

第五章 心境障碍与自杀

在生活中，人们可能会因为和某个人吵架感到情绪低落，可能会因为亲人的离开而感到心情抑郁。尽管如此，这些不舒服的情绪和行为都是暂时的，过一段时间自然就好了。然后有一些人，他们可能在很长时间内，一直无法从这种沮丧的心情中走出来，这就涉及心理学中的心境障碍。本章内容首先介绍了心境障碍的含义、临床表现以及分类，接着对心境障碍的原因进行了探讨，介绍了不同治疗方法，最后介绍了跟自杀相关的内容。在考试当中，本章是高频考点，可以以多种形式进行考查，需要全面掌握。

第一节 概述

研究真题，明确考况

考试要求	自主命题	
	考题	考查点
心境障碍基本概念	华东师范大学，2011，2012	选择题：心境障碍患病率、自杀率

考点 1 心境障碍的含义及概况

考研基础必备

1. 心境障碍的含义

心境障碍也被称为情感障碍或情感性精神障碍，是以明显而持久的心境高涨或低落为主的一组精神障碍，并有相应的思维和行为改变。心境障碍与正常的心境区分的一个明显的特征是它们的时间特性。

2. 心境障碍的流行病学情况

流行病学研究发现，在心境障碍中，抑郁症是最常见的精神障碍之一，经历了一次或多次的抑郁发作，期间没有躁狂发作，被称为抑郁症，也被称为单相障碍。

独居和离婚的人对抑郁症具有更高的易患性，女性的抑郁症患病率较男性要高 1.5~3 倍。抑郁症的易患性与年龄有关，易患性最高的人群是青年人。

考研考法突破

考法 1 考查心境障碍的概况

此考法常见于选择题中，考生需要了解心境障碍的流行病学情况。

例 1：（华东师范大学，2011）关于心境障碍，以下论述正确的是（　　）。

A. 男性是女性的 2 倍左右

B. 中年期高发

C. 双相障碍比单相抑郁障碍发病要早

D. 与婚姻状况没有关系

【解析】根据心境障碍的流行病学结果，女性更易患心境障碍，青年人是心境障碍的高发期，同时，独居和离婚的人对抑郁症具有更高的易患性。因此本题选 C。

参考答案：C

考法 2 考查心境障碍的含义

这种考法通常以名词解释题的形式直接考查心境障碍的含义，考生记住即可正确作答。

例 2：（天津师范大学，2014）名词解释：心境障碍

【解析】本题考查心境障碍的含义

参考答案：也被称为情感障碍或情感性精神障碍。心境障碍是以明显而持久的心境高涨或低落为主的一组精神障碍，并有相应的思维和行为改变。心境障碍与正常的心境区分的一个明显的特征是它们的时间特性。

考研考法实战 答案见 D5 页

1.（江西师范大学，2013）单选题：以下不属于情绪、情感障碍的是（　　）。

A. 情绪高涨　　B. 情绪低落

C. 焦虑　　D. 情绪平稳

2.（湖南师范大学，2017）名词解释：心境障碍

第二节 心境障碍的分类、临床表现及诊断

考试要求	自主命题	
	考题	考查点
抑郁症的典型特征	华东师范大学，2012；江西师范大学，2015；南京师范大学，2014；湖南师范大学，2020；郑州大学，2020；上海师范大学，2021	选择题：重度抑郁发作的特点 简答题：重度抑郁发作的诊断标准
双相情感障碍	浙江师范大学，2016	简答题：对比双相Ⅰ型和双相Ⅱ型
恶劣心境障碍	湖南师范大学，2021	名词解释：恶劣心境障碍

考点 1 抑郁发作与抑郁症

考研基础必备

1. 抑郁发作的特征性表现

（1）抑郁心境：这种抑郁感被人们描述为完全的绝望、孤独感或只是厌倦。

（2）在平常活动中丧失兴趣和乐趣：除了抑郁心境外，最常见的是丧失兴趣，即快感缺乏。

（3）食欲紊乱：许多抑郁症患者食欲很差，另一些则食欲增加。

（4）睡眠紊乱：失眠也是抑郁症的一个显著特征。

（5）精神运动性迟缓或激越：病人看起来十分疲乏或不断活动。

（6）精力减退：抑郁症患者动机减退，伴有明显的精力水平的降低。

（7）无价值感和内疚感：抑郁症患者常把自己看的一无是处。

（8）思维困难：抑郁症患者不能集中注意力，记忆力减退。

（9）欲死亡或自杀的想法：抑郁症患者反复想到自杀。

（10）其他抑郁发作症状：还可能出现妄想和幻觉等。

2. DSM-Ⅳ中对抑郁发作与抑郁症的诊断标准

A. 在同一个 2 周时期内，出现与以往功能不同的明显改变，表现出下列 5 项以上，其中，至少 1 项是①心境抑郁或②丧失兴趣或乐趣。

（注：不包括明显是由于一般躯体情况，或者是与心境不协调的妄想幻觉所致的症状。）

①几乎每天的一天中大部分时间都心境抑郁，这或者是主观的体验（例如感到悲伤或空虚），或者是他人的观察（例如，看来在流泪）。注：儿童或青少年，可能是心境激惹。

②几乎每天的一天中大部分时间，对于所有（或者几乎所有）活动的兴趣都显著减低。

③显著的体重减轻（未节食）或体重增加（一月内体重变化超过原体重的 5%），或几乎每天食欲减退或增加（注：儿童则为未达到应增体重）。

④几乎每天失眠或嗜睡。

⑤几乎每天精神运动性激越或迟缓（由他人观察到的情况，不仅是主观体验到坐立不安或缓慢下来）。

⑥几乎每天疲倦乏力或缺乏精力。

⑦几乎每天感到生活没有价值，或过分的不合适的自罪自责（可以是妄想型的程度，不仅限于责备自己患了病）。

⑧几乎每天感到思考或集中思想的能力减退，或者犹豫不决（或为自我体验，或为他人观察）。

⑨反复想到死亡（不只是怕死），想到没有特殊计划的自杀意念，或者想到某种自杀企图或一种特殊计划以外以实行自杀。

B. 这些症状并不符合混合发作的标准。

C. 这些症状产生了临床上明显的痛苦烦恼，或在社交、职业和其他重要方面造成功能缺损。

D. 这些症状并非由于某种物质（如滥用某种药物，某治疗药品）或由于一般躯体性情况（如甲亢）所致的直接生理效应。

E. 这些症状不能归于离丧；后者即在失去所爱者后出现这些症状并持续 2 个月以上，其特点为显著的功能缺损，病态地沉溺于生活无价值、自杀意念，精神病性症状或精神运动性迟缓。

考研考法突破

考法 1 考查抑郁发作的临床表现

此考法可以以多种形式进行考查，在心理学中，抑郁发作的临床表现常以“三低”来进行概括，即：情绪低落、思维迟缓和行为减少。

例 1：（华东师范大学，2012）单选题：下列哪一项不会出现在重度抑郁发作中？（　　）

A. 焦虑　　B. 激惹　C. 傲慢自负　　D. 寡言少语

【解析】重度抑郁典型症状为低自尊，所以不会出现傲慢自负的情况。

参考答案：C

例 2：（南京师范大学 / 江西师范大学，2015）单选题：“抑郁发作”的特点不包括（　　）。

A. 思维缓慢　　B. 思维中断

C. 情绪低落　　D. 语言动作减少和迟缓

【解析】思维中断是精神分裂症的症状，因此本题选 B。

参考答案：B

考法 2 考查抑郁发作的诊断标准

此考法会在简答或者论述以及案例分析当中，考生需要明确重性抑郁障碍就是我们常说的“抑郁症”，重性抑郁障碍是以重性抑郁发作为主要表现。

例 3：（北京师范大学，2019）简答题：请简述重度抑郁发作的诊断标准是什么。

【解析】本题考查抑郁发作的诊断标准。

参考答案：DSM-IV 对抑郁发作与抑郁症诊断标准

A. 在同一个 2 周期内，出现与以往功能不同的明显改变，表现出下列 5 项以上，其中至少 1 项是（1）心境抑郁或（2）丧失兴趣或乐趣。

①几乎每天的一天中大部分时间都心境抑郁，这或者是主观的体验（例如感到悲伤或空虚），或者是他人的观察（例如，看来在流泪）。注：儿童或青少年，可能是心境激惹。

②几乎每天的一天中大部分时间，对于所有（或者几乎所有）活动的兴趣都显著减低。

③显著的体重减轻（未节食）或体重增加（一月内体重变化超过原体重的 5%），或几乎每天食欲减退或增加（注：儿童则为未达到应增体重）。

④几乎每天失眠或嗜睡。

⑤几乎每天精神运动性激越或迟缓（由他人观察到的情况，不仅是主观体验到坐立不安或缓慢下来）。

⑥几乎每天疲倦乏力或缺乏精力。

⑦几乎每天感到生活没有价值，或过分的不合适的自罪自责（可以是妄想型的程度，不仅限于责备自己患了病）。

⑧几乎每天感到思考或集中思想的能力减退，或者犹豫不决（或为自我体验，或为他人观察）。

⑨反复想到死亡（不只是怕死），想到没有特殊计划的自杀意念，或者想到某种自杀企图或一种特殊计划以外以实行自杀。

B. 这些症状并不符合混合发作的标准。

C. 这些症状产生了临床上明显的痛苦烦恼，或在社交、职业和其他重要方面造成功能缺损。

D. 这些症状并非由于某种物质（例如滥用某种药物，某治疗药品）或由于一般躯体性情况（例如甲亢）所致之直接生理效应。

E. 这些症状不能归于离丧；后者即，在失去所爱者后出现这些症状并持续 2 个月以上，其特点为显著的功能缺损，病态地沉溺于生活无价值、自杀意念，精神病性症状或精神运动性迟缓。

考研考法实战 答案见 D5 页

1.（华东师范大学，2012）单选：所有的心理障碍中，自杀率最高的是（　　）。

A. 重度抑郁　　B. 惊恐障碍

C. 孤独症　　D. 精神分裂症

2.（南京师范大学，2012）单选：一些妇女在分娩后由于内分泌的变化很容易引起抑郁症的发作，这在心理学中属于（　　）。

A. 焦虑障碍　B. 心境障碍　C. 人格障碍　D. 进食障碍

3.（华东师范大学，2012）单选：重度抑郁发作，会有以下（　　）。

A. 情绪低落　B. 情绪不稳　C. 原始情感　D. 情绪淡漠

4.（浙江师范大学，2011）简答：抑郁症的主要症状有哪些。

考点 2　躁狂发作与双相心境障碍

考研基础必备

单相躁狂发作的特点是产生与其不相称的心境高潮，主要表现为“三高”症状，即情绪高涨、思维奔逸和病理性意志活动增强，同时伴有一种自身感觉良好的舒适感。

1. 躁狂发作的主要特征：

（1）情感高涨与易激惹：情感高涨是指患者感觉极好，将世界看得十分美好，对他们正在做或将要做的事都充满了热情。易激惹是指一般刺激即可引起情绪波动。

（2）自尊的膨胀：把自己看作充满吸引力的重要人物。

（3）睡眠需要减少：可能只睡 2~3 小时，第二天仍精力充沛。

（4）言语增多：躁狂症患者总是试图大声、快速、持续地讲话。

（5）思维奔逸：思路飞快地从一个话题转向另一个话题。

（6）注意力分散：躁狂症患者的注意力很容易分散。

（7）精力充沛：高涨的心境通常伴随着对休息需要的减少，活动的增加。

（8）行为鲁莽：常常陷入易冲动和不听劝告的行为中。

2. 轻躁狂发作

轻躁狂发作的主要表现为言语增多、精力充沛和活动增加，情感高涨和易激惹达到了肯定异常的程度。病人的情绪不稳，如果其要求不能得到及时满足，就非常容易与家人、同事发生争吵。病人自我感觉良好，自高自大，过于自信，同时社交能力增加，睡眠需要减少，常乐意加班加点工作。轻躁狂发作和躁狂发作的主要区别是轻躁狂发作不会出现精神病性症状，并且其社会功能受损不明显，无需住院治疗。

3. 双相心境障碍

双相心境障碍是一种既有躁狂发作又可能有抑郁发作的疾病。双相心境障碍可分为Ⅰ型和Ⅱ型，均以躁狂抑郁发作为特点。躁狂的发作一般持续数周到数月。

双相Ⅰ型障碍：个体至少有一次轻躁狂发作、躁狂发作或混合发作，但没有抑郁发作的历史。

双相Ⅱ型障碍：躁狂的发作比较温和（即不够充分），但抑郁发作更频繁。

考研考法突破

考法 1　考查躁狂发作的临床表现

此考法常以选择或简答形式出现，考生需要掌握躁狂发作的临床表现，并注意把轻躁狂和躁狂发作的表现区分开来。

例 4：（华东师范大学，2012）单选题：下列哪一项不会出现在躁狂发作中？（　　）

A. 兴奋欣快　　B. 激惹　　C. 狂妄自负　　D. 沮丧绝望

【解析】躁狂发作的典型特征为高自尊，因此沮丧绝望的现象不会出现在躁狂发作中

参考答案：D

考法 2　考查双相心境障碍的临床表现

这种考法通常以选择或简答形式出现，考生要能够理解掌握双相心境障碍的含义及临床表现。

例 5：（中山大学，2017）单选题：在双相障碍的躁狂

阶段，个体会（　　）。

A. 非常活跃　　B. 被害妄想

C. 不可抑制的悲伤和绝望　D. 有幻视和幻听

【解析】躁狂发作以心境高涨为主，与其处境不相称，可以从高兴愉快到欣喜若狂，某些病例仅以易激惹为主。其主要表现为情绪高涨、思维奔逸、精神运动性兴奋。C 选项与躁狂发作不符，选项 B 和 D 是精神分裂症的典型症状。因此本题选 A。

参考答案：A

考法 3　考查双相心境障碍两种类型的对比

此考法常见于简答或论述，考生需要掌握双相心境障碍的两种类型的不同。

例 6：（浙江师范大学，2016）简答题：对比 I 型双相情感障碍和 II 型双相情感障碍。

【解析】本题考查双相障碍的类型的对比。

参考答案：（1）含义

①有一些病人有一次躁狂发作，其后没有抑郁发作，但即使只出现两极中的躁狂一极，这种情况也应诊断为双相障碍，即 I 型双相型障碍。

②有些病人没有躁狂发作，但有轻躁狂发作，又有抑郁发作，这种情况则应诊断为 II 型双相型障碍。

（2）区别

I 型双相（心境）障碍至少要有一次轻躁狂发作，躁狂发作或混合发作，但无抑郁发作的历史。II 型双相（心境）障碍至少要有一次抑郁发作和至少一次轻躁狂发作，但从未有躁狂发作或混合发作。即 I 型双相心境障碍一定有躁狂发作，且 II 型双相心境障碍一定无躁狂发作。

考研考法实战 答案见 D5 页

1.（天津师范大学，2017）名词解释：双相情感障碍

2.（华中师范大学，2019）名词解释：躁狂发作

考点 3　恶劣心境障碍与环性心境障碍

考研基础必备

恶劣心境障碍也叫心境恶劣，是一种轻度的抑郁。这样的病人通常是忧郁的、内向的、审慎的。缺乏获取快乐的能力。他们缺乏精力，自尊水平低，有自杀的想法，他们的饮食、睡眠和思维都存在紊乱，与抑郁症很相似，只是其症状还不是那么严重或不够多。

环性心境障碍的病人可以在数年内一直处于轻躁狂或抑郁状态中，症状和恶劣心境一样较轻微，以致其成为了病人的一种生活方式。

考研考法突破

考法 1　考查恶劣心境障碍与环性心境障碍的含义

（湖南师范大学，2021 年）名词解释：恶劣心境障碍

【解析】本题考查恶劣心境障碍的含义，记住就可以正确作答。

参考答案：恶劣心境障碍也是一种轻度的抑郁。这样的病人通常是忧郁的、内向的、审慎的。缺乏获取快乐的能力。他们缺乏精力，自尊水平低，有自杀的想法，他们的饮食、睡眠和思维都存在紊乱，与抑郁症很相似，只是其症状还不是那么严重或不够多。

第三节　心境障碍的病因

研究考题，明确考况

考试要求	自主命题	
	考题	考查点
病因	天津师范大学，2012；东北师范大学，2014，2016	论述题：抑郁症病因

考点 1　抑郁症的病因

考研基础必备

1. 生物医学因素

（1）遗传方面：抑郁症病人的亲属发病率为一般人群的 1.5~3 倍，双相心境障碍为 10 倍；双相心境障碍，同卵双生子共病率为 72%，而异卵双生子为 14%；单相心境障碍，同卵双生子共病率为 40%，而异卵双生子为 11%。

（2）神经生理学方面：研究人员发现，心境障碍在某种程度上带有季节性的特点，这些疾患与环境中所供应的整体光线数量有关。研究表明，低水平的五羟色胺同重性抑郁障碍的发作有关

（3）生物化学方面：神经递质失衡，某些药物治疗改变突触部位神经递质浓度。

2. 抑郁的社会心理学因素

（1）心理动力学：指向自身的愤怒导致抑郁，口唇期需要没有得到满足或过分得到满足，心理发展固着在此阶段，倾向过分依赖他人以维持自尊。

①认为抑郁源于先天的缺陷，常常源于早年的丧失。

②个体早期的创伤被现在的事件所激活，将患者带回了婴儿期的创伤。

③这种退行的一个重要的后果是无望感和无助感。

④对对象的矛盾心理是抑郁者心境困扰的基础。

⑤自尊的丧失是抑郁的主要特征。

（2）行为理论：对个体正常行为的强化过少，对异常情绪奖励增加的结果。许多行为主义者将抑郁看作是消退的结果，认为抑郁是一种不完全或不充分的活动。抑郁患者缺乏获得强化和与他人交往的能力。抑郁者的糟糕的人际关系是抑郁持续存在的重要因素之一。

（3）认知理论：个体的想法和信念是引发和影响情绪状态的关键因素。

①贝克的理论：消极的信心信念、负性生活事件背后的消极图式或信念、歪曲的认知三个因素相互作用力，导致抑郁。

②习得性无助理论：个体的消极状态和无法有所行动、无法控制自己的生命感觉来自个体不成功的控制尝试的经历和心理创伤。

③归因和习得性无助理论：归因于稳定的因素会导致失败对个体产生长期的消极影响。将失败归因于内在的自身的原因，会导致个体自尊的下降。

④无望感理论：个体存在一种对自己所希望的结果不会发生，或自己不希望的结果将会发生的预期，并因此不再作出任何行动以改变这种情境的心理反应。

考研考法突破

考法 1　考查抑郁症的病因

此考法常见于简答或论述当中，考生对于抑郁症的病因要全面掌握。

例 1：（天津师范大学，2012）论述题：试分析抑郁症的原因。

【解析】本题考查抑郁症的病因，从生物化学因素和心理社会因素两方面来作答。

参考答案：

从生物医学因素的角度，抑郁症的病因跟下列因素相关：

（1）遗传方面：抑郁症病人的亲属发病率为一般人群的 1.5–3 倍，双相心境障碍为 10 倍；双相心境障碍，同卵双生子共病率为 72%，而异卵双生子为 14%；单相心境障碍，同卵双生子共病率为 40%，而异卵双生子为 11%。

（2）神经生理学方面：研究人员发现，心境障碍在某种程度上带有季节性的特点，这些疾患与环境中所供应的整体光线数量有关。

（3）生物化学方面：神经递质失衡，某些药物治疗改变突触部位神经递质浓度。研究表明，低水平的五羟色胺同重性抑郁障碍的发作有关

从心理社会因素的角度，抑郁症的病因跟下列因素相关：

（1）心理动力学：指向自身的愤怒导致抑郁，口唇期需要没有得到满足或过分得到满足，心理发展固着在此阶段，倾向过分依赖他人以维持自尊。

（2）行为理论：对个体正常行为的强化过少，对异常情绪奖励增加的结果。许多行为主义者将抑郁看做是消退的结果，认为抑郁是一种不完全或不充分的活动。抑郁患者缺乏获得强化和与他人交往的能力。抑郁者的糟糕的人际关系是抑郁持续存在的重要因素之一。

（3）认知理论：个体的想法和信念是引发和影响情绪状态的关键因素。

①贝克的理论：消极的信心信念、负性生活事件背后的消极图式或信念、歪曲的认知三个因素相互作用力，导致抑郁。

②习得性无助理论：个体的消极状态和无法有所行动、无法控制自己的生命感觉来自个体不成功的控制尝试的经历和心理创伤。

③归因和习得性无助理论：归因于稳定的因素会导致失败对个体产生长期的消极影响。将失败归因于内在的自身的原因，会导致个体自尊的下降。

④无望感理论：个体存在一种对自己所希望的结果不会发生，或自己不希望的结果将会发生的预期，并因此不再作出任何行动以改变这种情境的心理反应。

考研考法实战 答案见 D5 页

1.（华东师范大学，2012）单选题：低（　　）水平与自杀的强烈冲动密切相关。

A. 5–HT　　B. DA　　C. NE　　D. GABA

2.（东北师范大学，2014）论述题：抑郁症的临床表现与成因。

第四节　心境障碍的治疗

研究考题，明确考况

考试要求	自主命题	
	考题	考查点
治疗	华东师范大学，2017	论述题：抑郁症治疗

考点 1　抑郁症的治疗

考研基础必备

1. 生物治疗

（1）药物治疗。三环类抗抑郁药、选择性 5–HT 再摄取抑制剂：以百忧解为代表，治疗机理是选择性的阻断 5–HT 的再摄取。抗躁狂药：心境稳定剂。

（2）光疗法。应用人工全光谱模拟日光照射。

（3）维持治疗：维持治疗可与急性期治疗使用相同的药物，可以是同样的剂量，也可以根据病人情况适当减量。

2. 心理治疗

（1）心理动力学治疗：重点是支持和再保证，通过减少病人的焦虑使他们感到安全，获得支持、舒适和轻松来缓解症状。待病人情绪稳定后再揭示其症状的根源。

（2）认知治疗：目标是改变抑郁性的想法，这些改变通过行为实验、逻辑辩论、证据的检验、问题解决、角色扮演、认知重建等途径得以实现。其中认知重建是用积极的、符合现实的认知替代那些消极的、与现实不相符合的认知，这是认知治疗最为重要的方面。

（3）行为治疗：行为治疗是通过操纵强化的时机、提高患者获得强化的比率来消除抑郁状态的。对抑郁行为治疗的另一种重要措施是借助于一种社会技能训练的技术来帮助患者，这些技术包括渐进的达成目标训练、决策训练、自我强化训练、社交技能训练以及放松训练等。

（4）人本主义治疗：尝试帮助抑郁和自杀的病人认识到他们的情感痛苦是一种真实的反应。病人还要学会，人不能通过过分地依赖他人来获得满足感，真实地生活是追求自己的目标。

（5）团体心理治疗：通过团体治疗可以激发和运用患者之间的积极的互动作用，通过团体治疗者的引导和治疗，可以促进这些互动向正性积极的方向发展，不再仅是同病相怜，而且是"同病相励""同病相治"，从而提高治疗的效果和病人对治疗的信心和依从性。

3. 家庭教育

家庭教育首先应先理解病人的人格和他们及其家属对心境障碍的先入之见，然后根据这些信息进行针对性的家庭教育。一方面可以提高病人对疾病的认识，增强其战胜疾病的信心，提高对治疗的依从性；另一方面可帮助病人获得更多来自家庭的支持和有效的帮助。

考研考法突破

考法 1　考查抑郁症的治疗方法

这种考法常以简答或论述的形式出现，考生需要全面掌握抑郁症的治疗方法。

例 1：（华东师范大学，2017）如何治疗抑郁症？

【解析】本题考查抑郁症的治疗方法。

参考答案：抑郁症的治疗可以结合药物治疗、心理学治疗和家庭教育。

（1）首先，可以采用百忧解等抗抑郁药物，减轻患者的抑郁症状。

（2）其次，采用心理学疗法来辅助治疗：

①采用心理动力学治疗方法，减少病人的焦虑使他们感到安全，获得支持、舒适和轻松来缓解症状。

②利用认知治疗，改变患者的抑郁性的想法，通过认知重建用积极的、符合现实的认知替代患者那些消极的、与现实不相符合的认知。

③通过行为治疗，操纵强化的时机，提高患者获得强化的比率来消除抑郁状态的。借助于社会技能训练的技术来帮助患者，获得社交技能训练以及放松训练等。

④采用人本主义治疗，尝试帮助抑郁和自杀的病人认识到他们的情感痛苦是一种真实的反应，让患者真实地追求自己的目标。

⑤也可以采用团体心理治疗，通过团体治疗可以激发和运用患者之间的积极的互动作用，从而提高患者治疗的效果和病人对治疗的信心和依从性。

（3）要联动家庭教育：让患者家属一方面提高对疾病的认识，增强患者及家属其战胜疾病的信心，提高对治疗的依从性；另一方面可帮助病人获得更多来自家庭的支持和有效的帮助。

考研考法实战 答案见 D6 页

1.（华东师范大学，2020）抗抑郁药百忧解（也叫盐酸氟西汀），主要是通过增加突触间神经递质（　　）的含量来治疗抑郁。

A. 多巴胺

B. Y—氟基丁酸

C. 5—羟色胺

D. 肾上腺素

第五节　自杀

研究考题，明确考况

考试要求	自主命题	
	考题	考查点
干预	苏州大学，2014	简答题：自杀干预策略
原因	郑州大学，2021	简答题：自杀原因及预防

考点 1　自杀的预防

考研基础必备

1. 热线干预与危机干预

咨询师的伦理原则之一是保密原则，即治疗者应尊重来访者的个人隐私权。但是，对保密原则的遵守有例外的情况。如果治疗者所得到的信息表明来访者有自杀或伤害他人或危机社会安全的常识或企图时，应立即采取必要的措施保护来访者的人身安全，防止意外事件的发生。这些必要的措施可能包括通知来访者身边的亲友或师长等。但注意应使有关人员明了如何应付可能的事件，并在尽可能的情况下，保护来访者的个人隐私，保证有关人员不会因此而歧视来访者。

对自杀的干预：

（1）自杀热线。大多数企图自杀的人并没有完全下定决心要死，因此人们建立了自杀热线来帮助自杀者，自杀热线的工作人员，通常是志愿者，他们会努力倾听来电者的诉说，同时与其讨论为什么不要自杀，并告诉他们在什么地方去寻求专业的帮助。当接到电话时，自杀热线的工作人员首先会设法鼓励对方保持接触，建立一种信任关系，进而通过问话和简单的心理测量来评估对方自杀行为的可能性和紧迫性。如果对方不愿交谈，也要力图安慰、鼓励和说服对方平静下来，等待一下，以便寻求恰当的替代方法。

（2）另一种预防方式是针对自杀的高危人群进行教育，包括学校的有关课程。在这类课程中，教师、家长和青少年组成讨论小组，共同讨论有关自杀的危险信号，以便来发现那些处于危险中的人。

（3）对自杀者危机干预的基本原则包括积极倾听（采用开放式提问、封闭式提问）、表达自己的感受、良好的共情及以真诚的态度与其交谈等。

（4）危机干预热线是干预和处理自杀行为的一种被普遍采用的有效手段，保持交谈、建立信任是热线干预的基本原则。

2. 心理干预

（1）初级预防：其针对的是普通群众；目标是提高人的心理素质，消除生物、心理及社会的病因，防患于未然。

（2）二级预防：针对的是处于危险阶段但尚未形成症状的人；目标是在家庭和社区中早期发现、及时治疗适应不良行为，避免产生更为严重的问题，防微杜渐。

（3）三级预防：针对的是已经出现心理疾病者；目标是尽可能地减轻损害促进康复，致力于将疾病的持久性与破坏性降至最低。

考研考法突破

考法 1 危机干预的策略

这种考法相对来说考查的比较少，考生可以根据自己院校真题情况来判定是否需要掌握，关于自杀的内容，考生主要掌握自杀干预的策略。

例 1：（苏州大学，2014）简述自杀干预的策略。

【解析】本题考查自杀干预的策略。

参考答案：

自杀危机干预是指在自杀潜伏期内或在自杀未遂的情况下，对处于自杀危机中的个体提供支持解除心理痛苦的一系列措施和方法，帮助他们从一时的自杀冲动中解脱出来。其策略主要有：

（1）自杀热线。大多数企图自杀的人并没有完全下定决心要死，因此人们建立了自杀热线来帮助自杀者，自杀热线的工作人员，通常是志愿者，他们会努力倾听来电话者的诉说，同时与其讨论为什么不要自杀，并告诉他们在什么地方去寻求专业的帮助。当接到电话时，自杀热线的工作人员首先会设法鼓励对方保持接触，建立一种信任关系，进而通过问话和简单的心理测量来评估对方自杀行为的可能性和紧迫性。如果对方不愿交谈，也要力图安慰、鼓励和说服对方平静下来，等待一下，以便寻求恰当的替代方法。

（2）另一种预防方式是针对自杀的高危人群进行教育，包括学校的有关课程。在这类课程中，教师、家长和青少年组成讨论小组，共同讨论有关自杀的危险信号，以便来发现那些处于危险中的人。

（3）对自杀者危机干预的基本原则包括积极倾听（采用开放式提问、封闭式提问）、表达自己的感受、良好的共情及以真诚的态度与其交谈等。

（4）危机干预热线是干预和处理自杀行为的一种被普遍采用的有效手段，保持交谈、建立信任是热线干预的基本原则。

考研考法实战

答案见 D6 页

1. 简答：请简要介绍一下有关自杀的危险因素。
2. （郑州大学，2021 年）简答题：自杀原因及预防。
3. （苏州大学，2021 年）简答题：简述社区卫生心理的三级防治。

章节考点 综合训练

答案见 D6 页

一、单选题

1. （南京师范大学，2014）“抑郁发作”的特点不包括（　　）。
   A. 思维缓慢　B. 思维中断
   C. 情绪低落　D. 动作减少或迟缓
2. （江西师范大学，2012）抑郁发作睡眠障碍的特点是（　　）。
   A. 入睡困难　B. 睡眠过多　C. 早醒　D. 易惊醒
3. （江西师范大学，2012）单选题：男性患者，32 岁，未婚。近半月来自觉聪明过人，能力非凡，精力旺盛，送人打招呼，天天喜洋洋。每天早起出门，很晚回家。乱买东西送人，喜欢唱歌、跳舞，喜欢结交朋友，尤其喜欢接近异性。交谈时，滔滔不绝，自觉思维加快，脑子里一个念头接着一个念头出现，写文章一挥而就。好管闲事，做事虎头蛇尾，举止轻浮，不计后果，情绪不稳，常为小事而勃然大怒。该患者的症状最可能属于（　　）。
   A. 精神分裂症　B. 人格障碍
   C. 躁狂发作　D. 反应性精神障碍
4. 抑郁症患者“心境抑郁”的临床特点是（　　）。
   A. 昼轻夕重　B. 昼重夕轻
   C. 昼夕无轻重之分　D. 昼夕皆轻
5. 抑郁性神经症的主要临床特点是（　　）。
   A. 对前途悲观，偶有失望　B. 感到生活还有意义
   C. 兴趣减退，但不丧失　D. 常常感到精神疲惫
6. 抑郁的最主要特征是（　　）。
   A. 对未来感到担忧　B. 感到烦恼、不耐烦
   C. 认为自己毫无用处　D. 对健康过分地关注

二、名词解释

1. （湖南师范大学，2017）情绪高涨
2. （湖南师范大学，2017）情感障碍

3.（华中师范大学，2014）习得性无助

三、简答题

1.（华中师范大学，2011）简述抑郁发作的主要特征。

2.（湖南师范大学，2020）什么是抑郁症，患抑郁症有哪些可能的原因。

3.（郑州大学，2020/2021）论述抑郁发作的症状和治疗方法？

4.（天津师范大学，2015）简述心理干预及其目标和人群。

四、论述题

1.（东北师范大学，2014）试述单相情感障碍的临床表现与成因。

2.（东北师范大学，2016）试述双相情感障碍的临床表现及成因。

3.（中山大学，2017）有人在网络上称，“抑郁症是一种心理疾病，非常常见，无须恐慌，也无须去医院求治”。请对这个说法进行评估，说明其优劣势。如果您身边有亲友疑似抑郁症，你会怎样考虑去帮助 Ta？

五、案例分析题

1.（上海师范大学，2021）案例分析

A，女性，35 岁左右，目前在一家企业工作，为家中独生女，父亲性格急躁、强势，管教孩子严厉，有打骂现象，对其母亲也是经常言语粗暴，母亲文化水平低，不懂得表达，时常觉得孤独，没有人关怀。

A 于半年前离婚，这半年来始终心情不好、烦躁、睡眠差，并且觉得自己的婚姻十分失败，也不再像从前一样与朋友交往，总是拒绝朋友的邀约，对什么活动都不感兴趣。晚上睡眠质量差，每天睡眠约 3 个小时，有时彻夜未眠；觉得活着累，没有意思，生活没有阳光，整片灰暗。有一次服用药物自杀，自杀未遂后开始健身、散漫、跳舞等，心情逐渐好转，能够正常工作，工作能力较好。

两个月前晋升担任企业主管工作，感觉工作压力增大。早晨时感觉很累，双腿无力，疲乏，酸软；晚上做梦多，感觉心慌，气短，出气困难，当时在心内科检查无异常，遇到事情时会出现有时手脚发麻，整天高兴不起来，觉得自己快要崩溃了，诉说病情会悲伤哭泣，觉得自己生活没有阳光，家人都不能理解自己。近 1 月感觉病情逐渐加重，觉得整天以泪洗面，高兴不起来，有时有消极观念，和父母在一起时感觉心理压力大，食欲差，整晚入睡困难，思维变得迟钝；上班时无法完成工作，有一定的消极观念，无自杀及自伤行为。

问题：作为咨询师，写出诊断、诊断依据，可能导致这种心理困扰的风险因素。

第六章 焦虑障碍

焦虑令人们难受痛苦，甚至疲惫不堪，适度的焦虑可以促进人们的进步，也可以保护人们在威胁中尽量少受伤害，但是过度的焦虑体验就会严重影响到人们的日常生活、人际沟通、学习和工作。本章主要介绍了焦虑障碍以及焦虑障碍的各种类型，包括恐怖症、惊恐障碍、广泛性焦虑障碍、创伤后应激障碍等，每种障碍分别从含义、类型、临床表现、病因和治疗这几个方面来进行介绍。本章内容是变态心理学这个科目最重要的内容，在考试当中出现的频次也是最多的，可以以多种形式进行考查，因此考生要引起足够的重视。

第一节 概述

研究真题，明确考况

考试要求	自主命题	
	考题	考查点
焦虑障碍	华东师范大学，2019； 华中师范大学，2014；	选择题：焦虑障碍的概况
神经症	南京师范大学，2018； 苏州大学，2012 湖南师范大学，2016	名词解释题：神经症 简答题：神经症的一般特点 简答题：神经症的含义及分类

考点 1 焦虑障碍的概况

考研基础必备

1. 焦虑障碍的概念

在 DSM- Ⅳ中，焦虑障碍是指过分的、没有理由的担忧为主要症状的一类心理障碍。它包括恐怖症、惊恐障碍、广泛性焦虑障碍、强迫症、创伤后应激障碍等主要类型。焦虑障碍是女性中最常见的心理障碍，恐怖症是最常见的焦虑障碍。

2. 焦虑的分类（弗洛伊德）

1）现实性焦虑

产生对外界危险的知觉，如人们害怕毒蛇、持有凶器的暴徒和失去控制的汽车等。

2）神经症性焦虑

人们体验到焦虑是因为意识到自己的本能冲动可能导致某种危险，即焦虑来源于潜意识中的本我。

3）道德性焦虑

自我对罪恶感和羞耻感的体验，产生的原因是自我意识到来自良心惩戒的危险。

4）状态焦虑

一种病理状态，持续时间较短，焦虑程度较重，植物性神经功能失调较显著，往往与个体关注的生活情景有关。

5）特质性焦虑

从幼年时期开始逐渐形成的一种人格特性，这种人自幼显示出焦虑倾向，且持续终生。

考研考法突破

考法 1 考查焦虑的分类

此考法常见于选择和名词解释中，考生需要理解并掌握几种焦虑分类的含义。

例 1：（华东师范大学，2019）名词解释：现实性焦虑

【解析】本题考查焦虑分类的含义。

参考答案：现实性焦虑是人们产生对外界危险的知觉，如人们害怕毒蛇、持有凶器的暴徒和失去控制的汽车等。

考法 2 考查焦虑障碍的概念

这种考法常见于选择或名词解释中，考生要能够记住焦虑障碍的含义。

例 2：（湖南师范大学，2019）名词解释：焦虑障碍

【解析】本题考查焦虑障碍的含义，记住即可正确作答。

参考答案：焦虑障碍是指过分的、没有理由的担忧为主要症状的一类心理障碍。它包括恐怖症、惊恐障碍、广泛性焦虑障碍、强迫症、创伤后应激障碍等主要类型。

考研考法实战 答案见 D9 页

1.（华中师范大学，2014）单选：DSM-Ⅳ 焦虑障碍不包括（　　）。

A. 强迫症　　B. 疑病症
C. 广泛性焦虑障碍　　D. 创伤后应激障碍

2.（华东师范大学，2011）单选题：焦虑障碍最糟糕的极点是（　　）。

A. 惊恐障碍　　B. 恐怖症
C. 强迫症　　D. 双相心境障碍

3.（南京师范大学，2013）单选：个体感知到环境中真实客观的危险所引起的情绪反应是（　　）。

A. 现实性焦虑　　B. 神经性焦虑
C. 道德性焦虑　　D. 防御性焦虑

考点 2　神经症

考研基础必备

（优加考研温馨提示：在以 DSM-4 为参考体系的钱铭怡教材中，已经将神经症取消，以焦虑障碍取而代之，但在以 CCMD-3 为参考体系的王玲版本中仍然保留神经症）

1. 神经症的含义

神经症也叫神经官能症，是一组精神障碍的总称。在 CCMD-3 中，神经症被定义为一组主要表现为焦虑、抑郁、恐惧、强迫、疑病症状，或神经衰弱症状的精神障碍，它包括了以下几种类型：恐怖症、焦虑症、强迫症、躯体形式障碍、神经衰弱和其他神经症。

2. 神经症的特征

（1）神经症的发病通常与不良的社会心理因素有关，不健康的素质和人格特性常构成发病的基础。

（2）症状复杂多样，其典型体验是患者感到不能控制他自认为应该加以控制的心理活动。患者虽有多种躯体的自觉不适感，但临床检验未能发现器质性病变。

（3）患者一般能适应社会，其行为一般保持在社会规范容许的范围内，可以为他人理解和接受，但其症状妨碍了患者的心理功能或社会功能。

（4）患者对存在的症状感到痛苦和无能为力，常迫切要求治疗，自制力完整或基本完整。

（5）症状持续时间至少 3 个月。

考研考法突破

考法 1　考查神经症的含义及特点

虽然在 DSM 的诊断体系中删除了有关“神经症”的说法，但考生依然要对此概念有一定的了解。有些院校还是会根据 CCMD-3 的诊断体系去考查。

例 3：（南京师范大学，2018）名词解释：神经症

参考答案：神经症是一组精神障碍的总称，在 CCMD-3 中，神经症被定义为一组主要表现为焦虑、抑郁、恐惧、强迫、疑病症状，或神经衰弱症状的精神障碍，包括神经衰弱、强迫症、焦虑症、恐怖症、躯体形式障碍等等，患者深感痛苦且妨碍心理功能或社会功能，但没有任何可证实的器质性病理基础。病程大多持续迁延或呈发作性。

例 4：（苏州大学，2012）简答题：简述神经症的一般特点。

参考答案：（1）神经症也叫神经官能症，是一组精神障碍的总称。在 CCMD-3 中，神经症被定义为一组主要表现为焦虑、抑郁、恐惧、强迫、疑病症状，或神经衰弱症状的精神障碍，它包括了以下几种类型：恐怖症、焦虑症、强迫症、躯体形式障碍、神经衰弱和其他神经症。

（2）神经症具有以下几个特征：

①神经症的发病通常与不良的社会心理因素有关，不健康的素质和人格特性常构成发病的基础。

②症状复杂多样，其典型体验是患者感到不能控制他自认为应该加以控制的心理活动。患者虽有多种躯体的自觉不适感，但临床检验未能发现器质性病变。

③患者一般能适应社会，其行为一般保持在社会规范容许的范围内，可以为他人理解和接受，但其症状妨碍了患者的心理功能或社会功能。

④患者对存在的症状感到痛苦和无能为力，常迫切要求治疗，自知力完整或基本完整。

⑤症状持续时间至少 3 个月。

考研考法实战 答案见 D8 页

1.（湖南师范大学，2016）简答题：什么是神经症？神经症有哪些亚型？

第二节　恐怖症

研究真题，明确考况

考试要求	自主命题	
	考题	考查点
恐怖症	华东师范大学，2019；湖南师范大学，2015；辽宁师范大学，2011；苏州大学，2012，2015；西北师范大学，2012 湖南师范大学，2021；天津医科大学，2021	选择题：广场恐怖特征 名词解释：恐怖症，广场恐怖症，社交恐惧症 简答题：恐怖症含义及类型

考点 1　恐怖症的含义

考研基础必备

恐怖症又译为恐惧症，是指对于特定事物或处境具有强烈的恐惧情绪，患者采取回避行为，并有焦虑症状和植物性神经功能障碍的一类心理障碍。患者知道自己的害怕是过分的、不应该或不合理的，但这种认知并不能阻止恐怖发作。

考研考法突破

考法 1 考查恐怖症的含义

此考法常见于选择或名词解释，考生掌握恐怖症的含义，并能跟其他心理障碍相区分，即可正确作答。

例 1：（湖南师范大学 /2015，辽宁师范大学 /2011，苏州大学 /2012）名词解释：恐怖症

【解析】本题考查恐怖症的含义。

参考答案：恐怖症又译为恐惧症，是指对于特定事物或处境具有强烈的恐惧情绪，患者采取回避行为，并有焦虑症状和植物性神经功能障碍的一类心理障碍。患者知道自己的害怕是过分的、不应该或不合理的，但这种认知并不能阻止恐怖发作。

考研考法实战 答案见 D9 页

1.（华中师范大学，2015）单选：以下为恐怖症患者的认知特征的是（　　）。

A. 灾难化地解释自己的躯体或心理体验

B. 认为某些实际无危险的环境有危险

C. 对自己的身体感觉解释为得了不治之症的倾向

D. 觉得自己的躯体或心理将会受到威胁

考点 2 恐怖症的分类

考研基础必备

1. 广场恐怖症

广场恐怖症又译场所恐怖症，它最初用来描述对聚会的场所感到恐惧的综合征，目前已不限于广场。它不仅包括害怕开放的空间或害怕离家，也包括害怕置身于人群拥挤场合以及难以逃回安全处所（多为家）的地方，如置身于商店、剧院、电梯间、CT 检查室、车厢或机舱等。

1）临床表现

①焦虑症状，患者担心在公共场所中昏倒而无亲友救助，或失去自控又无法迅速离开。这种恐惧是对即将发生危险的一种预期，预感到自己将发生可怕的后果，且伴有植物性神经功能激活的表现。很多病人在焦虑程度严重时出现惊恐发作。

②焦虑均在特定情境中发生，多数场合是拥挤人群、封闭场所、难以立即逃到安全地方等情境。

③回避行为，即立即从恐怖情境中逃走或回避恐怖情境，是广场恐怖症的一个重要特征。

2）诊断标准

A. 对置身于某处感到焦虑，觉得难以逃脱（或感到难堪），或感到在发生意想不到的惊恐发作时找不到帮助。典型的广场恐怖易发生的情景有：独自离家在外；在一群人中或正在站队；在一座桥上；在公共汽车、火车里。（注：如只是某一个或一两个特殊情景，那就可以考虑特殊恐怖症；如果仅限于社交情景，那就应诊断为社交恐怖症。）

B. 患者设法避免这种情景（例如回避旅行），或者带着痛苦忍受着，或者带着焦虑心情担心惊恐发作的发生，或者就此提出要有人陪伴。

C. 排除社交恐怖症、特殊恐怖症、PTSD 或离别性焦虑障碍等精神障碍引起的各种焦虑或恐怖性回避。

2. 社交恐怖症

也被称作社交焦虑障碍，是指对一种或多种人际处境存在持久的强烈恐惧和回避行为。恐惧的对象可以是某个人或某些人，也可以相当泛化，可包括除了某些特别熟悉的亲友之外所有的人。

1）特点

①对于社交场景过分恐惧，尽量避免与人接触，主要是为了避免负性评价。

②害怕说话或做事遭到羞辱或尴尬。

③好像有千万双眼睛盯着自己的一举一动，所以很不自在。

④如果不能避免人际接触，则“非常痛苦的忍耐着和别人在一起”，所以倾向于寻找减少社交邀请的借口或事务。

⑤社交恐怖的典型表现是怯场和演讲焦虑。

⑥大多起病于童年期或青春期。

2）诊断标准

A. 患者对某种或多种社交场合有显著或持久的恐惧。在这些场合下，患者被暴露于不熟悉的人们面前或可能有人在注意或观察，害怕自己可能会作出一些使人难堪的行为或表现出焦虑症状。如果是儿童，则是在与年龄相称的熟悉的人们交往时发生问题，或在同伴中出现焦虑，而不是与成人的交往问题。

B. 一旦暴露于所害怕的社交场合下便引起焦虑，并可能出现与处境密切相联系的惊恐发作。如果是儿童，焦虑可表现为大哭大闹、发呆或从社交处境中退缩。

C. 患者知道自己的害怕是过分的或没有道理的。如果是儿童，这一点可以没有。

D. 患者设法回避所害怕的社交场合，否则要忍受极度的焦虑或痛苦。

E. 对恐怖处境的回避焦虑性期待或者痛苦，显著妨碍了患者的生活、工作或社交活动，或者对于患有恐怖症感到极度的精神痛苦。

F. 如患者年龄小于 18 岁，病程应持续至少 6 个月。

G. 这种害怕或回避不是由于某种物质性躯体状况所致的直接生理性反应，并排除其他精神障碍而引起的焦虑或恐怖性回避。

H. 如存在某种一般躯体情况或其他精神障碍，那么标准 A 的害怕与之无关，例如不是害怕自己的口吃、帕金森氏病的震颤或神经性厌食或贪食症的异常进食行为。

注明亚型：特殊性社交恐怖症（只限于某两种特殊场合）、广泛性社交恐怖症（害怕涉及几乎所有社交处境。这种广泛性亚型通常要考虑患者具有回避性人格障碍）。

3. 特殊恐怖

特殊恐怖症又称单纯恐怖症，是指对存在或预期的某种特殊物体或情境的不合理焦虑。最常见的恐惧对象包括：某些动物（如狗、猫、蛇、老鼠）、昆虫（如蜜蜂、蜘蛛）、登高、雷电、黑暗、坐飞机、外伤或出血、锐器，以及特定的疾病（如放射性疾病、性病、艾滋病），等等。

1）特点

①一种对特定的事物或情境的持续的过分的恐惧。

②当遭遇恐怖对象时，个体会体验到强烈的生理激活，

并急于逃跑。

③个体会因为对恐怖对象的回避行为而影响社会功能。

④分为四类：动物恐怖，血液恐怖，注射恐怖，场所恐怖。

⑤动物恐怖常童年起病（4 岁），场所恐怖较晚。

2）诊断标准

A. 由于存在或预期某种特殊物体或情境（如飞行、高空或动物）而出现显著或不合理的持续害怕。

B. 暴露于所恐惧的刺激时，几乎不可避免地立即产生焦虑，并可能出现仅限于此情境的惊恐发作。注：若是儿童，焦虑可表现为哭闹、发脾气或紧紧地拖住他人。

C. 患者认识到这种害怕是不合理的或过度的。注：若是儿童，则无此项。

D. 患者一般都设法避免这种情景，否则便以极度的焦虑或痛苦忍受着。

E. 这种对恐怖情境的避免、焦虑的期待或害怕反应，显著地干扰个人的生活、工作或社交，或者对于患有恐怖症感到极度的精神痛苦。

F. 如患者年龄小于 18 岁，应至少有 6 个月病程。

G. 排除其他精神障碍如强迫症、创劳后激障碍 PTSD、分离性焦虑障碍、社交恐怖症、惊恐障碍而引起的焦虑、惊恐发作或恐怖性回避。

注明类型：动物型、自然环境型（例如高度、雷雨、水）、血液注射外伤型、情景型（例如飞机、电梯、闭室）、其他型（例如，惊恐性地躲避会导致窒息、呕吐或感染疾病的情境场合。如是儿童，躲避响声或某种服装）。

考研考法突破

考法 1　考查恐怖症的类型

此种考法常见于简答和论述，考生需要掌握恐怖症各种类型的含义，即可正确作答。

例 2：（湖南师范大学，2017）论述题：什么是恐怖症？恐怖症的分类类型。

参考答案：恐怖症又译为恐惧症，是指对于特定事物或处境具有强烈的恐惧情绪，患者采取回避行为，并有焦虑症状和植物性神经功能障碍的一类心理障碍。患者知道自己的害怕是过分的、不应该或不合理的，但这种认知并不能阻止恐怖发作。

恐怖症可分为以下几种：

（1）广场恐怖：最初描述对聚会的场所感到恐惧，目前已不限于广场。不仅包括害怕开放的空间或害怕离家，也害怕置身于人群拥挤场合以及难以逃回安全处所。

（2）社交恐怖：也被称作社交焦虑障碍，是指对一种或多种人际处境存在持久的强烈恐惧和回避行为。恐惧的对象可以是某个人或某些人，也可以相当泛化，可包括除了某些特别熟悉的亲友之外所有的人。

（3）特殊恐怖：又称单纯恐怖症，是指对存在或预期的某种特殊物体或情境的不合理焦虑。最常见的恐惧对象包括：某些动物（如狗、猫、蛇、老鼠）、昆虫（如蜜蜂、蜘蛛）、登高、雷电、黑暗、坐飞机、外伤或出血、锐器，以及特定的疾病（如放射性疾病、性病、艾滋病）。

例 3：（湖南师范大学 /2021，天津医科大学 /2021）名词解释：广场恐怖症

参考答案：广场恐怖症最初描述对聚会的场所感到恐惧，目前已不限于广场。不仅包括害怕开放的空间或害怕离家，也害怕置身于人群拥挤场合以及难以逃回安全处所。

例 4：（郑州大学，2021）名词解释：社交恐惧症。

参考答案：社交恐怖也被称作社交焦虑障碍，是指对一种或多种人际处境存在持久的强烈恐惧和回避行为。恐惧的对象可以是某个人或某些人，也可以相当泛化，可包括除了某些特别熟悉的亲友之外所有的人。

考法 2　考查恐怖症不同类型的典型症状

此种考法常见于选择题，题中会描述症状表现，考生需能够鉴别出属于哪种恐怖症的类型。

例 5：（华东师范大学，2019）单选题：广场恐怖的共同特征是怕（　　）。

A. 无法迅速离开　　B. 无力帮助

C. 空气和风　　D. 接触人

【解析】广场恐怖症患者会对不同场所产生恐惧，但根本上所害怕的是当自己惊恐发作时没办法找到迅速离开的出口。

参考答案：A

考法 3　考查恐怖症的诊断

恐怖症的诊断可以通过简答题和名词解释题来考查，考生不仅需要理解掌握恐怖症的诊断标准，也需要在案例分析中对其加以准确识别。

例 6：（华东师范大学，2018）简答题：简述社交恐怖症诊断标准。

【解析】本题考查社交恐怖症的诊断标准。

参考答案：诊断标准：

A. 患者对某种或多种社交场合有显著或持久的恐惧。在这些场合下，患者被暴露于不熟悉的人们面前或可能有人在注意或观察，害怕自己可能会作出一些使人难堪的行为或表现出焦虑症状。如果是儿童，则是在与年龄相称的熟悉的人们交往时发生问题，或在同伴中出现焦虑，而不是与成人的交往问题。

B. 一旦暴露于所害怕的社交场合下便引起焦虑，并可能出现与处境密切相联系的惊恐发作。如果是儿童，焦虑可表现为大哭大闹、发呆或从社交处境中退缩。

C. 患者知道自己的害怕是过分的或没有道理的。如果是儿童，这一点可以没有。

D. 患者设法回避所害怕的社交场合，否则要忍受极度的焦虑或痛苦。

E. 对恐怖处境的回避焦虑性期待或者痛苦，显著妨碍了患者的生活、工作或社交活动，或者对于患有恐怖症感到极度的精神痛苦。

F. 如患者年龄小于 18 岁，病程应持续至少 6 个月。

G. 这种害怕或回避不是由于某种物质性躯体状况所致的直接生理性反应，并排除其他精神障碍而引起的焦虑或恐怖性回避。

H. 如存在某种一般躯体情况或其他精神障碍，那么标准 A 的害怕与之无关，例如不是害怕自己的口吃、帕金森氏病的震颤或神经性厌食或贪食症的异常进食行为。

考研考法实战 答案见 D9 页

1.“过分担心处于特定情境，如在酒会大厅中，没有可以立即使用的出口”是（　　）症状的关键特征之一。

A. 场所恐惧症　　B. 社交恐惧症

C. 特定恐惧症　　D. 焦虑障碍

2. 小刚每次走到黑暗的地下室时，就会过分地害怕，明知没有必要，但不能防止恐惧发作，总是过分担心没有

一个即刻能用的出口逃生，因此，他极力回避去黑暗的地下室，小刚可能患有（　　）。

A. 社交恐惧症　　B. 惊恐障碍

C. 场所恐惧症　　D. 思想强迫症

3. 恐惧症不包括下面哪种（　　）。

A. 场所恐惧症　　B. 社交恐惧症

C. 特定恐惧症　　D. 强迫恐惧症

4.（北京师范大学，2021 年）简答题：社交焦虑定义，社交焦虑者的特征和形成原因。

考点 3　病因

考研基础必备

1. 生物学因素

在生物学方面，目前研究较多的是 5-HT 系统和 NE 系统。有人推论，恐怖症患者可能存在突触后 5-HT 受体超敏现象。另有研究发现，社交恐怖症患者脑脊液中 NE 水平高于惊恐障碍患者及正常对照组。但目前尚无肯定的结论。恐怖症具有明显的家族聚集性。研究认为这类恐怖症的发病与特定而强烈的血管 - 迷走反射有关，而血管 - 迷走反射与恐怖情绪关系极为密切，而且常常是通过遗传而习得。

2. 心理社会因素

1）心理分析理论的观点

心理分析理论认为，恐惧是对抗焦虑的一种防御反应，而焦虑的产生根源则在于被压抑的无意识的本我冲动。由于人们害怕为这种无意识的本能冲动所支配，通过置换的防御机制，焦虑就被某些外在对象或情境替代。这些对象或情境同样具有引起冲动、诱发焦虑的作用，然而它们通常是能够远离的，通过附加的回避机制，患者便能避免严重的焦虑。

2）认知学派的观点

认知理论认为，恐怖症的患者总是高估所害怕情境和事物的危险性，过分担心某一消极事物将会发生。社交恐怖症患者往往持有关于自己和他人的负性信念，还有研究表明，社交恐怖症个体在激发焦虑的社交情境中，会形成关于他们自己的一些图像和记忆，这反映出他们对自己的过度注意。社交恐怖症个体还会揣度他人（观众）对自己的评判标准。社交恐怖个体遇到他们所恐惧的情境时，他们看待自己、看待他人的独特方式，以及加工社交信息的独特特点，决定了焦虑产生和维持的过程。

3）行为治疗理论的观点

行为主义观点有一个基本假设，即所有的行为都可以通过学习而获得。恐惧反应可以经过条件反射而建立，这个观点可以追溯到美国心理学家华生的小阿尔伯特对白鼠的恐惧实验。

Mowrer 则提出了恐怖症形成和发展的著名的两阶段模式：一是通过经典条件反射，一个人习得了对条件刺激（即中性刺激）的害怕反应；二是为了减少对条件性的害怕反应，习得了回避性条件反应的行为。然而，回避性条件反射的理论无法适用于所有的恐怖症。班杜拉和罗森塔尔的实验表明，间接学习也可以通过语言教导和收听信息的方式完成，也就是说，通过听他人描述某一恐惧的事件也可以习得恐怖性反应。然而该理论无法解释人们容易对某些物体和处境，如蜘蛛，高空产生恐怖，而对花、手枪则不容易产生恐怖。

4）人格和父母的教养方式

个性因素与恐怖症的发生也有很大关系，不少研究认为行为退缩的婴儿，长大后易发生恐怖症。父母不当的教养方式，被认为是恐怖症，尤其是社交恐怖症发生的一个危险因素。

考点 4　治疗

考研基础必备

1. 药物治疗

对恐怖症而言，药物治疗从整体上说是辅助治疗，其作用往往是缓解患者的焦虑情绪或伴随的抑郁情绪。

2. 心理治疗

1）行为疗法

①系统脱敏法：该法是先让患者学会放松，将患者恐惧的刺激或情境按照其恐惧的程度由小到大按等级排列出来，然后在患者放松的状态下逐一循序渐进地暴露于引起焦虑、恐惧的刺激，从而减轻对恐怖性刺激的害怕反应。

②满灌疗法：又称冲击疗法。该法是把患者置于最令其恐惧的情境中，并要求和鼓励患者在恐惧面前不退缩，坚持到底，直到恐惧程度下降，最终不感到恐怖或焦虑为止。

③模仿法：该法是治疗师作为榜样去面对患者害怕的事物或处境，而患者进行观察学习。行为治疗师通过示范，证明患者对于某种刺激或情境的害怕是没有事实根据的，同时让患者也跟着学习治疗师的样子去接触害怕的对象。这一方法通常和系统脱敏法结合起来使用。

2）认知疗法

对社交恐怖症而言，因为患者往往持有不合理的信念，认知疗法帮助患者识别和挑战负性的、不合理的想法而起到治疗作用。通常它与行为治疗技术，如暴露技术、社交技巧训练、满灌法、松弛训练等，联合使用。

3）其他心理疗法

森田疗法也是恐怖症的适应证，其治疗原则是“顺其自然，为所当为”，如对于社交恐怖症治疗，就是要让患者接受社交中的“胆怯、紧张或脸红”的症状，不把其当做身心异物加以排斥，不再关心体察心理症状，而是要带着胆怯、紧张或脸红像正常人一样交往，使症状在不知不觉中消失。心理分析取向的治疗方法，如分析性心理治疗、钟氏认识领悟疗法，也可用于恐怖症的治疗。

考研考法突破

考法 1　综合考查恐怖症的诊断和治疗

这种考法常见于案例分析题，考生需要全面掌握恐怖症的含义、诊断标准以及形成原因和治疗方法。

例 6：（西北师范大学，2017）案例主人公平时坚强自信，父母认为其听话懂事，但其长大后害怕与别人社交，回避交往。上课时被点到回答问题时会胃疼，并且该现象长时间存在。

（1）根据案例描述判断所述个案的症状属于哪一种心理问题？

（2）根据所学知识设计治疗方案。

【解析】本题综合考查恐怖症的诊断和治疗方案。

参考答案：

（1）主人公害怕与人社交，回避交往，因此很有可能患有社交恐怖症。

（2）治疗方案：

①药物治疗：治疗社交焦虑障碍的常用药物主要有单胺氧化酶抑制剂、选择性五羟色胺再摄取抑制、苯二氮卓类药物和三环类抗抑郁药物。

②认知行为疗法对于治疗社交焦虑障碍疗效显著。治疗师主要采用认知重建、行为实验、角色扮演、暴露练习、现场演讲、应对尴尬社交情境、学习社交技能等干预方法，来治疗个体的社交焦虑症状。根据社交焦虑障碍的特点，对个体进行认知行为团体治疗，将更有助于缓解个体的社交焦虑。除此之外，治疗师还会采用人际关系疗法来治疗社交焦虑障碍。

例 7：（浙江师范大学，2013）小刚来自农村，从小和奶奶生活在一起，之后考上重点中学，来到城里，成绩也不错。但一和别人讲话就脸红，不敢和别人交流。这是什么病症？症状是什么？内在原因是什么？如何治疗？

【解析】本题综合考查恐怖症的诊断、原因和治疗方法。

参考答案：

（一）病症

小刚的病症属于社交焦虑障碍，是指对一种或多种人际处境存在持久的强烈恐惧和回避行为。恐惧的对象可以是某个人或某些人，也可以相当泛化，可包括除了某些特别熟悉的亲友之外所有的人。

（二）社交焦虑障碍的症状特点

（1）对于社交场景过分恐惧，尽量避免与人接触，主要是为了避免负性评价。

（2）害怕说话或做事遭到羞辱或尴尬。

（3）好像有千万双眼睛盯着自己的一举一动，所以很不自在。

（4）如果不能避免人际接触，则“非常痛苦的忍耐着和别人在一起”，所以倾向于寻找减少社交邀请的借口或事务。

（5）社交恐怖的典型表现是怯场和演讲焦虑。

（6）大多起病于童年期或青春期。

（三）病因

1. 生物学因素

在生物学方面，目前研究较多的是 5-HT 系统和 NE 系统。有人推论，恐怖症患者可能存在突触后 5-HT 受体超敏现象。另有研究发现，社交恐怖症患者脑脊液中 NE 水平高于惊恐障碍患者及正常对照组。但目前尚无肯定的结论。恐怖症具有明显的家族聚集性。研究认为这类恐怖症的发病与特定而强烈的血管 - 迷走反射有关，而血管 - 迷走反射与恐怖情绪关系极为密切，而且常常是通过遗传而习得。

2. 心理社会因素

1）心理分析理论的观点

心理分析理论认为，恐惧是对抗焦虑的一种防御反应，而焦虑的产生根源则在于被压抑的无意识的本我冲动。由于人们害怕为这种无意识的本能冲动所支配，通过置换的防御机制，焦虑就被某些外在对象或情境替代。这些对象或情境同样具有引起冲动、诱发焦虑的作用，然而它们通常是能够远离的，通过附加的回避机制，患者便能避免严重的焦虑。

2）认知学派的观点

认知理论认为，恐怖症的患者总是高估所害怕情境和事物的危险性，过分担心某一消极事物将会发生。社交恐怖症患者往往持有关于自己和他人的负性信念，还有研究表明，社交恐怖症个体在激发焦虑的社交情境中，会形成关于他们自己的一些图像和记忆，这反映出他们对自己的过度注意。社交恐怖症个体还会揣度他人（观众）对自己的评判标准。社交恐怖个体遇到他们所恐惧的情境时，他们看待自己、看待他人的独特方式，以及加工社交信息的独特特点，决定了焦虑产生和维持的过程。

3）行为治疗理论的观点

行为主义观点有一个基本假设，即所有的行为都可以通过学习而获得。恐惧反应可以经过条件反射而建立，这个观点可以追溯到美国心理学家华生的小阿尔伯特对白鼠的恐惧实验。

Mowrer 则提出了恐怖症形成和发展的著名的两阶段模式：一是通过经典条件反射，一个人习得了对条件刺激（即中性刺激）的害怕反应；二是为了减少对条件性的害怕反应，习得了回避性条件反应的行为。然而，回避性条件反射的理论无法适用于所有的恐怖症。班杜拉和罗森塔尔的实验表明，间接学习也可以通过语言教导和收听信息的方式完成，也就是说，通过听他人描述某一恐惧的事件也可以习得恐怖性反应。然而该理论无法解释人们容易对某些物体和处境，如蜘蛛，高空产生恐怖，而对花、手枪则不容易产生恐怖。

4）人格和父母的教养方式

个性因素与恐怖症的发生也有很大关系，不少研究认为行为退缩的婴儿，长大后易发生恐怖症。父母不当的教养方式，被认为是恐怖症，尤其是社交恐怖症发生的一个危险因素。

（四）治疗方法

1. 药物治疗

对恐怖症而言，药物治疗从整体上说是辅助治疗，其作用往往是缓解患者的焦虑情绪或伴随的抑郁情绪。

2. 心理治疗

1）行为疗法

A. 系统脱敏法：该法是先让患者学会放松，将患者恐惧的刺激或情境按照其恐惧的程度由小到大按等级排列出来，然后在患者放松的状态下逐一循序渐进地暴露于引起焦虑、恐惧的刺激，从而减轻对恐怖性刺激的害怕反应。

B. 满灌疗法：又称冲击疗法。该法是把患者置于最令其恐惧的情境中，并要求和鼓励患者在恐惧面前不退缩，坚持到底，直到恐惧程度下降，最终不感到恐怖或焦虑为止。

C. 模仿法：该法是治疗师作为榜样去面对患者害怕的事物或处境，而患者进行观察学习。行为治疗师通过示范，证明患者对于某种刺激或情境的害怕是没有事实根据的，同时让患者也跟着学习治疗师的样子去接触害怕的对象。这一方法通常和系统脱敏法结合起来使用。

2）认知疗法

对社交恐怖症而言，因为患者往往持有不合理的信念，认知疗法帮助患者识别和挑战负性的、不合理的想法而起到治疗作用。通常它与行为治疗技术，如暴露技术、社交技巧训练、满灌法、松弛训练等，联合使用。

3）其他心理疗法

森田疗法也是恐怖症的适应证，其治疗原则是“顺其自然，为所当为”，如对于社交恐怖症治疗，就是要让患者接受社交中的“胆怯、紧张或脸红”的症状，不把其当做身心异物加以排斥，不再关心体察心理症状，而是要带着胆怯、紧张或脸红像正常人一样交往，使症状在不知不觉中消失。心理分析取向的治疗方法，如分析性心理治疗、钟氏认识领悟疗法，也可用于恐怖症的治疗。

考研考法实战 答案见 D9 页

1.（华东师范大学，2018）案例分析题：小 A 有良好的社交关系，但害怕上公厕，由于害怕上公司公厕而开始逃避上班，即使老板说要辞退他也无济于事，他知道自己这种害怕是不合理的。起因于他某次上公厕，被锁在里面，由于门很厚他无法砸开，求助也无人应答，所以越来越焦虑。他在厕所等了很久才有人来救他，从此他害怕上公厕，无法找到既不锁门也不被他人看到的方法。

（1）判断他有什么心理问题。

（2）属于美国 DSM-V 中哪一种障碍，诊断依据。

（3）如果你是心理咨询师会对他采取什么咨询措施。

第三节 焦虑症

研究真题，明确考况

考试要求	自主命题	
	考题	考查点
焦虑症	华东师范大学，2016； 南京师范大学，2011 东北师范大学，2013	名词解释：焦虑症 简答题：焦虑症的特点及类型
惊恐障碍	天津师范大学，2018； 西北师范大学，2013；	选择题：惊恐障碍的含义及临床表现
广泛性焦虑障碍	华东师范大学，2013；江西师范大学，2016；南京师范大学，2012；湖南师范大学，2018；天津师范大学，2019；西北师范大学，2013，2015；北京师范大学，2019；天津师范大学，2021	选择题：广泛性焦虑障碍的特点 名词解释：广泛性焦虑障碍 案例分析题：广泛性焦虑的诊断 简答题：广泛性焦虑诊断要点

考点 1 焦虑症（王玲版）

考研基础必备

1. 焦虑症的含义

焦虑症是以焦虑为主要表现的一种神经症，具体表现为持续性紧张或发作性惊恐状态，但此状态并非由实际威胁所引起，或其惊恐程度与现实事件不相称。CCMD-3 中将焦虑症分为广泛性焦虑障碍和惊恐障碍两种。

考研考法突破

考法 1 考查焦虑症的含义

此考法常见于名词解释或简答当中，考生记住焦虑症的含义即可。

例 1：（华东师范大学，2016）名词解释：焦虑症

【解析】本题考查焦虑症的含义。

参考答案：焦虑症是以焦虑为主要表现的一种神经症，具体表现为持续性紧张或发作性惊恐状态，但此状态并非由实际威胁所引起，或其惊恐程度与现实事件不相称。CCMD-3 中将焦虑症分为广泛性焦虑障碍和惊恐障碍两种。

考研考法实战 答案见 D10 页

1.（华东师范大学，2015/2016）简述焦虑症的临床特点和基本类型。

考点 2 惊恐障碍

考研基础必备

1. 定义

惊恐障碍又简称惊恐症，是指以反复出现的惊恐发作为原发的和主要临床特征，并伴有持续地担心再次发作或发生严重后果的一种焦虑障碍。

2. 临床表现

①惊恐发作，是惊恐障碍的核心症状，并通常伴有一些躯体症状和灾难临头的想法。惊恐发作常突然产生，可在任意时间和地点，没有预感，在 10 分钟左右症状达到高峰。发作通常持续 20~30 分钟，极少有超过 1 小时。约 20% 发作时有晕厥表现。其最主要的精神症状是极度的恐惧、濒死感、末日感，且患者不知道自己恐惧的来由，同时伴有许多急性发作的躯体症状，这包括心悸、呼吸困难、胸闷、多汗、颤抖、恶心等。

②惊恐障碍与抑郁症常同时并存，大约 1/3 的患者符合重性抑郁症的诊断标准，中、重性抑郁症的终身患病率则达 70%。

③惊恐障碍往往与其他的焦虑障碍相伴发，如广场恐怖症、其他恐怖症、强迫症等。

④惊恐障碍患者最常见的社会问题是酒精或药物滥用及自杀企图。

考研考法突破

考法 1 考查惊恐障碍的含义

本考法常以名词解释形式出现，考生理解掌握惊恐障碍的含义即可正确作答。

例 2：（天津师范大学，2018/ 西北师范大学，2013）名词解释：惊恐障碍

【解析】本题考查惊恐障碍的含义。

参考答案：惊恐障碍又简称惊恐症，是指以反复出现的惊恐发作为原发的和主要临床特征，并伴有持续地担心再次发作或发生严重后果的一种焦虑障碍。

考研考法实战 答案见 D10 页

1.（华东师范大学，2011）单选：惊恐障碍的症状不包括（　　）。

A. 突然极度害怕　　B. 预期焦虑
C. 回避行为　　D. 求助意识淡漠

考点 3 广泛性焦虑障碍

考研基础必备

1. 广泛性焦虑障碍（GPA）的含义

广泛性焦虑障碍为具有对一系列生活事件或活动感到过分的、难以控制的担忧。其基本特征是慢性、不可控的担忧。

2. 临床表现

核心症状：漂浮不定的焦虑。

基本特征：在焦虑的同时常伴有易激惹、注意集中困难、难以做决定以及害怕犯错误的情况。往往表情紧张，双眉紧锁，姿势僵硬而不自然，常伴有震颤，同时有程度不等的运动性不安，包括小动作增加、不能静坐等。睡眠障碍也较为多见，典型者为入睡困难，睡眠浅而多梦也不少见。

3. 诊断标准

A. 对多种事件或活动（例如工作或学习）呈现出过分的焦虑和担忧（一种提心吊胆的等待和期待），至少持续 6 个月以上。

B. 患者感到难以控制自己不去担忧。

C. 这种焦虑和担忧同时伴有至少如下 3 项（至少在 6 个月的大多数时间里存在）。注：如是儿童只需 1 项。

①坐立不安或感到紧张；②容易疲劳；③思想难以集中或脑子一下子变得空白；④易激惹；⑤肌肉紧张。

D. 排除发生在其他轴 I 精神障碍的焦虑和担忧，如惊恐发作时的焦虑和担心（惊恐障碍）、在公众场合感到难堪（社交恐怖症）、担心被污染（强迫症）、害怕离家或离开亲人（分离性焦虑障碍）、担心肥胖（神经性厌食症）、多种躯体不适的主诉（躯体化障碍）、担心患严重疾病（疑病症）以及创伤后应激障碍的焦虑和担心。

E. 焦虑、担心和躯体症状造成了患者的严重痛苦，并且患者的人际交往、工作等社会功能严重受损。

F. 排除由某种药物（如某种滥用药物、治疗药物）、躯体疾病（如甲亢）、心境障碍、精神病性障碍或广泛性发育障碍所致的焦虑症状。

4. 病因

1）生物学因素

患者的一级亲属中大约 1% 患有 GAD，远大于普通人群 GAD 的患病率，研究者认为 GAD 是一种中等程度的家族性障碍，估计其遗传因素约为 30%。神经生物学的研究认为，GAD 与大脑尤其是大脑边缘系统的 r- 氨基丁酸不足或 GABA 受体不足有关。

2）心理社会因素

①心理分析理论的观点。自我与本能冲动之间无意识的矛盾冲突是 GAD 的根源。本我中性或攻击的欲望，力求在自我中表现出来，而自我因为无意识地害怕被惩罚，不允许这些冲动表现出来，从而导致了一种漂浮不定的焦虑或无名焦虑。近年来，越来越多的心理分析学者关注早期亲密关系对自我概念的发展。他们认为不良的教育方式导致脆弱的、冲突的自我映像，从而造成 GAD。

②人本主义和存在主义理论的观点。人本主义的观点认为，GAD 的个体在小时候没有得到父母无条件的积极关注，会使他们学会抛弃他们自己的真实情感和愿望，而只是接受父母赞许的那一部分自我，形成了价值条件化。到了成年，还在继续价值条件化的过程，这会使个体只是把那些最有可能被生活中重要人物赞许、爱和支持的内容纳入自我概念。当外在的信息与自我概念不一致时，个体就

会产生焦虑。存在主义理论认为GAD的发生归因于存在的焦虑，即人类对自身存在的限制和责任的害怕。

③认知行为理论的观点。行为理论认为，GAD的形成与恐怖症类似，也是经过条件反射而形成的，只是条件刺激的范围更加广泛而已。焦虑的认知模式逐渐受到了重视，这一模式主要有以下三个观点。第一，GAD患者易于对应激事件感到不可控或不可预测，而这种思维倾向的形成与患者在过去生活中经历了若干不可控的重要事件有关。第二，如果人们对危险作出过度评价，焦虑反应与客观情境不相称，则将形成病理性的焦虑反应。第三，研究发现，GAD患者在加工含有危险的外界信息的过程中，倾向于把注意力自动化地投向环境中具有危险含义的信息，并且要比正常人更容易对模糊信息以一种负性的、带有危险的方式作出评价。

5. 广泛性焦虑障碍的治疗

1）药物治疗

自从苯二氮卓类于20世纪70年代问世以来，种类繁多的苯二氮类药物被广泛地用于治疗焦虑障碍，且证实它们能有效地降低GAD的焦虑水平。但是它们的作用在短期内（4~8周岁）效果较佳，长期使用，则效果明显下降。这类药物都有共同的副作用，一般只在必要时服药。较为合理的建议是，症状严重或有短暂的危机（应激性事件）发生时，服用快速作用的苯二氮类药物。

2）心理治疗

①心理分析疗法：主要是帮助患者认识到这种冲突的真正根源，而客体关系治疗则集中于患者在童年时代与母亲的早期关系，帮助他们认识和解决儿童时的关系问题。

②以人为中心疗法：重视创造一种有利于患者成长的人际关系，无条件的积极关注、真诚和共情是建立治疗关系的最基本的条件。在真诚的接纳和关心的良好气氛中，患者拥有一种心理上的信任感和安全感，使其能够无拘无束地表达自我和探索自我，从而认识自己真正的需要、思想和情感。当他们最终达到对自我的理解和接受，达到自我概念与经验的和谐时，焦虑或其他症状就自然得以消除。

③认知疗法：治疗要点是改变患者对外界刺激的“危险”评价。目前，人们倾向于把认知疗法和行为疗法结合起来使用，这不仅可提高疗效，同时可缩短疗程。

Barlow建立的认知行为综合疗法，包括三部分：①针对焦虑的生理症状（如肌肉紧张）采取渐进性肌肉放松法。②对与焦虑相关的认知采取认知重建的方法。③对焦虑的行为成分如回避、谨慎、兴奋和烦躁，采用担忧行为阻止法、时间管理和问题解决的方法。

④行为疗法：有多重形式的技术，例如放松训练、系统脱敏法、生物反馈法。

考研考法突破

考法1 广泛性焦虑障碍的概念

基本概念的考查以名词解释为主，考生需记住其含义，在选择题中出现时也要会分辨。

例3：（湖南师范大学/2018，天津师范大学/2019，辽宁师范大学，2021）名词解释：广泛性焦虑障碍

【解析】本题考查广泛性焦虑障碍的含义。

参考答案：广泛性焦虑障碍为具有对一系列生活事件或活动感到过分的、难以控制的担忧。其基本特征是慢性、不可控的担忧。

考法2 广泛性焦虑障碍的临床表现

此考法常见于选择题，题目会描述广泛性焦虑障碍的症状表现，要求考生能够识别出是属于广泛性焦虑障碍，同时也可以直接考查广泛性焦虑障碍的临床表现的特征，考生要熟悉掌握其临床表现。

例4：（南京师范大学，2012）单选题：缺乏明确对象和具体内容的提心吊胆和紧张不安属于焦虑症中（　　）

A. 恐怖症　　B. 强迫症

C. 惊恐障碍　　D. 广泛性焦虑障碍

【解析】缺乏明确对象和具体内容的提心吊胆和紧张不安属于广泛性焦虑障碍。恐怖症有明确的担心对象，强迫症患者会有明显的强迫观念或行为，而惊恐障碍则会担心惊恐发作。

参考答案：D

考法3 考查广泛性焦虑障碍和惊恐障碍的对比

此考法常见于简答或论述中，考生需注意：在CCMD-3中，广泛性焦虑障碍和惊恐障碍都属于焦虑症，考生需要能够理解广泛性焦虑障碍和惊恐障碍的关系。

例5：（天津师范大学，2016）简答题：说明惊恐障碍和广泛性焦虑障碍的临床表现与诊断上的区别，并分析广泛性焦虑障碍的病因。

【解析】本题考查惊恐障碍和广泛性焦虑障碍的区别。

参考答案：

（一）惊恐障碍

1. 定义

惊恐障碍又简称惊恐症，是指以反复出现的惊恐发作为原发的和主要临床特征，并伴有持续地担心再次发作或发生严重后果的一种焦虑障碍。在DSM－Ⅳ里，惊恐障碍是作为一个独立的诊断类别，分为伴有和不伴有广场恐怖的惊恐障碍。

2. 临床表现

①惊恐发作，是惊恐障碍的核心症状，并通常伴有一些躯体症状和灾难临头的想法。惊恐发作常突然产生，可在任意时间和地点，没有预感，在10分钟左右症状达到高峰。发作通常持续20~30分钟，极少有超过1小时。约20%发作时有晕厥表现。其最主要的精神症状是极度的恐惧、濒死感、末日感，且患者不知道自己恐惧的来由，同时伴有许多急性发作的躯体症状，这包括心悸、呼吸困难、胸闷、多汗、颤抖、恶心等。

②惊恐障碍与抑郁症常同时并存，大约1/3的患者符合重性抑郁症的诊断标准，中、重性抑郁症的终身患病率则达70%。

③惊恐障碍往往与其他的焦虑障碍相伴发，如广场恐怖症、其他恐怖症、强迫症等。

④惊恐障碍患者最常见的社会问题是酒精或药物滥用及自杀企图。

（二）广泛性焦虑障碍

1. 定义

广泛性焦虑障碍为具有对一系列生活事件或活动感到过分的、难以控制的担忧。其基本特征是慢性、不可控的担忧。

2. 临床表现

核心症状：漂浮不定的焦虑。

基本特征：在焦虑的同时常伴有易激惹、注意集中困难、难以做决定以及害怕犯错误的情况。往往表情紧张，

双眉紧锁，姿势僵硬而不自然，常伴有震颤，同时有程度不等的运动性不安，包括小动作增加、不能静坐等。睡眠障碍也较为多见，典型者为入睡困难，睡眠浅而多梦也不少见。

3. 病因

1）生物学因素

患者的一级亲属中大约 1% 患有 GAD，远大于普通人群 GAD 的患病率，研究者认为 GAD 是一种中等程度的家族性障碍，估计其遗传因素约为 30%。神经生物学的研究认为，GAD 与大脑尤其是大脑边缘系统的 r- 氨基丁酸不足或 GABA 受体不足有关。

2）心理社会因素

A. 心理分析理论的观点。自我与本能冲动之间无意识的矛盾冲突是 GAD 的根源。本我中性或攻击的欲望，力求在自我中表现出来，而自我因为无意识地害怕被惩罚，不允许这些冲动表现出来，从而导致了一种漂浮不定的焦虑或无名焦虑。近年来，越来越多的心理分析学者关注早期亲密关系对自我概念的发展。他们认为不良的教育方式导致脆弱的、冲突的自我映像，从而造成 GAD。

B. 人本主义和存在主义理论的观点。人本主义的观点认为，GAD 的个体在小时候没有得到父母无条件的积极关注，会使他们学会抛弃他们自己的真实情感和愿望，而只是接受父母赞许的那一部分自我，形成了价值条件化。到了成年，还在继续价值条件化的过程，这会使个体只是把那些最有可能被生活中重要人物赞许、爱和支持的内容纳入自我概念。当外在的信息与自我概念不一致时，个体就会产生焦虑。存在主义理论认为 GAD 的发生归因于存在的焦虑，即人类对自身存在的限制和责任的害怕。

C. 认知行为理论的观点。行为理论认为，GAD 的形成与恐怖症类似，也是经过条件反射而形成的，只是条件刺激的范围更加广泛而已。焦虑的认知模式逐渐受到了重视，这一模式主要有以下三个观点。

a.GAD 患者易于对应激事件感到不可控或不可预测，而这种思维倾向的形成与患者在过去生活中经历了若干不可控的重要事件有关。

b. 如果人们对危险作出过度评价，焦虑反应与客观情境不相称，则将形成病理性的焦虑反应。

c. 研究发现，GAD 患者在加工含有危险的外界信息的过程中，倾向于把注意力自动化地投向环境中具有危险含义的信息，并且要比正常人更容易对模糊信息以一种负性的、带有危险的方式作出评价。

（三）两者诊断上的区别

广泛性焦虑障碍是几乎弥散到一切生活上的焦虑症状，对许多事物都产生异乎寻常的担心与紧张感，严重影响患者社会功能，一般以 6 个月为诊断期限。而惊恐障碍是指突然没有任何征兆地出现急性惊恐发作，主要表现为胸闷、气短、头晕乃至休克等，类似于心脏病发作症状，但并无生理上的器质性问题。发作时一般不限时间、地点，通常以 1 个月发作 3 次或发作 1 次以后持续紧张于下一次发作为诊断期限。通常把广泛性焦虑称作“慢性焦虑”，而把惊恐障碍称作“急性焦虑”。

考法 4　考查广泛性焦虑障碍的治疗方法

此考法常见于选择以及案例分析中，考生需掌握不同流派对于广泛性焦虑障碍的治疗观点。

例 6：（陕西师范大学，2014）案例分析题

女，35 岁，家庭主妇。自述：我从家里出来去购物，从上车一刻起就开始担心在哪里停车，交通状况会怎么样，我担心所有和交通状况有关的事情。孩子放学回家晚点我就担心是不是在路上发生了什么事情，接到老师的电话也会心惊肉跳，怕和孩子有关的不好的事情。我不敢吃过期的食物。我很担心健康问题，即使稍微有个头疼脑热，也得立刻去看专家门诊。我真的很沮丧，每天都无法使自己放松，不能和其他人一样安心工作。万一孩子们哪天真的出了什么事情，我却只管做自己的事情而忽视了他们，那我永远不会原谅我自己。

请分析：

（1）根据该来访者的症状表现，分析其属于何种情绪障碍。

（2）该种情绪障碍的主要表现。

（3）简要说明对该种情绪障碍应采取什么治疗措施。

【解析】本题考查的是广泛性焦虑障碍的相关内容。

参考答案：（1）根据来访者的自述，我们可以发现来访者的主导症状是焦虑，而且这种焦虑持续存在，具有弥散性，没有具体的焦虑对象，符合广泛性焦虑障碍的特点。

（2）广泛性焦虑障碍的核心症状是漂浮不定的焦虑。基本特征是在焦虑的同时常伴有易激惹、注意集中困难、难以做决定以及害怕犯错误的情况。往往表情紧张，双眉紧锁，姿势僵硬而不自然，常伴有震颤，同时有程度不等的运动性不安，包括小动作增加、不能静坐等。睡眠障碍也较为多见，典型者为入睡困难，睡眠浅而多梦也不少见。

（3）治疗方法：

①选择性五羟色胺再摄取抑制剂是治疗广泛性焦虑障碍的常用药物。

②除了药物治疗外，还可以采用心理治疗来缓解广泛性焦虑障碍患者的焦虑症状。认知行为疗法是治疗广泛性焦虑障碍的常用心理疗法。可以采用认知干预的方法，帮助患者处理担忧，教会患者区分想法和事实，以及帮助患者辨别哪些担心是必要的，哪些担心是过度的。此外，治疗师可以教会患者进行放松训练和正念练习，以降低患者的焦虑水平。

考研考法实战

答案见 D10 页

1.（华东师范大学，2013）单选题：患有（　　）的个体多数时间里表现出过度或持续感到焦虑和担忧。

A. 惊恐障碍　　B. 强迫症

C. 重性抑郁　　D. 广泛性焦虑障碍

2.（江西师范大学，2016）单选：广泛性焦虑障碍治疗方法不包括（　　）。

A. 分析疗法　　B. 行为疗法

C. 认知疗法　　D. 森田疗法

3.（上海师范大学，2018）名词解释：广泛性焦虑障碍

4. 简述广泛性焦虑障碍的诊断标准。

5.（天津师范大学，2021）简答题：简述广泛性焦虑诊断要点。

第四节 强迫症

研究考题，明确考况

考试要求	自主命题	
	考题	考查点
强迫症的临床表现	华东师范大学，2011，2012，2015；江西师范大学，2012，2016；湖南师范大学，2016；华东师范大学，2018；西北师范大学，2015；浙江师范大学，2014；苏州大学，2014	选择题：强迫症特征 名词解释：强迫症 简答题：强迫症诊断标准

考点 1 强迫症的含义及临床表现

考研基础必备

1. 强迫症的含义

强迫症以不能为主观意志所克服，反复出现的观念、意向和行为为临床特征。患者认识到这些观念和行为是毫无意义的、不合理的，以致引起显著的焦虑或痛苦的一种心理障碍。

临床上根据其表现，强迫症状分为强迫观念和强迫行为两类。共同之点值得注意：

（1）症状反复、持续出现，患者完全能够觉察；

（2）症状具有“属我”性，即非外力所致，但又“非我所愿”；

（3）症状往往令自己内心焦虑、痛苦；

（4）患者明知症状表现是不应该、不合理、不必要或无意义，并有一种强迫抵抗的欲望，但难以控制和摆脱。

2. 临床表现

（1）强迫观念：强迫症的核心症状，是指反复进入患者意识领域的思想、表象或意向，患者意识到这些都是他自己的心理活动，极力摆脱，但又无能为力，因而感到十分苦恼和焦虑，强迫观点主要有以下几种：

①强迫思维：一些字句、话语、观念或信念，反复进入患者意识，干扰了正常思维，但无法摆脱。有以下几种表现形式：强迫怀疑；强迫性穷思竭虑；强迫联想；强迫回忆。

②强迫表象：反复呈现逼真、形象的内容，出现的表象通常是令患者难堪或厌恶的，多见的是生殖器或性行为的形象。

③强迫恐惧：并非对特殊环境和物体的害怕，而是对自己情绪的恐惧，害怕自己失去控制、会发疯、会做出什么违反社会规范，甚至是伤天害理的事。

④强迫意向：又称强迫冲动，这是一种强有力的内在驱使，一种即将要行动起来的冲动感，但患者从来不会有真正的行动。患者明知这样做是非理性的、荒谬的、甚至是不可能的，努力控制住不去做，但其内心的冲动无法摆脱。

（2）强迫行为：是指反复出现的、刻板的仪式化动作，患者感觉到这样做不合理，别人也不会这样做，但却不能不做。强迫行为有下面几种形式：强迫洗涤；强迫检查；强迫询问；强迫计数；强迫整理；强迫仪式行为；强迫性迟缓。

考研考法突破

考法 1 考查强迫症的概念

强迫症概念的考查常以名词解释题出现，考生需记住概念的内容。

例 1：（华东师范大学 /2018，浙江师范大学 /2014）名词解释：强迫症

参考答案：强迫症是指以不能为主观意志所克服，反复出现的观念、意向和行为为临床特征。患者认识到这些观念和行为是毫无意义的、不合理的，以致引起显著的焦虑或痛苦的一种心理障碍。

临床上根据其表现，强迫症状分为强迫观念和强迫行为两类

考法 2 考查强迫症的临床表现

此考法常见于选择或名词解释题中，强迫症的临床表现包括强迫观念和强迫行为，考生要掌握强迫观念和强迫行为的概念，并且要能够区分哪些症状是属于强迫观念哪些是属于强迫行为。

例 2：（江西师范大学，2016）单选题：强迫症的核心症状是（ ）。

A. 强迫观念　　B. 焦虑

C. 抑郁　　D. 回避

【解析】强迫症的核心症状是强迫观念。

参考答案：A

例 3：（苏州大学，2014）名词解释：强迫观念

参考答案：强迫症的核心症状，是指反复进入患者意识领域的思想、表象或意向，患者意识到这些都是他自己的心理活动，极力摆脱，但又无能为力，因而感到十分苦恼和焦虑。

考法 3 考查强迫症的诊断

强迫症诊断标准的考查方式有两种，一种是在简答题中直接出现，另一种是以案例分析的形式间接出现，考生需要根据强迫症的临床表现作出准确判断。

例 4：（华东师范大学，2015/2019）单选题：女性，19 岁，学生，近一年来经常脑内反复思考问题，如做数学题时，反复核对答案，明知不对，但又无法控制，最可能的诊断是（ ）。

A. 神经衰弱　　B. 焦虑症

C. 强迫症　　D. 癔症

【解析】题干中的学生“反复思考问题”，自己明知道不合理，这种反复出现的观念不能被自己所控制，符合强迫症的表现。

参考答案：C

例 5：（华东师范大学，2011）简答题：简述强迫症的概念及诊断要点。

【解析】本题考查强迫症的概念及特点。

参考答案：强迫症是以不能为主观意志所克服，反复出现的观念、意向和行为为临床特征。患者认识到这些观念和行为是毫无意义的、不合理的，以致引起显著的焦虑或痛苦的一种心理障碍。临床上根据其表现，强迫症状分为强迫观念和强迫行为两类。

强迫症的诊断要点包括：

（1）自我强迫和自我反强迫同时存在，二者的冲突使患者焦虑和痛苦；

（2）患者认识到强迫症状是异常的，对症状有自知力；

（3）源于自我的观念或冲动，违反其意愿，因而极力抵抗和排斥，但无法控制。

考研考法实战 答案见 D10 页

1.（　　）是某一固定观念在个体脑中反复出现，他无法摆脱而感到痛苦。

A. 超价观念　　B. 强制性思维

C. 强迫观念　　D. 牵连观念

2. 以下哪一症状不是强迫症状？（　　）

A. 有意识地自我强迫和反强迫并存，二者的强烈冲突使病人感到焦虑和痛苦

B. 仪式动作可使精神痛苦减轻，但社会功能受损

C. 在癫痫、心脏病首次发作后害怕再发作，感到紧张、焦虑

D. 意识到强迫与反强迫的冲突异常性，但无法摆脱

3.（江西师范大学，2012）强迫症与恐惧症的症状区别在于（　　）。

A. 出现焦虑反应　　B. 明知不对难以控制

C. 是否回避　　D. 有无自主神经症状

4.（中山大学，2018）强迫症的症状是（　　）。

A. 对特定物体、活动或情境持续的、非理性的恐惧

B. 被害妄想或夸大妄想

C. 周期性发作的强烈恐惧，并伴随着与受惊相关的生理反应

D. 挥之不去的思想

5.（江西师范大学，2012）多选：下列关于强迫症与精神分裂症的强迫症状区别的描述中，正确的是（　　）。

A. 精神分裂症患者往往不为强迫症状苦恼，无主动克制或摆脱的愿望

B. 精神分裂症患者对症状常无自知力，无明显治疗要求

C. 精神分裂症的强迫症状内容多荒谬离奇

D. 最主要的特点是分裂症患者具有其他精神病性症状

6.（华中师范大学，2014）名词解释：强迫思维。

7.（华南师范大学，2016）名词解释：强迫症。

考点 2　病因

考研基础必备

1. 生物学因素

近年来，人们一直在探索生物学在 OCD 发病中的作用，随着遗传、脑影像、生化研究等方面的进展，表明 OCD 有着比其他焦虑症更为明显的生物学基础。

2. 心理社会因素

1）心理分析理论

心理分析学派认为，强迫行为来源于被压抑的攻击性冲动或性欲望。OCD 患者没有处理好性器期的本能冲突，他们的性驱力要么退行至肛欲期，要么这一时期无法顺利地发展。

由钟友彬创立的认识领悟疗法则认为，OCD 的根源在于儿童时受过的精神创伤，这些创伤或幻想引起的恐惧体验虽然被压抑到无意识中而被遗忘，但并没有消失。

2）行为主义

Mowrer 则用来解释恐惧和回避行为的获得和维持的二阶段理论通常也用来解释 OCD。该理论认为，在第一阶段，一个中性事物当它与能够引发焦虑或者躯体不适的刺激同时出现后，这个事物与恐惧就联系在一起。通过条件反射，诸如想法和意象等一些中性事物就具备了让人不舒服的能力。在第二阶段，为了减轻痛苦，回避和逃避行为就产生了，而且如果回避和逃避能够成功降低焦虑，这些行为就会得到强化，一直保持下来。

3）认知理论

近年来，关于 OCD 的认知观点也受到了重视，且常与行为主义的观点共同解释。认知观点认为，大多数人都会有重复性的、闯入性的、消极的念头，比如伤害他人、不能接受的性行为、被细菌污染等，通过忽略这些想法或者随着时间推移，这些念头自然消失，就不至于发展为 OCD。然而，某些人难以消除这些想法，他们就可能发展成为 OCD。难以消除消极想法的原因有：

①他们经常处于抑郁或焦虑状态，因而一些轻微的消极事件就能引发闯入性的、消极的念头。

②他们对品行和道德持有僵化的、过高的标准。

③他们持有过高的责任感。他们认为，想到了那些难以接受的想法，就等同于做了那些行为，其罪过是一样的；如果一个闯入性想法发生了而没有压制下去就等同于希望那样的事情发生。

考点 3　治疗

考研基础必备

1. 药物治疗

在治疗 OCD 的药物中，作用于 5-HT 的氯丙咪嗪、百忧解、帕罗西汀目前已经成为首选药物。研究表明，患者服用这些药物有改善，但药物治疗的缺点是有副作用，且存在停药后容易复发的问题。

2. 心理治疗

1）心理分析疗法

心理分析疗法最早用于治疗 OCD。治疗的目的是揭示被压抑的欲望和冲动，并让患者面对其所真正害怕的东西——某种给他带来满足的冲动。

对 OCD 还有这样一种假说，患者的犹豫不决来自内心的一种需要，即保证将要采取的行动的正确性的需要。

在国内，不少专业人员采用认识领悟疗法治疗 OCD。认识领悟疗法强调对幼年经验不勉强追忆，主要让患者领悟症状是由儿童幼稚逻辑推断出来的，是用不切实际的儿童态度去对待某些事物的结果。在此基础上，鼓励患者用成人的态度重新审视自己的情感和行为，放弃儿童模式，用成人方式思考行事。

2）认知行为疗法

就行为治疗而言，最受关注的是暴露与反应阻止法。此法要求患者反复地长时间暴露于引发焦虑、强迫思维或强迫行为的物体和情境，同时克制强迫行为。

根据认知理论的解释，认知治疗的基本目标应是使患者重新分配注意力、恢复认知过程的平衡，建立一个更合理、更灵活的思维世界。常用的技术有三种：挑战强迫性的思维、思维阻断法、挑战消极的自动式思维。

3）森田疗法

森田疗法对 OCD 的治疗，被认为主要对强迫观念有效而不适应于强迫行为。

考研考法突破

考法 1　考查强迫症的治疗

此考法常见于简答或案例分析题中，考生需要全面掌握强迫症的治疗方法。

例 6：（浙江师范大学，2012）7 岁的小强因为一次偷窃他人的一件漂亮的铅笔刀被发现，后来别人有时在背后说小强的手不干净，为此，小强常常想到自己的手不干净，于是常洗手，逐渐患上了强迫症。试用有关心理治疗技术对小强进行治疗。

【解析】本题考查强迫症的治疗方法。

参考答案：强迫症以不能为主观意志所克服，反复出现的观念、意向和行为为临床特征。患者认识到这些观念和行为是毫无意义的、不合理的，以致引起显著的焦虑或痛苦的一种心理障碍。临床上根据其表现，强迫症状分为强迫观念和强迫行为两类。

针对小强的强迫症可以采用如下几种治疗方法：

①药物治疗：如果小强的强迫症状严重影响到生活和学习，可以采用选择性五羟色胺再摄取抑制剂这种药物进行辅助治疗。

②心理分析疗法：采用心理分析疗法，揭示小强被压抑的欲望和冲动，并让患者面对其所真正害怕的东西。同时可以通过认识领悟疗法，让小强意识到，他反复洗手是因为他潜意识里面害怕自己会去偷东西，被别人说他的手不干净，所以要正视内心真正的冲突，不偷东西就不会被认为是手不干净。

③可以采用暴露与反应预防的方法。鼓励小强跟其他同学一起玩耍，并要求小强忍住不去洗手，经过多次这样的治疗，让小强感受到不去洗手也不会有不好的事情发生。

考研考法实战

答案见 D11 页

1.（山东师范大学，2016）案例分析题

王某，男，17 岁，高中生。父母对其期望很高，管教严格，使其自小形成胆小谨慎、做事认真、追求完美的性格。自小爱整洁，儿童时的玩具、图书至今仍保持完好无损，整整齐齐地摆在书架上。衣服始终干干净净。三年前出现重复摆拖鞋、整理床铺现象。一年前王某开始迷恋电脑游戏，但因入高二，学习开始紧张，学习与玩两者发生冲突。期中考试没考好，王某开始自责，并暗下决心，“下次考试我一定要上升至少 10 个名次，否则将来考不上理想大学就完了”。但有时又控制不住玩游戏的冲动，于是头脑中经常不受控制地反复出现“玩游戏、不能玩游戏”的对立念头，重复动作增多、加重，反复开 / 关门，反复开 / 关灯，反复整理床铺等，上课听讲，总怕记错课堂笔记而影响考试成绩，常常反复更正一个字或公式，对家庭作业反复修改，甚至撕掉重写，以至于完不成作业，情绪低落，焦虑不安。为此，不得不休学求医。

（1）上述案例从其临床表现看应该属于哪一种心理障碍？

（2）该心理障碍在临床上主要包括哪些类型（详细列举其具体表现形式）？患者表现出哪些具体的形式？

（3）从心理社会的因素对该患者心理障碍的成因进行分析。

第五节　应激相关障碍

分析真题，明确考况

考试要求	自主命题	
	考题	考查点
应激相关障碍	湖南师范大学，2018	名词解释：应激相关障碍
急性应激障碍	湖南师范大学，2011	名词解释：急性应激障碍
PTSD	苏州大学，2011；华东师范大学，2012；江西师范大学，2016；江西师范大学，2014；山东师范大学，2012；天津师范大学，2015，2016；西北师范大学，2014，2019；东北师范大学，2018，2019	选择题：PTSD 名词解释：创伤后应激障碍 简答题：PTSD 临床表现
适应障碍	东北师范大学，2020 天津师范大学，2013 上海师范大学，2016	名词解释：适应障碍 简答：适应障碍的特点及原因

考点 1 应激相关障碍

考研基础必备

应激相关障碍是指一组在严重或持久的精神刺激下直接引发的情绪、行为的失调和精神障碍。决定本组障碍的发生、发展、病程及临床表现的因素有：①生活事件和生活处境，如剧烈的超强精神创伤或生活事件，或持续困难处境，均可成为直接病因。②社会文化背景。③人格特点、受教育程度、智力水平及生活态度和信念等；④不包括癔症、神经症、心理因素所致生理障碍，及各种非心因性精神病性障碍。

根据 CCMD-3 的分类标准，应激相关障碍主要包括急性应激障碍、创伤后应激障碍、适应障碍 3 个亚型。

考研考法突破

考法 1 考查应激相关障碍的含义

此考法常见于名词解释或简答当中，考生要掌握应激相关障碍的含义及分类。

例 1：（湖南师范大学，2018）名词解释：应激相关障碍

【解析】本题考查应激相关障碍的含义。

参考答案：应激相关障碍是指一组在严重或持久的精神刺激下直接引发的情绪、行为的失调和精神障碍。根据 CCMD-3 的分类标准，应激相关障碍主要包括急性应激障碍、创伤后应激障碍、适应障碍 3 个亚型。

考点 2 急性应激障碍

考研基础必备

1. 急性应激障碍的含义

急性应激障碍是指在突如其来的应激源作用下，机体出现的暂时性的异常或心理创伤。可出现各种分离症状，严重时呆若木鸡、僵硬不动，既无言语也无反应。

2. CCMD-3 对于急性应激障碍的诊断标准：

（1）症状标准：精神刺激为原因，出现精神运动性兴奋或精神运动性抑制

（2）严重程度标准：社会功能严重受损

（3）病程标准：短，数时至一周，一月内缓解

考研考法突破

考法 1 考查急性应激障碍的含义

此考法常见于名词解释或简答当中，考生要掌握急性应激障碍的含义。

例 2：（湖南师范大学，2011）名词解释：急性应激障碍

【解析】本题考查急性应激障碍的含义。

参考答案：急性应激障碍是指在突如其来的应激源作用下，机体出现的暂时性的异常或心理创伤。可出现各种分离症状，严重时呆若木鸡、僵硬不动，既无言语也无反应。

考点 3 创伤后应激障碍

考研基础必备

1. 创伤后应激障碍的含义

创伤后应激障碍是指经历异乎寻常的威胁性或灾难性应激事件或情境后而引起精神障碍的延迟出现或长期持续存在，其特点是时过境迁后的痛苦体验仍然驱之不去，持续回避与事件有关的刺激，并长期处于警觉焦虑状态。

通常是在创伤事件后经过一段无明显症状的潜伏期才发病。潜伏期从几日、几周或数月不等，但大多数在 6 个月之内，超过半年以上出现症状者少见。

2. 创伤后应激障碍的临床表现

1）反复体验创伤性事件

这是 PTSD 的中心症状，它以各种形式反复重新体验创伤性事件，主要表现为反复地闯入性地出现有关创伤性事件的痛苦回忆，没有警告，就像“从天而降”，不需要刺激或者相关引发物。有的可能会生动地看到当时的情境，并伴发相应的情绪和行为反应，好像创伤再次发生，如同电影中“闪回”。有的可在梦中反复重现创伤性事件或做噩梦。

2）回避与创伤性事件有关的刺激，或情感麻木

患者回避谈及与创伤有关的想法、感受及话题，或回避可能勾起恐怖回忆的事情和环境，似乎已经遗忘了此事。有时可表现出一种“麻木”感（情绪迟钝），患者在整体上给人以木然、淡漠的感觉。

3）警觉性增高

经历创伤的人会体验到过度的警觉性。这说明个体长时间处于“战斗或逃跑”的状态，就像正在经历创伤性事件一样。即便是在比较“安全”的情境中，个体也做好了随时应对威胁的准备。这种状态下，个体会花很多的时间和精力去寻找环境中的威胁性信息。

4）其他表现

患者的内疚和自责的情绪反应也非常常见。失去亲人的居丧反应与负罪感密切相关。儿童也可发生 PTSD，但表现与成人有所不同。

3. 创伤后应激障碍的病因

1）创伤性事件

突如其来且超乎寻常的威胁性生活事件和灾难是发病的直接因素。创伤性事件多种多样，大体上可以分为三类：人为灾难、自然灾难、暴力、犯罪和恐怖主义事件。

2）生物学因素

有其他焦虑障碍家族史的人发生 PTSD 的可能性明显增加。PTSD 患者两个重要的大脑结构（即海马和杏仁核）发生改变。

3）心理社会因素

①心理分析理论。心理分析观点认为，创伤性事件的经历不断地在脑海里闪现是一件十分痛苦的事，以致痛苦的记忆要么通过分散注意力等方法加以克制，要么无意识地被压抑。而患者在是否把创伤经历整合到自己原先的信念中，内心存在着冲突。

②行为主义理论。PTSD 的产生是害怕的一种条件反射。创伤记忆和其他的一些线索能够引发焦虑和恐惧，个体回避或者逃避这些线索，以使焦虑和恐惧水平下降，于是，回避行为得到了负强化。

③认知理论。认知理论强调创伤对个体预存信念系统的影响，从而导致各种各样的创伤后反应。目前，对 PTSD 的认知理论存在着社会认知理论、信息加工理论和双重表征理论等不同的解释。

4. 创伤后应激障碍的治疗

1）药物治疗

急性期，尤其是在病人焦虑和痛苦严重时，药物治疗往往是必要的。短时间作用的苯二氮卓类药物对急性焦虑有效。SSRI、三环类抗抑郁剂或单胺氧化酶抑制剂已经有效地用于治疗慢性创伤后应激障碍。

2）心理治疗

心理治疗的初期目标在于减轻焦虑症状，缓和其情绪痛苦。目前，最常用的心理治疗方法是行为疗法和认知疗法。在行为疗法中，主要采用以暴露于患者所害怕的事件或情境为主的技术，系统脱敏法是首选的方法之一。认知疗法主要帮助患者处理被创伤破坏的想法和信念，它常与行为疗法联合使用。

3）眼动脱敏和再加工

眼动脱敏和再加工在治疗过程中可以产生一种神经生物状态，这与快速眼动睡眠类似。这种状态可以减轻由海马调节的关于创伤性事件的记忆发作强度，同时也可减轻相关记忆和负性情感，促进将那些与创伤相关的负性认知重建。由于它不仅有眼动的成分，也包括暴露和认知的成分，因此被认为是一种认知行为疗法。

考研考法突破

考法 1　考查 PTSD 的概念

这种考法常见于名词解释题，考生需要熟练背诵创伤后应激障碍的含义，同时要掌握英文简写。

例 3：（天津师范大学 /2016，曲阜师范大学 /2021）名词解释：创伤后应激障碍

【解析】本题考查创伤后应激障碍的含义。

参考答案：是指经历异乎寻常的威胁性或灾难性应激事件或情境后而引起精神障碍的延迟出现或长期持续存在，其特点是时过境迁后的痛苦体验仍然驱之不去，持续回避与事件有关的刺激，并长期处于警觉焦虑状态。

通常是在创伤事件后经过一段无明显症状的潜伏期才发病。潜伏期从几日、几周或数月不等，但大多数在 6 个月之内，超过半年以上出现症状者少见。

考法 2　考查 PTSD 的临床表现

此考法既可以在选择题中考查，也可以直接以简答题形式考查，考生需对 PTSD 的临床表现熟练掌握。

例 4：（江西师范大学，2016）单选题：创伤后应激障碍的核心症状是（　　）。

A. 反复回忆创伤性体验

B. 回忆与创伤性事件有关的刺激

C. 情感麻木

D. 警觉性增高

【解析】PTSD 的核心症状为反复回忆创伤性体验

参考答案：A

例 5：（苏州大学，2011）简答题：创伤后应激障碍的临床表现有哪些？

【解析】本题考查创伤后应激障碍的临床表现。

参考答案：PTSD 的临床表现有：

1）反复体验创伤性事件

这是 PTSD 的中心症状，它以各种形式反复重新体验创伤性事件，主要表现为反复地闯入性地出现有关创伤性事件的痛苦回忆，没有警告，就像“从天而降”，不需要刺激或者相关引发物。有的可能会生动地看到当时的情境，并伴发相应的情绪和行为反应，好像创伤再次发生，如同电影中“闪回”。有的可在梦中反复重现创伤性事件或做噩梦。

2）回避与创伤性事件有关的刺激，或情感麻木

患者回避谈及与创伤有关的想法、感受及话题，或回避可能勾起恐怖回忆的事情和环境，似乎已经遗忘了此事。有时可表现出一种“麻木”感（情绪迟钝），患者在整体上给人以木然、淡漠的感觉。

3）警觉性增高

经历创伤的人会体验到过度的警觉性。这说明个体长时间处于“战斗或逃跑”的状态，就像正在经历创伤性事件一样。即便是在比较“安全”的情境中，个体也做好了随时应对威胁的准备。这种状态下，个体会花很多的时间和精力去寻找环境中的威胁性信息。

4）其他表现

患者的内疚和自责的情绪反应也非常常见。失去亲人的居丧反应与负罪感密切相关。儿童也可发生 PTSD，但表现与成人有所不同。

考法 3　考查 PTSD 治疗方法

这种考法常见于选择或简答以及案例分析中，考生需要掌握 PTSD 的治疗方法。

例 6：（华东师范大学，2012）单选题：针对 PTSD（创伤后应激障碍）的高焦虑和惊恐发作，可采用如（　　）等药物进行治疗。

A. 百忧解　B. 碳酸锂　C. 维思通　D. 奥氮平

【解析】针对 PTSD（创伤后应激障碍）的高焦虑和惊恐发作，可采用百忧解（盐酸氟西汀）等药物进行治疗。B 选项碳酸锂用于躁狂发作，CD 选项是治疗精神分裂症的常见药物。

参考答案：A

例 7：（东北师范大学，2018）论述创伤后应激障碍的临床表现及治疗。

【解析】本题考查 PTSD 的临床表现和治疗方法。

参考答案：1）创伤后应激障碍

它是指经历异乎寻常的威胁性或灾难性应激事件或情境后而引起精神障碍的延迟出现或长期持续存在，其特点是时过境迁后的痛苦体验仍然驱之不去，持续回避与事件有关的刺激，并长期处于警觉焦虑状态。

2）创伤后应激障碍的临床表现有

①反复体验创伤性事件。这是 PTSD 的中心症状，它以各种形式反复重新体验创伤性事件，主要表现为反复地闯入性地出现有关创伤性事件的痛苦回忆，没有警告，就像

"从天而降"，不需要刺激或者相关引发物。有的可能会生动地看到当时的情境，并伴发相应的情绪和行为反应，好像创伤再次发生，如同电影中"闪回"。有的可在梦中反复重现创伤性事件或做噩梦。

②回避与创伤性事件有关的刺激，或情感麻木。患者回避谈及与创伤有关的想法、感受及话题，或回避可能勾起恐怖回忆的事情和环境，似乎已经遗忘了此事。有时可表现出一种"麻木"感（情绪迟钝），患者在整体上给人以木然、淡漠的感觉。

③警觉性增高。经历创伤的人会体验到过度的警觉性。这说明个体长时间处于"战斗或逃跑"的状态，就像正在经历创伤性事件一样。即便是在比较"安全"的情境中，个体也做好了随时应对威胁的准备。这种状态下，个体会花很多的时间和精力去寻找环境中的威胁性信息。

④其他表现。患者的内疚和自责的情绪反应也非常常见。失去亲人的居丧反应与负罪感密切相关。儿童也可发生 PTSD，但表现与成人有所不同。

3）创伤后应激障碍的治疗方法有：

①药物治疗。急性期，尤其是在病人焦虑和痛苦严重时，药物治疗往往是必要的。短时间作用的苯二氮卓类药物对急性焦虑有效。SSRI、三环类抗抑郁剂或单胺氧化酶抑制剂已经有效地用于治疗慢性创伤后应激障碍。

②心理治疗。心理治疗的初期目标在于减轻焦虑症状，缓和其情绪痛苦。目前，最常用的心理治疗方法是行为疗法和认知疗法。在行为疗法中，主要采用以暴露于患者所害怕的事件或情境为主的技术，系统脱敏法是首选的方法之一。认知疗法主要帮助患者处理被创伤破坏的想法和信念，它常与行为疗法联合使用。

③眼动脱敏和再加工。眼动脱敏和再加工在治疗过程中可以产生一种神经生物状态，这与快速眼动睡眠类似。这种状态可以减轻由海马调节的关于创伤性事件的记忆发作强度，同时也可减轻相关记忆和负性情感，促进将那些与创伤相关的负性认知重建。由于它不仅有眼动的成分，也包括暴露和认知的成分，因此被认为是一种认知行为疗法。

考研考法实战 答案见 D11 页

1.（西北师范大学，2019）名词解释：创伤后应激障碍。

2.（华中师范大学，2012）简述创伤后应激障碍的特点。

3.（华中师范大学，2015）请描述创伤后应激障碍的临床表现，并给出可行的治疗方案。

考点 4　适应障碍

考研基础必备

1. 适应障碍的含义

适应障碍是指因长期存在应激源或困难处境，加上患者有一定的人格缺陷，产生以烦恼、抑郁等情感障碍为主，同时有适应不良的行为障碍或生理功能障碍，并使社会功能受损的一种应激障碍。通常在应激性时间或生活改变发生后 1 个月内起病，一般不超过 6 个月。

2. 适应障碍的临床表现

适应障碍的临床表现以情绪和行为异常为主，常见焦虑不安、烦恼、抑郁心境、无能力感、胆小害怕、注意力难以集中、惶惑不知所措和易激惹等，还可伴有心慌和震颤等躯体症状，同时可出现适应不良的行为而影响到日常活动。患者也可出现一些较为严重的症状，如兴趣索然，无动力、快感缺失和食欲缺乏等。

3. 适应障碍产生的原因

由于各年龄阶段的身心特点不同。所处的环境不同，对变化和刺激的应付能力不同，因此导致其适应障碍的原因和表现也有不同。

①对于婴儿时期的个体来说，母爱的缺乏常常是适应障碍产生的主要原因。而童年期的孩子，导致其适应障碍的原因大多与情绪冲突有关，如爱的缺乏、教育不当、受欺负、物质得不到满足等。

②青少年期的适应障碍，则大多与学习、人际和性心理发展有关。比如学习不良或受挫、学习环境发生的变化、人际出现纠纷等。

③家庭婚姻问题、孩子教育问题、功能能力的高低与成就感的受挫，以及地位环境的变化等，常是中年期适应障碍的原因。

④此外，个体的性格特点、应付方式、生理状态、家庭、社会支持系统的强弱，也是影响适应障碍产生的重要原因。

考研考法突破

考法 1　考查适应障碍的特点和病因

此考法常见于简答或论述中，考生需要掌握适应障碍的临床表现以及产生的原因。

例 8：（东北师范大学，2020）简答题：适应障碍的特点（也有说是表现）和病因

【解析】本题考查适应障碍的特点和成因。

参考答案：（1）适应障碍的表现：适应障碍的临床表现以情绪和行为异常为主，常见焦虑不安、烦恼、抑郁心境、无能力感、胆小害怕、注意力难以集中、惶惑不知所措和易激惹等，还可伴有心慌和震颤等躯体症状，同时可出现适应不良的行为而影响到日常活动。患者也可出现一些较为严重的症状，如兴趣索然，无动力、快感缺失和食欲缺乏等。

（2）适应障碍的病因：由于各年龄阶段的身心特点不同。所处的环境不同，对变化和刺激的应付能力不同，因此导致其适应障碍的原因和表现也有不同。

①对于婴儿时期的个体来说，母爱的缺乏常常是适应障碍产生的主要原因。而童年期的孩子，导致其适应障碍的原因大多与情绪冲突有关，如爱的缺乏、教育不当、受欺负、物质得不到满足等。

②青少年期的适应障碍，则大多与学习、人际和性心理发展有关。比如学习不良或受挫、学习环境发生的变化、人际出现纠纷等。

③家庭婚姻问题、孩子教育问题、功能能力的高低与成就感的受挫，以及地位环境的变化等，常是中年期适应障碍的原因。

④此外，个体的性格特点、应付方式、生理状态、家庭、社会支持系统的强弱，也是影响适应障碍产生的重要原因。

考研考法实战 答案见 D12 页

1.（天津师范大学，2013）名词解释：适应障碍

2.（上海师范大学，2016）案例分析题：B 男因为父亲的工作调动到了一个新学校读书，因为新班主任对于学生要求十分严格，B 男十分害怕班主任，某一次班主任布置周末作业，B 男因为拉肚子而没有做完，周一的时候在家休息而没有去上课，并未被老师责骂，并且妈妈十分关心 B 男，给 B 男做鸡肉粥，问 B 男是否需要帮他做作业，于是每次周一想到要上课，肚子就开始疼，妈妈会开始做好吃的给他，每周一都如此，老师逐渐发现有问题，就开始询问，认为 B 男心理上存在问题。

（1）诊断的依据是什么？

（2）产生的原因是什么？

（3）应如何进行干预治疗？

章节考点 综合训练

答案见 D12 页

一、单选题

1. 患者有做出某种动作的强烈冲动，但不付诸行动，这被称为（　　）。
   A. 强迫动作　B. 强迫意向　C. 意向增强　D. 意向倒错
2. 关于“强迫观念”与“强制思维”的临床意义，下列表述中正确的是（　　）。
   A. 强迫性穷思竭虑属于强制思维
   B. 强制性思维多见于精神分裂症，强迫观念多见于强迫症
   C. 强迫性怀疑属于强制思维
   D. 强迫性对立属于强迫观念
3. 关于“超价观念”，下列描述中不正确的是（　　）。
   A. 患者知道这种想法是不必要的，甚至是荒谬的，并力图加以摆脱
   B. 它的发生虽然常常有一定的事实基础，但是这种观念是片面的
   C. 是一种在意识中占主导地位的错误观念
   D. 多见于人格障碍和心因性精神障碍患者
4. （华中师范大学，2011）强迫性思维的主要表现形式不包括（　　）。
   A. 强迫性穷思竭虑　B. 强迫怀疑
   C. 强迫联想　D. 强迫性意向
5. 适应障碍通常在遭遇生活事件后（　　）内起病。
   A. 1 个月　B. 2 个月　C. 3 个月　D. 半个月
6. （华东师范大学，2019）一名 55 岁的女性，近 1 个月来头痛乏力，早醒，坐立不安，常担心家人会出事，怀疑自己得了不治之症，给家庭带来麻烦，悲观失望，最可能的诊断是（　　）。
   A. 神经衰弱　B. 焦虑症　C. 抑郁症　D. 疑病症

二、名词解释题

1.（南开大学，2018；四川大学，2016）创伤后应激障碍

2.（湖南师范大学，2018）应激相关障碍

三、简答题

1.（郑州大学，2020）简述创伤后应激障碍的表现。

2.（湖南师范大学，2018）人格和焦虑障碍的关系

3.（华中师范大学，2014）试述精神分析学派和行为学派对神经症的解释。

4.（天津师范大学，2015）创伤后应激障碍（PTSD）的含义、主要症状、病因、治疗方法及研究意义。

5.（天津师范大学，2014）分析焦虑症的临床表现及病因。

6.（东北师范大学，2013）简述焦虑症的特点。

7.（南京师范大学，2011）简述焦虑的作用。

8.（天津师范大学，2011）什么是焦虑障碍？焦虑的基本成分有哪些？试举例说明广泛性焦虑障碍和惊恐障碍的特点。

9.（浙江师范大学，2017）简述焦虑的特点？如何给学生辅导考试焦虑。

10.（东北师范大学专硕，2021 年）恐惧症表现及治疗。

四、案例分析题

1.（华东师范大学，2014）小李是一家工厂的工人，他经常害怕自己在工厂里感染传染病，他相信工厂里有些地方受到了感染。为了避免染上传染病，他采取了许多措施，比如尽量不碰厂里别人碰触过的东西。如果偶尔碰到了他认为被感染的东西，他会非常焦虑，不断地洗手以至于皮肤裂口、流血直到确信已经洗干净所有的病菌，他才不那么焦虑。小李出现了什么心理障碍？分析这一问题的成因，并建议治疗方法。

2.（山东师范大学，2012）某男，37 岁，常常头晕，掌心出汗，心悸和耳鸣，还有口干和肌肉紧张的现象，经常性的紧张不安令他精神不能集中。虽然这些症状有时使他“失去信心”，但他否认感到抑郁，而且一直有兴趣跟家人起活动。但他为很多事忧虑，他经常担心父母的健康。父亲的确在两年前患过一次心肌梗死，但现在感觉良好。他也担忧自己是否是一个好父亲，妻子是否会离他而去，同事是否喜欢他。虽然他知道这些忧虑都没有事实根据。但他不能控制，过去两年他因为紧张不安很少参加社交活动。

针对上述事例完成以下问题：

（1）请根据来访者的症状判断其可能属于哪类心理异常。

（2）对这类心理异常，常用的治疗方法有哪些？

3.（山东师范大学，2014）李某，从三四岁时起，就已开始怕猫。当时李某看见两只猫正在打架，打得满身是血，其中一只转过身，双眼等着他，让他浑身打战，害怕极了。从此以后，李某就再也不敢去可能有猫的地方。随着时间流逝，问题变得越来越严重。李某一看到猫，就会极度恐惧，还会出现恶心、呼吸心跳加快、心慌、全身出汗。甚至见了一幅画着的猫，也会如此。他不敢逛卖贺卡的商店，因为那里有许多印着猫的卡片。这些情况极大地影响了李某的日常生活。

（1）根据李某的表现，他罹患的是哪一种心理障碍？该心理障碍在临床上主要包括哪些类型？李某属于其中的哪一类？

（2）用行为主义理论解释其病因。

（3）结合本案例运用系统脱敏疗法设计一个治疗方案。

4.（山东师范大学，2015）地震前王女士在镇上开了一家裁缝店，一共有三台缝纫机，雇了另外两个员工，生意还算不错。5 月 12 日下午，她们正在做活，突然感到房屋剧烈摇动。意识到发生地震了，她们急忙跑出了房子。再回头，刹那间整个房屋都倒塌了，她当时无法站立，只能趴在地上，眼看着周围的房屋相继倒塌，被吓得不知怎么办才好，只是感到天崩地裂。在地上趴了一会儿，剧烈的震动过去后，看到的世界完全变了。整个镇上叫声一片，有呼救的，有哭喊的……

地震过去了两个多月，这些情景还依然历历在目，让她一想起来就会不寒而栗。两个多月以来，王女士从没有睡过一个安稳觉，经常在夜里惊醒，老公一翻身，床板一摇动，她就会惊醒并迅速跑出房间，以为又地震了。

（1）根据以上描述，请回答王女士的表现属于哪一种心理障碍？按照 DSM-IV 的诊断标准，该障碍根据病程的不同，可分为哪些亚类型？王女士属于哪一种？

（2）该心理障碍在临床上的主要症状有哪些？

（3）针对该种心理障碍常用的治疗方法有哪些？

5.（浙江师范大学，2011）某女，38 岁，教师。8 年前从外地坐车回家途中，由于旅途疲劳，傍晚时突然感到心里发慌，心跳加快，随后开始感到眩晕、出汗、胸口发紧。当时唯恐心脏病发作而困在火车里。这些反应虽然只持续了 10 分钟左右，但从此心有余悸，凡外出时结伴尚可，后来结伴亦心慌，难以自控。在恐慌发作时曾多次去医院检查，均未发现异常。近两年来，曾服用镇静剂治疗，但效果不明显。来心理门诊时，已经发展到去拥挤的购物场所、排队等候、坐电梯也会出现类似情况，而且回避这些情境。

患者排行老大，父亲是一个对自己身体比较关注的人，偶感胸闷不适就会担心是否患有“心脏病”而去医院检查，患者的性格特点是：比较内向、遇事谨慎、工作认真、比较顺从、富于反省。

请依据以上案例，回答下列问题：

（1）该患者的主要症状是什么？

（2）如何区分心理正常和异常？该求助者的问题属于正常还是异常？

（3）对本案例最可能的诊断是什么？诊断的依据是什么？

6.（江西师范大学，2021 年）男 33 岁，已婚，某科室主任，在一场长途中感到呼吸困难，晕厥，送进医院没有身体的异常，但时常手脚发冷乏力，偶尔也会发作晕厥，并且担心再次发生，工作压力大，时常担心报告被领导打回来。请分析并诊断。

第七章 躯体形式障碍与分离性障碍

有一类患者频繁就医以寻求医疗帮助，就某一躯体症状或健康问题反复去多家医院进行诊断治疗。然而他们对诊断结果和治疗效果并不满意。过度担忧自身的躯体状况，会严重影响个体的日常生活、工作学习以及人际交往，有些患者为此付出了巨大的代价。这类患者被归类为躯体形式障碍。本章内容主要介绍了躯体形式障碍与分离性障碍的含义及各种类型的特点，在考试中，相对考查较少，考生根据真题考查情况掌握重点内容即可。

第一节 概述

研究真题，明确考况

考试要求	自主命题	
	考题	考查点
癔症	湖南师范大学，2015	简答题：癔症及其临床表现

考点 1 癔症

考研基础必备

1. 癔症的含义及临床表现

癔症，又称歇斯底里症，在我国 CCMD-3 中，仍然保留了这一病名，并把它从神经症中分离出来单列。癔症（又称歇斯底里，DSM 取消了该病名）：是一种由于明显的心理因素，如生活事件、内心冲突或强烈的情绪体验、暗示或自我暗示等引起的一组病症，以一种解离症状和转换症状为主的神经症，这些症状没有可证实的器质性病变基础。本障碍有癔症性人格基础，起病常受心理社会因素影响。

临床主要表现为感觉障碍、运动障碍或意识改变等，但缺乏相应的器质性基础病变，其症状表现可具有做作、夸大或富有情感色彩等特点，有时可由暗示诱发，也可由暗示而消失，有反复发作的倾向。

考研考法突破

考法 1 考查癔症的含义及临床表现

癔症在 DSM 的诊断体系中已经被删除，但是在 CCMD-3 诊断体系中被保留了，如果目标院校有考到这个知识点建议掌握，未考过的院校，了解即可。

例 1：（湖南师范大学，2013）何谓癔症？癔症有哪些临床表现？

【解析】本题考查癔症的含义及临床表现。

参考答案：癔症，又称歇斯底里症，在我国 CCMD-3 中，仍然保留了这一病名，并把它从神经症中分离出来单列。癔症（又称歇斯底里，DSM 取消了该病名）：是一种由于明显的心理因素，如生活事件、内心冲突或强烈的情绪体验、暗示或自我暗示等引起的一组病症，以一种解离症状和转换症状为主的神经症，这些症状没有可证实的器质性病变基础。本障碍有癔症性人格基础，起病常受心理社会因素影响。

临床主要表现为感觉障碍、运动障碍或意识改变等，但缺乏相应的器质性基础病变，其症状表现可具有做作、夸大或富有情感色彩等特点，有时可由暗示诱发，也可由暗示而消失，有反复发作的倾向。

第二节 躯体形式障碍

研究真题，明确考况

考试要求	自主命题	
	考题	考查点
疑病症	华东师范大学，2015	单选题：疑病症的表现
躯体变形障碍	华中师范大学，2018	名词解释：躯体变形障碍
躯体形式障碍	湖南师范大学，2021	名词解释：躯体形式障碍

考点 1 躯体形式障碍的含义及类型

考研基础必备

躯体形式障碍，是指心理冲突或者心理障碍以身体障碍的形式表现出来，比如胃疼、呼吸问题等；或者表现为突然丧失了某些生理机能，如看、听及行走等机能，而这些身体形式的障碍找不到任何器质性的病变，相反却有证据或者至少可以说有理由怀疑这些症状与心理因素相关，这些躯体形式的障碍都不是有意识装出来的。五种基本的躯体形式障碍：疑病症、躯体化障碍、转换障碍、疼痛障碍、身体畸形障碍。

1. 疑病症

疑病症是最常见的躯体形式障碍之一。它的核心表现是焦虑或恐惧——对自己患有一种严重疾病的可能性的焦虑或恐惧。对自己的身体状况过分关注，便导致了对自己身体生理现象和感觉的曲解，认为某种生理现象或感觉即是疾病的征兆或表现。疑病症病人没有任何真正的生理疾患，他们只是确信自己要得或已经得了一种严重的疾病，从而导致焦虑或恐惧。频繁出入医院，要求医生给自己做各种身体检查，结果是并没有发现任何器质性的病变。疑病症病人并不是在装假有病。

2. 躯体化障碍

1）主要特征

多种多样、反复出现、时常变化的躯体症状，有时有模拟的神经系统症状，患者反复申诉变化不定的躯体症状，可涉及身体的任何系统和任一部位，却很少主动提出心理问题。尽管没有器质性病变，但躯体化障碍的病人可能会发展成真正的器质性障碍，这是由于不必要的住院、手术以及药物引起的。

2）躯体化障碍与疑病症的区别

①躯体化障碍病人真正关注的是“症状”本身，而不是疑病症病人所关注的所谓症状代表什么疾病的存在。

②疑病症病人自己尽量讲究科学化，比如一天量几次血压，然后详细报告结果；而躯体化障碍病人会用含糊、戏剧性、夸张的方式描述症状。

③疑病症病人通常只害怕一种特定的疾病，主诉是有限的；而躯体化障碍病人的主诉不仅多样，而且会变化。

3. 转换性障碍

1）概念

通常是指身体机能发生障碍，比如瘫痪、麻痹、抽搐、失明、失音、失聪等，但经过细致而认真的检查，这些机能障碍却没有任何生理性或器质性病变；相反，起病常与心理社会因素有关。

2）特点

①转换障碍表现出对症状的漠不关心；

②转换障碍一般发生在大的应激事件之后，发作比较快，比较突然；12% 到 93% 的转换障碍的病例是发生在明显的应激事件之后；

③如果症状是选择性的，就有可能是转换障碍；

④转换障碍的病人是能够正常行使功能的。

4. 疼痛障碍

此症很重要的一个特征是，病人主诉的无论是生理还是心理因素引起的疼痛都是真实的感受，而且它损害了病人的健康。

5. 身体畸形障碍

患者沉湎于自己的外貌有一种想象出来的缺陷，如确有轻度的躯体性异常之处，患者的考虑也明显过分。这种想法产生了临床上明显的痛苦，或在社交、职业或其他重要方面引起的功能缺损。

考研考法突破

考法 1 考查躯体形式障碍类型的含义

此考法常见于选择或名词解释当中，考生要能够掌握不同躯体形式障碍的含义和特点。

例 1：（华中师范大学，2018）名词解释：躯体变形障碍

【解析】本题考查躯体变形障碍的含义。

参考答案：患者沉湎于自己的外貌有一种想象出来的缺陷，如确有轻度的躯体性异常之处，患者的考虑也明显过分。这种想法产生了临床上明显的痛苦，或在社交、职业或其他重要方面引起的功能缺损。

考研考法实战 答案见 D17 页

1. 单选：表现出以下哪个症状的个体可能患有疑病症（　　）

A. 把痛时的瞬间的发抖解释为疾病的标志

B. 由于害怕惊恐发作而拒绝看医生

C. 很享受看医生时所接受到的即时的关心

D. 意识到疾病能证明个体完全丧失劳动力，个体因此获益

2. 单选：下列哪一项符合躯体化障碍（　　）。

A.Lisa 报告说她有持续的恶心，以致不能工作，但是医学检查没有发现任何疾病征兆，她说只有丈夫在家照料她的时候，她才会感觉好点。

B.Eddie 在 6 个月内看了 11 个不同的内科医生，但是令人沮丧的是，好像没有哪个医生能做出适合的诊断。

C.Sherry 报告自己身体不适已经 10 年了，她的症状包括脚、手和脖子的疼痛，腹泻和便秘，行走困难，Sherry 的内科医生没有发现任何身体原因。

D.Pedro 停止了工作，因为他觉得自己的耳朵是正常大小的两倍，而自己看上去很畸形。但是，医生观察后发现 Pedro 的耳朵很正常。

3.（湖南师范大学，2021 年）名词解释：躯体形式障碍。

考点 2 躯体形式障碍的病因和治疗

考研基础必备

1. 躯体形式障碍的病因：

1）生物学观点：基因与大脑机能失调

①躯体形式障碍的患者基本上都有躯体症状的家族史，这或许是基因决定的，而不是学习的产物。

②躯体化障碍病人的一级亲属中，女性有更高的患躯体化障碍的可能性，而男性有更大的可能性具有反社会型人格障碍。

③患躯体化障碍的女性倾向于和反社会型人格障碍的男性结婚。而且，在一个人身上，同时表现出躯体化障碍和反社会型人格障碍的概率远大于机遇水平。

2）心理动力学的观点：防御焦虑

①弗洛伊德认为，来自无意识冲突的焦虑以躯体症状的形式表现出来，这样就可以使个体消除焦虑而又可以避免直接体验到它。

②身体畸形障碍是防御机制中的一种——置换，即未解决好的“无意识”中的冲突会引起太大的焦虑，以致不能让它进入到意识中去，就将其置换到对身体部分的关注上。

③躯体形式障碍是由于退行作用，通过防御机制解除焦虑。

④躯体化障碍与创伤后应激障碍有密切关系，而儿童期的创伤对躯体化障碍的形成有重要作用。

3）行为学和社会文化学的观点：病人角色

①行为学家和社会文化学家认为，躯体形式障碍都是对病人角色的一种不恰当的采纳。

②人们是否采纳病人角色作为一种应付方式，取决于他们所处的社会文化对待不明原因的躯体症状的态度。

③症状的获益：初级获益：通过躯体症状的表现，使被压抑的本能意愿得到了一定的满足，减少了焦虑。二级获益：因为病人可得到同情，可避开某些困难情境的任务。

4）认知的观点：身体感觉的曲解

①疑病症是一种伴有强烈情感因素的认知或知觉障碍。

②疑病症发展的关键是对生理现象和感觉的错误解释，以致把它们当作了生理疾病的征兆。个体焦虑不安地将注意力过分集中在身体方面，会使焦虑增强，增强的焦虑会进一步引发植物神经系统的功能紊乱，就产生了更严重的生理症状，形成了一个恶性循环。

2. 躯体形式障碍的治疗：

1）药物治疗

三环类抗抑郁药阿米替林，氟西汀与帕罗西汀。

2）心理治疗

在实施任何理论取向的心理治疗时，对躯体形式障碍患者提供心理治疗，建立良好的治疗关系，耐心倾听患者的倾诉，对患者表示关心、理解、同情，让其对治疗师产生信任，对治疗抱有信心，这都非常重要。

①心理动力学治疗。是具有重构性的、深层的、注重过去的。尽管在临床实践中，运用心理动力学理论的治疗方法揭示出病人无意识中的冲突是很普遍的，但关于这种方法的疗效少有报道。

②认知行为治疗。治疗目标是帮助病人认识问题的性质。治疗师应表明对病人体验症状的痛苦等事实的接受，表达对其的关心，鼓励病人说出自己的观点和论据，然后一起对其论据进行审视，提出可能的替代性解释；同病人讨论对健康的焦虑与躯体症状的联系；盘诘和检验病人的威胁性负性信念；改变回避性行为模式，可结合放松、生物反馈等技术。躯体形式障碍的行为疗法包括两部分：一是消除维持病人生病行为的强化物，二是努力提高病人的应付技能。

③暗示疗法。它是治疗癔症的经典方法。进行暗示疗法的时候治疗师一定要镇定自若，要显得对治疗方法充满信心，同时以直接或间接的方法告知病人该方法一定有效；对多次发作的病人，一般要使用与以前不同的暗示方法才有较好效果；在回答病人的咨询时，可告知“癔症”的病名，但一般不应解释过细，即对围观者也是如此。暗示疗法不能解决患者的癔症人格问题。

④家庭疗法。注重了解个体在成长环境中受到重要影响的不同背景因素，认为调整个体的家庭或其他使之受到影响的系统，才能有助于患病个体产生改变。国内外有报道表明，家庭治疗对躯体形式障碍的治疗是有效的。

考研考法突破

考法 1　考查躯体形式障碍的病因

此考法常见于简答或案例分析中，考生要能够根据案例描述分析躯体形式障碍的病因。

例 2：（陕西师范大学，2011）2009 年 4 月 23 日，某化纤集团腈纶厂员工闻到刺激性的气味，部分工人出现头晕、恶心等不适症状，累计有千余员工到医院就诊。有人怀疑是工厂附近的甲化学工业公司生产过程中异常排放所致。各方面组成的专家组调查后发现，此次事件中病人集中发生在同一工厂，分布在不同车间、发病时间不一致，病人主诉闻到不同气味，临床表现缺乏特征性，未见确切的阳性体征。空中有害物质检测结果未显示超过国家标准，与急性化学中毒的发病特点不符，因此排除甲化学公司生产过程中逸散到空气中的有害物质引起的可能性。就诊员并无器质性疾病，恢复上班后症状消失。

请分析该公司员工出现症状的病因是什么？

【解析】本题首先需要根据案例描述诊断为躯体形式障碍，然后再分析其病因。

参考答案：（1）根据案例描述，该公司员工出现头晕、恶心等不适症状，经过医生诊断，没有器质性疾病，故可以推测是由于心理冲突或者心理障碍以身体障碍的形式表现出来，因此可能为躯体形式障碍中的疑病症。

（2）不同理论对于躯体形式障碍产生的原因有不同的阐释：

①生物学观点认为，躯体形式障碍有可能是基因与大脑机能失调引起的。

②心理动力学的观点认为，来自无意识冲突的焦虑以躯体症状的形式表现出来，这样就可以使个体消除焦虑而又可以避免直接体验到它。身体畸形障碍是防御机制中的一种——置换，即未解决好的“无意识”中的冲突会引起太大的焦虑，以致不能让它进入到意识中去，就将其置换到对身体部分的关注上。

③行为学和社会文化学的观点认为，躯体形式障碍都是对病人角色的一种不恰当的采纳。病人可能从症状获益，初级获益：通过躯体症状的表现，使被压抑的本能意愿得到了一定的满足，减少了焦虑。二级获益：因为病人可得到同情，可避开某些困难情境的任务。

④认知的观点认为，疑病症是一种伴有强烈情感因素的认知或知觉障碍。疑病症发展的关键是对生理现象和感觉的错误解释，以致把它们当作了生理疾病的征兆。个体焦虑不安地将注意力过分集中在身体方面，会使焦虑增强，增强的焦虑会进一步引发植物神经系统的功能紊乱，就产生了更严重的生理症状，形成了一个恶性循环。

考法 2　考查躯体形式障碍的诊断和治疗

此考法常见于简答或案例分析中，一般会结合病因一起来考查，考生要能够根据案例描述给出相应的治疗方法。

例 3：（华东师范大学，2014）案例分析题：请根据以下描述，对来访者进行评估诊断，并写出评估诊断的依据以及相应的治疗方法。

A，39岁，已婚，他就医时自述“我肠道不舒服，后来还影响到头部，我的肠道痉挛，便秘；后来头部肯定也中了毒。整个身体系统可能都受到了毒害。”患者的胃肠道不适可以追溯到12年前的一次“严重消化不良”这次消化不良可能引起了腹胀，而且腹痛也辐射到了某些其他部位。他一边说一边用手指比画着疼痛辐射到的某些部位。那次A因病卧床一月之久，后来基于他对医嘱的理解，又休息了两个月才开始上班。尽管医生再三保证他没有病也不起作用。他“感觉”难受、担心、害怕，觉得自己真的再也无法康复了。据这次发病三四年后，他开始灌肠，最初每天三次，逐渐减至一天一次。他服用轻泻剂达八九年之久，而且一直很注意饮食。他描述了自己排泄物的变化情况，说明他谨慎的注意着自己的肠道运动。他是家纸制品厂的办事员，此次就医前四个月，他因病假太多及不愿做他自己认为与其职责无关的事情而丢掉了工作。之后，他一直和妻子的亲戚住在一起……

【A背景材料】22岁结婚，婚后他变得非常依赖妻子。大多数事情都由妻子拿主意，而且对性生活也缺乏兴趣。比他年长几岁的妻子似乎并不在意他这种被动的生活方式。婚后第五年，妻子去世，他也因此出现了“严重的消化不良”，他有三个多月感到失落和无助。一段时间后，他搬到了乡下，重新娶妻。但是第二任妻子不太情愿像前妻那样承担家里的主要责任，而且他无法满足妻子在性生活方面的要求。他越来越关心自己的胃肠道健康。

【解析】本题需要考生针对案例描述做出诊断，要注意区分疑病症和躯体化障碍的特点。

参考答案:（1）根据DSM–4对于躯体化障碍的诊断标准:

A. 在30岁前起病，有持续几年的、众多躯体主诉的历史，结果是到处求治，或产生了再社交、职业或其他重要方面的功能明显缺损。

B. 符合以下每一项，而且在病程中任何时候都有个别症状:

①4种疼痛症状：至少4处不同部位的疼痛病史

②2种胃肠道症状：至少2种除疼痛之外的胃肠道症状病史。

③1种性症状：至少1种性的或生殖系统症状的历史。

④1种假性神经系统情况，除疼痛之外。

C. 表现出下列至少1项：

①经适当调查了解，B的每种症状都不能用一般躯体情况或某种物质的直接效应来解释。

②如存在某种有关的一般躯体情况，那么躯体主诉或所造成的社交或职业缺损都比从病史、体检、或实验检查所能期望的更为严重。

D. 这些症状都不是有意识产生或加装的。

（2）根据案例描述，求助者:“肠道不舒服，后来影响到头部，肠道痉挛，便秘，后来头部也肯定中了毒，整个身体系统都可能受到了毒害。”求助者有多种多样、反复出现、时常变化的躯体症状符合躯体形式障碍中躯体化障碍的特点。

（3）针对该求助者的治疗，可以采用如下方法:

①药物治疗：三环类抗抑郁药阿米替林，氟西汀与帕罗西汀。

②心理治疗

在实施任何理论取向的心理治疗时，对躯体形式障碍患者提供心理治疗，建立良好的治疗关系，耐心倾听患者的倾诉，对患者表示关心、理解、同情，让其对治疗师产生信任，对治疗抱有信心，这都非常重要。

A. 认知行为治疗。

治疗目标是帮助病人认识问题的性质。治疗师应表明对病人体验症状的痛苦等事实的接受，表达对其的关心，鼓励病人说出自己的观点和论据，然后一起对其论据进行审视，提出可能的替代性解释；同病人讨论对健康的焦虑与躯体症状的联系；盘诘和检验病人的威胁性负性信念；改变回避性行为模式，可结合放松、生物反馈等技术。躯体形式障碍的行为疗法包括两部分：一是消除维持病人生病行为的强化物，二是努力提高病人的应付技能。

B. 暗示疗法。

进行暗示疗法的时候治疗师一定要镇定自若，要显得对治疗方法充满信心，同时以直接或间接的方法告知病人该方法一定有效；对多次发作的病人，一般要使用与以前不同的暗示方法才有较好效果 .

C. 家庭疗法。

注重了解个体在成长环境中受到重要影响的不同背景因素，调整个体的家庭或其他使之受到影响的系统，帮助患病个体产生改变。国内外有报道表明，家庭治疗对躯体形式障碍的治疗是有效的。

第三节 分离性障碍

研究真题，明确考况

考试要求	自主命题	
	考题	考查点
分离性障碍	苏州大学，2016；华中师范大学，2017；北京大学，2018	名词解释：分离性障碍 选择题：DID 简答题：分离性身份障碍诊断标准

考点1 分离性障碍的含义和分类

考研基础必备

本来属于一个整体的心理活动现在相互分开了，一个心理活动的共同体解散了，脱离整体生活，并不再有完整的自我意识能力。患有此类障碍的人有的会意识不到自己具有的某些心理功能，如识别、记忆，有的甚至感觉不到对自己或周围世界的知觉。还有的人想不起来关于自己的某些事件，有的以一个新的身份生活，还有些人会离开自己原来的生活环境而到一个完全新的地方去，并且不记得自己的过去，而所有这些障碍并没有可检测出的大脑损伤。

DSM—IV 中，分离性障碍包括了：

1. 人格解体障碍

表现为病人突然丧失了对自己的感觉，主要特征就是感觉到自己很奇特或不真实。奇特的感觉通常是对自己身体或精神而言的。人格解体与现实解体者会对某个地方有似曾相识的错觉。人格解体与现实解体者都丧失了再认记忆，即不能将当前的经历与过去的经验联系起来。

2. 分离性遗忘

（1）真正的遗忘是由头部受重创或某一种大脑障碍所引起的。但分离性遗忘与遗忘不同，是在没有任何明显的器质性原因的情况下出现的，它可以被看作是对心理应激的一种反应。而且在分离性遗忘中，记忆的漏洞非常大，已经不能用普通的健忘来解释了。

（2）有五种类型的分离性遗忘。

①局限性遗忘：是最常见也最重要的，是指将发生在特定时间段里的所有事情都忘记了。

②选择性遗忘：就好像个人将记忆抹去了一些斑点，即只将发生在特定时间里的某些特定事情忘记了。

③广泛性遗忘：忘记了个人所有过去的生活，实际上很少见。

④延续性遗忘：个体把发生在某个特定时间直到现在所有事情都忘记了，包括所有的发生在遗忘之后的事情，只保留了在此之前的一些记忆。

⑤系统性遗忘：个体只忘记特定类型的信息，比如说关于自己家庭的全部信息，而其他的记忆保持完好。

3. 分离性漫游

漫游，从字面理解是逃走。漫游是病人从自己无法排遣的心理困境或自觉无力承受的生活压力中逃走。这是与分离性遗忘相关的一种分离性障碍，患者不仅忘记了自己所有或者大部分的过去，而且会突然地、令人意想不到的地离开家去漫游，可以看做是一种旅行性遗忘。但它比分离性遗忘要复杂，分离性遗忘病人因为遗忘而处于一种混乱的状态，可能会漫无目的地四处游逛，而漫游病人的活动是有目的性的。并且分离性遗忘病人可能只是忘记了自己的身份，而漫游病人可能不仅为自己的身份感到困扰，而且会更进一步地为自己创造出一个新的身份。

4. 分离性身份障碍

分离性身份障碍以往被称为多重性人格障碍。DID 就是在同一个个体身上存在两种或两种以上的不同的身份或人格状态，这些不同身份或人格状态通常被称作子人格或者交替人格。每个子人格都有独特的一组记忆、行为、思想以及情感。这些不同的人格交替、反复地控制着患者的行为，在某一段时期内，其中一个人格占据中心位置，并控制此人的功能。通常有一个出现得比其他人格更为频繁的子人格，称为主人格。而且 DID 患者不能回忆重要的个人问题。

【DSM-IV 对于分离性身份障碍的诊断标准】

A. 存在 2 种以上明显不同的身份或人格（每一种都有他自己相对长久的对环境和自我的认识、关系、或想法）。

B. 至少有 2 种这种身份或人格反复地控制他的行为。

C. 不能回忆重要的个人问题，而且太广泛以致不能用通常的健忘来解释。

D. 此障碍不是由于某种物质或躯体情况所致之直接生理性效应。

考研考法突破

考法 1　考查分离性障碍相关类型的含义

此考法常以名词解释题型出现，对于分离性障碍以及四种类型的含义，考生需要理解记忆。

例 1：（苏州大学，2016）名词解释：分离性障碍

【解析】本题考查分离性障碍的含义。

参考答案：分离性障碍是指本来属于一个整体的心理活动现在相互分开了，一个心理活动的共同体解散了，脱离整体生活，并不再有完整的自我意识能力。患有此类障碍的人有的会意识不到自己具有的某些心理功能，如识别、记忆，有的甚至感觉不到对自己或周围世界的知觉。还有的人想不起来关于自己的某些事件，有的以一个新的身份生活，还有些人会离开自己原来的生活环境而到一个完全新的地方去，并且不记得自己的过去，而所有这些障碍并没有可检测出的大脑损伤。

考法 2　考查分离性障碍的不同类型的诊断

这种考法可以以多种形式考查，考生要能够根据分离性障碍的不同类型的特点进行区分。

例 2：（华中师范大学，2017）单选题：张三的妻子李四向警察报告张三在 1998 年走失。两年后她在机场看见了他。他生活在离李四两省外的地方，并娶了另外一个女人，有了两个小孩。张三告诉李四他的名字是王麻子，不是张三，而且他以前从来没见过她。张三的表现符合（　　）。

A. 分离性身份障碍　　B. 分离性恍惚障碍

C. 多重人格障碍　　D. 分离性漫游症

【解析】根据案例描述，张三从家里走失，漫游到省外的地方，创造出一种新的身份，符合分离性漫游症的诊断标准。

参考答案：D

例 3：（北京大学，2016）简答题：请简述分离性身份障碍的诊断标准

【解析】本题考查分离性身份障碍的诊断标准。

参考答案：DSM-IV 对于分离性身份障碍的诊断标准如下：

A. 存在 2 种以上明显不同的身份或人格（每一种都有他自己相对长久的对环境和自我的认识、关系、或想法）。

B. 至少有 2 种这种身份或人格反复地控制他的行为。

C. 不能回忆重要的个人问题，而且太广泛以致不能用通常的健忘来解释。

D. 此障碍不是由于某种物质或躯体情况所致之直接生理性效应。

考研考法实战 答案见 D17 页

1.（华中师范大学，2016）名词解释：人格解体症状。

2.（北京大学，2018）简答：简述 DSM-5 身份认同障碍的诊断标准。

第八章 进食障碍

在生活中，节食减肥变得十分普遍，然而过度的节食减肥很容易导致进食障碍。本章主要介绍进食障碍，包括进食障碍的临床表现、病因和治疗，其中神经性厌食和神经性贪食的含义和临床表现是考查的重点，而对于病因和治疗的考查较少。

第一节 概述

研究真题，明确考况

考试要求	自主命题	
	考题	考查点
进食障碍	湖南师范大学，2017	名词解释题：进食障碍

考点 1 进食障碍的含义

考研基础必备

进食障碍是指在某些具有生理、心理及社会文化特质的人身上发生的行为综合征，主要表现为紊乱的饮食习惯和不适当地控制体重的行为，不良饮食习惯影响了患者的社会功能。主要有神经性厌食症和神经性贪食症。两者都以严重异常的进食态度及行为为特征。害怕发胖和对体形、体重的歪曲认识与期望是神经性厌食症和神经性贪食症共同的重要心理病理特点。

考研考法突破

考法 1 考查进食障碍的概念

这种考法常见于名词解释题，考生理解掌握进食障碍的概念即可。

例 1：（湖南师范大学，2017）名词解释：进食障碍

参考答案：进食障碍是指在某些具有生理、心理及社会文化特质的人身上发生的行为综合征，主要表现为紊乱的饮食习惯和不适当地控制体重的行为，不良饮食习惯影响了患者的社会功能。主要有神经性厌食症和神经性贪食症。两者都以严重异常的进食态度及行为为特征。害怕发胖和对体形、体重的歪曲认识与期望是神经性厌食症和神经性贪食症共同的重要心理病理特点。

考点 2 进食障碍的共病

考研基础必备

1. 进食障碍与心境障碍的共病性

神经性厌食症的临床特征中，抑郁症状是该病最突出的特征；重症抑郁症是暴食障碍患者最常见的并发症，并且严重的暴食者比起中等程度的暴食者有更显著的抑郁、更多的人际关系问题、更多的精神病症状以及更低的自尊。

2. 进食障碍与其他障碍的共病性

患有进食障碍的病人其中有 1% 的人还符合至少一种人格障碍诊断标准。暴食－泻出型的神经症厌食症病人也会有并发物质滥用的可能性，而限制型的神经性厌食症病人一般不会有很高的物质滥用的并发现象。

考研考法突破

考法 1 进食障碍的特点

此考法常见于选择题，考生需要了解与进食障碍并发的主要心理障碍

例 1：（江西师范大学，2017）单选题：最常见与进食障碍同时并发的是（　　）。

A. 躁狂　B. 恐惧　C. 厌恶　D. 抑郁

【解析】进食障碍与抑郁症的共病率较高，在对进食障碍的治疗中，也会采用抗抑郁药物。

参考答案：D

第二节 临床表现

研究真题，明确考况

考试要求	自主命题	
	考题	考查点
神经性厌食症	华东师范大学，2011；江西师范大学，2015	选择题：临床表现
神经性贪食症	北京师范大学，2017；华东师范大学，2018	简答题：诊断标准

考点 1 神经性贪食症

考研基础必备

1. 神经性贪食症显著的特征

（1）暴食。

（2）对进食行为不能控制。即当病人想停止暴食时却停不下来。采用补偿性行为以防止暴食引起的体重增加，最常用的是导泻技术，如进食后立即进行呕吐或使用利尿剂或其他类似的药物。还有比如过度运动或者服用甲状腺药物。

DSM 中将之分为泻出型与非泻出型。研究发现泻出型神经性贪食症有更严重的病态心理，包括更频繁的暴食现象、更高的抑郁及惊恐障碍的患病率，还有更病态的进食态度和行为。

神经性贪食症病人对自己的评价或自尊在很大程度上取决于体重和体形。也是重要特征之一。神经性厌食症有“优先诊断权”，即一个病人符合神经性厌食症的诊断标准，就不再作神经性贪食症的诊断，因为神经性厌食症有更高的死亡率。

2. 诊断标准

A. 反复出现暴食。这里的暴食需具备以下 2 项：

①在分段的一个短时间内（比如在 2 个小时里），吃下大量的食物，数量明显多于大部分人在相同时间和相同情境下的食量。

②在进食过程中有失控的感觉，如感到想停下来不吃很困难，或无法控制吃什么，吃多少。

B. 反复出现的不适当的补偿行为以防止体重增加，比如自我引吐；滥用泻药、利尿药、灌肠药或其他药物；或完全禁食；进行过度运动。

C. 暴食和不适当的补偿行为至少平均每周发生两次，持续 3 个月。

D. 自我评价过分受到体形和体重的影响。

E. 以上障碍不是仅仅发生在神经性厌食症的发病期间。

考研考法突破

考法 1 神经性贪食症的诊断标准

这种考法常见于简答或案例分析中，考生记住神经性贪食症的诊断标准即可。

例 1：（华东师范大学，2018）简答题：简述神经性贪食症诊断标准。

参考答案：A. 反复出现暴食。这里的暴食需具备以下 2 项：

①在分段的一个短时间内（比如在 2 个小时里），吃下大量的食物，数量明显多于大部分人在相同时间和相同情境下的食量。

②在进食过程中有失控的感觉，如感到想停下来不吃很困难，或无法控制吃什么，吃多少。

B. 反复出现的不适当的补偿行为以防止体重增加，比如自我引吐；滥用泻药、利尿药、灌肠药或其他药物；或完全禁食；进行过度运动。

C. 暴食和不适当的补偿行为至少平均每周发生两次，持续 3 个月。

D. 自我评价过分受到体形和体重的影响。

E. 以上障得不是仅仅发生在神经性厌食症的发病期间。

考研考法实战 答案见 D17 页

1. 单选题：关于神经性贪食症，以下说法错误的是（ ）。

A. 贪食症患者存在情绪低落—暴食—再次低落—代偿行为的恶性循环

B. 患者暴食后会有自我评判低下及深深的罪恶感

C. 贪食症患者的体重往往有很大的波动，但不可能正常或超重

D. 贪食症患者没有明显的体象障碍

2. 简单题：简述神经性贪食症临床表现？

考点 2 神经性厌食症

考研基础必备

1. 核心症状

神经性厌食症是对肥胖的强烈恐惧及对苗条的狂热追求。一般是先开始节食，然后逐步发展成对苗条的强迫性关注，一般发病于青春期。

2. 症状特点

神经性厌食症分为两种压型：一种是限制型（即只通过节食以减少热量摄入，他们严格限制吃入食物的数量，并且控制摄入的热量）；另一种是暴食泄出型（即要依赖泻

出以限制热量摄入）。

3. 诊断标准

A. 拒绝维持自己的体重在最低的正常体重水平或以上（以各人的年龄和身高计算）；比如体重下降或在生长期不能达到应有的体重增加，从而导致体重持续低于标准体重的 85%。

B. 尽管体重已经低于标准体重的下限，仍然极度害怕体重增加。

C. 对体重或体形的感知障碍；体重或体形状况在自我评价中有过分的影响作用；或否认目前低体重的危害性。

D. 已经成熟的女性出现闭经现象，即至少连续 3 个月没有月经（如果一个妇女是在激素作用下才来月经，也被认为是闭经）。

考研考法突破

考法 1　考查神经性厌食症的含义

这种考法一般以名词解释题形式出现，考生需要记住神经性厌食症的概念。

例 2：（湖南师范大学，2020）名词解释：神经性厌食症。

参考答案：神经性厌食（AN）指个体通过节食等手段，有意造成并维持体重明显低于正常标准为特征的一种进食障碍。其主要特征是以强烈害怕体重增加和发胖为特点的对体重和体型的极度关注，盲目追求苗条，体重显著减轻，常有营养不良、代谢和内分泌紊乱。

考法 2　神经性厌食症的特点

此考法常见于选择或案例分析中，考生要能够掌握神经性厌食症的特点，并跟神经性贪食症进行区分。

例 3：（江西师范大学，2015）单选题：关于神经性厌食的叙述，下列说法正确的是（　　）。

A. 多数患者即使十分消瘦仍认为自己胖

B. 神经性厌食者因食欲减退而不愿进食

C. 患者多知道自己体重过低进食过少是病态，常主动就医

D. 神经性厌食患者多同时并发抑郁症

【解析】本题考查神经性厌食症的特点。B 选项，神经性厌食者是因为对身体形象的歪曲知觉而控制体重，因而限制进食，并不是因为食欲减退而不愿进食。C 选项，神经性厌食症病人一般不会主动求医，因为他们不认为自己有什么不正常。D 选项。重症抑郁症是暴食障碍患者最常见的并发症。排除选项 BCD，因此本题选 A。

参考答案：A

考研考法实战 答案见 D17 页

1.（华东师范大学，2011）单选题：死亡率非常高的进食障碍是（　　）。

A. 异食症　　B. 神经性贪食症

C. 神经性厌食症　　D. 暴食症

2. 简答：简述神经性厌食症的临床表现。

第三节　病因

研究真题，明确考况

考试要求	自主命题	
	考题	考查点
进食障碍病因	苏州大学，2016，湖南师范大学，2021	论述题：分析进食障碍的病因 简答题：进食障碍的影响因素

考点 1　进食障碍的病因

考研基础必备

1. 生物因素

①基因：厌食症和神经性贪食症都有家族性。双生子研究也提示神经性厌食症有基因影响。

②设定点理论：认为至少在一段有限的时间里，我们的身体有自己设定好了的体重正常值范围，并拒绝大幅度的改变。这样，当个体达到或维持低于设定点的体重时，会遭到内部生理机能的反对，而补偿措施就是饥饿的感觉。

③进食障碍与脑：脑解剖下丘脑是调节饥饿与进食的关键中枢。动物实验表明，下丘脑外侧损伤会使动物没有食欲及体重减轻。还有研究发现，内源性血清素在神经性厌食症和神经性贪食症中都具有某种作用。此外，5-HT 与 NE 也会影响进食。

2. 社会因素

社会文化因素在进食障碍的发生、发展上是有显著的作用的。跨文化研究发现，不同的社会对肥胖的态度是有差异的，进食障碍患病率也有差异。研究表明，女性对社会文化认同态度越高，患进食障碍的可能性也越大。大众质媒对进食障碍的发展也起到一定的作用。进食障碍或许是最有社会文化差异的障碍，它更经常在工业化国家出现。

3. 心理因素

1）人格特点

神经性厌食症患者具有完美主义、害羞、依从的特点；而神经性贪食症病人还包括其他的歇斯底里特征、情绪不稳定及好交际的倾向；进食障碍病人有较高的神经质与焦虑及低自尊，并且表现出一种对家庭及社会标准的强烈认同。当然，心理变量可能是通过与其他变量的交互作用以影响进食结果的，而并不是起一个简单直接的因果作用。

2）心理动力学观点

经典心理动力学理论认为，神经性厌食症是一种对口

唇受孕恐惧的防御，之所以要回避事物，是因为食物象征性地等同于性和怀孕。其他心理动力学理论认为，不能发展出充分的自我感觉导致了神经性贪食症，而母女之间的冲突型的支配关系造成了女儿不能发展出充分的自我感觉，食物成为失败关系的象征。其他观点还认为，进食障碍和童年受虐及其他创伤等有关。

3）家庭动力学观点

将心理动力学的因素与关注家庭联系在一起，认为孩子在生理上是脆弱的。这些家庭有几个促使孩子发展出进食障碍的特征，孩子的症状在家庭中称为其他冲突的替代物。Minuchin 概括该种家庭的特征：纠结、过度保护、僵化和缺乏解决冲突的能力。

4）认知行为观点

怕胖的恐惧和体相障碍是引起自我挨饿的动机因素，而体重的减轻是有力的强化物。另外一个引发强烈求瘦欲望的重要因素是来自同伴和父母的对过重体重的批评。

考研考法突破

考法 1　进食障碍的病因

这种考法常见于简答或者论述当中，考生需要从不同的角度解释进食障碍的病因。

例 1：（苏州大学，2016）论述题：分析进食障碍的病因。

参考答案：1）生物因素

①基因：厌食症和神经性贪食症都有家族性。双生子研究也提示神经性厌食症有基因影响。

②设定点理论：认为至少在一段有限的时间里，我们的身体有自己设定好了的体重正常值范围，并拒绝大幅度的改变。这样，当个体达到或维持低于设定点的体重时，会遭到内部生理机能的反对，而补偿措施就是饥饿的感觉。

③进食障碍与脑：脑解剖下丘脑是调节饥饿与进食的关键中枢。动物实验表明，下丘脑外侧损伤会使动物没有食欲及体重减轻。还有研究发现，内源性血清素在神经性厌食症和神经性贪食症中都具有某种作用。此外，5-HT 与 NE 也会影响进食。

2）社会因素

社会文化因素在进食障碍的发生、发展上是有显著的作用的。跨文化研究发现，不同的社会对肥胖的态度是有差异的，进食障碍患病率也有差异。研究表明，女性对社会文化认同态度越高，患进食障碍的可能性也越大。大众对进食障碍的发展也起到一定的作用。进食障碍或许是最有社会文化差异的障碍，它更经常在工业化国家出现。

3）心理因素

①人格特点。神经性厌食症患者具有完美主义、害羞、依从的特点；而神经性贪食症病人还包括其他的歇斯底里特征、情绪不稳定及好交际的倾向；进食障碍病人有较高的神经质与焦虑及低自尊，并且表现出一种对家庭及社会标准的强烈认同。当然，心理变量可能是通过与其他变量的交互作用以影响进食结果的，而并不是起一个简单直接的因果作用。

②心理动力学观点。经典心理动力学理论认为，神经性厌食症是一种对口唇受孕恐惧的防御，之所以要回避事物，是因为食物象征性地等同于性和怀孕。其他心理动力学理论认为，不能发展出充分的自我感觉导致了神经性贪食症，而母女之间的冲突型的支配关系造成了女儿不能发展出充分的自我感觉，食物成为失败关系的象征。其他观点还认为，进食障碍和童年受虐及其他创伤等有关。

③家庭动力学观点。将心理动力学的因素与关注家庭联系在一起，认为孩子在生理上是脆弱的。这些家庭有几个促使孩子发展出进食障碍的特征，孩子的症状在家庭中称为其他冲突的替代物。Minuchin 概括该种家庭的特征：纠结、过度保护、僵化和缺乏解决冲突的能力。

④认知行为观点。怕胖的恐惧和体相障碍是引起自我挨饿的动机因素，而体重的减轻是有力的强化物。另外一个引发强烈求瘦欲望的重要因素是来自同伴和父母的对过重体重的批评。

例 2：（湖南师范大学，2021 年）简答题：简述进食障碍的影响因素。

【解析】影响因素即形成的病因。

参考答案：进食障碍的影响因素包含：

（1）生物因素：①进食障碍受到基因的影响，②脑解剖下丘脑是调节饥饿与进食的关键中枢，③ 5-HT 与 NE 也会影响进食。④设定点理论认为身体有自己设定好了的体重正常值范围，会拒绝大幅度的改变，从而引起进食障碍。

（2）社会因素 ：①不同的社会对肥胖的态度；②大众对进食障碍的发展也起到一定的作用。

（3）心理因素：①人格特点；②心理动力学观点认为进食障碍与个体的发展、受虐及其他创伤有关；③家庭动力学观点认为孩子的进食症状是在家庭中其他冲突的替代物。④认知行为观点怕胖的恐惧和体相障碍是引起自我挨饿的动机因素。

章节考点　综合训练

答案见 D18 页

一、判断题

1.（云南师范大学，2013）判断题：神经性厌食症是纯心理因素造成的。

二、名词解释题

1.（苏州大学，2013）异食症

三、简答题

1. 神经性贪食症和神经性厌食症有什么异同？
2. 为什么进食障碍常发生在青春期女孩身上？

四、论述题

1.（华中师范大学，2017）结合有关饥饿的生理机制及肥胖成因的研究谈谈你对减肥及厌食症的看法。
2.（复旦大学，2018）现代医学模式已经从过去单一的“生物 - 医学”模式转为“社会 - 心理 - 医学”模式，试以肥胖为例，从现代健康模式分析，社会、心理的压方是如何传导，最终造成媒体方面的问题的。如果要想“减肥”，除了从“管住嘴，迈开腿”的饮食运动管理入手之外，心理学的服务，该如何渗透和体现？

五、案例分析题

1.（上海师范大学，2021 年）

患者女性，21 岁，未婚，本科在读。近 3 个月来，感觉对什么事情都提不起兴趣，易发脾气，睡眠差，心情不好的时候，喜欢吃东西，食量是常人的三倍，自己感觉很痛苦。

自述；我得了一种贪吃而不能控制的古怪毛病，始于半年前。那时，我刚上高三。因为以前总担心身体发胖，不敢多吃，结果慢慢地出现厌食症状。可是不久后，情况却截然相反，常常竟然不可抗拒的要吃下大量的食品，每次非要吃到胃被撑得难受才算罢休。如果想吃的东西没吃，就会没心思上课或上自习，晚上连觉都睡不好。由于不断地暴食，我明显发胖，变得越来越臃肿。没办法我常常采用引吐、导泻、增加运动量等方法，以消除暴食引起身体发胖的恐惧心理。我真的很苦恼不已，一再发誓再不滥吃了，但又无法控制自己，尤其是心情不好时就吃得更多，上课无精打采，学习成绩直线下降，常常悄悄地落泪。心急如焚的父母曾带着我到当地医院进行过各种检查，可却没有发现身体有任何生理上的毛病。请写出诊断，诊断依据，用至少两个心理学主流学派观点解释病因，写出干预措施。

第九章 物质滥用及依赖

世界上存在着多种物质使用的文化。人们使用物质来提神（咖啡或茶）、保持清醒（香烟）、放松身心（酒精）以及减少疼痛（阿司匹林）。这种广泛存在的物质使用是物质滥用的基础，而这也是本章的主要内容。

本章主要介绍物质滥用和物质依赖的概述，酒精滥用与依赖，阿片类物质滥用与依赖，大麻类和烟草物质滥用与依赖。重点掌握物质滥用和物质依赖相关的内容，可以以多种形式考查 。

第一节 概述及诊断标准

研究真题，明确考况

考试要求	自主命题	
	考题	考查点
物质滥用及依赖	山东师范大学，2013；湖南师范大学，2017	名词解释：物质滥用、物质依赖

考点 1 物质依赖

考研基础必备

1. 物质依赖的含义

反复使用某种精神活性物质导致躯体或生理方面对该物质的强烈渴求与耐受性。

2. 物质依赖标准主要指耐受性、戒断症状和冲动性使用行为。

（1）耐受性：由于重复使用某种药物，机体产生适应，需要增加剂量才能取得与用药初期同等的效力的现象。

（2）戒断症状：依赖者长期大量使用某种物质后突然停用而出现的一组症候，包括口干、恶心、焦虑、头痛等不适感。

（3）冲动性使用行为：不能抑制药物的使用，无法控制自己的行为。

3. 物质依赖的诊断标准（DSM-IV）

在最近一年内出现以下症状：

（1）对使用物质的强烈渴求

（2）出现耐受性

（3）固执地使用活性物质而不顾其明显的危险性后果

（4）使用该物质，放弃或减少了重要的社交和娱乐活动

（5）减少或停用后出现戒断反应

（6）有戒除或控制使用该物质的欲望，或曾有失败的经验

（7）使用时体验到快感或必须用该物质来消除戒断反应

（8）活性物质使用的行为开始、结束及剂量难以控制

考研考法突破

考法 1 考查物质依赖相关的概念

此考法常以名词解释题进行考查，考生需要掌握物质依赖的含义。

例 1：（山东师范大学，2013）名词解释：物质依赖

【解析】本题考查物质依赖的含义。

参考答案：物质依赖是指反复使用某种精神活性物质导致躯体或心理方面对该物质的强烈渴求与耐受性。

例 2：（华中师范大学，2012）名词解释：耐受性

参考答案：耐受性（Tolerance）是指由于重复使用某种药物，机体产生适应，需要增加剂量才能取得与用药初期同等的效力的现象。

考法 2 考查物质依赖的标准

这种考法既可以以选择题形式考查考生对于每个标准含义的理解，也可以以名词解释题直接考查考生对于物质依赖每条标准含义的掌握。

例 3：（西北师范大学，2014）简答题：简述物质依赖的诊断标准。

【解析】本题考查物质依赖的诊断标准

参考答案：在最近一年内出现以下症状：

（1）对使用物质的强烈渴求

（2）出现耐受性

（3）固执地使用活性物质而不顾其明显的危险性后果

（4）使用该物质，放弃或减少了重要的社交和娱乐活动

（5）减少或停用后出现戒断反应

（6）有戒除或控制使用该物质的欲望，或曾有失败的经验

（7）使用时体验到快感或必须用该物质来消除戒断反应

（8）活性物质使用的行为开始、结束及剂量难以控制

考研考法实战 答案见 D19 页

1.（江西师范大学，2016）单选题：下列不是物质依赖标准的是（　　）

A. 耐受性 B. 戒断症状 C. 冲动性使用行为 D. 危害性

2.（华中师范大学，2016）名词解释：戒断状态

考点 2 物质滥用

考研基础必备

1. 物质滥用的含义

由于重复使用某种精神活性物质导致对躯体或生理产生明显的损害或危险，但是没有达到物质依赖的程度，称为物质滥用。物质滥用是一种物质使用的不良模式，尽管不是完全依赖，但导致了临床上明显的损害或痛苦。

2. 物质滥用标准

（1）主要指物质使用带来的心理问题以及非适应性行为。

（2）物质戒断：当物质依赖个体在突然停止使用物质时，出现的一系列生理和心理的症状。

（3）物质中毒：摄食物质之后，引发的一系列症状，影响人的认知、躯体动作等。

3. 物质滥用的危害

1）躯体

①毒性作用：急性：使用药物后其剂量超过机体承受力；慢性：长期持续使用，蓄积而发生毒性作用。

②致死：初次无经验，超剂量中毒致死；戒断后复吸；混杂滥用中毒致死。

2）精神病性障碍

精神症状复杂：如幻觉、妄想、定向障碍、人格衰退、意志瓦解、道德沦丧；遗忘综合症：慢性近记忆损害。

3）其他危害

如社会、家庭问题；继发其他疾病。

考研考法突破

考法 1 考查物质滥用的含义及危害

此考法常见于简答或论述，对于物质滥用的含义，考生务必掌握。

例 4：（湖南师范大学，2015）简答题：什么是物质滥用？物质滥用有哪些不良后果，举例说明？

【解析】本题考查物质滥用的含义及后果。

参考答案：（1）物质滥用是指由于重复使用某种精神活性物质导致对躯体或心理产生明显的损害和危险，但是没到物质依赖的程度。物质滥用是一种物质使用的不良模式，尽管不是完全依赖，但导致了临床上明显的损害或痛苦。

（2）物质滥用会带来下列不良后果：

①躯体

A. 毒性作用：急性：使用药物后其剂量超过机体承受力；慢性：长期持续使用，蓄积而发生毒性作用。

B. 致死：初次无经验，超剂量中毒致死；戒断后复吸；混杂滥用中毒致死。

②精神病性障碍

精神症状复杂：如幻觉、妄想、定向障碍、人格衰退、意志瓦解、道德沦丧；遗忘综合症：慢性近记忆损害。

③其他：社会、家庭问题；继发其他疾病。

考研考法实战 答案见 D19 页

1.（湖南师范大学，2017）名词解释：物质滥用

第二节 酒精滥用与依赖

研究真题，明确考况

考试要求	自主命题	
	考题	考查点
酒精依赖	江西师范大学，2012	选择题：症状辨析

考点 1 酒精滥用的表现

考研基础必备

酒精是精神活性物质，可以影响人类情绪、思维、行为及意识状态。长期嗜酒者可出现酒依赖综合征，即耐受性、戒断症状和冲动性觅酒行为。酒精滥用及其成瘾是一种失控且紊乱的饮酒行为，被定义为一种病理状态行为综合征。根据跨地区跨文化对全球调查的结果，大约有2%~25% 或更多的男性终身酒依赖。

考研考法突破

考法 1 酒精滥用

考生需了解酒精滥用的特征

例 1：（江西师范大学，2012）单选题：在终止饮酒 2 天后，患者出现激越症状，凭空听到其他病人称他是同性恋，而意识清晰，定向力完整。患者出现的症状为（　　）。

A. 精神分裂症　　B. 酒精性幻觉症

C. 药物中毒　　D. 焦虑障碍

【解析】病人因饮酒出现上述症状，与精神分裂，药物和焦虑障碍无关。

参考答案：B

章节考点 综合训练

答案见 D19 页

一、选择题

1.（江西师范大学，2015）多选题：使个体产生依赖性的物质包括（ ）

A. 中枢神经抑制剂　　B. 中枢神经兴奋剂

C. 致幻剂　　D. 挥发性溶剂

2.（复旦大学，2017）单选：酒精对神经系统的作用是（ ）

A. 兴奋剂　　B. 抑制剂　　C. 致幻剂　　D. 催动剂

二、名词解释题

1.（湖南师大，2020）戒断反应

三、简答题

1. 简述酒精依赖的病因。

2. 如何治疗酒精依赖？

第十章 心身疾病

人是一个生理和心理紧密结合的有机整体，身心在健康与疾病之间共同起着作用。本章主要介绍了心身疾病的概述、应激与应激的生理机制、影响因素、常见疾病及干预。考生需要着重掌握的是应激相关知识，在考试中经常出现，属于重要考点。

第一节 概述

研究真题，明确考况

考试要求	自主命题	
	考题	考查点
心身疾病含义	华东师范大学，2016；苏州大学，2014	名词解释

考点 1 心身疾病的概念

考研基础必备

心身疾病又称为心理生理障碍，要冠以心身疾病，要符合以下两条标准：

①有明确而具体的躯体症状或者病理改变；

②心理因素对其形成或者恶化有显著的作用。

广义的心身疾病认为心理和躯体现象是同一生命过程的两个方面，狭义的心身疾病是一组躯体疾病，其发病、发展、转归和防治都和心理因素密切相关。

考研考法突破

考法 1 心身疾病的含义。

这种考法主要是以名词解释题的形式来进行考查，考生只需记住心身疾病的概念即可。

例 1：（华东师范大学，2016/ 苏州大学，2014）名词解释：心身疾病

【解析】心身疾病又称为心理生理障碍，要冠以心身疾病，要符合以下两条标准：

①有明确而具体的躯体症状或者病理改变；

②心理因素对其形成或者恶化有显著的作用。

广义的心身疾病认为心理和躯体现象是同一生命过程的两个方面，狭义的心身疾病是一组躯体疾病，其发病、发展、转归和防治都和心理因素密切相关。

考研考法实战 答案见 D20 页

1.（华东师范大学，2015）单选题：明显与心理因素相关的躯体疾病是（　　）。

A. 心身疾病　　B. 反应性精神病

C. 疑病性神经症　　D. 疼痛

2.（上海师范大学，2014）简答题：谈谈压力和心理健康的关系（至少 10 条以上）。

第二节 应激与应激的生理机制

研究真题，明确考况

考试要求	自主命题	
	考题	考查点
应激含义	陕西师范大学，2013；南京师范大学，2012；上海师范大学，2016，2019；陕西师范大学，2011；西北师范大学，2011	名词解释：应激
一般适应综合征	天津师范大学，2018	简答题：应激的生理机制

考点 1 应激

考研基础必备

1. 应激的含义

应激指的是当刺激改变了心身平衡状态之后，个体的心理和生理反应。改变了有机体心身平衡状态的刺激，叫做应激源。而有机体对应激源所做出的反应，叫做应激反应，又叫做攻击或逃跑反应。

2. 应激源的分类

（1）生物性应激源：直接作用于人的躯体，产生刺激的应激源，包括各种理化刺激物、生物刺激物和疾病等因素。例如高温或低温、辐射、电击、振动、噪音、感染、毒物或病原微生物侵袭和各种疾病等。

（2）心理学应激源：指导致个体产生焦虑、恐惧和抑郁等情绪反应的各种心理冲突和心理挫折。心理冲突的三种形式：双趋冲突、双避冲突和趋避冲突

（3）社会性应激源：由客观的社会学指标差异与变化、社会地位的变化及社会的变动性对个体产生的刺激。客观的社会学指标包括年龄、受教育水平、经济、职业、婚姻等方面；

（4）文化应激源：指一个人从熟悉的环境到陌生的环境，因语言、习俗、生活方式、宗教信仰等变化对个体所产生的刺激。例如南方的孩子去北方上大学，或者出国留学，到陌生的环境中所面临的各种文化冲突和挑战。

（5）自然或社会灾变性应激源：指各种自然灾害或人为因素或社会因素造成的突难事件对个体的刺激。例如地震、火灾、洪水泛滥、车祸、空难、海难、社会动乱、战争等。

考研考法突破

考法 1 应激的含义

这种考法主要以选择或者判断的形式，考查对应激概念的理解。要注意应激与激情和心境这些概念的区分。

例 2：（南京师范大学 /2012，上海师范大学 /2016/2019，西北师范大学 /2011）名词解释：应激

参考答案：应激指的是当刺激改变了心身平衡状态之后，个体的心理和生理反应。

例 3：（陕西师范大学，2013）判断题：应激是一种爆发快、强度大且时间短的情绪体验。（　　）

【解析】应激的爆发速度快、强度大且时间短，符合应激的含义。

参考答案：正确

考研考法实战 答案见 D20 页

1.（南京师范大学，2012）单选：在意外的紧急情况下所产生的适应性反应称为（　　）。

A. 心境　　B. 应激　　C. 激情　　D. 抑郁质

2.（华东师范大学，2012）单选：成功应对的个体通常更多地发现生活应激事件的（　　）。

A. 建设性　　B. 破坏性　　C. 危机　　D. 反馈

3.（苏州大学，2017）论述题：谈一谈社会支持系统对应激的影响。

考点 2 应激的生理机制

考研基础必备

Seyle 把总的应激生理反应称为一般适应综合征，认为它包含以下三个方面：

1）惊觉阶段，攻击或逃跑反应

面对威胁性的刺激，机体立即动员自身资源，准备做出攻击或者逃跑的反应。表现为肾上腺素分泌增加，心率加快，体温和肌肉弹性降低，贫血，以及血糖水平和胃酸度暂时性增加，严重可导致休克。

2）阻抗阶段，适应应激

机体动员资源之后，又达到了平衡状态。身体动员许多保护系统去抵抗导致危急的动因，此时全身代谢水平提高，肝脏大量释放血糖。如时间过长，可使体内糖的储存大量消耗，以及下丘脑、脑垂体和肾上腺系统活动过度，会给内脏带来物理性损伤，出现胃溃疡、胸腺退化等症状。

3）枯竭期

有限的资源已经被耗完，而新资源的储备又因为应激反应而大大减缓。机体处于危机状态，可导致重病或死亡。故要尽量减少和避免不必要的应激状态，并学会科学地对待应激状态。

考研考法突破

考法 1 一般适应综合征的内容

这种考法一般可见于选择题，更多的是以简答题的形式，要求考生回答一般适应综合征所包含的内容，因此考生对这部分内容一定要熟记。

例 4：（四川大学，2018/2014）名词解释：一般适应综合征

参考答案：1974 年加拿大生理学家塞里（G.Selye）的研究表明，应激状态的持续能击溃一个人的生物化学保护机制，使人的抵抗力降低，容易患心身疾病。他把应激反应称为全身适应综合征，并将其分为三个阶段：

①惊觉阶段，攻击或逃跑反应。面对威胁性的刺激，机体立即动员自身资源，准备做出攻击或者逃跑的反应。

②阻抗阶段，适应应激。机体动员资源之后，又达到了平衡状态。

③枯竭期：有限的资源已经被耗完，而新资源的储备又因为应激反应而大大减缓。

考研考法实战 答案见 D20 页

1.（浙江师范大学，2016）论述题：一般适应征谁提出的，有哪些阶段，对人有什么影响。

第三节 影响心身疾病的因素

研究真题，明确考况

考试要求	自主命题	
	考题	考查点
心身疾病影响因素	苏州大学，2015；	简答 论述

考点 1 心身疾病的影响因素

考研基础必备

一、心理动力学观点和条件反射理论

1. 心理动力学观点

该观点强调无意识领域中的心理冲突在造成心理异常方面而起的重要作用。

2. 条件反射理论

巴普洛夫在条件反射理论基础上，发展起来的大脑皮质与内脏相关的理论，用于解释神经症和心身疾病的发病机制。

二、生物、心理、社会因素共同作用

心身疾病绝不是由单一因素造成的，生物、心理、社会因素构成一个整体，共同影响心身疾病的形成。

1. 生物学因素

生物学因素是最基本的因素，是核心部分，是心理学因素赖以产生的基础，也是心理和社会 - 文化因素作用的对象。

2. 心理学因素

心理学因素是在生物学基础上产生的，一旦产生就会时刻对生物因素施加影响和制约。

3. 社会因素

社会文化因素是在生物学和心理学因素的共同基础上产生的，反过来又成为心理因素的影响和制约因素，是心理学因素形成和出现的根源，对生物学的影响和制约是间接的。

三、具体因素

1. 情绪

消极情绪如果时间过长、强度过大就会导致神经及内分泌系统活动的失调，对机体器官功能产生不利影响，最终导致某些器官或系统的疾病。

2. 人格特征

人格特征的作用表现在以下五个方面：人格特征作为疾病的发病基础；人格特征能改变许多疾病的转化过程；人格特征是个体面对疾病时的个体心理资源的重要组成，影响个体抵抗力；人格特征影响患者的决策和依从性；人格特征影响干预效果。

3. 生活事件

生活中给人带来应激的各种各样的生活事件如果不能合理调整，那么就会表现出不同程度的适应失调，造成紧张情绪，对其身心带来危害，造成各种心身疾病。

4. 个体易感性

个体的生理特点不同，使得在相同的社会心理刺激条件下，人群中表现出不同的心身疾病。

考研考法突破

考法 1 影响身心疾病的因素

这种考法考查频率相对较少，考生根据目标院校真题情况选择性掌握。

例 1：（沈阳师范大学，2013）简答题：简析影响心身疾病的具体因素。

【解析】本题考查心身疾病的因素。

参考答案：影响心身疾病的具体因素包括：

（1）情绪

消极情绪如果时间过长、强度过大就会导致神经及内分泌系统活动的失调，对机体器官功能产生不利影响，最终导致某些器官或系统的疾病。

（2）人格特征

人格特征的作用表现在以下五个方面：人格特征作为疾病的发病基础；人格特征能改变许多疾病的转化过程；人格特征是个体面对疾病时的个体心理资源的重要组成，影响个体抵抗力；人格特征影响患者的决策和依从性；人格特征影响干预效果。

（3）生活事件

生活中给人带来应激的各种各样的生活事件如果不能合理调整，那么就会表现出不同程度的适应失调，造成紧张情绪，对其身心带来危害，造成各种心身疾病。

（4）个体易感性

个体的生理特点不同，使得在相同的社会心理刺激条件下，人群中表现出不同的心身疾病。

第四节　心身障碍的干预

研究真题，明确考况

考试要求	自主命题	
	考题	考查点
心身障碍的干预	苏州大学，2015	论述：心身障碍干预的建议

考点 2　心身障碍的治疗

考研基础必备

一、生物反馈

生物反馈训练包括以下过程：

（1）对生理反应的觉察。通过感受器，生物反馈仪将躯体信息转化为能被人的感官察觉的信号；

（2）对生理反应的控制。指导病人进行放松练习，有意识地控制其某一器官的活动，使其回到正常状态；

（3）将习得的反应应用到日常生活。病人在遇到日常生的应激时，能够不再借助生物反馈仪器而达到调节和保持健康的目的。

二、应激管理

常用技术有：

（1）降低生理唤醒。通过教给个体放松技术使个体降低应激水平；

（2）认知重构。个体的认知决定情绪和行为，改变认知，使之建立在更合理的逻辑基础上；

（3）行为技能培训。时间管理指导、自信训练等常用来提升个体完成某项任务技能，从而减小压力；

（4）改变应激源。改变应激源本身就能够降低应激水平。

考研考法突破

考法 1　考查心身疾病的治疗

本考法一般以简答或论述进行考查，考查频率较低，考生根据院校真题选择性掌握。

例 1：（苏州大学，2015）论述题：请在论述影响心身疾病的因素基础上，结合当前的社会实际进行分析并提出有效对策或建议。

【解析】本题考查心身疾病的因素。

参考答案：1）心身疾病概念

心身疾病，又称为心理生理障碍。广义上是指心理和躯体现象是同一生命过程的两个方面，一般来说，引起疾病的原因是多因素的，因此心理因素必然会和各种疾病有者不同程度的联系，对每一病理过程均起一定的作用狭义上是指一组躯体疾病，其发病、发展、转归和防治都与心理因素密切有关。

2）导致心身疾病的社会因素

人们生活和工作的社会环境、人际关系、经济和社会地位、社会制度、文化传统、风俗习惯等，也包括出生前后的环境、家庭、学校和社会影响以及由此产生的应激事件。面对给人带来应激的各种生活事件，需要人们及时地做出相应的调整一些人可能出现不同程度的适应失调，造成紧张的情绪，对其身心带来危害，由此造成各种心身疾病。亲近的家庭成员，尤其是配偶的死亡，在所有生活事件中占期最重要的位置，需要最大的再适应努力。人们遭受的生活事件越多，则患病的可能性越大。

3）对策和建议

①生物反馈。基于医学与心理学结合治疗心身疾病的观点，生物反馈训练对心身疾病有一定的疗效。生物反馈使用了敏感的仪器设备，将躯体不易察觉的信息（如血压、心律、皮肤电反应和脑电波等），通过仪器的“翻译”，表达为可以被人的感官感觉到的信息（如视觉形象或听觉信息）而反馈给个体，结合诸如放松等技术，使个体达到自我调节。生物反馈训练是一个有效的教育和训练工具，训练的目的是让人们经过训练，学会有意识地控制自己的生理活动，以调整机体功能或防病、治病。

②应激管理。应激管理包含了多种多样的技术，每个技术针对的方面不同，但基本上都可归类于改变应激源本身或者改变对应激源的反应这两大类。

a. 降低生理唤醒。为了降低生理唤醒，通常会教给个体肌肉放松的技术，有些时候会以生物反馈作为辅助。

b. 认知重构。其中心思想是个体的认知决定情绪和行为，改变个体的认知，使之建立在更合理的逻辑之上。这些技术经过实证研究的检验，已经被证实能够有效地降低个体的应激水平。

c. 行为技能培训。如果一个人不具备完成某项任务的技能，他自然会感觉巨大的压力。因此，在应激管理中经常包含技能的指导和练习。时间管理指导就属于行为技能培训中的一种，自信训练也常被用于应激管理之中。

d. 改变应激源。改变对应激源的反应固然是行之有效的方法，但很多情况下，改变应激源本身就能够对降低应激水平有很大的帮助。

第十一章 人格障碍

在生活中，总有一些人与大家格格不入，这种不融洽不是因为某些特定的事件，而是因为他们的行为方式、思维方式总是给周围的人带来困扰。这些人不是不愿融入大众，而更可能是被困在人格障碍的“牢笼”中。本章内容主要介绍了人格障碍的含义及各种不同人格障碍的临床表现、成因和治疗方法，属于重点章节，可以以多种形式进行考查，考生要在理解的基础上掌握。

第一节 概述

研究真题，明确考况

考试要求	自主命题	
	考题	考查点
人格障碍概述	辽宁师范大学，2011；南京师范大学，2012；曲阜师范大学，2011；天津师范大学，2013；西南大学，2011；浙江师范大学，2018；西北师范大学，2019	名词解释：人格障碍的含义 简答：人格障碍的诊断标准

考点 1　人格障碍的含义和诊断标准

考研基础必备

1. 人格障碍的概念

在 CCMD-3 中，人格障碍被定义为：人格特征显著偏离正常，使患者形成了一贯的反映个人生活风格和人际关系的异常行为模式。

这种模式显著偏离特定文化背景和一般认知方式（尤其在待人接物方面），明显影响其社会和职业功能，造成对社会环境的适应不良，病人为此感到痛苦，并已具有临床意义。病人虽无智能障碍，但适应不良的行为模式难以矫正，仅少数病人在成年后程度上可有改善。人格障碍通常开始于童年期或青年期，并长期持续发展至成年或终生。

2. 人格障碍的诊断标准

DSM-IV 关于人格障碍的一般标准：

（1）明显偏离了患者所在文化所应有的持久的内心体验和行为类型，表现为下列 2 方面以上：

①认知（即对自我、他人和事件的感知和解释方式）

②情感（即情绪反应的范围、强度、脆弱性、和适合性）；

③人际关系；

④冲动控制。

（2）这种持久的类型是不可变的，并且涉及个人和社交场合的很多方面。

（3）这种持久的类型导致临床上明显的痛苦烦恼，或在社交、职业、或其他重要方面的功能缺损。

（4）这种类型在长时间内是相当稳定不变的，至少可以追溯到青少年或早期成年时。

（5）这种行为类型不可能归于其他精神障碍的表现或后果。

（6）这种行为类型并非由于某种物质（例如某种滥用药物，治疗药品），或一般躯体情况（例如颅脑外伤）所致之直接生理性效应。

3. 人格障碍的分类

DSM-IV 中列出 10 种人格障碍，分 3 大类群：

A 类群：以行为古怪、奇异为特点；包括偏执型、分裂样、分裂型人格障碍。

B 类群：以戏剧化、情感强烈、不稳定为特点；包括表演型、自恋型、反社会型、边缘型人格障碍。

C 类群：以紧张、焦虑行为为特点；包括回避型、依赖型、强迫型人格障碍。

另外还有两种人格障碍：被动－攻击型和抑郁型人格障碍。

考研考法突破

考法 1　人格障碍的含义

该考法常以名词解释的形式，直接考查人格障碍的含义，考生需记住这个概念，即可解答。

例 1：（浙江师范大学，2018，天津师范大学，2021）名词解释：人格障碍。

【解析】本题考查人格障碍的含义。

参考答案：在 CCMD-3 中，人格障碍被定义为：人格特征显著偏离正常，使患者形成了一贯的反映个人生活风格和人际关系的异常行为模式。

这种模式显著偏离特定文化背景和一般认知方式（尤其在待人接物方面），明显影响其社会和职业功能，造成对社会环境的适应不良，病人为此感到痛苦，并已具有临床意义。病人虽无智能障碍，但适应不良的行为模式难以矫正，仅少数病人在成年后程度上可有改善。人格障碍通常开始于童年期或青年期，并长期持续发展至成年或终生。

考法 2　人格障碍的诊断标准

这种考法一般以简答或者论述出现，考生在理解的基础上掌握人格障碍的诊断标准即可。

例2：（江西师范大学，2013）简答题：请简述严重人格障碍的诊断标准。

【解析】本题考查人格障碍的诊断标准。

参考答案：DSM-IV关于人格障碍的一般标准：

（1）明显偏离了患者所在文化所应有的持久的内心体验和行为类型，表现为下列2方面以上：

①认知（即对自我、他人和事件的感知和解释方式）

②情感（即情绪反应的范围、强度、脆弱性、和适合性）；

③人际关系；

④冲动控制。

（2）这种持久的类型是不可变的，并且涉及个人和社交场合的很多方面。

（3）这种持久的类型导致临床上明显的痛苦烦恼，或在社交、职业、或其他重要方面的功能缺损。

（4）这种类型在长时间内是相当稳定不变的，至少可以追溯到青少年或早期成年时。

（5）这种行为类型不可能归于其他精神障碍的表现或后果。

（6）这种行为类型并非由于某种物质（例如某种滥用药物，治疗药品），或一般躯体情况（例如颅脑外伤）所致之直接生理性效应。

考研考法实战 答案见D20页

1. 单选题：关于神经症与人格障碍的关系，下列说法中正确的是（　　）。

A. 极少数的神经症才伴有人格障碍

B. 40%的神经症病人伴有人格障碍

C. 神经症的人格障碍的几率普遍较低

D. 人格对神经症的预后无重要的影响

2. 单选题：人格障碍起源于（　　）。

A. 胎儿期　B. 童年期　C. 青年期　D. 老年期

3. 论述题：何为人格障碍？你认为人格障碍有什么共同特征？

第二节　人格障碍的类型

研究真题，明确考况

考试要求	自主命题	
	考题	考查点
人格障碍区分	华东师范大学，2014/2015/2017；华中师范大学，2017；江西师范大学，2012/2015/2017；陕西师范大学，2013；西北师范大学，2019	选择题：偏执性人格障碍的特点 案例分析题：人格障碍的类型区分
人格障碍主要表现	华东师范大学，2015；陕西师范大学，2013	简答题：反社会人格障碍的临床表现
人格障碍诊断标准	江西师范大学，2013；天津师范大学，2017；西北师范大学，2019，山东师范大学，2014	简答题：人格障碍的诊断标准

考点1　偏执型人格障碍

考研基础必备

1. 主要特征

偏执型人格障碍以偏执和猜疑为主要特征，对他人普遍的不信任，把他人的动机解释为恶意。根据美国和德国临床调查，得到偏执型人格障碍的患病率为0.4%~3%，且男性居多。

2. 诊断标准

（1）对他人的普遍的不信任和猜疑，比如把他人的动机解释为恶意，这种猜疑始于成年早期，存在于各种背景下，表现为下列4项（或更多）症状：

①没有足够依据地猜疑他人在剥削、伤害或欺骗他/她。

②有不公平地怀疑朋友或同事对他的忠诚和信任的先占观念。

③对信任他人很犹豫，因为毫无依据地害怕一些信息会被恶意地用来对付自己。

④善意的谈论或事件会被当作含有贬低或威胁性的意义。

⑤持久地心怀怨恨。

⑥感到他/她的人格或名誉受到打击，但在他人看来并不明显，且迅速作出愤怒的反应或反击。

⑦虽然没有证据，但还是对配偶或性伴侣的忠贞反复地表示猜疑。

（2）并非仅仅出现于精神分裂症、伴精神病性特征的双相或抑郁障碍或其他精神病性障碍的病程之中，也不能归因于其他躯体疾病的生理效应。

考研考法突破

考法1　考查偏执型人格障碍的临床表现

此考法常见于选择或简答当中，考生要把握住偏执型人格障碍的主要特点在于：偏执和猜疑。

例1：（华中师范大学，2017）单选题：下列哪项属于偏执性人格障碍（　　）。

A. 对挫折和遭遇过度敏感

B. 对侮辱和伤害不能宽容，长期耿耿于怀

C. 多疑，容易将别人的中性或友好行为误解为敌意成轻视

D. 表情呆板，情感冷淡，甚至不通人情。不能表达对他人的关心、体贴及愤怒

【解析】偏执型人格障碍表现为对他人普遍的不信任和猜疑，把他人的动机解释为恶意，其核心特征为多疑，因此本题选择 C。A 和 B 不是此人格障碍的核心特征，D 在分裂样人格障碍中常见。

参考答案：C

例 2：（华中师范大学，2019）简答题：简述偏执人格障碍的特点。

【解析】本题考查偏执型人格障碍的诊断标准。

参考答案：（1）对他人的普遍的不信任和猜疑，比如把他人的动机解释为恶意，这种猜疑始于成年早期，存在于各种背景下，表现为下列 4 项（或更多）症状：

①没有足够依据地猜疑他人在剥削、伤害或欺骗他 / 她。

②有不公平地怀疑朋友或同事对他的忠诚和信任的先占观念。

③对信任他人很犹豫，因为毫无依据地害怕一些信息会被恶意地用来对付自己。

④善意的谈论或事件会被当作含有贬低或威胁性的意义。

⑤持久地心怀怨恨。

⑥感到他 / 她的人格或名誉受到打击，但在他人看来并不明显，且迅速作出愤怒的反应或反击。

⑦虽然没有证据，但还是对配偶或性伴侣的忠贞反复地表示猜疑。

（2）并非仅仅出现于精神分裂症、伴精神病性特征的双相或抑郁障碍或其他精神病性障碍的病程之中，也不能归因于其他躯体疾病的生理效应。

考研考法实战 答案见 D21 页

1.（华中师范大学，2011）单选题：（　　）是偏执性人格障碍者的性格特征。

A. 具有表演色彩　　B. 追求完美、刻板

C. 猜疑　　D. 不安全感、自卑

考点 2　分裂样人格障碍

考研基础必备

1. 主要特征

分裂样人格障碍以社会隔绝、情感疏远为突出特征。病人在日常社会生活中常常表现为孤单、冷淡、沉默，不介入日常事务，不交际，不关心他人。但此类人往往投注较大的精力于与人无关的兴趣方面（如数学、天文学等）。

2. 诊断标准

（1）一种脱离社交关系，在人际交往时情感表达受限的普遍心理行为模式，始于成年早期，存在于各种背景下，表现为下列 4 项（或更多）症状：

①既不想要也不享受密切的人际关系，包括成为家庭的一部分；

②几乎总是选择独立活动；

③很少或不感兴趣与他人发生性行为；

④很少或几乎没有活动能够感到有乐趣；

⑤除了一级亲属外，缺少亲密或知心的朋友；

⑥对他人的赞扬或批评都显得无所谓；

⑦表现为情绪冷淡、疏离或情感平淡。

（2）并非仅仅出现于精神分裂症、伴精神病性特征的双相或抑郁障碍或其他精神病性障碍或孤独症（自闭症）谱系障碍的病程之中，也不能归因于其他躯体疾病的生理效应。

考研考法实战

考法 1　分裂样人格障碍的含义

此考法常以名词解释的形式，直接考查分裂样人格障碍的含义，考生需记住这个概念，即可解答。

例 3：（天津医科大学，2021 年）名词解释：分裂样人格障碍

【解析】本题考查分裂样人格障碍的含义。

参考答案：分裂样人格障碍以社会隔绝、情感疏远为突出特征。病人在日常社会生活中常常表现为孤单、冷淡、沉默，不介入日常事务，不交际，不关心他人。但此类人往往投注较大的精力于与人无关的兴趣方面。

考法 2　考查分裂样人格障碍的临床表现

这种考法常见于选择，考生要能够把握分裂样人格障碍的突出特点是“冷漠”，与社会关系隔绝。

例 4：（华中师范大学，2016）填空题：性格明显内向，孤独、被动、退缩，与家庭和社会疏远；对赞扬和批评无动于衷，缺乏愉快感等。这样的特点最有可能归为____人格障碍。

【解析】分裂样人格障碍可以用“冷漠”一词总结，具体表现为对他人的关心无动于衷，没有社交兴趣。

参考答案：分裂样

考点 3　分裂型人格障碍

考研基础必备

1. 主要特征

以社会隔绝、古怪行为和多疑为特征，病人虽因此感到痛苦，但并不能意识到自己的问题。美国和德国的调查得到的患病率为 0.6%~16%。

2. 诊断标准

（1）在社交关系中感到孤独和不适，与亲友在一起感到很不舒服，很少动感情，而且还有知觉或者认知歪曲以及古怪的行为，起自成年早期，前后过程多种多样，符合以下 5 项以上：

①牵连观念（不包括关系妄想）；

②影响行为的古怪信念，或魔幻思维，与亚文化常模不一致；

③不寻常的知觉体验，包括躯体错觉；

④古怪的思维和言语；

⑤猜疑或偏执观念；

⑥不恰当的或受限制的情感；

⑦古怪的、反常的或特别的行为或外表；

⑧除了一级亲属外，缺少亲密或知心的朋友；

⑨过度的社交焦虑，并不随着熟悉程度而减弱，且与偏执性的害怕有关，而不是对自己的负性判断。

（2）并非仅仅出现于精神分裂症、伴精神病性特征的双相或抑郁障碍或其他精神病性障碍或孤独症（自闭症）谱系障碍病程之中。

考点 4　回避型人格障碍

考研基础必备

1. 主要特征

回避型人格障碍以长期和全面地脱离社会关系为特征，表现回避，退缩，过分敏感，易于焦虑，对自我价值缺乏信心。

2. 诊断标准

避免社交、无能感、和过分的否定评价；起自早期成年时，前后过程多种多样，表现为下列 4 项以上：

（1）回避一些涉及较多人际交往接触的职业活动，因为害怕批评、遭到反对或拒绝；

（2）不愿意与人们打交道，除非能确定他人会喜欢自己；

（3）因为害羞或害怕被取笑，很少与人发展亲密的关系；

（4）沉湎于在社交场合正被批评或 拒绝的想法；

（5）不参加新的人际交往场合，因为有无能感；

（6）认为自己在社交方面很笨拙、个人没有什么吸引力，或比其他人差得多；

（7）异常地不愿意参与新活动，因为他们认为会因之难堪。

考点 5　依赖型人格障碍

考研基础必备

1. 主要特征

依赖型人格障碍的主要特征有缺乏自信、依附于他人，遇到轻微应激即退却，寻求帮助，需要保护，且其性关系多不成熟，往往存在婚姻问题，缺乏亲密朋友，可同时伴有焦虑、抑郁症状，也可继发酒精和药物依赖方面问题。

2. 诊断标准

因为其顺从和依附行为，过分需要被人照顾，而且又害怕离别；起自早期成年时，前后过程多种多样，表现出下列 5 项以上：

（1）如果没有他人的大量劝告或保证，便难以做出日常决定；

（2）需要他人为其生活的大多数主要方面担当责任；

（3）难以表示不同意别人的意见，因为害怕失去支持或赞成；

（4）难以开始一项事业或从事依靠他自己的事情；

（5）愿意不遗余力地争取他人的照料和支持；

（6）独处时感到不舒服，因为十分害怕不会照料自己；

（7）在一个亲密关系终结后迫切的寻求另一个作为支持和照料的依靠；

（8）不现实的沉湎于害怕被人家遗弃以致只得自己照料自己的想法。

考研考法突破

考法 1　考查依赖型人格障碍的临床表现

这种考法常见于简答或案例分析当中，考生要理解掌握依赖型人格障碍的临床表现，在案例分析中能够进行准确的判断。

例 5：（陕西师范大学，2013）案例分析题：女，24 岁，小时候不愿上幼儿园，父母送她去时，每每哭闹。直到上大学仍恋家严重无法住读，生活中凡事都依赖家人，缺乏独立性。报考研究生时，因找不到具体考场而慌张着急，乘车向远离学校十余里父母求救，而延误考试时间四十多分钟，被取消考试资格。

请分析：

（1）根据该来访者的症状表现，分析其属于何种人格障碍；

（2）该种人格障碍的主要表现；

（3）简要说明对该种人格障碍应采取什么治疗措施。

【解析】本题需要考生结合依赖型人格障碍的临床表现对案例进行诊断。

参考答案：

（1）根据来访者症状，“生活中凡事依赖他人”，遇到事情容易着急，初步判断为依赖型人格障碍，以缺乏自信和依附他人为特征，表现的轻微退却，寻求帮助，需要保护。且性关系多不成熟，往往存在婚姻问题，缺乏亲密朋友。

（2）主要表现为：

因为其顺从和依附行为，过分需要被人照顾，而且又害怕离别；起自早期成年时，前后过程多种多样，表现出下列 5 项以上：

①如果没有他人的大量劝告或保证，便难以做出日常决定；

②需要他人为其生活的大多数主要方面担当责任；

③难以表示不同意别人的意见，因为害怕失去支持或赞成；

④难以开始一项事业或从事依靠他自己的事情；

⑤愿意不遗余力地争取他人的照料和支持；

⑥独处时感到不舒服，因为十分害怕不会照料自己；

⑦在一个亲密关系终结后迫切的寻求另一个作为支持和照料的依靠；

⑧不现实的沉湎于害怕被人家遗弃以致只得自己照料自己的想法。

（3）建议可以采用如下治疗方法：

在对依赖型人格障碍的治疗中，要注意解决患者推卸责任的问题，使其获得独立并对自己的行为负责，同时要注意解决患者亲属的影响问题。通过行为认知疗法，治疗师帮助病人面对和改变自己适应不良的信念，训练病人学会更好地表达自己的需要和愿望。通过团体治疗，促进病人之间的交往，有利于行为的塑造和情感的表达，帮助病人发展问题解决和表达个人意见的能力，建立其自信心。

考点 6 强迫型人格障碍

考研基础必备

1. 主要特征

强迫型人格障碍过分追求完美和秩序性，固执、僵硬、异常节俭、谨小慎微、犹豫不决、严肃沉闷等是强迫型人格障碍的特征。此类病人还易于出现强迫症、抑郁症、心身疾病。

2. 诊断标准

不屑牺牲变通性、开放性与效率，沉湎于追求秩序以及精神和人际关系上都得到控制管理，起自成年早期，前后过程多种多样，表现出下列 4 项以上：

①沉湎于细节、规则、条目、次序、组织或日程，以至忽略了活动的要点。

②表现为妨碍任务完成的完美主义。

③过度投入工作或追求绩效，以至无法顾及娱乐活动和朋友关系。

④对道德、伦理或价值观念过度在意、小心谨慎和缺乏弹性。

⑤不情愿丢弃用坏的或无价值的物品，哪怕这些物品毫无情感纪念价值。不情愿将任务委托给他人或与他人共同工作，除非他人能精确地按照自己的方式行事。

⑥对自己和他人都采取吝啬的消费方式，把金钱视作可以囤积起来应对未来灾难的东西。

⑦显得僵硬固执。

考研考法突破

考法 1 考查强迫型人格障碍的特点

此考法常见于名词解释或简答，考生要熟悉掌握强迫型人格障碍的含义及临床表现。

例 6：（华中师范大学，2016）简述强迫型人格障碍的临床特点。

【解析】本题考查强迫型人格障碍的临床特征。

参考答案：强迫型人格障碍的临床特点：

不屑牺牲变通性、开放性与效率，沉湎于追求秩序以及精神和人际关系上都得到控制管理，起自成年早期，前后过程多种多样，表现出下列 4 项以上：

①沉湎于细节、规则、条目、次序、组织或日程，以至忽略了活动的要点。

②表现为妨碍任务完成的完美主义。

③过度投入工作或追求绩效，以至无法顾及娱乐活动和朋友关系。

④对道德、伦理或价值观念过度在意、小心谨慎和缺乏弹性。

⑤不情愿丢弃用坏的或无价值的物品，哪怕这些物品毫无情感纪念价值。不情愿将任务委托给他人或与他人共同工作，除非他人能精确地按照自己的方式行事。

⑥对自己和他人都采取吝啬的消费方式，把金钱视作可以囤积起来应对未来灾难的东西。

⑦显得僵硬固执。

考研考法实战 答案见 D21 页

1.（苏州大学，2017）名词解释：强迫型人格障碍

考点 7 表演型人格障碍

考研基础必备

1. 主要特征

表演型人格障碍往往因其过分招摇和轻浮的表现突出而引人注目，而成为人们注意的中心恰是其所需要的。但因其人格不成熟、情绪不稳定的特征，社会适应不良，难以维持稳定的人际关系

2. 诊断标准

过分的情绪表达和招引他人注意；起自早期成年，前后过程多种多样，表现为下列 5 项以上：

①如自己不是人们注意的中心，便感到不舒服；

② 与他人交往时的特点往往是带有不合适的性诱惑或挑逗性行为；

③迅速变换而肤浅的情感表达；

④持续用外表来吸引他人注意；

⑤说话拿腔拿调，给人留下夸张但空洞的印象；

⑥情绪表达戏剧化、舞台化、和过分夸大；

⑦易受暗示，即容易被他人或环境所影响；

⑧认为与他人的关系比实际上更为亲近。

考研考法突破

考法 1 考查表演型人格障碍的特点

此考法常见于选择或简答，考生要理解掌握表演型人格障碍的特点。

例 7：（江西师范大学，2016）单选题：以人格不成熟、情绪不稳定为特征的人格障碍是（　　）。

A. 自恋型人格障碍　　B. 表演型人格障碍

C. 回避型人格障碍　　D. 依赖型人格障碍

【解析】本题考查表演型人格障碍的特点。表演型人格障碍往往因其过分招摇和轻浮的表现突出而引人注目，而成为人们注意的中心恰是其所需要的。但因其人格不成熟、情绪不稳定的特征，社会适应不良，难以维持稳定的人际关系。自恋型人格障碍主要是妄自尊大，需要他人赞扬。回避型人格障碍主要是有回避、退缩的行为，很容易敏感和焦虑，对自我价值缺乏信心。依赖型人格障碍主要是缺乏自信，依附于他人，遇到一点事情容易退却需要人保护和帮助。

参考答案：B

考点 8 自恋型人格障碍

考研基础必备

1. 主要特征

自恋型人格障碍表现在妄自尊大，全神贯注于对自己的智慧和成功的幻想，以自我为中心，这不仅令他人无法忍受，而且也给病人自己带来适应不良的痛苦。

2. 诊断标准

持续地表现出浮夸（无论幻想或行为的）、需要他人赞扬，起自成年早期，前后过程多种多样，表现为下列5项以上：

①具有自我重要性的夸大感。

②沉湎于无限成功、权力、光辉、美丽、或理想爱情的幻想。

③认为自己是“特殊”的和独特的，只能被其他特殊的或地位高的人所理解或与之交往。

④要求过度的赞美。

⑤有一种荣誉感，即不合理地期望特殊的优厚待遇或别人自动顺从他的期望。

⑥在人际关系上剥削他人。

⑦缺乏同感：不愿设身处地地认识或认同他人的情感和需要

⑧常常妒忌他人，或认为他人妒忌自己。

⑨表现为高傲、傲慢的行为或态度。

考研考法突破

考法 1 考查自恋型人格障碍的临床表现

此考法常见于选择或简答当中，考生要理解掌握自恋型人格障碍的临床表现。

例 8：（华东师范大学，2015）单选题：下列哪种表现属于自恋型人格障碍表现（ ）。

A. 不能享乐　　B. 自我价值的过分夸大

C. 病态性的嫉妒　　D. 总要求别人适应其办事方式

【解析】自恋型人格障碍的患者具有自我重要的夸大感，因此往往表现出自我价值的过分夸大。

参考答案：B

考点 9 边缘型人格障碍

考研基础必备

1. 主要特征

人际关系、自我形象和情感的不稳定是突出特征。人际关系不良，情绪不稳定、行为具冲动特征，存在自我认同障碍。此类病人同时也易于出现抑郁、酒精与药物滥用等方面的问题。病人在人际关系方面易走极端，常常使自己周围的人也陷入困扰的漩涡，而他们自己也因适应不良而痛苦。

2. 诊断标准

人际关系、自我形象和感情的不稳定以及显著的冲动性；起自成年早期，前后过程多种多样，表现为下列5项以上：

①疯狂的努力以避免真正的或想象出来的遗弃；

②一种不稳定的强烈的人际关系，其特点是从极端理想化到极端的贬低之间变来变去；

③身份障碍：对自我形象或自我感觉的显著和持久的不稳定变化；

④至少在两个方面出现冲动性，有潜在的自我毁灭可能性；

⑤反复发生自杀行为、自杀姿态、或威胁，或者自伤行为；

⑥由于显著的心境反应而情绪不稳定；

⑦长期的空虚感；

⑧不合适的强烈发怒，或难以控制的发怒；

⑨短暂的与应激有关的偏执观念或严重的分离性症状。

考研考法突破

考法 1 考查边缘型人格障碍的临床表现

这种考法可以以多种形式考查，既可以在选择中考查考生对于边缘型人格障碍临床表现的鉴别，也可以直接以简答或案例分析考查。边缘型人格障碍是人格障碍类型当中考查的重点，考生需要重点掌握。

例 9：（华东师范大学，2014）单选题：患有（ ）人格障碍的个体在人际关系、自我形象和情感方面广泛存在不稳定性，并有明显的冲动行为。

A. 反社会型　B. 边缘型　C. 偏执型　D. 表演型

【解析】边缘型人格障碍以人际关系、自我形象和情感的不稳定性以及显著的冲动性为特征。反社会型人格障碍突出的特征是经常发生违反社会法律和规范的行为。偏执型人格障碍的突出表现是偏执和猜疑，对人不信任。表演型人格障碍突出表现是过分招摇和轻浮表现引人注目，人格不成熟和情绪不稳定。

参考答案：B

例 10：（天津师范大学，2018）简答题：试阐述边缘型人格障碍的核心特征及临床表现。

【解析】本题考查边缘型人格障碍的含义和临床表现。

参考答案：（1）主要特征：以人际关系、自我形象和情感的不稳定性为特征。人际关系不良，情绪不稳定、行为具有冲动特征，存在自我认同障碍。此类病人同时也易于出现抑郁、酒精与药物滥用等方面的问题。

（2）临床表现：

①疯狂的努力以避免真正的或想象出来的遗弃；

②一种不稳定的强烈的人际关系，其特点是从极端理想化到极端的贬低之间变来变去；

③身份障碍：对自我形象或自我感觉的显著和持久的不稳定变化；

④至少在两个方面出现冲动性，有潜在的自我毁灭可能性；

⑤反复发生自杀行为、自杀姿态、或威胁，或者自伤行为；

⑥由于显著的心境反应而情绪不稳定；
⑦长期的空虚感；
⑧不合适的强烈发怒，或难以控制的发怒；
⑨短暂的与应激有关的偏执观念或严重的分离性症状。

考研考法实战 答案见 D19 页

1.（华中师范大学，2013）论述题：试述边缘型人格障碍的核心特征及其在人际关系中的表现。

考点 10　反社会型人格障碍

考研基础必备

1. 主要特征

最突出的特征是经常发生违反社会法律和规范的行为。其表现为工作不良、婚姻不良、酒精与药物滥用、情感肤浅、无情、自我中心、不诚实、欺骗、作弄他人、冲动性、攻击性及法律问题。

2. 诊断标准

（1）一直忽视或冒犯他人的权利，起自 15 岁前，包括至少下列 3 项以上：

①不能遵守合法行为有关的社会规范，表现为多次可遭拘捕的行为。

②欺诈，表现为为了个体利益或乐趣而多次说谎，使用假名或诈骗他人。

③冲动性或事先不做计划。

④易激惹和攻击性，表现为重复性地斗殴或攻击。

⑤鲁莽地不顾他人或自身的安全。

⑥一贯不负责任，表现为重复性地不坚持工作或履行经济义务。

⑦缺乏懊悔之心，表现为作出伤害、虐待或偷窃他人的行为后显得不在乎或合理化。

（2）个体至少 18 岁。

（3）在 15 岁前起病者有品行障碍的证据。

（4）反社会行为并非发生在精神分裂症或躁狂发作的病程中。

考研考法突破

考法 1　反社会型人格障碍的含义

此考法常见于名词解释题，反社会型人格障碍是人格障碍类型里面的高频考点，考生需要重点掌握。

例 11：（华东师范大学，2013）名词解释：反社会型人格障碍

【解析】本题考查反社会型人格障碍的含义。

参考答案：最突出的特征是经常发生违反社会法律和规范的行为。其表现为工作不良、婚姻不良、酒精与药物滥用、情感肤浅、无情、自我中心、不诚实、欺骗、作弄他人、冲动性、攻击性及法律问题。

考法 2　考查反社会型人格障碍的临床表现

这种考法可以以多种形式考查，考生需要理解掌握反社会型人格障碍的临床表现。

例 12：（复旦大学，2018）单选题：罹患下列哪一种心理疾病最不会感到犯罪感和自责（　　）。

A. 反社会人格障碍　　B. 强迫症

C. 抑郁症　　D. 广泛焦虑症

【解析】反社会型人格障碍的特征是高度攻击性，缺乏羞惭感，不能从经历中取得经验教训，故选 A。

参考答案：A

例 13：（华东师范大学，2013/2015）简答题：简述反社会型人格障碍的主要表现。

【解析】本题考查反社会型人格障碍的临床表现。

参考答案：（1）反社会型人格障碍最突出的特征是经常发生违反社会法律和规范的行为。其表现为工作不良、婚姻不良、酒精与药物滥用、情感肤浅、无情、自我中心、不诚实、欺骗、作弄他人、冲动性、攻击性及法律问题。

（2）具体表现：一直忽视或冒犯他人的权利，起自 15 岁前，包括至少下列 3 项以上：

①不能遵守合法行为有关的社会规范，表现为多次可遭拘捕的行为。

②欺诈，表现为为了个体利益或乐趣而多次说谎，使用假名或诈骗他人。

③冲动性或事先不做计划。

④易激惹和攻击性，表现为重复性地斗殴或攻击。

⑤鲁莽地不顾他人或自身的安全。

⑥一贯不负责任，表现为重复性地不坚持工作或履行经济义务。

⑦缺乏懊悔之心，表现为作出伤害、虐待或偷窃他人的行为后显得不在乎或合理化。

考研考法实战 答案见 D21 页

1.（江西师范大学，2012）单选题：与违法犯罪关系最为密切的人格障碍类型是（　　）。

A. 偏执性人格障碍　　B. 分裂性人格障碍

C. 反社会性人格障碍　　D. 表演性人格障碍

2.（北京大学，2016）简答题：简述反社会人格障碍的诊断标准。

章节考点　综合训练

答案见 D21 页

一、填空题

以下描述了哪种人格障碍：

1. Carlos 看起来好像很古怪，他从不表达什么感情。他在学校和家中一直专注于与人隔绝的活动，他没有亲密的朋友。在他青少年时期的生日聚会上，他宁可一个人拿着礼物在角落里玩。Carlos 对别人的话表现得很冷漠，也从

没有交过女友，而且没有表达过性的需要。他会见了一位治疗师，还是被家人骗来的（　　）。

2. Paul 不信任任何人，并错误地认为别人都想害他或想骗他，使他失去生活收入。虽然没有任何证据，但他确信他的妻子有外遇。他不再信任朋友或者与同事分享任何信息，以防被用来对付他。他花了不计其数的时间思考家人毫无恶意的评论（　　）。
3. Alison 独自一人住在州外，与亲属或者附近城镇的人几乎没有任何联系。她极度关注污染问题，害怕她周围的空气和水中含有有害的化学物质。如果必须外出，她会穿上很厚的衣服并带上面罩以防止污染的空气。她发明了自己的净化水系统，并且自己做衣服穿（　　）。
4. Matt19 岁，14 岁开始就一直有法律上的麻烦，他欺骗父母，破坏社区内的建筑，并且当被捉住的时候没有任何自责表现。他经常和别人打架，也不管弄伤谁（　　）。
5. Alan 吸毒，并偶尔有性经历。除非去做那些危险而刺激的事情，否则他都会感觉空虚，如果他的女友提出让他去戒毒或说要离开他时，他就威胁要自杀。他的自尊水平很低，最近感觉压力特别大（　　）。
6. Katherine 认为自己能胜任任何工作，认为自己的表现是最棒的，并且十分渴望别人的赞美（　　）。
7. Lynn 害怕一个人独处，需要不断地从家人和朋友那里寻求安慰。仅仅在她第一段糟糕的婚姻结束一个月之后，她就与一个并不怎么了解的人结了婚。她认为只要自己表现出任何一点点决心或主动，她就会被抛弃而不得不自己照顾自己。Lynn 常常自责，并称自己不聪明、没有任何技能（　　）。
8. 治疗师让 Tim 填一份信息表，但 15 分钟后发现他还没有填完。Tim 说他首先要重新削铅笔，清理碎屑，然后他发现卷笔刀不干净。纸张也没有很好地放置在书写板（　　）！
9. Jeffery 哪怕一想到社交也会非常焦虑。他对赞扬视而不见，却对批评反应过度，这只会让他觉得自己更加无能。Jeffery 做任何事情都独自一人，认为邻居不跟他打招呼是因为他是住在这里的一个讨厌鬼（　　）。

二、单选题

1. 观念、行为和外貌装饰的奇特，情感冷漠，明显缺乏必要的人际关系，这是（　　）。
   A. 偏执型人格障碍　　B. 分裂型人格障碍
   C. 反社会型人格障碍　　D. 冲动型人格障碍
2. 行为不符合社会规范，经常违法乱纪，对人冷酷无情，符合的诊断标准是（　　）。
   A. 偏执性人格障碍　　B. 反社会性人格障碍
   C. 情感障碍　　D. 行为障碍
3. （　　）人格障碍，是以过分要求严格与完美无缺为特征的。
   A. 冲动型　　B. 焦虑型　　C. 强迫型　　D. 表演型
4. 个体表现为依赖性强、为吸引他人注意而做出过分做作和夸张的行为，可能存在（　　）人格障碍。
   A. 反社会　　B. 分裂样　　C. 依赖型　　D. 表演型
5. 与反社会人格障碍的特点不符合的是（　　）。
   A. 高度的攻击性　　B. 常具有羞惭感
   C. 不能吸取教训　　D. 社会适应不良
6. 与偏执性人格障碍的特点不符合的是（　　）。
   A. 尚能够接受他人批评　　B. 常存在某些超价观念
   C. 常把错误归咎于他人　　D. 敏感、多疑和心胸狭窄
7. 依赖型人格障碍的特点是（　　）。
   A. 缺乏自信，不能独立活动
   B. 寻求新异刺激，难耐寂寞
   C. 做事按部就班，一丝不苟
   D. 易激惹，动辄就会以暴力威胁
8. 与人初次结识时感情奔放，看电影时无法控制地哭泣以及在聚会中尽力成为注意的中心是患有（　　）个体的典型行为。
   A. 边缘型人格障碍　　B. 自恋型人格障碍
   C. 表演型人格障碍　　D. 偏执型人格障碍
9. （江西师范大学，2015）常见的人格障碍类型不包括（　　）。
   A. 偏执型人格　　B. 内向型人格
   C. 反社会型人格　　D. 强迫型人格

三、简答题

1. （辽宁师范大学 /2011，西北师范大学 /2019）简述常见人格障碍的类型。
2. 阐述反社会人格障碍的形成的原因。
3. 如何治疗反社会型人格障碍？
4. （东北师范大学专硕，2021 年）人格障碍偏执型和边缘型的区别。

第十二章 儿童心理障碍

人们经常认为童年期是个无忧无虑的快乐时期，儿童的自由自在、无拘无束令成人羡慕不已。然而，童年期也可能是一个令人害怕及烦乱的时期。各种不同文化背景的儿童都可能经历一些情绪和行为的问题，尤其是当他们遇到陌生的人或新情境时。本章主要介绍了儿童的心理障碍，包括精神发育迟滞、学习障碍、儿童期焦虑障碍与抑郁、注意缺陷以及破坏性行为障碍、广泛性发育障碍。本章的高频考点是孤独症和多动症，考生需重点掌握。

第一节 精神发育迟滞

研究真题，明确考况

考试要求	自主命题	
	考题	考查点
精神发育迟滞	华中师范大学，2016；南京师范大学，2013	选择题：精神发育迟滞的含义

考点 1 精神发育迟滞的特点

考研基础必备

1. 精神发育迟滞的含义

精神发育迟滞是以智力较低、适应功能较差为主要特征的障碍。

2. 诊断主要考查的三个方面

（1）适应性行为：包括如厕、穿着；明白时间和金钱等的抽象概念；会利用简单的工具，能独自乘坐交通工具；将在学校所获知识运用于日常生活中及各种社交场合；成人应有独立能力并承担责任。可采用适应性行为量表进行评定。

（2）智力评估：智商测验需要由合格的临床心理学家或精神科医生来评定。正常人的智力测验的成绩大约为 85-115。如 IQ 在 70~75 以下就可考虑智力迟滞。大约 3% 的人 1Q 在此标准之下。

（3）发病年龄：发生于 18 岁之前。18 岁之后出现的智力障碍通常为痴呆。

考研考法突破

考法 1 考查精神发育迟滞的特点

此考法常见于选择题，考生掌握精神发育迟滞的特点即可。

例 1：（华中师范大学，2016）单选题：关于精神发育迟滞不正确的描述是（　　）。

A. 智力发育低下

B. 社会适应困难

C. 起病与生物、心理及社会因素有关

D. 起病于大脑发育成熟以后

【解析】精神发育迟滞往往在个体大脑发育成熟之前显现，起病早。

参考答案：D

考研考法实战 答案见 D22 页

1.（南京师范大学，2013）单选题：先天愚型的智力迟滞又叫（　　）。

A. 猫叫综合征　　B. 唐氏综合征

C. 特纳综合征　　D. 佛伶综合征

第二节 孤独症

研究真题，明确考况

考试要求	自主命题	
	考题	考查点
孤独症	湖南师范大学 /2018，华东师范大学 /2011，华东师范大学 /2014	名词解释：孤独症
	东北师范大学 /2015	简单题：孤独症的临床表现
	天津师范大学，2017	论述：孤独症的成因
	苏州大学，2017	简答：孤独症的治疗

考点 1 孤独症的含义及临床表现

考研基础必备

1. 孤独症的含义

孤独症，又译自闭症，其典型特征是社会交往以及沟通上的显著受损、行为和兴趣显著局限性。最根本的特征是从生命早期就没有和周围的人和环境建立联系的能力。

2. 孤独症的临床表现

1）社交障碍

社交障碍是孤独症的核心特点，逃避与人交往，特别逃避目光的接触，难以发展正常的人际关系。

2）语言发育延迟或不发育

只用简单词语交流或使用模仿语言，故言语沟通困难。

3）非语言交流障碍

以哭或尖叫的不舒适或需要，缺乏相应面部表情，常显得表情愤然，很少用点头、摇头、摆手等以表示他们的意愿。

4）感觉和动作障碍

坐不住，动个不停，做出怪异姿势。

5）仪式性或强迫性行为

拒绝环境改变或拒绝学习、从事新的活动。重复某些动作，如以某种节奏不停地摇摆身体。自我刺激行为，可能出现自残；有时可持续几个小时；有些只吃固定食物，或吃饭时要坐固定位置；喜欢把玩具或物品排列成行，被搞乱会痛苦会大发脾气。

6）智能和认知障碍

有研究人员认为孤独症儿童有潜在正常智力，亦有人认为许多是属于智力迟滞，大约有 3/4 孤独症儿童有智力迟滞现象，可能其虽拥有正常智力，但病症使其未能接受正常教育，所以他们的智力水平比正常儿童显著较低，有些存在孤立的智能，如有极强的刻板记忆力。

考研考法突破

考法 1 孤独症的含义

对于孤独症概念的考查多以名词解释题出现，考生将孤独症的含义记住即可。

例 1：（湖南师范大学 /2018，天津师范大学 /2021）名词解释：自闭症 / 孤独症

参考答案：孤独症，又译自闭症，其典型特征是社会交往以及沟通上的显著受损、行为和兴趣显著局限性。最根本的特征是从生命早期就没有和周围的人和环境建立联系的能力。

考法 2 孤独症的临床表现

此考法可以以多种形式考查，考生需要理解掌握孤独症的临床表现。

例 2：（华东师范大学，2014）单选题：（　　）儿童的核心特征是社交孤立、交流障碍、强迫症状和仪式化行为。

A. 精神分裂症　　B. 自闭症

C. 注意缺陷多动障碍　　D. 抑郁症

【解析】精神分裂症的核心特征为行为怪异，注意缺陷多动障碍主要表现为注意集中困难和多动，而抑郁症常表现为情绪低落等。

参考答案：B

例 3：（东北师范大学，2015）简答题：简述儿童孤独症的临床表现。

【解析】考查儿童孤独症的临床表现，考生先答出儿童孤独症的概念，再写出临床表现即可。

参考答案：（1）儿童孤独症又译自闭症，其典型特征是社会交往以及沟通上的显著受损、行为和兴趣显著局限性。最根本的特征是从生命早期就没有和周围的人和环境建立联系的能力。

（2）儿童孤独症的临床表现如下：

①社交障碍：社交障碍是孤独症的核心特点，逃避与人交往，特别逃避目光的接触，难以发展正常的人际关系。

②语言发育延迟或不发育：只用简单词语交流或使用模仿语言，故言语沟通困难。

③非语言交流障碍：以哭或尖叫的不舒适或需要，缺乏相应面部表情，常显得表情愤然，很少用点头、摇头、摆手等以表示他们的意愿。

④感觉和动作障碍：坐不住，动个不停，做出怪异姿势。

⑤仪式性或强迫性行为：拒绝环境改变或拒绝学习、从事新的活动。重复某些动作，如以某种节奏不停地摇摆身体。自我刺激行为，可能出现自残；有时可持续几个小时；有些只吃固定食物，或吃饭时要做固定位置；喜欢把玩具或物品排列成行，被搞乱会痛苦会大发脾气。

⑥智能和认知障碍：有研究人员认为孤独症儿童有潜在正常智力，亦有人认为许多是属于智力迟滞，大约有 3/4 孤独症儿童有智力迟滞现象，可能其虽拥有正常智力，但病症使其未能接受正常教育，所以他们的智力水平比正常儿童显著较低，有些存在孤立的智能如有极强的刻板记忆力。

考研考法实战 答案见 D22 页

1.（江西师范大学，2012）单选：下列关于孤独症典型症状的描述中不正确的是（　　）。

A. 语言发育障碍　　B. 人际交往障碍

C. 行为方式刻板　　D. 感知觉异常

2.（华东师范大学，2012）单选：自闭症最主要的临床特征是（　　）。

A. 智商低　　B. 人际互动受损

C. 活动过多　　D. 注意集中困难

3.（华东师范大学，2011）单选：孤独症包括若干核心症状，但其诊断标准不包括（　　）。

A. 社会交往缺损　　B. 3 岁后功能异常

C. 语言交流缺损　　D. 刻板行为

考点 2　孤独症的病因

考研基础必备

1. 生物因素

遗传因素在儿童孤独症的发病因素起了很大的作用；5-HT 水平与孤独症有关。

2. 心理因素

Kanner 认为孤独症儿童与父母交往存在缺陷，父母对孩子的冷淡和不关心。

一些心理分析观点的研究认为，孤独症儿童的父母在子女的关键期——婴儿期，对其某些正常行为采取了不合理的对待方式，从而导致了婴儿的情感退缩。而退缩行为又促使父母的拒绝态度，母婴关系因此停滞不前，不再发展。

其他研究并不支持以上看法，极端看法认为孤独症父母是正常的，不存在缺陷或异常人格特征，不正常的在于孩子，因为照料一个异常的孩子难免会出现紧张，产生焦虑和抑郁等，进而影响交往的关系。

考研考法突破

考法 1　考查孤独症的病因

此考法常见于简答或论述，考生需要从生物因素和心理因素两个方面分析孤独症的成因。

例 4：（天津师范大学，2017）论述：试分析儿童孤独症的病因与临床表现。

参考答案：（1）对于儿童孤独症的病因，不同的研究者提出不同的观点：

①生物因素：遗传因素在儿童孤独症的发病因素起了很大的作用；5-HT 水平与孤独症有关。

②心理因素：Kanner 认为孤独症儿童与父母交往存在缺陷，父母对孩子的冷淡和不关心。

一些心理分析观点的研究认为，孤独症儿童的父母在子女的关键期——婴儿期，对其某些正常行为采取了不合理的对待方式，从而导致了婴儿的情感退缩。而退缩行为又促使父母的拒绝态度，母婴关系因此停滞不前，不再发展。

其他研究并不支持以上看法，极端看法认为孤独症父母是正常的，不存在缺陷或异常人格特征，不正常的在于孩子，因为照料一个异常的孩子难免会出现紧张，产生焦虑和抑郁等，进而影响交往的关系。

（2）儿童孤独症的临床表现如下：

①社交障碍：社交障碍是孤独症的核心特点，逃避与人交往，特别逃避目光的接触，难以发展正常的人际关系。

②语言发育延迟或不发育：只用简单词语交流或使用模仿语言，故言语沟通困难。

③非语言交流障碍：以哭或尖叫的不舒适或需要，缺乏相应面部表情，常显得表情愤然，很少用点头、摇头、摆手等以表示他们的意愿。

④感觉和动作障碍：坐不住，动个不停，做出怪异姿势。

⑤仪式性或强迫性行为：拒绝环境改变或拒绝学习、从事新的活动。重复某些动作，如以某种节奏不停地摇摆身体。自我刺激行为，可能出现自残；有时可持续几个小时；有些只吃固定食物，或吃饭时要做固定位置；喜欢把玩具或物品排列成行，被搞乱会痛苦会大发脾气。

⑥智能和认知障碍：有研究人员认为孤独症儿童有潜在正常智力，亦有人认为许多是属于智力迟滞，大约有 3/4 孤独症儿童有智力迟滞现象，可能其虽拥有正常智力，但病症使其未能接受正常教育，所以他们的智力水平比正常儿童显著较低，有些存在孤立的智能如有极强的刻板记忆力。

考点 3　孤独症的治疗

考研基础必备

1. 药物治疗

治疗必须建立在正确诊断的基础之上，并且根据特定的症状选择药物，其目的是改善症状，可为照料和训练教育提供条件，在选用药物时，要注意药物的药理作用、适应证、禁忌证和副作用。

2. 心理动力学疗法

从动力学的视角来看，孤独症与早期经验有密切联系。婴儿得不到温暖的环境和受到不合理的对待而变得退缩。因此治疗要为这种患儿提供一个具有支持性的和接纳的环境，在这种环境中，儿童可以通过各种方式表达自己，开始与外部世界接触。

3. 行为治疗

行为治疗主要以条件作用的原理对患者的行为进行训练，有研究表明，效果显著。

（1）针对言语问题，多采取强化、塑造和示范法进行工作。

（2）针对孤独症儿童对周围环境毫无反应的问题，不能有效对环境应答，训练其提高对复合刺激进行反应的能力。

（3）针对孤独症儿童自伤行为和破坏性行为，可采取消退法改变之。

考研考法突破

考法 1　孤独症治疗方法

孤独症现无较好的具体治疗方法，考生需要了解不同理论流派对儿童孤独症提出的治疗指导思想。

例 5：（苏州大学，2017）论述题：结合实例谈一下对孤独症的治疗。

【解析】本题考查孤独症的治疗方法。

参考答案：对于孤独症的治疗，一般都会采取综合措施，包括药物治疗、行为矫治和家庭治疗。

（1）药物治疗：帮助缓解自闭症儿童伴发的情绪行为问题。比如，双丙戊酸钠可以有效治疗儿童的易激惹。

（2）行为治疗：行为治疗主要以条件作用的原理对患者的行为进行训练。比如强化儿童尝试表达的倾向，当儿童尝试用言语表达时立刻给予奖赏；当孩子把玩具递过来或把玩具给孩子时，其有言语表达的行为都给予强化；经常调换玩具或使用不同的词语进行描述，让孩子选择玩具或使用不同的词语进行描述，激发孩子表达的行为。针对孤独症儿童自伤行为和破坏性行为，可采取消退法改变之。

（3）家庭治疗：教会父母科学的训练方法可以使自闭症儿童生活在任何一个时间点和任何一个地点都得到有益的帮助。

考研考法实战 答案见 D22 页

1.（华东师范大学，2012）单选题：孤独症儿童的（　　）越高，其预后越理想。

A. 身体健康分数　　B. 父母社会经济阶层

C. 受训练年限　　D. IQ 分数

2.（江西师范大学，2015）单选题：当前对孤独症最有效、最主要的治疗方法是（　　）。

A. 教育和训练　　B. 认知心理治疗

C. 药物治疗　　D. 心理治疗加药物治疗

第三节　多动症

研究真题，明确考况

考试要求	自主命题	
	考题	考查点
多动症	华东师范大学，2013；江西师范大学，2016；福建师范大学，2017；湖南师范大学，2017；苏州大学，2018；天津师范大学，2015；山东师范大学，2016	选择题 / 名词解释 / 简答：多动症临床表现

考点 1　多动症的含义及临床表现

考研基础必备

1. 多动症的含义

多动症是一种比较常见的儿童行为障碍疾病又称“儿童多动综合征”。目前，国外一般把多动症称作儿童注意障碍多动综合征。主要特征是明显的注意力不集中和注意持续时间短暂，活动过度和冲动，常伴有学习困难和品行障碍。

多动症的高峰就诊年龄为 8~10 岁，男孩明显多于女孩。男女患者的症状虽都有注意缺陷，但男孩多伴有多动，属注意障碍伴多动型，而女孩则以注意障碍不伴多动为主。DSM 中 ADHD 又有三种亚型，分别是注意缺陷 / 多动障碍（混合型），注意缺陷 / 多动障碍（注意缺陷为主），注意缺陷 / 多动障碍（多动 – 冲动为主）。

2. 多动症的临床表现

1）活动过多

活动过多是多动症的主要症状。这种儿童在婴儿期就表现出好动、不安宁，他们不能专注于一种活动，从来不能集中注意力做一件事情。他们的活动是杂乱的、缺乏组织性和目的性的。

2）注意力不集中

这是多动症的核心症状。这类儿童的注意力很容易受环境的影响而分散，对来自各方面的刺激几乎都起反应，不能过滤无关刺激，因而注意力集中的时间很短。

3）冲动行为

缺乏克制力，行动多先于思维，他们不经考虑就行动。常常人性、克制力差、易激惹冲动、易受外界刺激而兴奋、挫折感很强。行动前不顾后果，常出现危险举动，且事后不会吸取教训。

4）不良行动和情绪不稳定

几乎 80% 的多动症儿童有各种各样不良行为的表现，如好打架、好顶嘴、不服从、倔强、违抗、横行霸道等。这种儿童情绪也不稳定，人们难以知道为什么他有时那么高兴，有时却不高兴，他的行为也难以预测。

考研考法突破

考法 1　考查 ADHD 的含义

这种考法常见于名词解释题，考生需要理解掌握多动症的含义，英文简写也需引起注意。

例 1：（福建师范大学 /2017，湖南师范大学 /2017/，苏州大学 /2018，天津师范大学 /2015）名词解释：儿童多动症（ADHD）。

【解析】本题考查多动症的含义。

参考答案：多动症是一种比较常见的儿童行为障碍疾病，又称“儿童多动综合征”。目前，国外一般把多动症称作儿童注意障碍多动综合征。主要特征是明显的注意力不集中和注意持续时间短暂，活动过度和冲动，常伴有学习困难和品行障碍。

考法 2　考查 ADHD 的临床表现

这种考法既可以以选择题形式考查，也可以以简答或者案例分析形式考查，考生需要理解掌握 ADHD 的临床表现。

例 2：（华东师范大学，2013）单选题：（　　）儿童的典型特征是过高的冲动性。

A. 注意缺陷多动障碍　　B. 自闭症

C. 精神分裂症　　D. 强迫症

【解析】ADHD 的典型特征是：活动过多、注意力不集中和冲动行为。自闭症的典型特征是社交功能损害、言语和表达能力受损。精神分裂的典型症状是幻觉和妄想以及自知力受损，强迫症的典型症状是反复出现的不可控制的强迫观念和强迫行为。因此本题选 A。

参考答案：A。

例 3：（江西师范大学 /2015，苏州大学 /2011，天津师范大学 /2019，西北师范大学 /2013）简答题：简述儿童多动症的主要 / 两类症状。

【解析】本题考查多动症的临床表现。

参考答案：多动症的临床表现包括：

（1）活动过多：活动过多是多动症的主要症状。这种儿童在婴儿期就表现出好动、不安宁，他们不能专注于一种活动，从来不能集中注意力做一件事情。他们的活动是杂乱的、缺乏组织性和目的性的。

（2）注意力不集中：这是多动症的核心症状。这类儿童的注意力很容易受环境的影响而分散，对来自各方面的刺激几乎都起反应，不能过滤无关刺激，因而注意力集中的时间很短。

（3）冲动行为：缺乏克制力，行动多先于思维，他们不经考虑就行动。常常人性、克制力差、易激惹冲动、易受外界刺激而兴奋、挫折感很强。行动前不顾后果，常出现危险举动，且事后不会吸取教训。

（4）不良行动和情绪不稳定：几乎 80% 的多动症儿童有各种各样不良行为的表现，如好打架、好顶嘴、不服从、倔强、违抗、横行霸道等。这种儿童情绪也不稳定，人们难以知道为什么他有时那么高兴，有时却不高兴，他的行为也难以预测。

考研考法实战 答案见 D22 页

1.（江西师范大学，2016）单选题：多动症的临床表现不包括（　　）。

A. 社交障碍　　B. 智能和认知障碍

C. 语言交流障碍　　D. 非语言交流障碍

2.（山东师范大学，2016）论述：注意缺陷（多动障碍）的临床核心症状有哪些？根据核心症状的不同，可区分出几种注意缺陷（多动障碍）的类型？

考点 2　多动症的病因

考研基础必备

1. 生物学因素

针对 ADHD 的病因，有很多争议，生物学因素和社会环境因素都对 ADHD 有影响。

遗传因素：同卵生子的同病率为 55%，异卵双生子的同病率 33%。研究指出 ADHD 患者脑功能与正常人可能有所分别。有研究者认为，分娩时的并发症、出生时的低体重、创伤脑损伤、胎儿在子宫中接触到的物质会影响一部分 ADHD 的形成。

2. 心理社会因素

家庭和社会诸因素作用至今不明，但肯定对该症的发展有影响。早期母爱剥夺和育婴院的儿童易出现坐立不安、注意易分散，不受小朋友欢迎。但若为家庭所领养，注意不集中可有所改善，提示活动过度可因缺乏安全感和稳定的家庭关系而引起。

若父母患有精神病、酗酒和行为不良将影响儿童的行为控制。父母离婚、亲人死亡、家庭气氛紧张、学习负担过重，教室过于拥挤，父母或教师处理儿童问题不当等，可引起“情境性活动过度”和注意不集中。

考点 3　多动症的治疗

考研基础必备

1. 药物治疗

治疗 ADHD 主要有哌甲酯（利他林），右旋苯丙胺和苯异妥因（匹莫林），此类药物的服用需在有经验的医生指导下进行。

2. 心理治疗

①行为矫正疗法：采用强化方法进行矫正。在适宜行为出现时给予奖励；当不适宜行为出现时，加以漠视，或暂时剥夺一些权利，以示惩罚。

②认知训练：训练其学习自我控制、自我引导；多加思考和提高解决问题的能力。训练目的在于使其养成“三思而后行”习惯，在活动中养成“停停、看看和听听”的习惯。加强自我调节，可采用言语指导的方式。

3. 家庭治疗

对患有多动症的儿童进行治疗时，其中一项重要组成内容是要进行家庭治疗和家庭训练。在许多情况下，儿童的行为只是家庭关系的症状表现，是家庭关系的不和谐。

4. 学校的管理和教育

多动症儿童的治疗必须有学校老师的参与和合作，其中包括课程行为管理、课外行为管理以及必要的特殊教育安排。

考研考法实战 答案见 D23 页

1. 简答题：简述治疗儿童多动症的方法？

章节考点　综合训练

答案见 D23 页

一、单选题

1.（江西师范大学，2014）儿童的心理障碍以（　　）为主。

A. 感知障碍　B. 思维障碍　C. 行为障碍　D. 情感障碍

2.（华中师范大学，2011）儿童孤独症的临床表现中的核心特征是（　　）。

A. 社交障碍　　B. 言语障碍

C. 智能偏低　　D. 刻板的仪式化行为方式

3.（华东师范大学，2012）ADHD 儿童的学习能力受到极大限制，因为他们（　　）。

A. 严重智力落后

B. 冲动且不能集中注意

C. 需要服用缩小注意广度的兴奋剂

D. 需要服用使他们安静下来的镇静剂

心理咨询与治疗

心理咨询与治疗是研究心理咨询的过程、原则、技巧和方法的心理学分支。它是运用心理学的理论指导生活实践的一个重要领域，心理咨询与治疗不仅与教育心理学、社会心理学、发展心理学和医学心理学关系密切，而且与教育学、社会学、文化人类学、医学相互交叉。

本学科介绍了心理咨询与心理治疗的基本原理与方法，以及心理治疗中有代表性的治疗学派的理论与技术。其中，心理咨询与心理治疗的基本原理与方法技术的内容涉及心理咨询与心理治疗的概念、治疗中治疗者与来访者关系的建立、会谈的基本技术、心理诊断、心理治疗的目标与阶段以及心理治疗中的阻力问题；治疗学派的理论与技术介绍了心理分析、行为治疗、以人为中心的治疗以及合理情绪疗法、认识领悟疗法及森田疗法。

心理咨询与治疗常用的参考书有如下：

（1）钱铭怡版《心理咨询与心理治疗》；

（2）江光荣版《心理咨询的理论与实务》；

（3）郑希付版《心理咨询原理与方法》；

（4）李祚山版《心理咨询技术》；

（5）乐国安版《咨询心理学》。

这几本教材的主体内容是一致的，但在一些具体内容表述上有所差异。本书在编写过程中，是以钱铭怡《心理咨询与心理治疗》一书为主要参考教材，而对于各院校在以往考研考试中考查过的钱铭怡版教材中未提及的考点，本书将以其他教材作为参考。

考生在备考心理咨询与治疗时，首先，对心理咨询与心理治疗的基本原理与方法，像心理咨询与心理治疗的概念、治疗者与来访者关系的建立、会谈的基本技术、心理诊断、心理治疗的目标与阶段以及心理治疗中的阻力问题等，要予以理解并掌握，其次，考生要掌握像心理分析、行为治疗、以人为中心的治疗以及合理情绪疗法、认识领悟疗法及森田疗法等各个流派的治疗观点及方法和技术。最后，心理咨询与治疗与变态心理学是结合非常紧密的两个学科，考生可以将两个学科结合起来一起学习。

第一章 概　述

在现代社会中，心理咨询是很常见的概念。但心理咨询究竟是什么？心理咨询与心理治疗是同一个概念吗？本章主要介绍心理咨询与心理治疗的定义、同异、发展状况以及专业工作对专业人员的要求，属于重点章节，是各院校心理学考研的重点，经常以选择题、简答题和论述题的形式出现，需要深入理解重要概念，详细掌握每一部分内容，并熟练识记。

第一节　心理咨询与心理治疗的含义及特征

研究真题，明确考况

考试要求	自主命题	
	考题	考查点
1. 咨询的含义及特征	华东师范大学，2011	单选：心理咨询的特征
	辽宁师范大学，2011；南京师范大学，2011；山东师范大学，2012；天津师范大学，2015；西北师范大学，2013；浙江师范大学，2011/2012	名解：心理咨询的定义 简答：心理咨询的共同特征
2. 心理治疗的定义	江西师范大学，2012	单选：心理治疗的共同特点
	山东师范大学，2011；苏州大学，2014/2019；西北师范大学，2012	名解：心理治疗的定义
3. 心理咨询与心理治疗的异同	湖南师范大学，2011；华东师范大学，2017；华南师范大学，2016；辽宁师范大学，2011；苏州大学，2012；天津师范大学，2011；西北师范大学，2014；重庆师范大学，2020；东北师范大学，2014；山东师范大学，2014；天津师范大学，2019；西北师范大学，2012/2015	简答 / 论述：心理咨询与心理治疗的同异
4. 心理咨询的适宜对象	南京师范大学，2013；南开大学，2016；江西师范大学，2014；江西师范大学，2012	单选：心理咨询的适宜对象 单选：心理咨询的转介 简答：适宜咨询对象的特点

考点 1　心理咨询的含义及特征

考研基础必备

1. 心理咨询的定义（不同版本教材的表述有所差异）

咨询是通过人际关系，运用心理学方法，帮助来访者自强自立的过程。（钱铭怡版）

心理咨询是指咨询者协助来访者解决各类心理问题以维护心理健康、发展个人潜能的过程。（郑希付版）。

心理咨询是一门专业化的职业工作，心理咨询师通过与来访者建立良好的咨访关系、采用合理的咨询技巧，帮助来访者发生一定的改变，使其更为适应、更为健康，达到潜能的极大发挥；而在这个过程中，发挥主导作用的是来访者本人。（李祚山版）

2. 咨询的共同特征

（1）体现着对来访者进行帮助的人际关系。

咨询过程是建立在咨询者与来访者良好的人际关系基础之上的。

（2）咨询是一系列心理活动的过程。

从咨询者的角度看，帮助来访者更好地理解自己，更有效的生活，其中包含有一系列的心理活动在内。咨询过程中，咨询者所运用的有关理论与技术，也是以心理学为基础的。

（3）属于一个特殊的服务领域。

在咨询过程中，咨询者可以帮助来访者认识自己，确定目标，作出决定，解决难题。

考研考法突破

考法 1　考查心理咨询的定义

此考法常见于名词解释题中，不同版本教材对于这个概念的表述有所差异，考生按照自己参考教材的版本记住其定义即可。

例 1：（曲阜师范大学 /2021；南京师范大学 /2011；山东师范大学 /2012；天津师范大学 /2015；西北师范大学 /2013；浙江师范大学 /2012）名词解释：心理咨询

【解析】本题考查心理咨询的定义。

参考答案：心理咨询是通过人际关系，运用心理学方法，帮助来访者自强自立的过程。这一定义涉及咨询的根本目的，帮助来访者自强自立。

考法 2　考查心理咨询的特征

此考法常见于选择当中，考生需要根据心理咨询的含义正确的理解心理咨询的实质。

例 2：（华东师范大学，2011）单选：关于心理咨询，以下论述不正确的是（　　）。

A. 心理咨询帮助解决来访者面临的问题

B. 心理咨询是一个人际互动过程

C. 心理咨询具有“心理性”

D. 心理咨询是一种人际帮助活动

【解析】本题考查心理咨询的特征，各种咨询具有某些共同的特征：（1）体现着对来访者进行帮助的人际关系。（2）咨询是一系列心理活动的过程。（3）属于一个特殊的服务领域。心理咨询着眼于帮助来访者认清自己的问题所在，通过咨询，能提高应付挫折和各种不幸事件的能力，使之能够自己面对和处理自己人生中的问题，而不是帮助来访者解决面临的具体问题，因此选 A。

参考答案：A

考研考法实战 答案见 D24 页

1. 单选：心理咨询最终的目标是（　　）。

A. 帮助求助者认识到内心冲突

B. 使求助者能够敢于面对自己

C. 深化求助者的自我意识

D. 帮助求助者做出新的有效行为

2. 简答：简述心理咨询的特点。

考点 2　心理治疗的含义与特征

考研基础必备

1. 心理治疗的含义

心理治疗是在良好的治疗关系基础上，由经过专业训练的治疗者运用心理治疗的有关理论和技术，对来访者进行帮助的过程，以消除或缓解来访者的问题或障碍，促进人格向健康、协调的方向发展。

2. 心理治疗定义的共同点

（1）治疗是一个过程。

（2）关系性：治疗体现了治疗师和病人良好的关系。

（3）治疗理论：治疗者运用有关的心理治疗理论对来访者进行帮助。

考研考法突破

考法 1　心理治疗的含义

这种考法常见于名词解释题中，考生记住心理治疗的含义即可正确作答。

例 3：（山东师范大学 /2011；苏州大学 /2019；西北师范大学 /2012）名词解释：心理治疗

【解析】本题考查心理治疗的定义。

参考答案：心理治疗是在良好的治疗关系基础上，由专业训练的治疗者运用心理治疗的相关技术和理论，对来访者进行帮助的过程，以消除或缓解来访者存在的问题或障碍，促进其人格向健康、协调的方向发展。

考法 2　心理治疗的共同特征

此考法常见于选择题，考生根据心理治疗的含义正确理解治疗的特征即可。

例 4：（江西师范大学，2012）单选：心理治疗的共同特点有（　　）。

A. 内心世界　　　　B. 情绪释放

C. 儿童期—解释—领悟　　D. 关系

【解析】本题考查心理治疗的共同特征。心理治疗定义的共同点（1）治疗是一个过程。（2）关系性：治疗体现了治疗师和病人良好的关系。（3）治疗理论：治疗者运用有关的心理治疗理论对来访者进行帮助。因此选 D。

参考答案：D

考研考法实战 答案见 D24 页

1.（山东师范大学，2011）名词解释：心理治疗

考点 3　心理咨询与心理治疗的异同

考研基础必备

1. 相似之处

（1）理论方法：二者所采用的理论方法常常是一致的，例如来访者中心疗法和合理情绪疗法的理论和技术，两者的理论和技术别无二致。

（2）工作对象：二者的工作对象常常相似，例如心理咨询和心理治疗都可能面对婚姻问题。

（3）强调帮助来访者成长和改变方面，两者是相似的，都希望帮助者和求助者之间的互动，以达到使求助者改变和增长的目的。

（4）建立良好的人际关系，都注重建立良好的人际关系，这是帮助求助者改变和成长的必要条件。

2. 主要区别

（1）心理咨询的工作对象主要是正常人，正在恢复或已复原的病人。心理治疗主要是针对有心理障碍的人进行工作的。

（2）心理咨询所着重处理的是正常人所遇到的各种问题，主要问题有日常生活中人际关系的问题，职业选择方面的问题，教育过程中的问题，婚姻家庭中的问题等。心理治疗的适应范围则主要为某些神经症、某些性变态、心理障碍、行为障碍、心身疾病、康复中的精神病人等。

（3）心理咨询用时较短，一般咨询次数为一次至几次；而心理治疗费时较长，治疗由几次到几十次不等，甚至次数更多，经年累月才可完成。

（4）心理咨询在意识层次进行，更重视其教育性、支持性、指导性工作，焦点在于找出已经存在于来访者自身的内在因素，并使之得到发展，或在对现存条件分析的基础上提供改进意见。心理治疗的某些学派，主要针对无意识领域进行工作，并且其工作具有对峙性，重点在于重建病人的人格。

（5）心理咨询工作是更为直接地针对某些有限的具体的目标而进行的；心理治疗的目的则比较模糊，其目标是使人产生改变和进步。

（6）咨询心理学家与心理治疗家所接受的专业训练不尽相同。咨询多数是在非医疗的情境中开展，如在学校或社区中进行，应用多种方式介入来访者的生活环境之中，而心理治疗多在医疗的情境中或在治疗者的私人诊所中进行。

（7）起源不同。咨询心理学家认为咨询心理学有四个主要起源：①与源于 20 世纪初的职业指导运动的兴起有关；②与 20 世纪初由美国大学生比尔斯发起的心理卫生运动有关；③源于心理测量运动和心理学中对个体差异的研究；④与以罗杰斯为代表的非医学的、非心理分析的咨询与心理治疗的崛起有关。心理治疗的起源可以追溯到弗洛伊德的心理分析和 19 世纪中叶催眠术的施行。

考研考法突破

考法 1　心理咨询与心理治疗的同异

心理咨询与心理治疗的同异是心理咨询的重要方面，作为历年考查的常考考点，本考点通常以简答或论述的形式加以考查，考生应当深入理解、详细掌握并熟练识记。

例 5：（湖南师范大学 /2011；华东师范大学 /2017；华南师范大学 /2016；重庆师范大学 /2020）论述：心理咨询与心理治疗有什么区别？ / 简述心理咨询与心理治疗的区别和联系。

【解析】本题考查心理咨询与心理治疗的同异，考生应答出心理咨询与心理治疗的联系与区别，切忌遗漏。

参考答案：

二者的相似之处是：

（1）所采用的理论方法常常是一致的，例如：咨询心理学家对来访者采用的来访者中心治疗的理论与方法或合理情绪疗法的理论与技术和心理治疗家采用的同种理论与技术别无二致。

（2）二者进行工作的对象常常是相似的。例如：心理咨询人员与心理治疗工作者都会面对来访者的婚姻问题。

（3）在强调帮助来访者成长和改变方面，二者是相似的。咨询与心理治疗都希望通过帮助者和求助者之间的互动，达到使求助者改变和成长的目的。

（4）二者都注重建立帮助者与求助者之间的良好的人际关系，认为这是帮助求助者改变和成长的必要条件。

二者的主要区别如下：

（1）工作对象的差异：心理咨询的工作对象主要是正常人，正在恢复或已恢复的病人。心理治疗则主要是针对有心理障碍的人进行工作的。

（2）问题性质的差异：心理咨询着重处理的是正常人所遇到的各种问题，主要问题有日常生活中人际关系的问题，职业选择方面的问题，教育过程中的问题，婚姻家庭中的问题等等。心理治疗的适应范围则主要为某些神经症、某些性变态、心理障碍、行为障碍、心身疾病、康复中的精神病人等。

（3）咨询时间的差异：心理咨询用时较短，一般咨询次数为一次至几次；而心理治疗费时较长，治疗有几次到几十次不等，甚至次数更多，经年累月才可完成。

（4）治疗层面的差异：心理咨询在意识层次进行，更重视其教育性、支持性、指导性工作，焦点在于找出已经存在于来访者自身的内在因素，并使之得到发展；或在对现存条件分析的基础上提供改进意见。心理治疗的某些学派，主要针对无意识领域进行工作，并且其工作具有对峙性，重点在于重建病人的人格。

（5）治疗目标的差异：心理治疗工作是更为直接的针对某些有限的具体的目标而进行的；心理咨询的目的则比较模糊，其目标是使人产生改变和进步。

（6）组织构建有所不同：心理咨询多在学校、社区等非医疗机构开展。心理治疗则多在医院里进行。

（7）专业人员的称谓和接受的训练不同：提供心理咨询的助人者往往被称为咨询师或咨询心理学家，接受咨询心理学、社区心理学或职业心理学的专业训练；心理治疗提供者往往被称为治疗师或心理医生，接受精神医学或临床心理学的训练。

考研考法实战 答案见 D24 页

1.（东北师范大学，2014）论述：试分析临床心理学与咨询心理学的异同。

2.（东北师范大学，2011/2013）论述：试述心理咨询与心理治疗的区别与联系，如何理解心理咨询的特征。

考点 4　心理咨询的适宜对象

考研基础必备

心理咨询与心理治疗的对象和范围是很广的，从一般意义上讲，除了精神病人、有脑器质性病变的人、有人格障碍的人以外，一般人均可进行心理咨询与治疗。

1. 适宜的咨询对象应具备以下特点

1）问题属于心理学性质

2）正确、强烈的求助动机

来访者有无正确、强烈的求助动机直接影响到咨询的效果。求助动机的方向越正确、程度越强烈，咨访双方的配合就越紧密，就越能取得好的咨询成效。

3）行动自觉

心理咨询是一个双方共同投入的过程，除了咨询动机，还要求来访者能够自觉行动，主动、真诚地与咨询师配合，在咨询中发挥主观能动性，对咨询师的指导、建议和要求采取切实的行动，这样才能取得良好的咨询效果。

4）匹配性好

针对咨询师与来访者相互接受的程度而言，包括两个方面：

①心理的相容，双方能够相互接受、相互吸引、相互容纳。

②来访者自身的特征与咨询师的条件与能力相符合，如有感情困扰的来访者与擅长处理婚恋问题的咨询师就具有较好的匹配性。

2. 咨询对象的转介

转介指由于各种原因使得咨询师必须将前来求助的来访者转介给更适合于对方的其他咨询师或者专业机构。

一般需要转介的情况有两种：

1）来访者的心理问题超出了心理咨询的工作范围

例如有器质性病变、精神疾病及严重人格障碍等异常心理的来访者，应将其转介到精神科医生或者相关专业的医疗机构。

2）来访者与咨询师关系

并非所有适合咨询的来访者都适合于某位特定的咨询师，咨询师与来访者的匹配关系有三种情况：

①非常适宜。

②一般适宜，双方会先尝试不断地加深了解，相互磨合，增加适宜性，如果双方仍然无法达到较好的匹配状态，才选择中止咨询或转介。

③完全不适宜，咨访关系完全不匹配，则应直接转介。

考研考法突破

考法 1　考查心理咨询的适宜对象

此考法常见于选择题中，考生要理解什么样的来访者适宜做心理咨询。

例 6：（南京师范大学，2013）单选：心理咨询最主要的对象是（　　）。

A. 健康人群或存在心理问题的人

B. 发作期的精神病患者

C. 严重的神经症患者

D. 有严重人格障碍的患者

【解析】本题考查心理咨询的对象。心理咨询与心理治疗的对象和范围是很广的，从一般意义上讲，除了精神病人、有脑器质性病变的人、有人格障碍的人以外，一般人均可进行心理咨询与治疗。

参考答案：A

例 7：（南开大学，2016）简答：适宜的咨询对象有哪些特点？

【解析】本题考查适宜咨询对象的特点。

参考答案：适宜的咨询对象应具备以下特点：

1）问题属于心理学性质

2）正确、强烈的求助动机

来访者有无正确、强烈的求助动机直接影响到咨询的效果。求助动机的方向越正确、程度越强烈，咨访双方的配合就越紧密，就越能取得好的咨询成效。

3）行动自觉

心理咨询是一个双方共同投入的过程，除了咨询动机，还要求来访者能够自觉行动，主动、真诚地与咨询师配合，在咨询中发挥主观能动性，对咨询师的指导、建议和要求采取切实的行动，这样才能取得良好的咨询效果。

4）匹配性好

针对咨询师与来访者相互接受的程度而言，包括两个方面：

①心理的相容，双方能够相互接受、相互吸引、相互容纳。

②来访者自身的特征与咨询师的条件与能力相符合，如有感情困扰的来访者与擅长处理婚恋问题的咨询师就具有较好的匹配性。

考法 2　考查咨询的转介

这种考法常见于选择或简答题，考生要理解什么条件下需要转介。

例 8：（江西师范大学，2014）单选：如果出现咨询关系不匹配，咨询师最好是（　　）。

A. 转介　　B. 调整　　C. 求教　　D. 接受

【解析】本题考查咨询的转介。当来访者与咨询师咨询关系不匹配的时候，最好的处理方式是转介，因此本题选择 A。

参考答案：A

考研考法实战 答案见 D24 页

1.（江西师范大学，2012）单选：心理咨询工作的对象主要是（　　）。

A. 正常人　　B. 人格障碍患者

C. 精神病人　　D. 性变态患者

2.（电子科技大学，2014）单选：SCL-90 并不适用于（　　）。

A. 在精神科和心理咨询门诊中了解就诊者或受咨询者的心理卫生问题。

B. 诊断心理疾病。

C. 了解躯体疾病患者的精神症状。

D. 调查不同职业群体的心理卫生问题。

3. 简答题：在什么情况下需要对咨询对象进行转介？

第二节　心理咨询与心理治疗的类别和原则

研究真题，明确考况

考试要求	自主命题	
	考题	考查点
1. 心理咨询与心理治疗的类别	华南师范大学，2018/2019	单选：心理咨询与心理治疗的类别
2. 心理咨询与心理治疗的原则	南开大学，2014；南京师范大学，2013	简答：心理咨询的一般原则
3. 心理咨询中的价值问题	华中师范大学，2016；南开大学，2011	简答：心理咨询中的价值问题 / 处理原则

考点 1　心理咨询的类别（郑希付版）

考研基础必备

（1）根据咨询内容不同，分为发展性心理咨询和补救性心理咨询，即预防性心理咨询和障碍性心理咨询

①发展性心理咨询：是以帮助来访者认识自我、适应心理发展、挖掘心理潜能为主要咨询内容的咨询。它是一种预防性咨询，咨询内容一般都是人生发展过程中必然会

出现的。其咨询内容包括：学习心理咨询、情绪失调咨询，人际关系冲突咨询，社会适应问题咨询，婚姻咨询，就业心理咨询，儿童发展中的心理问题，青少年心理问题，老年人的角色再适应等。

②补救性心理咨询：是指以各种类型的心理障碍（非精神病性）为主要咨询内容的咨询。这意味着凡是由各类心理社会刺激（包括学习、工作、婚姻、家庭等）而引起的心理障碍均属于补救性心理咨询的范围。补救性心理咨询的内容主要包括：各类神经症如焦虑症、恐怖症、强迫症、抑郁症等，各种情绪障碍。人际交往障碍，学习心理障碍，性功能障碍，各类心身疾病，人格障碍，创伤后应激障碍等。

（2）根据咨询所采取的方式的不同，分为门诊心理咨询、电话心理咨询、信函心理咨询、网络心理咨询、专栏心理咨询和现场心理咨询。

（3）根据咨询所需要时间长短的不同，分为长期心理咨询、短期心理咨询和限期心理咨询。

（4）根据咨询规模的不同，分为个别心理咨询和团体心理咨询。

①个别心理咨询：指心理咨询师和来访者采取一对一的方式进行的咨询活动。优点是保密性强，针性强，咨询效果明显；缺点是咨询成本较高，需要咨访双方付出更多的时间和精力。

②团体心理咨询：是指心理咨询师同时面向多个来访者时采用的咨询方式，它主要是通过团体成员之间的人际互动达到解决来访者的心理困扰、使来访者更为适应的目的。

考研考法突破

考法 1　考查心理咨询的类别

此考法常见于选择题中，考生需要能够区分什么问题属于哪种咨询。考生把握住补救性咨询主要针对的是障碍性咨询即可。

例 1：（华南师范大学，2019）单选：下面属于发展性咨询的是（　　）。

A. 学习障碍　　B. 人际关系冲突

C. 人格障碍　　D. 创伤后应激障碍

【解析】发展性心理咨询是以帮助来访者认识自我、适应心理发展、挖掘心理潜能为主要咨询内容的咨询。它是一种预防性咨询，咨询内容一般都是人生发展过程中必然会出现的。选项 B 符合发展性咨询的内容。

参考答案：B

考研考法实战 答案见 D25 页

1.（华南师范大学，2018）单选：以下哪个是补救性咨询的（　　）。

A. 学习心理咨询　　B. 性心理咨询

C. 就业心理咨询　　D. 情绪障碍咨询

考点 2　心理咨询的一般原则（乐国安版）

考研基础必备

（1）开发潜力原则：咨询者是否相信人都是有发展潜力的，这实际上反映了咨询者的人性观。它直接影响咨询的目标、途径、方式、效果评价等，对咨询者至关重要。

（2）咨询者与来访者结合原则：在心理咨询过程中，咨询双方都应处于主动地位，离开了任何一方的积极参与，咨询的效果都会事倍功半，甚至半途而废。

（3）综合性的原则，有以下多重含义。

①心身的综合：心理和生理是互相作用、互为因果的，因此，咨询者应将二者综合起来考虑。心理问题往往会伴有许多躯体化表现，而生理状况又经常是导致心理问题出现的原因。

②原因的综合：来访者的心理问题是生理、心理、社会文化诸因素交互作用的结果。一因多果，一果多因，互为因果，错综复杂。

③问题的综合：人的某种心理活动往往是与整个心理活动联系在一起的，牵一发而动全身，思维、情感、行为三者是互相联系的，很难将三者割裂开来。

④方法的综合：在咨询实践中，有针对性的综合方法常常比单一的方法更有效，能够发挥各种咨询方法的最大效能。

（4）灵活性原则：要求咨询者在不违反其他咨询原则的前提下，视具体情况，灵活地应用各种咨询理论、方法，采用灵活的步骤，以便最有效地取得咨询效果。

（5）矫正与发展相结合的原则：就其实质而言，心理咨询是一种教育、发展的咨询。咨询者应该把长远目标融合到具体目标中去，使咨询工作更有成效。

（6）对来访者负责的原则：以来访者的利益为重，这是心理咨询的一大特点。咨询者在心理咨询过程中的一言一行都应立足于这一原则。

考研考法突破

考法 1　考查心理咨询的原则

此考法常见于简答或论述题，考生要注意问的是一般原则还是综合性原则。

例 2：（南京师范大学，2013）论述：心理咨询的一般原则有哪些？

【解析】本题考查心理咨询基本原则。

参考答案：心理咨询的一般原则有：

（1）开发潜力原则：咨询者是否相信人都是有发展潜力的，这实际上反映了咨询者的人性观。它直接影响咨询的目标、途径、方式、效果评价等，对咨询者至关重要。

（2）咨询者与来访者结合原则：在心理咨询过程中，咨询双方都应处于主动地位，离开了任何一方的积极参与，咨询的效果都会事倍功半，甚至半途而废。

（3）综合性的原则：

①心身的综合：心理和生理是互相作用、互为因果的，因此，咨询者应将二者综合起来考虑。心理问题往往会伴有许多躯体化表现，而生理状况又经常是导致心理问题出现的原因。

②原因的综合：来访者的心理问题是生理、心理、社会文化诸因素交互作用的结果。一因多果，一果多因，互为因果，错综复杂。

③问题的综合：人的某种心理活动往往是与整个心理活动联系在一起的，牵一发而动全身，思维、情感、行为三者是互相联系的，很难将三者割裂开来。

④方法的综合：在咨询实践中，有针对性的综合方法常常比单一的方法更有效，能够发挥各种咨询方法的最大效能。

（4）灵活性原则：要求咨询者在不违反其他咨询原则的前提下，视具体情况，灵活地应用各种咨询理论、方法，采用灵活的步骤，以便最有效地取得咨询效果。

（5）矫正与发展相结合的原则：就其实质而言，心理咨询是一种教育、发展的咨询。咨询者应该把长远目标融合到具体目标中去，使咨询工作更有成效。

（6）对来访者负责的原则：以来访者的利益为重，这是心理咨询的一大特点。咨询者在心理咨询过程中的一言一行都应立足于这一原则。

考研考法实战 答案见 D25 页

1.（南开大学，2011/2013/2014）简答：心理咨询综合性的含义原则。

考点 3 心理咨询中的价值问题（江光荣版）

考研基础必备

1. 心理咨询中价值问题的本质

其本质是价值干预问题。可以具体为以下三个基本问题：

1）价值干预的合法性

价值干预的合法性是指，我们对当事人进行价值干预是合伦理的吗？价值的本质，是人的需要与其存在条件之间的关系。在当今文明中，只有相对的、约定俗成的价值标准和价值法则，没有绝对的价值标准和价值法则。心理咨询中一直就有所谓“价值中立”的原则，要求在咨询中避免干预当事人的价值观。

2）价值干预的必要性

在心理治疗中进行价值干预的必要性来自治疗本身的要求。因为大多数心理治疗要发生效力，必得有价值干预。

3）价值干预的必然性

没有完全排除了价值干预的心理咨询。当事人和咨询师两方面都有些倾向性的行为会导致价值影响。

2. 心理咨询实务中对价值问题的处理

一般来说，通行和公认的原则有以下几点：

（1）咨询者应该对自己的价值观有高度的警觉，对咨询中的价值问题有高度的敏感。

（2）承认多元化价值取向存在的权利。

（3）当涉及价值问题的时候，鼓励咨询者公开、清晰地和来访者讨论，同时不故意地以任何明白或隐晦、直接或间接的方式把自己的价值观强加于来访者。

（4）咨询者在做价值判断时，必须遵循有相对普遍意义的价值，比如尊重人的生命等。

（5）小心地处理咨询师的价值观与当事人的价值观不一致的问题：当咨询师的价值观和当事人的价值观不一致，尤其是两者相反的时候，往往会产生对当事人的负面态度。如果咨询师没有敏感和自觉，就极易妨碍咨询关系。

3. 原则：侧重功能干预，避免内容干预

江光荣教授在总结了各项原则的基础上，认为价值干预的总原则是：侧重功能干预，避免内容干预。价值的功能干预是引导当事人把自我探索集中于个人选择与个人的需要之间的关系上，而不是由咨询师根据自己的价值判断来评判一个选择是否有价值，然后把自己的观点加诸当事人。在做这些工作时，尽可能避免价值说教，不向当事人宣讲应该有什么样的价值追求，也不对来访者的价值观做好坏、正误判断。可以引入别的价值观，比如表明咨询师自己的价值态度，但这种引入目的在于扩大当事人的视野，认识到多种价值选择的可能性，而不应存有直接地或暗示性地迫使其接受某种价值的企图。

考研考法突破

考法 1 考查咨询中价值问题的理解

此考法常见于选择或简答当中，考生需要理解价值问题的本质是价值干预问题，同时要掌握处理价值问题的原则。

例 3：（南开大学，2011）简答：如何看待心理咨询中的价值干预问题？

【解析】本题考查价值干预问题。

参考答案：价值干预问题可以具体为以下三个基本问题：

1）价值干预的合法性

价值干预的合法性是指，我们对当事人进行价值干预是合伦理的吗？价值的本质，是人的需要与其存在条件之间的关系。在当今文明中，只有相对的、约定俗成的价值标准和价值法则，没有绝对的价值标准和价值法则。心理咨询中一直就有所谓“价值中立”的原则，要求在咨询中避免干预当事人的价值观。

2）价值干预的必要性

在心理治疗中进行价值干预的必要性来自治疗本身的要求。因为大多数心理治疗要发生效力，必得有价值干预。

3）价值干预的必然性

没有完全排除了价值干预的心理咨询。当事人和咨询师两方面都有些倾向性的行为会导致价值影响。

因此在心理咨询中价值干预的问题只是：如何使价值干预有效、合法。江光荣老师认为价值干预问题的原则是侧重功能干预，避免内容干预。

考研考法实战 答案见 D25 页

1.（华中师范大学，2016）简述心理咨询中价值干预的基本原则。

第三节 心理咨询与心理治疗的发展历史

研究真题，明确考况

考试要求	自主命题	
	考题	考查点
1. 咨询心理学的发展进程	东北师范大学，2016	论述：西方心理咨询的发展进程
2. 心理咨询与思想政治教育工作的主要区别	东北师范大学，2018；南开大学，2012	论述：心理咨询与思想政治教育工作的主要区别

考点 1 咨询心理学的发展进程

考研基础必备

1. 国外心理咨询发展简史：

（1）帕森斯在 1909 年出版了《选择职业》一书。该书在心理咨询发展上的重要性，是帮助个人如何选择职业，这是心理咨询的开始。

（2）在第一次世界大战期间，美国需要将招募的士兵进行分类，以便淘汰智力不足者，因而开始发展心理测量技术，这为职业咨询与指导提供了科学的手段。美国人比尔斯在 20 世纪初发起的心理卫生运动，到 30 年代获得了很大发展，当时的明尼苏达大学在 Paterson 和 William 的领导下，开始对学生进行心理咨询。

（3）20 世纪 30 年代末 40 年代初，个性与学习理论以及心理治疗理论的发展促进了心理咨询的进一步发展，罗杰斯 1942 年出版的《咨询与心理治疗》一书是重要的代表作。

2. 国内的发展进程：

（1）启动阶段：①黄嘉音先生尝试用心理学原理对病人的病因进行分析和解释。②神经衰弱的快速综合治疗（通过结合医学治疗及体育锻炼，采用专题讲座和小组讨论的形式，给病人讲解神经衰弱的知识，讲解治疗方法及作用机制，使得病人合理安排时间，采取积极态度面对生活中的问题及自身的疾病）。

（2）空白阶段："文革" 后心理咨询与心理治疗一度停滞不前。

（3）准备阶段：①翻译出版了心理治疗大师的著作，如弗洛伊德、荣格等。1979 年，建立了医学心理学专业委员会。②初步建立阶段：心理咨询和心理治疗的培训班次数增多，内容深化。

3. 国内心理咨询存在的问题

缺乏培训心理咨询人员的专门机构和系统的培训课程，缺乏专职的人员，咨询工作不规范，没有统一的资格认定制度，咨询员队伍良莠不齐，咨询以及相关概念混乱，行业缺乏管理，服务质量不高，难以满足社会的需要。

考研考法突破

考法 1 考查咨询心理学的发展进程

此考法常以选择或简答的形式进行考查，考生掌握咨询心理学发展的几个阶段以及每个阶段的关键人物和事件。

例 1：（东北师范大学，2016）论述：试述西方咨询心理产生的背景。

【解析】本题考查咨询心理学的发展进程。

参考答案：

（1）Passon 在 1909 年出版了《选择职业》一书。该书在心理咨询发展上的重要性，是帮助个人如何选择职业，这是心理咨询的开始。

（2）在第一次世界大战期间，美国需要将招募的士兵进行分类，以便淘汰智力不足者，因而开始发展心理测量技术，这为职业咨询与指导提供了科学的手段。美国人 Beers 在 20 世纪初发起的心理卫生运动，到 30 年代获得了很大发展，当时的明尼苏达大学在 Paterson 和 William 的领导下，开始对学生进行心理咨询。

（3）20 世纪 30 年代末 40 年代初，个性与学习理论以及心理治疗理论的发展促进了心理咨询的进一步发展，罗杰斯 1942 年出版的《咨询与心理治疗》一书是重要的代表作。

考法 2 考查心理咨询在中国的发展状况

此考法一般以简答或论述形式进行考查，考查形式比较灵活，考生不仅要了解我国心理咨询发展面临的问题，而且要能够结合实际提出相应的解决措施。

例 2：（辽宁师范大学，2011）简答：简述心理咨询的发展历程，并谈谈自己对心理咨询行业发展的规范性问题的建议。

【解析】本题考查心理咨询的发展过程，以及对心理咨询行业的发展建议。

参考答案：1）国外心理咨询发展简史

（1）帕森斯在 1909 年出版了《选择职业》一书。该书在心理咨询发展上的重要性，是帮助个人如何选择职业，这是心理咨询的开始。

（2）在第一次世界大战期间，美国需要将招募的士兵进行分类，以便淘汰智力不足者，因而开始发展心理测量技术，这为职业咨询与指导提供了科学的手段。美国人比尔斯在 20 世纪初发起的心理卫生运动，到 30 年代获得了很大发展，当时的明尼苏达大学在 Paterson 和 William 的领导下，开始对学生进行心理咨询。

（3）20 世纪 30 年代末 40 年代初，个性与学习理论以及心理治疗理论的发展促进了心理咨询的进一步发展，罗杰斯 1942 年出版的《咨询与心理治疗》一书是重要的代表作。

2）国内的发展进程

（1）启动阶段：①黄嘉音先生尝试用心理学原理对病人的病因进行分析和解释。②神经衰弱的快速综合治疗（通过结合医学治疗及体育锻炼，采用专题讲座和小组讨论的形式，给病人讲解神经衰弱的知识，讲解治疗方法及作用机制，使得病人合理安排时间，采取积极态度面对生活中的问题及自身的疾病）。

（2）空白阶段："文革"后心理咨询与心理治疗一度停滞不前。

（3）准备阶段：翻译出版了心理治疗大师的著作，如弗洛伊德，荣格等。1979 年，建立了医学心理学专业委员会。初步建立阶段：心理咨询和心理治疗的培训班次数增多，内容深化。

3）心理咨询规范性问题的建议

（1）澄清并规范心理咨询的基本概念。目前在专业用语方面存在比较混乱的现象，不仅内地、港台用语不统一，而且内地不同部门，甚至不同培训者专业用语也不同，导致学术交流和沟通困难，也使学习者无所适从。

（2）重视并建立咨询员的专业培训课程。政府应根据社会发展的要求，在相应的大学开设咨询心理学、应用心理学专业，精心设计心理咨询课程，制定规范的教学计划，在心理咨询员的培训中上规模、有档次、高质量、专业化。同时，可以借助境外的师资以及条件合作培训专业人员。

（3）规范现有的心理咨询培训工作：要有规范的培训课程，严格的教学计划和内容。

（4）探讨并试行心理咨询员的专业资格认定工作：可以制定相关职业标准，推动心理咨询的专业化进程。

（5）政府的认同和支持：心理咨询的专业岗位设置需要政府和主管部门的推动。

考研考法实战 答案见 D25 页

1.（华南师范大学，2019）单选：现代心理咨询起源于（　　）。

A. 德国的心理卫生运动　　B. 法国的心理卫生运动

C. 美国的心理卫生运动　　D. 美国的职业指导运动

2.（湖南师范大学，2018）临床心理学产生的背景和标志。

3.（南开大学，2012）论述心理咨询在中国发展所面临的主要困难及解决方法。

考点 2　心理咨询与思想政治教育工作的主要区别

考研基础必备

心理咨询与思想政治教育（或德育）的关键区别在于对价值的处理不同。德育本质上是以一套既定的、统一的世界观去塑造人的心灵。而心理咨询则是保持价值中立，不指定任何既定的价值观，不从内容上干预对方的价值取向。

心理咨询与思想政治教育工作的主要区别：

（1）目的：心理咨询的目的是帮助来访者消除或缓和心理症状，促进其人格向健康、协调的方向发展；思想政治工作的目的是调动群众的社会主义革命和建设的积极性，保证党和国家各项政治、经济任务的完成。

（2）内容：心理咨询的内容主要涉及日常生活中各种问题的调适：专业与职业的选择、人际关系的调整、婚姻质量的改善、学习与工作效率的提高、心理障碍的消除等；思想政治工作的内容主要涉及基本路线、爱国主义、集体主义、革命传统、理想道德、形势政策教育等。

（3）理论基础：心理咨询的理论主要包括各种心理治疗理论及人格心理学、变态心理学；思想政治工作的理论主要包括马列主义、毛泽东思想。

（4）方法：心理咨询的方法有个体治疗或咨询、集体治疗或咨询；思想政治工作的方法有个别谈话、集体座谈、大会报告。

考研考法突破

考法 1　心理咨询与思想政治教育工作的主要区别

此考法常见于简答或论述题，考生需要理解掌握咨询与思想政治教育工作的区别。

例 3：（东北师范大学，2018；南开大学，2012）论述心理咨询与思想政治工作的区别。

【解析】本题考查心理咨询与思想政治教育工作的主要区别。

参考答案：

心理咨询与思想政治教育（或德育）的关键区别在于对价值的处理不同。德育本质上是以一套既定的、统一的世界观去塑造认得心灵。而心理咨询则是保持价值中立，不指定任何既定的价值观，不从内容上干预对方的价值取向。

心理咨询与思想政治教育工作的主要区别：

（1）目的：心理咨询的目的是帮助来访者消除或缓和心理症状，促进其人格向健康、协调的方向发展；思想政治工作的目的是调动群众的社会主义革命和建设的积极性，保证党和国家各项政治、经济任务的完成。

（2）内容：心理咨询的内容主要涉及日常生活中各种问题的调适：专业与职业的选择、人际关系的调整、婚姻质量的改善、学习与工作效率的提高、心理障碍的消除等；思想政治工作的内容主要涉及基本路线、爱国主义、集体主义、革命传统、理想道德、形势政策教育等。

（3）理论基础：心理咨询的理论主要包括各种心理治疗理论及人格心理学、变态心理学；思想政治工作的理论主要包括马列主义、毛泽东思想。

（4）方法：心理咨询的方法有个体治疗或咨询、集体治疗或咨询；思想政治工作的方法有个别谈话、集体座谈、大会报告。

考研考法实战 答案见 D25 页

1.（西北师范大学，2012）简述心理辅导与德育的区别。

第四节 心理咨询师的专业成长与伦理规范

研究真题，明确考况

考试要求	自主命题	
	考题	考查点
1. 心理咨询师的专业成长	复旦大学，2015 /2016 /2017；南京师范大学，2013	选择 / 论述：心理咨询与心理治疗工作者的职责
	华东师范大学，2011；江西师范大学，2012/2015；南开大学，2011/2017	选择 / 简答：对咨询者的要求
	苏州大学，2014；天津师范大学，2016；西北师范大学，2012；东北师范大学，2017；云南师范大学，2011	简答：心理咨询与心理治疗工作者的职责
2. 临床与咨询心理学工作伦理	东北师范大学，2017；华东师范大学，2012；苏州大学，2011/2013；西北师范大学，2019；北京大学，2015；北京林业大学，2020；四川大学，2021	简答 / 论述：临床与咨询工作伦理守则的主要内容；名词解释：知情同意
研究方法	湖南师范大学，2021	简答：临床、心理学研究方法

考点 1 心理咨询师的专业成长

考研基础必备

一、心理咨询与心理治疗工作对专业人员的要求

1. 专业知识、技能方面的要求

从业人员至少应具有必要的心理学知识（例如普通心理学、发展心理学、变态心理、人格心理学）；至少对一种心理治疗的理论有一定程度的了解，并能用于其咨询实践之中；至少应掌握一些如谈话，解决问题等方面的基本技巧和方法，能运用一些基本的心理测量工具等。应具有几十或几百小时的在心理门诊进行临床实习的经验，通过某种较为全面的基本知识与技能的考试。

2. 心理咨询与心理治疗工作者的职责

（1）对来访者负责：在具体事物上要以来访者的利益为出发点。

（2）帮助的根本目标：心理咨询与心理治疗是对求助者的帮助过程，其根本目标是促进求助者成长，自强自立，使之能够自己面对和处理个人生活中的各种问题。

（3）保密原则及保密例外：治疗者应该尊重来访者的个人隐私，对保密原则的遵守也有例外的情况，如果治疗者得到的信息表明来访者有自杀或伤害他人或危及社会安全的尝试或企图，应立即采取必要的措施保护来访者的人身安全，防止意外事件的发生。

3. 对治疗者与咨询者个人的要求

①要有帮助别人的心；

②要有敏锐的感觉及了解心理的能力；

③要有精神病理的知识；

④要有丰富的经验；

⑤要保持中立无私的立场；

⑥自己要有健康的心理与态度。

二、成为一名优秀的咨询师的六个方面（李祚山版）

1. 先做当事人

担当咨询师之前，先当来访者，体会一下来访者的需求与滋味，以便更能胜任咨询师的工作。先做一名来访者有如下作用：

（1）要成为一名咨询师，自己先要相信咨询行业有其市场需求，而自己也能接受并且相信“求助”“助人”的这种行为。

（2）可以让自己更明白咨询的需要与功能。

（3）咨询师也是人，在自己的生活领域中也有问题或者困惑，自己也需要咨询师，这样也减少了许多工作上的倦怠或压力过大的可能性，至少在心理上感觉不是一个人在孤军奋战，有一个相对稳定的行业支持系统。

2. 积极学习各种理论与技术

要认真学习相应的理论与技术，对于咨询界的诸多理论和流派，要多参看其著作，尤其是自己比较推崇和信任的学派，可以去阅读原创人或者代表人物的代表作，发掘其奥妙，从而得到第一手资料，进而融会贯通，学以致用。

3. 接触各种类型的人

咨询师开放自我去接触不同的人，不仅可以拓展自己的眼界，扩大自己的人际交往范围，还可以增加对人的认识，学会接纳与尊重。

4. 参加相关学术会议或者加人相应学会组织

如果有条件，可参加国际国内相关学术会议，以获得最新咨询领域信息，并且可以同大师进行交流、学习。

5. 不断拓展知识面，提高专业能力

心理咨询是一项专业性很强的工作，这要求心理咨询师不断促进个人的专业成长，保持较高水平。一个人在社会、经济、文化和心理学等领域所拥有的知识越多，就越有助于提高咨询服务的质量。

6. 民族文化和性别意识的完善

优秀的心理咨询师能敏感地意识到文化和性别因素对自己的认知、价值、态度和信念所产生的影响，因此他们会采取比其他人更加客观的、开放的态度来看待这些因素。

考研考法突破

考法 1 考查心理咨询对咨询师的要求

此考法常见于简答或论述，考生要理解掌握一名合格的咨询师应该具备的条件以及如何提升自己的专业素养，此考法一般没有绝对的答案，论述合理即可。

例 1：（南开大学，2011）论述：心理咨询师的胜任条件有哪些？如何达成这些条件？

参考答案：（1）心理咨询师的胜任条件：从业人员至少应具有必要的心理学知识（例如普通心理学、发展心理学、变态心理、人格心理学）；至少对一种心理治疗的理论有一定程度的了解，并能用于其咨询实践之中；至少应掌握一些如谈话，解决问题等方面的基本技巧和方法，能运用一些基本的心理测量工具等。应具有几十或几百小时的在心理门诊进行临床实习的经验，通过某种较为全面的基本知识与技能的考试。

（2）达到这些条件需要做到以下几方面：

①先做当事人：担当咨询师之前，先当来访者，体会一下来访者的需求与滋味，以便更能胜任咨询师的工作。

②积极学习各种理论与技术：要认真学习相应的理论与技术，对于咨询界的诸多理论和流派，要多参看其著作，尤其是自己比较推崇和信任的学派，可以去阅读原创人或者代表人物的代表作，发掘其奥妙，从而得到第一手资料，进而融会贯通，学以致用。

③接触各种类型的人：咨询师开放自我去接触不同的人，不仅可以拓展自己的眼界，扩大自己的人际交往范围，还可以增加对人的认识，学会接纳与尊重。

④参加相关学术会议或者加人相应学会组织：如果有条件，可参加国际国内相关学术会议，以获得最新咨询领域信息，并且可以同大师进行交流、学习。

⑤不断拓展知识面，提高专业能力：心理咨询是一项专业性很强的工作，这要求心理咨询师不断促进个人的专业成长，保持较高水平。一个人在社会、经济、文化和心理学等领域所拥有的知识越多，就越有助于提高咨询服务的质量。

⑥民族文化和性别意识的完善：优秀的心理咨询师能敏感地意识到文化和性别因素对自己的认知、价值、态度和信念所产生的影响，因此他们会采取比其他人更加客观的、开放的态度来看待这些因素。

考研考法实战 答案见 D26 页

1.（东北师范大学，2013）试述心理咨询师应具备哪些素质？

2.（苏州大学，2014）简述心理咨询与心理治疗工作者的职责。

考点 2　中国心理学会制定的临床与咨询工作伦理守则

考研基础必备

1. 总则

1）善行

心理师工作目的是使寻求专业服务者从其提供的专业服务中获益。心理师应保障寻求专业服务者的权利，努力使其得到适当的服务并避免伤害。

2）责任

心理师在工作中应保持其专业服务的最高水准，对自己的行为承担责任。认清自己专业的、伦理及法律的责任，维护专业信誉。

3）诚信

心理师在临床实践活动、研究和教学工作中，应努力保持其行为的诚实性和真实性。

4）公正

心理师应公平、公正地对待自己的专业工作及其他人员。心理师应采取谨慎的态度防止自己潜在的偏见、能力局限、技术的限制等导致的不适当行为。

5）尊重

心理师应尊重每一个人，尊重个人的隐私权、保密性和自我决定的权利。

2. 分则

1）专业关系

心理师应尊重寻求专业服务者，按照专业的伦理规范与寻求专业服务者建立良好的专业工作关系，这种工作关系应以促进寻求服务者的成长和发展，从而增进其自身的利益和福祉为目的。

2）隐私权与保密性

心理师有责任保护寻求专业服务者的隐私权，同时认识到隐私权在内容和范围上受到国家法律和专业伦理规范的保护和约束。心理师应清楚地了解保密原则的应用有其限度，下列情况为保密原则外：①心理师发现寻求专业服务者有伤害自身或伤害他人的严重危险时。②寻求专业服务者有致命的传染性疾病等可能危及他人时。③未成年人在受到性侵犯或虐待时。④法律规定需要披露时。

3）职业责任

心理师应遵守国家的法律法规，遵守专业伦理规范。同时，努力以开放、诚实和准确的沟通方式进行工作。心理师所从事的专业工作应基于科学的研究和发现，在专业界限和个人能力范围之内，以负责任的态度进行工作。心理师应不断更新并发展专业知识、积极参与自我保健的活动，促进个人在生理上、社会适应上和心理上的健康以更好地满足专业责任的需要。

4）心理测量与评估

心理师应正确理解心理测量与评估手段在临床服务工作中的意义和作用，并恰当使用。心理师在使用心理测量与评估过程中应考虑被测量者或被评估者的个人和文化背景。

5）教学、培训和督导

心理师应努力发展有意义的和值得尊重的专业关系，对教学、培训和督导持真诚、认真、负责的态度。

6）研究和发表

提倡心理师进行专业研究以便对专业学科领域有所贡献，并促进对专业领域中相关现象的了解和改善。心理师在实施研究时应尊重参与者的尊严，并且关注参与者的福祉。遵守以人类为研究对象的科学研究规范和伦理准则。

7）伦理问题处理

心理师在专业工作中应遵守有关法律和伦理。心理师应努力解决伦理困境，和相关人员进行直接而开放的沟通，在必要时向同行及督导寻求建议或帮助。

考研考法突破

考法 1　考查临床与咨询工作伦理守则的要求

临床与咨询心理学工作原理是正确认识心理咨询的重要方面，本考点通常以选择、简答或论述的形式加以考查，考生应当深入理解、详细掌握并熟练识记。

例 2：（华中师范大学，2019）单选题：在心理咨询中因为咨询师不谨慎，能力的局限，潜在的偏见等导致结果的偏差，违反了以下那一条准则（　　）。

A. 善行　　B. 诚信　　C. 公正　　D. 责任

【解析】本题考查考生对于伦理守则总则的理解。公正的原则要求心理师应公平、公正地对待自己的专业工作及其他人员。心理师应采取谨慎的态度防止自己潜在的偏见、能力局限、技术的限制等导致的不适当行为。

参考答案：C

例 3：（东北师范大学，2014）论述：你如何看待中国临床与咨询工作伦理守则的主要内容

【解析】本题考查对于临床与咨询心理学工作伦理主要内容的看法。

参考答案：中国心理学会临床与咨询心理学工作伦理守则的内容包括总则：善行、责任、诚信、公正和尊重。并对每一项相关的内容进行了规范，具体如下：

1）专业关系

心理师应尊重寻求专业服务者，按照专业的伦理规范与寻求专业服务者建立良好的专业工作关系，这种工作关系应以促进寻求服务者的成长和发展，从而增进其自身的利益和福祉为目的。

2）隐私权与保密性

心理师有责任保护寻求专业服务者的隐私权，同时认识到隐私权在内容和范围上受到国家法律和专业伦理规范的保护和约束。心理师应清楚地了解保密原则的应用有其限度，下列情况为保密原则的例外：心理师发现寻求专业服务者有伤害自身或伤害他人的严重危险时。寻求专业服务者有致命的传染性疾病等且可能危及他人时。未成年人在受到性侵犯或虐待时。法律规定需要披露时。

3）职业责任

心理师应遵守国家的法律法规，遵守专业伦理规范。同时，努力以开放、诚实和准确的沟通方式进行工作。心理师所从事的专业工作应基于科学的研究和发现，在专业界限和个人能力范围之内，以负责任的态度进行工作。心理师应不断更新并发展专业知识、积极参与自我保健的活动，促进个人在生理上、社会适应上和心理上的健康以更好地满足专业责任的需要。

4）心理测量与评估

心理师应正确理解心理测量与评估手段在临床服务工作中的意义和作用，并恰当使用。心理师在使用心理测量与评估过程中应考虑被测量者或被评估者的个人和文化背景。心理师应通过发展和使用恰当的教育、心理和职业测量工具来促进寻求专业服务者的福祉。

5）教学、培训和督导

心理师应努力发展有意义的和值得尊重的专业关系，对教学、培训和督导持真诚、认真、负责的态度。

6）研究和发表

提倡心理师进行专业研究以便对专业学科领域有所贡献，并促进对专业领域中相关现象的了解和改善。心理师在实施研究时应尊重参与者的尊严，并且关注参与者的福祉。遵守以人类为研究对象的科学研究规范和伦理准则。

7）伦理问题处理

心理师在专业工作中应遵守有关法律和伦理。心理师应努力解决伦理困境，和相关人员进行直接而开放的沟通，在必要时向同行及督导寻求建议或帮助。心理师应将伦理规范整合到他们的日常专业工作中。

此工作伦理守则，对心理咨询行业也有着重要的意义：

①调节功能：它可以调节心理咨询从业人员内部的关系，即运用职业守则规范约束咨询师的行为，也可以调节心理咨询中咨询师和当事人的关系。

②有助于维护和提高本行业的信誉：咨询师职业守则是产品质量和服务质量的有效保证。

③促进本行业的发展：职业守则的规范要求咨询师有较强的责任心，能促进本行业的发展。

考法 2　考查心理咨询与心理治疗中保密例外的情况

此考法常见于选择题，考生要能够正确把握哪些情况符合保密例外。

例 4：（复旦大学，2015/2017）单选：哪种情况治疗师可以突破保密原则（　　）。

A. 来访者患艾滋病

B. 来访者的辅导员要求知道来访者的心理状况

C. 来访者患有严重自杀风险

D. 来访者要去和情敌打架 / 是同性恋，但为了应对压力想结婚

【解析】本题考查心理咨询与心理治疗工作者的职责中的保密原则，在保密原则中，当来访者具有生命危险时，咨询师是可以突破保密原则的，因此本题选 C。

参考答案：C

考研考法实战 答案见 D26 页

1.（复旦大学，2016）单选：可以违背保密原则的是（　　）。

A. 有严重自杀倾向　　B. 可能偷舍友电脑

C. 有乙肝　　D. 生活压力大

2.（江西师范大学，2012）单选：在临床与心理咨询工作中，心理咨询师应该做到（　　）。

A. 尊重当事人的知情同意权

B. 和当事人保持亲密关系

C. 不必向当事人事先告知

D. 干预当事人的价值观

3.（西北师范大学，2019/ 北京林业大学，2020）简答：心理咨询中涉及的伦理问题。

4.（东北师范大学，2011）论述题：你认为心理咨询与心理治疗工作者应遵循哪些基本职业守则，并分析职业守则对心理咨询的重要性。

章节考点　综合训练

答案见 D27 页

一、单项选择题

1.（华东师范大学，2011）作为公认的临床心理学奠基者，魏特默（Lighter Witner）贡献良多，但除了（　　）。

A. 建立了第一“心理”门诊

B. 创刊并主编了第一本杂志《临床心理学》
C. 制订了第一个临床心理学训练纲要
D. 提出了“临床心理学”这一职业

2.（华东师范大学，2011）作为心理健康服务人员，其首要义务与第一位的职业素质要求是（　　）。
A. 知情同意　B. 隐私保密　C. 尊重来访者　D. 热心助人

3. 关于心理咨询与心理治疗，下列说法错误的一项是（　　）。
A. 心理治疗是心理治疗师对求助者的心理与行为问题进行矫治的过程
B. 心理咨询是心理咨询师协助求助者解决各类心理问题的过程
C. 心理咨询建立在咨询师与求助者良好关系的基础上
D. 在心理治疗的过程中，心理治疗师不需与求助者建立良好关系

4.（南京师范大学，2013）下列不适宜通过心理咨询的方式解决问题是（　　）。
A. 适应不良　B. 出现妄想　C. 情绪不稳定　D. 学习困难

5.（华中师范大学，2011）心理咨询中的价值问题的本质是（　　）。
A. 多元文化问题　B. 价值干预问题
C. 宗教信仰问题　D. 道德问题

二、多项选择题

1. 心理咨询中普遍联系的观点有多重含义，具体可表现在（　　）。
A. 整体性观点
B. 心身一体的观点
C. 唯物主义和实用主义结合的观点
D. 心理、生理和社会因素交互作用的观点

2. 心理咨询的任务不涉及（　　）。
A. 与求助者建立长期性的人际关系
B. 纠正错误观念
C. 深化求助者的自我认识
D. 学会面对现实问题并帮助求助者做出决定

3. 大学心理咨询的常见模式有（　　）。
A. 职业指导　B. 个体心理咨询
C. 协商调节　D. 同伴咨询

4.（　　）属于心理咨询范围。
A. 精神分裂症　B. 适应不良
C. 情绪调节问题　D. 发展问题

三、名词解释

1.（湖南师范大学，2014）发展咨询。
2.（华中师范大学，2015）双重关系。
3.（西北师范大学，2014）临床心理学。
4. 咨询特质。
5.（四川大学，2021 年）知情同意。

四、简答题

1.（西北师范大学，2012）简述心理咨询中对咨询者的条件要求。
2.（东北师范大学，2013）试述心理咨询师应具备哪些要素？
3.（南开大学，2014）心理咨询的价值（除了临床之外）有哪些？
4.（华中师范大学，2017）试论述咨询伦理的重要性。
5.（天津师范大学，2014）与心理治疗相比，心理咨询的最大特征有哪些？
6.（湖南师范大学，2021 年）临床心理学研究的方法。

五、论述题

1.（苏州大学，2011/2013）论述临床与咨询心理学的工作伦理。
2.（云南师范大学，2011）谈谈你对心理咨询与治疗人员的基本素质及职业道德的认识。
3.（复旦大学，2016）现有针对适应问题和情绪问题的心理咨询，也有针对正常人的发展性咨询，试讲述二者的区别和联系，以及未来的发展趋势。
4.（辽宁师范大学，2014）我国心理学应用存在哪些问题？对我国心理咨询行业发展的规范化问题的建议？

六、案例分析题

1.（山东师范大学，2013）小张刚从事心理咨询行业不久，一日她的好友遇到感情问题请她帮忙咨询。两人在咖啡馆里边喝着咖啡，一边聊天，很快两个小时过去了。在交谈中，当得知好友男朋友脚踩两只船时小张认为他很不负责任，建议女友与其男朋友分手。
在这个个案中，你认为咨询师小张哪些方面处理不当？正确的做法是什么？

2.（北京林业大学，2021 年）父母的孩子一直不关心孩子小 A，小 A 性格孤僻。最近由于在学校惹事被学校劝退，于是不想继续读书了，父母不懂心理学，想找心理医生，听到亲戚有咨询师，于是拿着礼物拜访。
（1）案例中来访者有何不好的做法？会产生什么危险？为什么？
（2）案例中咨询关系外存在其他关系，可以进行心理咨询吗？

第二章 治疗关系的建立

在咨询师与当事人之间建立和维持信任的关系是咨询过程中头等重要的事情，是有效咨询的前提条件。本章主要介绍治疗关系的含义和特征、治疗关系的意义以及治疗关系的影响因素。本章是重点章节，可以以多种形式进行考查，因此考生需要深入理解重要概念，详细掌握每一部分内容，并熟练识记。

第一节 治疗关系的含义和特征

研究真题，明确考况

考试要求	自主命题	
	考题	考查点
1. 治疗关系的含义	湖南师范大学，2014/2015；苏州大学，2014	简答：治疗关系的概念
	复旦大学，2016	选择：治疗关系与其他关系的区别
2. 治疗关系的特征	湖南师范大学，2015；苏州大学，2014/2018；山东师范大学，2011/2015；南开大学，2015；北京林业大学，2019	简答：治疗关系的特征
	华东师范大学，2015；山东师范大学，2013	简答：治疗关系的含义和特征
	江西师范大学，2021	论述：咨询限制和中立性
3. 咨询关系的意义与作用	东北师范大学，2012/2018；华南师范大学，2018；苏州大学，2021	论述：咨询关系的意义与作用

考点1 治疗关系的含义和特征

考研基础必备

一、咨询关系的含义

咨询关系也常称为“治疗关系”，它是存在于需要心理帮助的人与能给予这种帮助的人之间的一种独特的人际关系，它有助于当事人的良性改变。（江光荣版）

1. 治疗关系是一种治疗联盟（钱铭怡版）

（1）治疗关系是一种治疗联盟。霍维茨（Horwitz）解释心理治疗中来访者的变化是如何产生的，强调这种变化是通过人际关系中那些支持性的因素而产生，这种关系叫做治疗的联盟。这种联盟的建立是为了帮助来访者以更为合适的方式思考、行事，通过联盟的内化，来访者可以尝试去改变自己。

（2）治疗关系是一个内化的过程。来访者之所以能够产生这种内化过程，就在于治疗者把来访者作为一个人来看待，也在于治疗者能够帮助来访者解决问题。这种内化过程包括：

①积极的情绪体验：不指责来访者表现出的不适宜的行为，使来访者对治疗者更加信任。

②自尊心的提高：来访者对自己的看法更为积极。

③移情式的改进：来访者以积极尝试适宜行为的方式取悦于治疗者。

④认同作用：来访者与治疗者态度的认同。

二、咨询关系的特征

1. 独特性

治疗者与每一位来访者的关系都是独特的，它完全是一种在特定的时间期限内，隐蔽的、具有保密性的特殊关系，其时间性、隐蔽性和保密性使得来访者易于向治疗者敞开心扉。

2. 客观性与主观性的统一

客观性指在心理咨询与治疗工作的全部过程，治疗者都应该保持客观、中立的立场对来访者的情况正确的了解、客观的分析，并尽可能提出适宜的处理办法。

3. 专业限制

（1）治疗关系独特性的限制：如果来访者不想寻求帮助或停止咨询，咨询师不应主动去找对方。

（2）职责的限制：

咨询师的责任：①遵守职业道德，遵守国家有关的法律法规；②帮助来访者解决心理问题；③严格遵守保密原则，并说明保密例外。

来访者的责任：①向咨询师提供与心理问题有关的真实资料；②积极主动地与咨询师一起探索解决问题的方法；③完成双方商定的作业。

（3）时间的限制：是保证治疗成效的有效制约。一次会谈时间为40分钟至1个小时。

（4）其他限制：如来访者对治疗者提出个人要求的限制、来访者攻击性行为的限制。

考研考法突破

考法 1　考查治疗关系的含义和特征

此考法常见于选择、简答或论述题，考生理解掌握治疗关系的含义和特征即可。

例 1：（湖南师范大学 /2015，苏州大学 /2014）简答：什么是治疗关系？它有哪些特征？

【解析】本题考查治疗关系的含义和特征。

参考答案：1）治疗关系的含义

①治疗关系是一种治疗联盟：霍维茨（Horwitz）解释心理治疗中来访者的变化是如何产生的，强调这种变化是通过人际关系中那些支持性的因素而产生，这种关系叫做治疗的联盟。这种联盟的建立是为了帮助来访者以更为合适的方式思考、行事，通过联盟的内化，来访者可以尝试去改变自己。

②治疗关系是一个内化的过程：来访者之所以能够产生这种内化过程，就在于治疗者把来访者作为一个人来看待，也在于治疗者能够帮助来访者解决问题。这种内化过程包括：积极的情绪体验、自尊心的提高、移情式的改进、认同作用。

2）治疗关系的特征

①独特性：治疗者与每一位来访者的关系都是独特的，它完全是一种在特定的时间期限内，隐蔽的、具有保密性的特殊关系，其时间性、隐蔽性和保密性使得来访者易于向治疗者敞开心扉。

②客观性与主观性的统一：客观性指在心理咨询与治疗工作的全部过程，治疗者都应该保持客观、中立的立场对来访者的情况正确的了解、客观的分析，并尽可能提出适宜的处理办法。

③专业限制：治疗关系独特性的限制、职责的限制、时间的限制、其他限制。

考法 2　治疗关系与其他关系的区别

此考法考查次数不多，通常出现在选择中，考生需要区分治疗关系和朋友关系。

例 2：（复旦大学，2016）单选：心理咨询关系与朋友的区别（　　）。

A. 情感支持　　B. 维持一段时间

C. 单向性　　D. 互补性

【解析】本题考查治疗关系的特征，治疗关系具有独特性、客观主观统一性以及专业限制性。在治疗关系的独特性中，帕特森指出：治疗关系不是建立在社会交往的立场上的，它完全是一种在特定的时间期限内、隐蔽的、具有保密性的特殊关系。这也是这种治疗关系不用于其他社会关系的特征，其时间性、隐蔽性和保密性使得来访者易于向治疗者敞开心扉。题中问心理咨询关系与朋友这种社会交往关系的区别，因此选择时间性，选择 B。

参考答案：B

考研考法实战　答案见 D29 页

1.（山东师范大学，2011/2015）简答：心理治疗关系的特征表现在哪些方面？

2.（江西师范大学，2021 年）论述题：说明心理咨询限制性和中立性的意义与内容。

考点 2　咨询关系的意义与作用（江光荣版）

考研基础必备

1. 咨询关系有治疗作用

良好的咨询关系能诱发当事人多方面的积极反应，其中一些反应本身就构成了改善。

①积极的情绪体验：咨询师的宽容、接纳、非评价和理解的态度有助于当事人自由地表达和探索情绪。

②提高自尊心：在良好的关系气氛下，当事人对自己的看法变得更积极了。在提高自尊心的基础上又会进一步增加“我能变好”的信心。

③提高自我效能：咨询师对待当事人的信任、鼓励，以及相信当事人一定能改变的信念，会感染当事人，提高他的自我效能。

2. 咨询关系是其他改变因素的载体

在咨询过程中，协助当事人对自己以及自己的困难产生更好地了解，确定咨询目标并寻找实现目标的方案，给予解释和指导，都以一定的咨询关系为背景。这些治疗程序能否起作用，在很大程度上取决于双方的情感关系。

考研考法突破

考法 1　咨询关系的意义与作用

这种考法常见于简答或论述题，考生理解掌握咨询关系的作用即可。

例 3：（浙江师范大学 /2013，苏州大学 /2021）简答：建立咨询关系的重要性 / 简述咨访关系的意义及作用。

【解析】本题考查咨询关系的意义与作用。

参考答案：1）咨询关系有治疗作用

良好的咨询关系能诱发当事人多方面的积极反应，其中一些反应本身就构成了改善。

①积极的情绪体验：咨询师的宽容、接纳、非评价和理解的态度有助于当事人自由地表达和探索情绪。

②提高自尊心：在良好的关系气氛下，当事人对自己的看法变得更积极了。在提高自尊心的基础上又会进一步增加“我能变好”的信心。

③提高自我效能：咨询师对待当事人的信任、鼓励，以及相信当事人一定能改变的信念，会感染当事人，提高他的自我效能。

2）咨询关系是其他改变因素的载体

在咨询过程中，协助当事人对自己以及自己的困难产生更好地了解，确定咨询目标并寻找实现目标的方案，给予解释和指导，都以一定的咨询关系为背景。这些治疗程序能否起作用，在很大程度上取决于双方的情感关系。

考研考法实战　答案见 D30 页

1.（东北师范大学，2018）论述题：论述咨询关系的作用以及如何构建有效的咨询关系。

第二节 治疗关系的影响因素

研究真题，明确考况

考试要求	自主命题	
	考题	考查点
1. 治疗关系的影响因素	江西师范大学，2014/2015/2016 湖南师范大学，2012/2015/2018；南开大学，2014；四川师范大学，2015；/ 西北师范大学，2013；浙江师范大学，2017；苏州大学，2014；山东师范大学，2013 等	选择 / 名解：治疗关系每种影响因素的概念
	江西师范大学，2016	选择：影响治疗关系不同因素的本质区别
	南开大学，2018/ 东北师范大学，2020	论述：治疗关系的影响因素

考点 1 治疗关系的影响因素

考研基础必备

1. 共情

（1）共情的含义：共情一词（投情、神入、同感心、同理心、通情达理、设身处地等译法）按照罗杰斯的观点，是指治疗者理解和体验来访者内心世界的能力。“体验他人的精神世界，就好像那是自身的精神世界一样的能力”。

（2）共情的分类：伊甘曾把共感分为两种类型：一种是初级共感，它主要运用倾听技巧，重在对对方内心体验和想法的了解并反馈这种了解。第二种是高级准确的共感，不仅使用倾听技巧，而且常结合一些影响性技巧。

（3）准确的共情反应包含下述步骤：①治疗者从来访者内心的参照体系出发，设身处地地体验来访者的内心世界。②以言语准确的表达对来访者内心体验的理解。③引导来访者对其感受做进一步的思考。

2. 积极关注

积极关注是一种共情的态度，是指治疗者以积极的态度看待来访者，有选择的突出其言语或行为中的积极方面，利用其自身的积极因素，与此同时，直接明确地针对他们的问题进行工作。

3. 尊重与温暖

尊重来访者要求治疗者要能接受对方，能容忍甚至接受对方的不同观点、习惯等。在治疗过程中，尊重还可以使积极关注的效果增强，具有鼓励来访者向前迈进的作用。温暖是治疗者对来访者的主观态度的体现，它不是能以言语来表达的，而是以某些人类交往中最基本的成分来表现的。比如语气、姿势、面部表情等。温暖要求治疗者把组成他自身态度的每一种成分都动员起来，以表现对来访者的关心。

4. 真诚可信

真诚体现了一个人的态度，要开诚布公地与来访者谈，直截了当的表达自己的想法，而不要让来访者去猜测谈话中的真实含义或去想象治疗者所做的一切是否还提供了什么别的信息，真诚可信包含两方面的内容：一方面治疗者要真实地对待自己；另一方面要真诚地对来访者。真诚不等于实话实说。

5. 与治疗有关的其他影响因素

（1）具体化：要找出事物的特殊性、事物的具体细节，使重要的、具体的事实及情感得以澄清。要做到这一点，一方面要澄清具体事实，另一方面要搞明白来访者所说的词汇的具体含义。

（2）即时化：帮助来访者注意“此时此地”的情况；治疗者对来访者与自身的关系要敏感，对来访者指向自身的言语、行为、情感予以必要的反应。此外，治疗者在治疗过程中对来访者的情感体验及行为及时地进行反馈。

（3）对峙：指出来访者混乱不清、自相矛盾、实质各异的观点、态度或言行。

考研考法突破

考法 1 考查治疗关系影响因素的含义

这部分的考点会以选择题的形式来描述每种因素的做法，让考生进行选择是哪种因素；或者以名词解释题来直接考查每种因素的含义；或者以案例分析题的形式，让考生指出治疗者所采用的方法。因此，考生一定要深刻理解每种治疗因素的本质含义，能够进行区分。

例 1：（南开大学 /2014，四川师范大学 /2015，浙江师范大学 /2017，郑州大学 /2021，重庆师范大学 /2021）名词解释：共情（同感）

【解析】本题考查治疗关系的影响因素中的共情技术。

参考答案：共情一词（投情、神入、同感心、同理心、通情达理、设身处地等译法）按照罗杰斯的观点，是指治疗者理解和体验来访者内心世界的能力。“体验他人的精神世界，就好像那是自身的精神世界一样的能力”。共情的具体含义：

（1）通过来访者的言行深入对方内心去体验他的情感与思维。

（2）借助知识和经验，把握来访者的体验与其经历和人格之间的联系，更深刻理解来访者的心理和具体问题的实质。

（3）运用咨询技巧，把自己的共情传达给对方，表达对来访者内心世界的体验和所面临问题的理解，影响对方并取得反馈。

例 2：（东北师范大学，2020）论述：治疗关系的影响因素。

【解析】本题考查治疗关系的影响因素。

参考答案：治疗关系的影响因素包括：

（1）共情：是指治疗者理解和体验来访者内心世界的能力。“体验他人的精神世界，就好像那是自身的精神世界一样的能力”。

（2）积极关注：积极关注是一种共情的态度，是指治疗者以积极的态度看待来访者，有选择的突出其言语或行为中的积极方面，利用其自身的积极因素，与此同时，直接明确地针对他们的问题进行工作。

（3）尊重与温暖：尊重来访者要求治疗者要能接受对方，能容忍甚至接受对方的不同观点、习惯等。在治疗过程中，尊重还可以使积极关注的效果增强，具有鼓励来访者向前迈进的作用。温暖是治疗者对来访者的主观态度的体现，它不是能以言语来表达的，而是以某些人类交往中最基本的成分来表现的，比如语气、姿势、面部表情等。温暖要求治疗者把组成他自身态度的每一种成分都动员起来，以表现对来访者的关心。

（4）真诚可信：真诚体现了一个人的态度，要开诚布公地与来访者谈，直截了当的表达自己的想法，而不要让来访者去猜测谈话中的真实含义或去想象治疗者所做的一切是否还提供了什么别的信息。真诚可信包含两方面的内容：一方面治疗者要真实地对待自己；另一方面要真诚地对来访者，但真诚也不等于实话实说。

（5）与治疗有关的其他影响因素：

①具体化：要找出事物的特殊性、事物的具体细节，使重要的、具体的事实及情感得以澄清。要做到这一点，一方面要澄清具体事实，另一方面要搞明白来访者所说的词汇的具体含义。

②即时化：帮助来访者注意“此时此地”的情况；治疗者对来访者与自身的关系要敏感，对来访者指向自身的言语、行为、情感予以必要的反应。此外，治疗者在治疗过程中对来访者的情感体验及行为及时地进行反馈。

③对峙：指出来访者混乱不清、自相矛盾、实质各异的观点、态度或言行。

考法 2　考查治疗关系影响因素的操作要点

此考法常见于选择或简答题中，考生不仅要理解治疗关系的影响因素的含义，并能理解每个因素背后的操作要点。

例 3：（南开大学，2015）简答：咨询师如何有效地表达真诚，可以从哪方面入手？

【解析】本题考查治疗关系的影响因素当中真诚的操作要点。

参考答案：（1）真诚就是咨询师在咨询关系中“做真实的自己”，不特意取悦对方，不因自我防御而掩饰、修改自己的想法和态度，不文饰、回避自己的失误或短处。

（2）关于如何表达真诚，伊甘曾根据前人的意见，综合提出一些建议：

第一，走出角色。咨询师很容易利用“咨询师”这个角色来避免个人卷入，这其实是一种防卫反应。

第二，多一点自发性，少一点瞻前顾后。

第三，不设防，避免防御反应。

第四，表里一致。

第五，分享自我，愿意自我揭示。

考研考法实战 答案见 D30 页

1.（江西师范大学，2016）单选：向来访者直接指出其存在的混乱不清、自相矛盾、实质各异的观点、态度或言行，这是（　　）。

A. 即时化　B. 具体化　C. 共情　D. 对峙

2.（华东师范大学，2011）请举例说明如何在心理咨询与治疗中运用共感（empathy）？

3.（湖南师范大学，2014）简答：什么是治疗关系？其影响因素有哪些？

章节考点　综合训练

答案见 D31 页

一、单选题

1.（华东师范大学，2011）就“帮助者特点”而言，以下不属于罗杰斯心目中咨询特质的是（　　）。

A. 具体性　B. 真诚和一致

C. 共感　D. 无条件积极关注

2.（江西师范大学，2015）单选：关于共情，以下说法中错误的是（　　）。

A. 共情是最为关键的咨询特质

B. 共情就是体验求助者的内心世界

C. 共情就是把握求助者的情感与思维

D. 共情就是必须与求助者拥有同样的情感

3.（江西师范大学，2014）心理咨询师对求助者的行为表现“理解”的含义是（　　）。

A. 对其行为的社会效应有了肯定的看法

B. 对其行为发生的规律有了肯定的看法

C. 可以使得求助者感觉得到支持者

D. 可以使得求助者感觉得到反对者

4.（华南师范大学，2020）共情对心理咨询工作而言，最重要意义在于（　　）。

A. 使求助者满意　B. 帮助求助者自我表达

C. 帮助心理咨询师搜集资料　D. 建立良好咨询关系

5.（江西师范大学，2016）强调来访者的长处，有选择的突出来访者言语及行为中的积极方面，这属于（　　）。

A. 积极关注　B. 认同　C. 共情　D. 尊重

6.（华南师范大学，2020）心理咨询的具体化技术是指心理咨询师帮求助者（　　）。

A. 清楚说明所经历的事件　B. 将思想与行为分开

C. 将所思所想简要概括　D. 将理想与现实分开

7. 良好的咨询关系是（　　）。

A. 求助者对咨询师绝对信任

B. 求助者和咨询师之间没有情感的卷入

C. 能顺利进行咨询工作，而又不让求助者形成对咨询师的依赖

D. 师生般的咨询关系

8. 某位咨询师这样回应求助者的倾诉：“听起来，你感到犹豫不决，因为你在继续考研和直接工作就业这两个生涯

选择上不知如何是好，不知道我这样讲，是否体会了你的心情？”这种表述体现了（　　）。

A. 咨询师对求助者的热情

B. 咨询师对求助者的积极关注

C. 咨询师对求助者的共情并能验证共情的准确性

D. 咨询师对求助者的同情

9. 建立良好咨询关系应把握的要点是（　　）。

A. 温暖热情贯穿整个咨询

B. 意味着保护求助者所有隐私

C. 应有条件的尊重求助者

D. 通情达理应该一视同仁

10. 咨询关系的建立受到（　　）的双重影响。

A. 咨询师与求助者

B. 咨询动机与期望程度

C. 自我觉察水平与行为方式

D. 合作态度与咨询方法

11.（华中师范大学，2011）以下说法正确的是（　　）。

A. 真诚就是要实话实说

B. 咨询关系本身就具有治疗的作用

C. 咨询师对来访者的资料要绝对保密

D. 心理咨询中应当由咨询师为来访者确定咨询目标并为其负责

二、名词解释

1.（湖南师范大学，2015）积极关注

2.（湖南师范大学，2018；苏州大学，2014）即时化

3.（山东师范大学，2013）具体化

4.（西北师范大学，2019）真诚

5.（南开大学，2011/2015；湖南师范大学 /2020）面质

三、简答题

1.（南京师范大学，2012）在临床与咨询工作中，心理咨询师应遵守的主要伦理守则之一是对病人的尊重，这里，尊重的具体含义是什么？

2.（浙江师范大学，2011）咨访关系的主要影响因素有哪些，其含义分别是什么？

3.（浙江师范大学，2012）简述罗杰斯关于咨询者与来访者良好关系建立的原则。

4.（南开大学，2018）论述影响心理咨询效果的因素。

5.（山西师范大学，2020）弗兰克的心理治疗要素有哪些？

四、论述题

1.（华东师范大学，2015）请结合一个具体案例，谈谈在心理咨询面谈中如何具体运用促进咨询关系发展的关键要素，以使心理咨询取得成功（至少列举三种）。

2.（华南师范大学，2018）说明建立良好的咨询关系的意义，并说明如何建立良好的咨询关系。

第三章 会 谈

对于心理治疗工作来说，每一次治疗都是一次会谈。本章主要介绍会谈中的基本问题、注意倾听的技巧、影响对方的技巧，通常以选择、名解、简答的形式出现，考生需引起重视。

第一节 会谈的技巧

研究真题，明确考况

考试要求	自主命题	
	考题	考查点
1. 注意倾听的技巧	江西师范大学，2014	选择：正确倾听的含义
	华南师范大学，2016；辽宁师范大学，2021	选择：具体的倾听技巧；论述题：如何做好倾听反馈
2. 影响对方的技巧	华东师范大学，2011；湖南师范大学，2020	选择 / 简答：影响对方的技巧
3. 会谈技巧	华南师范大学，2021	简答：心理咨询者的会谈技巧

考点 1 注意倾听的技巧

考研基础必备

1. 正确的倾听

倾听是在接纳基础上，积极地听，认真地听，关注地听，并在倾听时适度参与。

倾听时容易出现的错误：①打断来访者，作道德或正确性判断；②急于下结论；③轻视来访者的问题；④干扰、转移来访者的话题；⑤不适当地运用咨询技巧：询问过多，来访者被动提供资料；概述过多；不适当的情感反应。

2. 倾听的基本技巧

（1）开放式提问与封闭式提问。开放式提问是指问题没有预设的答案，也不能简单地用一两个字来回答，从而尽可能多地收集来访者的相关资料信息。封闭式提问是指问题带有预设答案，回答不需要展开，从而使咨询师明确某些问题。

（2）鼓励。咨询师通过语言等鼓励来访者进行自我探索和改变。

（3）重复。咨询师直接重复来访者刚刚所陈述的某句话，引起来访者对自己某句话的重视或注意，以明确要表达的内容。在来访者的表达出现疑问、不合理等情况下可以使用重复技术澄清某些问题。

（4）情感反应。把来访者所陈述的有关情绪、情感的主要内容经过概括、综合与整理，用自己的话反馈给来访者，以达到加强对来访者情绪、情感的理解，促进沟通的目的。

（5）内容反应。也称释义或说明，是指咨询师把来访者陈述的主要内容经过概括综合与整理，用自己的话反馈给来访者，以达到加强理解、促进沟通的目的。

（6）具体化。咨询师协助来访者清楚、准确地表述他们的观点及其所用的概念、所体验到的情感以及所经历的事情。在问题模糊、过分概括、概念不清等情况下使用具体化技术。

（7）参与性概述。咨询师把来访者的言语和非言语行为包括情感等综合整理后，以提纲的方式再对来访者表达出来，相当于内容反应和情感反应的整合。

（8）非言语行为的理解与把握。

考研考法突破

考法 1 考查正确倾听的要求

正确倾听是心理咨询与治疗的重要环节，只有掌握正确的倾听方式，才能使会谈进行下去。本考点作为考研的重要考点，通常以选择的形式考查咨询师是如何进行正确的倾听的，考生应当深入理解。

例 1：（江西师范大学，2014）单选：正确的倾听要求咨询师（ ）。

A. 耐心听求助者叙述，不要做出反应

B. 耐心听求助者叙述，做出道德判断

C. 采取积极和同情的态度

D. 采取警惕和附和的态度

【解析】本题考查注意倾听的技巧，倾听时容易出现的错误：打断来访者，做道德或正确性判断；不适当地运用咨询技巧：询问过多，来访者被动提供资料；概述过多；不适当的情感反应。除此之外，咨询中应保持客观、中立的态度。因此本题选择 A。

参考答案：A

考法 2 考查具体的技巧

此考法通常以选择的形式考查考生对于不同倾听技巧的区分，考生应当深入理解。

例 2：（华南师范大学，2016）单选：“你说的有些时候你很不自信，可以举一个具体的例子来谈谈吗？”这句话使用了心理咨询中的什么方法（ ）。

A. 即时化　　B. 对质
C. 具体化　　D. 自我表露

【解析】本题考查具体的倾听技巧之间的区别。具体化：咨询师协助来访者清楚、准确地表述他们的观点及其所用的概念、所体验到的情感以及所经历的事情。在问题模糊、过分概括、概念不清等情况下使用具体化技术。因此选择 C。

参考答案：C

考研考法实战 答案见 D33 页

1.（湖南师范大学，2015/2021；重庆师范大学 /2020）名解：具体化。

考点 2　影响对方的技巧

考研基础必备

1. 解释

解释是运用某一理论来描述出来访者的思想、情感和行为的原因、过程、实质等。解释被认为是面谈技巧中最复杂的一种。

解释有两种，一种是来自各种不同的心理咨询与心理治疗理论，另一种则是根据治疗者个人的经验、实践与观察得出的。心理分析式解释、行为治疗式的解释和认知治疗式解释。

解释的意义在于能给来访者提供一种新的认识他们的问题和自身的方式。解释还可使来访者的世界观产生认知性的改变。

2. 指导

指导被人们认为是最有影响力的技巧，就是告诉来访者做某事。指导最直接的形式是治疗者让来访者干某些事或说某些话，或以某种方式行事。这是对来访者影响力最明显的一种技术。指导技巧对来访者的影响很大，适当运用定会有效。

几种不同类型的指导方式有指导言语的改变，特殊的建议或指示，自由联想式的指导，角色性指导，训练性指导。角色扮演是指让来访者扮演自己当时的情况，治疗者或治疗小组的其他成员再进一步给予指导。

3. 忠告与信息

治疗者借助为来访者提供建议，给予指导性的信息，或为其提供具有指导意义的思想观点等来帮助来访者；起到为来访者提供新的信息的作用，对来访者的思维与行动具有潜在的影响力。

4. 自我暴露

自我暴露是指把自己个人的有关信息讲出来，使别人知道这样一个过程。自我暴露的两种形式，一种是向来访者表明自己在治疗会谈当时对来访者言行问题的体验，一种是告诉对方自己过去的一些有关的情绪体验及经历、经验。治疗者的言语性的自我暴露具有开辟治疗的交流渠道的功效。自我暴露对治疗者来说是一种有助于与来访者建立相互信任和开诚布公的良好关系的影响技巧。

5. 反馈

反馈是指治疗者为来访者提供自己或他人会怎样看待来访者的问题的特殊信息，应用反馈技巧的目的是帮助来访者开阔眼界，看看其他人是怎样想、怎样处理同类事情的。通过这样的方式，为对方提供与之不同的感知思维模式，以达到影响对方的目的。

6. 逻辑推论

逻辑推论是治疗者根据来访者所提供的有关信息，运用逻辑推理的原则，引导来访者认识其思维及行动可能引出的结果。引导对方从不同的角度、不同的方式思维，预先想到事情发展的可能结果，进而使其意识到自己思维、言行的不妥之处，从而改变之。

7. 影响性总结

总结此次会谈发现来访者都有些什么样的问题，在此次治疗中重点对哪几个问题进行了工作，概括本次会谈的治疗要点。

这样做有利于会谈双方对此次会谈的情况有更为清楚地了解，更重要的是有利于来访者抓住会谈要点。加深对其在会谈中所学到的东西的印象。

会谈中的非言语技巧：目光接触与身体语汇与其他非言语性的技巧。

停顿的三个作用：留下言语的余韵；求得同意、领会；加强听者的紧张状态，这实际上是让对方参与其中的艺术。

8. 澄清

澄清指咨询者为了更清楚地了解来访者谈话的意义，根据自己的理解确认来访者的意思而使用的一种反应技巧，咨询者就某个主要问题向来访者提出疑问，请其详作说明，以明确来访者眼中的事实和目的，体验、情绪和观点等。它包括情感澄清、信息澄清、原因澄清。

考研考法突破

考法 1　考查影响性技巧含义的理解

这种考法通常以选择的形式考查考生对于不同技巧的区分；以名解或简答的形式考查考生对于不同技巧本质含义的掌握，考生应当深入理解并进行识记。

例 3：（华东师范大学，2011）单选：咨询师："你把这些你认为很难堪的事情告诉我，我很高兴，也很感激你这么信任我。"此时咨询师所用的影响性技巧是（　　）

A. 解释　　B. 提供信息　　C. 自我揭示　　D. 反馈

【解析】本题考查影响性技巧含义的区分。自我暴露又称为自我揭示，意思是指把自己个人的有关信息讲出来，使别人知道这样一个过程。自我暴露的两种形式，一种是向来访者表明自己在治疗会谈当时对来访者言行问题的体验，一种是告诉对方自己过去的一些有关的情绪体验及经历经验。题目所述，咨询师自我表露表达的是咨询师当时的感受，它向当事人传递的是咨询师对他的积极、肯定的态度反馈。

参考答案：C

例 4：（华南师范大学，2020）名词解释：澄清。

【解析】本题考查澄清的含义。

参考答案：澄清指咨询者为了更清楚地了解来访者谈话的意义，根据自己的理解确认来访者的意思而使用的一种反应技巧，咨询者就某个主要问题向来访者提出疑问，请其详作说明，以明确来访者眼中的事实和目的，体验、情绪和观点等，包括情感澄清、信息澄清、原因澄清。

考研考法实战 答案见 D33 页

1.（湖南师范大学，2020）简答：临床会谈中的反应技术有哪些？意义何在？

2.（陕西师范大学 /2012，郑州大学 /2021）名解：自我暴露。

章节考点　综合训练

答案见 D34 页

一、选择题

1.（江西师范大学，2013）以下哪个会谈技巧不是由罗杰斯提出的（　　）。
A. 共情　B. 积极关注
C. 倾听　D. 尊重和温暖

2. “你的丈夫打孩子么”这句话是（　　）。
A. 开放式提问　B. 封闭式提问
C. 半开放试提问　D. 半封闭式提问

3. 会谈中（　　）更重要。
A. 安慰比鼓励　B. 激励比同情
C. 指导比倾听　D. 倾听比指导

4. 心理咨询师将与求助者谈话的实质性内容用自己的话表达出来，称之为（　　）。
A. 概括　B. 总结　C. 归纳　D. 释义

5. 心理咨询师说：“如果你能……或许就会更好”，这句话使用了（　　）。
A. 具体性技术　B. 自我开放技术
C. 内容表达技术　D. 情感表达技术

6. 心理咨询师指出求助者前后言语存在矛盾，这是使用了（　　）。
A. 具体性技术　B. 对峙技术
C. 内容表达技术　D. 自我开放技术

7. 运用解释技术的技巧正确的是（　　）。
A. 不进行全面系统较深的理解
B. 解释不应因人而异区别对待
C. 有时强迫对方接受效果最好
D. 应进行通俗易懂较浅的解释

8. 解释与释义的区别在于（　　）。
A. 释义是从咨询师的参考框架出发
B. 解释是从求助者的参考框架出发
C. 解释是为求助者提供新的思维方法
D. 释义是为咨询师提供反馈信息

9. 关于指导技术，下列说法中正确的是（　　）。
A. 指导要随时地进行
B. 指导技术的关键在于咨询师的理解
C. 咨询师直接指示求助者以某种方式行动
D. 求助者必须听从咨询师的指导

10. 下列说法中错误的是（　　）。
A. 情感表达是咨询师向求助者告知自己的情绪、情感活动
B. 情感反应是咨询师反映求助者叙述中的情感内客
C. 情感表达可以疏解咨询师的情绪
D. 情感表达可以为求助者做示范

11. 自我开放的主要形式是（　　）。
A. 开诚布公地袒露自己
B. 自觉、主动地公开个人生活
C. 自我剖析、自我批判
D. 暴露与求助者所谈内容有关的个人经验

12. 心理诊断的目标是（　　）。
A. 寻求人类共同心理特征与规律
B. 研究某些心理特征在人群中的分布情况
C. 研究各种群体心理特征与规律
D. 探求个体心理特征并找到个体在群体中的分布位置

13. 采用谈话法进行心理评估的优点是（　　）。
A. 这是一种标准化的方法
B. 可以对所测定的心理活动作量化分析
C. 信息覆盖面广，形式灵活
D. 具有直观性和生动性

14. 对求助者的问题进行归类的目的是（　　）。
A. 区分不同的心理问题
B. 有利于了解资料的客观性
C. 为最终诊断提供确切依据
D. 便咨询方案能够顺利实施

15. 以下描述正确的是（　　）。
A. 使用心理测验的目的是为了诊断
B. 为深入了解对方应尽量多做心理测验
C. 依据心理测验的结果可以做出诊断
D. 任何情况下都应按操作规定实施测验

16. 心理咨询师进行诊断评估时，应该注意（　　）。
A. 精神分裂症患者也会自知力完整
B. 神经症性求助者也会出现某些思维障碍
C. 精神分裂症患者不会有人格变化
D. 神经症性求助者一般不具备人格基础

17. 心理咨询师对求助者临床资料进行整理分析后，对其心理，行为问题形成大致的判断，这被称为（　　）。
A. 初步诊断　B. 鉴别诊断　C. 初步印象　D. 问题评估

二、名词解释

1.（湖南师范大学，2015）具体化。
2. 逻辑推论
3.（重庆师范大学，2021 年）名词解释：内容反应。

三、简答题

1. 咨询师进行情感表达的作用是什么？
2. 简述开放性询问和封闭性询问的区别。
3. 咨询师如何倾听？
4. 如何对来访者的问题进行评估与分析？
5. 简述进行诊断会谈时需要注意哪些事项？
6.（华南师范大学，2021 年）心理咨询者的会谈技巧有哪些？

四、论述题

1.（东北师范大学，2012）试述心理治疗中临床会谈的基本过程。试具体说明临床会谈应注意的问题。
2. 论述心理咨询过程中会谈时倾听技巧？
3. 对测验结果进行解释时，应该遵循什么原则？
4. 试述评估来访者问题的主要手段。
5.（辽宁师范大学，2021 年）咨询师如何在咨询过程中做好倾听反馈？

第四章 心理治疗的目标与阶段

心理治疗的不同理论倾向导致其治疗目标各不相同。本章主要介绍心理治疗的目标与阶段，是各院校心理学考研的重点，特别是不同流派的治疗目标的区分，易被考生忽略，这部分的考点经常出现在选择题、简答题、论述题以及案例分析中，需要深入理解重要概念，详细掌握每一部分内容，并熟练识记。

第一节 心理治疗的目标

研究真题，明确考况

考试要求	自主命题	
	考题	考查点
1. 心理治疗的目标	江西师范大学，2012/2016；南京师范大学，2013	选择：心理治疗的根本目标
	华南师范大学，2018/2019	选择：心理治疗目标的分类
	苏州大学，2012	论述：不同流派的治疗目标

考点 1 心理治疗的目标

考研基础必备

1. 心理治疗的根本目的

心理治疗是为了促进来访者成长，自强自立，使之能够自己面对和处理个人生活中各种问题。

（1）心理分析治疗的目的，是要消除神经症症状，使自我变得强壮有力。

（2）行为治疗的目标是要改变不适应的行为，消除行为缺陷。

（3）来访者中心疗法的治疗目标是对自我经验和体验采取更为开放的态度，要有责任感，自尊，能接受他人。

（4）合理情绪疗法的治疗目标是思维的合理性和适度的情绪反应等。

2. 目标的分类

1）医学目标和心理学目标

心理治疗要以心理学的目标为标准，为改善来访者的心理健康服务。对于某些问题严重的来访者，其治疗目标可能与医学目标重合；某些来访者可能同时需要心理治疗与药物治疗。

2）一般目标和个别目标

一般目标指某一流派或某一流派的治疗家所持的、被认为适用于所有当事人的目标。个别目标指针对某位特定的当事人所确定的目标。

3）终极目标和中间的目标

帕洛夫指出最终目标都是要减少焦虑，提高来访者的生理技能和社会能力。中间目标可被看作是向着终极目标迈进的步骤，但要达到什么程度为止，与治疗者及其所采用的理论有关。

4）矫正的目标和发展的目标

矫正的目标主要着眼于消除临床症状，克服消极的、不适应的行为；发展的目标则重在学习新经验、开发潜能这样一些提升生命价值的努力上。

5）内部目标与外部目标

内部目标指那些来访者自己对自己所提出的目标；而外部目标是由其他人对来访者提出的，比如父母、治疗者等。

考研考法突破

考法 1 心理治疗的根本目标

此考法常见于选择题中，考生需要理解咨询的根本目标是帮助求助者自强自立。

例 1：（江西师范大学，2012）单选：心理咨询的根本目标是（　　）。

A. 帮助来访者解决问题

B. 提高咨询技巧

C. 助人自助

D. 获得社会效益与经济效益

【解析】本题考查心理咨询的目标，心理治疗的根本目的是促进来访者成长，自强自立，使之能够自己面对和处理个人生活中各种问题。心理咨询的目标不是帮来访者解决具体问题，是助人自助的过程。因此选择 C。

参考答案：C

考法 2 不同流派的治疗目标

这种考法通常以简答、论述的形式考查考生对于不同流派的治疗目标的整体掌握，考生可以结合每个流派的理论观点理解记忆。

例 3：（苏州大学，2012）论述：试析不同心理学派的咨询目标（至少四个以上）。

【解析】本题考查不同流派的治疗目标。

参考答案：（1）心理分析治疗的目的，是要消除神经症症状，使自我变得强壮有力；

（2）行为治疗的目标是要改变不适应的行为，消除行为缺陷；

（3）来访者中心疗法的治疗目标是对自我经验和体验采取更为开放的态度，要有责任感，自尊，能接受他人；

（4）合理情绪疗法的治疗目标是思维的合理性和适度的情绪反应等。

第二节 治疗的几个不同阶段

研究真题，明确考况

考试要求	自主命题	
	考题	考查点
1. 心理诊断阶段	浙江师范大学，2014	简答：诊断阶段的程序
	山西师范大学，2020	简答：影响心理诊断的因素
2. 帮助和改变的阶段	江西师范大学，2016；西南大学，2000；重庆师范大学，2020	单选/简答：帮助和改变的阶段
3. 结束阶段	华南师范大学，2019	简答：结束会谈的程序

考点1 心理诊断阶段

考研基础必备

心理治疗必须经过的阶段有心理诊断阶段、帮助和改变阶段、结束阶段。在第一阶段中，治疗者的主要任务是对来访者的问题进行确认，制定出治疗目标；第二阶段则是帮助来访者改变其认知、情绪或行为；最后在结束阶段中，治疗者要帮助来访者巩固其治疗所获成果，适应结束治疗的情况。

1. 信息的收集

（1）在信息的收集阶段，主要任务是深入收集与来访者及其问题有关的资料。

（2）收集信息注意下述方面：

①时间的维度：对来访者过去、现在和将来的了解往往可以构成一幅连续的图景，有助于了解对方是一个什么样的人和其为何前来求助。

②思维与情绪的维度：注意来访者对于他自身、他人及有关事件的看法，注意由此而引发的情绪活动。

③思想与行为的维度：注意来访者怎样处事待人，怎样处理自身遇到的各种事物，注意其出现心理矛盾和冲突时，采取了怎样的防范、应急等措施，以及他对自身处理这些事物的看法。

④注意为建立良好的咨询关系而努力、创造出某种使来访者温暖、有安全感的气氛；注意自己的职业形象；应具有敏锐的洞察力，能够在来访者提出较为复杂的任务、事件中找到必要的线索；注意引导对方的思路，注意倾听对方的谈话，不应随意打断来访者扰乱对方的思路。

2. 心理诊断

（1）心理诊断的任务，主要是对来访者的问题及原因进行分析和确认，此外，是否接受来访者并给予其治疗，也是治疗者要确定的工作之一。

3. 信息反馈

（1）在信息反馈阶段，治疗者要与来访者一起探讨有关信息。此阶段的目的是将信息反馈给来访者，得以证实或肯定，并使来访者能够作出进一步决定，以考虑是否继续进行治疗。

（2）注意事项：

①治疗者给予来访者的信息反馈应尽可能清晰、简短、具体，不用过多术语；

②可以让来访者随时提出问题；

③容许对方做进一步的描述或说明。

4. 咨询目标的确立

（1）在心理诊断的基础上与来访者共同制定治疗目标。

（2）治疗目标的制定应注意：

①治疗目标是具体的：目标具有可操作性、可测量性。

②治疗目标是现实可行的：不能超出来访者自身可能的水平。

③治疗的目标是心理学的目标：有利于来访者心理或人格健康发展的目标，而不是生理学方面、物理条件方面的目标。有躯体症状的，目标是改变引发这种躯体问题的心理因素，而不是消除或减轻这些生理症状。

④治疗目标是分轻重缓急的：多层次目标的协调统一，需要分析目标的轻重缓急，一个一个解决，将目标纳入变化、发展的系统之中，便于及时地调整和修正。

⑤对治疗的目标应经常进行评价：不断地对目标评价的过程有利于治疗向纵深发展，也使治疗目标成为可逐步接近和达到的目标了。

考研考法突破

考法1 考查心理咨询的阶段

此考法常见于简答和论述，考生需要掌握心理咨询的三个阶段以及每个阶段的任务。

例1：（浙江师范大学，2014）简答：心理咨询的一般步骤有哪些？

【解析】本题考查心理咨询的步骤。

参考答案：心理治疗必须经过的阶段：心理诊断阶段、

帮助和改变阶段、结束阶段。在这三个阶段中，心理诊断阶段又可细分为信息的收集、心理诊断、信息反馈和治疗目标的确立这样几个阶段，帮助和改变阶段又可细分为领悟及修通两个阶段。

在第一阶段中，治疗者的主要任务是对来访者的问题进行确认，制定出治疗目标；第二阶段则是帮助来访者改变其认知、情绪或行为；最后在结束阶段中，治疗者要帮助来访者巩固其治疗所获成果，适应结束治疗的情况。

考法 2　考查心理诊断的任务

此考法常见于选择或简答题中，考生要能够理解掌握心理诊断的任务。

例 2：（西北师范大学，2015）论述：简述心理诊断的主要任务。

【解析】本题考查心理诊断阶段的主要任务。

参考答案：心理诊断的主要任务包括信息的收集、心理诊断、信息的反馈和治疗目标的确立。

（1）信息的收集：在信息的收集阶段，主要任务是深入收集与来访者及其问题有关的资料。

（2）心理诊断：心理诊断的任务，主要是对来访者的问题及原因进行分析和确认，此外，是否接受来访者并给予其治疗，也是治疗者要确定的工作之一。

（3）信息反馈：在信息反馈阶段，治疗者要与来访者一起探讨有关信息。此阶段的目的是将信息反馈给来访者，得以证实或肯定，并使来访者能够作出进一步决定，以考虑是否继续进行治疗。

（4）咨询目标的确立：在心理诊断的基础上与来访者共同制定治疗目标。

考法 3　考查咨询目标的确立

这种考法一般以选择题或者简答题的形式出现，考生要掌握确立咨询目标的注意事项。有时也会换一种方式问：咨询目标的特征。

例 3：（江西师范大学，2016）多选：心理咨询目标的确立，应当注意（　　）。

A. 治疗目标是具体的

B. 治疗目标是现实可行的

C. 治疗目标是心理学的目标

D. 治疗目标是分轻重缓急的

【解析】本题考查确立咨询目标的注意事项。咨询目标的确定应注意：治疗目标是具体的、现实可行的、是心理学的目标、是分轻重缓急的、对治疗目标应经常进行评价。四个选项都符合。

参考答案：ABCD

考研考法实战 答案见 D36 页

1.（南京师范大学，2014）单选：制订咨询方案的依据是（　　）。

A. 求助者的义务　　B. 咨询师的权利

C. 咨询场所的要求　　D. 求助者问题的性质

2.（浙江师范大学，2011）单选：有效咨询目标的基本要素不包括（　　）。

A. 具体可行　　B. 双方可接受

C. 解决求助者的实际困难　　D. 属于心理学性质

3.（山西师范大学，2020）简答：影响心理诊断因素。

考点 2　帮助和改变的阶段

考研基础必备

1. 治疗者的责任

治疗者的角色是提供一种对来访者有利的外在环境和良好的人际关系，提出某些说明、解释、意见、建议，教以某些方法，通过领悟和学习的方式，促进来访者的改变和增长。

2. 领悟

治疗者往往可以帮助来访者重新审视自己内心之中与问题有关的内容，并帮助对方达到某种程度的领悟。

3. 支持

治疗者通过给来访者以正强化，以及通过给对方指明在某一事件或情境中积极有益的方面的方式，通过真诚地给予对方的好行为的表扬、鼓励和支持等方式来减轻对方的焦虑，促进对方积极行为的增长。

4. 反塑造

在治疗过程中，治疗以采用奖励、期望、对峙、帮助对方达到某种领悟的方式来矫正来访者的认知和行为等，反塑造是指来访者也可通过同样的方式来影响治疗者。

5. 移情

这意味着来访者可能把他以前生活里与他人的关系中产生过的感情、态度等主观体验移植到治疗者身上。来访者对治疗者的移情反应既可能是积极影响也可能是消极影响。

6. 反移情

指治疗者自己以不适当的行为来对待来访者在治疗中的某些行为表现，这种移情既可以是积极的也可以是消极的。反移情对于治疗者来说，既有有利的一面也有不利的一面。

7. 对峙

对峙是向来访者指出其态度，思想与行为之间出现的矛盾，对峙不是治疗者对来访者的认识、感受的直接简单的反馈，而是更重视对方较深层的动机与行为之间的矛盾。

8. 解释

为来访者提供对于现实世界的另一种看法。进行解释时，治疗者首先应知道向对方解释的内容应是什么，其次要注意何时应用解释以及怎样应用解释。

考研考法突破

考法 1　考查帮助和改变阶段的方法

此考法常以选择或名词解释的形式出现，考生需要理解各个方法的含义。

例 1：（江西师范大学，2016）简答：治疗者自己以不适当的行为来对待来访者在治疗中的某些行为表现，这属于（　　）。

A. 移情　　B. 解释　　C. 反移情　　D. 反塑造

【解析】本题考查治疗中帮助和改变的阶段，考生应当区分好移情和反移情的区别。反移情指治疗者自己以不适当的行为来对待来访者在治疗中的某些行为表现，这种移情既可以是积极的也可以是消极的。反移情对于治疗者来说，既有有利的一面也有不利的一面。因此选择 C。

参考答案：C

考研考法实战 答案见 D37 页

1.（重庆师范大学，2020）名解：移情。

2.（西北师范大学，2019）简答：简述咨询师如何协助当事人进入探索状态。

考点 3　结束阶段（郑希付版）

考研基础必备

在这一阶段，治疗者还要帮助来访者重新回顾治疗要点，检查治疗目标实现的情况，进一步巩固治疗所取得的结果。

结束会谈的基本程序：

（1）结束阶段：在会谈剩余 5~10 分钟时，要停止提问和收集信息。在此阶段，作为咨询者需要完成以下任务：安慰并支持来访者、总结主题和内容、适当把话题控制权转移给来访者、寻求来访者的照管者的参与、安排具体与确实的步骤。

（2）终止阶段：在此阶段，咨询者需要做的是：留意时间、注意门口表现、控制会谈终止。

考研考法突破

考法 1　结束会谈的程序

此考法常见于简答或论述，考生需要理解掌握结束会谈的程序。

例 2：（华南师范大学，2019）简答：举例说明心理咨询中结束会谈的基本程序有哪些？

【解析】本题考查结束会谈的基本程序。

参考答案：结束会谈的基本程序：

（1）结束阶段：在会谈剩余 5~10 分钟时，要停止提问和收集信息。在此阶段，作为咨询者需要完成以下任务：安慰并支持来访者、总结主题和内容、适当把话题控制权转移给来访者、寻求来访者的照管者的参与、安排具体与确实的步骤。

（2）终止阶段：在此阶段，咨询者需要做的是：留意时间、注意门口表现、控制会谈终止。

（3）举例："好的，小明，我们的时间快要到了。通过此次会谈，我了解你对上学读书的一些想法，你以前读书成绩并不差，后来父母分居后，妈妈总是希望你能在班上名列前茅，为她争一口气，这种想法让你产生了巨大的压力，你感到焦虑、无助。我想我能做一些事情来帮助你，但我们要再交谈几次，而且，我希望你妈妈和爸爸能来，这样我也可以和他们谈谈怎样帮助你。我会和你共同制定计划，你觉得可以吗？如果没问题，我想三天后我们再见面比较好。"

章节考点　综合训练

答案见 D37 页

一、单项选择题

1. 心理咨询的终极目标的含义是（　　）。
   A. 多层次统一
   B. 目标积极有效
   C. 近期目标与远期目标的整合
   D. 完善求助者的人格

2. 深化求助者自我认识的关键是（　　）。
   A. 咨询师的启发和引导　B. 咨询师的人格魅力
   C. 咨询师的态度和技能　D. 求助者的自我探索

3. 心理咨询阶段正确的划分是（　　）。
   A. 心理诊断，确定目标，自我改变
   B. 收集信息，心理诊断，心理咨询
   C. 确定目标，心理咨询，效果评估
   D. 心理诊断，心理帮助，结束巩固

二、简答题

1. 简述心理咨询的目标分类。
2. 在心理咨询过程中有几个基本阶段？各阶段应如何操作使咨询过程顺利进行？

第五章 心理治疗中的阻力与问题

阻力是心理咨询与治疗过程中的伴随现象，是影响心理咨询与治疗顺利进行的最重要因素。本章主要介绍心理治疗中的阻力与问题、阻力出现的原因以及应对阻力的方法。本章内容可以以多种形式考查，考生要引起重视。

第一节 阻抗简述

研究真题，明确考况

考试要求	自主命题	
	考题	考查点
1. 阻抗的定义及表现形式	南开大学，2011/2013/2014/2016；江西师范大学，2014；南京师范大学，2013；华南师范大学，2020	简答：阻力的含义及表现形式
2. 阻抗的分类及原因	东北师范大学，2020	论述：阻抗的种类及特征
	浙江师范大学，2013；南京师范大学，2013	简答：阻力产生的原因
3. 处理阻抗的策略	华南师范大学，2017；天津医科大学，2021	简答：应付阻力的要点

考点1 阻抗的含义及表现形式

考研基础必备

1. 阻力的含义

阻力是心理咨询与治疗过程中的伴随现象，是影响心理咨询与治疗顺利进行的最重要因素。兰斯将阻力定义为：来访者反抗心理治疗的适宜程序并以此干扰领悟性效果的产生的所有努力。

2. 来访者阻力的表现形式

（1）对会谈时间及规定的消极态度（对决定的治疗时间采取消极态度，对治疗的时间规则的抗拒）；

（2）把注意力集中在与治疗者有关的问题上；

（3）回避问题的方式；

阻力的一种常见表现形式，就是来访者对问题的回避，有三种形式：

①直接反映在对问题的回答上（较为直接的抵触形式）。

②以答非所问的形式回避关键性问题。

③来访者把话题从主要的问题上转移到另外的问题上。

（4）为自己的行为辩护。

考研考法突破

考法1 阻力的含义及表现形式

这部分的知识通常以简答的形式，考查考生对于阻力的含义以及其表现形式的整体掌握。因此考生需要深入理解重要概念，并熟练识记。

例1：（华南师范大学，2020）简答：心理咨询中阻抗的含义，并举例说明其表现。

【解析】本题考查阻抗的含义及表现。

参考答案：（1）阻力的含义：阻力是心理咨询与治疗过程中的伴随现象，是影响心理咨询与治疗顺利进行的最重要因素。兰斯将阻力定义为：来访者反抗心理治疗的适宜程序并以此干扰领悟性效果的产生的所有努力。

（2）来访者阻力的表现形式：

①对会谈时间及规定的消极态度：比如对决定的治疗时间采取消极态度，对治疗的时间规则的抗拒，要求延长会谈时间。

②把注意力集中在与治疗者有关的问题上；

③回避问题的方式；

阻力的一种常见表现形式，就是来访者对问题的回避，有三种形式：直接反映在对问题的回答上（较为直接的抵触形式）：比如既不点头也不回答是否；以答非所问的形式回避关键性问题；来访者把话题从主要的问题上转移到另外的问题上，把要谈的问题拖至下一次会谈。

④为自己的行为辩护：比如常把产生矛盾的原因归结为他人有问题。

考研考法实战 答案见D37页

1.（江西师范大学，2014）单选：求助者向咨询师提出毫无意义的问题，可能是属于哪种类型的阻抗（　　）。

A. 议论小事　　B. 假提问题

C. 讲话程度　　D. 讲话方式

考点 2　阻抗的原因

考研基础必备

卡瓦纳认为来自来访者的阻力主要原因有：

1. 阻力来自成长中的痛苦

（1）开始新的行为的问题：来访者需重新考查自己基本的信念和价值观，这需要一种深刻的反省，面对自己过去相信的东西的瓦解是痛苦的，而建立新的信念和价值观也是很艰难的过程。①来访者可能需要转变成一个独立自主的人，会感到紧张和焦虑。②来访者可能需要承认自己在欺骗自己，这种发现可能会使他感到痛苦、内疚，而且这痛苦还来自他需要在领悟的基础上对此作出改变。

（2）结束或消除旧的行为的问题：来访者必须停止那些他很喜欢的行为，例如饮酒、操作他人等，抑制这些行为所带来的痛苦常使来访者为之却步。

2. 阻力来自机能性的行为失调：失调的行为是偶然发生的，因其使某方面的需要在这里得到了满足，行为发生的次数增加，以致固定下来。

（1）阻力的产生源于失调的行为填补了某些心理需要的空白；

（2）阻力的产生源于来访者仅仅是在以失调的行为掩盖更深一层的心里矛盾和冲突。

3. 阻力来自对抗治疗或治疗者的心理动机

（1）阻力来自来访者只是想得到治疗者的某种赞同的意见和动机；

（2）阻力来自来访者想证实自己与众不同或治疗者对自己也无能为力的动机；

（3）阻力来自来访者并未发自内心的求治动机。

考研考法突破

考法 1　阻抗的产生原因

此考法常以简答的形式考查考生对于阻抗原因的掌握，也可与应付的要点进行综合考查。因此考生需要熟练识记。

例 2：（浙江师范大学，2013）简答：阻抗的原因。

【解析】本题考查阻抗的原因。

参考答案：

卡瓦纳认为来自来访者的阻力主要原因有：

（1）阻力来自成长中的痛苦。

①开始新的行为的问题：来访者需重新考查自己基本的信念和价值观，这需要一种深刻的反省，面对自己过去相信的东西的瓦解是痛苦的，而建立新的信念和价值观也是很艰难的过程。来访者可能需要转变成一个独立自主的人，会感到紧张和焦虑。来访者可能需要承认自己在欺骗自己，这种发现可能会使他感到痛苦、内疚，而且这痛苦还来自他需要在领悟的基础上对此作出改变。

②结束或消除旧的行为的问题：来访者必须停止那些他很喜欢的行为，例如饮酒、操作他人等，抑制这些行为所带来的痛苦常使来访者为之却步。

（2）阻力来自机能性的行为失调：失调的行为是偶然发生的，因其使某方面的需要在这里得到了满足，行为发生的次数增加，以致固定下来。

①阻力的产生源于失调的行为填补了某些心理需要的空白；

②阻力的产生源于来访者仅仅是在以失调的行为掩盖更深一层的心理矛盾和冲突。

（3）阻力来自对抗治疗或治疗者的心理动机：

①阻力来自来访者只是想得到治疗者的某种赞同的意见和动机；

②阻力来自来访者想证实自己与众不同或治疗者对自己也无能为力的动机；

③阻力来自来访者并未发自内心的求治动机。

考研考法实战 答案见 D37 页

1.（南京师范大学 /2013，郑州大学 /2021）简答：谈心理咨询中阻抗的表现形式和阻抗的原因？

考点 3　处理阻抗的策略

考研基础必备

1. 解除戒备心理

治疗者不必把阻力问题看得过于严重，似乎治疗会谈中处处有阻力。一方面要了解阻力的原因和表现形式，以便在阻力真正出现时，能及时发现并进行处理；另一方面也不必“草木皆兵”，而使治疗气氛过于紧张。

2. 正确地进行诊断和分析

来访者最初所谈出的问题，可能仅仅是表层的问题，而对其深层的问题，治疗者要及时把握。例如，治疗者要对来访者的人格特征有明确的认识，利用专业技能排除阻力、治疗者也应觉察自身引起的阻力。对不同情况下的阻力做不同的处理。

3. 以诚恳的帮助对方的态度对待阻力

一旦治疗者确认治疗中出现了阻力，可以从帮助对方的角度出发，以诚恳的态度，与对方共同探讨问题的态度向对方提出这一问题。有些来访者对治疗进展的抵抗十分强烈，对这种情况，一方面治疗者要采取直接揭示其阻力的方法，另一方面要考虑对来访者进行较为长期的治疗。

4. 了解阻力产生的原因

应付阻力的主要目的在于解释阻力，了解阻力产生的原因，以便最终超越这种阻力，使治疗取得进展。关键是要调动对方的积极性，使之能与治疗者一同寻找阻力的来源，认清阻力产生的源泉。弗洛伊德认为克服阻力，解释是最重要的武器，要分析、解释阻力的表现和性质，向来访者说明无意识阻力的真实意义，反复进行长期的修通工作。

考研考法突破

考法 1　处理阻抗的策略

这部分的知识通常以简答的形式考查考生对于处理阻力的整体掌握，也可以案例分析的形式考查考生分析阻力原因并解决阻力。因此考生需要全盘掌握。

例 3：（华南师范大学 /2017，苏州大学 /2021）简答：在心理咨询中处理阻抗的策略 / 如何应对阻力？

【解析】本题考查处理阻抗的策略。

参考答案：处理阻抗的策略有：

（1）解除戒备心理：治疗者不必把阻力问题看得过于严重，似乎治疗会谈中处处有阻力。一方面要了解阻力的原因和表现形式，以便在阻力真正出现时，能及时发现并进行处理；另一方面也不必“草木皆兵”，而使治疗气氛过于紧张。

（2）正确地进行诊断和分析：来访者最初所谈出的问题，可能仅仅是表层的问题，而对其深层的问题，治疗者要及时把握。例如，治疗者要对来访者的人格特征有明确的认识，利用专业技能排除阻力、治疗者也应觉察自身引起的阻力。对不同情况下的阻力做不同的处理。

（3）以诚恳的帮助对方的态度对待阻力：一旦治疗者确认治疗中出现了阻力，可以从帮助对方的角度出发，以诚恳的态度，与对方共同探讨问题的态度向对方提出这一问题。有些来访者对治疗进展的抵抗十分强烈，对这种情况，一方面治疗者要采取直接揭示其阻力的方法，另一方面要考虑对来访者进行较为长期的治疗。

（4）应付阻力的主要目的在于解释阻力，了解阻力产生的原因，以便最终超越这种阻力，使治疗取得进展。关键是要调动对方的积极性，使之能与治疗者一同寻找阻力的来源，认清阻力产生的源泉。弗洛伊德认为克服阻力，解释是最重要的武器，要分析、解释阻力的表现和性质，向来访者说明无意识阻力的真实意义，反复进行长期的修通工作。

章节考点 综合训练

答案见 D38 页

一、选择题

1.（华中师范大学，2017）有的时候来访者会以客观理由回避会谈、忘记时间，有时候来访者会攻击、贬低咨询员或者讨好咨询员，或者中途退出，这些都可能是（　　）的表现。

A. 阻抗　　B. 抵抗　　C. 害怕　　D. 疲劳

2.（江西师范大学，2015）阻抗的本质是（　　）。

A. 求助者对于咨询过程中自我暴露与改变的抵抗

B. 求助者对于咨询师的反感和抵制

C. 咨询师对求助者异常行为的阻拦

D. 咨询过程中出现的异常情况的总称

3.（江西师范大学，2015）多选：阻抗产生的原因中，来源于求助者方面的包括（　　）。

A. 生理功能的严重失调　　B. 成长带来的某种痛苦

C. 机能性行为失调　　D. 反抗咨询的动机

4. 求助者在咨询中经常出现不按时间前来咨询，或借故迟到早退等现象，这表明（　　）。

A. 求助者存在讲话方式的阻抗

B. 求助者存在咨询关系的阻抗

C. 求助者存在讲话内容的阻抗

D. 求助者存在讲话程度的阻抗

二、名词解释

1.（南开大学，2011/2013/2014/2016）阻抗。

三、简答题

1.（东北师范大学，2020）阻抗的种类和特征分别是什么？

2. 怎样解决来访者在咨询当中产生的阻抗行为？

四、案例分析题

1.（华中师范大学，2013）大二男生陈同学因为沉迷网络游戏而使学业受到影响，辅导员建议他到学校心理咨询中心进行咨询，陈同学也想摆脱网络游戏的影响，提高学业成绩，因此愿意寻求帮助。在开始一段时间的咨询中，陈同学主动与咨询师陈述自己的相关情况，并表达了希望改善现状的意愿。咨询师在了解相关情况后，准备与陈同学商讨具体的行动计划。然而，陈同学在随后的几次会谈中却出现了迟到的现象，而且，虽然陈同学也认可这些行动计划，但执行情况却并不理想，他老是找各种理由和借口。

试从阻抗的角度分析陈同学行为的可能原因，并给出处理建议。

第六章 心理分析的理论与方法

心理分析是以弗洛伊德的精神分析理论为基石的心理治疗流派，精神分析出现在人类认识自身的历史上，在心理治疗的历史上，都是一件划时代的大事。精神分析是当代最有影响的治疗体系之一。

本章介绍心理分析疗法，主要包括心理分析的理论、心理分析的治疗、心理分析治疗的发展以及中国的认识领悟疗法四个部分，属于重点章节，是各院校心理学考研的重点，经常出现选择题、简答题、论述题以及案例分析中，考生在深入理解的基础上，要能够灵活运用。

第一节 心理分析的理论

研究真题，明确考况

考试要求	自主命题	
	考题	考查点
1. 心理分析的理论	苏州大学，2017；华东师范大学，2016； 北京师范大学，2021	选择 / 简答 / 论述：心理分析的理论 简答：防御机制的反向形成，并举例

考点 1 心理分析的理论

考研基础必备

一、无意识和压抑的理论

心理分析学说的一个基本概念是：作为一切意识行为的基础是一种无意识的心理活动。弗洛伊德认为人的精神生活是由意识、前意识、无意识组成。

（1）无意识（潜意识）有两个含义：

①指人们对自己的一些行为的真正原因和动机不能意识到。

②指人们在清醒的意识下面还有潜在的心理活动在进行着。

（2）前意识：介于意识和无意识之间，其中所包含的内容是可召回到意识中去的，即其中的经验经过回忆是可以记起来的。

（3）意识：是可以直接感知到的有关的心理部分。

（4）三者的关系：人的心理活动中的意识、无意识、前意识之间所保持的是一种动态的平衡。前意识与意识之间虽然有界限却无不可逾越的鸿沟，前意识之间的内容与意识之间的内容相互转换非常容易，是转瞬即成的事情。而无意识部分的东西要进到意识中来则非常困难。

二、人格构成说

1. 本我、自我和超我

1）本我

本我是人格中最原始、最模糊和最不易把握的部分。是由一切与生俱来的本能冲动所组成的。

特性：是无意识的，是无理性的，要求无条件的得到满足，只遵循快乐原则；是一切本能冲动后面的性力的储藏库；收容了一切被压抑的东西，并保存有遗传下来的种族的性质。

2）自我

自我是现实化了的本能，是在现实的反复教训之下，从本我分化出来的一部分。

特性：从本我中分化出来的，一部分是无意识的，一部分是意识的，而主要是意识的；它合乎逻辑，受现实原则支配；对本我中的东西有检查权，防止被压抑的东西扰乱意识；要在超我的指导下，按外部现实的条件，去驾驭本我的要求。

3）超我

超我称为理想自我，道德典范，是从自我发展起来的一部分，是道德化了的自我。

特性：从自我中分化出来，大部分是无意识的；是父母权威的内化，执行父母早年的职责，可分为自我理想—确定道德行为的标准和良心—对违反道德标准的行为进行惩罚；主要作用是监督和控制自我。

2. 自我的心理防御机制

自我同时服侍着三个主人：外部世界，超我和本我，本我和外界现实之间，本我和超我之间，会经常出现矛盾冲突，这时，人就会感到焦虑。焦虑的产生，促使自我发展了一种机能，用一定的方式解决冲突，缓和 3 种危险对自身的威胁。

心理防御机制：使现实能够允许，超我可以接受，本我又能有满足感。防御机制是在无意识之中进行的一种儿童式的反应。

三、心理防御机制的种类

1. 压抑

压抑最基本的一种心理防御机制，它是一些为社会伦理道德所不容的（亦即意识所不能接受的，超我所不能允许的）冲动、欲望，在不知不觉中被抑制到无意识之中，使人自己不能意识到其存在。被压抑的意识和冲动并未消失，仍在无意识中积极活动。

2. 投射

把自己的愿望与动机归于他人，断言他人有此动机、愿望，这些东西往往都是超我所不能容的，称为投射。

3. 否认

有意识或无意识的拒绝承认那些使人感到焦虑痛苦的事件，似乎其从未发生过，称为否认。

4. 退行

退行即当遇到挫折和应激时，心理活动退回到较早年龄阶段的水平，以原始、幼稚的方法应付当前情景。

5. 固着

固着是心理未完全成熟，停滞在某一性心理发展水平。

6. 升华

把为社会、超我所不能接受、不能容许的冲动的能量转化为建设性的活动能量称为升华。

7. 置换

置换是指因某事物而引起的强烈情绪和冲动不能直接发泄到这个对象上去，就转移到另一个对象上去了。

8. 抵消

抵消指以从事某种象征性的活动来抵消、抵制一个人的真实感情。

9. 反向形成

把无意识之中不能被接受的欲望和冲动转化为意识之中的相反的行为，称为反向形式。

四、性心理的发展

1. 关于性本能

弗洛伊德认为人有两种本能，生的本能要使生命得以延续和不断发展，而死的本能要使生命回复到无机状态。两种本能有机地结合在一起，生命就在他们的冲突和相互作用中表现出来。

以性欲为基础的种族保存本能背后存在着的一种潜力（或称驱力）叫作力比多，是一种力量一种本能。力比多驱使人寻求快感的满足，为人的行为提供动力。

2. 性心理的发展

弗洛伊德认为，人的发展是性心理的发展，发展源于力比多的驱动。分为以下几个阶段：

口欲阶段（0~1 岁）、肛欲阶段（1~3 岁）、性器欲阶段（3~6 岁）、潜伏期阶段（6~12 岁）、青春期阶段（12~18 岁）。弗洛伊德认为，性心理的发展过程如果不能顺利地进行，停滞在某一发展阶段，即发生固着；或在个体受到挫折后从高级的发展阶段倒退到某一低级的发展阶段即产生了退行，就可能导致心理的异常，成为各种神经症、精神病产生的根源。

考研考法突破

考法 1　考查心理分析的理论

这种考法常见于简答或论述题。心理分析的理论在其他很多科目都有介绍，考生不必纠结于应该按照哪本教材上的表述来掌握，自己可以按照最全的内容来整理，包括："无意识理论、人格结构学说、自我防御机制、性心理发展的阶段、治疗方法、评价"，这样无论怎样考查，都可顺利作答。

例 1：（苏州大学，2017）简答：简述弗洛伊德精神分析理论。

【解析】本题考查心理分析的理论。考生在回答此类问题时，要注意总结概括，分点作答，切勿一股脑地把内容堆砌上去。

参考答案：弗洛伊德的精神分析理论包括潜意识理论、人格结构学说、自我防御机制和性心理发展阶段以及治疗方法。

（1）潜意识理论：弗洛伊德认为人的精神生活是由意识、前意识和潜意识组成。意识是可以直接感知到的有关的心理部分。前意识介于意识和无意识之间，所包含的内容经过回忆可以记忆起来；潜意识是不能意识到的内容。人的心理活动中的意识、无意识、前意识之间所保持的是一种动态的平衡。

（2）人格结构说：弗洛伊德把人格划分为本我、自我和超我。本我是人格中最原始、最模糊和最不易把握的部分。是由一切与生俱来的本能冲动所组成的。自我是现实化了的本能，是在现实的反复教训之下，从本我分化出来的一部分。超我称为理想自我，道德典范，是从自我发展起来的一部分，是道德化了的自我。本我、自我和超我之间不断交互作用着，如果这三种力量不能保持这种动态的平衡，会导致心理异常的产生。

（3）自我的心理防御机制：弗洛伊德认为自我同时服侍着三个主人：外部世界，超我和本我。本我和外界现实之间，本我和超我之间，会经常出现矛盾冲突，这时，人就会感到焦虑。焦虑的产生，促使自我发展了一种机能，用一定的方式解决冲突，缓和 3 种危险对自身的威胁。心理防御机制包括：压抑、投射、否认、退行、固着、升华、置换、抵消、反向形成。

（4）性心理的发展：弗洛伊德认为，人的发展是性心理的发展，发展源于力比多的驱动。分为以下几个阶段：口欲阶段（0~1 岁）、肛欲阶段（1~3 岁）、性器欲阶段（3~6 岁）、潜伏期阶段（6~12 岁）、青春期阶段（12~18 岁）。弗洛伊德认为，性心理的发展过程如果不能顺利地进行，停滞在某一发展阶段，即发生固着；或在个体受到挫折后从高级的发展阶段倒退到某一低级的发展阶段即产生了退行，就可能导致心理的异常，成为各种神经症、精神病产生的根源。

（5）弗洛伊德根据自己的精神分析理论，提出了心理治疗的方法包括：自由联想、释梦、阻抗、移情和解释。

考研考法实战 答案见 D39 页

1.（江西师范大学，2014）单选：精神分析理论在咨询心理学中被称为（　　）

A. 完形学派　　B. 行为学派
C. 动力学派　　D. 认知学派

2.（北京师范大学，2021 年）简答题：防御机制中的反向形成，并举一个生活中的例子。

第二节　心理分析的治疗

研究真题，明确考况

考试要求	自主命题	
	考题	考查点
1. 心理分析的治疗	华中师范大学，2017；江西师范大学，2015；华中师范大学，2016/2017	选择 / 填空 / 简答：心理分析的治疗方法
	湖南师范大学，2019	选择：治疗的实施

考点 1　心理分析的治疗

考研基础必备

1. 心理分析治疗的特点（江光荣版本）

1）治疗目标

传统的精神分析只重视人格改变。

当代心理动力治疗有两大目标：缓解症状和改变人格。自我力量的加强，能更好地控制、应付本能驱力、外部世界以及良知之间的矛盾冲突。

2）病人的选择

（1）传统上，认为最适合于精神分析治疗的是癔症、强迫症、焦虑症和恐怖症。

（2）情感性精神病、精神分裂症、药物及酒精依赖、长期的严重人格障碍以及器质性病变所致精神障碍都是应排除的病种。

（3）弗洛伊德：“人不太老，病不太重”。

3）治疗时间

正统精神分析的治疗时间的特点就是旷日持久，一般一个病人需要两三年甚至更长时间，每周四五次治疗会谈。

当代精神分析时间则一般在 6~18 个月，会谈也改为每周一次。

2. 治疗的原理

（1）分析治疗的焦点不应放在消除外显症状上，而应放在向病人揭示内在冲突的原因和冲突过程上。精神分析把无意识的心理冲突看做神经症的根本原因。

（2）分析治疗工作的要旨可以简明地归结为：促使无意识过程向意识转化。

（3）两级获益：第一级获益又叫内部获益，指的是症状满足了病人的无意识欲望、使无意识冲突得到变相的、虚幻的解决。二级获益是指病人借助生病，从家人、朋友和其他人那里 获得支持、同情、安慰，从而减低应激压力。由于这种好处来自环境，所以也叫外部获益

3. 治疗的技术

（优加考研温馨提示：关于心理分析理论的治疗技术，不同版本上的教材表述不一致，因此如果目标院校有指定参考教材的，则以指定教材上的内容为准。）

1）自由联想法

让病人很舒适地躺着或坐好，把自己想到的一切都讲出来，不论多么微不足道都要如实报告。心理分析家的工作在于对对方所报告的材料加以分析和解释，直到从中找到病人无意识之中的矛盾冲突，即病的起因为止。

2）释梦

梦的工作通过凝缩、置换、视像化和再修饰才把原本杂乱无章的东西加工整合为梦境，这就是梦者能回忆起来的显梦。对梦的解释和分析就是要把显梦的重重化装层层揭开，由显相寻求其隐义。

3）阻抗

阻抗指病人有意识或无意识的回避某些敏感话题，有意无意地使治疗重心偏移，包括有意识的阻抗和无意识的阻抗。治疗者需经过长期的努力，通过对阻抗产生的原因的分析，帮助病人真正认清和承认阻抗。

4）移情

移情指把早期对别人的感情转移到了治疗者身上，把他当成自己的父母、亲人等，分为正移情和负移情。正移情：当事人对咨询师充满好感，崇拜之，顺从之；负移情：与正移情相反的情况，即当事人对治疗师出现的敌视、贬低等负面情绪。治疗师先是要发展与病人的关系，以利于移情的发生，通过移情分析来实现治疗的主要目标，最后再解决移情关系本身的问题。

5. 解释

解释的目的是让病人正视他所回避的东西或尚未意识到的东西，使无意识中的内容变成意识的。

考研考法突破

考法 1　考查心理分析治疗的特点

此考法常见于选择或简答题中，考生需要理解精神分析治疗相比于其他疗法的特色所在。

例 1：（华东师范大学，2019）论述题：述精神分析治疗的主要特点。

【解析】本题考查心理分析的治疗特点。

参考答案：心理分析的治疗特点体现在以下几个方面：

（1）治疗目标

传统的精神分析只重视人格改变。

当代心理动力治疗有两大目标：缓解症状和改变人格。自我力量的加强，能更好地控制、应付本能驱力、外部世界以及良知之间的矛盾冲突。

（2）病人的选择

①传统上，认为最适合于精神分析治疗的是癔症、强迫症、焦虑症和恐怖症。

②情感性精神病、精神分裂症、药物及酒精依赖、长期的严重人格障碍以及器质性病变所致精神障碍都是应排

除的病种。

③弗洛伊德:“人不太老，病不太重”。

（3）治疗时间

正统精神分析的治疗时间的特点就是旷日持久，一般一个病人需要两三年甚至更长时间，每周四五次治疗会谈。当代精神分析时间则一般在 6–18 个月，会谈也改为每周一次。

考法 2　考查心理分析治疗的技术

这种考法既可以以名词解释题考查某个具体的技术，也可以以简答或论述考查心理分析治疗包含的技术类型，属于高频考点，考生需要全盘掌握。

例 2 :（南开大学，2017）名解：移情

【解析】本题考查心理分析治疗技术中移情技术的含义。

参考答案：移情是精神分析的术语，是指来访者将自己过去对生活中某些重要人物的态度、情感、属性会太多投射到分析者身上的过程，分为正移情和负移情。正移情是当事人对咨询师充满好感，崇拜之，顺从之；负移情与正移情相反的情况，即当事人对治疗师出现的敌视、贬低等负面情绪。

例 3 :（苏州大学，2016）简答：心理分析的治疗方法有哪些?

【解析】本题考查心理分析的治疗技术。

参考答案：心理分析的治疗方法包括：

（1）自由联想法：让病人很舒适地躺着或坐好，把自己想到的一切都讲出来，不论多么微不足道都要如实报告。心理分析家的工作在于对对方所报告的材料加以分析和解释，直到从中找到病人无意识之中的矛盾冲突，即病的起因为止。

（2）释梦：梦的工作通过凝缩、置换、视像化和再修饰才把原本杂乱无章的东西加工整合为梦境，这就是梦者能回忆起来的显梦。对梦的解释和分析就是要把显梦的重重化装层层揭开，由显相寻求其隐义。

（3）阻抗：指病人有意识或无意识的回避某些敏感话题，有意无意地使治疗重心偏移。治疗者需经过长期的努力，通过对阻抗产生的原因的分析，帮助病人真正认清和承认阻抗。

（4）移情：移情是指把早期对别人的感情转移到了治疗者身上，把他当成自己的父母、亲人等，分为正移情和负移情。治疗师先是要发展与病人的关系，以利于移情的发生，通过移情分 析来实现治疗的主要目标，最后再解决移情关系本身的问题。

（5）解释：目的是让病人正视他所回避的东西或尚未意识到的东西，使无意识中的内容变成意识的。

考研考法实战

答案见 D39 页

1.（华南师范大学，2019）单选：弗洛伊德精神分析的主要对象是（　　）。

A. 精神病患者　　B. 神经症患者

C. 健康的人　　D. 所有人

2.（华中师范大学，2016）填空：当事人留在咨询中不想变好，在精神分析疗法看来是________。

3.（华中师范大学，2017）填空：让病人集中注意于头脑中“流出”的任何念头、意象或思想，不用意识指导思维、不对出现的东西进行任何评判，即时说出这些词组。这是________。

章节考点　综合训练

答案见 D39 页

一、选择题

1.（华东师范大学，2016）下列方法不属于精神分析法的是（　　）。

A. 自由联想　　B. 梦的分析

C. 口误分析　　D. 虚拟现实技术

2. 精神分析性的咨询与治疗的重点是（　　）

A. 寻找、矫正异常行为

B. 寻找非理性思维

C. 寻找人性结构的失衡

D. 寻找症状背后的无意识动机

二、名词解释

1.（湖南师范大学，2016/ 华南师范大学，2016/2019）移情

2.（湖南师范大学，2011）自由联想法

3.（浙江师范大学 /2018，四川大学 /2021，天津医科大学 /2021，郑州大学 /2021）反移情

三、简答题

1. 简述精神分析的治疗过程。

2.（东北师范大学 /2016，东北师范大学 /2021）试述精神分析咨询理论的主要咨询方法 / 弗洛伊德的心理治疗方法。

3.（华东师范大学，2016）请谈谈你对精神分析理论的基本点、核心理论和常用技术的理解，以及你对它的评价。

四、论述题

1.（华中师范大学，2021 年）论述题：试用弗洛伊德的早期经验决定论来解释酗酒、洁癖和同性恋的形成机制。

第七章 行为治疗的理论与技术

行为疗法不是由一位研究者有系统的创立的一个体系，而是由许多人依据一种共同的心理学理论－行为主义心理学分别开发出的若干种治疗方法集合而成。

本章主要介绍行为治疗的理论与技术，经常出现在选择题、简答题、论述题以及案例分析中，也常与精神分析流派、人本主义流派等其他流派的知识进行综合考查，属于重点章节。考生在复习时要深入理解重要概念，详细掌握每一部分内容。

第一节 行为主义的基本理论

研究真题，明确考况

考试要求	自主命题	
	考题	考查点
1. 行为主义的基本理论	华东师范大学，2014；江西师范大学，2014；南京师范大学，2013；湖南师范大学，2016；华东师范大学，2014；河南大学，2018	选择 / 简答：基本理论的内容

考点 1 行为主义的涵义

考研基础必备

1. 定义

行为治疗就是要利用通过各种实验而确定的有关学习的原理和范型去克服不适应的行为习惯。

2. 基本假设

（1）如同适应性行为一样，非适应性行为也是习得的，即个体是通过学习获得了不适应的行为的。

（2）个体可以通过学习消除那些习得的不良或是不适应的行为，也可以通过学习获得所缺少的适应性行为。

3. 各种行为治疗的共同点

（1）治疗只是针对当前来访者有关问题进行，至于揭示问题的历史根源、自知力或领悟通常被认为是无关重要的；

（2）治疗是以特殊的行为为目标的，这种行为可以是外显的，也可以是内在的；

（3）治疗的技术通常是在实验中发展而来，即是以实验为基础；

（4）对于每个来访者，治疗者根据其问题和本人的有关情况，采用适当的经典条件作用，操作性条件作用，模仿学习或其他行为治疗技术。

4. 行为治疗的理论

该理论主要包括经典的条件作用原理、操作条件作用原理和模仿学习原理。（优加考研温馨提示：这部分内容，在其他科目都有详细介绍，在此不赘述。）

考研考法突破

考法 1 考查行为治疗的涵义

此考法常见于选择或名词解释当中，考生需要理解掌握什么是行为治疗以及行为治疗的基本假设。

例 1：（湖南师范大学，2016）名解：行为治疗

【解析】本题考查行为治疗的含义。

参考答案：行为治疗就是要利用通过各种实验而确定的有关学习的原理和范型去克服不适应的行为习惯。“行为治疗”一词最早是由斯金纳等人于1954年提出的，行为治疗与心理分析不同，从一开始它就是植根于实验的发现之中的。行为治疗的基本理论主要来自行为主义的学习原理，主要包括以下三个部分：经典的条件反射原理、操作条件作用原理和模仿学习原理。

考研考法实战 答案见 D40 页

1.（江西师范大学，2014）单选：行为主义的咨询目标是帮助求助者（　　）。

A. 体验自由感　　B. 建立好习惯

C. 提高自主性　　D. 察觉现实性

第二节 行为治疗中的常用技术

研究真题，明确考况

考试要求	自主命题	
	考题	考查点
1. 行为治疗中的常用技术	江西师范大学，2014；南京师范大学，2014；天津师范大学，2017/2018；江西师范大学，2016	选择 / 名解 / 简答：几种常用技术
	中山大学，2017；西北师范大学，2012	简答 / 应用：常用技术的实际运用
	华南师范大学，2021	名解：脱敏疗法

考点 1 行为治疗的常用技术

考研基础必备

一、放松训练

1. 放松训练程序

（1）准备工作：治疗者要帮助来访者先学会这一治疗程序，进而自行练习；

（2）放松的顺序：手臂部—头部—躯干部—腿部；

（3）放松的方法：国外把每一部分的肌肉放松的训练过程总结为：集中注意—肌肉紧张—保持紧张—解除紧张—肌肉放松。

2. 其他放松方法

（1）想象性放松；

（2）深呼吸放松法。

二、系统脱敏法

系统脱敏法是由沃尔朴最先发明及应用的。主要用于来访者在某一特定的情境下产生的超出一般紧张的焦虑或恐怖状态。

系统脱敏法利用的是交互抑制的原理或反条件作用的原理来达到治疗的目的。放松状态多次与引起来访者焦虑或恐怖的刺激物结合，即可消除原来应该刺激物引发的焦虑或恐怖的条件反应。

系统脱敏法有三个部分：

（1）放松训练

（2）建立恐怖或焦虑的等级层次

①找出所有使来访者感到恐怖或焦虑的事件，并报告出对每一事件他感到恐怖的主观程度。这种主观程度可用主观感觉尺度来度量，尺度一般为 0~100 分。

②将来访者报告出的恐怖事件按等级程度由小至大顺序排列。

（3）系统脱敏步骤：

①准备工作：放松训练和建立恐怖等级

②脱敏三部曲：

a. 放松：让来访者按放松训练中学到的方法放松

b. 想象脱敏：由治疗者做口头描述，让来访者进行想象。从等级层次中最低的一个恐惧（焦虑）事件开始。

c. 停止想象：让来访者报告此时的主观恐惧（焦虑）的等级分数。

三、模仿学习

模仿学习的原理来自社会学习理论。行为治疗利用人类通过模仿学习获得新的行为反应倾向，帮助某些具有不良行为的人以适当的反应取代其不适当的反应，或帮助某些缺乏某种行为的人学习这种行为。

（1）模仿学习通常采用三种方式：看电影或看电视录像，听录音，由治疗者做示范。

（2）模仿学习又分为被动地学习和主动地学习。在被动的学习中，来访者只是看录像，听录音或观察示范情景，自己并不参与其中；主动的学习中，来访者不仅要观察还要参与行动。主动地模仿比被动的模仿更有效。

四、角色扮演或行为排练

角色扮演多用于改变来访者的不良行为和进行社会技能训练。在个别治疗和小组治疗中都比较常用，是对现实生活的一种重复又是一种预演。

扮演方法有以下几种：

1）问题及情境说明

在个别治疗中，治疗者可以帮来访者找出一个典型事例，来访者对此具体说明 。

2）角色分配

主角—来访者本人，或小组中讲述自己问题者，其任务是扮演自己。配角—治疗者或治疗者的助手，配角要扮演主角所述事件的另一人。

3）治疗者的指示语—扮演要求

对主角：扮演时要像真的一样，要带着自己的问题去扮演，对对方亦称以现实生活事件的人名，中途有问题不要停下来进行说明，而要等全部扮演结束时再讲。

对配角（小组治疗时）尽可能按主角所说的真实事件中的那样的情景去反应，想象自己是对方时，可能会做什么反应。

对小组其他成员（小组治疗时）注意观察扮演者的情况，记下有问题的地方，但不要打断扮演进程，有话待结束后再说。

4）信息反馈

如果是小组治疗，则先由配角再由其他小组成员突出各自的建议或看法，最后由治疗者做总结。反馈信息应包括：指出对方做得好的方面予以表扬，不足的方面应该怎样改进，可以让主角自己也评论自己的扮演行为。

5）模仿学习

角色扮演可进行第二遍，让来访者采纳治疗者或其他人的意见练习新行为。治疗中间叫停，示范新行为再让来访者进行主动模仿。

6）结束时的工作

治疗者要对来访者在扮演中表现出的适宜行为进行强化并鼓励来访者把适宜行为方式运用到现实生活中去，治疗者也可以作业方式要求来访者对新行为进行练习。

五、决断训练

（1）决断训练又译肯定性训练、自信训练和声明己见训练。

（2）步骤：

①确认需要进行训练的问题；

②提高来访者进行决断训练的动机；

③定义适当的行为，这一步是治疗者与来访者共同找出来访者出现问题的领域中的适宜行为；

④决断行为的训练阶段，这一阶段更多地采用了角色扮演的方法，使来访者在这一过程中通过主动模仿学习新的行为方式。

（3）注意点：决断训练的进行亦可仅以来访者生活中的某一可代表其一贯行为的典型事例为原型进行。并且每次进行完之后治疗者都应该给对方反馈信息，肯定成绩，指出不足，并布置家庭作业或鼓励来访者把学习到的新行为运用到实际生活中去。

六、强化的方法

心理咨询与心理治疗中的强化是系统地应用强化手段去增进某些适应性行为，减弱或消除某些不适应行为的方法。它建立在操作性条件作用的原理之上。

1. 强化的类型：

（1）正强化：给予一个好刺激，为了建立一个适应性行为模式，运用奖励方式，使这种模式重复出现，保持下来。

（2）负强化：去掉一个坏刺激，为引发所希望的行为的出现而设立的。

（3）正惩罚：施加一个坏刺激，这是当不适应的行为出现时给予处罚的一种方法，往往是给对方一种使之感到不快的刺激。

（4）负惩罚：去掉一个好刺激，这种惩罚比正惩罚更常用，当不适当的行为出现时不再给予原有的奖励。

2. 强化的方法

（1）塑造：行为治疗中最常用的方法之一，塑造是通过强化的手段，矫正人的行为，使之逐步接近某种适应性行为模式，塑造过程中，采用正强化手段，一旦所需行为出现，立即给予强化。

注意：a. 制定适当的目标；b. 有时标准可能定得高，对方一下子达不到就需要重做些调整，把标准下调；c. 有意造成有益于对方出现此行为的环境。

（2）代币管制法：是一种利用强化原理促进更多的适应性行为出现的方法，这是使用有形的可以得到实物奖励的正强化的方式之一。

（3）消退法：这种方法采用的方式是对不适应的行为不予注意，不给予强化，使之渐趋消弱以致消失。注意：在使用消退法时，要同时强化对方出现的适应性行为，而且一定要坚持。

3. 应用强化方法的注意事项：

（1）给来访者某些强化时，要注意这种强化物对对方的影响；

（2）强化物出现要及时，意义要明确；

（3）强化的标准要逐渐提高，强化的次数要逐渐减少，这更多的是对正强化而言，另外强化也可由实物渐次变为语言，先采用效果明显的强化物再逐渐改为言语强化。

4. 治疗者的强化作用：

在治疗过程中治疗者被看作是一个具有影响力的人，或者说具有社会强化作用。治疗者可以通过各种形式的信息传递给来访者，如表扬、注意、目光接触。

考研考法突破

考法 1　考查行为治疗技术的原理

此考法常见于选择题，考生要能够区分不同治疗技术的原理。

例 1：（中山大学，2018）单选：代币制是（　　）原理的应用。

A. 操作条件学习　　B. 系统脱敏

C. 人本主义治疗　　D. 经典条件学习

【解析】代币法是一种利用强化原理促进更多的适应性行为出现的方法，这是使用有形的可以得到实物奖励的正强化的方式之一。强化法是建立在操作性条件作用的原理之上。

参考答案：A

考法 2　考查行为治疗具体技术的含义

这种考法一般以选择或名词解释形式出现，考生要理解掌握每种治疗技术的含义。

例 2：（河南大学，2020）名解：系统脱敏疗法。

【解析】本题考查系统脱敏疗法的含义，理解记忆即可正确作答。

参考答案：系统脱敏法是由沃尔朴最先发明及应用的。主要用于来访者在某一特定的情境下产生的超出一般紧张的焦虑或恐怖状态。利用的是交互抑制的原理或反条件作用的原理来达到治疗的目的。系统脱敏法有三个步骤：放松训练、建立恐怖或焦虑的等级层次、系统脱敏步骤。

考法 3　考查行为治疗技术的运用

这种考法难度稍大，常出现于案例分析中，需要考生案例情况给出具体的治疗技术及操作步骤。因此，考生需要在理解的基础上对这些行为治疗技术灵活运用。

例 3：（中山大学，2017）请简要描述治疗师可以怎样使用厌恶疗法和操作条件技术来帮助来访者克服抽烟的习惯。

【解析】本题考查行为主义疗法的具体运用。

参考答案：（1）治疗师在使用厌恶疗法时，让来访者在短时间内大量快速吸烟，超过平时吸烟量的 2~3 倍，直到吸烟者产生一些不适的感觉，如轻度头昏、头晕、口中发麻等。这种感觉是难以忍受的刺激，重复几次后，吸烟时就会产生厌恶条件的反射，即一想到吸烟就联想到难受的感觉，从而达到戒烟的目的。

（2）治疗师在运用操作条件技术时，常通过强化或者惩罚的方法，在吸烟者忍住不吸烟后给予吸烟者奖励，比如物质或精神奖励，或者在吸烟者有吸烟行为后得到惩罚，比如罚钱。

考研考法实战

答案见 D40 页

1.（华中师范大学，2016）单选：厌恶疗法的原理是（　　）。

A. 操作条件作用　　B. 经典条件作用

C. 社会学习理论　　D. 惩罚

2.（华东师范大学，2019）单选：为了戒除烟瘾，在每次吸烟后，应用某种引起恶心、呕吐的药物，反复几次，就再不想吸烟了。这种戒烟方法是（　　）。

A. 系统脱敏法　　B. 条件操作法
C. 自我调整疗法　　D. 厌恶疗法

3.（江西师范大学，2014）单选：以下做法不属于行为疗法的是（　　）。
A 认识－领悟疗法　　B 认知行为疗法
C. 厌恶疗法　　D. 系统脱敏法

章节考点　综合训练

答案见 D40 页

一、选择题

1. 以下哪点是行为主义对心理咨询与治疗的观点（　　）。
A. 通过移情、宣泄等方法可以达到治疗效果
B. 通过训练与强化可以达到治疗效果
C. 通过爱心可以达到治疗效果
D. 通过尊重与关注可以达到治疗效果

2.（　　）以操作性条件反射为基础，建立了操作行为主义。
A. 巴甫洛夫　B. 华生　C. 托尔曼　D. 斯金纳

3. 系统脱敏疗法的理论基础是（　　）。
A. 人本主义　　B. 人性主义
C. 精神分析主义　　D. 行为主义

4. 行为治疗是使用实验确立的行为学习原则和方式，克服不良行为习惯的过程，这个行为治疗的定义是由（　　）首先提出来的。
A. 斯金纳　B. 华生　C. 沃尔普　D. 巴甫洛夫

5. 使用系统脱敏法时，构建理想的焦虑等级，应当注意做到的是（　　）。
A. 每一级焦虑应小到能被全身松弛所拮抗的程度
B. 焦虑等级的设定主要取决于求助者本人
C. 各焦虑等级之间的级差尽量地均匀
D. 以上三点

6. 放松训练是（　　）中使用最广泛的技术之一。
A. 完形疗法　　B. 认知疗法
C. 行为疗法　　D. 理性情绪疗法

7. 父母对孩子的无理取闹行为，不予注意、不予理睬，可能慢慢地减弱这些行为，这是（　　）。
A. 代币法　B. 惩罚法　C. 增强法　D. 消退法

8. 模仿法的基本操作程序中最重要的步骤是（　　）。
A. 选择合适的场地
B. 设计示范的行为
C. 示范正确的行为
D. 及时地强化正确的模仿行为

9. 饮酒后感到“烦闷解除”，逐渐形成了饮酒的嗜好，这属于（　　）。
A. 惩罚　B. 消退　C. 正强化　D. 负强化

10.（南京师范大学，2014）单选：“脱敏疗法”属于（　　）。
A. 行为疗法　　B. 认知疗法
C. 人本主义疗法　　D. 精神分析疗法

11.（多选）关于阳性强化法，正确的说法包括（　　）。
A. 奖励正常行为，惩罚异常行为
B. 阳性强化法使用正强化
C. 阳性强化应该适时，适当
D. 目标行为固化为习惯后，最终可以撤销强化物

二、名词解释

1.（河南大学，2018）强化疗法。
2. 厌恶疗法。
3. 代币制。
4.（华南师范大学，2021 年）脱敏疗法（系统脱敏）。

三、简答题

1.（湖南师范大学，2012）什么是系统脱敏疗法？它有哪些步骤？
2.（江西师范大学，2016）简述行为治疗中的常用技术。
3.（华东师范大学，2016）请谈谈行为治疗的定义和基本原则。

四、论述题

1.（天津师范大学，2018）试分析惩罚与负强化的联系和区别。
2.（西北师范大学，2012）心理学家华生（J.B.Watson）曾运用经典条件作用让小阿尔伯特（Albert）产生了条件性的恐惧情绪。现请你运用一种反条件作用方法如系统脱敏疗法，帮助小阿尔伯特消除对白色的、毛茸茸物体的恐惧。

第八章 以人为中心的治疗理论及过程

以人为中心疗法被称为是心理治疗的“第三势力”，本章主要介绍罗杰斯所创立的以人为中心的理论与技术，以人为中心疗法对于心理治疗领域的影响是深远的，也是心理咨询与治疗不可绕开的疗法，考生需要详细掌握每一部分内容，并熟练识记。

第一节 以人为中心的有关理论

研究真题，明确考况

考试要求	自主命题	
	考题	考查点
1. 以人为中心的有关理论	华东师范大学，2013；江西师范大学，2013；湖南师范大学，2018	选择/简答：基本理论的内容

考点1 以人为中心的有关理论

考研基础必备

以人为中心的治疗是人本主义的心理治疗之一。最初的理论与治疗均被称之为来访者中心理论或来访者中心心理治疗，近年来逐渐被以人为中心的治疗所代替。来访者中心治疗的倡导者是卡尔·罗杰斯。

1. 对人的基本看法

（1）强调人的主观，每个人都有对现实的独特的主观认识。

（2）人类有一种成长与发展的天性，自我实现的倾向是一种基本的动机性驱动力。人本主义治疗认为所有心理问题及困扰是由于这种实现的倾向的阻滞造成的；以人为中心的治疗的基本原理是使来访者向着自我调整、自我成长和逐步摆脱外部力量的控制的方向迈进。

（3）人基本上是诚实的、善良的、可以信赖的，这些特性是与生俱来的。

（4）每个人都可以做出自己的决定，每个人都有着实现的倾向，若能有一个适宜的环境的话，一个人将有能力指导自己、调整自己、控制自己的行为，从而达到良好的主观选择与适应。

2. 有关自我概念的理论

自我（self）是一个人真实的我（即客观我），自我概念（self-concept）是一个人对他自己的知觉和认识（即主观我）。

1）自我概念的发展

有机体的评价过程：是个体在无意识当中，对自身的体验和经验进行评估，吸取有利于维持有机体自身及发展的东西；自我概念在与环境及他人的交互作用中，发展出包括关于他对自身的知觉的和各种各样的与自我概念有关的积极的和消极的评价的自我概念。在这个过程中，自我概念会受到价值条件化的影响，价值条件化是在婴儿早期发展中通过学习得到的，那种不正确的评价不是建立在个体自身的有机体的评价过程之上的，而是建立在他人的评价之上的，这就称之为价值的条件化。

2）自我概念与心理失调

自我概念是了解心理失调的关键。当自我与自我概念的实现倾向一致时，人就达到了一种理想的状态，当自我得到的经验、体验与自我概念相矛盾时，自我概念受到威胁就产生了恐惧，通过防御机制否认和歪曲自身的经验、体验。当经验、体验与自我不一致有可能被意识到、知觉到时，焦虑就产生了。一旦防御机制失控，个体就会产生心理失调。

考研考法突破

考法1 考查以人为中心疗法的基本观点

此考法常见于选择或名词解释题中，考生需要理解掌握以人为中心疗法的含义以及治疗的基本观点。

例1：（江西师范大学，2013）单选：以下关于人本主义流派咨询观点，不正确的表述是（　　）。

A. 个体最基本的动机是自我保护

B. 对人性和人类潜力持积极乐观态度

C. 使用医学术语称呼来访者为“患者”

D. 强调早期不良经历对后期的影响

【解析】本题考查以人为中心疗法的特点。人本主义流派咨询的方法是以人为中心疗法，以人为中心疗法认为，所有心理问题及困扰是由于人的自我实现倾向的阻滞造成的；因此选项A正确。人本主义流派认为人性是善的，每个人能力指导自己，调整自己和控制自己的行为，从而达到良好的选择与适应。因此选项B正确。以人为中心疗法认为，当个体价值条件化的经验与现实自我不一致时，会产生焦虑，这种焦虑主要是由于童年父母没有给予无条件的积极关注，因此选项D正确。以人为中心疗法关注正常人的心理，它的突出特点是以来访者来称呼患者，因此选项C错误。

参考答案：C

考法 2 考查以人为中心疗法的含义

此考法常见于选择题或名词解释题，考生要注意以人为中心疗法有多种不同的叫法，比如以人为中心、来访者为中心、个人中心疗法。

例 2：（湖南师范大学，2018）名解：个人中心治疗

【解析】本题考查以人为中心疗法的含义。

参考答案：由罗杰斯创立，是人本主义心理学思想在心理治疗领域的体现，这是以来访者为主导的治疗方法，治疗者在治疗中，更多的是创造一个帮助来访者了解其自身的气氛和环境，减轻他面对自我概念与自我经验矛盾时的焦虑。治疗的着眼点是促进来访者的成长，具体的帮助来访者进行自我探索，促进其自我概念向着更接近自我的经验、体验的方向发展。在治疗中，强调共情式的理解与交流、真诚地交流、积极关注式地交流。

考研考法实战

答案见 D42 页

1.（华东师范大学，2014）单选：被看做是心理治疗的"第三势力"的心理疗法是（　　）。

A. 行为疗法　B. 人本主义心理治疗
C. 精神分析　D. 认知治疗

2.（华中师范大学，2019）单选：创造"以人为中心"的心理疗法的是（　　）。

A. 马斯洛　B. 班杜拉　C. 凯利　D. 罗杰斯

3.（南京师范大学，2013）单选：健康的人是自我实现的人。而人的基本需要的满足是在人际关系中实现的，这种观点的 提出者是（　　）。

A. 罗杰斯　B. 马斯洛　C. 奥尔波特　D. 班杜拉

第二节 以人为中心的治疗过程与方法

研究真题，明确考况

考试要求	自主命题	
	考题	考查点
1. 以人为中心的治疗过程与方法	华中师范大学，2016；山东师范大学，2016；华东师范大学，2011；南开大学，2015/2017；复旦大学，2015	选择 / 简答：以人为中心的治疗方法及区分
	中山大学，2018	简答：与其他治疗方法的区分及应用

考点 1 以人为中心的治疗过程与方法

考研基础必备

1. 治疗过程

（1）来访者前来求助；这是治疗的重要前提。

（2）治疗者向来访者说明咨询或治疗情况；要向来访者说明这里没有解决答案，咨询或治疗只是提供了一个场所或氛围，帮助来访者自己找到某种答案或自己解决问题。

（3）鼓励来访者情感的自由表现；治疗者要有掌握会谈的经验，有效地促进对方表述。

（4）治疗者要能够接受、认识、澄清对方的消极情感；治疗者要以接受对方的态度，努力创造出一种气氛，使对方认识到这些消极的情感也是自身的一部分。有时也需要加以澄清，使来访者对自己有更清楚的认识。

（5）来访者成长的萌动；来访者暴露出消极的情感之后，模糊的、试探性的、积极的情感不断萌发出来，成长由此开始。

（6）治疗者对来访者的积极的情感要加以接受和认识；无须为积极情感表扬或赞许，也不加入道德评价，促使来访者自然达到领悟与自我了解的境地。

（7）来访者开始接受真实的自我；来访者对自我理解和接受，为进一步在新的水平上达到心理的整合奠定基础。

（8）帮助来访者澄清可能的决定及应采取的行动；协助来访者澄清其可能做出的选择。

（9）疗效的产生：领悟导致了积极的、尝试性的行动，疗效就产生了。

（10）进一步扩大疗效：帮助来访者发展其领悟以求达到较深的层次，并注意扩展其领悟的范围。

（11）来访者的全面成长：来访者有较大的信心进行自我指导。

（12）治疗结束。来访者感到无须再寻求治疗者的协助，治疗关系即就此终止。

2. 非指导（nondirective）的治疗方式

认为来访者有权为他自己的生活作出选择，尽管他选择的目标可能与治疗者的看法很不相同。

3. 治疗者与来访者的关系

在治疗过程中治疗者的主观态度影响治疗关系的治疗，而治疗关系比治疗技术对治疗结果的影响更大：

（1）共情式的理解与交流（表现在言语性与非言语性行为中）。包括表层的理解和深层的理解。

（2）真诚地交流。治疗者要从专业角色中解放出来、自发性交流、非防御的态度、一致性、自我暴露。

（3）积极关注式地交流。

给予来访者一种在缺乏价值条件下的无条件关注，使其在这种无条件关注中重新体验与评价自我全部的真实经验及其对自我的威胁，接受自己全部的真实经验，是改变神经症症状的前提。

4. 会谈技巧

（1）非言语技巧和言语技巧：不带入个人偏见、对来访者的话语不做评判、说明、解释，不提供信息、建议、

忠告。

（2）常用的会谈技巧是鼓励、重复（对来访者言语内容中的重点进行突出或重复，对深层次意识进行挖掘）、对感情的反映。

（3）来访者中心的治疗会谈的一些特征性成分：

①完全接受来访者所体验到的任何情感、思想、变化等，对此不加评判；

②深刻理解来访者情感和体验所包含的个人含义；

③伴随着来访者对自身的探索；

④相信“有机体的才智”能够引导治疗者和来访者双方走向来访者问题的内核；

⑤帮助来访者充分体验其情感。

考研考法突破

考法 1　考查以人为中心的具体治疗方法

人本主义的治疗方法是这部分的重点内容，考查形式多样化，常以选择的形式考查考生对于几种治疗方法之间的区分；以简答或论述的形式考查考生对于几种治疗方法的掌握；因此考生必须掌握每种方法的概念。

例 1：（南开大学，2015/2017，华中师范大学，2021）名解：积极关注 / 无条件积极关注。

【解析】本题考查积极关注的含义。

参考答案：积极关注是给予来访者一种在缺乏价值条件下的无条件关注，使其在这种无条件关注中重新体验与评价自我全部的真实经验及其对自我的威胁，接受自己全部的真实经验，是改变神经症症状的前提。

考法 2　考查与其他治疗方法的区分及应用

这部分的考点会以简答的形式考查考生对于几种不同治疗方法的整体理解，也可以出现在案例题中，让考生举例说明治疗方法的使用。因此，考生要深刻理解每种方法的区别和使用条件。

例 2：（中山大学，2018）论述：精神分析（心理动力）角度的心理治疗与来访者中心心理治疗的区别何在？并请考虑如何应用其原理在日常生活中提升自己与他人的心理健康？

【解析】本题考查精神分析治疗方法与人本主义治疗方法的区别及应用。

参考答案：（1）精神分析角度的心理治疗是使来访者无意识里的内容实现意识化，揭示患者内心的冲突，由此而通过自由联想、梦的解析等方法帮助来访者实现行为的改变。来访者中心心理治疗是一种非指导性的治疗方法，认为来访者自己有指导自己和调整自己的能力，强调治疗关系的重要性，治疗的着眼点是促进来访者的成长，帮助来访者进行自我探索，促进其自我概念向着更接近自我的经验、体验的方向发展。

（2）两者区别：

①对治疗者与患者的关系和作用的认识不同：精神分析从性恶论出发，注重治疗者的作用，强调治疗者对患者的心理疾病的原因的探索、挖掘与了解，但同时也不忽视患者的作用，争取患者的积极配合。人本主义是从性善论出发重视患者的作用，把患者看作是具有实现取向的完整的人，治疗应从患者为中心，治疗者应理解、相信患者，通过与患者的感情、言语等交流达到治疗的目的。

②对心理疾病的起因的看法不同：精神分析认为，心理疾病产生的原因是由本我需要受到压抑而未能满足，尤其是超我通过自我对本我的压抑。人本主义认为心理疾病是因自我与现实的经验不一致而导致心理失调时产生的。

③适用范围和疗效不同：精神分析疗法来源于临床的经验，更多关注异常行为。因此对神经症的治疗效果较好。以人为中心疗法更多的关注正常人的心理问题，因此对于轻度的心理问题疗效较好。

（3）对于心理健康的教育启示：（合理表述即可）

①精神分析治疗的原理包括潜意识理论、人格结构理论、自我防御机制以及性心理发展阶段理论。在提升全民心理健康的过程中，可以去了解一个人的童年经历，了解个体成长过程中遇到的挫折和不良的亲子关系，让个体直面内心的焦虑，揭示无意识冲突的内容。同时可以注重培养民众健康的心理防御机制，最重要的是“积极的适应”，积极的适应包括两个方面：一是主体正视现实，承认挫折。二是主体对环境的改造。在心理健康教育课程中加入应对挫折、焦虑、倦怠、提高自信等相关主题的团体辅导活动，帮助民众建立健康的防御机制。

②以人为中心疗法的原理包括人的自我实现倾向理论、自我概念的理论。以人为中心疗法相信积极成长的力量，相信人有能力、引导和控制自己，相信人是能够发现其自我概念中的问题的。因此在提升全民心理健康的过程中，应该注重民众的自信心的培养，通过开展相关的主题活动，比如结合“5.25 心理健康日”，创造一种有利于来访者自我成长的氛围，真诚的交流、共情式的理解、积极关注来访者身上的闪光点，让民众更有自信地展现自己。

考研考法实战

答案见 D42 页

1.（华东师范大学，2011）单选：就“帮助者特点”而言，以下不属于罗杰斯心目中咨询特质的是（　　）。

A. 具体性　　B. 真诚和一致

C. 共感　　D. 无条件积极关注

2.（山东师范大学，2016）简答：罗杰斯认为影响治疗关系的因素有哪些？

章节考点　综合训练

答案见 D42 页

一、选择题

1.（华中师范大学，2016）多选：当事人中心疗法中的助长条件是（　　）。

A. 尊重　　B. 共情　　C. 真诚　　D. 积极关注

2.（复旦大学，2018）哪一条不符合“人本主义”学派的咨询理论是（　　）。

A. 尊重　　B. 同理心

C. 无条件积极关注　　D. 与来访者保持边界

3. 求助者中心疗法认为心理失调产生的原因是（　　）。

A. 出现错误的认知　　B. 心理需求得不到满足

C. 自我概念与经验不协调　　D. 与客观现实不相适应

4. 人本主义心理学家强调（　　）。

A. 认知与情绪　　B. 环境与教育
C. 动机与人格　　D. 潜意识与驱力

5. 罗杰斯的当事人中心疗法非常强调（　　）对咨询的重要意义，并认为它是使求助者人格产生建设性改变的关键条件之一。
A. 有条件尊重　　B. 无条件尊重
C. 有条件信任　　D. 无条件信任

6. 罗杰斯最富有特色的理论观点是，他强调（　　）。
A. 咨询技能的重要性　　B. 咨询师理论的重要性
C. 求助者有自我治愈的能力　　D. 求助者的权利与义务

7. 罗杰斯认为求助者发生积极的改变的充分必要条件是（　　）。
A. 咨询技巧　B. 咨询策略　C. 咨询关系　D. 咨询过程

8. 罗杰斯对“经验”的概念来源于现象学中的“现象场”，“现象场”是指（　　）。
A. 人的主观世界　　B. 外部客观世界
C. 人与环境的关系　　D. 人所处的环境

9. 求助者中心疗法的实质是重建个体在自我概念与经验之间的和谐，也就是（　　）。
A. 经验的重建　　B. 自我概念的重建
C. 人格的重建　　D. 价值条件化的重建

二、简答题

1. 患者中心疗法具有什么特点？
2. 试比较以人为中心疗法和理性行为疗法对心理失调和心理适应问题的观点。
3. 请简述在以人为中心疗法中咨询师如何更好地促进咨询关系。
4.（东北师范大学专硕，2021 年）人本主义如何看待心理问题及如何治疗？

三、案例分析题

1.（华中师范大学，2015）晓静决心考研，但眼看考试时间临近，却常常内心纠结，无法静心学习，因此寻求心理咨询的帮助。她急切地对咨询师说：“真的很想考上研究生，那意味着我今后会有更好的前途，能找到更好的工作。”一会她又略显忧虑地说道：“不过有时也觉得自己好像不太喜欢学习，也许并不适合读研。”不过，晓静马上又打起精神，大声说：“我肯定要考啊，我父母也觉得这是我最好的出路。”一会她又低下头，低声说道：“有时也会觉得读了这么多年书，感觉好累啊。”

从以人为中心疗法的视角分析以上个案：
（1）晓静目前的问题是什么？
（2）晓静问题的可能成因有哪些？
（3）晓静的心理咨询该如何进行？

第九章 合理情绪治疗的理论与方法

本章主要介绍合理情绪治疗的理论与方法，合理情绪治疗是认知心理治疗中的一种疗法，因它也采用行为治疗的一些方法，故被称为一种认知行为治疗的方法。主要包括合理情绪治疗的基本理论、基本步骤和技术方法，经常出现在选择题、简答题、论述题以及案例分析中，也常与精神分析流派、行为主义流派等其他流派的知识进行综合考查，考生在复习时要深入理解重要概念，并注意结合案例灵活运用。

第一节 合理情绪治疗的理论与方法

研究真题，明确考况

考试要求	自主命题	
	考题	考查点
1. 合理情绪治疗的理论与方法	湖南师范大学，2016	简答：合理情绪疗法理论的含义
	华南师范大学，2016	选择 / 简答：ABC 理论
	湖南师范大学，2016	简答：不合理信念的特征

考点 1 合理情绪治疗的理论特点

考研基础必备

合理情绪理论（RET）是由美国临床心理学家阿尔伯特·艾利斯创立。起初艾利斯将这种治疗方法称为“理性疗法”，为了区别于理性主义哲学思想，改名为“理性—情绪疗法”，随后由于认知—行为治疗取向的影响，称之为“理性—情绪—行为疗法”。合理情绪治疗是认知心理治疗中的一种疗法，因他也采用治疗的一些方法，故被称之为一种认知行为治疗的方法。

1. 合理情绪疗法对人本性的看法

（1）人既可以是有理性的、合理的，也可以是无理性的、不合理的，当人们按照理性去思维、去行动时，他们就会是愉快的，富有竞争精神以及行有成效的人。

（2）情绪是伴随人们的思维而产生的，情绪上或心理上的困扰是不合理的，不合逻辑的思维所造成的。

（3）人具有一种生物学的和社会学的倾向性，倾向于存在有理性的合理思维和无理性的不合理的思维。

（4）人是有语言的动物，思维借助于语言而进行，不断地用内化语言重复某种不合理的信念就会导致无法排解的情绪困扰。

（5）情绪困扰的持续是由于那些内化语言持续的结果。

2. 情绪 ABC 理论

这一理论的要点就是情绪不是由某一诱发性事件本身所引起的，而是由经历了这一事件的个体对这一事件的解释和评价所引起的。

A 是指诱发性事件；B 是指个体在遇到诱发事件之后相应而生的信念，即他对这一事件的看法、解释和评价；C 是指在特定情景下，个体的情绪及行为的结果。该理论指出，诱发事件 A 只是引起情绪以及行为反应的间接原因，而 B 指人们对诱发事件所持的信念、看法、解释才是引起人的情绪和行为反应的更直接的原因。

3. 不合理信念的特征

（优加考研温馨提示：不同版本对于此部分的表述不一致，本文参照钱铭怡版）

（1）绝对化的要求：是指人们以自己的意愿为出发点对某一事物怀有认为其必定发生或不会发生这样的信念。通常与“必须”和“应该”这一类字眼联系在一起。

（2）过分概括化：是一种以偏概全，以一概十的不合理思维方式的表现，就像以一本书的封面来判定一本书的好坏一样。

（3）糟糕至极：是一种认为如果一件不好的事发生将是非常可怕、非常糟糕，是一场灾难的想法。

考研考法突破

考法 1 考查合理情绪疗法的含义

此考法常见于选择或名词解释题，考生按照提出者和理论观点掌握合理情绪疗法的含义即可。

例 1：（上海师范大学，2015）名解：理性情绪疗法。

【解析】本题考查合理情绪疗法的含义。

参考答案：

理性情绪疗法是由美国心理学家艾利斯于 20 世纪 50 年代创立了，是认知行为疗法的一种。该疗法认为情绪障碍是由人们的不合理信念所造成，治疗时要以理性治疗非理性，帮助求治者以合理的信念代替不合理的信念，从而最大限度地减少不合理的信念对情绪带来的不良影响。通过改变认知为主，来帮助求治者减少或消除已有的情绪障碍。通常适用于各种神经症和某些行为障碍的病人。

考法 2 考查 ABC 理论

ABC 理论是这部分考查的重点，既可以以选择的形式考查考生对于 ABC 理论中每个因素代表含义的掌握，也可以简答或案例考查考生对于每个因素在实际生活中的应用。

例 2：（华南师范大学，2016）单选：心理咨询中使用的理性情绪疗法，是在埃利斯的 ABC 理论的基础上建立的，其中 B 代表的是（　　）。

A. 存在的事实或行为

B. 个人对事实或行为的看法和信念

C. 当事人的情绪反应

D. 治疗方法

【解析】本题考查 ABC 理论的含义。A 是指诱发事件；B 是指个体在遇到诱发事件之后相应而生的信念；C 是指在特定情景下，个体的情绪及行为的结果。

参考答案：B

考法 3 考查不合理信念的特征

此考法既可以在选择题中考查对于每个特征的理解，也可以以简答的形式与合理情绪疗法一起考查对于不合理信念的特征的整体掌握，考生在深入理解的基础上进行识记即可正确作答。

例 3：（湖南师范大学，2016）简答：什么是合理情绪疗法？不合理信念的基本特征是什么？

【解析】本题将合理情绪治疗的理论与不合理信念的特征进行综合考查。

参考答案：（1）合理情绪疗法是由美国心理学家艾利斯于 20 世纪 50 年代创立了，是认知行为疗法的一种。该疗法认为情绪障碍是由人们的不合理信念所造成，治疗时要以理性治疗非理性，帮助求治者以合理的信念代替不合理的信念，从而最大限度地减少不合理的信念对情绪带来的不良影响。通过改变认知为主，来帮助求治者减少或消除已有的情绪障碍。通常适用于各种神经症和某些行为障碍的病人。

（2）不合理信念的特征：

①绝对化的要求：是指人们以自己的意愿为出发点对某一事物怀有认为其必定发生或不会发生这样的信念。

②过分概括化：是一种以偏概全，以一概十的不合理思维方式的表现。

③糟糕至极：是一种认为如果一件不好的事发生将是非常可怕、非常糟糕的是一场灾难的想法。

考研考法实战 答案见 D44 页

1.（华东师范大学，2019）单选：心理障碍是由于错误的不合理的信念和思考方式所致，如果教会患者校正其非理性认知，问题就会解决，这是（　　）的主要原理。

A. 贝克认知治疗　　B. 合理情绪治疗

C. 人本主义心理治疗　　D. 行为治疗

2.（南京师范大学，2014）单选：“合理情绪疗法”的提出者是（　　）。

A. 荣格　　B. 罗杰斯　　C. 埃利斯　　D. 埃里克森

3.（辽宁师范大学，2021 年）简答题：举例说明理性情绪疗法中典型的三种不合理信念。

第二节 合理情绪治疗的基本步骤及技术方法

研究真题，明确考况

考试要求	自主命题	
	考题	考查点
1. 合理情绪治疗的基本步骤及技术方法	东北师范大学，2018	论述：合理情绪疗法的步骤
	浙江师范大学，2014	论述：合理情绪疗法的技术方法
	苏州大学，2014	论述：合理情绪疗法的实际应用

考点 1 合理情绪治疗的基本步骤及技术方法

考研基础必备

1. 合理情绪治疗的基本步骤

（1）要向来访者指出其思维方式，信念是不合理的，讲清楚不合理的信念与他们的情绪困扰之间的关系。可以直接介绍 ABC 的基本原理。

（2）要向来访者指出，他们的情绪困扰是由于现在他们自身所存在的不合理信念所导致的

（3）与不合理信念辩论，帮助来访者认清其信念的不合理，进而放弃这些不合理的信念，帮助来访者产生某种认知层次的改变。这是治疗中最重要的一环。

（4）改变常见的不合理信念，帮助他们学会以合理的思维方式代替不合理的思维方式。

RET 的整体模型为 ABCDE。A 是诱发性事件；B 是由 A 引起的信念；C 是情绪的和行为的后果；D 是与不合理的信念辩论；E 是指通过治疗达到新的情绪及行为的治疗结果。

2. 合理情绪治疗的技术

1）与不合理信念辩论的方法

（1）辩论的具体方法（埃利斯）：

①质疑式：治疗者直截了当地向来访者的不合理信念发问。

②夸张式：这是治疗者针对来访者信念的不合理之处故意提出一些夸张的问题，其落脚点与质疑式提问是一样的，仅仅是方式上略有区别。

（2）对辩论方法实施的探讨：

①找到不合理的信念，才可有效地进行辩论：寻找来访者的不合理信念，可先从 ABC 模型入手。

②辩论中的积极提问能促进对方的主动思维。与不合理信念辩论，类似于苏格拉底以来许多哲学家所用的辩论方法。所谓苏式回答法，就是使对方说出肯定回答，以简洁的问题询问对方，使他不得不回答是，第二句也使他不得不回答是。

2）合理的情绪想象技术（REI）

（1）使来访者在想象中进入它产生过不适应情绪反应或自感最受不了的情境之中，体验在这种情境下的强烈的情绪反应。

（2）帮助来访者改变这种不适应的情绪反应并体会适度的情绪。

（3）停止想象，让对方讲述他是怎么想的，就使自己的情绪发生了变化的。

3. 认知的家庭作业

（1）合理情绪治疗的自助量表；

（2）与不合理的信念辩论；

（3）合理的自我分析（RSA）。

考研考法突破

考法 1　合理情绪治疗方法的步骤

这部分的考点常以简答的形式考查考生对于合理情绪治疗的步骤；也可以案例分析的形式考查在实际案例中考生运用知识的能力。因此考生必须掌握好每一步骤，并熟练练习。

例 1：（东北师范大学，2018）简答：理性情绪疗法和步骤。

【解析】本题考查合理情绪治疗的步骤。

参考答案：（1）合理情绪疗法是由美国心理学家艾利斯于 20 世纪 50 年代创立了，是认知行为疗法的一种。该疗法认为情绪障碍是由人们的不合理信念所造成，治疗时要以理性治疗非理性，帮助求治者以合理的信念代替不合理的信念，从而最大限度地减少不合理的信念对情绪带来的不良影响。通过改变认知为主，来帮助求治者减少或消除已有的情绪障碍。通常适用于各种神经症和某些行为障碍的病人。

（2）理性情绪疗法的治疗步骤如下：

①要向来访者指出其思维方式，信念是不合理的。帮助他们搞清楚他们为什么会这样做，怎么就变成目前这样了的，讲清楚不合理的信念与他们的情绪困扰之间的关系，可以直接或间接向来访者介绍 ABC 理论。

②要向来访者指出，他们的情绪困扰是由于现在他们自身所存在的不合理信念所导致的。

③与不合理信念辩论；通过与不合理的信念辩论的方法为主的治疗技术，帮助来访者认清其信念之不合理，进而放弃不合理的信念，帮助来访者产生某种认知层次的改变。这是治疗最重要的一环。

④改变常见的不合理信念，以合理代替不合理。不仅要帮助来访者认清并放弃某些特定的不合理的信念，而且要从改变他们常见的不合理信念入手，帮助他们学习以合理的思维方式代替不合理信念，帮助他们学会以合理的思维方式代替不合理的思维方式，以避免做不合理信念的牺牲品。

考法 2　考查合理情绪疗法的运用

此考法常结合生活实例考查考生对于合理情绪疗法技术的运用，因此考生要在理解的基础上，灵活运用。

例 2：（浙江师范大学，2014）论述：以治疗考试焦虑为例阐述理性情绪疗法的步骤和技术。

【解析】本题将合理情绪治疗的步骤和技术进行综合考查。

参考答案：1）理性情绪疗法的步骤

（1）要向来访者指出其思维方式，信念是不合理的。帮助他们搞清楚他们为什么会考试焦虑，怎么就变成目前这样，讲清楚不合理信念与他们的考试焦虑之间的关系，可以直接或间接向来访者介绍 ABC 理论。

（2）指出考试焦虑的原因。要向来访者指出，他们的考试焦虑是由于现在他们自身所存在的不合理信念所导致的。

（3）与不合理信念辩论。通过与不合理的信念辩论的方法为主的治疗技术，帮助来访者认清其考试焦虑的信念不合理，进而放弃不合理的信念，帮助来访者产生某种认知层次的改变。这是治疗最重要的一环。

（4）改变常见的不合理信念，以合理代替不合理。不仅要帮助来访者认清并放弃某些特定的不合理的信念，而且要从改变他们常见的不合理信念入手，帮助他们学习以合理的思维方式代替不合理信念，帮助他们学会以合理的思维方式代替不合理的思维方式，以避免做不合理信念的牺牲品。

理性情绪疗法的技术：

2）与不合理信念辩论的方法

（1）辩论的具体方法（埃利斯）：

①质疑式：治疗者直截了当地向来访者的不合理信念发问。

②夸张式：这是治疗者针对来访者信念的不合理之处故意提出一些夸张的问题，其落脚点与质疑式提问是一样的，仅仅是方式上略有区别。

（2）对辩论方法实施的探讨：

①找到不合理的信念，才可有效地进行辩论：寻找来访者的不合理信念，可先从 ABC 模型入手。

②辩论中的积极提问能促进对方的主动思维。与不合理信念辩论，类似于苏格拉底以来许多哲学家所用的辩论方法。所谓苏式回答法，就是使对方说出肯定回答，以简洁的问题询问对方，使他不得不回答是，第二句也使他不得不回答是。

（3）运用与不合理信念辩论的方法举例：治疗者更多的工作是在找出来访者不合理的信念，在辩论中，治疗者不采用咄咄逼人式的质疑方式，但仍以质疑式提问为主。

3）合理的情绪想象技术（REI）

（1）使来访者在想象中进入它产生过不适应情绪反应或自感最受不了的情境之中，体验在这种情境下的强烈的情绪反应。

（2）帮助来访者改变这种不适应的情绪反应并体会适度的情绪。

（3）停止想象，让对方讲述他是怎么想的，就使自己的情绪发生了变化的。

4）认知的家庭作业

（1）合理情绪治疗的自助量表；

（2）与不合理的信念辩论；

（3）合理的自我分析（RSA）。

考研考法实战 答案见 D44 页

1. 多选：在合理情绪疗法修通阶段最常用的技术方法是（　　）。

A. 与不合理信念辩论　　B. 家庭作业
C. 合理情绪想象技术　　D. 行为技术

2.（苏州大学，2014）论述合理情绪疗法，并结合社会现实进行分析。

章节考点　综合训练

答案见 D44 页

一、选择题

1. “你的看法决定了你的处境”，这种看法是（　　）的观点。
   A. 精神分析　　B. 行为主义
   C. 人本主义　　D. 认知心理学
2. 下列关于认知心理学观点中认知的概念的说法中，错误的是（　　）。
   A. 对过去事件的评价
   B. 当前的内部不平衡状态
   C. 一个人对某一事件的认识和看法
   D. 对未来发生事件的预期
3. 在合理情绪疗法的 ABC 理论中（　　）。
   A. a 代表看法或信念　　B. b 代表行为后果
   C. c 代表诱发事件　　D. 以上全错
4. 在合理情绪疗法中，咨询师需要帮助求助者达到的三种领悟中不包括（　　）。
   A. 诱发事件是产生不良情绪的根源
   B. 信念引起了情绪及行为后果，而不是诱发事件本身
   C. 求助者对自己的情绪和行为反应负有责任
   D. 只有改变了不合理的信念，才能减轻或消除他们目前存在的各种症状
5. 在合理情绪疗法中，咨询师可以运用的“黄金规则”是（　　）。
   A. 我对别人怎样，别人必须对我怎样
   B. 像你希望别人如何对待你那样去对待别人
   C. 别人必须喜欢我，接受我
   D. 滴水之恩，涌泉相报
6. 如果事情非己所愿，那将是一件可怕的事情，这种不合理的信念符合（　　）的特征。
   A. 绝对化　　B. 糟糕至极　C. 以偏概全　　D. 过分概括
7. 认知行为疗法的主要特点是（　　）。
   A. 强调人有自我实现的倾向
   B. 认为心理痛苦是认知过程发生机能障碍的结果
   C. 强调应激事件的关键作用
   D. 强调行为主义治疗的原理
8.（华东师范大学，2019）下列属于后现代心理治疗的是（　　）。
   A. 认知行为治疗　　B. 人本主义治疗
   C. 叙事治疗　　D. 精神分析治疗

二、名词解释

1. 理性—情绪想象。
2. 过分概括化。

三、简答题

1. 如何评价理性—情绪疗法？
2. 简述与非理性信念辩论的策略。
3.（北京大学，2016）简答：请列表比较认知行为治疗与心理动力性治疗方法的异同。
4.（重庆师范大学，2021 年）简答题：结合实际情况论述贝克的认知疗法。

四、论述题

1.（苏州大学，2021 年）论述题：结合实际论述认知治疗的技术特点。

五、案例分析题

1.（重庆师范大学，2020）小王是大四学生，成绩优秀，连年获得奖学金，从进校后一直认真学习，准备考研究生。今年他参加了研究生入学考试。由于考试期间生病，初试成绩不理想，超过国家线三十分，但在报考该学校的上线人员中排名靠后，参考往年的情况，他认为几乎没有可能获得所报考心仪学校的录取资格，于是认为自己运气不好，能力低下，一无是处，不能考上自己心仪的学校，情绪十分低落，吃饭不香，学习没精神，看到想到其他比自己学习差的同学都可能考上比较心仪的学校，心里有很多说不出的痛苦，影响到了他的学习和生活，你是一位心理咨询师，他向你求助，你会怎么处理？请结合 ABC 理论进行处理。

第十章 森田疗法的理论与方法

本章主要介绍森田疗法的理论与技术，这部分知识点较少，考得较少，但作为亚洲一种非常有影响力的治疗方法，在近几年的考试中开始出现考题。考生主要掌握森田疗法的原理和治疗原则。

第一节 森田疗法的理论与原则

研究真题，明确考况

考试要求	自主命题	
	考题	考查点
1. 森田疗法原理和原则	天津医科大学，2021	简答：森田疗法
	郑州大学，2021	简答：森田疗法的原则

考点 1 森田疗法

考研基础必备

1. 森田疗法的基本概念

1）神经质与神经质症

①“神经质”是森田正马基于对神经衰弱等神经症的本质的不同看法而提出的。神经质一词是森田正马提出，他认为其症状纯属主观问题。神经质症状是疑病素质和由他引发的精神活动过程中的精神交互作用。

神经质症是森田疗法另一代表人物高良武久提出。他认为只有神经质症才是森田疗法的真正适应证，其症状是患者具有某种并非器质性原因造成的症状，而是这种症状对其正常生活或工作、学习造成障碍。

②森田根据其对“神经质”的实质的理解，将其分为：

A. 普通神经质：失眠症，头痛，头重，头脑不清，感觉异常等；

B. 强迫观念症：社交恐怖，不洁恐怖，疾病恐怖等；

C. 发作性神经质：心悸发作，焦虑发作，呼吸困难等；

2）疑病素质与神经质症

①疑病素质的定义：是一种精神上的倾向性，或称素质。

②疑病素质的分类：森田认为精神上的倾向性有内向和外向之分，外向型精神活动的目标，经常受外界对象的支配，内向型精神活动的目标则常常局限于自身。

③疑病素质是神经质症患者具有某种共同的特征，是神经质症发生的基础。疑病素质是一种担心患病的精神上的倾向，具有疑病素质的人精神活动内向，内省性强，对自己心神活动状态及异常很敏感，被自我内省所束缚，总是担心自己的心身健康。

3）适应不安与精神交互作用

①适应不安。人在自然界中活动，人在人类社会中生存，必然存在某种不安心理，即为能否在不断变化的环境中生存下去，自身的心理状况能否适应外界环境这样的问题而烦恼，这种不安的心理在人的一生中经常会出现。不安、担心、痛苦等心理虽令人不快，但它却是我们人类生存所必不可少的保护机制。

②精神交互作用。因某种感觉，偶尔引起对他的注意集中和指向，那么，这种感觉就会变的敏锐起来，而这一敏锐的感觉又会越来越吸引注意进一步固定于它。这样一来，感觉与注意彼此促进，交互作用，致使感觉越发强大起来。

4）精神拮抗与思想矛盾

①神经质症患者的根源：思想矛盾造成的精神拮抗作用有关

②精神拮抗作用：人的精神活动，有一种对应和调节的现象，这种现象类似人体中作用相反、彼此制约、相互调节的拮抗肌的作用。具体表现是当一种心理出现时，常常有另一种与之相反的心理出现。过强或者缺乏这种拮抗作用，都会出现问题。

③思想矛盾：是对“但愿如此”，“必须这样”的思想愿望和实际情况，即预计的结果相反，因而发生了矛盾等情况暂定的说法。

5）森田疗法关于神经质症的形成机理

由于疑病素质的存在，在偶然事件的诱因影响下，通过精神交互作用而形成神经质症状。造成神经质症的根本原因则在于想以主观愿望控制客观现实而引起的精神拮抗作用的加强。

2. 森田疗法的原则

1）“顺应自然”

顺应自然是森田疗法最基本的治疗原则，这条基本原则包含着下述多层含义：

①顺应自然，就应认识情感活动的规律，接受不安等令人厌恶的情感。

②顺应自然，就要认识精神活动的规律，接受自身可能出现的各种想法和观念。

③顺应自然，就要认清症状形成和发展的规律，接受

症状。

④顺应自然，就要认清主观和客观之间的关系，接受事物的客观规律。

2）“为所当为”

①忍受痛苦，为所当为。森田疗法认为改变神经症状，一方面要对症状采取顺应自然的态度；另一方面要随着本来有的生的欲望去做应该做的事情。

②面对现实，陶冶性格。神经质患者的冲突，往往停留在患者的主观世界中，他们对引起自己恐惧不安的事物想了又想，总是停留在“想法中”，但事实上，单凭个人主观意志的努力，无法摆脱神经质症状的苦恼，只有通过实际行动才会使思维更加实际和深刻。

考研考法突破

考法 1 森田疗法

这部分的考点以简答题的形式考查考生对森田疗法的理解，考生可以结合基本的概念进行知识概括，掌握重点内容。

例 1：（天津医科大学，2021 年）简答题：简述森田疗法。

【解析】本题考查考生对于森田疗法的理解。

参考答案：“森田疗法”是由日本的森田正马创立的一种疗法，主要应用于神经质症的治疗。神经质症是由于疑病素质的存在，在偶然事件的诱因影响下，通过精神交互作用而形成神经质症状。造成神经质症的根本原因则在于想以主观愿望控制客观现实而引起的精神拮抗作用的加强。森田疗法主要通过顺其自然和为所当为两个原则对其进行治疗。

例 2：（郑州大学，2021 年）简答题：森田疗法的原则。

【解析】本题考查考生对于森田疗法原则的理解。

参考答案：

森田疗法的原则主要表现为顺其自然和为所当为。

1）“顺应自然”

顺应自然是森田疗法最基本的治疗原则，这条基本原则包含着下述多层含义：

①顺应自然，就应认识情感活动的规律，接受不安等令人厌恶的情感。

②顺应自然，就要认识精神活动的规律，接受自身可能出现的各种想法和观念。

③顺应自然，就要认清症状形成和发展的规律，接受症状。

④顺应自然，就要认清主观和客观之间的关系，接受事物的客观规律。

2）“为所当为”

①忍受痛苦，为所当为。森田疗法认为改变神经症状，一方面要对症状采取顺应自然的态度；另一方面要随着本来有的生的欲望去做应该做的事情。

②面对现实，陶冶性格。神经质患者的冲突，往往停留在患者的主观世界中，他们对引起自己恐惧不安的事物想了又想，总是停留在“想法中”，但事实上，单凭个人主观意志的努力，无法摆脱神经质症状的苦恼，只有通过实际行动才会使思维更加实际和深刻。

第十一章 心理咨询与心理治疗的发展趋向及方法的选择和思考

本章主要介绍在心理咨询与心理治疗中不同疗法的整合趋势，这部分的知识点较少，在考研中通常以案例分析的形式考查考生对于不同心理治疗方法的选取与使用。考生需要将本章结合其他知识点灵活运用。

第一节 心理咨询与心理治疗的发展趋势

研究真题，明确考况

考试要求	自主命题	
	考题	考查点
1. 心理咨询与心理治疗的发展趋势	辽宁师范大学，2011/2014；复旦大学，2016	简答 / 论述：心理咨询行业的发展建议

考点 1 心理咨询与心理治疗的发展趋势

考研基础必备

1. 整合的发展倾向

当代心理咨询与治疗的理论多种多样，但仍存在几种主要的理论学派，如心理分析学派、行为学派、以人为中心的学派以及系统治疗、实现治疗、存在治疗、交互作用分析治疗、家庭治疗等。近年来，许多心理咨询家与心理治疗家渐渐抛弃了各自的门户之见，开始出现多种方法并用，多种观点均予考虑的现象。而各种理论学派也渐渐呈现出“门户开放”的整合倾向。

趋向整合的原因：

（1）不同疗法疗效相近；

（2）不同疗法各有千秋；

（3）寻求影响治疗成功的共同因素；

（4）现实社会的要求。

2. 理论与技术方法的整合

心理治疗理论与技术方法的整合，特别体现在折中主义治疗的兴起上。折中主义治疗最早是由宋恩倡导的。宋恩认为任何一种心理咨询与治疗的理论或学说均不完全，因此，提出一种综合各种理论的包罗万象的方法，并称这一方法为折中主义。如宋恩所倡导的那种折中主义的治疗或咨询，这是一种综合其他理论学派而自成一说的具有较为系统的理论的折中主义，例如多种模式的行为治疗，其倡导者拉扎勒斯（A.A. Lazarus）就曾说过：多种模式的行为治疗是折中主义的，但折中主义的治疗却不都是多种模式的行为治疗。其治疗模型中包括有行为的、情绪的、感觉的、想象的、认知的、人际关系方面及生理的各方面的考虑。在治疗或咨询中，分别对上述几个方面逐一进行评价，发现来访者哪一方面有问题便从哪一方面入手解决。

总体来看，没有哪一种心理治疗或咨询的理论是完美无缺的，也没有哪一学派所倡导的疗法具有最高的效力。理论的不断完善与方法的不断改进是咨询与治疗中的自然趋势。世界范围的心理治疗与咨询的发展趋向由“分”而“合”，表明了这领域中实事求是地对待理论及方法的态度。在心理治疗与咨询中，这种新的发展趋势及其所反映的求实态度，必将会导致心理治疗与咨询理论对于人的更为深刻的认识和对人的心理失调机制更为清晰地理解；与此同时，这种趋势也必将导致对心理治疗理论及方法的科学研究取得进一步的发展。

考研考法突破

考法 1 心理咨询行业的发展建议

这部分的考点通常以论述的形式考查考生对于心理咨询行业的发展建议，考生在心理咨询的整合趋势知识基础上，可以加入一些自己对于心理咨询的看法。

例 1：（苏州大学，2016）论述题：论述临床心理学理论模型间相互融合的发展趋势。

【解析】本题考查考生对于心理咨询整合发展趋势的理解。

参考答案：（1）当代心理咨询与治疗的理论多种多样，但仍存在几种主要的理论学派，如心理分析学派（主要为心理分析性治疗）、行为学派（亦包括认知治疗，认知治疗常被称为认知行为治疗）、以人为中心的学派以及系统治疗、实现治疗、存在治疗、交互作用分析治疗、家庭治疗等。近年来，许多心理咨询家与心理治疗家渐渐抛弃了各自的门户之见，开始出现多种方法并用，多种观点均予考虑的现象。而各种理论学派也渐渐呈现出“门户开放”的整合倾向。

（2）趋向整合的原因：不同疗法疗效相近、不同疗法各有千秋、寻求影响治疗成功的共同因素、现实社会的要求

（3）理论与技术方法的整合：心理咨询与治疗领域中整合的倾向，反映了人们对于单一理论学派的缺陷的不满，及对其他理论学派长处的正视。对于心理咨询与治疗的各

种不同疗法的疗效的比较表明，各种学派均各有其长处，这使得人们趋向于取长补短，吸收其他学派的方法，改进自己学派的技术。总体来看，没有哪一种心理治疗或咨询的理论是完美无缺的，也没有哪一学派所倡导的疗法具有最高的效力。理论的不断完善与方法的不断改进是咨询与治疗中的自然趋势。世界范围的心理治疗与咨询的发展趋向由“分”而“合”，表明了这领域中实事求是地对待理论及方法的态度。在心理治疗与咨询中，这种新的发展趋势及其所反映的求实态度，必将会导致心理治疗与咨询理论对于人的更为深刻的认识和对人的心理失调机制更为清晰地理解；与此同时，这种趋势也必将导致对心理治疗理论及方法的科学研究取得进一步的发展。

（4）我国的心理咨询与治疗起步不久，面临着当代国际心理咨询与治疗趋于整合的新的趋势，应该说对我们是十分有利的。对于我国的有关人员来说，不仅要认真掌握这一发展趋势，而且特别应从中汲取的是这一趋势所反映的不断进取的精神和实事求是的态度。我国除了极少数咨询者与治疗者的工作之外，绝大多数的咨询与治疗工作者的工作尚未定型。面对国外众多的理论学派及方法技术，也可以采取广采博收，兼容并蓄的态度，努力汲取国外的理论学派的精华，在自己的实践中，不断扬弃其中不适合中国国情的部分，发展出适合我国特点的理论及方法来。

人格心理学

人格心理学是一门探讨人格的构成、动力及其运作、起因、发展与后果的心理科学。人格心理学在考研中一般只在专硕中作为一个学科进行考查，其分值占比一般在 30~50 分左右，除了河南大学的应用心理只考查普通心理学和人格心理学两个学科，因此人格心理学的分值占比较高。

人格心理学的主要内容包括绪论以及各大流派的人格理论。绪论的内容主要包括人格的定义及性质、人格成因和人格的研究方法。各大流派的人格理论是人格心理学的主体内容，主要包括精神分析流派、行为主义流派、人本主义流派、特质理论和认知学派等内容，不同的教材划分的可能不一样，根据自己的参考教材来掌握即可。

人格心理学由于涵盖了各个流派的代表人物的理论观点，因此内容繁多，各个理论观点之间极其容易混淆，建议考生在复习的过程中，用思维导图、框架图等来梳理每个流派的理论观点，并且在学习的过程中多多思考对比同一流派不同学者的观点的异同，不同流派的观点的异同。

另外，虽然人格心理学这本书的内容看似很多，但是细细读来就会发现其与心理学的其他学科有着千丝万缕的联系，各个学者的人格理论在普通心理学、发展心理学、教育心理学和社会心理学等学科中均有介绍，因此考生要学会综合各个学科的知识点，合并相同的内容，减少自己的记忆负担。当然，在这个合并同类项的过程中，难免会出现一些知识点表述有所出入的情况，如果是同一意思不同表述，那么只记忆其一即可，不需要记忆两种表述方式；如果是完全不同，比如对发展阶段的年龄的划分，那就需要考生对两者加以记忆区分。

人格心理学的主要参考教材有以下几本：

（1）许燕《人格心理学》，北京师范大学出版社。这本书的最大的特色就是结构清晰，每个心理学家都是根据理论观点、研究方法、研究主题、理论应用和理论评价几个方面来进行介绍，十分有利于考生学习和识记。其也是大部分院校指定的参考教材。

（2）郑雪《人格心理学》，暨南大学出版社。

（3）黄希庭《人格心理学》，浙江教育出版社。

（4）Jerry M.Burger 著 陈会昌 译《人格心理学》，中国轻工业出版社。

（2）~（4）这三本教材，是个别院校推荐的参考教材，考生可酌情选择。

在接下来的学习过程中，如果你发现书籍有错误或者有异议的地方，可以扫描左边的二维码填写问卷告知我们，我们会及时核对并在“心理学考研一本通交流群”中进行勘误说明，你可以扫描右边的二维码进群获得勘误文档，更有优加教研老师为你答疑解惑。

错误收集问卷　　心理学考研一本通交流群

第一章 人格心理学导论

本章主要介绍了人格的界定及其影响因素，以及人格心理学的研究方法。其中人格的界定及其影响因素是考试的重点内容，常通过单选、名词解释、简答论述等形式进行考查，其内容与普通心理学 / 心理学导论中的人格一章的内容差异不大，因此大家可结合普心进行学习。人格心理学的研究方法的内容，考查频率较低，一般通过简答论述题进行考查，考生可根据自己院校的考试情况选择性复习。

第一节 人格的界定

研究真题，明确考况

考试要求	自主命题	
	考题	考查点
人格的定义	华东师范大学，2017；华南师范大学，2017；西北师范大学，2017	名词解释：人格
	中山大学，2017	单选：人格概念的特点
人格的基本性质	电子科技大学，2010；南京师范大学，2012；江西师范大学，2013；西南大学，2015；福建师范大学，2015/2016；四川师范大学，2015；东北师范大学，2017；河南大学，2021	单选：人格的基本性质
人格的定义和基本性质	东北师范大学，2011/2013	论述：人格的定义及特性
	苏州大学，2012/2014；西南大学，2016/2018；南京大学，2020	简答：人格的基本特性

考点 1 人格的定义

考研基础必备

目前，人格还没有一个统一的定义，奥尔波特总结出了 6 类人格定义。

1. 集合式定义

罗列出一些人格成分，人格被描述为这些元素的集合。如普林斯："个体一切生物的先天倾向、冲动、趋向、欲求和本能，以及由经验而获得的倾向和趋向的总和。"

2. 整合式和完形式定义

强调人格为个体各方面属性所组成的整体。如麦考迪："多种模式（兴趣）的一个整合，这种整合使有机体的行为具有一种特殊的个体倾向。"

3. 层次性定义

将人格分为若干层次或等级，越是上层的结构越具有整合的作用。如詹姆士将自我分为物质的自我、社会的自我、精神的自我和纯粹的自我。

4. 适应性定义

强调适应性功能。如肯卜夫："人对环境进行独特的适应中所具有的那些习惯系统的综合。"

5. 个别性定义

强调个人的独特性，一个人与其他人的不同之处。如米歇尔："个人心理特征的统一，这些特征决定人的外显行为和内隐行为，并使它们与别人的行为有稳定的差异。"

6. 代表性定义

强调人格是个人的代表性行为范式，他不是与别人不同，而是具有自己的特色。如："一个人区别于另一个人并保持恒定的具有特征性的思想、情感和行为的模式。"

综上所述，奥尔波特认为：人格是一个人的内在心理生理系统的动态组织，它决定了此人对其环境的独特适应。

许燕认为：人格是个体在社会生活的适应过程中，对己、对人、对事、对物做出反应时，其自身所显示出来的异于别人的独特心理品质。

郑雪认为：人格是个体在先天生物遗传素质的基础上，通过与后天社会环境的相互作用而形成的相对稳定而独特的心理行为模式。

考研考法突破

考法 1 人格的定义

通过选择题、名词解释和简答论述题考查人格的定义，在简答论述题中通常与其他考点结合考查，如人格的性质、影响因素等。关于人格的定义，目前并没有一个统一的定义，因此考生可以记忆奥尔波特的定义，或者自己院校的指定教材的定义。

例 1：（华东师范大学，2017；华南师范大学，2017；西北师范大学，2017）名词解释：人格。

【解析】这里考查人格的名词解释，可不回答人格的 6 种定义方式，直接回答综合性的定义即可。

参考答案：奥尔波特认为：人格是一个人的内在心理生理系统的动态组织，它决定了此人对其环境的独特适应。许燕认为：人格是个体在社会生活的适应过程中，对己、对人、对事、对物做出反应时，其自身所显示出来的异于别人的独特心理品质。

考研考法实战 答案见 D47 页

1.（中山大学，2017）单选：人格概念主要特点是（　　）。

A. 道德整合　　B. 自我意识
C. 行为一致性　　D. 自我实现

考点 2　人格的基本性质

考研基础必备

1. 独特性（“人心不同，各如其面”）

一个人的人格是在遗传、成熟、环境、教育等先后天因素的交互作用下形成的。不同的遗传环境、生存及教育环境，形成了各自独特的心理特点。

奥尔波特曾说过：“火可以使黄油融化或使鸡蛋变硬”。这句话即反映了人格的独特性。

2. 稳定性（“江山易改，禀性难移”）

人格的稳定性反映在三个方面：

①人格形成方面，一个人的某种人格特点一旦形成后，就相对稳定下来了，要想改变它是较有难度的事情。

②人格表现方面，在不同时间、不同情境下人格表现出一致性。包括平均水平上的稳定性和个体间的稳定性。

③人格特征方面，人格特征是指一个人经常表现出来的稳定的心理与行为特点，那些暂时、偶然表现出来的行为则不属于人格特征。

3. 统合性

人格是由多种成分构成的一个有机整体，具有内在的一致性，受自我意识的调控。人格的统合性是心理健康的重要指标。

4. 功能性

人格决定一个人的生活方式，甚至有时会决定一个人的命运，因而是人生成败的根源之一。当面对挫折与失败，坚强者可能发奋拼搏，懦弱者则可能表现出一蹶不振。

考研考法突破

考法 1　人格性质的辨析

常通过选择题考查考生对人格的基本性质的辨析能力，该考法通常给一个描述或俗语，问体现了何种特点 / 性质，因此考生需要结合例子来深刻理解人格的四种性质。

例 2：（电子科技大学，2010；福建师范大学，2015；四川师范大学，2015）单选：“人心不同，各如其面”，这句俗语为人格的（　　）做了最好的诠释。

A. 稳定性　　B. 功能性　　C. 整合性　　D. 独特性

【解析】“人心不同，各如其面”的意思是人的内心世界各不相同，就好像他们的面貌各不相同一样。这句话体现了人格的独特性。

参考答案：D

例 3：（福建师范大学，2016）单选：“江山易改，本性难移”说明人格具有（　　）。

A. 独特性　　B. 稳定性　　C. 统合性　　D. 功能性

【解析】“江山易改，本性难移”是指人的本性的改变，比江山的变迁还要难。形容人的本性难以改变。体现了人格的稳定性。

参考答案：B

例 4：（南京师范大学，2012）单选：人格的表现绝非静水一潭，各种人格结构的组合千变万化，这反映出人格的（　　）。

A. 独特性　　B. 稳定性　　C. 统合性　　D. 复杂性

【解析】人格的统合性是指人格是由多种成分构成的一个有机整体，具有内在的一致性，受自我意识的调控。“人格结构的组合千变万化”说明人格并非各种特征简单堆积起来的，而是依照一定的内在联系结合起来的，体现了人格的统合性。

参考答案：C

考研考法实战 答案见 D47 页

1.（东北师范大学，2017）单选：国内心理学工作者对于人格界定中有“个体适应环境在智力、情绪、需要、兴趣、态度、价值观、气质、性格和体质等方面的统一。”这体现了人格何种特性（　　）。

A. 整体性　　B. 独特性　　C. 稳定性　　D. 社会性

2.（江西师范大学，2013）单选：“性格决定命运”这句话强调了人格中的哪种特性（　　）。

A. 独特性　　B 稳定性　　C 整体性　　D 功能性

3.（西南大学，2015）单选：“三岁看大，七岁看老”体现了人格的（　　）。

A. 整体性　　B. 稳定性　　C. 独特性　　D. 社会性

4.（河南大学，2021）名词解释：人格统合。

综合考点　人格的定义和基本性质

考研考法突破

综合点　人格的定义和基本性质

该考法常见于简答论述题，综合考查人格的定义和基本性质 / 特点。有些简答题中直接问的是人格的基本性质，也最好先回答人格的定义，再回答人格的基本性质。

例 5：（东北师范大学，2011/2013）论述：心理学家如何界定人格？试述人格的特性。

【解析】该题不仅需要回答人格的定义，还需要回答人格心理学家关于人格的各种界定方式。再回答人格的基本性质。

参考答案：目前，人格还没有一个统一的定义，奥尔波特总结出了 6 类人格定义。

1. 集合式定义

罗列出一些人格成分，人格被描述为这些元素的集合。如普林斯：“个体一切生物的先天倾向、冲动、趋向、欲求和本能，以及由经验而获得的倾向和趋向的总和。"

2. 整合式和完形式定义

强调人格为个体各方面属性所组成的整体。如麦考迪："多种模式（兴趣）的一个整合，这种整合使有机体的行为具有一种特殊的个体倾向。"

3. 层次性定义

将人格分为若干层次或等级，越是上层的结构越具有整合的作用。如詹姆士将自我分为物质的自我、社会的自我、精神的自我和纯粹的自我。

4. 适应性定义

强调适应性功能。如肯卜夫："人对环境进行独特的适应中所具有的那些习惯系统的综合。"

5. 个别性定义

强调个人的独特性，一个人与其他人的不同之处。如米歇尔："个人心理特征的统一，这些特征决定人的外显行为和内隐行为，并使它们与别人的行为有稳定的差异。"

6. 代表性定义

强调人格是个人的代表性行为范式，他不是与别人不同，而是具有自己的特色。如："一个人区别于另一个人并保持恒定的具有特征性的思想、情感和行为的模式。"

综上所述，奥尔波特认为：人格是一个人的内在心理生理系统的动态组织，它决定了此人对其环境的独特适应。

人格的基本性质包括以下四点：

1. 独特性（"人心不同，各如其面"）

一个人的人格是在遗传、成熟、环境、教育等先后天因素的交互作用下形成的。不同的遗传环境、生存及教育环境，形成了各自独特的心理特点。

奥尔波特曾说过："火可以使黄油融化或使鸡蛋变硬"。这句话即反映了人格的独特性。

2. 稳定性（"江山易改，禀性难移"）

人格的稳定性反映在三个方面：

①人格形成方面，一个人的某种人格特点一旦形成后，就相对稳定下来了，要想改变它是较有难度的事情。

②人格表现方面，在不同时间、不同情境下人格表现出一致性。包括平均水平上的稳定性和个体间的稳定性。

③人格特征方面，人格特征是指一个人经常表现出来的稳定的心理与行为特点，那些暂时、偶然表现出来的行为则不属于人格特征。

3. 统合性

人格是由多种成分构成的一个有机整体，具有内在的一致性，受自我意识的调控。人格的统合性是心理健康的重要指标。

4. 功能性

人格决定一个人的生活方式，甚至有时会决定一个人的命运，因而是人生成败的根源之一。当面对挫折与失败，坚强者可能发奋拼搏，懦弱者则可能表现出一蹶不振。

考研考法实战 答案见 D47 页

1.（苏州大学，2012/2014；西南大学，2016/2018；南京大学，2020）简答：简述人格的基本性质 / 特点。

第二节　人格成因

研究真题，明确考况

考试要求	自主命题	
	考题	考查点
遗传与生理因素	福建师范大学，2016	单选：双生子研究
家庭与早期经验	江西师范大学，2013	单选：早期童年经验对人格的影响
人格的影响因素	四川师范大学，2015/2017/2018；东南大学，2018	简答：人格的影响因素
	东北师范大学，2017/2018；广州大学，2018；南京师范大学，2018	论述：人格的影响因素

考点 1　遗传与生理因素

考研基础必备

1. 遗传因素

1）家族史或家谱法

通过研究前代人的某种人格特征在家系内后人身上得到显现的频率，用以说明某种人格特征的遗传性和遗传形态。

2）双生子研究

许多心理学家认为双生子研究是研究人格遗传因素的最好方法。研究者认为同卵双生子之间的差异可能是由环境造成的，而异卵双生子的差异可能是由基因决定的。

3）收养研究

这种研究可以比较被收养的孩子与其亲生父母之间的相似性，同样也可以比较被收养儿童与收养者之间的相似性。这样，被收养儿童与其亲生父母之间的相似性程度可以考虑是基因的作用，与收养父母之间的相似性程度可以认为是环境的因素。

4）选择性饲养

选择性饲养的实验研究多用动物来做，方法是选择具有某种特质的动物，予以控制性交配，然后从第二代中再选出具有该特质的动物，相互交配，如此继续繁衍数代，来考查其特质的遗传性。

5）早晚期行为差异的对比研究

该研究是通过婴儿早期行为与长大后的行为差异来看遗传因素的作用。研究指标有：观察 0 至 1 岁的笑的次数，出生数周哭的量，吸吮率，身体动作量。

6）体质差异研究

体质差异研究强调身心关系，自古以来就存在着人的身体特征与人格有关的观点。

2. 生理因素

人格心理学家主要通过生物化学和脑功能定位两方面的研究来证实生理因素对人格的影响，比如五羟色胺（5-HT）被认为与焦虑和抑郁有关；男性中缺乏单胺类氧化酶 A 会产生侵犯性行为等等。还比如卡根的研究显示，内向儿童的杏仁核兴奋阈值低。

综上所述，遗传对人格的作用表现在以下几个方面：

①遗传是人格不可缺少的影响因素。

②遗传因素对人格的作用程度随人格特质的不同而异。通常在智力、气质这些与生物因素相关较大的特质上，遗传因素的作用较重要；而在价值观、信念、性格等与社会因素关系紧密的特质上，后天环境的作用可能更重要。

③人格的发展是遗传与环境两种因素交互作用的结果。

考研考法突破

考法 1　双生子研究

双生子研究是研究遗传在人格形成中占比的重要方法，考生对于这个知识点要详细掌握。

例 1：（福建师范大学，2016）单选：对人格的生物遗传因素进行研究时，心理学家认为（　　）是最好的研究方法。

A. 族谱分析　　B. 双生子研究

C. 归因溯源法　　D. 临床病理分析

【解析】许多心理学家认为双生子研究是研究人格遗传因素的最好方法。

参考答案：B

考点 2　家庭与早期经验

考研基础必备

1. 家庭成因

家庭是社会的细胞，家庭成员间不仅有其自然的遗传因素，也有其社会的“遗传”因素。这种社会遗传因素主要表现为家庭对子女的教育作用。

（1）父母人格的影响力，见表 1-1。

表 1-1　父母人格对孩子人格形成的影响

父母人格类型	孩子的人格特征
权威型	消极、被动、依赖、服从、懦弱，做事缺乏主动性，甚至会不诚实
放纵型	任性、幼稚、自私、野蛮、无礼、独立性差、唯我独尊、蛮横胡闹等
民主型	活泼、快乐、直爽、自立、彬彬有礼、善于交往、富于合作、思想活跃等

（2）家庭教养方式。研究人格的家庭成因，重点在于探讨家庭的差异和不同的教养方式对人格发展和人格差异的影响，见表 1-1。

表 1-2　两种保护型母亲与孩子人格特征的关系

母亲教养方式	孩子的人格类型	孩子的人格特征
保护－纵容型	小霸王型	冲动、残暴、执拗、支配、自我克制力差、脾气暴躁、提过分要求等
保护－支配型	温顺乖孩子型	顺从、温和、听话、胆小、整洁、有礼貌、学习勤奋，但竞争力与独立性差、懦弱

2. 早期童年经验

人格发展的确受到童年经验的影响，幸福的童年有利于儿童发展健康的人格，不幸的童年也会使儿童形成不良的人格。但二者不存在一一对应的关系，溺爱可能使孩子形成不良的人格特点，逆境也可能磨炼出孩子坚强的性格。早期经验不能单独对人格起决定作用，它与其他因素共同决定着人格的形成与发展。

综上所述，家庭是“人类性格的工厂”，家庭对人格的影响主要体现在以下方面：

①家庭是社会文化的媒介，对人格具有强大的塑造力；

②父母的教养方式的恰当性会直接决定孩子良好人格特征的形成；

③父母在养育孩子的过程中，表现出了自己的人格，并有意无意地影响和塑造着孩子的人格，形成家庭中的“社会遗传性”。

考研考法突破

考法 1　早期童年经验对人格的影响

通过选择题考查早期童年经验对人格的影响，该考法出现频率较低，且比较简单，同学们理解即可。

例 2：（江西师范大学，2013）“三岁看大，七岁看老”，这句话反映了哪个因素对人格发展的影响（　　）。

A. 社会文化　　B. 家庭环境

C. 自然物理因素　　D. 早期童年经历

【解析】“三岁看大，七岁看老”是指从 3 岁的孩子的心理特点、个性倾向，就能看到这个孩子青少年时期的心理与个性形象的雏形；而从 7 岁的孩子身上，你能看到他中年以后的成就和功业。这句话反映了早期童年经历对人格发展的影响。

参考答案：D

考点 3　学校与社会文化

考研基础必备

1. 学校

①教师对学生人格发展具有导向作用；

②同伴群体对人格发展具有“弃恶扬善”的作用；

③学校是人格社会化的主要场所。

2. 社会文化

①社会文化对人格具有重要作用，特别是后天形成的一些人格特征；

②社会文化因素决定了人格的共同性特征，它使同一社会的人在人格上具有一定程度的相似性。

综合考点 人格的影响因素

考研考法突破

综合点 综合考查人格形成的影响因素

关于人格的影响因素一般通过简答或论述题进行考查。该考法的考查频率很高，大家需要熟记每一个因素对人格的作用。同学们可以按照这样的逻辑来记忆其影响因素，首先人格的影响因素分为遗传（先天）和环境（后天）因素，而环境（后天）因素主要是家庭、学校和社会三方面的因素。

例 3：（四川师范大学，2015/2017/2018；东南大学，2018）简答：影响人格形成和发展的因素。

【解析】该题考查人格的影响因素，先回答人格的定义，再分别回答其影响因素即可。

参考答案：人格是一个人的内在心理生理系统的动态组织，它决定了此人对其环境的独特适应。人格的影响因素主要包括以下几点：

1）遗传与生理因素

①遗传是人格不可缺少的影响因素。

②遗传因素对人格的作用程度随人格特质的不同而异。通常在智力、气质这些与生物因素相关较大的特质上，遗传因素的作用较重要；而在价值观、信念、性格等与社会因素关系紧密的特质上，后天环境的作用可能更重要。

③人格的发展是遗传与环境两种因素交互作用的结果。

2）家庭与早期经验

①家庭是社会文化的媒介，对人格具有强大的塑造力；

②父母的教养方式的恰当性会直接决定孩子良好人格特征的形成；

③父母在养育孩子的过程中，表现出了自己的人格，并有意无意地影响和塑造着孩子的人格，形成家庭中的“社会遗传性”。

3）学校

①教师对学生人格发展具有导向作用；

②同伴群体对人格发展具有“弃恶扬善”的作用；

③学校是人格社会化的主要场所。

4）社会文化

①社会文化对人格具有重要作用，特别是后天形成的一些人格特征；

②社会文化因素决定了人格的共同性特征，它使同一社会的人在人格上具有一定程度的相似性。

考研考法实战 答案见 D47 页

1.（东北师范大学，2017/2018；广州大学，2018；南京师范大学，2018）论述：影响人格形成与发展的因素有哪些？试分析它们对人格的作用是什么。

第三节 人格心理学方法

研究真题，明确考况

考试要求	自主命题	
	考题	考查点
一般方法论原则	河南大学，2020	论述：人格研究的方法论基础
	河南大学，2020	简答：人格研究的伦理原则
人格研究的途径	西北师范大学，2012	简答：人格心理学的研究途径

考点 1 一般方法论原则

考研基础必备

1. 理论探讨与实证研究的结合

在人格心理学的研究中，不仅要从理论上探讨人格心理学研究的课题，构造一个全面的理论体系，同时要根据理论体系或模式来精心设计研究方法和指导具体的实验研究，最后将理论模式和实验研究材料结合起来，进行全面的分析和讨论，得出有理有据的结论。

2. 定性研究与定量研究的结合

在人格心理学的研究中，应该坚持质量统一的观点，在理论模式的指导下，确定研究量的量化指标，将定性分析和定量分析统一在同一个研究之中。

3. 元素分析与整体综合

在人格心理学研究中，要采用多变量的研究设计，多学科和多样化的研究方法。

4. 心理学研究中的生态化趋势与现场研究

在人格心理学研究中，应该以生态学的观点为指导，到被试的自然真实的家庭情境和工作场所中进行观察、谈话、调查、心理测验和实验，即进行现场研究，以提高研究结果的可靠性和可应用性。

5. 伦理性原则

（1）被试自愿参加，即在进行研究之前，研究者应征得被试的同意。

（2）接近真实生活，即研究情境应尽可能靠近被试日常以及习惯的生活，使其成为自然环境，从而避免研究对被试造成不利影响。

（3）有利的研究设计。首先，这个研究不仅对人类的社会福利有意义，而且已经最大限度地考虑了被试的利益；其次，研究要尽可能减少欺骗措施的运用；再次，研究要尽可能减少对被试的不利影响。

（4）被试自愿终止。

（5）充足的补救。如果研究出现了对被试的不利影响，研究者必须及时终止研究，并对受影响者做充分的心理补救。

考研考法突破

考法 1　人格研究的方法论基础

通过简答题或论述题考查人格研究的方法论基础，可综合考查，也可单独考查某一原则，主要是伦理性原则。该考法考查频率较低，近个别院校常考，考生可选择性复习。

例 1：（河南大学，2020）论述：论述人格心理学研究的方法论基础。

参考答案：

1. 理论探讨与实证研究的结合

在人格心理学的研究中，不仅要从理论上探讨人格心理学研究的课题，构造一个全面的理论体系，同时要根据理论体系或模式来精心设计研究方法和指导具体的实验研究，最后将理论模式和实验研究材料结合起来，进行全面的分析和讨论，得出有理有据的结论。

2. 定性研究与定量研究的结合

在人格心理学的研究中，应该坚持质量统一的观点，在理论模式的指导下，确定研究量的量化指标，将定性分析和定量分析统一在同一个研究之中。

3. 元素分析与整体综合

在人格心理学研究中，要采用多变量的研究设计，多学科和多样化的研究方法。

4. 心理学研究中的生态化趋势与现场研究。

在人格心理学研究中，应该以生态学的观点为指导，到被试的自然真实的家庭情境和工作场所中进行观察、谈话、调查、心理测验和实验，即进行现场研究，以提高研究结果的可靠性和可应用性。

5. 伦理性原则

①被试自愿参加，即在进行研究之前，研究者应征得被试的同意。

②接近真实生活，即研究情境应尽可能靠近被试日常以及习惯的生活，使其成为自然环境，从而避免研究对被试造成不利影响。

③有利的研究设计。首先，这个研究不仅对人类的社会福利有意义，而且已经最大限度地考虑了被试的利益；其次，研究要尽可能减少欺骗措施的运用；再次，研究要尽可能减少对被试的不利影响。

④被试自愿终止。

⑤充足的补救。如果研究出现了对被试的不利影响，研究者必须及时终止研究，并对受影响者做充分的心理补救。

考研考法实战

答案见 D48 页

1.（河南大学，2020）简答：人格心理学研究所遵循的伦理原则有哪些？

考点 2　人格研究的途径

考研基础必备

1. 临床研究

临床研究，亦称为个案研究，这种方法着重从个体化和特殊性方面去研究人格，以独特的个体为研究对象，通过谈话、观察、作品分析等等方法广泛地收集材料，以便对个体的人格进行全面和准确的定性描述，进行系统而深入的研究。

2. 相关研究

相关研究主要运用测量与统计的方法，在相同条件下，考查一组被试的两个或更多个变量之间的定量关系，由此来确定这些被试之间在某种人格特征上的差异，以及人格特征之间、人格特征与别的因素之间的相关情况。

3. 实验研究

实验研究方法要求严格控制条件，系统地操纵某个或多个变量（自变量），以期导致另一个或另一些变量（因变量）的某种变化，从而做出因果性的结论。

考研考法突破

考法 1　人格心理学的研究途径

通过简答题考查人格心理学的研究途径，该考法考查频率较低，考生了解即可。另外不同的教材对此的表述有所差别，考生根据自己学校的指定参考教材进行学习记忆即可。例如许燕老师的《人格心理学》上面写的是人格理论研究、人格实验研究和人格临床研究。

例 2：（西北师范大学，2012）简答：试述人格心理学的基本研究途径。

参考答案：（1）临床研究，亦称为个案研究，这种方法着重从个体化和特殊性方面去研究人格，以独特的个体为研究对象，通过谈话、观察、作品分析等等方法广泛地收集材料，以便对个体的人格进行全面和准确的定性描述，进行系统而深入的研究。

（2）相关研究，相关研究主要运用测量与统计的方法，在相同条件下，考查一组被试的两个或更多个变量之间的定量关系，由此来确定这些被试之间在某种人格特征上的差异，以及人格特征之间、人格特征与别的因素之间的相关情况。

（3）实验研究，实验研究方法要求严格控制条件，系统地操纵某个或多个变量（自变量），以期导致另一个或另一些变量（因变量）的某种变化，从而作出因果性的结论。

考研考法实战 答案见 D44 页

1. 单选：以下不属于人格心理学的研究途径的是（　　）。

A. 临床研究　　B. 相关研究

C. 实验研究　　D. 生物研究

章节考点　综合训练

答案见 D48 页

一、简答题

1.（河南大学，2021）简述科学人格心理学的发展包括哪两个阶段？

二、材料分析

1.（重庆师范大学，2010）论述题：某大学正酝酿给毕业生颁发三份证书，一份是学业成绩单、一份是能力方面的证书、一份是对人格养成经历方面的描述。该校校长表示，从 2008 年开始，学校已启动对本科教育的全面改革，将单一知识传授型的教育方式，转变成“知识传授 + 能力建设 + 人格养成”三位一体的全方位育人体系，以学生为中心，课内与课外相结合，科学与人文相结合，目的是全面培养新时代的面向各领域的具有创新精神和领导能力的领袖人才，并以此回应钱学森先生提出的杰出人才培养的大问题。关于“人格证书”，该校校党委宣传部部长是这样表述的：“人格证书”初定包括学生的心理素质、基本价值观及人际关系三个方面，而其他指标，如领导能力等依然需要讨论及论证后最终决定。

问题：

（1）什么是人格？

（2）如何科学研究人格？

（3）结合材料分析上述学校的做法是否恰当？学校教育在学生健全人格养成中如何起作用？

第二章 经典精神分析学派

本章主要介绍了弗洛伊德、荣格和阿德勒的人格理论。虽然阿德勒和荣格后来都因为不赞同弗洛伊德的理论而与弗洛伊德分道扬镳，但是其理论仍然与弗洛伊德的经典精神分析理论有着千丝万缕且不可分割的联系，因此，仍然将其视为经典精神分析的代表人物。其中弗洛伊德的理论考查最多，其中考查频率最高的是其人格结构、人格发展以及自我防御机制的内容；荣格的理论中考查最多的是其人格结构和人格类型说的观点；阿德勒的理论中考查最多的是其人格动力和生活风格理论。考生需要在全面理解掌握三个人的理论观点的基础上，重点掌握这几方面的内容。

第一节 弗洛伊德的经典精神分析理论

研究真题，明确考况

考试要求	自主命题	
	考题	考查点
人格结构	湖南师范大学，2018	简答：潜意识
	北京师范大学，2013	单选：潜意识
	云南师范大学，2013；北京师范大学，2013/2015；江西师范大学，2013；华东师范大学，2015；华南师范大学，2016；复旦大学，2017；四川师范大学，2015/2017/2018	单选：本我、自我和超我
	浙江师范大学，2014	名词解释：超我
	北京师范大学，2012/2013	简答：自我
	上海师范大学，2013	论述：人格结构理论
人格发展	北京大学，2000；西南大学，2011；北京师范大学，2014；浙江理工大学，2016；	单选：发展阶段的特点
	湖南师范大学，2017/2020	名解：发展阶段的特点
	西北师范大学，2012；湖南师范大学，2019；深圳大学，2021	简答：发展阶段的内容
研究方法	华南师范大学，2016	单选：弗洛伊德的研究方法
	西北师范大学，2011；湖南师范大学，2011/2015	名词解释：梦的解析 / 自由联想法
	西北师范大学，2014；河南大学，2018	简答：弗洛伊德的研究方法
研究主题	复旦大学，2015；中山大学，2017/2019	单选：梦心理学
	湖南师范大学，2012	简答：焦虑理论
	江西师范大学，2012；复旦大学，2015；江西师范大学，2015	单选：防御机制
	南开大学，2019；华南师范大学，2017/2019/2020；广东外语外贸大学，2021；深圳大学，2021	名解：心理防御机制
	湖南师范大学，2011；河南大学，2021	简答：防御机制
理论评价	郑州大学，2020	论述：理论内容及评价

考点 1 人格结构

考研基础必备

1. 地形学模型

①意识：是人对客观现实的自觉的反映，是人清醒知觉的思想和情绪等，是随时可以观察到的心理现象，代表人在任何时刻所能够觉知到的每一件事，包括感觉、知觉和各种经验、记忆等。

②前意识：指没有浮现出意识表面的心理现象，是人们能够回忆起来的经验。前意识是意识同潜意识之间的过渡领域。

③潜意识（无意识）：是弗洛伊德早期人格结构的核心。潜意识代表的是深藏于内心的、不可接近的部分，是精神活动的主要方面。包括人的原始冲动、各种本能和出生后所形成的与本能有关的欲望。

2. 结构模型

弗洛伊德的人格结构见图 2–1。

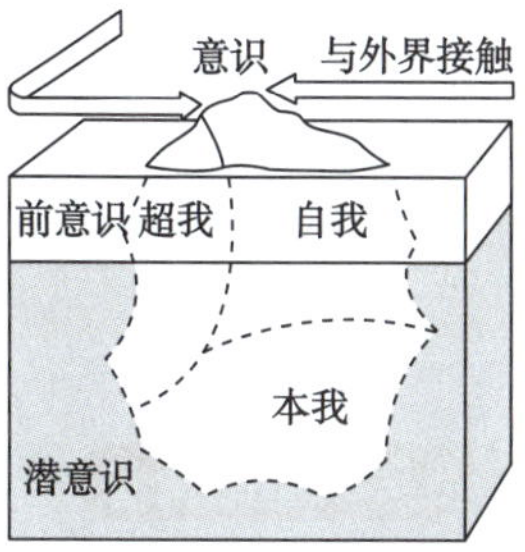

图 2–1 弗洛伊德的人格结构示意（引自黄希庭《人格心理学》）

①本我（id）：原始的、与生俱来的和非组织性的结构，是人出生时人格的唯一成分，是原始的潜意识的本能，遵循“快乐原则”，以非理性的方式工作。

②自我（ego）：从本我中分化而来，是意识的结构部分。是本我与外界关系的调节者，遵循现实原则。自我是人格的执行者，决定着什么行动是合适的。

③超我（superego）：从自我中分化出来、道德化了的自我，处于人格的最高层。超我代表着人的心理结构中道德和伦理的一面，是传统价值观和社会理想内化的结果。超我包括良心和自我理想两部分。良心是儿童受惩罚而内化了的经验；自我理想是儿童获得奖赏而内化了的经验。超我主要有三个功能：一是抑制本我的冲动；二是诱导自我用合乎社会规范的目标代替较低的现实目标；三是使个人向理想努力，达到完善的人格。

综上所述，本我与超我是势不两立的对立体，自我在其中要不断地调节二者的关系，以保持人格的平衡。

考研考法突破

考法 1　意识、前意识和潜意识

该考法一般通过选择题、名词解释和简答题考查潜意识的内容，而对于意识和前意识的内容单独考查的较少。

例 1：（湖南师范大学，2018）简答：潜意识存在的证据。

【解析】该题答案来源于郑雪版的《人格心理学》。

参考答案：潜意识代表的是深藏于内心的、不可接近的部分，是精神活动的主要方面。包括人的原始冲动、各种本能和出生后所形成的与本能有关的欲望。弗洛伊德提出了六点理论来说明潜意识存在的真实性。

（1）人在催眠状态下，往往能回想起早已经遗忘的儿童期经验。

（2）做梦是无意识存在的一个有力证据。弗洛伊德认为梦是无意识表现自己的主要途径之一。

（3）日常生活中的各种错误如失言、笔误、遗忘与丢失等从表面上看是偶然的，没有任何有意识的动机，但弗洛伊德认为它们暴露了一个人无意的真实欲望和动机。

（4）灵感、直觉等创造性活动中的心理现象说明在意识之外还存在着一个未知的领域，即无意识领域。

（5）精神分析发现许多身心疾病以无意识的内心冲突为基础。

（6）依据无意识假设而建立起来的精神分析技术对治疗精神病患者的有效性，间接说明无意识的真实性。

考法 2　本我、自我和超我

通过选择题、名词解释和简答论述题考查考生对“三我”的理解和区分。该考法的考查频率较高，考生可结合图 2-1 来理解区分其内容。

例 2：（华南师范大学，2016）单选：下列不属于弗洛伊德的人格结构的是（　　）。

A. 本我　B. 自我　C. 超我　D. 真我

【解析】弗洛伊德的人格结构包括本我、自我和超我。因此答案选择 D。

参考答案：D

例 3：（北京师范大学，2013）单选：弗洛依德人格结构中执行成分是（　　）。

A. 本我　B. 自我　C. 超我　D. 都不对

【解析】自我是人格的执行者，决定着什么行动是合适的。

参考答案：B

例 4：（北京师范大学，2015）简答：请结合日常生活中的实例，简述弗洛伊德理论中“三我”人格成分。

【解析】题目要求结合实例，因此在回答要点的同时需要举例说明。

参考答案：弗洛伊德将人格分为本我、自我和超我。

①本我（id）：原始的、与生俱来的和非组织性的结构，是人出生时人格的唯一成分，是原始的潜意识的本能，遵循“快乐原则”，以非理性的方式工作。

②自我（ego）：从本我中分化而来，是意识的结构部分。是本我与外界关系的调节者，遵循现实原则。自我是人格的执行者，决定着什么行动是合适的。

③超我（superego）：从自我中分化出来、道德化了的自我，处于人格的最高层。超我代表着人的心理结构中道德和伦理的一面，是传统价值观和社会理想内化的结果。超我包括良心和自我理想两部分。良心是儿童受惩罚而内化了的经验；自我理想是儿童获得奖赏而内化了的经验。超我主要有三个功能：一是抑制本我的冲动；二是诱导自我用合乎社会规范的目标代替较低的现实目标；三是使个人向理想努力，达到完善的人格。

综上所述，本我与超我是势不两立的对立体，自我在其中要不断地调节二者的关系，以保持人格的平衡。

比如我们走在大街上突然饿了，要吃东西（本我的欲望），按照本我的诉求，我们需要立即吃东西来满足其欲望；但是超我会制止我们随便吃别人的东西；于是自我为了满足本我的欲望，并符合现实和超我的要求，决定去饭店给钱吃东西。

考研考法实战 答案见 D49 页

1.（北京师范大学，2013）单选：心理学历史上，第一次提出潜意识概念的是（　　）。

A. 冯特　B. 费希纳　C. 弗洛依德　D. 荣格

2.（江西师范大学，2013）单选：弗洛伊德认为人格结构中力量最强大是（　　）。

A. 本我　B. 自我

C. 超我　D. 三者力量均大

3.（云南师范大学，2013）单选：弗洛伊德的人格结构理论认为本我是按照下列哪个原则行事的（　　）。

A. 现实原则　B. 理想原则　C. 快乐原则　D. 良心原则

4.（浙江师范大学，2014）名词解释：超我

5.（北京师范大学，2012/2013）简答：简述弗洛伊德的自我这一概念。

考点 2　人格发展

考研基础必备

1. 发展阶段

1）口唇期（出生 ~1 岁）

这个时期，口腔部分是性感带（引起快乐的部位）。可以分为两个阶段：一是靠吸吮来获得口腔的满足。这一阶段得到满足容易形成乐观、信任他人等性格；得不到满足

则会形成悲观、敌对等性格，成人以后还会表现出好吃、好吸烟等行为特征。二是长出牙齿之后，用啃咬的方式获得满足。这个阶段开始发展出攻击性。

这个阶段的儿童的人格结构中只有本我，儿童会有一种“全能的感觉”，即感到自己能控制一切，并且只对自己进行刺激和反应，这种行为特征叫做“原始的自恋”。

2）肛门期（1~3 岁）

这一阶段，性感带转移到肛门附近。这一阶段是儿童社会化进程的发端。

儿童在这个阶段发展的不顺利容易形成顽固、吝啬、冷酷、破坏、羞怯等性格；顺利发展则会形成慷慨、勤奋和创造等性格。

3）前生殖器期 / 性器期（3~5 岁）

这一阶段的性感带为性器官。这一时期要解决的主要问题是男童的“俄狄浦斯情结”（恋母情结）和“阉割焦虑”，以及女童的“奥列屈拉情结”（恋父情结）和“阴茎妒羡”。

性器阶段的发展影响儿童的良心（超我）的建立以及对于同性的认同感。

弗洛伊德认为人格结构在 5 岁时就已大致发展完成。

4）潜伏期（6~12 岁）

这一个时期，儿童的力比多处于暂时的潜伏状态，性兴趣被其他兴趣，如探索自然环境、知识学习、文艺体育活动和同伴交往等所取代。

5）两性期 / 生殖期（12 岁之后）

这一个时期，由于性器官的成熟，儿童的性冲动再次萌发，他们开始对异性产生兴趣，喜欢参加由两性组成的集体活动。这时儿童的心理发生了根本的转变，从“自恋”转变为“异性恋”。

2. 发展障碍

（1）停滞现象：当某一阶段的需求不能满足或过度满足时，有些人在发展过程中就会固着于某个发展阶段，并形成与该阶段密切相关的性格。

（2）退化现象：指个体使用比自己年龄更幼稚的方式来解决问题。

考研考法突破

考法 1　发展阶段的特点

通过选择题和名词解释考查发展阶段的特点，考生需要准确掌握每个发展阶段的年龄和主要特点，特别是前生殖器期的恋母情结和恋父情结是常考内容。弗洛伊德的发展阶段在发展心理学中也是重要考点，考生可结合学习。

例 5：（北京师范大学，2014）单选：根据弗洛伊德的人格发展理论，超我阶段的儿童处在什么时期（　　）。

A. 口唇期　　B. 前生殖器期

C. 肛门期　　D. 潜伏期

【解析】性器阶段（前生殖器期）的发展影响儿童的良心（超我）的建立以及对于同性的认同感。

参考答案：B

例 6：（浙江理工大学，2016）单选：按照弗洛伊德的理论，俄狄普斯情结应出现在人格发展的第（　　）阶段。

A. 一　　B. 二　　C. 三　　D. 四

【解析】俄狄浦斯情结出现在性器期，属于第三阶段。

参考答案：C

考法 2　发展阶段的内容

通过简答题考查发展阶段的内容。考生需要熟记弗洛伊德的发展阶段。

例 7：（湖南师范大学，2019）简答：弗洛伊德把人格的发展分为哪几个阶段？

参考答案：弗洛伊德把人格的发展分为 5 个阶段：

1）口唇期（出生 ~1 岁）

这个时期，口腔部分是性感带（引起快乐的部位）。可以分为两个阶段：一是靠吸吮来获得口腔的满足。这一阶段得到满足容易形成乐观、信任他人等性格；得不到满足则会形成悲观、敌对等性格，成人以后还会表现出好吃、好吸烟等行为特征。二是长出牙齿之后，用啃咬的方式获得满足。这个阶段开始发展出攻击性。

这个阶段的儿童的人格结构中只有本我，儿童会有一种“全能的感觉”，即感到自己能控制一切，并且只对自己进行刺激和反应，这种行为特征叫做“原始的自恋”。

2）肛门期（1~3 岁）

这一阶段，性感带转移到肛门附近。这一阶段是儿童社会化进程的发端。

儿童在这个阶段发展的不顺利容易形成顽固、吝啬、冷酷、破坏、羞怯等性格；顺利发展则会形成慷慨、勤奋和创造等性格。

3）前生殖器期 / 性器期（3~5 岁）

这一阶段的性感带为性器官。这一时期要解决的主要问题是男童的“俄狄浦斯情结”（恋母情结）和“阉割焦虑”，以及女童的“奥列屈拉情结”（恋父情结）和“阴茎妒羡”。

性器阶段的发展影响儿童的良心（超我）的建立以及对于同性的认同感。

弗洛伊德认为人格结构在 5 岁时就已大致发展完成。

4）潜伏期（6~12 岁）

这一个时期，儿童的力比多处于暂时的潜伏状态，性兴趣被其他兴趣，如探索自然环境、知识学习、文艺体育活动和同伴交往等所取代。

5）两性期 / 生殖期（12 岁之后）

这一个时期，由于性器官的成熟，儿童的性冲动再次萌发，他们开始对异性产生兴趣，喜欢参加由两性组成的集体活动。这时儿童的心理发生了根本的转变，从“自恋”转变为“异性恋”。

考研考法实战 答案见 D49 页

1.（北京大学，2000）单选：Oedipus complex 是（　　）提出来的。

A. 荣格　　B. 埃里克森

C. 弗罗伊德　　D. 霍妮

2.（西南大学，2011）单选：弗洛伊德的心理发展理论认为 1~3 岁是（　　）。

A. 口唇期　　B. 前生殖器期

C. 肛门期　　D. 潜伏期

3.（湖南师范大学，2017/2020）名词解释：伊蒂普斯情结 / 俄狄浦斯情结。

4.（西北师范大学，2012）简答：简述弗洛伊德关于人格发展的认识是什么？

考点 3 研究方法

考研基础必备

1. 临床观察法

精神分析的研究方法主要是临床法，即对个体做系统深入的考查。

优势：能够提供对各种人格现象和整体的人格机能的观察材料，进而形成无数新假设。

缺陷：难以验证所得到的观察结果，也不容易形成可以在严格控制的实验室条件下进行检验的具体假设。

2. 心理治疗技术

治疗目标：把过去的潜意识变成意识，让自我重新控制本我。

治疗技术：自由联想、释梦、移情、阻抗分析、解释。

①自由联想：让来访者在毫无拘束的情况下，尽情地说出心中所想到的一切经验。自由联想是精神分析治疗的第一步。

②释梦：根据来访者在意识状态下所描述的梦境去解析在潜意识状态下所做的梦，也就是根据来访者所陈述的梦境来解析梦的含义。

③移情：来访者在治疗过程中，将以往对他人的情感关系，以扭曲现实的方式，转移到分析师身上。

④阻抗分析：阻抗是指在自由联想的过程中，来访者可能不愿陈述其痛苦经验或隐藏在心中的欲望。阻抗分析就是化解来访者的抗拒，让他说出心中压抑的事情。

⑤解释：分析师根据来访者在前述四种过程中所得的一切资料，向来访者解析，使来访者了解外在行为之下所具有的更深一层的意义，从而领悟到自己心理困扰的原因。

补充：日常生活中的错误的心理分析。弗洛伊德认为，日常生活中的失误、口误、遗忘等生活中表面上的偶然事件，实际上隐藏着人的真实动机，即受压抑的无意识欲望和观念。

弗洛伊德把日常生活中的错误分为六类：①口误；②笔误；③遗忘；④遗失、误置与误取；⑤误读与误听；⑥多种错误的混合。

考研考法突破

考法 1 弗洛伊德的研究方法

通过选择题、名词解释和简答题考查弗洛伊德提出的研究方法。其中比较常考的是自由联想法，考生要熟记其定义。

例 8：（华南师范大学，2016）单选：下列方法不属于精神分析法的是（　　）。

A. 自由联想　　B. 梦的分析

C. 口误分析　　D. 虚拟现实技术

【解析】弗洛伊德提出的研究方法包括自有联想、释梦、口误分析等。D 选项虚拟现实技术不属于精神分析法。

参考答案：D

例 9：（西北师范大学，2014；河南大学，2018）简答：阐述弗洛伊德的研究方法。

参考答案：

1. 临床观察法

精神分析的研究方法主要是临床法，即对个体做系统深入的考查。

优势：能够提供对各种人格现象和整体的人格机能的观察材料，进而形成无数新假设。

缺陷：难以验证所得到的观察结果，也不容易形成可以在严格控制的实验室条件下进行检验的具体假设。

2. 心理治疗技术

治疗目标：把过去的潜意识变成意识，让自我重新控制本我。

治疗技术：自由联想、释梦、移情、阻抗分析、解释。

①自由联想：让来访者在毫无拘束的情况下，尽情地说出心中所想到的一切经验。自由联想是精神分析治疗的第一步。

②释梦：根据来访者在意识状态下所描述的梦境去解析在潜意识状态下所做的梦，也就是根据来访者所陈述的梦境来解析梦的含义。

③移情：来访者在治疗过程中，将以往对他人的情感关系，以扭曲现实的方式，转移到分析师身上。

④阻抗分析：阻抗是指在自由联想的过程中，来访者可能不愿陈述其痛苦经验或隐藏在心中的欲望。阻抗分析就是化解来访者的抗拒，让他说出心中压抑的事情。

⑤解释：分析师根据来访者在前述四种过程中所得的一切资料，向来访者解析，使来访者了解外在行为之下所具有的更深一层的意义，从而领悟到自己心理困扰的原因。

考研考法实战 答案见 D49 页

1.（湖南师范大学，2011/2015）名词解释：自由联想法。

2.（西北师范大学，2011）名词解释：梦的解析。

考点 4 研究主题

考研基础必备

1. 梦心理学

弗洛伊德用潜意识来解释梦，认为梦都是本能欲望的满足，是过去特别是儿童时期被压抑和排斥的潜意识欲望的改头换面的复活，是经过修饰改装后的表达。

梦包括显梦和隐梦，梦的意义也分为显义和隐义。前者受到了理性、意识、道德原则的形式化和修饰化，而后者则是这些形式和修饰所掩盖的真正的愿望和本质。

梦的工作是指梦采用一些方法对欲望和冲动进行改装。其工作方式包括：凝缩、置换、象征和润饰。

弗洛伊德认为释梦是人们通向潜意识的最好的途径，认为释梦的关键在于发现梦境显性信息后的象征性，很多梦中的象征符号都与性有关。

2. 焦虑

焦虑是一种痛苦的情绪体验，其唯一功能是向自我发出危险信号。弗洛伊德认为人有三种焦虑：

1）现实焦虑

现实焦虑是人对一个真实的外部威胁的反应，是人觉察到周围环境中存在的现实危险所产生的内心紧张、不安和恐惧。对应的是现实。

2）神经质焦虑

神经质焦虑是某些具有威胁性的本我冲动突然进入到人的意识层面而产生的反应，其危险在于自我可能会失去对不被接受的本我愿望的控制。对应的是本我。神经质焦虑可分为三类：一是期待的恐怖或叫做焦虑性期待；二是特殊性焦虑；三是同癔病同时产生的焦虑。

3）道德焦虑

它是由于意识到自己的思想行为不符合道德规范而产生的良心不安、羞耻感和有罪感。道德焦虑是伴随着超我的形成而来的，超我不成熟的人很少体验到道德焦虑。对应的是超我。

3. 自我防御机制

防御是自我在解决那些可能导致精神疾病的冲突时所使用的全部策略的总称。

1）压抑

压抑是最简单、最基本的防御机制，把那些不为超我所容忍，具有威胁性的记忆、念头等禁锢在无意识之中。例如，我们常说："我真希望没这回事"，"我不要再想它了"，或者在日常生活中，有时我们做梦、不小心说漏了嘴或偶然有失态的行为表现，都是这种压抑的结果。

2）投射

投射是指有些本我欲望和冲动为超我不容，个体便把自己的这些东西加在外人身上，断定是别人而不是自己有这些动机和愿望。例如："仁者见仁，智者见智""以小人之心度君子之腹"都是一种心理投射。

3）转移或代替

转移或代替是指用一种精神宣泄代替另一种精神宣泄，以一种可获得的对象替代另一个不可获得的对象，或者以一种不引起焦虑的对象替代会引起焦虑的对象。如一个孩子被妈妈打后，满腔愤怒，难以回敬，转而踢倒身边板凳，把对妈妈的怒气转移到身边的物体上（如"替罪羊"）。这时虽然客体变了，但其冲动的性质及其目的仍然未改变。在心理治疗中，情感的无意识置换既是移情的基础，也是反移情的基础。

4）合理化

合理化又称文饰作用。对于某一种行为，找一个看似合理正当的理由来解释，以免除焦虑。合理化有两种表现：一是酸葡萄心理，即把得不到的东西说成是不好的；二是甜柠檬心理，即当得不到葡萄而只有柠檬时，就说柠檬是甜的。两者均是掩盖其错误或失败，以保持内心的安宁。

5）反向形成

内心有一种欲望或观念要求表达，但表现出来可能引起不良后果，于是以相反的方式进行表达。比如恨一个人，却因为道德约束的作用，而对这个人特别的客气。

6）否认

否认即不承认现实，扭曲对现实的认知，从而不必面对生活中那些无法解决的困难和无法达成的愿望，从而降低内心的焦虑。如拒绝亲人的亡故，仍坚持其未死。

7）升华

升华是指人们将具有威胁性的潜意识冲动转化为可被接受的社会性行为的过程。升华是唯一正向积极的防御机制。例如，参加某些具有攻击性的运动，如拳击，橄榄球等，就使得潜在的攻击冲动以社会接受甚至鼓励的方式宣泄出来。

考研考法突破

考法 1　梦心理学

通过选择题考查弗洛伊德对于梦的看法。同学们只需要记住弗洛伊德认为梦是潜意识的欲望的表达，就能很容易选出正确答案了。

例 10：（复旦大学，2015）单选：弗洛伊德对梦的看法是（　　）。

A. 梦是通向潜（无）意识的忠实道路

B. 梦是皮层周期性随机放电

C. 梦的主要机制是防御

D. 解释梦时可以用积极想象技术

【解析】弗洛伊德认为释梦是人们通向潜意识的最好的途径，因此本题选择 A。

参考答案：A

考法 2　焦虑理论

通过名词解释和简答题考查弗洛伊德的焦虑理论。该考法考查频率较低，掌握其三种焦虑类型即可。

例 11：（湖南师范大学，2012）简答：简述弗洛伊德的焦虑理论。

参考答案：焦虑是一种痛苦的情绪体验，其唯一功能是向自我发出危险信号。弗洛伊德认为人有三种焦虑：

（1）现实焦虑：是人对一个真实的外部威胁的反应，是人觉察到周围环境中存在的现实危险所产生的内心紧张、不安和恐惧。对应的是现实。

（2）神经质焦虑：是某些具有威胁性的本我冲动突然进入到人的意识层面而产生的反应，其危险在于自我可能会失去对不被接受的本我愿望的控制。对应的是本我。神经质焦虑可分为三类：一是期待的恐怖或叫做焦虑性期待；二是特殊性焦虑；三是同癔病同时产生的焦虑。

（3）道德焦虑：它是由于意识到自己的思想行为不符合道德规范而产生的良心不安、羞耻感和有罪感。道德焦虑是伴随着超我的形成而来的，超我不成熟的人很少体验到道德焦虑。对应的是超我。

考法 3　自我防御机制

通过选择题、名词解释和简答题考查弗洛伊德的自我防御机制。该考法的考查频率很高，考生需要理解熟记每一种防御机制的内容。

例 12：（复旦大学，2015）单选：在精神分析理论看来，当事人编造一些动物之间发生的拟人化故事，很可能用到的防御机制是（　　）。

A. 投射　　B. 反向形成　C. 转移　　D. 合理化

【解析】有些本我欲望和冲动为超我不容，个体便把自己的这些东西加在外人身上，断定是别人而不是自己有这些动机和愿望。本题中当事人即是把自己的故事投射到了动物身上。

参考答案：A

例 13：（湖南师范大学，2011）简答：什么是自我防御机制？各种防御机制有哪些共同点？

（河南大学，2021）简答：弗洛伊德提出的防卫机制的种类有哪些？

参考答案：防御是自我在解决那些可能导致精神疾病的冲突时所使用的全部策略的总称。

（1）压抑：最简单、最基本的防御机制，把那些不为超我所容忍，具有威胁性的记忆、念头等禁锢在无意识之中。

（2）投射：有些本我欲望和冲动为超我不容，个体便把自己的这些东西加在外人身上，断定是别人而不是自己有这些动机和愿望。

（3）转移或代替：用一种精神宣泄代替另一种精神宣泄，以一种可获得的对象替代另一个不可获得的对象，或者以一种不引起焦虑的对象替代会引起焦虑的对象。

（4）合理化：又称文饰作用。对于某一种行为，找一个看似合理正当的理由来解释，以免除焦虑。

（5）反向形成：内心有一种欲望或观念要求表达，但表现出来可能引起不良后果，于是以相反的方式进行表达。

（6）否认：即不承认现实，扭曲对现实的认知，从而不必面对生活中那些无法解决的困难和无法达成的愿望，从而降低内心的焦虑。

（7）升华：是指人们将具有威胁性的潜意识冲动转化为可被接受的社会性行为的过程。升华是唯一正向积极的防御机制。

弗洛伊德认为几乎所有的自我防御机制都有两个共同点：（1）它们是无意识的，即是说人总是不知不觉地、无意识地采用它们。（2）它们往往否定、歪曲或虚构实际情况，具有与现实相脱离的特性。

考研考法实战 答案见 D49 页

1.（中山大学，2017/2019）单选：根据弗洛伊德的精神分析理论，成年人的梦境都可以溯源于（　　）。

A. 色情的欲望　　B. 紧张的生活事件

C. 脑刺激的生理需要　　D. 随机神经活动

2.（江西师范大学，2015）单选：弗洛伊德将人们防止焦虑的能力叫做（　　）。

A. 防御机制　B. 本能动力　C. 心理异常　D. 快乐原则

3.（江西师范大学，2012）单选：一个女人一遍一遍地告诉别人她多爱自己的母亲，实际上她在隐藏无意识中对母亲的强烈憎恨。这个女人使用的防御机制是（　　）。

A. 理智化　B. 替代　C. 压抑　D. 反向作用

4.（南开大学，2019；华南师范大学，2017/2019/2020；广东外语外贸大学，2021；深圳大学，2021）名词解释：心理防御机制 / 自我防御机制 / 防御机制。

考点 5　理论评价

考研基础必备

1. 贡献

①第一个对人格进行全面而深刻研究的心理学家，拓宽了心理学的研究领域，促进了性科学的发展；

②对心理发展阶段理论作出了贡献；

③为人们接近潜意识提供了方法论启示；

④对精神病学的理论和实践产生了革命性的变革，尤其是心理治疗。

2. 理论缺陷

①对人性消极负面的看法；

②过分夸张“性”在人格形成发展中的决定性动力作用，忽视了社会以及文化的冲击对于一个人的影响，显得理论过于僵硬；

③使用的研究方法欠缺严谨性；

④将人性与文明对立起来，具有浓厚的泛性论的色彩和生物本能性倾向，这些都是极为片面的。本质上，他的社会文化观是唯心主义的，从根本上来说就是错误的。

考研考法突破

考法 1　考查弗洛伊德的理论观点及评价

该考法一般结合前面几个考点，通过论述题综合考查弗洛伊德的理论内容及其评价。

例 14：（郑州大学，2020）论述：弗洛伊德精神分析理论的内容及简要评价。

【解析】首先对弗洛伊德的主要理论内容进行叙述，然后再对其进行评价。

参考答案：

1）人格结构

在早期，弗洛伊德认为人格由意识、前意识和潜意识组成，意识是人对客观现实的自觉的反映；前意识指没有浮现出意识表面的心理现象；潜意识代表的是深藏于内心的、不可接近的部分。

后来，弗洛伊德认为人格由本我、自我和超我组成。本我（id）是原始的潜意识的本能，遵循“快乐原则”，以非理性的方式工作。自我（ego）是从本我中分化而来，是意识的结构部分。是本我与外界关系的调节者，遵循现实原则。超我（superego）是从自我中分化出来、道德化了的自我，处于人格的最高层。超我代表着人的心理结构中道德和伦理的一面，是传统价值观和社会理想内化的结果。超我包括良心和自我理想两部分。

2）人格发展

弗洛伊德认为人格的发展经历了五个阶段，分别是：

口唇期（出生 ~1 岁），口腔部分是性感带（引起快乐的部位）。

肛门期（1~3 岁），性感带转移到肛门附近。这一阶段是儿童社会化进程的发端。

前生殖器期 / 性器期（3~5 岁），这一阶段的性感带为性器官。这一时期要解决的主要问题是男童的“俄狄浦斯情结”（恋母情结）和“阉割焦虑”，以及女童的“奥列屈拉情结”（恋父情结）和“阴茎妒羡”。性器阶段的发展影响儿童的良心（超我）的建立以及对于同性的认同感。

潜伏期（6~12 岁），这一个时期，儿童的力比多处于暂时的潜伏状态，性兴趣被其他兴趣，如探索自然环境、知识学习、文艺体育活动和同伴交往等所取代。

两性期 / 生殖期（12 岁之后），这一个时期，由于性器官的成熟，儿童的性冲动再次萌发，他们开始对异性产生兴趣，喜欢参加由两性组成的集体活动。这时儿童的心理发生了根本的转变，从“自恋”转变为“异性恋”。

3）梦心理学

弗洛伊德用潜意识来解释梦，认为梦都是本能欲望的满足，是过去特别是儿童时期被压抑和排斥的潜意识欲望的改头换面的复活，是经过修饰改装后的表达。

4）焦虑

焦虑是一种痛苦的情绪体验，其唯一功能是向自我发出危险信号。弗洛伊德认为人有三种焦虑：现实焦虑、神经质焦虑、道德焦虑。

5）自我防御机制

防御是自我在解决那些可能导致精神疾病的冲突时所使用的全部策略的总称。常见的防御机制有压抑、投射、转移或代替、合理化、反向形成、否认、升华。

6）研究方法

弗洛伊德的研究方法有临床观察法和心理治疗技术，治疗技术包括自由联想、释梦、移情、阻抗分析、解释。

7）评价

贡献：①第一个对人格进行全面而深刻研究的心理学家，拓宽了心理学的研究领域，促进了性科学的发展；②对心理发展阶段理论作出了贡献；③为人们接近潜意识提供了方法论启示；④对精神病学的理论和实践产生了革命性的变革，尤其是心理治疗。

理论缺陷：①对人性消极负面的看法；②过分夸张“性”在人格形成发展中的决定性动力作用，忽视了社会以及文化的冲击对于一个人的影响，显得理论过于僵硬；③使用的研究方法欠缺严谨性；④将人性与文明对立起来，具有浓厚的泛性论的色彩和生物本能性倾向，这些都是极为片面的。本质上，他的社会文化观是唯心主义的，从根本上来说就是错误的。

第二节　荣格的分析心理学理论

研究真题，明确考况

考试要求	自主命题	
	考题	考查点
人格动力	河南大学，2018	简答：心理能的定义及原则
人格结构	广州大学，2013；西南大学，2015/2017/2018；华南师范大学，2019；	单选：人格结构
	山东师范大学，2011；湖南师范大学，2015；华南师范大学，2021	名解：人格面具
	浙江师范大学，2012；华南师范大学，2016；温州医科大学，2021	名解：集体潜意识
	湖南师范大学，2014/2016；南京师范大学，2016	简答：人格结构
人格发展	河南大学，2018	简答：发展阶段
人格类型	南京大学，2014；四川师范大学，2015	单选：人格类型学说
	湖南师范大学，2021	名解：外倾感觉型
	湖南师范大学，2017；华南师范大学，2020	简答：人格类型学说
研究方法	湖南师范大学，2018	名解：字词联想法

考点 1　人格动力

考研基础必备

荣格认为，人的整个人格和精神是一个相对封闭的且不断变化的动力系统，人格动力的源泉来自心理能，有时荣格会用力比多来称呼心理能，它代表着一般生命的能量。

荣格提出了三个原则：

①等值原则：如果某一种特定心理要素原来所固有的心理能减退或消失，那么与此相关的心理能就会在另一种心理要素中出现。

②平衡原则：当两个心理系统的能量不同时，能量会从较强的系统流入较弱的系统，直到平衡。

③反相原则：每种概念都有一个与之相反的对立概念。

考研考法突破

考法 1　心理能的定义及原则

通过简答题考查心理能的定义及其原则。该考法考查频率较低，考生只需简要了解即可。

例 1：（河南大学，2018）简答：心理能的定义及运行规则。

参考答案：荣格认为，人的整个人格和精神是一个相对封闭的且不断变化的动力系统，人格动力的源泉来自心理能，有时荣格会用力比多来称呼心理能，它代表着一般生命的能量。

荣格提出了三个原则：

①等值原则：如果某一种特定心理要素原来所固有的心理能减退或消失，那么与此相关的心理能就会在另一种心理要素中出现。

②平衡原则：当两个心理系统的能量不同时，能量会从较强的系统流入较弱的系统，直到平衡。

③反相原则：每种概念都有一个与之相反的对立概念。

考研考法实战 答案见 D49 页

1. 单选：下列不属于荣格提出的心理能的运行原则的是（　　）。

A. 等值原则　B. 反向原则　C. 平衡原则　D. 反相原则

考点 2 人格结构

考研基础必备

心灵包括一切有意识和潜意识的思想、情感及行为，主要由意识、个体潜意识和集体潜意识三个层面构成。

1. 意识和自我

荣格认为意识是人心中唯一能够被个体直接知晓的部分。自我是个体意识的中心。

2. 个体潜意识和情结

个体潜意识是曾经在意识中出现，但由于种种的原因而被压抑或忽视了的个体的经验。

情结：一组具有情绪色彩的心理观念聚集在一起，形成心理观念丛，这就是情结。

3. 集体潜意识和原型

集体潜意识：是人类在种族进化中所遗留下来的心灵印象，是千百亿年人类集体经验的沉积物，是对外在世界作适当反应所需的潜能。它的主要内容是“原型”。

原型：对某一外界刺激做出特定反应的先天遗传倾向，可以是某个人物、某个情境，或者某些抽象概念。主要的原型类型有以下四种：

1）人格面具

人格面具是个体适应社会环境的机能表现。是个体在各种情况下角色面具的总和，是个人展示给公众的一面，其目的是给人一个好的印象，得到社会的承认。

2）阿尼玛和阿尼姆斯

该原型又称异性的原型。阿尼玛指男性心灵中的女性成分或意象；阿尼姆斯指女性心灵中的男性成分或意象。这是人类祖先在漫长的岁月中男女相互交往和共同生活的经验而形成的。

3）阴影

阴影比任何原型都更多地容纳着人的最基本的动物性或兽性的一面，在人类进化过程中有其深远的根源，是原型中最强大的和最具威胁的一个。它包含了人的心灵中通过遗传获得的最黑暗、最隐秘和最邪恶的倾向，因而被称之为阴影。

4）自性

自性也是统一、组织和秩序的原型。它是集体潜意识中的一个核心的原型，它把所有别的原型吸引到自己周围，使它们处于一种和谐的状态。

考研考法突破

考法 1 人格结构的内容

通过选择题、名词解释和简答题考查荣格的人格结构，尤其是集体潜意识及其原型的内容，考生要理解并熟记荣格的人格结构。

例 2：（华南师范大学，2019）单选：荣格认为集体潜意识的主要内容是（　　）。

A. 阿尼玛　B. 阿尼姆斯　C. 原型　D. 过程自我

【解析】荣格认为集体潜意识的主要内容是原型；阿尼玛和阿尼姆斯是原型的一种；过程自我是弗洛伊德和埃里克森等人的自我概念。

参考答案：C

例 3：（山东师范大学，2011；湖南师范大学，2015；华南师范大学，2021）名词解释：人格面具

参考答案：人格面具是个体适应社会环境的机能表现。是个体在各种情况下角色面具的总和，是个人展示给公众的一面，其目的是给人一个好的印象，得到社会的承认。

例 4：（湖南师范大学，2016；南京师范大学，2016）简答：简述荣格的人格结构理论。

参考答案：荣格认为心灵包括一切有意识和潜意识的思想、情感及行为，主要由意识、个体潜意识和集体潜意识三个层面构成。

1. 意识和自我

荣格认为意识是人心中唯一能够被个体直接知晓的部分。自我是个体意识的中心。

2. 个体潜意识和情结

个体潜意识是曾经在意识中出现，但由于种种原因而被压抑或忽视了的个体的经验。

情结：一组具有情绪色彩的心理观念聚集在一起，形成心理观念丛，这就是情结。

3. 集体潜意识和原型

集体潜意识：是人类在种族进化中所遗留下来的心灵印象，是千百亿年人类集体经验的沉积物，是对外在世界作适当反应所需的潜能。它的主要内容是“原型”。

原型：对某一外界刺激做出特定反应的先天遗传倾向，可以是某个人物、某个情境，或者某些抽象概念。主要的原型类型有以下四种：

（1）人格面具：人格面具是个体适应社会环境的机能表现。是个体在各种情况下角色面具的总和，是个人展示给公众的一面，其目的是给人一个好的印象，得到社会的承认。

（2）阿尼玛和阿尼姆斯：又称异性的原型。阿尼玛指男性心灵中的女性成分或意象；阿尼姆斯指女性心灵中的男性成分或意象。这是人类祖先在漫长的岁月中男女相互交往和共同生活的经验而形成的。

（3）阴影：阴影比任何原型都更多地容纳着人的最基本的动物性或兽性的一面，在人类进化过程中有其深远的根源，是原型中最强大的和最具威胁的一个。它包含了人的心灵中通过遗传获得的最黑暗、最隐秘和最邪恶的倾向，因而被称之为阴影。

（4）自性：也是统一、组织和秩序的原型。它是集体潜意识中的一个核心的原型，它把所有别的原型吸引到自己周围，使它们处于一种和谐的状态。

考研考法实战 答案见 D49 页

1.（广州大学，2013）单选：集体潜意识概念是（　　）提出的。

A. 弗洛伊德　B. 阿德勒　C. 弗洛姆　D. 荣格

2.（西南大学，2015/2017/2018）单选：近段时间网上流行“伪娘”现象，可以用荣格在集体潜意识中提出的哪种原型来解释（　　）。

A. 人格面具　B. 阿尼玛　C. 阴影　D. 统我

3.（华南师范大学，2016；四川大学，2019；山西师范大学，2020；温州医科大学，2021）名词解释：集体潜意识 / 集体无意识。

4.（湖南师范大学，2014）简答：简要说明集体无意识的主要原型及其作用。

考点 3 人格发展

考研基础必备

荣格认为人格的发展过程就是一个人的心灵的个性化过程，经由此过程，人格逐渐变成一个心理独立、不可分割的统一体。荣格将人生主要划分为三个阶段：童年、青年、中年。

（1）童年阶段（出生到青春期）：是人生的早期，力比多指向于学习基本的生活技能。

（2）青年阶段（由青春期到四十岁左右）：以青春期发生的生理变化为标志，荣格称之为“心灵的诞生”，这时候心灵开始获得了自己的形式。

（3）中年阶段（大约四十岁以后）：这一时期是人生最重要的发展阶段，个体更关心智慧和人生意义。这一阶段是荣格最感兴趣和著述最频繁的人生阶段。

荣格对老年阶段不太有兴趣，他认为，老年阶段的个体在他们的潜意识里度过的时间越来越多。

考研考法突破

考法 1 荣格的人格发展论

通过简答题考查荣格提出的人格发展的阶段。该考法的考查频率较低，考生简要了解即可。

例 5：（河南大学，2018）荣格的人格发展论。

参考答案：荣格认为人格的发展过程就是一个人的心灵的个性化过程，经由此过程，人格逐渐变成一个心理独立、不可分割的统一体。荣格将人生主要划分为三个阶段：童年、青年、中年。

（1）童年阶段（出生到青春期）：是人生的早期，力比多指向于学习基本的生活技能。

（2）青年阶段（由青春期到四十岁左右）：以青春期发生的生理变化为标志，荣格称之为“心灵的诞生”，这时候心灵开始获得了自己的形式。

（3）中年阶段（大约四十岁以后）：这一时期是人生最重要的发展阶段，个体更关心智慧和人生意义。这一阶段是荣格最感兴趣和著述最频繁的人生阶段。

荣格对老年阶段不太有兴趣，他认为，老年阶段的个体在他们的潜意识里度过的时间越来越多。

考点 4 人格类型

考研基础必备

1. 两种人格倾向

荣格根据两种态度或倾向性，把人划分为内倾型和外倾型。

内倾型：态度指向个人内部的主观世界，喜欢安静、富于幻想、善于探索、孤僻。

外倾型：态度指向外部环境，好社交、开朗、适应能力强、善于冒险。

任何人都同时具有这两种倾向，只是其所处地位或者所占比重不同而已。

2. 四种心理机能

荣格进一步区分出四种心理机能：思维、情感、感觉、直觉。

①思维属于观念和智力的领域，用来思考和领悟。

②情感是一种评价功能，用以判断事物的价值，是人类的各种主观经验。

③感觉是一种感官作用，使人知觉到世界的表面和某些事实。

④直觉则超越了事实、感觉和思维，直接以潜意识过程来认识世界。

思维和情感是理性功能，是完全对立的；感觉和直觉属于非理性功能，也是对立的。

3. 八种人格类型

荣格把两种态度与四种功能结合起来，划分出了八种不同的人格类型。

①外倾思维型：这种人喜欢分析、思考外界事物，生活有规律，客观而冷静，但比较固执己见，情感压抑。

②外倾情感型：这种类型的人多为女性。她们的思维常常被情感压抑，没有独立性，非常注重与社会和环境建立情感与和睦关系。

③外倾感觉型：这种类型的人多为男性。他们喜欢追求欢乐，活泼，有魅力，对客观事物感觉敏锐，精明而求实。但易变成寻欢作乐的酒色之徒。

④外倾直觉型：这种人喜欢追求外部世界的新感觉，易变而富有创造性，有多种嗜好，但难以坚持到底，做事常凭主观预感。

⑤内倾思维型：这种人喜欢离群索居，独自追求自己的思想，常以主观因素为依据分析事物，待人冷漠，倔强偏执，情感受压抑。

⑥内倾情感型：这种人沉默寡言，不易接近，给人一种神秘莫测的吸引力。但内心有非常丰富的和强烈的情感体验。

⑦内倾感觉型：这种人对事物有深刻的主观感觉。喜欢通过艺术形象表现自我。缺乏思想和情感，较被动，安静而沉稳，自制力强。

⑧内倾直觉型：这种人富于幻想，性情古怪。思想往往脱离现实，不易被人理解。常产生各种离奇的幻想和想象，体验奇特怪异。

4.MBTI 人格测验

以荣格心理类型说为理论基础编制的人格测验，叫做“迈尔斯－布里格斯类型指标”，简称 MBTI。其包括四个维度：

“外倾（E）－内倾（I）”代表人们的态度倾向；

“感觉（S）－直觉（N）”代表接受信息的方式；

“思考（T）－情感（F）”代表处理信息的方式；

“判断（J）－知觉（P）”代表行动方式。

根据在四个维度上倾向性的排列组合，可以得到 16 种人格类型。

考研考法突破

考法 1 人格类型学说

通过选择题和简答题考查荣格的人格类型学说。选择题中主要考查其两种人格倾向，记住是内外向即可；简答题中则考查其人格类型学说的整个内容，因此考生需要熟记其完整内容。

例 6：（南京大学，2014）单选：荣格把兴趣和关注指向于内部的人格类型叫（　　）。

A. 外显性　B. 内隐型　C. 外向型　D. 内向型

【解析】荣格根据两种态度或倾向性，把人划分为内倾型和外倾型。内倾型，态度指向个人内部的主观世界。外倾型：态度指向外部环境。

参考答案：D

例 7：（湖南师范大学，2017）简答：简述 MBTI 人格特质量表的理论基础。

【解析】MBTI 人格特质量表的理论基础，即是荣格的人格类型学说。

参考答案：MBTI 人格特质量表是以荣格心理类型说为理论基础编制的人格测验。

1. 两种人格倾向

荣格根据两种态度或倾向性，把人划分为内倾型和外倾型。内倾型，态度指向个人内部的主观世界。外倾型：态度指向外部环境。任何人都同时具有这两种倾向，只是其所处地位或者所占比重不同而已。

2. 四种心理机能

荣格进一步区分出四种心理机能：思维、情感、感觉、直觉。

①思维属于观念和智力的领域，用来思考和领悟。

②情感是一种评价功能，用以判断事物的价值，是人类的各种主观经验。

③感觉是一种感官作用，使人知觉到世界的表面和某些事实。

④直觉则超越了事实、感觉和思维，直接以潜意识过程来认识世界。

思维和情感是理性功能，是完全对立的；感觉和直觉属于非理性功能，也是对立的。

4. 八种人格类型

荣格把两种态度与四种功能结合起来，划分出了八种不同的人格类型。

①外倾思维型；②外倾情感型；③外倾感觉型；④外倾直觉型；⑤内倾思维型；⑥内倾情感型；⑦内倾感觉型；⑧内倾直觉型。

考研考法实战

答案见 D50 页

1.（四川师范大学，2015）单选：荣格的人格理论强调（　　）。

A. 中心特质——次要特质　B. 内向——外向

C. 共同特质——个别特质　D. 自我、本我、超我

2.（湖南师范大学，2021）名解：外倾感觉型。

3.（华南师范大学，2020）简答：荣格的心理类型学说的主要内容是什么？

考点 5 研究方法

考研基础必备

1. 语词联想技术

荣格创造的一种研究情结的方法，通过被试对词语的联想内容以及反应时、皮肤导电频率及呼吸频率的变化，探测隐藏在个人潜意识中的情结。

2. 释梦技术

①放大法是让个体坚持在某一既定的梦的象征上，发展出许多相关联的观念。

②绘画疗法是荣格与释梦联合使用的技术，他认为病人的绘画会表达出他们潜意识层面的内容和自我。

考研考法突破

考法 1 语词联想技术

通过名词解释考查语词联想技术的定义。该考法的考查频率较低，考生可简单了解其定义即可。

例 8：（湖南师范大学，2018）名词解释：字词联想法。

参考答案：荣格创造的一种研究情结的方法，通过被试对词语的联想内容以及反应时、皮肤导电频率及呼吸频率的变化，探测隐藏在个人潜意识中的情结。

第三节 阿德勒的个体心理学理论

研究真题，明确考况

考试要求	自主命题	
	考题	考查点
人格动力	北京师范大学，2013；华东师范大学，2015/2019	单选：人格动力理论
	湖南师范大学，2013	简答：人格动力理论
人格结构	西北师范大学，2014；湖南师范大学，2011/2015	简答：生活风格理论

考点 1　人格动力

考研基础必备

在阿德勒的早期理论中，他认为对器官缺陷和生理自卑的补偿，是人格的原初动力。他认为自卑一方面能摧毁一个人，使人自甘堕落；另一方面，它能使人发愤图强，力求振作，以补偿自己的弱点。

后来，阿德勒将强调的重点从生理自卑转移到心理自卑。他认为自卑感是个人在追求优越地位时一种正常的发展过程。正常人一旦体会到自卑感，就会力求补偿不足而获得优越感，并力求完善。

追求优越，克服自卑感，是人生的主导动机，也是人类的天性。

自卑情结：当自卑感是以一种障碍因素而不是激励因素发挥作用的，阿德勒称其为自卑情结。

优越情结：是指在力争上游的过程中一味地要高人一等，以胜过别人为人生乐趣，待人倨傲、喜人奉承，时常以贬抑他人来抬高自己，以显示自己的优越性。

考研考法突破

考法 1　人格动力理论

通过选择题和简答题考查阿德勒的人格动力理论。该考法比较简单，在选择题中一般直接考查阿德勒提出的人格动力是什么，根据选项要么选择“追求优越”，要么选择“自卑感”即可；简答题中一般直接要求简述人格动力理论。

例 1：（华东师范大学，2019）单选：阿德勒认为，人格发展的基本动力是（　　）。

A. 个人潜意识　　B. 自卑感
C. 自我效能感　　D. 集体潜意识

【解析】阿德勒认为人格发展的基本动力是追求优越，克服自卑感。因此，本题选择 B。

参考答案：B

例 2：（湖南师范大学，2013）简答：简述阿德勒的人格动力理论。

参考答案：在阿德勒的早期理论中，他认为对器官缺陷和生理自卑的补偿，是人格的原初动力。他认为自卑一方面能摧毁一个人，使人自甘堕落；另一方面，它能使人发愤图强，力求振作，以补偿自己的弱点。

后来，阿德勒将强调的重点从生理自卑转移到心理自卑。他认为自卑感是个人在追求优越地位时一种正常的发展过程。正常人一旦体会到自卑感，就会力求补偿不足而获得优越感，并力求完善。

追求优越，克服自卑感，是人生的主导动机，也是人类的天性。

考研考法实战 答案见 D50 页

1.（北京师范大学，2013）单选：提出有关自卑理论的器官补偿的是（　　）。

A. 阿德勒　B. 弗洛依德　C. 荣格　D. 埃里克森

2.（华东师范大学，2015）单选：阿德勒认为，人类最根本的动机是（　　）。

A. 寻求关系　B. 寻求优越　C. 实现自我　D. 寻求完美

考点 2　人格结构

考研基础必备

阿德勒没有提出一个完整的人格模型，只提出一些基本的概念：

1. 生活风格

在阿德勒看来，每个人追求优越的目标是不同的，个体所处的环境条件也千差万别，从而导致每个人试图获得优越的方法也迥然不同。阿德勒把个人追求优越目标的方式称为“生活风格”。

阿德勒根据社会兴趣和活动度两个维度，将生活风格划分为四种：

①统治支配型：这种人喜欢支配和统治别人；

②索取型：这种人喜欢依赖别人的劳动，向别人索取自己所需要的一切；

③回避型：这种人总是回避生活中的各种问题，企图以碌碌无为而避免失败；

④社会利益型：这种人能正视问题，试图以某种有益于社会的方式来解决问题。

阿德勒总结出来三条了解生活风格的途径：

①看他的出生顺序。出生顺序的差别会形成一个人对生活的不同看法和不同的人格。

②对早期的回忆。从早期回忆中可以看出一个人的生活目标。

③对梦的解释。他认为梦更主要是体现出个人对日常生活中所遇问题的态度，因而梦贯穿了人的生活风格。

2. 创造性自我

认为个体在成长过程中不是被动地接受遗传和环境的塑造，而是会创造性地自由运用遗传和环境所提供的素材，依照自己独特的方式加以组合，从而形成独一无二的自己。

3. 社会兴趣

社会兴趣指个体觉知到自己是人类社会的一分子，以及个体在处理社会事务时的态度。它有三个发展阶段：习性、能力和简洁动力特征。

社会兴趣的充分发展依赖于职业选择、社会活动以及爱情婚姻这三个重大问题的圆满解决。

社会兴趣是阿德勒学派衡量心理健康的重要指标。

考研考法突破

考法 1　生活风格理论

通过名词解释和简答题考查阿德勒的生活风格理论。考生需要重点掌握生活风格的定义，以及理解生活风格的三条途径。

例 3：（湖南师范大学，2011/2015）简答：阿德勒生活风格理论的基本主张。

参考答案：在阿德勒看来，每个人追求优越的目标是不同的，个体所处的环境条件也千差万别，从而导致每个人试图获得优越的方法也迥然不同。阿德勒把个人追求优越目标的方式称为“生活风格”。

阿德勒根据社会兴趣和活动度两个维度，将生活风格划分为四种：

①统治支配型：这种人喜欢支配和统治别人；

②索取型：这种人喜欢依赖别人的劳动，向别人索取自己所需要的一切；

③回避型：这种人总是回避生活中的各种问题，企图以碌碌无为而避免失败；

④社会利益型：这种人能正视问题，试图以某种有益于社会的方式来解决问题。

阿德勒总结出来三条了解生活风格的途径：

①看他的出生顺序。出生顺序的差别会形成一个人对生活的不同看法和不同的人格。

②对早期的回忆。从早期回忆中可以看出一个人的生活目标。

③对梦的解释。他认为梦更主要是体现出个人对日常生活中所遇问题的态度，因而梦贯穿了人的生活风格。

考研考法实战 答案见 D50 页

1.（西北师范大学，2014；河南大学，2018）简答：根据阿德勒的观点，简述理解生活风格的基本途径。

章节考点　综合训练

答案见 D50 页

一、单选题

1.（复旦大学，2017）根据精神分析的原理，一个人的“犯罪感和羞耻心”是由（　　）决定。

A. 本我　B. 自我　C. 超我　D. 力比多

2.（华东师范大学，2015）弗洛伊德所认为的人格构成成分之一，储藏人们生来就有的欲望和冲动的是（　　）。

A. 本我　B. 自我　C. 超我　D. 优我

3.（四川师范大学，2015/2017）弗洛伊德认为，本我活动所遵循的原则是（　　）。

A. 现实原则　B. 理想原则　C. 快乐原则　D. 道德原则

4.（四川师范大学，2015）在弗洛伊德提出的人格理论中，（　　）是有意识和理性的部分，运用现实手段来满足自己的需要。

A. 本我　B. 自我　C. 超我　D. 真我

5.（四川师范大学，2018）根据精神分析理论，自我遵循的原则是（　　）。

A. 快乐原则　B. 现实原则　C. 道德原则　D. 理想原则

6.（华东师范大学，2011）弗洛伊德的精神分析认为，男孩的恋母情结（俄狄浦斯情结），女孩的恋父情结（伊莱克特拉情结）的人格发展是在（　　）。

A. 生殖器期　B. 性器期　C. 肛门期　D. 口唇期

7.（华东师范大学，2015）经过努力把威胁自我的内容排除到意识之外，这种心理防御机制是（　　）。

A. 压抑　B. 升华　C. 合理化　D. 投射

8.（华东师范大学，2016）把无意识冲动转化为社会认可的行为是（　　）防御机制。

A. 投射　B. 合理化　C. 升华　D. 转移

9.（华中师范大学，2018）有些人被自己性欲望困扰，会抱怨图书馆里存有“黄色书籍”，或要求制定严格的法律来规范他人的性行为，这体现的是弗洛伊德的哪种自我防御机制（　　）。

A. 否认　B. 合理化　C. 反向作用　D. 升华

10.（江西师范大学，2016）受到伤害后，不打击报复，而是转为竞技场上的拼搏，这属于（　　）。

A. 投射　B. 压抑　C. 升华　D. 抵消

11.（南京师范大学，2016）不属于自我防御机制的是（　　）。

A. 投射　B. 否认　C. 升华　D. 润饰

12.（江西师范大学，2016）集体潜意识的核心是（　　）。

A. 人格面具　B. 阴影　C. 自身　D. 阿玛尼

13.（江西师范大学，2012）阿德勒指出，人们行为的根本动力来自（　　）。

A. 被压抑的性本能　B. 自我实现

C. 寻求优越　D. 集体无意识

14.（华南师范大学，2020）弗洛伊德人格结构中最文明的部分（　　）。

A. 本我　B. 自我　C. 意识　D. 超我

15.（华中师范大学，2021 年）明明喜欢一个人却说讨厌他，这种防御机制称为（　　）。

A. 合理化　B. 投射　C. 反向作用　D. 压抑

16.（华中师范大学，2021 年）根据弗洛伊德的观点，对人格健康起关键作用的是（　　）。

A. 本我　B. 自我　C. 超我　D. 真我

17.（南京师范大学，2021）根据弗洛伊德观点，人的潜意识动机都是为了获得（　）。

A. 内驱力增加　B. 赞许　C. 快乐　D. 安全

二、名词解释

1.（辽宁师范大学，2014）潜意识

2.（苏州大学，2011）本我

3.（西北师范大学，2019）现实性焦虑

4.（湖南师范大学，2016）移置作用（displacement）

5.（河南大学，2020）个体潜意识

6.（西北师范大学，2014；华东师范大学，2019；华南师范大学，2018/2020）情结

7.（南京师范大学，2016；河南大学，2019）原型

8.（西北师范大学，2012；广州大学，2016；河南大学，2018）生活风格

9.（湖南师范大学，2016）优越情结（superiority complex）

三、简答题

1.（浙江师范大学，2018）举例说明应对挫折的防御机制。

2.（西北师范大学，2019）阿德勒对“个体”的理解。

3.（华南师范大学，2021）荣格的人格理论内容有哪些？

四、论述题

1.（上海师范大学，2013）冰山模型说明什么，详细叙述弗洛伊德的人格结构理论并进行评价。

2.（河南大学，2020）评价荣格的潜意识理论及其意义。

第三章 新精神分析学派

新精神分析学派的代表人物包括霍妮、弗洛姆、沙利文、埃里克森和客体关系理论。新精神分析学派强调社会文化因素的重要作用。在考研中，霍妮和埃里克森的理论比较常考，但是由于埃里克森的理论主要是考查其的人格发展阶段理论，而这部分的内容在发展心理学中已经做了详细的介绍，因此在人格心理学中就不再赘述。弗洛姆的人格理论考查较少，考生重点了解其社会性格理论。沙利文和客体关系理论在考研中暂未涉及，因此本书不做归纳总结，考生可自己根据教材简单了解一下。

第一节 霍妮的人格理论

研究考题，明确考况

考试要求	自主命题	
	考题	考查点
霍妮的理论观点	华东师范大学，2020	单选：神经症人格
	湖南师范大学，2012	名解：基本焦虑
	湖南师范大学，2021	名解：应该的专制
	湖南师范大学，2012/2017	简答：神经症人格
	湖南师范大学，2017	简答：人格理论

考点 1 霍妮的理论观点

考研基础必备

1. 人格结构

霍妮把人格看成是完整动态的自我，自我有三种基本的存在形态。

1）现实自我

现实自我指个体在此时此地所拥有和表现出来的一切存在的总和。相当于自我概念。

2）真实自我

真实自我也叫做可能的自我。指个体的潜能，是个体得以生长发展的主要内在力量。

3）理想自我

理想自我也叫做不可能的自我。是指个体为了逃避内心冲突，寻求合理统一，而凭空在头脑中设想的一种不合理的自我形象，是纯粹虚幻，不可能实现的。

理想自我是一种病态的自我，霍妮认为它是形成神经症或变态人格的主要原因。

“应该专制”：当一个人被理想自我控制时，他就生活在虚幻的世界里，对自己和他人提出许多无理的要求。霍妮把这种现象称为“应该专制”（tyranny of the should）。某些神经症的人常常会说“我应该这样，你应该那样 ....”。他们受到“应该”的控制而不能自拔，自寻烦恼，自己跟自己过不去，同时也跟别人过不去。

2. 基本焦虑和安全感的追求

“基本焦虑”：一种独自面对严重问题且完全无助的感觉。感到无助是儿童遇到的基本问题，因为儿童还未发展出一套应付环境和满足自己需要的有效方法。

“基本罪恶”：父母的一些不恰当行为，包括专制、过度保护、过度溺爱等。

“基本敌意”：父母如果经常表现这类行为，就会使孩子产生“基本敌意”。

3. 神经症理论

1）神经症需要

个体体验到的基本焦虑越深，对于安全感的渴望就越强烈，为了减轻这种痛苦，个体常会采取一些病态的策略来避免焦虑，防御自我。霍妮列出了十种常见的防御策略，并称它们为“神经症需要”。

神经症需要的特征：①强迫性的；②被过分夸张的；③极端化的；④永远无法满足的。

神经症需要的种类：①对关怀和赞许的神经症需要；②对支配其生活的伙伴的神经症需要；③对权力的神经症需要；④对剥削和利用他人的神经症需要；⑤对地位和尊严的神经症需要；⑥对自我崇拜的神经症需要；⑦对非凡成就和个人野心的神经症需要；⑧对限制自己人生的神经症需要；⑨对自给自足、独立自主的神经症需要；⑩对完美无缺的神经症需要。

2）神经症人格

霍妮认为，神经症需要决定了神经症人格，她把上述十种神经症需要分别对应 3 种神经症的行为方式和人格倾向：

①亲近他人与顺从型人格：对应前两种神经症需要。这类人通过顺从、友好、合作和极度依赖来获得安全感。

他们不给予，只是得到；不分享，只是索取。

②反抗他人与攻击型人格：对应第三至第七种神经症需要。这类人通过控制和主宰别人来获得安全感。

③逃避他人与退缩型人格：对应后三种神经症需要。这类人通过离群索居来获得安全感。

正常人也会使用这些方式，但会根据环境的变化将三种行为加以统整，寻求最有效的策略。而神经症的患者总是固执地使用一种行为方式。

考研考法突破

考法 1　霍妮的理论观点

通过选择题、名词解释和简答题考查霍妮的理论观点。对于霍妮的理论观点考查的并不多，考生掌握其提出的“基本焦虑”“神经症人格”等理论观点即可。

例 1：（湖南师范大学，2012/2017）简答：简述霍妮提出的神经症人格的基本类型。

参考答案：霍妮认为，神经症需要决定了神经症人格，她把上述十种神经症需要分别对应 3 种神经症的行为方式和人格倾向：

①亲近他人与顺从型人格：对应前两种神经症需要。这类人通过顺从、友好、合作和极度依赖来获得安全感。他们不给予，只是得到；不分享，只是索取。

②反抗他人与攻击型人格：对应第三至第七种神经症需要。这类人通过控制和主宰别人来获得安全感。

③逃避他人与退缩型人格：对应后三种神经症需要。这类人通过离群索居来获得安全感。

正常人也会使用这些方式，但会根据环境的变化将三种行为加以统整，寻求最有效的策略。而神经症的患者总是固执地使用一种行为方式。

考研考法实战 答案见 D53 页

1.（华东师范大学，2020）单选：下列行为模式中，不属于霍妮发现的应对焦虑的行为模式的是（　　）。

A. 接近众人　B. 加入众人　C. 远离众人　D. 反对众人

2.（湖南师范大学，2012）名词解释：基本焦虑。

3.（湖南师范大学，2021）名词解释：应该的专制。

第二节　弗洛姆的人格理论

研究考题，明确考况

考试要求	自主命题	
	考题	考查点
弗洛姆的理论观点	苏州大学，2016；南京师范大学，2021；湖南师范大学，2021	简答：弗洛姆的理论观点

考点 1　弗洛姆的理论观点

考研基础必备

1. 气质、性格与人格

弗洛姆认为，气质与性格共同组成了人的人格。人格是人的先天和后天的全部心理特征，也是使人成为独一无二之个体的特征。气质是体质的、不可变的；而性格是可变的，它是由人的体验尤其是早期生活的体验所构成。

弗洛姆把性格定义为把人的能力引向同化和社会化的过程。弗洛姆与弗洛伊德一样主张将性格看做一种内驱力系统，但是性格的动力不是力比多，而是来源于人的社会境遇、人性中的冲突。

性格是由一系列性格特征组成，一些性格具有共同的倾向性，即性格取向。

2. 孤独感、逃避自由与积极自由

孤独感类似于霍妮的基本焦虑，是人的安全需要得不到满足时的一种消极情感体验。弗洛姆认为孤独感来源于社会历史发展中人的个性化过程。

为了克服孤独感，人们可以采取两种措施，一是逃避自由，二是积极自由。人们拥护纳粹主义就是为了克服孤独感而选择了逃避自由。弗洛姆主张人们要积极地去拥抱自由，而不是逃避自由。

3. 性格取向

弗洛姆根据同化过程中的取向是否具有生产性，将人的性格分为非生产性取向和生产性取向。非生产性取向包括：接受取向、剥削取向、囤积取向和市场取向。

人在社会化过程中也会形成四种性格取向，包括：受虐狂（接受取向）、施虐狂（剥削取向）、破坏性（囤积取向）和机械地自动适应（市场取向）。

4. 社会性格

弗洛姆把人的性格分为两部分：个体性格和社会性格。个体性格用以区分人和人的个体心理差异；社会性格是一个社会中绝大多数成员所具备的基本性格结构。

社会性格具备以下基本特点：

①它是群体心理，在不同场合指不同群体，也可以指民族或阶级心理；

②它是一个群体在共同的处境下在共同的生活方式和基本的实践活动的基础上形成的；

③它是激发一个群体的行为的共同的内在驱动力。

弗洛姆认为社会性格是联系经济基础和上层建筑的中介之一，一定社会的经济基础是造就社会性格的决定因素，具有一定社会性格的人会形成一些共同的观念，这些观念经理论化形成了意识形态。

形成的意识形态又容易被具有一定社会性格的人所接受并强化了这种社会性格。因此，经济基础决定了社会性格，意识形态根植于社会性格中，反过来意识形态对经济

基础起作用，推动其向前发展。

考研考法突破

考法 1　考查弗洛姆的人格理论

通过简答题考查弗洛姆的人格理论。弗洛姆的人格理论在考试中考查的较少，掌握其重点内容即可。

例 1：（苏州大学，2016）简答：简述弗洛姆人格理论观点及特色。

参考答案：

1. 气质、性格与人格

弗洛姆认为，气质与性格共同组成了人的人格。人格是人的先天和后天的全部心理特征，也是使人成为独一无二之个体的特征。气质是体质的、不可变的；而性格是可变的，它是由人的体验尤其是早期生活的体验所构成。

2. 孤独感、逃避自由与积极自由

孤独感类似于霍妮的基本焦虑，是人的安全需要得不到满足时的一种消极情感体验。弗洛姆认为孤独感来源于社会历史发展中人的个性化过程。

为了克服孤独感，人们可以采取两种措施，一是逃避自由，二是积极自由。人们拥护纳粹主义就是为了克服孤独感而选择了逃避自由。弗洛姆主张人们要积极地去拥抱自由，而不是逃避自由。

3. 性格取向

弗洛姆根据同化过程中的取向是否具有生产性，将人的性格分为非生产性取向和生产性取向。非生产性取向包括接受取向、剥削取向、囤积取向和市场取向。

人在社会化过程中也会形成四种性格取向，包括受虐狂（接受取向）、施虐狂（剥削取向）、破坏性（囤积取向）和机械地自动适应（市场取向）。

4. 社会性格

弗洛姆把人的性格分为两部分：个体性格和社会性格。个体性格用以区分人和人的个体心理差异；社会性格是一个社会中绝大多数成员所具备的基本性格结构。

弗洛姆的人格理论的特色在于把心理现象放到广阔的政治、经济和文化的背景下加以研究，大大拓宽了精神分析以及整个心理学研究的视野。他关注现代社会中大多数人的生活状况，以现代人的精神危机和困境作为关注的核心，把心理疾病与社会现实结合起来，广泛利用历史文献作为研究论据。

考研考法实战 答案见 D53 页

1. 单选：弗洛姆认为人克服孤独感的积极方式是（　　）。

A. 逃避自由　B. 积极自由　C. 毁灭　　D. 独裁

2. 简答：马克思和恩格斯认为经济基础决定上层建筑，即意识形态。根据据弗洛姆的理论，这是如何实现的？

章节考点　综合训练

答案见 D53 页

一、单选题

1.（南京师范大学，2021）最强调人格的社会属性的是（　　）。

A. 弗洛姆　　B. 荣格　　C. 马斯洛　　D. 凯利

二、简答题

1.（湖南师范大学，2017）简述霍妮的人格特质理论。

2. 弗洛姆是如何解释人的社会化的，你如何评价他的人格理论？

3.（湖南师范大学，2021）弗洛姆的人格取向理论。

三、论述题

1.（河南大学，2021）比较古典精神分析与新精神分析的人格理论。

四、案例分析

1.（苏州大学，2021）

一段材料：演小鬼当家年少成名的那个演员 15 岁酗酒吸毒抽烟，17 岁结婚，19 岁离婚，如今演艺路没有起色，淡出人们视野。

提问：结合新精神分析理论分析年少成名的他。

第四章 行为主义学派

行为主义学派的人格理论主要包括华生、斯金纳、多拉德和米勒。历年真题中对于行为主义学派的人格理论考查的较少。其中对于华生的人格理论几乎没有涉及，而其理论在发展心理学中已经有所介绍，因此本书不再赘述；对于斯金纳的理论的考查主要集中在其人格的强化与改变（即强化理论），这部分内容在教育心理学和普通心理学等学科中均有详细的归纳介绍，因此在人格心理学这一学科中就不再赘述；最后对于多拉德和米勒的理论考查的较多的是冲突的类型，但是由于这部分内容在普通心理学中已经讲述过了，因此本书也不再赘述，我们只介绍其学习的四要素、挫折－攻击假说以及童年期的四个关键训练。

第一节 多拉德和米勒的人格理论

研究考题，明确考况

考试要求	自主命题	
	考题	考查点
学习的四要素	西北师范大学，2015/2017	简答：学习的四要素
挫折－攻击假说	湖南师范大学，2020	名解：挫折－攻击假说
童年期的四个关键训练	湖南师范大学，2015	简答：童年期的四个关键训练

考点 1 学习的四要素

考研基础必备

多拉德和米勒认为人格是习得的，而学习是由以下四个要素组成的。

1. 内驱力

内驱力是促使有机体行动的任何一种强烈刺激。

内驱力可以分为内部驱力（如饥饿、干渴等）和外部驱力（如寒冷、吵闹等）。

内驱力还可以分为基本内驱力和二级内驱力。基本内驱力也叫原始内驱力，是与生俱来的并且和维持有机体的生命有关，与有机体的基本需要有关，如饥饿、渴、性等；二级内驱力也叫习得性内驱力，是后天习得的，如恐惧、焦虑等。

2. 线索

线索是决定有机体何时、何地做出反应，以及做出何种反应的刺激。内驱力驱使行为，线索则指导行为采取适当的方向。

3. 反应

反应是由内驱力和线索诱发出来的，旨在降低或消除内驱力强度的行为或心理活动。

反应可以是外显的动作或行为，也可以是内部的心理活动，如思维、计划等，其最终目的是为了降低内驱力。这种内隐的反应被称为线索性反应，它们通常决定随后的反应是什么。

4. 奖赏（强化）

奖赏指任何能够使得某一特定刺激或线索所引发的反应频率增加的东西。

多拉德和米勒认为，只要同时具备了上述四个要素，学习就会发生。

考研考法突破

考法 1 学习的四要素的内容

通过名词解释、简答题或论述题考查学习的四要素的内容。该考法的考查频率较低，只有个别院校考查过，考生可选择性复习掌握。

例 1：（西北师范大学，2015/2017）简答 / 论述：多拉德和米勒的学习四要素。

【解析】如果是简答题，则答出其要点即可；如果是论述题，可以稍微适当扩充。

参考答案：多拉德和米勒认为人格是习得的，而学习是由以下四个要素组成的。

（1）内驱力：内驱力是促使有机体行动的任何一种强烈刺激。

内驱力可以分为内部驱力（如饥饿、干渴等）和外部驱力（如寒冷、吵闹等）。

内驱力还可以分为基本内驱力和二级内驱力。基本内驱力也叫原始内驱力，是与生俱来的并且和维持有机体的生命有关，与有机体的基本需要有关，如饥饿、渴、性等；二级内驱力也叫习得性内驱力，是后天习得的，如恐惧、焦虑等。

（2）线索：线索是决定有机体何时、何地做出反应，以及做出何种反应的刺激。内驱力驱使行为，线索则指导行为采取适当的方向。

（3）反应：反应是由内驱力和线索诱发出来的，旨在降低或消除内驱力强度的行为或心理活动。

反应可以是外显的动作或行为，也可以是内部的心理活动，如思维、计划等，其最终目的是为了降低内驱力。这种内隐的反应被称为线索性反应，它们通常决定随后的反应是什么。

（4）奖赏（强化）：指任何能够使得某一特定刺激或线索所引发的反应频率增加的东西。

多拉德和米勒认为，只要同时具备了上述四个要素，学习就会发生。

考研考法实战 答案见 D55 页

1. 单选：多拉德和米勒认为学习过程中的基本因素是驱力、反应、强化和（　　）。

A. 线索　　B. 动机　　C. 模仿　　D. 刺激

考点 2　挫折 – 攻击假说

考研基础必备

挫折是指目的性行为受到阻碍时的伴随状态；攻击是指以伤害某一有机体或有机体的替代物为反应目标的行为。

挫折 – 攻击假设的基本观点是：攻击是挫折的一种后果，攻击行为的发生总是以挫折的存在为先决条件。反之，挫折的存在总要导致某种形式的攻击。

挫折多大程度上能够引起攻击行为，取决于这几点：①挫折感的强度；②受挫折的范围；③遭受挫折的次数；④对攻击行为后果的预期。

在 1941 年，米勒修正了这一理论，认为攻击不是挫折的唯一反应，人们在遭遇挫折以后既可以产生攻击行为，也可以产生退缩、退让等行为。个体遭遇挫折以后可以引起两类反应，一类是情绪性反应，一类是理智性反应。挫折是否导致攻击是以认知为中介的。

考研考法突破

考法 1　挫折 – 攻击假说的内容

通过名词解释考查挫折 – 攻击假说的内容。考生主要掌握其基本观点即可，该考点在社会心理学侵犯行为（攻击行为）部分也有讲述，考生可结合学习。

例 2：（湖南师范大学，2020）名词解释：挫折 – 攻击假说。

参考答案：挫折 – 攻击假说是由多拉德和米勒提出的，其基本观点是：攻击是挫折的一种后果，攻击行为的发生总是以挫折的存在为先决条件。反之，挫折的存在总要导致某种形式的攻击。

在 1941 年，米勒修正了这一理论，认为攻击不是挫折的唯一反应，人们在遭遇挫折以后既可以产生攻击行为，也可以产生退缩、退让等行为。个体遭遇挫折以后可以引起两类反应，一类是情绪性反应，一类是理智性反应。挫折是否导致攻击是以认知为中介的。

考研考法实战 答案见 D55 页

1. 简答：用多拉德和米勒的理论解释攻击行为产生的原因。

考点 3　童年期的四个关键训练

考研基础必备

1. 喂食情境

饥饿是婴儿最早经验到的强烈内驱力之一。婴儿进食经验对其将来人际关系的发展，具有重要的影响。母亲应该以仁爱、温和和积极的情绪给孩子喂食，给孩子提供充分的安全、信任和主动的心理氛围。

2. 大小便训练

大小便训练对儿童人格的发展极为重要。当偶然失误而被父母责罚，儿童一方面可能形成与人疏远的情况，另一方面可能会变得唯命是从，可能出现强迫症的倾向。

3. 早期的性教育

应该让儿童及早学会正确的性观念和性行为。儿童会发现自己与弟弟（或妹妹）的不一样，父母对自己与弟弟（或妹妹）的管教方式不同，这些都会引起儿童的心理冲突和情绪困扰，父母需要进行正确的疏导。

4. 激怒 – 焦虑冲突

儿童自己的意愿与父母的管教相违背或者兄弟姐妹之间的冲突和争吵，会使儿童受挫从而产生攻击性的观念和行为，但是又会害怕遭到父母的惩罚，因而产生焦虑。

这时，如果父母管教宽严合适，儿童就能学会控制自己的愤怒和降低焦虑；如果父母的管教过分严格，就会使儿童压抑这些行为。

但是愤怒能力似乎是积极的人生所需要的，有利于人格的健全发展。

考研考法突破

考法 1　童年期的四个关键训练

通过简答题考查多拉德和米勒提出的儿童时期的四个关键训练。该考法的考查频率较低，考生可以根据自己院校的考查情况有选择的复习。

例 3：（湖南师范大学，2015）简答：简述多拉德和米勒的儿童时期四个关键训练的主要内容。

参考答案：（1）喂食情境：饥饿是婴儿最早经验到的强烈内驱力之一。婴儿进食经验对其将来人际关系的发展，具有重要的影响。母亲应该以仁爱、温和和积极的情绪给孩子喂食，给孩子提供充分的安全、信任和主动的心理氛围

（2）大小便训练：大小便训练对儿童人格的发展极为重要。当偶然失误而被父母责罚，儿童一方面可能形成与

人疏远的情况，另一方面可能会变得唯命是从，可能出现强迫症的倾向。

（3）早期的性教育：应该让儿童及早学会正确的性观念和性行为。儿童会发现自己与弟弟（或妹妹）的不一样，父母对自己与弟弟（或妹妹）的管教方式不同，这些都会引起儿童的心理冲突和情绪困扰，父母需要进行正确的疏导。

（4）激怒－焦虑冲突：儿童自己的意愿与父母的管教相违背或者兄弟姐妹之间的冲突和争吵，会使儿童受挫从而产生攻击性的观念和行为，但是又会害怕遭到父母的惩罚，因而产生焦虑。

这时，如果父母管教宽严合适，儿童就能学会控制自己的愤怒和降低焦虑；如果父母的管教过分严格，就会使儿童压抑这些行为。

但是愤怒能力似乎是积极的人生所需要的，有利于人格的健全发展。

考研考法实战 答案见 D55 页

1. 单选：下面不属于儿童时期的四个关键训练的是（　　）。

A. 激怒－焦虑冲突　　B. 早期教育

C. 喂食情境　　D. 早期的性教育

章节考点　综合训练

答案见 D55 页

一、简答题

1. 简述多拉德和米勒提出的学习的四个要素，谈谈你如何评价多拉德和米勒的人格理论？

第五章 人本主义学派

人本主义流派主要包括马斯洛、罗杰斯和罗洛·梅三个人的理论观点。关于马斯洛的理论考查主要集中在其需要理论和自我实现的理论上面，其中需要理论在考研中属于高频考点，其在普通心理学、教育心理学和管理心理学等学科中均有介绍，考生可结合学习。罗杰斯的理论考查主要集中在其提出的无条件积极关注、自我实现的倾向、机能自主和以人为中心疗法，其理论在心理咨询中有广泛的应用，因此在心理咨询中也有详细的介绍，考生可结合学习。罗洛·梅的理论在考试中考查的频率较低，考生重点掌握其人格结构理论和人格发展理论即可。

第一节 马斯洛的人格理论

研究考题，明确考况

考试要求	自主命题	
	考题	考查点
需要理论	南京大学，2014/2016	单选：需要的种类
	西南大学，2008/2016；广州大学，2019；复旦大学，2015；江西师范大学，2016；华南师范大学，2016；广州大学，2018；福建师范大学，2014/2019	单选：需要层次理论的内容
	深圳大学，2020	名解：需要层次理论的内容
	南京大学，2016；北京林业大学，2020	简答：需要层次理论的内容
	华南师范大学，2012；西北师范大学，2013；北京师范大学，2016	简答：需要层次理论的内容及应用
自我实现的理论	河南大学，2018	简答：自我实现的条件与障碍
	湖南师范大学，2017；河南大学，2018	名解：约拿情结
	湖南师范大学，2012/2021	名解：高峰体验

考点 1 需要理论

考研基础必备

马斯洛强调人类所有的行为都是由需要引起的，而不是由性本能引起的。他认为人类是由一系列具有生命意义的和满足内在的需求所驱动。

1. 需要的种类

①基本需要：也叫缺失性需要。如果缺失，可引起匮乏性动机，为人和动物共有；如果得到满足，紧张就会消除，兴奋就会降低，便会失去动机，它与人的本能相联系。

②心理需要：也叫成长性需要，可以产生成长性动机，是一种超越了生存需要之后，所产生的发自内心的希望发展和实现自身潜能的需要，它不受本能的支配，为人类所特有。

2. 需要的层次

马斯洛最初将需要分为七个层次：生理需要、安全需要、爱和归属需要、尊重需要、认知需要（对于知识、理解的需要，包括认识自己和周围世界的需要）、审美需要（对于美、对称、简洁、完满和秩序的需要）和自我实现需要。后来，他把认知需要和审美需要归入自我实现的需要，形成最终的五层次说。

1）生理需要

与有机体生存、繁衍有关的需要，是人和动物所共有的，如对于食物、水、氧气、性、排泄和睡眠的需要等。这些需要在所有需要中占绝对优势，是人的需要中最基本、最强烈的，优先于任何其他需要。

2）安全需要

生命对于稳定、安全感、依赖、秩序、法律、界限、避免痛苦和恐吓、受保护的需要等等。

3）爱和归属的需要

渴望在生活圈子里与他人建立亲密的感情联系，渴望被别人接纳，能够给予爱并获得爱，并被认为很有吸引力。马斯洛认为爱分为匮乏之爱和存在之爱。

4）尊重的需要

包括自尊和来自他人的尊重两方面。自尊包括对自己有力量、有成就、有信心以及要求独立自由的渴望，即感觉到自己是有能力的、有价值的。来自他人的尊重是指需要别人承认我们是有能力和有价值的，包括希望自己有名誉、威望、地位，得到他人的认可和赏识。

5）自我实现的需要

最高层次的需要，是人类所特有的需要。自我实现的需要是指促进个人发挥自身最大潜能的需要，是促使潜在能力得以实现的趋势，这种趋势促使他成为他所能成为的人。

马斯洛认为这些需要是有层次的，是由低到高的逐级上升的过程，呈金字塔式排列。他认为在满足较高层次需要之前，必须先满足较低层次的需要，但是也可以是低级需要部分地满足时，有高级需要的产生。

考研考法突破

考法 1　需要的种类

通过选择题考查需要的种类。马斯洛将需要分为基本需要（缺失性需要）和心理需要（成长性需要）。其中前四种需要为基本需要，自我实现的需要（包括认知需要和审美需要）为心理需要。

例 1：（南京大学，2014/2016）单选：马斯洛把较低层次、与个体的生命攸关的需要称为（　　）。

A. 生长需要　　B. 获得性需要
C. 缺失性需要　　D. 基础性需要

【解析】马斯洛把较低层次、与个体的生命攸关的需要称为基本需要，也叫缺失性需要。

参考答案：C

考法 2　需要层次理论的内容

通过选择题、名词解释和简答题考查马斯洛的需要层次理论的内容。其中在选择题中主要是考查对其五种需要的辨析及其关系，因此需要考生准确理解每一种需要的内涵；在简答题中考查的比较简单，一般直接要求简述马斯洛的需要层次理论。

例 2：（西南大学，2008/2016）单选："音乐家必须去创造音乐，画家必须作画，诗人必须写诗……一个人要成为他能够成为的那个人，就必须真实地面对自己。"根据马斯洛的观点，这段话体现了人具有（　　）。

A. 归属与爱的需要　　B. 尊重的需要
C. 自我实现的需要　　D. 安全的需要

【解析】自我实现的需要是指促进个人发挥自身最大潜能的需要，是促使潜在能力得以实现的趋势，这种趋势促使他成为他所能成为的人。题干正是对自我实现的需要的表述，因此选择 C。

参考答案：C

例 3：（广州大学，2019）单选：下列关于马斯洛需要层次理论的说法错误的是（　　）。

A. 人的需要由五个层次构成
B. 人的需要都是天生的、与生俱来的
C. 需要的层次越低，力量越强，潜力越大
D. 低级需要如果得不到满足，高级需要就一定不会出现

【解析】马斯洛认为在满足较高层次需要之前，必须先满足较低层次的需要，但是也可以是低级需要部分地满足时，有高级需要的产生。因此 D 选项错误。

参考答案：D

例 4：（南京大学，2016；北京林业大学，2020）简答：简述马斯洛需求层次理论。

参考答案：马斯洛认为需要层次包括以下几种：

（1）生理需要：与有机体生存、繁衍有关的需要，是人和动物所共有的。如对于食物、水、氧气、性、排泄和睡眠的需要等等。这些需要在所有需要中占绝对优势，是人的需要中最基本、最强烈的，优先于任何其他需要。

（2）安全需要：生命对于稳定、安全感、依赖、秩序、法律、界限、避免痛苦和恐吓、受保护的需要等。

（3）爱和归属的需要：渴望在生活圈子里与他人建立亲密的感情联系，渴望被别人接纳，能够给予爱并获得爱，并被认为很有吸引力。马斯洛认为爱分为匮乏之爱和存在之爱。

（4）尊重的需要：包括自尊和来自他人的尊重两方面。自尊包括对自己有力量、有成就、有信心以及要求独立自由的渴望，即感觉到自己是有能力的、有价值的。来自他人的尊重是指需要别人承认我们是有能力和有价值的，包括希望自己有名誉、威望、地位，得到他人的认可和赏识。

（5）自我实现的需要：最高层次的需要，是人类所特有的需要。自我实现的需要是指促进个人发挥自身最大潜能的需要，是促使潜在能力得以实现的趋势，这种趋势促使他成为他所能成为的人。

马斯洛认为这些需要是有层次的，是由低到高的逐级上升的过程，呈金字塔式排列。他认为在满足较高层次需要之前，必须先满足较低层次的需要，但是也可以是低级需要部分地满足时，有高级需要的产生。

考法 3　需要层次理论的应用与评价

通过简答题考查需要层次理论的实际应用与评价。马斯洛的需要层次理论可以应用于教育、管理等各个领域，对于其的应用价值和评价也是考试常考的知识点，需要考生灵活运用所学知识。

例 5：（华南师范大学，2012；北京师范大学，2016）论述：请结合实际，谈谈马斯洛需要层次理论的主要观点及其对现实的启发。

参考答案：

1. 马斯洛的需要层次理论

马斯洛最初将需要分为七个层次：生理需要、安全需要、爱和归属需要、尊重需要、认知需要（对于知识、理解的需要，包括认识自己和周围世界的需要）、审美需要（对于美、对称、简洁、完满和秩序的需要）和自我实现需要。后来，他把认知需要和审美需要归入自我实现的需要，形成最终的五层次说。

1）生理需要

与有机体生存、繁衍有关的需要，是人和动物所共有的。如对于食物、水、氧气、性、排泄和睡眠的需要等等。这些需要在所有需要中占绝对优势，是人的需要中最基本、最强烈的，优先于任何其他需要。

2）安全需要

生命对于稳定、安全感、依赖、秩序、法律、界限、避免痛苦和恐吓、受保护的需要等等。

3）爱和归属的需要

渴望在生活圈子里与他人建立亲密的感情联系，渴望被别人接纳，能够给予爱并获得爱，并被认为很有吸引力。马斯洛认为爱分为匮乏之爱和存在之爱。

4）尊重的需要

包括自尊和来自他人的尊重两方面。自尊包括对自己有力量、有成就、有信心以及要求独立自由的渴望，即感觉到自己是有能力的、有价值的。来自他人的尊重是指需要别人承认我们是有能力和有价值的，包括希望自己有名誉、威望、地位，得到他人的认可和赏识。

5）自我实现的需要

最高层次的需要，是人类所特有的需要。自我实现的需要是指促进个人发挥自身最大潜能的需要，是促使潜在能力得以实现的趋势，这种趋势促使他成为他所能成为的人。

马斯洛认为这些需要是有层次的，是由低到高的逐级

上升的过程，呈金字塔式排列。他认为在满足较高层次需要之前，必须先满足较低层次的需要，但是也可以是低级需要部分地满足时，有高级需要的产生。

2. 马斯洛需要层次理论对现实的启发

（1）在教育中的应用：教育界应当重视、研究、提高学生的精神生活。尊重每一个学生的特点，为学生提供条件，发展和满足学生的高层次需要，从而达到自我实现。

（2）在管理中的应用：在管理中，必须考虑到员工多方面的需要，不仅仅是要满足低层次的需要，更重要的是，努力满足员工的高级需要，这有利于使企业保持持久的活力。

在管理中，可以针对不同的需要制定相应的管理措施。并且要根据员工的主导需要来选择恰当的激励手段，采取多种激励方式，使所有的员工都能发挥自己的潜能，从而达到自我实现。

考研考法实战 答案见 D55 页

1.（复旦大学，2015；华南师范大学，2016；广州大学，2018；福建师范大学，2019）单选：根据马斯洛的需要层次理论，最高层次的需求是（　　）。

A. 安全的需要　　B. 归属的需要

C. 尊重的需要　　D. 自我实现的需要

2.（福建师范大学，2014）单选：马斯洛把人对秩序、稳定、免除恐惧与焦虑的需要叫（　　）。

A. 安全的需要　　B. 爱和归属的需要

C. 尊重的需要　　D. 自我实现的需要

3.（江西师范大学，2016）单选："忙碌为充肚子饥，刚得饭饱又思衣。恰得衣食两样足，家中缺少美貌妻"，上述观点反映的是（　　）

A. 自我实现的需要

B. 审美的需要

C. 低一层需要基本满足后，会降低对人的影响，使人去追求高一层的需要

D. 人既有基本的社会性需要又有高级的社会性需要

4.（深圳大学，2020）名词解释：马斯洛需要层次理论。

5.（西北师范大学，2013）论述：试用马斯洛的需要层次理论，分析大学生报考研究生的行为动力。

考点 2　自我实现的理论

考研基础必备

1. 自我实现的概念

自我实现的概念有两层含义：一是作为一种人格的自我实现，只有少数人才能够做到，这种人可以称为自我实现的人；二是作为一种基本需要或动力的自我实现，是人潜能的实现，是人的高级需要，任何人都有可能体验到。

2. 自我实现的条件与障碍

1）外部条件

马斯洛指出，自我实现的一些先决条件是言论自由，在不损害他人的前提下可以随心所欲，保卫自由、正义、公平及秩序。

2）内部条件（原因）

①自我概念的缩减，即我们对自己是谁以及自己的潜力看法比较保守。

②固执于现有的自我概念。

③自己不愿意离开安全的地方。

④成功恐惧。约拿情结：天才常陷于一种内心冲突：一方面他像每个正常的人一样愿意表达自我，发挥自己全部的潜能；另一方面。他又发现自己要学会像圣经中的约拿一样掩饰自己，贬低自己，来避免他人的攻击。这种内心深处的矛盾冲突就是约拿情结。

3. 自我实现的途径

1）自我实现的途径主要有两条

①个人成长和自我实现的途径，这条路强调自我修养，关注个人潜能的发挥，培养健全的人格，使个人生活完满幸福。这是一条个人内在发展的途径。

②强调改变社会环境，为自我实现创造更好的外部环境，为多数的成长提供所需的资源。这是一条通过寻求改变社会来改善所有人的生活环境，促进共同发展的途径。

2）自我实现的具体途径或方法

①通过全身心地投入或献身于某一工作或事业，彻底忘记自己的伪装和角色，真正进入"无我"的境界，从而完完全全成为自己。

②每当面临前进和倒退、成长与安全的选择时，要尽量做出前进和成长的选择而不是安全和退却。

③要有高度的自发性，倾听自己内在冲动的呼唤，任其显露出来，而不是倾听父母、老师和领导等外部权威的声音。

④在怀疑时要诚实地说出来而不要隐瞒，因为你的顺从也要承担责任。

⑤从小处做起，"千里之行，始于足下"。

⑥自我实现不只是一种终极状态，而且是一个实现个人潜能的过程。因此，要不懈努力，在不断地追求的过程中完善自己、发展自己。

⑦高峰体验非常短暂，但对于自我实现的意义重大。

⑧要识别自己的防御心理，并有勇气放弃这种防御。

补充：高峰体验是指人们在追求自我实现的过程中，基本需要获得满足后，达到自我实现时所感受到的短暂的、豁达的、极乐的体验，是一种趋于顶峰、超越时空、超越自我的满足与完美的体验。

在高峰体验时，人会产生一种存在认知，这与一般的认知不同，这种体验仿佛与宇宙融合了，是人自我肯定的时刻，是超越自我的、忘我的、无我的状态。

考研考法突破

考法 1　自我实现的条件与障碍

通过简答题考查自我实现的条件与障碍。该考法的考查频率较低，部分院校（如河南大学）较常考查，因此考生可根据自己目标院校的历年真题来选择性复习。其中对于约拿情结的名词解释需要考生重点掌握。

例 6：（河南大学，2018）简答：自我实现的条件和障碍。

参考答案：自我实现的概念有两层含义：一是作为一种人格的自我实现，只有少数人才能够做到，这种人可以

成为自我实现的人；二是作为一种基本需要或动力的自我实现，是人潜能的实现，是人的高级需要，任何人都有可能体验到。

自我实现的障碍主要包括外部条件和内部条件：

1）外部条件

马斯洛指出，自我实现的一些先决条件是言论自由，在不损害他人的前提下可以随心所欲，保卫自由、正义、公平及秩序。

2）内部条件（原因）

①自我概念的缩减，即人们对自己是谁以及自己的潜力看法比较保守。

②固执于现有的自我概念。

③自己不愿意离开安全的地方。

④成功恐惧。

考研考法实战 答案见 D56 页

1.（湖南师范大学，2017；河南大学，2018）名词解释：约拿情结

2.（湖南师范大学，2012/2021）名词解释：高峰体验

第二节　罗杰斯的人格理论

研究考题，明确考况

考试要求	自主命题	
	考题	考查点
理论观点	华南师范大学，2019	单选：自我概念
	浙江师范大学，2014	简答：自我概念
	湖南师范大学，2013/ 华东师范大学，2014/ 南京师范大学，2016	名解：自我实现倾向
	浙江师范大学，2018；河南大学，2021	简答：人格适应
研究方法	南京师范大学，2016	单选：Q 分类技术
	北京师范大学，2004	名解：Q 分类技术
理论应用与评价	湖南师范大学，2014/2017	名解：个人中心疗法
	东北师范大学，2018	论述：理论内容及其评价

考点 1　理论观点

考研基础必备

1. 人格结构

1）自我 / 自我概念

自我是关于自己各个方面的印象。自我是一个具有组织性、一致性和整体性的知觉模式，它主要包括以下内容：①个体对自己的知觉及其与之相关的评价；②个体对自己与他人关系的知觉与评价；③个体对环境各方面的知觉及自己与环境关系的评价。

罗杰斯的自我概念为"对象自我"，即关于自己的看法、态度和感情；弗洛伊德、埃里克森等人的自我概念是"过程自我"。

2）理想自我

理想自我是个体希望自己能够具备的样子。

2. 人格发展

罗杰斯认为人格的发展受到他人评价的影响。影响自我发展的因素主要有以下几个方面：

1）积极关注的需要

积极关注的需要是指在生活中得到周围人的关心、同情、尊敬、认可、温暖等情感的需要，每个人都有获得他人积极关注的需要，这种需要的满足来自他人的赞许。

2）价值的条件

大多数父母总是表扬孩子的好行为，对这些好行为给予积极的关注，父母不表扬不良的行为，不给予积极关注。这样，孩子们就会知道得到父母的积极关注是有条件的，需要做某些事情才可以得到，如果做另一些事情就得不到这种关注，这就是价值的条件。

3）无条件的积极关注

罗杰斯认为孩子需要的是父母无条件的积极关注，无论孩子是什么样子，无论孩子做了什么，无论孩子胖或瘦，高或矮，聪明或愚笨，顺从或不听话，都能获得父母的全部的、真正的爱，父母会无条件的尊重孩子，也就是说，孩子不会担心失去父母对自己的爱和喜欢，罗杰斯认为这对孩子人格的发展非常重要。

3. 人格适应

1）自我的一致性

罗杰斯认为，个体的功能就是维持自我的一致性，个体愿意表现出与其自我概念相一致的行为，使获得的经验与自我相符合，便可以维持自我概念。

因此一个心理健康的人，应该具有自我一致性，能够采取开放的态度，接受自己所有的经验，能够将他的经验同化到自我的结构中。

2）自我不协调

当自我概念与实际经验之间出现差距的时候，个体就处于不协调状态，就会产生强烈的焦虑。这种与自我概念不一致的经验会对自我概念产生威胁，个体会采用否认和曲解的防御方式来应付现状：

①否认：拒绝把有危险的经验纳入自我概念中，使自我概念免受威胁。

潜知觉：有威胁的经验在进入意识之前，会先经历隐觉过程，为当事人所察觉。

②曲解：让经验进入意识层面，但会扭曲经验的含义。

罗杰斯认为心理不健康的人，自我概念与自身经验是不协调的。个体不能客观认识环境，阻碍自我发展。自我不协调是造成适应不良和病态行为的根源。

综上所述，由于自我具有筛选功能，人格的改变相当困难。

4. 人格动力

罗杰斯认为个体的基本动力是谋求自我的充分发展，即自我实现的倾向。换句话说，个体有一种基本的驱力：实现自我、维持自我并提升自我。

5. 机能完善者的特征（郑雪）

机能完善的人是依照机体内部估价过程而不是外在价值条件生活的人。其具有以下几个特征：①经验开放；②自我协调；③机体估价过程；④无条件的积极自我看待；⑤与同事和睦相处。

在走向自我实现的过程中，人具有以下特征：①对经验日益开放；②越来越重视存在的经验；③对自己机体的信赖不断增强。

考研考法突破

考法 1　罗杰斯的理论观点

通过选择题、名词解释和简答论述题考查罗杰斯的理论观点。对于罗杰斯的理论观点的考查主要集中在自我概念、无条件积极关注和自我实现倾向。其中大家要注意区分自我实现的倾向与马斯洛的自我实现的需要的区别，不要混淆。

例 1：（华南师范大学，2019）单选：人本主义心理学家罗杰斯的自我概念属于（　　）。

A. 独立自我　B. 相依自我　C. 对象自我　D. 过程自我

【解析】罗杰斯的自我概念为"对象自我"，即关于自己的看法、态度和感情；弗洛伊德、埃里克森等人的自我概念是"过程自我"。

参考答案：C

例 2：（浙江师范大学，2018）论述：人格是如何改变的，用罗杰斯的观点说明。

【解析】关于人格改变，即考查罗杰斯关于人格适应的观点。

参考答案：罗杰斯认为人格发展受到积极关注的需要、价值的条件和无条件的积极关注的影响。当个体的人格形成之后，经验与自我概念之间的一致性会影响其自我概念。

1）自我的一致性

罗杰斯认为，个体的功能就是维持自我的一致性，个体愿意表现出与其自我概念相一致的行为，使获得的经验与自我相符合，便可以维持自我概念。

因此一个心理健康的人，应该具有自我一致性，能够采取开放的态度，接受自己所有的经验，能够将他的经验同化到自我的结构中。

2）自我不协调

当自我概念与实际经验之间出现差距的时候，个体就处于不协调状态，就会产生强烈的焦虑。这种与自我概念不一致的经验会对自我概念产生威胁，个体会采用否认和曲解的防御方式来应付现状：

①否认：拒绝把有危险的经验纳入自我概念中，使自我概念免受威胁。

潜知觉：有威胁的经验在进入意识之前，会先经历隐觉过程，为当事人所察觉。

②曲解：让经验进入意识层面，但会扭曲经验的含义。

罗杰斯认为心理不健康的人，自我概念与自身经验是不协调的。个体不能客观认识环境，阻碍自我发展。自我不协调是造成适应不良和病态行为的根源。

综上所述，由于自我具有筛选功能，人格的改变相当困难。

考研考法实战 答案见 D56 页

1.（湖南师范大学，2013；华东师范大学，2014；南京师范大学，2016）名词解释：自我实现倾向。

2.（浙江师范大学，2014）简答：简述罗杰斯对自我的解释。

3.（河南大学，2021）简答：自我实现倾向从受阻到恢复正常包括哪些阶段？

考点 2　研究方法

考研基础必备

1. Q 分类法

Q 分类法是罗杰斯在史蒂文森的基础上发展出来应用于自我概念的研究的一种方法。

Q 分类法是一种自我评定测验的方法。要求被试将写有描述自我特征的一系列卡片，根据卡片中符合个人的程度分为若干类，要求被试按照正态分布的方式来选择卡片，然后研究者按照被试分类的结果进行分析，了解他的自我特征。

自我和理想自我之间的比较常常可以运用 Q 分类法。

2. 语义分析法

语义分析法是运用语义量表来研究人格的一种方法，最早是用来测量态度和概念的意义，后来成为人格的测量工具。

3. 个案研究（case study）

罗杰斯是第一个对个案进行有计划研究的人。第一个坚持对心理治疗进行连续研究的人，还对治疗的过程进行了详细的记录。第一个对治疗的有效性或无效性进行测量的治疗家。

考研考法突破

考法 1　Q 分类技术

通过选择题、名词解释来考查 Q 分类技术的内容。考生首先需要掌握 Q 分类技术是用于测量自我概念的，其次需要简略掌握Q分类技术的内容。

例3：（北京师范大学，2004）名词解释：人格测验的Q分类法。

参考答案：Q分类法是罗杰斯在史蒂文森的基础上发展出来应用于自我概念的研究的一种方法。

Q分类法是一种自我评定测验的方法。要求被试将写有描述自我特征的一系列卡片，根据卡片中符合个人的程度分为若干类，要求被试按照正态分布的方式来选择卡片，然后研究者按照被试分类的结果进行分析，了解他的自我特征。

考研考法实战 答案见D56页

1.（南京师范大学，2016）单选：Q分类法（Q-sort）是一种（　　）测验。

A. 自陈　　B. 投射　　C. 情境　　D. 自我概念

考点3　理论应用与评价

考研基础必备

1. 来访者中心疗法（个人中心疗法）

1）基本假设

来访者是最好的专家，他们有能力找到解决自己问题的方法。治疗者的任务是促进来访者对自己的思想和情感进一步的了解。

2）治疗目标

帮助当事人减少人格的内部冲突，整合自我与人格，发展积极的生活方式，变成一个功能完善的人。

3）治疗条件

①真诚一致；②无条件积极关注；③设身处地地理解。

2. 理论评价

1）理论贡献

①人格的自我理论的提出；

②来访者中心疗法的创立；

③以学生为中心的教育思想的倡导。

2）理论缺陷

①对人性观提出质疑，把人类所有行为的动力都归因于自我发展的倾向有些牵强；

②罗杰斯对当事人的主观经验和自我报告非常重视，有人认为他过于依赖个人的自我报告，所得到的资料不一定可靠。

③来访者中心疗法的咨询者太缺少训练，且其治疗效果有待进一步的研究。

考研考法突破

考法1　理论的应用

通过名词解释考查罗杰斯理论的应用，主要是对个人中心疗法的考查。罗杰斯的理论的应用主要在咨询和教育两个领域，其分别在心理咨询和教育心理学中有详细的介绍，也主要在这两个学科中进行考查。

例4：（湖南师范大学，2014/2017）名词解释：个人中心疗法。

参考答案：个人中心疗法也叫来访者中心疗法，由罗杰斯提出。其基本假设是：来访者是最好的专家，他们有能力找到解决自己问题的方法。治疗者的任务是促进来访者对自己的思想和情感进一步的了解。

考法2　理论的评价

通过论述题考查罗杰斯的理论的述评。该考法需要联合考点1来综合作答，先回答罗杰斯的主要理论观点，再对其理论进行评价。

例5：（东北师范大学，2018）论述：论述罗杰斯的自我心理学理论及评价。

【解析】本题首先对罗杰斯的理论进行论述，再对其理论进行评价。

参考答案：罗杰斯的自我心理学理论的观点主要包括以下几方面：

1. 人格结构

（1）自我/自我概念：是关于自己各个方面的印象。自我是一个具有组织性、一致性和整体性的知觉模式。

（2）理想自我：是个体希望自己能够具备的样子。

2. 人格发展

罗杰斯认为人格的发展受到他人评价的影响。影响自我发展的因素主要有以下几个方面：

（1）积极关注的需要：指在生活中得到周围人的关心、同情、尊敬、认可、温暖等情感的需要。

（2）价值的条件：得到父母的积极关注是有条件的，需要做某些事情才可以得到，如果做另一些事情就得不到这种关注，这就是价值的条件。

（3）无条件的积极关注：罗杰斯认为孩子需要的是父母无条件的积极关注，无论孩子是什么样子，无论孩子做了什么，无论孩子胖或瘦，高或矮，聪明或愚笨，顺从或不听话，都能获得父母的全部的、真正的爱，父母会无条件的尊重孩子。

3. 人格适应

1）自我的一致性

罗杰斯认为，个体的功能就是维持自我的一致性，个体愿意表现出与其自我概念相一致的行为，使获得的经验与自我相符合，便可以维持自我概念。

因此一个心理健康的人，应该具有自我一致性，能够采取开放的态度，接受自己所有的经验，能够将他的经验同化到自我的结构中。

2）自我不协调

当自我概念与实际经验之间出现差距的时候，个体就处于不协调状态，就会产生强烈的焦虑。这种与自我概念不一致的经验会对自我概念产生威胁，个体会采用否认和曲解的防御方式来应付现状。

罗杰斯认为心理不健康的人，自我概念与自身经验是不协调的。个体不能客观认识环境，阻碍自我发展。自我不协调是造成适应不良和病态行为的根源。

综上所述，由于自我具有筛选功能，人格的改变相当困难。

4. 人格动力

罗杰斯认为个体的基本动力是谋求自我的充分发展，即自我实现的倾向。换句话说，个体有一种基本的驱力：实现自我、维持自我并提升自我。

5. 机能完善者的特征（郑雪）

机能完善的人是依照机体内部估价过程而不是外在价值条件生活的人。其具有以下几个特征：①经验开放；②自我协调；③机体估价过程；④无条件的积极自我看待；⑤与同事和睦相处。

在走向自我实现的过程中，人具有以下特征：①对经验日益开放；②越来越重视存在的经验；③对自己机体的信赖不断增强。

6. 理论评价

1）理论贡献

①人格的自我理论的提出；

②来访者中心疗法的创立；

③以学生为中心的教育思想的倡导。

2）理论缺陷

①对人性观提出质疑，把人类所有行为的动力都归因于自我发展的倾向有些牵强；

②罗杰斯对当事人的主观经验和自我报告非常重视，有人认为他过于依赖个人的自我报告，所得到的资料不一定可靠。

③来访者中心疗法的咨询者太缺少训练，且其治疗效果有待进一步的研究。

第三节 罗洛·梅的人格理论

研究考题，明确考况

考试要求	自主命题	
	考题	考查点
人格结构	河南大学，2019/2020	简答：人格特征的划分
人格发展	湖南师范大学，2015	简答：人格发展阶段

考点 1 人格结构

考研基础必备

罗洛·梅认为人格有六大特征，他把这六种特征视为存在的六种本体论特点。

1. 自我中心

每一个存在着的人都是以自我为中心的。

2. 自我肯定

也称为成为自我的勇气，指人保持自我中心的勇气。人的自我中心必须是在不断地鼓励和督促中才得以发展、成熟的。人的存在依赖于自我肯定的勇气。自我肯定的勇气分为四种：

①身体勇气：指人对自己身体力量的肯定；

②道德勇气：指与同情心有关的勇气；

③社会勇气：指与人交往，建立亲密人际关系的勇气；

④创造勇气：也称艺术勇气，指促使人不断发展、变化的勇气。这是最难得的勇气。

3. 参与

个体必须融入周围的环境，和周围环境发生联系，在各种各样的联系中，分享世界，发展自我。

4. 觉知

觉知指人与外界接触时，发现外在威胁的能力，是人关于感觉、愿望、身体需要以及欲望的体验。

5. 自我意识

自我意识是自我观察的能力。觉知是人和动物所共有的，而自我意识是人所特有的能力。自我意识可以觉知外部的危险，也可以对自我进行认知。

6. 焦虑

焦虑指人的存在面临威胁时所产生的一种痛苦的情绪体验，是个体对威胁自身的存在的反应。

考研考法突破

考法 1 人格特征的划分

通过简答题考查罗洛·梅关于人格特征的划分。该考法的考查频率较低，大家记住其六个特征并简单理解即可。

例 1：（河南大学，2019/2020）简答：简述罗洛梅对人格特征的划分。

参考答案：罗洛·梅认为人格有六大特征，他把这六种特征视为存在的六种本体论特点。

（1）自我中心：每一个存在着的人都是以自我为中心的。

（2）自我肯定：也称为成为自我的勇气，指人保持自我中心的勇气。自我肯定的勇气分为四种：①身体勇气：指人对自己身体力量的肯定；②道德勇气：指与同情心有关的勇气；③社会勇气：指与人交往，建立亲密人际关系的勇气；④创造勇气：也称艺术勇气，指促使人不断发展、变化的勇气。这是最难得的勇气。

（3）参与：个体必须融入周围的环境，和周围环境发生联系，在各种各样的联系中，分享世界，发展自我。

（4）觉知：指人与外界接触时，发现外在威胁的能力，是人关于感觉、愿望、身体需要以及欲望的体验。

（5）自我意识：是自我观察的能力。觉知是人和动物所共有的，而自我意识是人所特有的的能力。自我意识可以觉知外部的危险，也可以对自我进行认知。

（6）焦虑：指人的存在面临威胁时所产生的一种痛苦的情绪体验，是个体对威胁自身的存在的反应。

考点 2 人格发展

考研基础必备

罗洛·梅根据人格发展特征将人的成长划分为四个阶段：

1. 天真的人格

两三岁以前，人还未形成自我意识。这一阶段，各种潜能尚未发掘，奠定了儿童人格发展的基础。

2. 内在力量的反抗

个体两三岁和青少年时，会对父母或某些规则表示出不满、忽视，甚至拒绝，即心理断乳。

儿童的不成熟与渴望成熟之间会产生冲突。一方面，儿童希望摆脱对他人的依赖，成为独立的人；另一方面，由于自身发展不成熟，又不得不依赖他人。

在这一阶段，恰当地调整好依赖性与独立性之间的矛盾关系，才能保证人格的顺利发展。

3. 寻求发展的自我意识

从婴儿期到青少年后期，人的心理平衡地发展。这一阶段自我意识状态不是真正意义上的存在，也不意味着真正的人格成熟。

4. 创造的辉煌

它也称作创造性的自我意识阶段，达到这一阶段意味着人格的成熟（自我实现）。

考研考法突破

考法 1 人格的发展阶段

通过简答题考查罗洛·梅提出的人格发展阶段。该考法的考查频率较低，同学们可选择性的复习。

例 2：（湖南师范大学，2015）简答：简要评述罗洛梅关于人格发展阶段的研究。

参考答案：罗洛·梅根据人格发展特征将人的成长划分为四个阶段：

（1）天真的人格：两三岁以前，人还未形成自我意识。这一阶段，各种潜能尚未发掘，奠定了儿童人格发展的基础。

（2）内在力量的反抗：个体两三岁和青少年时，会对父母或某些规则表示出不满、忽视，甚至拒绝，即心理断乳。

儿童的不成熟与渴望成熟之间会产生冲突。一方面，儿童希望摆脱对他人的依赖，成为独立的人；另一方面，由于自身发展不成熟，又不得不依赖他人。

在这一阶段，恰当地调整好依赖性与独立性之间的矛盾关系，才能保证人格的顺利发展。

（3）寻求发展的自我意识：从婴儿期到青少年后期，人的心理平衡地发展。这一阶段自我意识状态不是真正意义上的存在，也不意味着真正的人格成熟。

（4）创造的辉煌：也叫做创造性的自我意识阶段，达到这一阶段意味着人格的成熟（自我实现）。

章节考点 综合训练

答案见 D56 页

一、单选题

1.（浙江理工大学，2015）管子曾说过：“仓廪实而知礼节，衣食足而知荣辱”。下面哪种理论中也说明了这个道理？（ ）

A. 柯勒的格式塔　B. 弗洛伊德的精神分析
C. 华生的行为主义　D. 马斯洛的需要层次

2.（江西师范大学，2015）在马斯洛的需要层次理论中，直接关系到个体生存的需要是（ ）。

A. 自我实现的需要　B. 生长需要
C. 社会性需要　D. 缺失性需要

3.（四川师范大学，2016）马斯洛把人类的需要概括为下列五个层次：（ ）。

A. 生理的需要、安全的需要、爱和归属的需要、尊重需要和自我实现的需要
B. 物质的需要、安全的需要、爱和归属的需要、尊重需要和认知的需要
C. 生理的需要、安全的需要、爱和归属的需要、尊重需要和美的需要
D. 生理的需要、安全的需要、爱和归属的需要、尊重需要和社会价值的需要

4.（西南大学，2015）一些自愿到边远贫困地区支教的志愿者的行为说明（ ）。

A. 马斯洛的需要层次理论绝对正确
B. 生理和安全需要并不重要
C. 高级需要可以调控低级需要
D. 不同的人对低级需要的需求是不同的

5.（南京师范大学，2014）享有“美国存在心理学之父”之名的心理学家是（ ）。

A. 宾斯汪格　B. 罗洛·梅　C. 海德格尔　D. 布根塔尔

二、名词解释

1.（河南大学，2018）自我实现的需要。
2.（湖南师范大学，2013/2018）存在认知
3.（湖南师范大学，2016/2017；华东师范大学，2018）无条件积极关注（unconditional positive regard）

三、简答题

1.（湖南师范大学，2016）简述罗杰斯关于机能完善者的人格特征。
2. 简述并评价罗洛·梅的人格理论。
3.（南京师范大学，2021）马斯洛和罗杰斯的人格理论对中国的教育现象有哪些启示？
4.（广东外语外贸大学，2021）请简述罗杰斯的人格发展理论。

四、论述题

1.（苏州大学，2011；四川师范大学，2014；西南大学，2017；广州大学，2018）阐述马斯洛需要层次理论的观点，结合具体实例进行分析。对该理论进行评价。

第六章 人格特质理论

人格的特质理论包括奥尔波特、卡特尔、艾森克和五因素模型。特质理论是人格理论中考查的重点内容，但是其主要内容与普通心理学人格一章的内容有较多的重合，因此考生可结合普通心理学的内容来理解掌握本章节的内容。第三节补充了两个其他的生物学理论的观点，是由于郑雪版本的《人格心理学》中将荣格、艾森克、行为遗传学和进化心理学划分到了生物学论，艾森克的人格理论有时也被称为生物学人格理论，考生需要注意辨析。

第一节 奥尔波特的特质理论

研究考题，明确考况

考试要求	自主命题	
	考题	考查点
人格结构	华南师范大学，2019	简答：特质的概念
	首都师范大学，2020	名解：特质
	华东师范大学，2019；华东师范大学，2020	单选：特质的类型
	浙江理工大学，2017	简答：特质的类型
机能自主	湖南师范大学，2013	名解：机能自主
人格发展	湖南师范大学，2020	简答：发展阶段

考点 1 人格结构

考研基础必备

奥尔波特认为特质是人格的结构单元。

1. 特质概念

特质是一种概括化的神经生理系统（是个体所特有的），它具有使许多刺激在机能上等值的能力，能诱发和指导相等形式的适应性和表现性的行为。

特质具有以下内涵：

①特质是一种潜在的反应倾向，能使个体对各种不同的刺激以相同的方式进行反应；

②特质具有可推测性；

③特质具有概括性和稳定性，个体稳定的特质诱发行为方面跨情境的一致性；

④特质不是处于睡眠状态的；

⑤特质具有独特性；

⑥特质间可能具有关联性。

2. 特质类型

奥尔波特将特质分为个人特质（一个人所特有的特质）和共同特质（许多人所共有的特质）。

随后奥尔波特将个人特质改为了个人倾向，并将个人倾向分为了：首要倾向、中心倾向和次要倾向。

1）首要倾向

首要倾向也叫显著特质，表现一种占绝对优势的行为倾向，这种倾向的渗透性极强，几乎所有的行动均可受此倾向的影响。一个人身上只有一个首要倾向，且并不是每个人都有。比如关云长的“忠义”、曹操的“奸诈”、林黛玉的“多愁善感”。

2）中心倾向

中心倾向也叫核心特质，是指普遍性与渗透性略弱于首要倾向的重要人格特征。一般人具有 5~10 个中心特质。如林黛玉的清高、率直、聪慧、孤僻、内向、抑郁、敏感等都属于她的中心特质。

3）次要倾向

次要倾向代表那些最不显著、最不具概化性与一致性、渗透性最弱的特征。次要倾向很少体现出来，某些次要倾向可能只有个别的亲密朋友才能发现。如林黛玉在某些情境中的“冷漠”。

考研考法突破

考法 1 特质的概念

通过名词解释和简答题考查特质的概念及其特点。奥尔波特首次对特质进行了系统的描述，其所提出的特质的概念及其内涵需要考生们熟记。

例 1：（华南师范大学，2019）简答：奥尔波特认为人格特质有哪些特点？

【解析】本题问的是人格特质的特点，因此应该回答奥尔波特关于特质的概念的相关内容，而不是回答奥尔波特的关于特质类型的观点。

参考答案：奥尔波特认为特质是人格的结构单元。特质是一种概括化的神经生理系统（是个体所特有的），它具有使许多刺激在机能上等值的能力，能诱发和指导相等形式的适应性和表现性的行为。

特质具有以下内涵：

①特质是一种潜在的反应倾向，能使个体对各种不同的刺激以相同的方式进行反应；

②特质具有可推测性；

③特质具有概括性和稳定性，个体稳定的特质诱发行为方面跨情境的一致性；

④特质不是处于睡眠状态的；

⑤特质具有独特性；

⑥特质间可能具有关联性。

考法 2 特质的类型

通过选择题、名词解释和简答论述题考查奥尔波特关于特质的分类。奥尔波特关于特质的分类属于心理学考研中的重要考点，但是一般将其归于普通心理学。由于其在普通心理学的人格部分已经有了详细的介绍，因此在这里我们只做简要的讲解。

例 2：（浙江理工大学，2017）论述：试结合四大名著中的人物，论述奥尔波特的人格特质理论。

【解析】本题主要考查的是奥尔波特对于人格特质的分类，而且因为题目要求结合四大名著中的人物，所以需要分别举例说明。

参考答案：奥尔波特将特质分为个人特质（一个人所特有的特质）和共同特质（许多人所共有的特质）。

随后奥尔波特将个人特质改为了个人倾向，并将个人倾向分为了：首要倾向、中心倾向和次要倾向。

（1）首要倾向：也叫显著特质，表现一种占绝对优势的行为倾向，这种倾向的渗透性极强，几乎所有的行动均可受此倾向的影响。一个人身上只有一个首要倾向，且并不是每个人都有。比如关云长的“忠义”、曹操的“奸诈”、林黛玉的“多愁善感”。

（2）中心倾向：也叫核心特质，是指普遍性与渗透性略弱于首要倾向的重要人格特征。一般人具有 5~10 个中心特质。如林黛玉的清高、率直、聪慧、孤僻、内向、抑郁、敏感等都属于她的中心特质。

（3）次要倾向：代表那些最不显著、最不具概化性与一致性、渗透性最弱的特征。次要倾向很少体现出来，某些次要倾向可能只有个别的亲密朋友才能发现。如林黛玉在某些情境中的“冷漠”。

考研考法实战

答案见 D58 页

1.（华东师范大学，2019）单选：像比尔·盖茨这样的人，无论参加什么样的活动，对卓越的追求都会驱动他们的行为，奥尔波特把这种人格特质称之为（　　）。

A. 根源特质　B. 表面特质　C. 基本特质　D. 中心特质

2.（华东师范大学，2020）单选：把人格分为个人特质和共同特质的心理学家是（　　）。

A. 奥尔波特　B. 吉尔福特　C. 卡特尔　D. 勒温

3.（首都师范大学，2020）名词解释：特质

4.（华南师范大学，2021；浙江师范大学，2021）举例说明奥尔波特关于特质的分类。

考点 2　机能自主

考研基础必备

奥尔波特认为：任何习得的动机系统中，其所含有的动力不是该习得系统发展时原有的动力，就可称之为机能自主作用。也就是说，人类的有些动机（并非全部），在机能上是独立于行为起源的原始动机的。

机能自主性有两个水平：

1）持续机能自主

是两种机能自主中层次较低的一种，指的是先前经验对其后行为的持续影响作用，它涉及个体的习惯方式，与个体兴趣、爱好无关。

2）统我机能自主

是较为高级的心理过程，由兴趣、爱好、态度、生活方式等高级过程组成的自主系统，指的是那些与统我有关的自我维持的动机。

考研考法突破

通过名词解释考查机能自主的定义。机能自主是奥尔波特人格理论中最具特色，对动机理论贡献最大，同时也是争议最多的一个假说。同学们需要理解掌握机能自主的含义及其两种水平。

例 3：（湖南师范大学，2013）名词解释：机能自主

参考答案：任何习得的动机系统中，其所含有的动力不是该习得系统发展时原有的动力，就可称之为机能自主作用。也就是说，人类的有些动机（并非全部），在机能上是独立于行为起源的原始动机的。机能自主包括持续机能自主和统我机能自主两个水平。

考点 3　人格发展

考研基础必备

奥尔波特为了与其他心理学家区分自我概念，提出统我这一概念。统我包括使个人具有独特性的所有事实。统我从个体出生到终老，经历了以下的发展阶段：

1）躯体我的感觉阶段

最初婴儿不能区分自我与他周围的世界，在 15 个月左右时逐渐认识到自己身体的存在，能够将自己的躯体与外部事物区分开来。

2）自我认同感阶段

大约在儿童 2 岁左右出现，儿童开始意识到他作为一个单独的人的持续同一，即认识到自我在时间上的延续性。一旦儿童学会了自己的名字并能认识到其性质和意义所在，也就形成了自我认同感。因此，个体的名字是自我认同感的重要支撑点。

3）自尊感阶段

大约出现在3岁儿童时期。儿童希望独立去做事、去探索，并满足好奇心，从中体验到自豪与自尊。

4）自我扩展感阶段

出现在4岁左右儿童身上，儿童将自我概念由自身扩展到外部事物。这个时期的儿童是自我中心的。

5）自我意象感阶段

到了4~6岁，儿童开始可以通过头脑中的意象来行事和评价。自我意象包括两种成分：要求儿童所扮演角色的习得性期待以及儿童所寻求的未来抱负。

6）自我理智调适感阶段

出现在6~12岁期间，在儿童上学以后开始形成，儿童开始学会理性地解决问题。

7）统我追求阶段

出现在青春期，个人的未来理想出现了。

8）知者自我显露阶段

出现在成年期，正常成熟的成年人具有机能自主性，不依赖于童年的动机，自我达到了统合，他们理智地把握现在，有意识地去创造他们自己的生活方式。

考研考法突破

考法1　奥尔波特的人格发展阶段

通过简答题考查奥尔波特关于人格发展的阶段理论。该考法考查频率较低，大家可根据自己目标院校的情况来选择性复习。

例4：（湖南师范大学，2020）简答：简述奥尔波特关于自我发展的八个阶段。

参考答案：奥尔波特为了与其他心理学家区分自我概念，提出统我这一概念。统我包括使个人具有独特性的所有事实。统我从个体出生到终老，经历了以下的发展阶段：

1）躯体我的感觉阶段

最初婴儿不能区分自我与他周围的世界，在15个月左右时逐渐体认到自己身体的存在，能够将自己的躯体与外部事物区分开来。

2）自我认同感阶段

大约在儿童2岁左右出现，儿童开始意识到他作为一个单独的人的持续同一，即认识到自我在时间上的延续性。一旦儿童学会了自己的名字并能认识到其性质和意义所在，也就形成了自我认同感。因此，个体的名字是自我认同感的重要支撑点。

3）自尊感阶段

大约出现在3岁儿童时期。儿童希望独立去做事、去探索，并满足好奇心，从中体验到自豪与自尊。

4）自我扩展感阶段

出现在4岁左右儿童身上，儿童将自我概念由自身扩展到外部事物。这个时期的儿童是自我中心的。

5）自我意象感阶段

到了4~6岁，儿童开始可以通过头脑中的意象来行事和评价。自我意象包括两种成分：要求儿童所扮演角色的习得性期待以及儿童所寻求的未来抱负。

6）自我理智调适感阶段

出现在6~12岁期间，在儿童上学以后开始形成，儿童开始学会理性地解决问题。

7）统我追求阶段

出现在青春期，个人的未来理想出现了。

8）知者自我显露阶段

出现在成年期，正常成熟的成年人具有机能自主性，不依赖于童年的动机，自我达到了统合，他们理智地把握现在，有意识地去创造他们自己的生活方式。

考点4　健康人格

考研基础必备

奥尔波特提出，健康人格具有六个特点：

（1）自我广延的能力。健康成人参加活动的范围广泛，他们有许多朋友和爱好，并且在政治、社会或宗教活动方面也颇为积极。

（2）与他人热情交往的能力。健康成人与别人的关系是亲密的，但没有占有欲和嫉妒心。他们具有同情心，能够容忍自己与别人在价值观上的差异。

（3）情绪上的安全感和自我认同感。健康成人能忍受生活中不可避免的冲突和挫折，经得起一切不幸遭遇。他们对自己具有积极的意象，即良好的自我形象和对自己乐观的态度。

（4）具有现实性知觉。健康成人看待事物是根据事物的实际情况，而不是根据自己所希望的那样。这种人看待情境及顺应情境都极为明白，是“明白人”而不是“糊涂人”。

（5）具有自我客观化的表现。健康成人对自己的所有优点和缺点都十分清楚和准确，他们了解真正的自我与理想的自我之间的差别，知道自己如何看待自己与别人如何看待自己之间的差别。

（6）有一致的人生哲学。健康成人需要有一种一致的定向，为一定的目的而生活，有一种主要的愿望。奥尔波特认为，这种人生定向在性质上不一定是宗教的，意识形态、哲学、信仰、生活的预感或前景都能对人的一切行动产生创造性的推动力。

考研考法突破

考法1　健康人格的特点

通过简答题考查奥尔波特提出的关于健康人格的特点。考生在学习该考点时可以识记要点为主，扩展的内容则理解即可，答题时可根据理解自行扩展即可。

例5：（河南大学，2021）简答：简述健康人格的特征有哪些？

参考答案：奥尔波特提出，健康人格具有六个特点：

（1）自我广延的能力。健康成人参加活动的范围广泛，他们有许多朋友和爱好，并且在政治、社会或宗教活动方面也颇为积极。

（2）与他人热情交往的能力。健康成人与别人的关系是亲密的，但没有占有欲和嫉妒心。他们具有同情心，能够容忍自己与别人在价值观上的差异。

（3）情绪上的安全感和自我认同感。健康成人能忍受生活中不可避免的冲突和挫折，经得起一切不幸遭遇。他们对自己具有积极的意象，即良好的自我形象和对自己乐观的态度。

（4）具有现实性知觉。健康成人看待事物是根据事物的实际情况，而不是根据自己所希望的那样。这种人看待情境及顺应情境都极为明白，是"明白人"而不是"糊涂人"。

（5）具有自我客观化的表现。健康成人对自己的所有优点和缺点都十分清楚和准确，他们了解真正的自我与理想的自我之间的差别，知道自己如何看待自己与别人如何看待自己之间的差别。

（6）有一致的人生哲学。健康成人需要有一种一致的定向，为一定的目的而生活，有一种主要的愿望。奥尔波特认为，这种人生定向在性质上不一定是宗教的，意识形态、哲学、信仰、生活的预感或前景都能对人的一切行动产生创造性的推动力。

第二节 卡特尔的特质因素论

研究考题，明确考况

考试要求	自主命题	
	考题	考查点
人格结构	广州大学，2016；四川师范大学，2013/2015；浙江理工大学，2016；华南师范大学，2020	单选：特质的划分
	湖南师范大学，2014	名解：根源特质
	湖南师范大学，2012	简答：特质的划分
因素分析技术	湖南师范大学，2018	简答：因素分析技术

考点 1 人格结构

考研基础必备

卡特尔认为人格的基本结构元素是特质，提出了心理元素周期表，如图 6-1 所示。

1. 个别特质和共同特质

①共同特质是某一地区、某一群体、某一社会中各成员所共有的特征；

②个别特质是指个体所具有的独特特征。

2. 表面特质和根源特质

①表面特质是彼此关联的可以观察到的特质，不是一种解释性概念。

②根源特质是行为的内在根源，它们是个体人格结构最重要的组成部分，支配个人的一贯行为。卡特尔认为每个人都拥有同样的根源特质，但其程度不同。他概括出了16 种根源特质，并设计了著名的 16 种人格问卷（16PF）。

表面特质和根源特质既可能是个别的特质，也可能是共同的特质。它们是人格层次中最重要的一层。

3. 体质特质和环境特质

在根源特质中又可区分为体质特质和环境特质两类。

①体质特质是由遗传的身体内部条件构成的特质。

②环境特质来源于环境与后天经验，是社会环境的影响和文化模式的客观现实造成的。

4. 能力特质、气质特质和动力特质

①能力特质是决定个体如何有效地完成预定目标的特质。智力是最重要的能力特质之一，卡特尔将智力分为晶体智力和流体智力。

②气质特质指人们存在着遗传决定的特性，它决定人的一般风度和速度。气质特质决定反应的速度、能量和情绪。

③动力特质指个性结构中那些使人趋向于某一风格的行为动力，是一种积极成分。主要包括能、外能（情操和态度）、辅助。

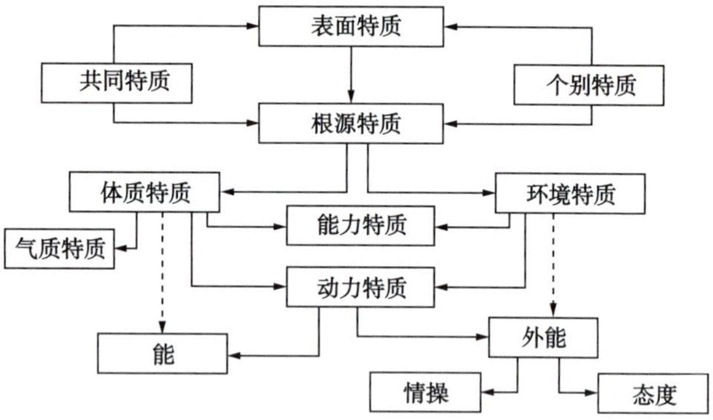

图 6-1 卡特尔的心理元素周期表

考研考法突破

考法 1 卡特尔对人格特质的划分

通过选择题、名词解释和简答论述题考查卡特尔对于人格特质的划分。该考法考查频率很高，在普通心理学中也是重要考点，同学们要结合图 6-1 熟记特质的划分以及每一种特质的具体内容。

例 1：（华南师范大学，2020）单选：下列属于卡特尔人格理论中的动力特质是（　　）。

A. 辅助　B. 习惯　C. 防御机制　D. 情绪

【解析】动力特质指个性结构中那些使人趋向于某一风

格的行为动力，是一种积极成分。主要包括能、外能（情操和态度）、辅助。因此本题选择 A。

参考答案：A

例 2：（湖南师范大学，2012）简答：简述卡特尔的人格特质分类体系。

【解析】本题考查卡特尔关于人格特质的划分，结合图 6-1 分点依次作答即可。

参考答案：卡特尔认为人格的基本结构元素是特质，提出了心理元素周期表：

1）个别特质和共同特质

①共同特质是某一地区、某一群体、某一社会中各成员所共有的特征；

②个别特质是指个体所具有的独特特征。

2）表面特质和根源特质

①表面特质是彼此关联的可以观察到的特质，不是一种解释性概念。

②根源特质是行为的内在根源，它们是个体人格结构最重要的组成部分，支配个人的一贯行为。卡特尔认为每个人都拥有同样的根源特质，但其程度不同。他概括出了 16 种根源特质，并设计了著名的 16 种人格问卷（16PF）。

表面特质和根源特质既可能是个别的特质，也可能是共同的特质。它们是人格层次中最重要的一层。

3）体质特质和环境特质

在根源特质中又可区分为体质特质和环境特质两类。

①体质特质是先遗传的身体内部条件构成的特质。

②环境特质来源于环境与后天经验，是社会环境的影响和文化模式的客观现实造成的。

4）能力特质、气质特质和动力特质

①能力特质是决定个体如何有效地完成预定目标的特质。智力是最重要的能力特质之一，卡特尔将智力分为晶体智力和流体智力。

②气质特质指人们存在着遗传决定的特性，它决定人的一般风度和速度。气质特质决定反应的速度、能量和情绪。

③动力特质指个性结构中那些使人趋向于某一风格的行为动力，是一种积极成分。主要包括能、外能（情操和态度）、辅助。

考研考法实战 答案见 D58 页

1.（浙江理工大学，2016）单选：卡特尔 16PF 量表是基于以下哪种理论开发的（　　）。

A. 人格特质理论　　B. 人格类型理论

C. 人格大五理论　　D. 精神分析人格理论

2.（广州大学，2016；四川师范大学，2013/2015）单选：（　　）对特质进行了分类，他把特质分为表面特质和根源特质。

A. 奥尔波特　B. 卡特尔　C. 艾森克　D. 荣格

3.（湖南师范大学，2014）名词解释：根源特质

考点 2　因素分析技术

考研基础必备

因素分析是一种高级统计技术，其本质是通过统计处理，从大量的相关变量中抽取出最基本的因素。

1. R 技术

R 技术是因素分析中最普通的形式，通常是对很多被试进行多种人格测量，然后求出被试在这些变量上得分间的相关系数，利用因素分析萃取相关变量背后的共同因素。

R 技术的缺陷是只能用于确定大多数人共有的共同特质，无法研究个体差异。

2. P 技术

P 技术是在一定时期、不同场合下，对同一个体的一些人格特质进行重复测验，以了解单个个体独特特质结构及其变化过程的因素分析技术。

P 技术可以用于研究单一个案，但其局限是从该个案得出的结论推广性不够，不适用于解释他人的人格构成。因此需要将 R 技术和 P 技术结合使用。

3. 卡特尔的因素分析程序

①用各种方法对大量受试者进行测量。

②用各种测量所获得的资料计算各测量间的相关，得出一个相关矩阵。

③决定需要假定哪些因素，以便解释在相关矩阵中找到的各种相关群。

考研考法突破

考法 1　因素分析法的程序

通过简答题考查卡特尔的因素分析法的基本程序。该考法的考查频率较低，大家可以选择性的学习掌握。

例 3：（湖南师范大学，2018）简答：卡特尔的因素分析法的基本程序。

【解析】本题考查卡特尔的因素分析法。在回答时需要回答 R 技术和 P 技术，再回答其程序的三个步骤，而不能只简单回答其三个概括的步骤。

参考答案：因素分析是一种高级统计技术，其本质是通过统计处理，从大量的相关变量中抽取出最基本的因素。

1. R 技术

R 技术是因素分析中最普通的形式，通常是对很多被试进行多种人格测量，然后求出被试在这些变量上得分间的相关系数，利用因素分析萃取相关变量背后的共同因素。

R 技术的缺陷是只能用于确定大多数人共有的共同特质，无法研究个体差异。

2. P 技术

P 技术是在一定时期、不同场合下，对同一个体的一些人格特质进行重复测验，以了解单个个体独特特质结构及其变化过程的因素分析技术。

P 技术可以用于研究单一个案，但其局限是从该个案得出的结论推广性不够，不适用于解释他人的人格构成。因此需要将 R 技术和 P 技术结合使用。

3. 卡特尔的因素分析程序

①用各种方法对大量受试者进行测量。

②用各种测量所获得的资料计算各测量间的相关，得出一个相关矩阵。

③决定需要假定哪些因素，以便解释在相关矩阵中找到的各种相关群。

第三节 艾森克及生物学理论

研究考题，明确考况

考试要求	自主命题	
	考题	考查点
艾森克的人格结构理论	北京师范大学，2014；南京大学，2014	单选：人格维度
	西北师范大学，2014/2019	名解：EPQ
	辽宁师范大学，2013	简答：人格维度
	西北师范大学，2011；湖南师范大学，2016；天津医科大学，2021	简答：人格结构理论
人格的生物学基础	湖南师范大学，2013/天津师范大学，2018	简答：人格维度理论及其生物学基础
其他生物学理论	湖南师范大学，2013；河南大学，2020	名解：EAS 气质模型
	河南大学，2018/2019	名解：感觉寻求倾向

考点 1 艾森克的人格结构理论

考研基础必备

1. 人格层次模型

艾森克依据各个特质对行为影响的范围大小彼此不同而将人格特质分为几个层次：

①类型层次：最高层次的特质，几乎会影响到一个人所有各方面的行为。

②特质层次：其影响范围也很大，但往往只涉及某一方面。

③习惯反应层次：涵盖的范围会更小一些，常只涉及和某方面有关的行为。

④特定的行为反应：往往只和某一个情境的某一种行为有关。

2. 人格维度模型

艾森克通过因素分析得出了两个最基本的维度：内外向性、神经质。后来，又加入了第三个维度：精神质。

1）外向－内向维度

典型的外向型人格：开朗的，冲动的和非抑制的，有广泛的社交接触并经常参加群体活动。喜欢社交、集会、有许多朋友，需要有人与之交谈，并不喜欢一个人读书学习。

典型的内向型人格：一个安静、退缩、内省的人，不喜欢交往而喜欢读书；自我保守，除了亲密朋友外，与人的距离较远。

大部分人在两个极端之间，但是或许都有一点倾向于这边或那边。

2）神经质－稳定性维度

得分高的人：情绪不稳定或情绪化的人。

得分低的人：情绪稳定，更少出现情绪失控，也不大会有大起大落的情绪体验。

3）精神质－超我机能维度

精神质（又称倔强，讲求实际），并非暗指精神病，在所有人身上都存在，只是程度不同。

在该维度上得分高的人，往往被看成是“自我为中心的、攻击性的、冷漠的、缺乏同情的、冲动的、不考虑他人的，并且通常是不关心正义和他人福利的”。

艾森克编制了用来测量这三个因子的工具：艾森克人格问卷（简称 EPQ），包含四个量表：内外倾量表（E 量表）、神经质量表（N 量表）、精神质量表（P 量表）和说谎量表（L 量表）。

考研考法突破

考法 1 人格维度模型

通过选择题、简答论述题考查人格维度模型。考生需要熟记艾森克提出的三个维度及其内容，该考法在普通心理学中也有详细的讲述，此处简要叙述。

例 1：（北京师范大学，2014）单选：根据艾森克的特质理论，孤独、冷酷、敌视是哪个特质的类型（　　）。

A. 神经质　B. 外倾性　C. 内倾型　D. 精神质

【解析】在精神质维度上得分高的人，往往被看成是“自我为中心的、攻击性的、冷漠的、缺乏同情的、冲动的、不考虑他人的，并且通常是不关心正义和他人福利的”。因此，孤独、冷酷、敌视是精神质的类型。

参考答案：D

例 2：（辽宁师范大学，2013）简答：简述艾森克人格问卷的特质维度。

【解析】本题题干问的是艾森克人格问卷的特质维度，实际上就是考查艾森克的人格维度模型。

参考答案：艾森克人格问卷的特质维度包括：内外向性、神经质和精神质。

1）外向－内向维度

典型的外向型人格：开朗的，冲动的和非抑制的，有广泛的社交接触并经常参加群体活动。喜欢社交、集会、有许多朋友，需要有人与之交谈，并不喜欢一个人读书学习。

典型的内向型人格：一个安静、退缩、内省的人，不喜欢交往而喜欢读书；自我保守，除了亲密朋友外，与人的距离较远。

大部分人在两个极端之间，但是或许都有一点倾向于这边或那边。

2）神经质－稳定性维度

得分高的人：情绪不稳定或情绪化的人。

得分低的人：情绪稳定，更少出现情绪失控，也不大会有大起大落的情绪体验。

3）精神质－超我机能维度

精神质（又称倔强，讲求实际），并非暗指精神病，在所有人身上都存在，只是程度不同。

在该维度上得分高的人，往往被看成是“自我为中心的、攻击性的、冷漠的、缺乏同情的、冲动的、不考虑他人的，并且通常是不关心正义和他人福利的”。

考法 2　综合考查艾森克的人格结构理论

通过简答题考查艾森克的人格结构理论。在简答题中问到艾森克的人格理论的时候，需要回答其层次模型和维度模型两方面的内容，而不能只回答其维度模型。

例 3：（西北师范大学，2011）简答：简述艾森克的人格等级模式及维度。

参考答案：

1. 人格层次模型

艾森克依据各个特质对行为影响的范围大小彼此不同而将人格特质分为几个层次：

①类型层次：最高层次的特质，几乎会影响到一个人所有各方面的行为。

②特质层次：其影响范围也很大，但往往只涉及某一方面。

③习惯反应层次：涵盖的范围会更小一些，常只涉及和某方面有关的行为。

④特定的行为反应：往往只和某一个情境的某一种行为有关。

2. 人格维度模型

艾森克通过因素分析得出了两个最基本的维度：内外向性、神经质。后来，又加入了第三个维度：精神质。

1）外向 – 内向维度

典型的外向型人格：开朗的，冲动的和非抑制的，有广泛的社交接触并经常参加群体活动。喜欢社交、集会、有许多朋友，需要有人与之交谈，并不喜欢一个人读书学习。

典型的内向型人格：一个安静、退缩、内省的人，不喜欢交往而喜欢读书；自我保守，除了亲密朋友外，与人的距离较远。

大部分人在两个极端之间，但是或许都有一点倾向于这边或那边。

2）神经质 – 稳定性维度

得分高的人：情绪不稳定或情绪化的人。

得分低的人：情绪稳定，更少出现情绪失控，也不大会有大起大落的情绪体验。

3）精神质 – 超我机能维度

精神质（又称倔强，讲求实际），并非暗指精神病，在所有人身上都存在，只是程度不同。

在该维度上得分高的人，往往被看成是“自我为中心的、攻击性的、冷漠的、缺乏同情的、冲动的、不考虑他人的，并且通常是不关心正义和他人福利的”。

考研考法实战

答案见 D58 页

1.（南京大学，2014）单选：艾森克认为人格的维度包括（　　）。

A. 内外倾、情绪的稳定性和精神质

B. 共同特质和个别特质、表面特质和根源特质

C. 内外倾、神经质和精神质

D. 共同特质和个人特质、首要特质、中心特质和次要特质

2.（西北师范大学，2014/2019）名词解释：EPQ

3.（湖南师范大学，2016）简答：简述艾森克的人格生物学理论。

考点 2　人格的生物学基础

考研基础必备

1. 抑制理论、唤醒理论与内外向性

早期，艾森克主要借用大脑中枢神经系统兴奋与抑制理论来解释内外向个体的人格差异。他认为，外向者大脑皮层抑制过程强而兴奋过程弱，其神经系统属于强型，对刺激有很强的忍受能力，属于刺激寻求者；内向者皮层兴奋过程强而抑制过程弱，其神经系统属于弱型，忍受刺激的能力有限，是刺激回避者。

后来，艾森克提出了皮质唤醒这一概念，是指个体随时准备反应的警觉状态。艾森克认为内外向之间的差异源于上行网状激活系统功能差异。内向者的皮质唤醒水平天生就高于外向者的皮质唤醒水平，因此，当同样强度的刺激作用于内外向者时，内向者体验到的强度要高于外向者。内外向者觉知到的强度的差异是心理层面的而非实际的刺激强度。

2. 自主神经系统与神经质

艾森克把自主神经系统和边缘系统（包括海马、扣带回、杏仁核、中隔和下丘脑）作为神经质的解剖学基础。高神经质者的边缘系统激活阈值较低，交感神经系统的反应性较强，因此他们对微弱的刺激倾向于过度反应。

3. 荷尔蒙和精神质

艾森克认为，精神质可能只和男性有关，特别和雄性激素分泌有关。但是目前还缺乏足够的生理心理学实验证据支持这一结论。

考研考法突破

考法 1　综合考查艾森克的人格维度理论及其生物学基础

通过简答题考查艾森克的人格维度理论及其生物学基础。对于其生物学基础的考查频率较低，考生可以在记忆其三个维度的基础上选择性的识记该考点。

例 4：（湖南师范大学，2013/ 天津师范大学，2018）简答：简述艾森克 PEN 模型中的人格维度及其生物学基础。

参考答案：

1. 人格维度模型

艾森克通过因素分析得出了两个最基本的维度：内外向性、神经质。后来，又加入了第三个维度：精神质。

1）外向 – 内向维度

典型的外向型人格：开朗的，冲动的和非抑制的，有广泛的社交接触并经常参加群体活动。喜欢社交、集会、有许多朋友，需要有人与之交谈，并不喜欢一个人读书学习。

典型的内向型人格：一个安静、退缩、内省的人，不喜欢交往而喜欢读书；自我保守，除了亲密朋友外，与人的距离较远。

大部分人在两个极端之间，但是或许都有一点倾向于

这边或那边。

2）神经质 – 稳定性维度

得分高的人：情绪不稳定或情绪化的人。

得分低的人：情绪稳定，更少出现情绪失控，也不大会有大起大落的情绪体验。

3）精神质 – 超我机能维度

精神质（又称倔强，讲求实际），并非暗指精神病，在所有人身上都存在，只是程度不同。

在该维度上得分高的人，往往被看成是“自我为中心的、攻击性的、冷漠的、缺乏同情的、冲动的、不考虑他人的，并且通常是不关心正义和他人福利的”。

2. 人格的生物学基础

1）抑制理论、唤醒理论与内外向性

早期，艾森克主要借用大脑中枢神经系统兴奋与抑制理论来解释内外向个体的人格差异。他认为，外向者大脑皮层抑制过程强而兴奋过程弱，其神经系统属于强型，对刺激有很强的忍受能力，属于刺激寻求者；内向者皮层兴奋过程强而抑制过程弱，其神经系统属于弱型，忍受刺激的能力有限，是刺激回避者。

后来，艾森克提出了皮质唤醒这一概念，是指个体随时准备反应的警觉状态。艾森克认为内外向之间的差异源于上行网状激活系统功能差异。内向者的皮质唤醒水平天生就高于外向者的皮质唤醒水平，因此，当同样强度的刺激作用于内外向者时，内向者体验到的强度要高于外向者。内外向者觉知到的强度的差异是心理层面的而非实际的刺激强度。

2）自主神经系统与神经质

艾森克把自主神经系统和边缘系统（包括海马、扣带回、杏仁核、中隔和下丘脑）作为神经质的解剖学基础。高神经质者的边缘系统激活阈值较低，交感神经系统的反应性较强，因此他们对微弱的刺激倾向于过度反应。

3）荷尔蒙和精神质

艾森克认为，精神质可能只和男性有关，特别和雄性激素分泌有关。但是目前还缺乏足够的生理心理学实验证据支持这一结论。

考点 3　其他生物学理论

考研基础必备

1. 感觉寻求倾向研究

对感觉刺激和经验变化的需求称为“感觉寻求倾向”。美国心理学家朱克曼通过研究认为感觉寻求倾向主要是由生物遗传因素决定的一种气质特征。

感觉寻求倾向的表现形式：

①渴望参加各种冒险活动，以获得刺激体验；

②通过违反常规的生活方式来获得感觉刺激；

③对无聊的敏感度。这不是另一种感觉寻求的形式，而是对平静俗套的社会生活与缺乏新异刺激的社会环境产生无聊的体验。

2. EAS 气质模型

布斯和普洛明区分出三种气质倾向，构成了 EAS 气质模型：

①情绪性（E）：一个人对刺激情境的反应强度。

②活动性（A）：一个人的活跃程度，活动性强的个体具有较高的心理能量水平。

③交际性（S）：一个人与他人交往的倾向性

这几个气质倾向很大程度上是遗传的（双生子研究），具体的人格特质是在气质倾向的基础上，与环境交互作用的过程中形成起来的。

考研考法突破

考法 1　考查其他的生物学理论

通过名词解释考查其他的生物学理论的观点。艾森克的人格理论在有些教材上面也被归类为生物学流派，除了其理论以外，考试偶尔会考查一些其他的人格生物学的研究。同学们可以根据自己的历年真题的考查情况来选择性的掌握该考点。

例 5：（湖南师范大学，2013；河南大学，2020）名词解释：EAS 气质模型

参考答案：布斯和普洛明区分出三种气质倾向，构成了 EAS 气质模型：①情绪性（E）：一个人对刺激情境的反应强度。②活动性（A）：一个人的活跃程度，活动性强的个体具有较高的心理能量水平。③交际性（S）：一个人与他人交往的倾向性

考研考法实战 答案见 D58 页

1.（河南大学，2018/2019）名词解释：感觉寻求倾向。

第四节　五因素模型

研究考题，明确考况

考试要求	自主命题	
	考题	考查点
大五模型	北京师范大学，2014；华东师范大学，2011/2013/2014/2019	单选：五个维度
	陕西师范大学，2011/ 天津师范大学，2011/ 浙江师范大学，2015；深圳大学，2021	名解：人格的五因素模型
	河南大学，2021	名解：词汇假说
	天津大学，2019；华南师范大学，2021；北京大学，2021	论述：五因素模型的内容
研究主题	苏州大学，2019	简答：研究主题

考点 1　理论背景

考研基础必备

1. 研究取向及理论依据

五因素模型（FFM）的研究主要有两种取向：词汇研究和问卷研究。词汇研究的理论前提是词汇假设；问卷研究的理论基础是特质论。

2. 研究历史

①开创性工作——建立人格词表：奥尔波特和奥波特从《韦氏新国际辞典》挑出所有描绘人格的词汇，并对词汇进行四种分类；

②卡特尔对词表的简缩性工作：卡特尔在奥尔波特和奥波特的基础上，对词汇进行因素分析，得出了16个因素，并编制16PF。

③大五人格的发现。基于词汇研究的五因素模型，图普斯和克罗斯特尔对卡特尔的特质变量进行重新分析，获得了五个因素：精力充沛、宜人性、依赖性、情绪稳定性、文化。高德伯格称为“大五”。

基于问卷研究的五因素结构：考斯特和马格瑞编制了《NEO人格问卷》，包含有外倾性、宜人性、公正性、神经质、开放性。

考研考法突破

关于五因素模型的理论背景，大家熟知的可能只有词汇学假设，而许燕老师版著作中还额外写了特质论，同学们可以稍加了解。对于五因素模型的理论背景一般不会单独考查，而是结合考点2在论述题中进行考查，详见考点2的考法2。

考点 2　大五模型

考研基础必备

1. 基本假设

格尔顿最先提出词汇假设的观点：每一种文化下的自然语言包含了所有能描述人格的维度。有什么样的人格表现就会有什么词来描述它。

2. 基本结构

1）外倾性（E）

外倾性指人们活动能量的强度和数量。其一端是极端外向，另一端是极端内向。

2）宜人性（A）

宜人性也叫随和性，是测量人际关系的维度，它意指人际交互作用的特征，这种相互作用是指个人的人际喜好由同情到憎恨的一个连续区。

3）尽责性（C）

尽责性也称谨慎性，这个维度是指如何控制自己，如何自律。该维度上的分数用来评估组织能力，持久性、控制能力、动机水平在目标指向行为中的作用。该维度也叫“成就意志”维度或“工作”维度。

4）神经质（N）

神经质也称情绪稳定性，依据人们情绪的稳定性和情绪调控情况而将其置于一个连续统一体的某处。

5）开放性（O）

开放性也称求新性，是指对经验持开放、探索态度。

在此维度上得分高的人是不依习俗的、独立的思考者，是好奇的，具有想象力的，喜欢娱乐性的新颖的想法。

考研考法突破

考法 1　五因素模型的基本维度的辨析

通过选择题考查五因素模型的5个基本结构的辨析。同学们要熟记5个维度的内容，并能够进行区分辨别。

例 1：（北京师范大学，2014）单选：小孙常感到烦恼，紧张，焦虑，预期他在人格五因素测验中得分较高的特质是（　　）。

A. 神经质　　B. 责任心

C. 宜人性　　D. 外向性

【解析】神经质也称情绪稳定性，依据人们情绪的稳定性和情绪调控情况而将其置于一个连续统一体的某处。烦恼，紧张，焦虑说明小孙情绪容易波动，在神经质维度上会得分较高。

参考答案：A

例 2：（华东师范大学，2011/2019）单选：下列正确表述“大五”人格因素的是（　　）。

A. 责任心、宜人性、正性情绪、负性情绪、开放性

B. 外向性、宜人性、正性情绪、开放性、情绪稳定性

C. 宜人性、负性情绪、习俗性、情绪稳定性、开放性

D. 开放性、外向性、责任心、宜人性、情绪稳定性

【解析】开放性、外向性、责任心、宜人性、情绪稳定性是五因素模型的维度。

参考答案：D

考法 2　综合考查五因素模型的内容

通过简答题、论述题考查五因素模型的内容。五因素模型的五个维度的含义是考试中十分常见的考查形式，考生一定要熟记。也有院校会结合五因素模型的理论背景、基本假设和主要内容综合考查五因素模型的内容，考生可选择性复习掌握。

例 3：（天津大学，2019）论述：五因素人格模型的理论背景、基础假设和主要内容。

参考答案：

1. 五因素人格模型的理论背景

1）研究取向及理论依据

五因素模型（FFM）的研究主要有两种取向：词汇研究和问卷研究。词汇研究的理论前提是词汇假设；问卷研究的理论基础是特质论。

2）研究历史

①开创性工作——建立人格词表：奥尔波特和奥波特从《韦氏新国际辞典》挑出所有描绘人格的词汇，并对词

汇进行四种分类；

②卡特尔对词表的简缩性工作：卡特尔在奥尔波特和奥波特的基础上，对词汇进行因素分析，得出了16个因素，并编制16PF。

③大五人格的发现：基于词汇研究的五因素模型：图普斯和克罗斯特尔对卡特尔的特质变量进行重新分析，获得了5个因素：精力充沛、宜人性、依赖性、情绪稳定性、文化。高德伯格称其为“大五”。

基于问卷研究的五因素结构：考斯特和马格瑞编制了《NEO人格问卷》，包含有外倾性、宜人性、公正性、神经质、开放性。

2. 五因素人格模型的基本假设

格尔顿最先提出词汇假设的观点：每一种文化下的自然语言包含了所有能描述人格的维度。有什么样的人格表现就会有什么词来描述它。

3. 五因素人格模型的基本结构

（1）外倾性（E）：指人们活动能量的强度和数量。其一端是极端外向，另一端是极端内向。外向者非常爱好交际，通常还表现为精力充沛、乐观、友好和自信。内向者含蓄、自主、稳健。

（2）宜人性（A）：也叫随和性，是测量人际关系的维度，它意指人际交互作用的特征，这种相互作用是指个人的人际喜好由同情到憎恨的一个连续区。宜人性水平高的人，表现为有责任感，友好合作，乐于助人，可信赖的，易被他人接纳的和富有同情心的。而那些宜人性水平低的人，他们多抱有敌意，怀疑人生价值，粗鲁甚至故意伤害他人，为人多疑，缺乏合作精神，喜欢控制他人，报复心强。

（3）尽责性（C）：也称谨慎性，这个维度是指如何控制自己，如何自律。该维度上的分数用来评估组织能力，持久性、控制能力、动机水平在目标指向行为中的作用。该维度也叫“成就意志”维度或“工作”维度。尽责性分数高的人倾向于表现出组织能力高，做事严谨，有条理，有计划，并能持之以恒。在尽责性上得分低的人倾向于表现无目标，不可信，懒惰，粗心等。

（4）神经质（N）：也称情绪稳定性，依据人们情绪的稳定性和情绪调控情况而将其置于一个连续统一体的某处。神经质水平高的个体更容易产生心理压力，有一些不切实际的想法，过分的渴望，或者是无法容忍失败以及无法做出克服困难的反应。在此维度上得分低的人多表现为平静、自我调适良好、不易出现极端和不良的情绪反应。

（5）开放性（O）：也称求新性，是指对经验持开放、探索态度。

在此维度上得分高的人是不依习俗的、独立的思考者，是好奇的，具有想象力的，喜欢娱乐性的新颖的想法。

考研考法实战 答案见D59页

1.（华东师范大学，2013）单选：（　　）人格特质是指做事是否有条理、有计划和能坚持追求目标。

A. 宜人性　B. 开放性　C. 尽责性　D. 外向性

2.（华东师范大学，2014）单选：（　　）人格特质是指是否乐于助人、可信赖和有同情心。

A. 宜人性　B. 开放性

C. 尽责性　D. 外向型

3.（陕西师范大学，2011/天津师范大学，2011/浙江师范大学，2015；深圳大学，2021）名词解释：人格的五因素模型/大五人格

4.（河南大学，2021）名词解释：词汇假说。

考点3　研究主题

考研基础必备

大五人格因素模型中至今仍然有一些未能解释清晰、服众的结论。也是这一研究领域仍要继续的研究主题。

1. 因素命名与次序

大五因素模型的命名及含义并没有统一，约翰建议用罗马数字或词首字母来命名其五个因素。对于人格因素的命名，随着跨文化的研究也越来越有差异。

在人格因素的次序问题上，研究者主要依据的是因素分析中因素载荷来确定各因素的位置。跨文化研究结果表明，相同因素在不同文化人格因素模型中次序不同。

2. 人格因素的数量

人格因素的数量应该是几个，不同的研究得出了不同的数量模型，有大三、大五、大七等。

大三人格模型：如艾森克的外倾性、神经质和精神质；腾根的正情绪、负情绪和强制；奥斯古德的评价、活动和潜能。

七因素模型：如腾根和沃尔的正情绪性、负价、负情绪性、正价、可靠性、宜人性、因袭性。

3. 不同词类的探索

1）形容词的因素探索

特质理论流派比较常见的是以形容词为研究材料。但是有的研究者采用按比例抽样，有的是聚类抽样，所得结果自然会有很大不同。

2）短语的因素探索

也有学者是以短语为材料进行研究，主要有NEO人格问卷和Hogan人格问卷。

考研考法突破

考法1　大五人格模型的研究主题

通过简答题考查大五人格模型中未解决的理论问题（研究主题）。该考法的考查频率比较低，大家可简要了解一下。

例4：（苏州大学，2019）简答：简述大五人格模型研究中未解决的理论问题。

【解析】本题考查大五人格模型研究中未解决的理论问题，也就是考查其研究主题。

参考答案：大五人格因素模型中至今仍然有一些未能解释清晰、服众的结论。也是这一研究领域仍要继续的研究主题。

1. 因素命名与次序

大五因素模型的命名及含义并没有统一，约翰建议用罗马数字或词首字母来命名其五个因素。对于人格因素的命名，随着跨文化的研究也越来越有差异。

在人格因素的次序问题上，研究者主要依据的是因素分析中因素载荷来确定各因素的位置。跨文化研究结果表

明，相同因素在不同文化人格因素模型中次序不同。

2. 人格因素的数量

人格因素的数量应该是几个，不同的研究得出了不同的数量模型，有大三、大五、大七等。

大三人格模型：如艾森克的外倾性、神经质和精神质；腾根的正情绪、负情绪和强制；奥斯古德的评价、活动和潜能。

七因素模型：如腾根和沃尔的正情绪性、负价、负情绪性、正价、可靠性、宜人性、因袭性。

3. 不同词类的探索

1）形容词的因素探索

特质理论流派比较常见的是以形容词为研究材料。但是有的研究者采用按比例抽样，有的是聚类抽样，所得结果自然会有很大不同。

2）短语的因素探索

也有学者是以短语为材料进行研究。主要有 NEO 人格问卷和 Hogan 人格问卷。

章节考点　综合训练

答案见 D59 页

一、单选题

1.（福建师范大学，2013）人格特质理论的创始人是美国心理学家（　　）。

A. 荣格　　B. 奥尔波特

C. 卡特尔　　D. 弗洛伊德

2.（华中师范大学，2016）一提到林黛玉，我们就能联想到她多愁善感这一独特的特质，这一特质被称为（　　）。

A. 首要特质　　B. 核心特质

C. 根源特质　　D. 次要特质

3.（中央财经大学，2017）卡特尔 16 因素人格调查表测量的是（　　）。

A. 首要特质　　B. 表面特质

C. 根源特质　　D. 气质特质

4.（华东师范大学，2019）从精神质，外倾性，神经质三个维度对人格进行评定的心理学家是（　　）。

A. 卡特尔　　B. 奥尔波特

C. 艾森克　　D. 荣格

5.（华东师范大学，2019）根据研究，五大基本人格因素中某个维度的高分大学新生，比该维度的低分同学更容易适应大学生活，该因素是（　　）。

A. 内倾型　　B. 外倾性

C. 开放性　　D. 控制性

6.（江西师范大学，2012）多数研究表明，“大五”人格因素中，工作绩效的最佳预测指标是（　　）。

A. 外向性　　B. 求新性　　C. 奈和性　　D. 尽责性

7.（华南师范大学，2021）奥尔波特的人格理论的着重点是（　　）。

A. 个人特质　　B. 中心特质　　C. 机能主义　　D. 能力

8.（南京师范大学，2021）一个人主要因为一种突出的性格如吝啬所驱使，奥尔波特将此称为（　　）。

A. 首要特质　　B. 中心特质　　C. 核心特质　　D. 次级特质

9.（南京师范大学，2021）根据艾森克的构想，一个激动、冲动、喜欢变化的人具有（　　）。

A. 高外向高神经质　　B. 高外向低神经质

C. 高内向高神经质　　D. 高内向低神经质

10（南京师范大学，2021）特质理论被批评的原因之一是（　　）。

A. 展示了关于人格的过于复杂的画面

B. 对无意识过程投入了太多的注意

C. 无法解释为什么我们如此行为

D. 过分强调环境对特质的塑造作用

二、名词解释

1.（湖南师范大学，2012）首要特质。

2.（西南大学，2006）人格特质。

3.（湖南师范大学，2016）动力特质（dynamic trails）。

4.（南开大学，2018）16PF。

5.（湖南师范大学，2021）人格层次结构模型。

三、简答题

1.（江西师范大学，2014）请简述艾森克人格问卷的理论模型（即问卷的维度）。

2.（湖南师范大学，2011；北京师范大学，2012；华东师范大学，2015；西北师范大学，2018；华南师范大学，2021；北京大学，2021）简述人格五因素模型（FFM）中的主要人格维度及其含义。

四、论述题

1.（东北师范大学，2016）试评述卡特尔的人格特质理论。

五、案例分析

（北京师范大学，2021）材料：

小孙是一名大一新生，开学两个月她就和学长学姐们混熟了，她个人也非常喜欢参加社团活动和各种聚会。她也经常出现焦虑，有面试、考试前压力，甚至会有身体不舒服（头疼、消化不良）。小孙有时候忍不住嘲讽别人，经常给他人恶作剧，事后她开心得不行，却意识不到给别人造成困扰了。她身边的人说，小孙性格开朗活泼，确实很好，要是她能注意一下分寸就更好了。

（1）简述艾森克人格理论的内容并分析其内涵。

（2）根据艾森克人格理论，分析小孙的人格特质。

第七章 认知学派

认知学派包括凯利的个人建构论、社会认知理论和认知信息处理理论，其中社会认知理论包括罗特、班杜拉和米歇尔的理论观点。凯利的个人建构论的考查主要集中在 CPC 循环和固定角色疗法，考生需要重点掌握这两部分的内容；对罗特的理论的考查主要集中在其提出的公式：BP=f（E×RV）的相关内容以及控制点理论，其控制点理论在社会心理学中也有详细的介绍，可结合学习；对班杜拉的理论的考查主要集中在其交互作用论、观察学习和自我效能感，考生可结合发展心理学、教育心理学和社会心理学等学科进行学习；米歇尔和认知信息处理理论在考试中暂未涉及，因此本书不做归纳介绍，考生可根据参考教材简要了解。

第一节 凯利的个人建构理论

研究考题，明确考况

考试要求	自主命题	
	考题	考查点
理论观点	华南师范大学，2019；	单选：人性假设
	湖南师范大学，2012；河南大学，2020	名解：构念
固定角色疗法	江西师范大学，2012	单选：固定角色疗法
	湖南师范大学，2015	名解：固定角色疗法

考点 1 理论观点

考研基础必备

1. 人性观

凯利对人性的假设是，人即科学家。以下是他的几点看法：

①把人看成是朝向未来的；

②人对环境有主动形成表征的能力；

③人既是自由的，又是被决定的；

④人有差异性与独特性，也会表现出相似的人格特征。

2. 人格概念

凯利认为人格的核心概念是建构。建构或构念是人们用来解释世界、分析世人的观点，是人们用来对事件整理分类的一种概念，也是人们看待并控制事件的思维模式。

3. 人格动力

凯利提出了 CPC 循环理论。人遇到新情境时，其行动是依照“详察—预断—控制”三个阶段的循环而进行的。

①详察期：人们在开始接触事物时，会谨慎地考虑各种可能性，提出各种建构，反复尝试。

②预断期：通过尝试各种建构，选择出对情境最适合的建构。

③控制期：将所选择的建构付诸行动。

考研考法突破

考法 1 考查凯利的理论观点

该考法一般通过选择题和名词解释题考查凯利的主要理论观点。对其理论观点的考查主要集中在其人性观、人格概念和人格动力，属于识记型知识点。

例 1：（华南师范大学，2019）单选：用“人是科学家”来表达自己对人格的观点的学者是（　　）。

A. 凯利　　B. 罗特　C. 阿特金森　　D. 米歇尔

【解析】凯利对人性的假设是，人即科学家。因此本题选择 A。

参考答案：A

考研考法实战 答案见 D60 页

1.（湖南师范大学，2012；河南大学，2020）名词解释：构念。

考点 2 固定角色疗法

考研基础必备

在个人建构理论中，心理障碍被认为是建构系统的异常，患者持续运用一些无效或错误的建构，心理治疗就是人生的心理重构。

固定角色治疗方法就是让来访者扮演一个由心理治疗者设定的新角色，来访者按照新的角色要求来行动，治疗者鼓励患者以新的方式来看自己，以新的方式行动，并以新的方式来解释自己，也就成为一个新的人。具体治疗步骤如下：

1）测定旧建构

通过角色建构测验、自我特征的描述，结构性访谈，墨迹测验，主题统觉测验等，了解来访者的建构系统，确定问题所在，为咨询师制定治疗方案提供基础。

2）建立新角色

新的角色需要有助于来访者改善建构，且治疗师应与来访者共同商讨新的人格素描，帮助来访者接受新角色。

3）扮演新角色

治疗师先让来访者扮演新角色，要求言行举止都要符合新角色，时间为两周左右。在此过程中，治疗者必须给予来访者充分的支持，不断以来访者能够接受的方式去鼓励他尝试。

4）巩固新角色

在之后的几周里，来访者的所有生活都按照角色要求去做，每隔几天与治疗师见面，讨论来访者扮演角色时所遇到的困难，帮助他们克服困难。

考研考法突破

考法 1　固定角色疗法的概念

通过选择题和名词解释考查凯利提出的固定角色疗法。该考法考查频率较低，属于识记型知识点。

例 2：（江西师范大学，2012）单选：乔治·凯利认为心理障碍产生的原因是（　　）。

A. 建构系统存在缺陷　　B. 过去创伤经验引起

C. 需要没有得到满足　　D. 长期被消极看待

【解析】在个人建构理论中，心理障碍被认为是建构系统的异常，患者持续运用一些无效或错误的建构，心理治疗就是人生的心理重构。

参考答案：A

考研考法实战 答案见 D60 页

1.（湖南师范大学，2015）名词解释：固定角色疗法。

第二节　社会认知理论

研究考题，明确考况

考试要求	自主命题	
	考题	考查点
罗特的社会认知论	西北师范大学，2012	简答：罗特的人格理论
	湖南师范大学，2018	名解：类化预期
	中央财经大学，2015；福建师范大学，2016；华东师范大学，2013/2019	单选：控制点
	天津师范大学，2018；湖南师范大学，2020	名解：控制点
班杜拉的社会认知论	聊城大学，2012/ 山东师范大学，2016/ 苏州大学，2017	简答：自我效能感
	江西师范大学，2012；华南师范大学，2016	单选：自我效能感
	东北师范大学，2015	论述：班杜拉的人格理论

考点 1　罗特的社会认知论

考研基础必备

1. 罗特的人格理论

其基本假设是：人的行为是机体内部的认知过程和外部强化决定的，是在社会情境中习得的。

1）基本概念

罗特认为："一种行为在特定的情况下发生的可能性，是由当事人对该项行为会引发某种强化的预期和强化物的价值共同决定的。"用公式表示为：

$$BP=f（E \times RV）$$

①行为潜能（BP）：又称行为发生的可能性，指在特定情境下人们可能选择表现的所有行为中某一特定行为发生的可能性。

②预期（E）：指人们对在特定情境中的某种行为性质的认知或信念。预期有三种情况，一是对刺激的简单认知或命名；二是对行为强化结果的期待；三是对强化系列（奖惩）的期待。

预期分为特殊预期（SE）和类化预期（GE）。前者是对某种特殊情境的预期，后者是运用于多种情境中的预期，是个体对于行为是否能引发奖罚所持有的一般性信念，它在人们面临新情境时特别重要。

③强化价值（RV）：指当各种强化概率相同时，对某种强化的偏好程度。

④心理情境：指我们体验到的有意义情境。

2）人格结构

罗特提出了两种类特质，也叫问题解决的类化预期：人际信任和控制观。

①人际信任：指个体对他人言语承诺的信赖程度。

②控制点（或控制源）：也称为强化的内外控，指个体日常生活中对自己和周围世界关系的看法。

内控者相信凡事都是由自己控制的，将成功归于自己的努力或能力，把失败归于自己的疏忽或能力不足，即将行为的结果视为自己的努力或个人的特质。

外控者相信凡事都不是自己能左右的，把成功归因于幸运，把失败归因于外部因素，即将行为结果视为运气，命运或其他力量的作用。

考研考法突破

考法 1　考查罗特的人格理论

通过名词解释或简答题考查罗特的人格理论，考生需掌握公式：BP=f（E×RV）的含义，以及公式中每个字母的含义。

例 1：（西北师范大学，2012）简答：简述人格心理学中罗特关于 BP=f（E×RV）的解释。

【解析】本题考查罗特的人格理论中的基本概念，首先回答该公式的整体含义，再分别回答公式中每个字母的含义即可。

参考答案：罗特认为："一种行为在特定的情况下发生的可能性，是由当事人对该项行为会引发某种强化的预期和强化物的价值共同决定的。"用公式表示为：BP=f（E×RV）。

①行为潜能（BP）：又称行为发生的可能性，指在特定情境下人们可能选择表现的所有行为中某一特定行为发生的可能性。

②预期（E）：指人们对在特定情境中的某种行为性质的认知或信念。预期有三种情况，一是对刺激的简单认知或命名；二是对行为强化结果的期待；三是对强化系列（奖惩）的期待。预期分为特殊预期（SE）和类化预期（GE）。

③强化价值（RV）：指当各种强化概率相同时，对某种强化的偏好程度。

④心理情境：指我们体验到的有意义情境。

考法 2　考查罗特的控制点理论

通过选择、名词解释和简答题考查罗特关于控制点的理论。该考法考查频率较高，考生需要理解区分内控者和外控者的特点。控制点理论的内容在心理学导论、社会心理学等学科中均有所涉及，考生可结合其他学科学习。

例 2：（天津师范大学，2018；湖南师范大学，2020）名词解释：控制点

【解析】该题考查控制点的概念，在回答控制点的概念的基础上，也可以稍微叙述内控者和外控者的特点。

参考答案：控制点是由罗特提出，也称为控制源或强化的内外控，指个体日常生活中对自己和周围世界关系的看法。内控者相信凡事都是由自己控制的；外控者相信凡事都不是自己能左右的。

例 3：（华东师范大学，2019）单选：王同学感到失望，因为他没有通过心理学考试，现在他决定应对未来的考试要更加努力地学习，这是典型的（　　）。

A. 交互决定论　　B. 交互抑制

C. 内在控制点　　D. 外在控制点

【解析】内控者相信凡事都是由自己控制的；外控者相信凡事都不是自己能左右的。王同学将失败归因于自己不够努力，属于内控者，即内在控制点。

参考答案：C

考研考法实战

答案见 D60 页

1.（湖南师范大学，2018）名词解释：类化预期。

2.（福建师范大学，2016）单选：外控型的个体对于自己的成功进行归因时最有可能归为（　　）。

A. 能力　　B. 努力　　C. 态度　　D. 运气

3.（华东师范大学，2013）单选：有些人相信事件的发生与否取决于自己的行为，有些人则相信好事和坏事都是由运气决定的。这表现出（　　）的差异。

A. 合理　　B. 投射　　C. 控制点　　D. 应对策略

4.（中央财经大学，2015）单选：二十世纪五六十年代提出控制点理论的人格心理学家是（　　）。

A. 罗特　　B. 维纳　　C. 琼斯　　D. 戴维斯

考点 2　班杜拉的社会认知论

考研基础必备

1. 人性观

班杜拉认为：人的行为是主客观交互作用的结果，形成了交互作用论（见图 7–1）。

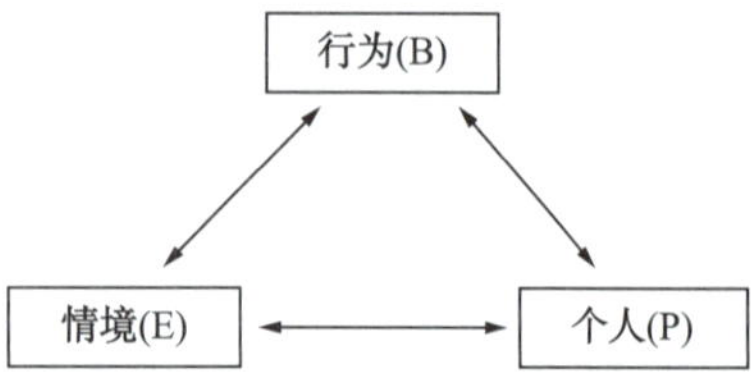

图 7–1　班杜拉的交互作用模型

2. 学习类别

1）观察学习

观察学习是指通过对他人行为的观察而产生学习，也称为无尝试学习。

观察学习包括四个阶段：注意过程、保持过程、动作再现过程和动机过程。

2）替代学习

替代学习是指经由观察他人行为而习得情绪反应的过程。

替代性强化：在观察学习过程中，观察者看到某行为受到奖励 / 惩罚，他们相应的行为会增加 / 减少，这个现象就是替代性强化。

3. 自我的作用

1）自我调适

自我强化：一个人在表现某种行为之后，若自己感到有成就，就产生了激励性强化作用；若自己感受到失败，就产生了惩罚性强化作用。

班杜拉认为，每个人对行为有其自我标准，且人们会根据先前的强化经历，随时调整自己的行为，同时也调整自己的预期，即自我调适作用。

2）自我效能

自我效能是指个体对自己能成功表现某种行为所具有的能力的一种预期或主观评估。

自我效能有四个获得来源 / 影响因素：

①操作成败：先前的成败经验会影响到自我效能感的高低，成功会产生高预期，失败会导致低预期；

②替代经验：当看到或想象到其他人成功情境时，观察者会提高自我效能的知觉；反之，当看到与自己能力相当的人失败时，观察者也会对自己的能力判断降低；

③言语劝说：通过激励性或打击性的言语会提高或降低个体的自我效能感；

④情绪唤起或生理唤醒：在紧张或困难的情境下会引发高水平的生理或情绪唤起，进而影响操作成绩。

自我效能感有四个功能：

①决定人们对活动的选择及对该活动的坚持性；

②影响人们在困难面前的态度；

③影响新行为的获得和习得行为的表现；

④影响活动时的情绪。

4. 对班杜拉的理论评价

1）贡献

①明确区分了人类学习的两种基本过程，即直接学习和间接学习；

②把强化理论和信息加工观点有机地结合起来；

③自我效能理论弥补了一些人格学者对个体内在动机因素的忽视；

④以实验方法来证实观点，使理论可信度增加。

2）局限

①仅适于解释和说明观察、模仿等社会性学习的过程；

②交互作用论的观点等还有待于进一步深入探讨；

③忽视遗传与成熟的作用。

考研考法突破

考法 1　自我效能感

关于班杜拉的观察学习和自我效能感理论是心理学中的一个高频考点，在发展心理学、教育心理学等学科中均有详细的论述和考查，而在人格心理学中考查的较少，同学们可结合其他学科进行学习。

例 4：（聊城大学，2012/ 山东师范大学，2016/ 苏州大学，2017）简答：什么是自我效能感？影响自我效能感的主要因素有哪些？

参考答案：自我效能感是指个体对自己能成功表现某种行为所具有的能力的一种预期或主观评估。

自我效能感有四个影响因素：

①操作成败：先前的成败经验会影响到自我效能感的高低，成功会产生高预期，失败会导致低预期；

②替代经验：当看到或想象到其他人成功情境时，观察者会提高自我效能的知觉；反之，当看到与自己能力相当的人失败时，观察者也会对自己的能力判断降低；

③言语劝说：通过激励性或打击性的言语会提高或降低个体的自我效能感；

④情绪唤起或生理唤醒：在紧张或困难的情境下会引发高水平的生理或情绪唤起，进而影响操作成绩。

考法 2　评述班杜拉的人格理论

通过论述题综合考查班杜拉的人格理论，该考法的考查频率较低，同学们根据自己院校的大纲和历年真题选择性复习即可。

例 5：（东北师范大学，2015）论述：试评述班杜拉的人格理论。

【解析】本题要求评述班杜拉的人格理论，且为论述题，因此要先对其理论进行较详细的论述，再对其理论进行评价。

参考答案：

1）人性观

班杜拉认为，人的行为是主客观交互作用的结果，形成了交互作用论。即行为、个人和环境这三个因素，任何两项都是有交互作用存在的。

2）学习类别

①观察学习：指通过对他人行为的观察而产生学习，也称为无尝试学习。

观察学习包括四个阶段：注意过程、保持过程、动作再现过程和动机过程。

②替代学习：是指经由观察他人行为而习得情绪反应的过程。

替代性强化：在观察学习过程中，观察者看到某行为受到奖励 / 惩罚，他们相应的行为会增加 / 减少，这个现象就是替代性强化。

3）自我的作用

①自我调适：一个人在表现某种行为之后，若自己感到有成就，就产生了激励性强化作用；若自己感受到失败，就产生了惩罚性强化作用。

班杜拉认为，每个人对行为有其自我标准，且人们会根据先前的强化经历，随时调整自己的行为，同时也调整自己的预期，即自我调适作用。

②自我效能：是指个体对自己能成功表现某种行为所具有的能力的一种预期或主观评估。

自我效能有四个获得来源 / 影响因素：

a. 操作成败：先前的成败经验会影响到自我效能感的高低，成功会产生高预期，失败会导致低预期；

b. 替代经验：当看到或想象到其他人成功情境时，观察者会提高自我效能的知觉；反之，当看到与自己能力相当的人失败时，观察者也会对自己的能力判断降低；

c. 言语劝说：通过激励性或打击性的言语会提高或降低个体的自我效能感；

d. 情绪唤起或生理唤醒：在紧张或困难的情境下会引发高水平的生理或情绪唤起，进而影响操作成绩。

自我效能感有四个功能：

a. 决定人们对活动的选择及对该活动的坚持性；

b. 影响人们在困难面前的态度；

c. 影响新行为的获得和习得行为的表现；

d. 影响活动时的情绪。

影响因素或来源：

4）对班杜拉的理论评价

（1）贡献：

①明确区分了人类学习的两种基本过程，即直接学习和间接学习；

②把强化理论和信息加工观点有机地结合起来；

③自我效能理论弥补了一些人格学者对个体内在动机因素的忽视；

④以实验方法来证实观点，使理论可信度增加。

（2）局限：

①仅适于解释和说明观察、模仿等社会性学习的过程；

②交互作用论的观点等还有待于进一步深入探讨；
③忽视遗传与成熟的作用。

考研考法实战 答案见 D60 页

1.（华南师范大学，2016）单选：当我们面对一个特定的任务时，对自己胜任能力的评价，称之为（　　）。

A. 自我关注　　B. 自我控制
C. 自我效能　　D. 自我图示

2.（江西师范大学，2012）多选：班杜拉认为，影响自我效能感的因素有（　　）。

A. 直接经验　　B. 替代经验
C. 言语说服　　D. 情绪唤起

章节考点　综合训练

答案见 D60 页

一、单选题

1.（西南大学，2017）首次提出“控制点”理论并依据这一理论将归因分为“内控型”和“外控型”的心理学家是（　　）。
A. 海德　B. 凯利　C. 罗特　D. 维纳

2.（华东师范大学，2015/2016）人们所持有的泛化的关于事件是否受控于自己的预期称作（　　）。
A. 可能自我　B. 控制点　C. 理想自我　D. 控制错觉

3.（江西师范大学，2016）把成败归因于能力、努力等自身原因的是（　　）。
A. 内控型　B. 外控型　C. 稳定型　D. 可控型

4.（华东师范大学，2019）班杜拉认为，个体对自己是否能够成功地进行某一成就行为的主观判断是（　　）。
A. 自我意识　B. 自我效能　C. 自我实现　D. 自我归因

5.（华东师范大学，2020）社会认知取向的人格理论强调（　　）。
A. 理性信息处理　　B. 自我和谐意识
C. 学习和经验　　D. 自我实现的人

6.（南京师范大学，2021）下面最能反映典型外控者的特征的是（　　）。
A. “当我制定了计划，我通常一定按计划行事”
B. “生活中许多好事或坏事大部分归于运气”
C. 我认为让别人做事是不合适的
D. 当别人做我想做的事时我很高兴

二、名词解释

1.（湖南师范大学，2017）CPC 循环。

2.（天津师范大学，2012/2013/2016；南京大学，2019）自我效能感。

三、简答题

1.（四川师范大学，2015）内控型和外控型的人有什么差别？

四、案例分析

1.（上海师范大学，2012）一个小孩模仿电影情节用刀枪伤害他人，问哪个人格理论可以解释此行为，并介绍此理论。

管理心理学

管理心理学是心理科学的一个分支，是研究组织管理中人的心理活动规律的一门学科。其主要任务是探索改进管理工作的心理依据，寻求激励人心理和行为的各种途径和方法，以最大限度地调动人的积极性、创造性，提高劳动生产率；其研究重点是组织管理中具体的社会心理现象，以及个体、群体、组织、领导中的具体心理活动的规律性。本学科内容主要包括绪论、管理哲学、组织激励、领导理论以及组织理论五个部分，由于管理心理学研究的主要内容是管理中具体的社会、心理现象，以及个体、群体、领导、组织中的具体心理活动的规律性，因此，也可以将管理心理学的研究内容理解为个体心理、群体心理、领导心理和组织心理等四个方面。

管理心理学常用的参考书如下：

（1）车丽萍，《管理心理学》；

（2）朱永新，《管理心理学》；

（3）刘永芳，《管理心理学》；

（4）程正方，《现代管理心理学》；

（5）D. 赫尔雷格尔等，《组织行为学》。

本书在编写过程中，是以车丽萍《管理心理学》一书为主要参考教材，而对于各院校在以往考研考试中考查过的车丽萍版教材中未提及的考点，本书将以其他教材作为参考。

考生在备考管理心理学时，首先，应对管理心理学的概述进行了解，主要包括管理心理学的含义、性质、历史与前景、管理的研究原则以及研究方法等。其次，对于像管理哲学、组织激励、领导理论以及组织理论这些重要知识要能够区分并熟练掌握。除此之外，考生在面对具体案例时要知道运用什么管理策略，这需要考生熟练掌握管理理论并掌握不同管理理论的使用条件。在掌握了以上知识点后，配合大量的习题巩固知识，并结合一定程度的背诵复习，方能使管理心理学的学习达到理想的效果。

在接下来的学习过程中，如果你发现书籍有错误或者有异议的地方，可以扫描左边的二维码填写问卷告知我们，我们会及时核对并在“心理学考研一本通交流群”中进行勘误说明，你可以扫描右边的二维码进群获得勘误文档，更有优加教研老师为你答疑解惑。

错误收集问卷

心理学考研一本通交流群

第一章 管理心理学概论

本章考点是各种关于管理学科的概述，包括管理心理学的含义、性质、历史与前景、管理的研究原则等。属于理解记忆章节，通过本章的内容，希望考生能够对于管理心理学有整体的掌握，这部分的考点通常以选择或名解的形式进行考查。

第一节 绪论

研究真题，明确考况

考试要求	自主命题	
	考题	考查点
1. 管理心理学的概念	无	无
2. 管理心理学的研究原则	江西师范大学，2016	选择：管理心理学的研究原则

考点 1 管理心理学的概念

考研基础必备

1. 管理心理学的定义

管理心理学是研究组织管理活动中人的个体/社会心理活动、行为规律以及其潜在的心理机制，并用科学的方法改进管理工作，提高工作效率与管理效能，最终实现组织目标与个人全面发展的一门学科。

简单来说，管理心理学是研究管理过程中人的心理活动及其行为规律的科学，也是一门通过科学方法改进管理效应和管理效率的综合性应用学科。

2. 管理心理学的研究对象与内容

管理心理学的研究内容主要包括如下几个方面：

1）个体心理

管理心理学的研究目标是在掌握组织管理活动中人的行为规律与潜在心理机制的基础上，运用科学的方法改进、提高工作效率与管理效能。要提高组织的管理效率，则需要从提高个体行为效率中入手。因此，人的心理过程（认知、情感和意志过程）、心理特征（个性心理特征和个性倾向性）等个体心理方面的研究是管理心理学研究内容的基础与关键。

2）群体心理（团体心理）

群体是组织中的基本单元，在现代企业中，管理部门的工作主要是针对群体进行的。群体心理研究是指在正式群体与非正式群体中，从群体规范、群体压力、群体气氛、信息沟通、人际关系、群体内聚力等多个维度，对人的心理状态及其对群体活动的影响进行研究。

3）领导心理（领导行为研究）

领导心理是企业中影响人的积极性的重要因素。领导心理的研究包括两个范畴，一为静态研究，侧重研究领导者的个性特征与领导集体的结构特点；二为动态研究，侧重研究领导方法，探索不同领导行为、领导作风与领导效率的关系。

4）组织心理

现代企业都是以组织形式出现，以组织形式完成生产的全部过程，以组织形式同社会发生关系的。组织心理的研究由三个方面组成。第一，组织结构与组织理论；第二，组织变革的规律、抵制变革的因素与对策；第三，组织发展的特点与干预途径。

5）人性假设与管理理论

人性假设是对人的本性的基本观点和看法，是管理理论的哲学基础，与之对应的管理理论是管理心理学的基本理论（该部分内容于第2章详细介绍）。

考研考法突破

考法 1 管理心理学的概念

管理心理学的概念属于本学科中最为基础的考点，可通过名词解释、选择题的形式进行考查。虽然在目前已有的真题中没有出现对该考点内容的考查，但在复习中仍应当作必备的记忆性知识点。

例1：名词解释：管理心理学。

【解析】考查管理心理学的定义，直接作答即可。若目标院校有指定参考书目，则以指定书目中的定义为准，此类问题后同，不再重复强调。

参考答案：管理心理学是研究管理过程中人的心理活动及其行为规律的科学，也是一门通过科学方法改进管理效应和管理效率的综合性应用学科。

考研考法实战 答案见 D62 页

1. 多选：管理心理学的研究对象包括（　　）。

A. 个体心理　B. 群体心理　C. 领导心理
D. 组织心理　E. 管理心理理论

考点 2　管理心理学的研究原则

考研基础必备

1. 系统性原则

人的心理现象是一个与自身、客观环境不断发生作用的开放系统，因此在管理心理学的研究中应当对管理活动中的心理现象进行多层次、多水平、多角度的系统分析。

2. 客观性原则

在管理心理学的研究中，必须坚持客观性原则，实事求是地分析、考查管理活动中的心理现象。

3. 发展性原则

人的心理现象是对不断发展变化的客观世界的反应，因此，开展管理心理学的研究应遵循人类心理现象的发展性特点，把握管理活动中人的心理现象的规律。

考研考法突破

考法 1　管理心理学的研究原则

管理心理学的研究原则在考试中较少进行考查，一般通过选择题进行考查，在复习中对主要的几种研究原则有简要了解即可。

例 2：（江西师范大学，2016）多选：管理心理学研究的原则有（　　）。

A. 主观性原则　　B. 客观性原则

C. 系统性原则　　D. 发展性原则

【解析】本题考查管理心理学的研究原则。研究原则有系统性原则、客观性原则、发展性原则，因此选择 BCD。

参考答案：BCD

第二节　管理心理学的历史

研究真题，明确考况

考试要求	自主命题	
	考题	考查点
1. 管理心理学的发展	华东师范大学，2014；湖南师范大学，2021	选择 / 简答：管理心理学的历史
2. 霍桑实验	苏州大学，2012 湖南师范大学，2016 华东师范大学，2013/2018 江西师范大学，2012 南开大学，2016 北京大学，2014 山东师范大学，2016 东北师范大学，2017	选择 / 名解 / 简答：霍桑实验的内容

考点 1　管理心理学的发展

考研基础必备

20 世纪初，泰勒倡导的科学管理运动、闵斯特伯格开创的工业心理学是管理心理学形成的雏形；1927 年由梅奥领导的“霍桑实验”以及在此基础上提出的人际关系理论推动了管理心理学的产生，梅奥也被公认为工业心理学的创始人和管理心理学的先驱；1958 年，美国斯坦福大学教授莱维特出版《管理心理学》，管理心理学有了自己的名称和学科体系。

管理心理学的历史发展大致包含如下几个阶段：

在最初的古典管理心理学阶段，研究重点是如何通过改进工作条件、健全工作制度、用科学的管理方法来提高工作效率。

20 世纪 20~40 年代，随着资本主义社会资本家与工人之间的矛盾日益深化，科学管理思想理论开始逐渐失效，管理心理学的研究进入人际关系理论阶段，研究重点是如何通过调节人际关系、改善劳动条件等方法来提高劳动生产率。

20 世纪 40 年代末，行为科学理论的出现标志着西方管理心理学理论进入新的发展时期，这一阶段的研究主要以人的行为为中心，探讨如何通过满足人的需要、调整人的行为、改善人际关系来激发人的工作积极性与创造性，从而提高工作效率。

20 世纪 70 年代前后，管理心理学进入了现代管理心理学阶段。这一阶段的理论研究开始把行为科学和科学管理理论调和起来的倾向，更强调从心理学和社会学的角度来研究管理问题，重视社会环境、个性发展、人际关系对提高工作效率的影响。

考研考法突破

考法 1　管理心理学的历史

这部分的知识点常以选择题的形式考查管理心理学历史发展中的重要事件与相应的时间节点，在学习中需要对知识点中的时间、事件、意义等关键信息进行提取，并加以记忆。

例 1：（华东师范大学，2014）单选：管理心理学形成的主要标志是 1958 年美国斯坦福大学（　　）教授《管理心理学》一书的出版。

A. 闵斯特伯格　　B. 利维特
C. 泰勒　　D. 梅奥

【解析】本题考查管理心理学的创始。1958 年，美国斯坦福大学教授莱维特出版了一本专著《管理心理学》，从此管理心理学有了自己的名称和学科体系。

参考答案：B

考研考法实战 答案见 D62 页

1.（华东师范大学，2014）单选：科学管理运动的倡导者和创始人是（　　）。

A. 梅奥　　B. 斯腾
C. 闵斯特伯格　　D. 泰勒

2.（湖南师范大学，2021）简答：管理心理学起源发展（西方人性假设演变的内在逻辑）。

考点 2　霍桑实验

考研基础必备

1. 霍桑实验

霍桑实验是 1924 年至 1932 年间在美国西方电器公司的霍桑工厂中进行的一系列实验。整个实验分为四个阶段：

1）照明实验

该项实验目的是为了研究照明强度对生产效率的影响。研究结果表明，不管实验组增加照明强度还是降低照明强度，两个组的产量均大大增加，而且增加幅度大致一样。据此研究者认为，照明不是改变效率的决定性因素。

2）继电路装配实验室实验

该实验也称"福利实验"，最初目的是为了研究工作中福利条件与工人工作效率的关系。研究结果表明，几乎所有的福利条件的改善无一例外都使产量不断上升。

梅奥认为，在实验过程中，管理者的态度与管理方式的改变、工人之间的更多的交流与帮助使工人之间形成了融洽的人际关系，这些因素改善了工作环境与工人们在工作中的精神状态，也是产量提高的主要原因。

3）大规模的访谈实验

访谈实验的目的在于研究工人对领导、管理人员、工作条件、保险计划、晋级、工资报酬等方面的态度及其对工作效率的影响。

梅奥通过访谈实验发现，影响生产效率的最重要因素是工作中发展起来的人际关系，且每个工人的工作效率的高低，不仅取决于自身因素，也与所在小组中的其他同事有关。

4）继电路绕组的工作实验

该实验也称为"群体实验"或"观察研究"。实验目的主要是研究非正式组织的行为、规范以及奖惩等对工人生产效率的影响。

在实验中，研究人员通过观察发现，正式组织中存在着小团体，即非正式组织。这些非正式组织是自然形成的，并且有一套不成文的行为规则以及自然形成的领袖人物。工人们在生产中会为了保护低生产量的同伴、避免监工斥责、遵守非正式组织的标准、维持自己在小团体中的地位而开始自行限制产量，将实际完成的产量保持在中等水平，并且控制每个工人之间的产量差距。

2. 人际关系理论

梅奥以霍桑实验为基础提出人际关系理论，该理论的主要内容如下：

①工人是"社会人"，他们不单单追求金钱收入，也有社会、心理方面的需求；

②企业中存在"非正式组织"，非正式组织的作用不可低估；

③企业应采取新型领导办法，采用以人为中心的管理方式进行管理，满足工人的社会欲望、提高工人的士气与工作满意度。

补充：霍桑效应

霍桑效应由梅奥等人根据霍桑实验的结果提出，是指当个体意识到自己正在被别人观察时，会具有改变自己行为的倾向。

这一心理学概念在管理心理学科目中一般不会直接进行较深入的考查，而是更多地在实验心理学的科目中有所涉及，在学习中可以结合实验心理学中对这一概念的介绍加以理解。

考研考法突破

考法 1　霍桑实验的内容

霍桑实验是管理心理学的一个重要实验，历年真题中以多种题型进行过考查，以选择、名词解释的形式考查霍桑实验的主持者、结论等知识；以简答形式考查考生对于霍桑实验整体内容、实验意义的掌握，或要求考生加以评述。因此，考生对于霍桑实验应当给予一定的重视，熟练掌握每部分内容。

例 2：（江西师范大学，2012）单选：霍桑实验的结论认为，提高生产效率的主要原因是（　　）。

A. 工作的物理环境　　B. 福利
C. 人际关系等心理因素　　D. 工资

【解析】本题考查霍桑实验的内容。在霍桑实验中，工人们为了避免影响与同伴的感情，便尽量想办法遵守非正式标准以维持自己在小团体中的地位。因此，人际关系等心理因素是影响生产效率的主要原因。

参考答案：C

例 3：（苏州大学，2012；南开大学，2016）名词解释：霍桑效应。

【解析】本题考查霍桑效应的定义，直接作答即可。

参考答案：霍桑效应由梅奥等人根据霍桑实验的结果提出，是指当个体意识到自己正在被别人观察时，会具有改变自己行为的倾向。

考研考法实战 答案见 D62 页

1.（华东师范大学，2018）简答：结合霍桑实验及其人际关系理论谈谈对组织管理带来的启示。

章节考点　综合训练

答案见 D62 页

一、单选题

1.（华东师范大学，2013）霍桑实验的主持者是（　　）。

A. 梅奥　B. 霍桑　C. 泰勒　D. 斯科特

二、名词解释

1.（湖南师范大学，2016）霍桑实验。

2. 管理心理学。

3. 人际关系理论。

三、论述题

1.（山东师范大学，2016；东北师范大学，2017；华东师范大学，2018）论述：结合霍桑实验及其人际关系说，谈谈给组织管理带来的启示。

第二章 管理哲学

本章考点是各种关于人性的假设，包括“经济人”假设、“自我实现人”假设、“社会人”假设、“复杂人”假设、“文化人”假设、“决策人”假设以及“学习人”假设。本章内容属于管理心理学重要考点内容，历年考研真题中最为常考的是“经济人”假设和“社会人”假设，通常以选择、名解、简答、论述以及案例分析的形式考查各种人性假设的提出者、观点、管理方式以及评价等等。希望考生在复习时能够详细理解每部分的内容，多多练习，并认真识记。

第一节 传统管理学理论

研究真题，明确考况

考试要求	自主命题	
	考题	考查点
1. 传统管理学理论	江西师范大学，2012	选择：泰勒的科学管理理论

考点 1 传统管理学理论

考研基础必备

传统管理学理论包括西方早期管理理论、西方行为科学理论以及在行为科学理论不断发展的过程中顺应时代变迁而出现的一系列现代管理理论。

其中，西方早期管理理论的代表性理论主要有泰勒的科学管理理论、法约尔的一般管理理论和以韦伯为代表的科层制组织管理理论；行为科学理论的代表性理论包括梅奥的人际关系理论、马斯洛的需要层次理论为代表的激励理论、人性管理理论（人性假设论）、群体行为理论和领导行为理论等；现代管理理论包括权变理论、第五代管理理论等。

这里主要介绍泰勒的科学管理理论：

泰勒于 19 世纪末 20 世纪初提出了科学管理理论，被公认为“科学管理之父”。泰勒科学管理理论的思想内容可概括为“提高效率和管理职能专业化”。他在 1991 年出版的《科学管理原理》一书中提出了六条科学管理原则：

①工作组织的所有责任分配给经理，管理人员负责工作计划、设计，工人负责执行工作任务；

②运用科学方法决定工作任务的最好方式，实行标准化管理，由经理设计每位工人的工作，确定完成任务的标准与方法；

③根据工作任务要求选择最为合适的工作人选；

④对工人进行培训，使之正确、标准地从事自己的工作；

⑤对工作作业进行监控，以保证具体工作程序的正确执行，并取得适当成果；

⑥通过计划分配工作任务和消除中断动作，帮助工人完成高水平工作任务。

考研考法突破

考法 1 泰勒的科学管理理论

该考点内容在初试真题中的考查较少，一般通过选择题的形式考查理论的主要观点、提出者和重要事件与时间节点等，在学习中多留意细节知识即可。

例 1：（江西师范大学，2012）单选：泰勒的科学管理理论强调的是（　　）

A. 管理的人性化　　B. 管理精确化和标准化

C. 管理的复杂化　　D. 管理的现代化

【解析】本题考查泰勒的科学管理理论的主要观点，泰勒的科学管理理论思想内容可概括为提高效率和管理职能专业化，强调通过实行标准化管理、精确分工、对工人进行培训、通过计划任务和监控工作作业过程提高生产效率。因此选择 B。

参考答案：B

考研考法实战 答案见 D63 页

1. 单选：法约尔的管理理论在古典管理理论中属于（　　）。

A. 早期管理理论　　B. 传统管理理论

C. 科学管理理论　　D. 行为科学理论

2.（华中师范大学，2017）单选：泰勒在其建立的科学管理理论体系中，认为企业管理的根本目的在于（　　）。

A. 组织、计划、经营、指导、控制、监督

B. 实施标准化管理

C. 提高劳动生产率

D. 将工人的潜能发挥到无以复加的程度

第二节　人性假设理论

研究真题，明确考况

考试要求	自主命题	
	考题	考查点
1.“经济人”假设	南京师范大学，2011； 苏州大学，2011 曲阜师范大学，2011； 湖南师范大学，2012/2015； 华东师范大学，2011 江西师范大学，2015 浙江师范大学，2012	选择 / 简答 / 论述： 经济人假设的主要内容
2.“自我实现人”假设	山东师范大学，2014； 华东师范大学，2013； 辽宁师范大学，2011 浙江师范大学，2014 西北师范大学，2012	名词解释 / 简答 / 论述： 自我实现人假设的主要内容
3.“社会人”假设	辽宁师范大学，2011； 华东师范大学，2015/2019 湖南师范大学，2011/2012 浙江师范大学，2011	名词解释 / 选择 / 简答 / 论述： 社会人假设的主要内容
4.“复杂人”假设	苏州大学，2013； 湖南师范大学，2013； 江西师范大学，2012/2016 湖南师范大学，2014 华东师范大学，2012/2014 西北师范大学，2012/2015 上海师范大学，2017 辽宁师范大学，2021	选择 / 名词解释 / 简答 / 论述：复杂人假设的主要内容
5.“文化人”假设	华东师范大学，2012 湖南师范大学，2014 江西师范大学，2016 苏州大学，2021	选择 / 名解： 文化人假设的主要内容
6.“决策人”假设	西北师范大学，2014 北京大学，2011	判断 / 简答： 决策人假设的主要内容
7.“学习人”假设	华东师范大学，2012 东北师范大学，2015 湖南师范大学，2012/2017	选择 / 名解 / 论述： 学习人假设的主要内容

考点 1　“经济人”假设（X 理论）

考研基础必备

经济人假设也称理性经济人或实利人。经济人假设认为人的本性是追求自身利益最大化，其工作动机就是为了获得经济报酬。强调满足人的经济利益需要。美国心理学家麦格雷戈用 X 理论对经济人假设进行了归纳总结。

1. 基本观点

①大多数人天生是懒惰的，总想少干一点工作；

②一般人都胸无大志，不愿负任何责任，甘愿受别人领导和指挥；

③以自我为中心是人的本性，对组织的目标不关心；

④人缺乏自制能力，容易受到他人影响。

2. 对应管理措施

①管理重点：以强调工作任务为中心，完成生产任务，提高生产效率；

②管理职能：计划、组织、经营、指导和监督，强调“阶梯原则”，通过权威的运用来实现对组织成员的督导与控制；

③领导方式：专制型，认为管理只是少数人的事，与广大员工无关，工人主要任务是听从管理者的指挥。

④奖惩制度：“胡萝卜加大棒”的方法，只注重人的生理和安全需要的满足，把金钱作为主要的激励手段，用惩罚来对付消极怠工。

3. 理论的评价

1）局限性

①以享乐主义哲学为基础，把人看作非理性的，天生懒惰而不喜欢工作的自然人，与马克思主义关于“人是社会的人，人的本质是社会关系的总和”的观点相对立；

②忽视了人在管理中的作用，把工人看作机器的附属品，抹杀了人的社会性；

③是以金钱激励为主的机械管理模式，否认了人的主动性、自觉性、创造性和责任心；

④将管理者和被管理者对立起来，反对工人参与管理，否定了工人在生产中的地位和作用，这一观念是错误。

2）积极性

经济人假设仍具有一定的科学性，在其特定的历史背景下，改变了当时放任自流的管理状态，加强了社会上对消除浪费和提高效率的关心，这一理论的提出对于缓和劳资矛盾、提高生产率提供了可操作的理论基础，促进了科学管理体系的建立。

考研考法突破

考法 1　经济人假设的主要内容

这部分的知识点常以选择、简答或论述题的形式单独或同时考查“经济人”假设（X 理论）的提出者、主要内容、对应的管理措施以及理论的意义与评价，属于理解记忆类知识。

例 1：（南京师范大学，2011；苏州大学，2011；曲阜师范大学，2011）简答：简述“经济人”假设的基本观点和管理措施是什么？（简述“经济人假设”）。

【解析】本题考查考生对于“经济人”假设理论的整体掌握，需要注意的是，有时题干会只要求“简述经济人假设”，此时可以以该理论的定义、主要观点为主，适当地以回答对应的管理措施、理论评价作为补充进行作答（这一特点在本节其余考点的考查中均有体现，后续不再赘述）。

参考答案：经济人假设也称理性经济人或实利人。经济人假设认为人的本性是追求自身利益最大化，其工作动机就是为了获得经济报酬。强调满足人的经济利益需要。美国心理学家麦格雷戈用 X 理论对经济人假设进行了归纳总结。

经济人假设的观点认为，大多数人天生懒惰、没有雄心壮志，希望少干工作、少负责任、在工作中甘愿受别人领导和指挥，具有“以自我为中心”的本性而不关心组织（或集体）的目标，同时缺乏自制能力，容易受到他人影响。

美国组织心理学家雪恩认为，在经济人假设的框架之下，管理的主要职能是计划、组织、经营、指导、控制与监督。管理重点应当以强调工作任务为中心，致力于完成生产任务、提高生产效率。在此框架下，管理工作只是少数管理者的职责，工人只需要服从命令与指挥并认真工作，领导者采用专制型领导方式，以“胡萝卜加大棒”的方法，用金钱奖励（强化）激励工人的生产积极性，用惩罚来对付消极怠工的行为。

例 2：（湖南师范大学，2012/2015）简答：简述经济人（X 理论）假设管理理论框架下的管理措施。

【解析】本题单独考查经济人假设管理理论框架下的管理措施，直接进行作答即可，也可适当对经济人假设的定义、提出者等内容加以叙述作为补充（这一特点在本节其余考点的考查中均有体现，后续不再赘述）。

参考答案：经济人假设也称理性经济人或实利人。经济人假设认为人的本性是追求自身利益最大化，其工作动机就是为了获得经济报酬，强调满足人的经济利益需要。

美国组织心理学家雪恩认为，在经济人假设与其派生的 X 理论的管理理论框架为基础的管理措施可以从如下四个方面进行概括：

（1）管理重点是强调以工作任务为中心，完成生产任务，提高生产效率；

（2）管理的主要职能是计划、组织、经营、指导和监督；

（3）领导方式是专制型的，认为管理只是少数人的事，与广大员工无关，工人主要任务是听从管理者的指挥；

（4）通过“胡萝卜加大棒”的方法，用金钱奖励（强化）激励工人的生产积极性，用惩罚来对付消极怠工的行为。

例 3：（江西师范大学，2015）多选：在西方管理心理学中的人性假设与管理理论发展过程中，不属于经济人假设的代表人物是（　　）。

A. 泰勒　　B. 梅奥　　C. 马斯洛　　D. 洛斯奇

【解析】本题考查经济人假设的代表人物，切忌混淆。梅奥提出了“社会人”假设理论，马斯洛提出了“自我实现”假设理论，洛斯奇提出“复杂人”假设理论。这三者都不属于经济人假设的代表人物，泰勒的科学管理理论的理论基础就是“经济人假设”，故不选 A。

参考答案：BCD

考研考法实战 答案见 D63 页

1.（浙江师范大学，2012）论述：试述经济人假设的主要观点，根据经济人假设，在管理中采用哪些策略？

考点 2　“自我实现人”假设（Y 理论）

考研基础必备

自我实现人假设，也称自动人假设。自我实现人假设认为人并无好逸恶劳的天性，当人的潜力得到充分发挥，表现出自己的才华，达到了自我实现，人才能感受到最大的满足。美国心理学家麦格雷戈将自动人假设，结合管理问题，概括为与 X 理论相对立的 Y 理论。

1. 基本观点

①人的需要从低级到高级发展，低级需要满足后，便追求更高级的需要，自我实现是人的最高级需要。实现组织目标、获得个人的自我满足与自我实现就是最大的奖赏。

②人们因工作而变得成熟，有独立、自主的倾向。

③人有自动自发、自我管理与自我控制的能力，外界的控制和惩罚的威胁不是促使人们努力达到组织目标的唯一手段。

④个人的目标与组织的目标没有根本的冲突，有机会的话，它会自动地把个人目标与组织目标统一起来。

2. 管理措施

①管理重点：重视人的因素，更加注意人的价值和尊严，尽量把工作安排的富有意义、具有挑战性，使职工通过工作过程和工作绩效得到满足与发展。

②管理职能：管理者要尽可能为人们充分发挥自己的聪明才智、创造适宜条件，减少和消除职工在自我实现过程中遇到的障碍。

③领导方式：主张下放管理权限，建立较为充分的决策参与制度、提案制度、人员发展规划等满足员工自我实现的需要；

④奖励制度：重视内在激励因素，内在奖励满足人的自尊和自我实现的需要。

3. 理论的评价

1）局限性

①"自我实现人"假设的基础是错误的，因为人既不是天生懒惰也不是天生勤奋的，人格与人性的发展是先天因素（遗传）与后天因素（环境与教育）共同作用的结果。

②自我实现是人们在社会实践中能动改造变革现实的结果，不是自然成熟的过程，也不是仅靠自我设计与个人奋斗就能达到的。

2）积极性

自我实现人假设强调为职工创造学习与深造的机会，帮助其发挥潜能，同时提倡建立决策参与制度与提案制度，主张给职工安排具有挑战性的工作，让他们在工作中获得成就，得到乐趣、满足自尊。在其理论框架下，组织负责为员工提供发展机会，由员工自我激励，自然地达到组织目标。

考研考法突破

考法 1　自我实现人假设的主要内容

这部分的知识点常以选择、简答或论述题的形式单独或同时考查"自我实现人"假设（Y 理论）的提出者、主要内容、对应的管理措施以及理论的意义与评价，属于理解记忆类知识。

例 4：（山东师范大学，2014）简答：什么是自我实现人假设，其主要观点是怎样的？

【解析】本题考查考生对于"自我实现人"假设理论的整体掌握。

参考答案：自我实现人假设，也称自动人假设。自我实现人假设认为人并无好逸恶劳的天性，当人的潜力得到充分发挥，表现出自己的才华，达到了自我实现，人才能感受到最大的满足。

自我实现人假设的主要观点包括如下几点：

①人的需要从低级到高级发展，低级需要满足后，便追求更高级的需要，自我实现是人的最高级需要。实现组织目标、获得个人的自我满足与自我实现就是最大的奖赏。

②人们因工作而变得成熟，有独立、自主的倾向。

③人有自动自发、自我管理与自我控制的能力，外界的控制和惩罚的威胁不是促使人们努力达到组织目标的唯一手段。

④个人的目标与组织的目标没有根本的冲突，有机会的话，它会自动地把个人目标与组织目标统一起来。

例 5：（西北师范大学，2012；浙江师范大学，2014）论述：自我实现人有哪些主要观点，据此如何开展管理？

【解析】本题以论述题的形式考查考生对于"自我实现人"假设理论的主要内容与管理措施。需要注意的是作为论述题，在对该假设（理论）的主要内容并进行作答的同时，应适当根据题干要求进行拓展，并简要叙述该假设（理论）的意义与评价（这一特点在本节其余考点的考查中均有体现，后续不再赘述）。

参考答案：自我实现人假设认为，人并无好逸恶劳的天性，当人的潜力得到充分发挥，表现出自己的才华，达到了自我实现，人才能感受到最大的满足。美国心理学家麦格雷戈将自动人假设，结合管理问题，概括为与 X 理论相对立的 Y 理论。

自我实现人假设的主要观点包括如下几点：

（1）人的需要有高低之分，在低级需要得到满足之后便会出现更高级别的需要，自我实现就是人的最高级需要，也是在组织激励中对于个人而言最大的奖赏。

（2）人们因工作而变得成熟，有独立自主的倾向；

（3）人有自动自发、自我管理与自我控制的能力；

（4）个人的目标与组织的目标没有根本的冲突，有机会的话，人们会自动地把个人目标与组织目标统一起来。

自我实现人假设对应的管理措施包括如下几点：

（1）管理重点与管理职能方面：侧重于工作环境方面的因素，管理者应当为职工创造适宜的工作环境与工作条件，同时尽量将工作安排的富有意义、具有一定的（程度合适的）挑战性，为职工充分发挥潜力与才能、发展自尊、满足自我实现的需要提供良好的环境条件；

（2）领导方式方面：在管理制度上，领导者（管理者）在一定程度上下放管理权限，建立充分的制度允许职工参与到决策制定、提案建议、劳资协议制定以及员工发展计划制定等方面的工作中来，以此提高员工的参与感、价值感，满足职工自我实现的需要；

（3）奖励制度方面：外在因素（例如工资、发展机会等）的激励为辅，以内部激励为主，通过帮助员工在工作中获得知识、增长才干、发展能力、发挥潜能来促进员工的工作积极性；

自我实现人假设和与其派生的 Y 理论在资本主义高度发展时期的背景下，强调要为职工创造发展、发挥潜能提供条件，让职工在工作中获得成就、满足自尊与自我实现的需要，这具有一定的合理性，对于管理实践有重要的参考价值；

但自我实现人假设也存在一定的局限性，一方面，其理论假设的基础是错误的，人格与人性的发展受到先天因素与后天因素的共同作用，人并非天生懒惰也非天生勤奋；另一方面，自我实现是人们在社会实践中能动改造变革现实的结果，不是自然成熟或是自我奋斗就能够达成的，例如需要层次理论的提出者马斯洛就指出，能够最终发展出自我实现需要的人少之又少，比例甚至不到千分之一。

例 6：（华东师范大学，2013）单选：下列哪项，不属于 Y 理论关于人性假设的基本观点（　　）。

A. 一般人都是勤奋的，如果环境条件有利，工作如同游戏或休息一样自然。

B. 在人群中广泛存在着高度的想象力、智谋和解决组织中问题的创造性。

C. 一般人不仅会接受责任，而且会主动寻求责任。

D. 强制和惩罚是实现组织目标的唯一方法。

【解析】本题考查 Y 理论与自我实现人假设的主要观点，将强制和惩罚作为实现组织目标的方法，属于 X 理论（经济人假设）的主要观点，其余三选项均属于自我实现人假设的观点。

参考答案：D

考研考法实战 答案见 D63 页

1.（辽宁师范大学，2011）名词解释：Y 理论。

考点 3 “社会人”假设

考研基础必备

社会人假设也称社交人假设。社会人假设认为人们在工作中得到的物质利益对于调动生存积极性只有次要意义，人们最重视的是工作中与周围人的友好关系，良好的人际关系是调动人的生产积极性的决定性因素。社会人假设的理论基础是梅奥的人际关系学说。

1. 基本观点

①人的行为动机不只是追求金钱，而是人的全部社会需求。即人是“社会人”。

②人们从工作中的社会关系去寻找乐趣和意义，生产效率的高低取决于人们在家庭、企业及社会生活中的人际关系是否协调一致。

③工人对同事之间的社会影响力，要比组织给予的经济报酬更加重视，应当重视正式组织中的“非正式群体”；

④工人的工作效率，随着上级满足他们的社会需求的程度而改变。

2. 管理措施

①管理重点：管理者要注意工人的社会需要，要建立各种各样的组织，使员工尽可能地参与到“组织机构”中去，使其有归属感。

②管理职能：不应只注意指挥、监督等管理职能，还要重视培养员工之间良好的人际关系，提高员工的认同感、归属感、整体感，同时担负起上下级之间信息沟通的责任。

③领导方式：提出新型的参与管理形式，要使员工参与管理，淡化管理者和被管理者之间的对立情绪。

④奖励制度：实行集体奖励制度而非个人奖励制度。

3. 评价

1）积极性

重视人的内在需求的满足，特别是重视员工群体间的尊重和合作，突出了人际关系对调动员工积极性的重要性。

2）局限性

①社会人假设只是管理思想与管理方法的一次进步，并不能改变资本主义社会的雇佣关系与剥削关系。

②过分否定经济人假设的管理作用，过分强调员工社会需要而忽视了员工的经济需要。

③过于偏重非正式组织作用，而放松了对正式组织作用的研究。

考研考法突破

考法 1 社会人假设的主要内容

这部分的知识点常以选择、简答或论述题的形式单独或同时考查“社会人”假设的提出者、主要内容、对应的管理措施以及理论的意义与评价。同时，“社会人”假设是在霍桑实验的基础上提出的，因此考生在复习时也要注意霍桑实验的回顾，并且要注意与其他假设理论的区分，属于理解记忆类知识。

例 7：（辽宁师范大学，2011）简答：简述社会人假设。

【解析】本题考查考生对于“社会人”假设理论的整体掌握。

参考答案：社会人假设以梅奥的人际关系学说为基础提出，认为人是“社会人”，人们在工作中得到的物质利益对于调动生存积极性只有次要意义，人们最重视的是工作中与周围人的友好关系。相比于组织给予的经济报酬，员工对同事之间影响力更加重视，良好的人际关系是调动人的生产积极性的决定性因素。此外，工人的工作效率会随着上级满足他们的社会需要的程度而改变。

根据社会人假设的观点，管理者在管理工作中应当注意工人的社会需要，重视培养员工之间的良好关系，在奖励制度上实行集体奖励制，提高员工对组织的认同感、归属感和整体感，同时担负起上下级信息沟通的责任，同时在一定程度上使员工参与到管理工作中来，减轻管理者与员工之间的对立情绪。

社会人假设的科学性在于它重视人的内在需求的满足，突出了人际关系对调动员工积极性的重要性。

但这一理念并不能从根本上改变资本主义社会的雇佣关系与剥削关系。社会人假设过分否定了经济人假设的管理作用，忽略了员工的经济需要，也会导致员工工作积极性受挫，并且过于偏重非正式组织的作用，这些因素是社会人假设的不足与局限。

考研考法实战 答案见 D63 页

1.（湖南师范大学，2011）简答：简述社会人假设管理理论框架下的管理措施。

考点 4 “复杂人”假设（超 Y 理论）

考研基础必备

复杂人假设由雪恩等人提出，复杂人假设认为，人是因时因地、因各种情况采取适当反应的复杂人，人没有万能不变的管理模式，要根据不同类型的人采取不同类型的管理方式。基于复杂人假设，莫尔斯和洛斯奇于 1970 年提出了超 Y 理论对复杂人假设的观点进行了总结。

1. 基本观点

①人不但复杂，而且变动很大。

②人的需求与他所处的组织环境有关系，在不同的组织环境与时间、地点会有不同的需求。

③人是否会愿意为组织目标做出贡献，决定于他自身的需求状况以及他与组织之间的相互关系。

④人可以依自己的需求、能力，而对不同的管理方式做出不同的反应，没有一套适合于任何人、任何时代的万能的管理方法。

2. 管理措施

①有权变论的思想，根据企业情况不同，采取弹性、应变的领导方式；

②采取不同的组织形式提高管理效率；

③管理策略与措施不能过于简单或一般化，应视具体

情况采取灵活多变的管理方式；

④注重发现员工在需要、动机、能力、个性的个别差异，采取灵活多变的奖惩措施；

3. 评价

1）积极性

复杂人假设承认了人的个性差异，强调因人而异，提出灵活多变的管理方式，有辩证法思想，对改善企业的管理具有启示作用。运用得当可以使每个员工都得到满足，充分发挥他们的自主性和创造性。

2）局限性

①不易操作，需要管理者有很高的创造性和艺术性。

②过分强调了人的个别差异、特殊性，在某种程度上忽视了人的共性、普遍性。

③片面强调管理措施的灵活性、应变性，不利于管理组织和管理制度的相对稳定。

④否定了管理的普遍性和一般规律，不利于管理科学的发展。

考研考法突破

考法1 复杂人假设的主要内容

这部分的知识点常以选择、简答的形式单独或同时考查“复杂人”假设（超Y理论）的提出者、主要内容、对应的管理措施以及理论的意义与评价，属于理解记忆类知识。

例8：（西北师范大学，2012/2015；苏州大学，2013；辽宁师范大学，2021）简答：简述复杂人假设。

【解析】本题考查考生对于“复杂人”假设理论的整体掌握。

参考答案：复杂人假设由雪恩等人提出，复杂人假设认为，人是因时因地、因各种情况采取适当反应的复杂人，人没有万能不变的管理模式，要根据不同类型的人采取不同类型的管理方式。

复杂人假设的主要观点包括：

（1）人不但复杂，而且变动很大；

（2）人的需求与他所处的组织环境有关系，在不同的组织环境与时间、地点会有不同的需求；

（3）人是否会愿意为组织目标做出贡献，决定于他自身的需求状况以及他与组织之间的相互关系；

（4）人可以依自己的需求、能力，而对不同的管理方式做出不同的反应，没有一套适合于任何人、任何时代的万能的管理方法。

复杂人假设承认了人的个性差异，强调因人而异，提出了灵活多变的管理方式，有辩证法思想，对改善企业的管理具有启示作用。运用得当可以使每个员工都得到满足，充分发挥他们的自主性和创造性。但其框架下的管理理念对管理者的要求高，且片面强调了人的个性，忽略了人的共性，在管理措施上过于灵活，否定了管理功的普遍性和一般规律，不利于管理组织的稳定，也不利于管理科学的发展。

例9：（湖南师范大学，2014）简答：简述复杂人假设（超Y理论）管理理论框架下的管理措施。

【解析】本题考查考生对于“复杂人”假设理论的管理措施。

参考答案：复杂人假设由雪恩等人提出，复杂人假设认为，人是因时因地、因各种情况采取适当反应的复杂人，人没有万能不变的管理模式，要根据不同类型的人采取不同类型的管理方式。

根据复杂人假设的理论框架，相应的管理措施包括：

（1）有权变论的思想，根据企业情况不同，采取弹性、应变的领导方式；

（2）采取不同的组织形式提高管理效率；

（3）管理策略与措施不能过于简单或一般化，应视具体情况采取灵活多变的管理方式；

（4）注重发现员工在需要、动机、能力、个性的个别差异，采取灵活多变的奖惩措施。

例10：（华东师范大学，2014）单选：20世纪60年代末至70年代初组织心理学家雪恩提出了（　　）。

A. 社会人假设　　B. 经济人假设

C. 自我实现人假设　　D. 复杂人假设

【解析】本题考查“复杂人”假设的提出者，复杂人假设由美国心理学家雪恩（部分教材翻译为沙因）（Schein，1996）提出。

参考答案：D

考研考法实战 答案见D63页

1.（华东师范大学，2012）单选：与复杂人假设相对应的是（　　）的观点。

A. X理论　B. Y理论　C. 超Y理论　D. ABC理论

2.（陕西师范大学，2015）判断：超Y理论是自我实现人假设的具体化。（　　）

3.（江西师范大学，2021）辨析题：复杂人超Y理论的工作效率与组织人员气氛有关。

考点5 “文化人”假设（Z理论）

考研基础必备

文化人假设认为，人是文化的产物，人的心理和行动归根结底由人的价值观等内在因素决定。二战后，日本企业快速发展，美国企业为了提高效率迎接日本的挑战，需要在日本管理模式（J模式）的基础上改进原有的管理模式（A模式），美国日裔管理学家大内将这种修改过的理想状态下的美国管理模式总结为Z理论，其理论基础就是文化人假设。

1. 基本观点

①人是文化的产物，即使是人的一些生物性行为也打上了某种文化的烙印；

②同一文化背景下的人具有共同的行为模式；

③人格的塑造最核心的是对人的价值观、行为方式的培养和训练；

④群体或企业行为的效率主要依赖于群体成员是否具有共同的价值观和行为准则。

2. 管理特点

Z理论框架下的管理措施强调采取多方面的措施构建与培育企业文化，强化企业的价值观，运用文化的力量形成一种企业文化氛围，以此影响员工的观念。主要包括如下几点：

①长期雇佣制；②集体决策；③个人负责制；④缓慢的评定与提升；⑤适度专业化的职业道路；⑥含蓄控制和明确控制相结合；⑦对职工进行整体的关心。

3. 评价

文化人假设与 Z 理论提供了新的管理视角，认识到了企业文化对企业的重要作用，强调企业发展离不开企业员工的价值观、企业精神、企业形象的培育和塑造。在此基础上提出新的管理模式使管理者透过企业管理的理性层面挖掘出内在的文化层面——职工的文化素养。

考研考法突破

考法 1 文化人假设的主要内容

文化人假设的内容在人性假设中的考查频率与深度略低于前四种人性假设，这部分的知识点常以选择、名词解释的形式考查考生对于“文化人”假设的主要内容的掌握，属于理解记忆类知识。

例 11：（湖南师范大学，2014；苏州大学，2021）名词解释：文化人假设（Z 理论）

【解析】本题考查考生对于“文化人”假设概念的掌握。

参考答案：文化人假设认为人是文化的产物，人的心理和行动归根结底由人的价值观等内在因素决定。美国日裔管理学家大内以此为理论基础，于 1981 年在《Z 理论——美国企业怎样迎接日本挑战》一书中提出了 Z 理论。

考研考法实战 答案见 D63 页

1.（华东师范大学，2012）单选：Z 理论对应的人性假设的主要观点是（　　）。

A. 来自不同文化背景的员工，其行为方式也不同

B. 组织能够通过提供有关事实和价值来影响个人决策

C. 员工的需要和动机具有发展变化性

D. 社会心理需求是影响员工积极性的主要因素

2.（江西师范大学，2016）单选：威廉·大内提出的“A”型企业管理模式代表的是（　　）。

A. 美国企业管理模式　　B. 日本企业管理模式

C. 德国企业管理模式　　D. 法国企业管理模式

考点 6 “决策人”假设

考研基础必备

决策人假设由巴纳德、西蒙等人提出并加以完善。这一假设认为通过调动工作积极性来提高管理绩效的做法是不够的，只有充分调动工作者的“大脑”，才能获得良好的管理效果。

决策人假设的核心是将每个人看做自主决策后采取相应行为的主体，将决策视作由前提推出结论的过程。其中，决策前提包括价值要素和事实要素，决策前提的引入与决策者本身的素质、决策者所处的环境有关。并且，组织并不能代替个人做出决策，但可以通过提供相关的事实前提和价值前提影响个人决策。

1. 基本观点

①人的理性是有限的。表现在组织成员执行任务的能力有限，正确决策的能力有限。

②组织是一个“诱因与贡献”平衡系统。组织成员的协作意愿取决于由协作得到的诱因和为协作而做的贡献之间的比较结果。

③寻求满意解。决策者对于应当寻找一个好到什么程度的方案，就会视具体情况定位在一定的水平上。

④决策人假设的核心设想是把上至最高领导下至操作者的每个人都看成自主决策后采取相应行动的主体。

2. 管理措施

①提倡管理者重视员工的比较决策思维，对员工的激励不能千篇一律，应对员工所属类型进行分类，制定因人而异的激励策略，以达到最大的激励效果。

②企业组织（乃至一般社会组织）要充分关注组织的生存环境，努力寻找使适应环境的组织决策与组织中个人决策相协调的管理模式。

3. 评价

1）积极性

①该假设把人的行为放在特定的组织背景下，不对人的活动目的及相应手段作永恒不变的先验设定，而把目的和手段看成是可在一定范围内加以调节的变量。

②该假设的着眼点不是单个人的工作积极性，而是群体合理决策中的行为调节，强调了激发工作能动性的重要意义和可能途径。

2）局限性

①忽视了个人在工作中的创造性；

②会使员工的主体能动性的发挥受到一定的限制。

考研考法突破

考法 1 主要内容

决策人假设的考查频率与重要程度略低于本节前四个人性假设，这部分的知识点可以选择、判断或简答题的形式考查考生对于“决策人”假设的主要内容的掌握，属于理解记忆类知识。

例 12：（西北师范大学，2014）简答：简述“决策人”假设的基本理论观点。

【解析】本题考查考生对于“决策人”假设理论的整体掌握。

参考答案：决策人假设由巴纳德、西蒙等人提出并加以完善，这一人性假设的核心是将每个人看做自主决策后采取相应行为的主体，将决策视作由前提推出结论的过程。其中，决策前提包括价值要素和事实要素，决策前提的引入与决策者本身的素质、决策者所处的环境有关。并且，组织并不能代替个人做出决策，但可以通过提供相关的事实前提和价值前提影响个人决策。

决策人假设的基本观点包括如下几个方面：

（1）理性是有限的。表现在执行任务的能力有限，正确决策的能力有限。

（2）组织是一个“诱因与贡献”平衡系统，组织成员的协作意愿取决于由协作得到的诱因和为协作而做的贡献之间的比较结果。

（3）寻求满意解，决策者对于应当寻找一个好到什么

程度的方案，就会视具体情况定位在一定的水平上。

（4）决策人假设的核心设想是把上至最高领导下至操作者的每个人都看成自主决策后采取相应行动的主体。

考研考法实战 答案见 D63 页

1.（北京大学，2011）判断：从心理学的角度讲，个体决策的原则就是选择最优的方案。(　　)

考点 7 “学习人”假设

考研基础必备

20 世纪 90 年代以来，随着知识经济和信息技术的发展，世界进入以知识为基础的经济时代，在这一时代背景下，出现了学习人假设的人性假设。

1. 学习人假设的基本观点

学习人假设的代表人物有德鲁克、彼得·圣吉等人，学习人假设认为：

①人的需要由低级向高级发展，其目的不仅是为了自我实现，还是为了寻求工作上的创新和意义；

②人们会力求在工作中不断创新、有所成就，通过创新来发展自己的能力；

③为了实现持续的创新，人们需要自我控制和自我激励，企业和社会需要创建宽松、自由的环境，并运用多种激励手段激发人们的创新，以促进组织、社会的发展；

④个人的创新与组织目标的实现是一致的，个人通过调整自己的创新目标使之与组织目标一致，组织也要为个人创新目标提供必要的环境保障和物质支持。

2. 学习型组织的概念

彼得·圣吉在《第五项修炼——学习型组织的艺术与实务》中提出了学习型组织的理念，认为学习型组织理论就是试图以学习和激励的方式，让人在工作中通过自我超越的创造过程，来实现生命的价值。并指出，作为学习型组织的成员应该具有系统思考、超越自我、改善心智模式、建立共同愿景和团队学习的五项修炼技能。

3. 管理措施

学习人假设对应的管理方式应该是学习创新型管理方式，具体而言包括：

①管理者的主要职能是为员工的创新提供条件。管理者的主要角色不仅是一位控制者、领导者和激励者，也是参与者和创造者；

②采用内在激励和外在激励相结合的激励方式；

③创新评估是组织中创新过程的最后环节，是指经过一段时期的相对稳定运行后对创新成果进行评价和总结的一系列活动，是促进组织成员进行新一轮更高层次创新的又一起点。正确的评估将对组织成员产生巨大激励作用。

4. 评价

学习人假设及其相应的管理方式是对传统管理学人性假设和管理方式的突破，消除了组织目标和个人目标、管理者与被管理者的对立，这是因为创新使组织和个人实现了双赢。

考研考法突破

考法 1　学习人假设的主要内容

这部分的知识点的考查频率略低于本节前四种人性假设，可通过选择、名解、简答或论述的形式考查考生对于“学习人”假设的主要内容、对应管理措施以及意义与评价的掌握，属于理解记忆类知识。考生在复习时要注意与其他假设理论的区分。

例 13：（华东师范大学，2012）单选：根据学习人假设，应该以（　　）为导向进行工作设计。

A. 任务　　B. 人

C. 人与环境的交互　　D. 团队价值观

【解析】本题考查考生对于“学习人”假设理论主要内容与管理措施的掌握。学习人假设框架下的管理重点是以人为本创建理性化的学习型员工、学习型团队、学习型领导与学习型组织，因此根据学习人假设的观点，应该以人为导向进行工作设计。

参考答案：B

考研考法实战 答案见 D63 页

1.（东北师范大学，2015）论述：试述管理心理学中学习人假设基本特征并分析其对管理的启示。

章节考点　综合训练

答案见 D64 页

一、单选题

1.（华东师范大学，2011）根据 X 理论，必然会导致的管理思想和措施包括（　　）。

A. 组织的基本原则是阶梯原则

B. 强调分权化管理

C. 强调兼顾“个人需要”和“组织要求”

D. 组织绩效低是由于管理方法不当所致

2.（华东师范大学，2015）下列靠良好的人际关系来调动人的积极性的人性假设是（　　）。

A. 社会人假设　　B. 经济人假设

C. 复杂人假设　　D. 文化人假设

3.（华东师范大学，2019）根据社会人假设，组织应采用（　　）的策略。

A. 参与管理　B. 人本管理　C. 物质激励　D. 权变管理

4.（江西师范大学，2016）片面强调了管理措施的灵活性、应变性，不利于管理组织和管理制度的相对稳定，该假设是（　　）。

A. “自我实现人”假设　　B. “社会人”假设

C.“复杂人”假设　　D.“文化人”假设

5. 在人性假设理论中，认为人类需要的最高层次就是自我实现，这是（　　）。

A.“经济人”假设　　B.“复杂人”假设

C.“社会人”假设　　D.“自我实现人”假设

6.“经济人”假设的典型代表是（　　）。

A. 泰勒制　　B. 参与管理制

C. 终身雇佣制　　D. 缓慢提升制

二、多选题

1.（江西师范大学，2012）在管理心理学有关人性的假设中，属于超 Y 理论的观点有（　　）。

A. 人的需要是丰富而复杂的，且伴随着人的发展和客观环境的变化而变化

B. 胜任感人人都有，它可被不同的人用不同的方法来满足

C. 大多数人天生懒惰，不喜欢工作并尽可能逃避工作

D. 没有一套适合于任何时代、组织和个人的、普遍行之有效的管理方法

三、名词解释

1.（湖南师范大学，2011；西北师范大学，2014）经济人假设（X 理论）

2.（湖南师范大学，2012）社会人假设

3.（湖南师范大学，2013）复杂人假设

4.（湖南师范大学，2012/2017）学习人假设

四、简答题

1.（北京大学，2014/2015）简述管理学中有关人性假设的理论

五、论述题

1.（湖南师范大学，2019）论述：从人性假设的角度，论述“每个人的需要不同，组织应灵活应对”这一观点。

六、案例分析题

1.（山东师范大学，2015）案例：

自 2010 年 1 月 23 日至 2010 年 11 月 5 日，短短大半年中，连续发生的 14 起员工跳楼事件，将富士康推上风口浪尖。富士康一直否认血汗工厂的传闻，对外公布员工自杀是因为个人、感情原因，否认员工自杀跟工厂管理有关。然而通过解析富士康事件，这一说法是难以自圆其说的。从目前获悉的情况看，员工自杀的直接原因虽不是企业的责任，但富士康公司在价值理念、企业文化、管理制度等方面存在缺陷：

首先富士康有着非常严格的层级制度，强调纪律性和员工的高度服从。认为员工工作的终极目的就是为了挣钱，忽视员工的社会性质。公司的企业文化、制度的设计都直接或间接地同化员工，使他们认为、相信金钱物质就是生命价值的全部载体。用金钱激励他们加班，对犯错员工处以比较严厉的责罚。

其次，沿用泰勒制模式，即作业标准化、规范化，可以提高生产效率。实行“黑白两班倒”，白班工人的工作时间是 8：00~20：00，夜班工人相反；在流水线上工作时员工之间不能沟通。工作中，权当员工是机器人，忽视他们的面子、尊严和精神追求；在“非人”的前提下，通过对工资的设计，引导员工加班，将他们的体力和精力压榨到极限。

第三，在富士康，人员身份等级分明：其一，物质待遇上不同层次管理人员与普通员工之间的收入差距大得惊人；其二，老板和管理人员可以随意对下层员工发号施令，而普通员工只能唯命是从；其三，某些台湾籍管理人员自以为高出大陆人一等，大陆员工遭到歧视。

请分析富士康的管理措施及其背后隐含的人性假设。

第三章 激励行为与管理

本章考点是对各种激励理论的掌握和理解，包括内容型激励理论、过程型激励理论和行为改造型激励理论。本章内容属于管理心理学重要考点内容，这三部分的知识通常以选择、名解、简答和论述等形式考查考生对于该知识点的整体掌握，其中，行为改造型激励理论部分的知识除了以上的考法，还可能通过案例分析的形式考查考生对于理论在实际生活中的运用能力。因此，希望考生在复习时能够详细理解每部分的内容，多多练习，并认真识记。

第一节 激励概述

研究真题，明确考况

考试要求	自主命题	
	考题	考查点
1. 激励概述	湖南师范大学，2011/2012/2015 西北师范大学，2018 南开大学，2019	名词解释 / 简答：激励的概念

考点 1 激励概述

考研基础必备

1. 激励的定义

激励是指通过某些精神或物质的刺激，激发人的工作动机，使人朝着组织所希望的目标和方向前进的心理活动过程。

激励的目的是使员工充分发挥潜能，调动人的积极性与创造性，以做出最大的成绩。

2. 激励的要素

（1）行为的方向，即被激励者选择的奋斗目标；

（2）行为的强度，即被激励者实现目标的努力程度；

（3）持续期，即被激励者是否一直坚持下去直到目标实现为止。

因此，激励代表着人行为的方向、强度与持续时间这三种因素的关系。

3. 激励的过程

激励作为一种心理过程，都是由需要未满足开始，因目标实现需要而告终，其实质就是由刺激变量引起机体变量的激活与兴奋状态，从而引起积极的行为反应，以提高工作绩效。

激励可以从三个角度理解：

从诱因和强化的观点看，激励就是将外部诱因转化为内部心理动力，从而增强或减弱人的行为。

从内部状态来看，激励即人的动机系统被激发，处于激活状态，并且产生对行为的强大推动力。

从心理和行为过程来看，激励是“需要—行为—满意”的系统过程，主要指由一定的刺激激发人的动机，使人有内在的动力朝所期望的目标前进的心理和行为过程。当个体产生某种需要时，会引发一定程度的心理紧张，引发心理上或生理上的激奋，导致个人从事满足需要的某种目标行动，当行动完成，达到了目标，需要得到满足，心理紧张就会消除，激励过程也就完成，一直到新的需要出现，开始新的激励过程，如图 3–1 所示。

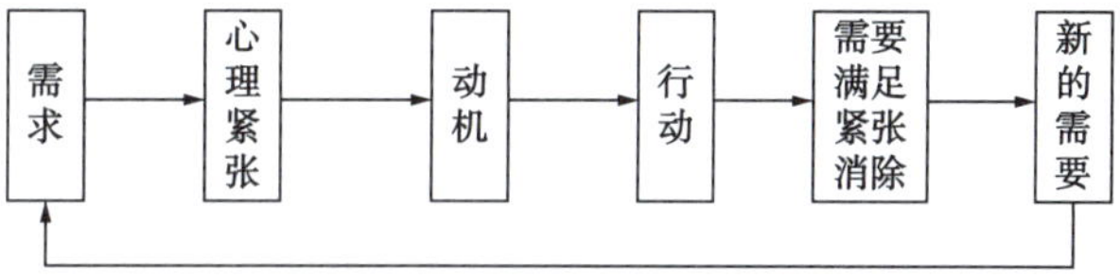

图 3–1 激励的过程（引用自车丽萍《管理心理学》）

考研考法突破

考法 1 激励的概念

在本章节的内容中，激励的概念属于较少被考查的知识点，一般通过名词解释、选择等客观题形式考查激励的定义、要素等内容，也有较少院校通过简答对激励的过程进行考查。在复习中一方面需要牢记激励的定义，另一方面也需要结合目标院校历年真题进行有选择性的补充。

例 1：（天津师范大学，2014）简答：简要说明激励的意义及分析激励过程的三方面内容。

【解析】本题考查激励的意义与激励的过程，先回答激励的定义，之后对两个子问题进行分点作答即可。

参考答案：

激励是指通过某些精神或物质的刺激，激发人的工作动机，使人朝着组织所希望的目标和方向前进的心理活动过程。激励的目的是使员工充分发挥潜能，调动人的积极性与创造性，以作出最大的成绩。

可以从如下三方面来分析激励的过程：

（1）从诱因和强化的观点看，激励就是将外部诱因转化为内部心理动力，从而增强或减弱人的行为。

（2）从内部状态来看，激励即人的动机系统被激发，处于激活状态，并且产生对行为的强大推动力。

（3）从心理和行为过程来看，激励主要指由一定的刺激激发人的动机，使人有内在的动力朝所期望的目标前进的心理和行为过程。当个体产生某种需要时，会引发一定程度的心理紧张，引发心理上或生理上的激奋，导致个人从事满足需要的某种目标行动，当行动完成，达到了目标，需要得到满足，心理紧张就会消除，激励过程也就完成，一直到新的需要出现，开始新的激励过程。

考研考法实战 答案见 D65 页

1.（湖南师范大学，2011/2012/2015；西北师范大学，2018；南开大学，2019）名词解释：激励。

第二节　内容型激励理论

内容型激励理论着重从人的需要角度出发，探讨哪些因素对人的行为具有激励作用。最有名的内容型激励理论有马斯洛的需要层次理论、ERG 理论、三重需要理论（成就需要理论）和双因素理论。

研究真题，明确考况

考试要求	自主命题	
	考题	考查点
1. 马斯洛需要层次理论	华东师范大学，2011 江西师范大学，2015 陕西师范大学，2013	选择 / 判断：理论的内容
	江西师范大学，2014 东北师范大学，2011	论述：理论的应用
2. 三重需要理论	浙江师范大学，2018 湖南师范大学，2013 南京师范大学，2011/2012 山东师范大学，2011 苏州大学，2011 江西师范大学，2012 华东师范大学，2012	选择 / 简答：理论的内容 简答：对理论的评价
3.ERG 理论	山东师范大学，2016 华东师范大学，2011-2013 浙江师范大学，2020	简答：理论的内容
4. 双因素理论	江西师范大学，2012 华东师范大学，2012 陕西师范大学，2015 吉林大学，2012	选择 / 判断：理论的内容

考点 1　马斯洛的需要层次理论

考研基础必备

需要层次理论由马斯洛提出，是世界上被广泛认可、普遍应用的主要激励理论之一。

1. 主要观点

（1）将人的需要按照由低级到高级的顺序，分为下列五类需要：

①生理需要。包括对食物、水、性等与人的生存直接相关的生存资料的需要。

②安全需要。对组织、秩序、安全感和可预见性的追求。

③归属和爱的需要。对爱、友谊和亲情的需要，渴望与他人交流和被接纳的需要。

④尊重需要。自尊的需要与受他人重视与尊重的需要。

⑤自我实现需要。发挥自己潜能，实现自己的理想与抱负的需要。

（2）需要是按照层次由低到高逐级发展的。当低层次的需要被满足之后，更高一层的需要才会被激活并影响个体的行为。

（3）当人的潜能得到充分发挥、自我实现需要得到满足时，会产生“高峰体验”。

2. 评价

1）积极性

①将人类的各种需要归为 5–7 类，有利于对人类行为的动机结构进行研究；

②马斯洛提出的需要由低级向高级发展的趋向，符合人类需要发展的一般规律；

③需要层次理论为企业管理指出了调动积极性的工作

方向和内容。

2）局限性

①马斯洛的需要层次理论是建立在美国文化价值观之上的，需要层次会随着文化的差异而发生变化；

②理论划分的需要大部分是人的自然需要，其理论忽视了社会存在对人成长的影响；

③带有机械主义色彩，认为需要是向上逐级满足的，忽略了高层次需要对低层次需要的调控。

3. 理论的启示

管理者要了解和掌握员工所处的需要层次并予以满足，并且需要重视同一员工所处的需要层次可能由于时间、环境等条件的变化而有所不同。不同员工由于职业、个性、社会地位的不同，需要层次也会存在差异。管理人员应当在认真了解的基础上设法进行针对性的满足，才能取得较好的激励效果，产生较好的激励力量。

考研考法突破

考法 1　理论的内容

马斯洛需要理论的内容在其他科目中均有提及，一般作为普通心理学部分的知识点出现，较少情况下会联合其他科目的内容进行考查，在管理心理学中一般考查考生将马斯洛需要理论联系实际解决问题的能力（见本考点考法 2），其余内容与普心考查方式类似。

例 1：（江西师范大学，2015）单选：在马斯洛的需要层次理论中，直接关系到个体生存的需要是（　　）。

A. 自我实现的需要　　B. 生长需要

C. 社会性需要　　D. 缺失性需要

【解析】马斯洛把需要分为两类，一类是基本需要，也叫缺失性需要，直接关系到个体的生存，另一类是心理需要，也叫成长性需要，可以产生成长性动机，是一种超越了生存需要之后，所产生的发自内心的希望发展和实现自身潜能的需要，它不受本能的支配，为人类所特有。

参考答案：D

考法 2　理论的应用

这部分的知识点一般以论述（综合题）的形式考查考生对于马斯洛需要层次理论主要内容的掌握以及联系实际解决问题的能力。

例 2：（江西师范大学，2014）请阐述马斯洛的需要层次理论，并结合该理论谈谈在企业管理中如何调动员工的工作积极性。

【解析】本题考查马斯洛需要理论的内容以及该理论思想下对应的激励措施，简要介绍理论的内容与评价之后，联系理论与实际提出一定的管理措施即可，作答时注意回答的逻辑性与条理性。

参考答案：

需要层次理论由马斯洛提出，是世界上被广泛认可、普遍应用的主要激励理论之一。

这一理论认为，人的需要分为由低级到高级的五类需要，分别为生理需要、安全需要、归属和爱的需要、尊重需要、自我实现需要五种（或生理、安全、归属与爱、认知、审美、自我实现 7 种）。其中，前四种属于缺失性需要，自我实现（或认知需要 + 审美需要 + 自我实现需要）属于成长性需要，在人类需要的发展过程中，按照层次由低到高发展，低层次的需要得到满足后就会激活更高层次的需要。当人们发展出并满足了自我实现的需要时，会出现一种精神上的、奇特的、极度喜悦的满足感受，即“高峰体验”。

根据马斯洛需要层次理论的观点，在管理工作中，首先要先了解、掌握员工当前所处的需要层次并设法予以满足。例如，对于处于生理需要阶段的员工，可以调整工资和奖金制度，通过提高工资和设立与工作目标对应的奖金，同时提供良好的劳动保障（如医疗保障、社会保障等）、适宜的工作环境等措施激发其工作积极性；对于处于自我实现需要的员工，则可以通过建立充分的决策参与制度、交付有创新性与挑战性的工作、帮助其充分发挥能力与潜力的措施激发其工作积极性。

并且，人类的需要是不断发展的，当低层次的需要得到满足时会激活更高层次的需要，因此还需要关注员工在一定时期内需要的发展与变化，以准确把握其优势需要，灵活调整管理措施与激励措施。马斯洛需要层次理论与“自我实现人”的人性假设相对应，因此在管理工作中还应当注重为员工提供足够的发展与学习机会，不断挖掘其潜能并使之最大程度地发挥，促进员工的需要不断地向高层次需要发展，注重内外部激励的结合，让职工在工作中获得成就、满足自尊与自我实现的需要。

考研考法实战

答案见 D65 页

1.（陕西师范大学，2014）判断：自我实现需要是指个体特有潜能的极度发挥，个人价值的完满实现，做有意义、有价值的事情。（　　）

考点 2　三重需要理论（成就需要理论）

考研基础必备

1. 主要观点

美国心理学家麦克利兰认为需要是不断发展的，当人的生理需要得到满足之后有权力需要、友谊需要与成就需要三种高级需要。这三种需要可以同时并存，同时发挥激励作用，但其排列的层次和重要性因人而异。

1）权力需要

权力需要是指影响和控制他人行为的欲望，具有较高权力欲望的人对影响和控制别人表现出很大的兴趣，追求领导者的地位。高权力需要的人一般具有如下特点：

①喜欢对别人“发号施令”，注重争取地位和影响力；

②常表现为爱争辩、健谈、直爽；

③善于提问题；

④喜欢教训别人，并乐于演讲；

⑤喜欢具有竞争性的场合和能体现较高地位的场合和情境；

⑥追求出色的成绩，是为了获得地位和权力或与自己已具有的权利和地位相称。

2）友谊需要

友谊需要是指与他人建立和保持亲密人际关系的愿望，

具有友谊需要的人通常从友爱、情谊和社交中得到满足和快乐。高友谊需要的人一般具有如下特点：

①喜欢被夸奖；

②需要得到上级和下级两方面的肯定；

③对他人非常敏感；

④对可能的拒绝产生焦虑；

⑤努力维持关系；

⑥以牺牲工作为代价；

⑦控制成员，而非提拔和促进他们的发展。

3）成就需要

成就需要指的是为争取优秀、追求卓越的需要。具有成就需要的人经常更多地考虑个人事业的前途与发展，对工作的胜任感和成功有要求。高成就需要的人具有如下特点：

①愿意为自己设立目标并承担责任；

②喜欢研究解决问题，而不喜欢依靠机会或依靠其他人来取得成果，他们追求的是在争取成功过程中克服困难、解决难题、努力奋斗的乐趣；

③高成就需要者一般选择中等难度的目标；

④高成就需要者喜欢能及时提供反馈的工作，如有明确销售指标规定的销售工作；

⑤从完成工作中获得很大的满足，他们并不看重成功所带来的物质奖励，而是将物质报酬作为衡量自己成就的一项指标。

2. 评价

①三重需要论主要研究人的高级需要，同时指出三种需要可以同时生效、共同发挥作用，克服了马斯洛需要层次论中各层次仅为单一需要的缺陷。

②三重需要理论指出可通过教育和培训造就具有高成就需要的人才，重视教育对需要培养的重要性。

考研考法突破

考法 1　理论的内容

一般通过名词解释、选择题形式考查三种类型需要的概念，或是通过简答题考查三重需要理论的主要观点、评价等。两部分内容有共通之处，在学习该部分内容时可以作为互补，互为巩固。

例 3：（华东师范大学，2012）单选：根据麦克利兰的观点，高成就动机者在完成工作任务时的主要特征是（　　）。

A. 尊重他人　　B. 注重效率

C. 关注合作伙伴　　D. 需要得到持续反馈

【解析】麦克利兰是三重需要理论的提出者，该理论认为成就需要高的人具有以下特征：①愿意为自己设立目标并承担责任；②喜欢研究解决问题，而不喜欢依靠机会或依靠其他人来取得成果，他们追求的是在争取成功过程中克服困难、解决难题、努力奋斗的乐趣；③高成就需要者一般选择中等难度的目标；④高成就需要者喜欢能及时提供反馈的工作，如有明确销售指标规定的销售工作；⑤从完成工作中获得很大的满足，他们并不看重成功所带来的物质奖励，而是将物质报酬作为衡量自己成就的一项指标。因此选择 D。

参考答案：D

考法 2　对理论的评价

这部分的知识点常以简答的形式考查考生对于三重需要理论的理论内容与理论评价。

例 4：（江西师范大学，2012；东北师范大学，2020）简答：简述麦克莱兰成就需要理论的主要内容，并简要评价。

【解析】本题考查麦克莱兰成就需要理论（即三重需要理论）的内容与评价，分点作答即可。

参考答案：美国心理学家麦克莱兰认为需要是不断发展的，当人的生理需要得到满足之后有权力需要、友谊需要与成就需要三种高级需要。其中：

①权力需要是指影响和控制他人行为的欲望，具有较高权力欲望的人对影响和控制别人表现出很大的兴趣，追求领导者的地位；②友谊需要也称归属需要，是指与他人建立和保持亲密人际关系的愿望，具有友谊需要的人通常从友爱、情谊和社交中得到满足和快乐；③成就需要是指为争取优秀、追求卓越的需要。具有成就需要的人经常更多地考虑个人事业的前途与发展，对工作的胜任感和成功有要求。

麦克莱兰强调，这三种需要可以同时并存，同时发挥激励作用，但其排列的层次和重要性因人而异。因此也需要根据不同人的情况采取不同的激励措施。这一理论的观点克服了马斯洛需要层次理论中各层次仅为单一需要的缺陷，更有效地分析了相同条件下不同类型需要对行为方式的影响。同时麦克莱兰认为，高成就需要的人才能够通过教育和培训造就，这一观点重视了教育对需要培养的可行性与重要性，具有积极意义。

考研考法实战

答案见 D65 页

1.（江西师范大学，2016）单选：喜欢对别人“发号施令”的需要是（　　）。

A. 成就需要　B. 权力需要　C. 亲和需要　D. 关系需要

2.（南京师范大学，2011）名词解释：成就需要。

考点 3　ERG 理论

考研基础必备

ERG 理论是由奥德弗在马斯洛需要层次理论的基础上提出。将需要层次压缩为三种需要，分别为生存需要（Existence）、关系需要（Relatedness）与成长需要（Growth），简称为 ERG 理论。

1. 主要观点

奥德弗提出三种需要，分别为：

（1）生存需要：涉及保证生存的最基本需要，相当于马斯洛提出的生理和安全需要；

（2）关系需要：指的是与同事、领导、下属和集体等建立和保持和谐人际关系的需要，相当于马斯洛提出的社会需要和外部尊重需要（尊重需要中，受他人尊重的需要）；

（3）成长需要：指的是个体希望在工作中作出创新和取得良好的业绩，以及在个人前途方面获得成长和发展的需要，相当于马斯洛需要层次中的自尊和自我实现的需要。

ERG 理论的观点主要体现在三个需要层次的关系上：

①各个层次的需要满足越少，则这种需要越为人们所渴求；

②较低层次需要越是获得满足，对高层次需要渴求越大；（满足－前进模式）

③高层次需要满足越少或缺乏，对低层次需要的追求越多。（挫折－倒退模式或气馁性回归）

2. 评价

（1）ERG 理论的观点是对马斯洛需要层次理论的发展，其理论观点更加切合实际，在一定程度上修正了马斯洛需要理论的不足之处。

（2）但 ERG 理论在需要的分类上并不比马斯洛的理论更完善，对需要的解释也并未超出马斯洛需要理论的范围。

考研考法突破

考法 1　理论的内容

这部分的知识点常以名词解释、选择或简答的形式考查考生对于 ERG 理论内容的掌握。可以选择的形式考查理论中每种需要与马斯洛需要层次理论的关系，也可以简答的形式直接考查理论的具体内容，考生在复习时不仅要注意理论的整体内容，也要注意与其他理论的区分。

例 5：（山东师范大学，2016）简答：简述 ERG 理论的内容。

【解析】本题考查 ERG 理论的内容，直接作答即可。

参考答案：ERG 理论是由奥德弗在马斯洛需要层次理论的基础上提出。将需要层次压缩为三种需要，分别为生存需要（Existence）、关系需要（Relatedness）与成长需要（Growth），简称为 ERG 理论。在该理论中：

生存需要是指涉及保证生存的最基本需要，相当于马斯洛提出的生理和安全需要；

关系需要指的是与同事、领导、下属和集体等建立和保持和谐人际关系的需要，相当于马斯洛提出的社会需要和外部尊重需要（尊重需要中，受他人尊重的需要）；

成长需要指的是个体希望在工作中作出创新和取得良好的业绩，以及在个人前途方面获得成长和发展的需要，相当于马斯洛需要层次中的自尊和自我实现的需要。

ERG 理论认为，各层次的需要满足越少，则这种需要越为人们所渴求；较低层次需要越是获得满足，对高层次需要渴求越大（即，发展出高等级的需要）；高层次需要满足越少或缺乏，对低层次需要的追求越多（即，受挫折下降）。

ERG 理论的观点是对马斯洛需要层次理论的发展，其理论观点更加切合实际，在一定程度上修正了马斯洛需要理论的不足之处。但 ERG 理论在需要的分类上并不比马斯洛的理论更完善，对需要的解释也并未超出马斯洛需要理论的范围。

例 5：（湖南师范大学，2019）名词解释：气馁性回归。

【解析】本题考查 ERG 理论的内容中挫折－倒退模式的概念，直接作答即可。

参考答案：ERG 理论认为，当人的较高层次需要越不能得到满足，对较低层次需要的追求则会越多，即所谓的"挫折－倒退"模式，这种在个体的成长需要不断遭受挫折而导致的对关系需要和生存需要的追求就是气馁性回归。

考研考法实战 答案见 D65 页

1.（华东师范大学，2011）单选：与马斯洛不同的是，奥德弗认为个体的需要还以（　　）流程不断发展。

A. 满足－退化　　B. 满足－上进

C. 挫折－退化　　D. 挫折－上进

2.（华东师范大学，2013）单选：根据 ERG 理论，人类存在的三种核心需要是（　　）。

A. 生存需要、权力需要和成长发展需要

B. 生理需要、权力需要和成长发展需要

C. 生存需要、相互关系需要和成长发展需要

D. 生理需要、相互关系需要和成长发展需要

考点 4　双因素理论

考研基础必备

赫茨伯格于 20 世纪 50 年代末提出了双因素理论。

1. 主要观点

工作的满意和不满意感不是同一连续体的两个极端，当中至少包括了两个状态：没有满意和没有不满意。"满意"的对立面是"没有满意"，"不满意"的对立面是"没有不满意"。

他总结出人们对工作满意和不满意的两类因素，分别把他们划分为"保健因素"和"激励因素"。

①激励因素，主要指使员工感到满意的因素，包括工作本身、工作成就得到认可、成就和责任等，这些因素涉及对工作的积极感情，又和工作本身的内容有关。激励因素导致满意。

②保健因素，主要指一些与外界工作环境有关的因素，包括公司政策和管理制度、技术监督、薪水、工作条件以及人际关系等。保健因素防止产生不满意。

2. 双因素理论对管理工作的启示

首先，注重激励因素。保健因素的改善有助于创造良好的工作外部环境和条件、消除员工的负面情绪，对提高工作效率与管理效能有积极作用。但与保健因素相比，激励因素更能够充分、持久地调动员工的工作积极性。因此，有效的管理应该在保证保健因素的基础上，重视激励因素的作用。

同时，还需要注意处理好保健因素和激励因素的关系，不能过于忽视保健因素，也不能过于重视激励因素，要善于把保健因素转化为激励因素，将二者结合起来对员工进行动机激励。

考研考法突破

考法 1　理论的内容

这部分的知识点常以选择或判断的形式考查该理论的两种因素的主要观点与提出者，与其他理论不同，该理论较少以简答或论述的形式进行考查，但考生在学习时也要注意掌握该理论的整体内容。

例 7：（江西师范大学，2012）单选：根据双因素激励理论，下列选项中属于激励因素的是（　　）。

A. 工资　　B. 工作安全性

C. 工作富有成就感　　D. 工作环境

【解析】在双因素理论中，工作本身的一些因素的改善，能够激励员工的积极性和热情，从而会经常提高一个人的工作效率。如果处理不好，也能引起员工的不满，但是影响不是很大，这些因素就是“激励因素”，比如工作富有成就感、职务上的责任感等。

参考答案：C

例 8：（华东师范大学，2014）单选：美国心理学家弗里德里克・赫茨伯格提出的激励理论是（　　）。

A. 双因素理论　　B. 期望理论

C. 目标设置理论　　D. 公平理论

【解析】赫茨伯格提出了双因素理论。

参考答案：A

考研考法实战 答案见 D65 页

1.（陕西师范大学，2015）判断：双因素理论中，激励因素是导致不满意的因素。（　　）

2.（吉林大学，2012）单选：心理学家赫茨伯格提出的双因素理论将影响员工满意度的因素分为激励因素和保健因素两种，在下列各选项中，属于保健因素的是（　　）。

A. 责任感　　B. 人际关系

C. 成绩认可　　D. 工作富有挑战性

第三节　行为改造型激励理论

行为改造型激励理论的重点是研究人的行为怎样转化和改造，如何使人的心理和行为变消极为积极的理论。

研究真题，明确考况

考试要求	自主命题	
	考题	考查点
1. 操作性条件反射理论	湖南师范大学，2016；天津师范大学，2021	简答：理论的内容

考点 1　操作性条件反射理论

考研基础必备

行为矫正理论的核心即斯金纳的操作性条件反射理论，这一理论的基本观点即操作性条件反射理论的观点，在复习中可直接通过普通心理学部分的内容进行复习，在此对行为矫正理论的主要观点仅做简要介绍。

1. 主要观点

斯金纳认为人的行为由外部因素控制。因此可以通过对员工施以强化方式对其进行行为改造。强化的方法包括：

（1）正强化：在某种行为后引入一种结果，使该行为得到增强；

（2）负强化：在某种行为后取出一种结果，使该行为得到增强；

（3）惩罚：对不良行为给予批评或处分，使该行为重复出现的概率减少；

（4）消退：对某种行为不采取任何强化措施；

（5）间接强化：即采取间接认知的方式，通过奖励或惩罚别人达到强化的目的。

根据强化的程序，可以将强化分为连续强化和间隔强化，间隔强化又可进一步分为定时强化、定比强化、变时强化与变比强化，在行为改造的不同阶段，不同的强化程序效果会有所不同。

2. 管理启示

根据行为改造理论的观点，在管理工作中运用强化进行动机激励需要遵循以下原则：

（1）建立目标体系，遵循目标强化的原则；

（2）及时反馈、及时强化；

（3）奖惩结合，以奖为主；

（4）精神奖励与物质奖励相结合；

（5）公开、公平、公正的原则。

3. 评价

行为矫正理论可以对员工的行为进行强化或惩罚，从而使行为得到稳定，但是，在任何一个组织中，管理的措施和办法都不是单一的，往往需要综合考虑各种行为规律，使人们的行为朝着有利于组织目标实现的方向行动。

考研考法突破

考法 1　理论的观点与启示

行为矫正理论部分的内容在管理心理学关于激励理论的知识点中属于较低频率出现的知识点，一般通过简答题考查其理论内容以及对管理工作的启示，在学习中可结合目标院校往年考情有选择性地进行复习，并适当结合普通心理学等科目中关于强化理论的内容进行联合复习。

例 1：（湖南师范大学，2016）简答：简述行为矫正理论及其对管理实践的启示。

【解析】本题考查行为矫正理论的主要内容与对管理工作的启示，分点作答即可。

参考答案：行为矫正理论的核心即斯金纳的操作性条件反射理论，斯金纳认为人的行为由外部因素控制。因此可以通过对员工施以强化方式对其进行行为改造。强化的方法包括正强化、负强化、消退、惩罚等。

根据强化的程序，可以将强化分为连续强化和间隔强化，间隔强化又可进一步分为定时强化、定比强化、变时强化与变比强化，在行为改造的不同阶段，不同的强化程序效果会有所不同。例如，在行为改造的初期，连续强化的效果有利于行为条件作用更快、更稳定地形成；而在行为改造的后期，为了使已形成的条件作用更加稳固地保持，则可采用间隔强化的程序，将定时 / 定比强化与变时 / 变比强化混合安排使用来达到目的。

根据行为矫正理论的观点，在管理工作中利用这一理论进行动机激励时，首先应当建立适当的目标体系，确定激励目标，并将总目标分解为若干个阶段性目标，在强化过程中采取“小步子强化”的原则逐步完成以增强行为个体行为转化的信心；同时对于员工出现的反应及时反馈、及时强化。此外，还需要注意在强化过程中遵循公平、公正、公开的原则，奖惩结合、精神奖励与物质奖励结合，实事求是，根据员工目前的情况采取合适的强化物与强化程序，以更加有效地达到激励目标。

考研考法实战 答案见 D65 页

1. 单选：受到警告处分的职工，现由于表现优秀，组织上撤销对他的警告，以鼓励他并期望他继续有良好的表现，这种强化类型属于（　　）。

A. 积极强化　B. 消极强化　C. 惩罚　　D. 消退

2.（天津师范大学，2017）论述：管理的强化原则。

第四节　过程型激励理论

过程型激励理论着重研究如何由需要引起动机，由动机引起行为，并由行为导向目标的理论。主要有期望理论、公平理论、目标设置理论。

研究真题，明确考况

考试要求	自主命题	
	考题	考查点
1. 期望理论	湖南师范大学，2011； 苏州大学，2011	简答：理论的内容
	华东师范大学，2016 天津师范大学，2015/2018 浙江师范大学，2016	简答 / 论述：理论的应用
2. 公平理论	湖南师范大学，2017 华东师范大学，2014 苏州大学，2013 南开大学，2015 北京师范大学，2021	简答 / 选择 / 名解：理论的内容
	华东师范大学，2013 浙江师范大学，2020	简答 / 论述：理论的应用
3. 目标设置理论	西北师范大学，2014 湖南师范大学，2012/2013； 东北师范大学，2017/2018； 西南大学，2012 华东师范大学，2012	选择 / 判断 / 简答 / 论述：理论的内容
	西北师范大学，2012； 华中师范大学，2017； 湖南师范大学，2013； 天津师范大学，2016	名词解释 / 论述：理论的应用

考点 1　期望理论

考研基础必备

1. 主要观点

期望理论由弗鲁姆提出，认为人之所以要从事某项工作并达到组织目标，是因为这些工作和组织目标会帮助他们达到自己的目标，满足自己某方面的需要。因此某种激励因素对某人的激励强度取决于完成目标的价值（效价）与预期的完成目标的概率（期望值）之间的乘积，即：

激励程度（或动机）M = 期望值 E × 效价 V

其中，效价是指一个人对某项活动可能产生的结果的价值的主观评价，是完成目标对于个体而言的价值；

期望值是指一个人对某项活动可能导致的某一结果可能性的判断；

工具性是效价有关的一个因素，是对一阶结果（与工作本身有关的行为结果，如绩效水平、出勤率）与二阶结果（由一阶结果产生的回报，如加班之后的加薪与工作得到提拔）之间相关性的主观判断与认知。

期望模型：个人努力→个人绩效→组织奖赏→个人需要。

即个人通过努力达到个人绩效，组织根据个人绩效给予奖励，而这种奖励又满足个人的某些需要。

2. 管理措施与启示

根据期望理论的观点，要有效地激发人的工作积极性，其关键在于处理好以下几点关系：

1）努力与绩效的关系

努力与个人绩效的关系取决于个体对目标的期望值。一方面管理者要与员工一起设置切实可行的目标，确保为员工们设置的激励目标是他们通过努力能够做到的，并以明确的、可量化的标准对其业务水平进行合理评估。另一方面要通过教育和培训，提高员工的工作能力。

2）绩效与奖励的关系

提高组织绩效目标与效价的关联性，将绩效与报酬紧密结合，当个人和团体取得成绩后，组织应该给予物质或精神奖励，这对员工的行为可以起到强化作用。

3）奖励和满足需要的关系

每个人的需要是有所差异的，因此同一种奖励对不同的人的吸引力也是不同的。所以必须采用多种内容和形式的奖励，满足不同人的不同需要。

考研考法突破

考法 1　理论的内容

这部分的知识点常以简答或论述的形式考查期望理论的主要内容，考生在复习时要注意与其他理论的区分，属于理解记忆类知识。

例 1：（湖南师范大学，2011；苏州大学，2011）简述期望理论的内容（主要观点）。

【解析】本题直接考查期望理论的主要观点。

参考答案：期望理论由弗鲁姆提出，认为人之所以要从事某项工作并达到组织目标，是因为这些工作和组织目标会帮助他们达到自己的目标，满足自己某方面的需要。因此某种激励因素对某人的激励强度取决于完成目标的价值（效价）与预期的完成目标的概率（期望值）之间的乘积，即：

激励程度（或动机）M = 期望值 E × 效价 V

其中，效价是指一个人对某项活动可能产生的结果的价值的主观评价，是完成目标对于个体而言的价值；

工具性是效价有关的一个因素，是对一阶结果（与工作本身有关的行为结果，如绩效水平、出勤率）与二阶结果（由一阶结果产生的回报，如加班之后的加薪与工作得到提拔）之间相关性的主观判断与认知；

期望值是指一个人对某项活动可能导致的某一结果可能性的判断。

此外，弗鲁姆提出了人的期望模型：

个人努力→个人绩效→组织奖赏→个人需要。

即个人通过努力达到个人绩效，组织根据个人绩效给予奖励，而这种奖励又满足个人的某些需要。

考法 2　理论的应用

这部分的知识点常以简答或论述的形式考查期望理论内容以及对管理实践的启示（或以期望理论为基础联系实际谈谈如何提高员工工作积极性），考生在熟练掌握理论内容的基础上，还需要能够联系实际进行论述。

例 2：（天津师范大学，2015/2018；浙江师范大学，2016）论述：阐述期望理论及其在管理中的应用 / 如何在管理中提高员工的工作积极性。

【解析】本题通过论述题直接考查期望理论内容与应用，作答时应先完整答出期望理论的主要内容，同时进一步对启示 / 应用进行拓展论述。

参考答案：期望理论由弗鲁姆提出，认为人之所以要从事某项工作并达到组织目标，是因为这些工作和组织目标会帮助他们达到自己的目标，满足自己某方面的需要。

因此某种激励因素对某人的激励强度取决于完成目标的价值（效价）与预期的完成目标的概率（期望值）之间的乘积，即：激励程度（或动机）M = 期望值 E × 效价 V。

这其中，效价是指一个人对某项活动可能产生的结果的价值的主观评价，是完成目标对于个体而言的价值；

期望值是指一个人对某项活动可能导致的某一结果可能性的判断；

工具性是效价有关的一个因素，是对一阶结果（与工作本身有关的行为结果，如绩效水平、出勤率）与二阶结果（由一阶结果产生的回报，如加班之后的加薪与工作得到提拔）之间相关性的主观判断与认知。

根据期望理论的观点，要有效地激发人的工作积极性，其关键在于处理好以下几点关系：

1）努力与绩效的关系

员工在工作中的努力、激励目标对于个人工作动机的激发程度取决于个体对目标的期望值，如果个体主观上认为实现激励目标的概率很高，在工作中就会充满信心，反之若个体主观上认为即使通过努力也不太可能实现目标，则激励效果也会大打折扣。

例如，给新手房地产销售员设置两种奖励模式，A 方案是“本周内通过自己的努力独立完成一笔房产交易，则多获取销售额 1% 的奖金，多完成一笔，奖金递增 1%”，B 方案是“本周内通过自己的努力独立完成 50 笔房产交易，则多获取销售额 50% 的奖金”，这种情况下，两种激励方式具有不同的期望值水平，B 计划的期望值会明显远低于 A，其激励效果也会远弱于 B 计划（因为一周独立完成 50 笔房地产交易明显是一件极为困难的目标）。

因此，要提高员工的期望值，一方面管理者要与员工一起设置切实可行的目标，确保为员工们设置的激励目标是他们通过努力能够做到的，并以明确的、可量化的标准对其业务水平进行合理评估；另一方面要通过教育和培训，提高员工的工作能力，这样则能够以更高难度、收益更大的激励目标对员工进行动机激励。

2）绩效与奖励的关系

提高组织绩效目标与效价的关联性，将绩效与报酬紧密结合，当个人和团体取得成绩后，组织应该根据组织绩效目标及时兑现同等水平的物质或精神奖励，这对员工的行为可以起到强化作用。

例如，如果一位员工达到了升职所要求的业绩水平，那么就应当被立即提升。若该员工的业绩水平明显达到标准，组织管理者却选择延迟兑现奖励，或是以“工作年限”“性别”等与工作目标没有明确关联的因素取消或折扣兑现奖励，那么激励的效果也会大打折扣。

3）奖励和满足需要的关系

由于每个人的需要有所差异，因此同一种奖励（即激励目标）对不同的人的吸引力（即效价）也是不同的。所以在进行激励过程中，首先应当确定员工完成激励目标之后所应得的报酬是他们所渴求的，或是灵活地采用多种内容和形式的奖励，满足不同人的不同需要，才能够得到良好的激励效果。

例如，一位以家庭为主，对事业要求不高的员工提前超额完成了年度任务目标，对其合适的奖励应当是更高的奖金、更多的带薪休假，而不是“最佳员工”的荣誉称号和更长时间的进修培训。

考研考法实战 答案见 D66 页

1.（华东师范大学，2016）简答：简述期望理论对管理实践的启示意义。

考点 2　公平理论

考研基础必备

1. 主要观点

亚当斯公平理论着重研究个人通过与他人进行比较所获得的公平感。他认为，一方面员工所得的绝对报酬（即实际收入）会影响职工的工作积极性，另一方面员工的相对报酬（即与参照对象相比较的相对收入）也会影响员工的工作积极性。

其中，参照对象可以是同一企业的某个员工或参照群体（横向比较），也可以是与过去的自己（纵向比较），还可以是与系统参照者（指利益分配者在分配前对被分配者有过的明确或暗示性的许诺，不管是实际上有还是被分配者误认为有，都会被视为系统参照用来判断分配结果是否公平的依据）进行比较。

亚当斯用结果和投入的比值（O/I）来说明公平问题，其中 O 代表结果（即收益，Out），I 代表投入（即贡献，In）。只有在当事人与参照者双方的比值完全相等时，才具备公平感，此时，即使双方所获得的收益在绝对数量存在悬殊差异，也不一定会造成不公平感；相反，如果比值不相等，即使双方所获收益在绝对数量相差无几，当事人也可能觉得不公平。

当员工感到不公平时可能会通过如下几种方式缓解不公平感：

①改变自己的投入；②改变自己的产出；③自我解释，改变自己的观念；④改变对他人的看法；⑤改变比较对象；⑥设法提高自己的报酬或降低他人的报酬；⑦抱怨、制造人际矛盾甚至离开原有组织。

2. 管理措施与启示

根据公平理论的观点，在管理工作中管理者在指定薪酬政策时必须考虑合适的参照对象，合理评估投入与产出，同时注重程序公平、互动公平与分配公平。具体措施包括如下几个方面：

1）建立奖罚分明的制度

组织只有消除这些不合理的现象，建立奖罚分明的制度，贯彻“多劳多得，少劳少得”的原则，增加分配制度的透明度，才能让广大员工真正感到公平。

2）发展员工参与制度

员工参与有助于保证制度本身的公平性，使员工感到制度在被严格执行，从而增加公正感，同时还有助于上下级之间的了解，改善上下级关系。

3）加强组织沟通

沟通是理想的桥梁，因此，建立畅通的沟通体系，做到信息的上传下达，可以起到疏通“组织经脉”，降低员工不公正感的作用。

4）做好员工的心理疏导工作

公平感具有主观性，人们社会比较的参照标准不同，看待问题的角度和方式不同，对同样事件的公平感受性也会有所不同。因此应当做好员工的心理工作，让员工明白绝对公平是不存在的，教育员工不要盲目地进行主观的攀比，并引导员工成为内控型的人。

考研考法突破

考法 1　理论的内容

这部分的知识点常以选择、简答的形式考查公平理论的主要内容，考生在复习时要注意与其他理论的区分，属于理解记忆类知识。

例 3：（苏州大学，2013；南开大学，2015；湖南师范大学，2017）简答：简述公平理论。

【解析】本题直接考查公平理论的主要观点。

参考答案：

亚当斯公平理论着重研究个人通过与他人进行比较所获得的公平感。他认为，一方面员工所得的绝对报酬（即实际收入）会影响职工的工作积极性，另一方面员工的相对报酬（即与参照对象相比较的相对收入）也会影响员工的工作积极性。

其中，参照对象可以是同一企业的某个员工或参照群体（横向比较），也可以是与过去的自己（纵向比较），还可以是与系统参照者进行比较。

亚当斯用结果和投入的比值（O/I）来说明公平问题，其中 O 代表结果（即收益，Out），I 代表投入（即贡献，In）只有在当事人与参照者双方的比值完全相等时，才具备公平感；相反，如果比值不相等，即使双方所获收益在绝对数量相差无几，当事人也可能觉得不公平。

当员工感到不公平时可能会通过如下几种方式缓解不公平感：

①改变自己的投入；②改变自己的产出；③自我解释，改变自己的观念；④改变对他人的看法；⑤改变比较对象；⑥设法提高自己的报酬或降低他人的报酬；⑦抱怨、制造人际矛盾甚至离开原有组织。

根据公平理论的观点，管理者在管理工作中应当建立明确的奖惩制度、发展完善的员工参与决策制度、加强组织沟通，同时，在制定薪酬政策时必须考虑合适的参照对象，合理评估投入与产出，注重程序公平、互动公平与分配公平。

考法 2　理论的应用

这部分的知识点常以简答或论述的形式考查公平理论对管理实践的启示 / 具体措施，考生在熟练掌握理论内容的基础上，还需要能够联系实际进行论述。

例 4：（苏州大学，2012；华东师范大学，2013）简答：简述亚当斯（John Stacey Adams）的公平理论及其对现代管理的启示。

【解析】本题直接考查公平理论的主要内容以及对管理实践的启示，分点作答即可。

参考答案：

亚当斯公平理论着重研究个人通过与他人进行比较所

获得的公平感。他认为，一方面员工所得的绝对报酬（即实际收入）会影响职工的工作积极性，另一方面员工的相对报酬（即与参照对象相比较的相对收入）也会影响员工的工作积极性。

亚当斯用结果和投入的比值（O/I）来说明公平问题，其中 O 代表结果（即收益，Out），I 代表投入（即贡献，In）只有在当事人与参照者双方的比值完全相等时，才具备公平感；相反，如果比值不相等，即使双方所获收益在绝对数量相差无几，当事人也可能觉得不公平，则可能会通过改变自己的投入或产出、改变对自己或对他人的看法与观念、设法调整自己与他人的报酬、通过抱怨与制造矛盾离开原有组织等方法来缓解感受到的不公平感

根据公平理论的观点，管理者在管理工作中应当注意如下几个方面：

1）建立奖罚分明的制度

组织只有消除这些不合理的现象，建立奖罚分明的制度，贯彻"多劳多得，少劳少得"的原则，增加分配制度的透明度，才能让广大员工真正感到公平。

2）发展员工参与制度

员工参与有助于保证制度本身的公平性，使员工感到制度在被严格执行，从而增加公正感，同时还有助于上下级之间的了解，改善上下级关系。

3）加强组织沟通

沟通是理想的桥梁，因此，建立畅通的沟通体系，做到信息的上传下达，可以起到疏通"组织经脉"，降低员工不公正感的作用。

4）做好员工的心理疏导工作

公平感具有主观性，人们社会比较的参照标准不同，看待问题的角度和方式不同，对同样事件的公平感受性也会有所不同。因此应当做好员工的心理工作，让员工明白绝对公平是不存在的，教育员工不要盲目地进行主观的攀比，并引导员工成为内控型的人。

考研考法实战 答案见 D66 页

1.（浙江师范大学，2016）论述：试述公平理论。

考点 3 目标设置理论

考研基础必备

目标设置理论由洛克提出，该理论认为人们的行为是由目标驱动的，工作目标的不同情况会对工作绩效产生不同的影响，一个人的行为有无目的性，其结果是大不一样的。

1. 主要观点

目标设置理论认为，管理者不需要直接控制员工的行为，通过设定一些为员工所接受、认同的目标来指引员工的行为。

目标的基本特征有三个，即目标的具体性（清晰度）、难度和反馈性，研究表明：

①清晰而具体的目标比起不明确的目标更能激发高绩效；

②具有一定难度的目标比起相对容易的目标而言，会带来更高的工作绩效；

③有反馈比无反馈更能提供工作绩效，因为反馈能检查任务效果。

同时，管理者还可以通过对下属提供目标达成程度的回馈信息，来使目标成为一个更加有效的激励因子。

对于外在目标能够影响人的积极性的原因，目标设置理论认为这与人们对目标的承诺以及自我效能感有关，当个体接受目标并且开始为之努力就意味着作出了目标承诺，那么就更容易激发个体的高工作积极性。同时，当个体具有完成目标的自我效能感时，目标也更容易促进高工作积极性与高工作绩效。

2. 目标设置理论在管理中的应用——目标管理技术

根据目标设置理论的观点，在管理工作中，管理者应当及时了解员工的目标设置状况，结合员工所拥有的目标制定激励措施，并且在激励过程中管理者还应当采取一定的措施引导员工的目标设置，由此出现了目标管理技术。

目标管理是一种由美国心理学家德鲁克开创的管理技术，是指管理者和员工为工作绩效和个人发展共同设置目标，定期对员工在实现目标的过程中的进步进行评价，并对个体、团队、部门和组织的目标进行整合。

目标管理具体可分为三个阶段：

①目标的设立。在该阶段，企业设立总目标，员工积极主动参与目标的设置或提出建议，每个下属部门根据总目标订立部门的目标，员工再根据所属部门的目标订立个人目标，从而形成完整的目标链条。

②过程管理。让员工发挥各自的积极性，去完成自己所制定的个人目标，具体方法由个人自行确定。

③目标考评。对照既定的目标来考评目标达成的效果，并讨论未达成目标的原因，同时为下一个目标管理周期创造条件，以利于设置新目标。

3. 评价

①优点：目标设置理论能将复杂的任务目标化，将总体任务目标数量化，将复杂的目标最终分解到公司、部门、个人，层层进行过程管理，狠抓落实，有利于最终目标的实现。

②缺点：不同部门的目标分解会不同；有些长期目标会和短期目标冲突，协调比较困难；目标分解的具体化非常烦琐，操作起来也比较麻烦，管理运行成本较高。

考研考法突破

考法 1 理论的内容

这部分的知识点常以选择、简答或论述的形式考查考生对于目标设置理论的主要内容的掌握，在学习该部分知识点时需要熟练掌握并识记。

例 5：（西北师范大学，2014）论述：试述目标设置理论的基本观点与基本假设。

【解析】本题通过论述题考查目标设置理论的基本观点与假设，直接作答即可，需要注意的是，作为论述题，在作答时需要进行一定的拓展。

参考答案：

目标设置理论由洛克提出，其基本假设认为，人们的行为是由目标驱动的，工作目标的不同情况会对工作绩效产生不同的影响，一个人的行为有无目的性，其结果是大

不一样的。

目标设置理论认为，管理者不需要直接控制员工的行为，而是通过设定一些为员工所接受、认同的目标来指引员工的行为。

目标的基本特征有三个，即目标的具体性（清晰度）、难度和反馈性。其中：

目标难度是一项目标的挑战性和需要努力的程度，目标难度会影响员工对目标的接受和认可，具有一定难度的、有意义、有价值目标比相对容易的目标更能够带来高工作效率。

目标的清晰度是一项目标的明确与清楚的程度，清晰而具体的目标（如，管理者明确部门年度目标的具体数额与奖励方案）比不明确的目标（如，管理者仅以“大家好好干，年底一定给大家分红让大家过好年”之类模糊的语言来作为目标）而言会带来更高的工作绩效。

此外，目标的反馈性也会影响目标对员工的激励作用，研究表明，有反馈比无反馈更能够提高工作绩效，同时，管理者还可以通过对下属提供目标达成程度的回馈信息，来使目标成为一个更加有效的激励因子。

对于外在目标能够影响人的积极性的原因，目标设置理论认为这与人们对目标的承诺以及自我效能感有关。一般来说，人们自觉接受所设定的目标并开始为之努力时，就意味着他对目标作出了一定自我承诺，承诺会使得目标的激励作用提高。同时，当个体对完成目标具有较高的自我效能感时，目标也更容易促进提高工作绩效。因此，管理者在设立目标时应当结合员工的实际情况，必要时让员工参与到目标的制订中来，在设置目标时让员工感觉到自己有能力完成任务，则能够更有效地激发工作动机。

例 6：（华东师范大学，2012）单选：目标设置理论的提出者是（　　）。

A. 赫兹伯格　B. 阿德弗　C. 洛克　D. 亚当斯

【解析】目标设置理论的提出者是洛克。

参考答案：C

考法 2　理论的应用

目标设置理论的应用以目标管理技术为主，一般会以名词解释、选择、简答的形式考查目标管理技术的概念，也有可能通过论述题的形式，与目标设置理论的观点进行联合考查。

例 7：（湖南师范大学，2015；华中师范大学，2017）名词解释：目标管理。

【解析】本题考查目标管理的概念，直接作答即可。

参考答案：目标管理是一种由美国心理学家德鲁克开创的管理技术，是指管理者和员工为工作绩效和个人发展共同设置目标，定期对员工在实现目标的过程中的进步进行评价，并对个体、团队、部门和组织的目标进行整合。

考研考法实战 答案见 D66 页

1.（湖南师范大学，2013）简答：目标设置理论认为工作效率与目标的哪些内容有关？

2.（西北师范大学，2012；天津师范大学，2016）论述：试述目标设置理论的内容与在管理工作中的应用。

章节考点　综合训练

案见 D67 页

一、单选题

1.（华东师范大学，2012）“员工在工作上得不到情感支持或认可，则会要求更高的薪酬或福利待遇作为补偿”，这一观点符合（　　）。

A. 三重需要论　B. ERG 理论　C. 公平理论　D. 期望理论

2.（华东师范大学，2011）公平理论认为员工对报酬的满意程度取决于（　　）。

A. 自己报酬的实际量　B. 自己报酬与付出的对比

C. 自己的觉悟水平　D. 对报酬与付出的社会比较

3.（华东师范大学，2012）根据期望理论，管理者必须强化员工的绩效与奖励之间的关系，从而可以提升（　　）。

A. 期望值　B. 效价　C. 工具性　D. 预期

4.（华东师范大学，2019）根据管理心理学中的期望理论，激励力取决于（　　）。

A. 成就权力，信念　B. 目标责任，强化

C. 目标环境，期望　D. 期望效价，工具性

5.（江西师范大学，2016）最先提出目标设置理论的学者是（　　）。

A. 哈克曼　B. 罗克　C. 奥德海姆　D. 弗鲁姆

6.（南京师范大学，2012）1950 年前后，一些心理学家发现行为与其说是由内驱力所驱动的，还不如说是由外界的诱因所引发的，而外界的诱因的作用又是通过人的认知实现的，在此基础上，佛洛姆提出了组织激励理论中的（　　）。

A. 需要理论　B. 期望理论

C. 公平理论　D. 目标设置理论

7.（江西师范大学，2015）下列选项属于亚当斯所提出的激励理论的是（　　）。

A. 需要层次论　B. 公平理论

C. 期望理论　D. 双因素理论

二、名词解释

1.（湖南师范大学，2011/2017；西北师范大学，2015）目标设置理论。

2.（湖南师范大学，2013；南京师范大学，2011/2012；山东师范大学，2011；苏州大学，2011）成就需要。

3.（湖南师范大学，2013）激励因素。

4.（湖南师范大学，2014；曲阜师范大学，2011）ERG 理论。

5.（华东师范大学，2018；天津师范大学，2016；浙江师范大学，2011/2013；北京师范大学，2021）公平理论。

6.（苏州大学，2014；重庆师范大学，2020）目标激励。

7.（天津师范大学，2017）期望理论。

三、简答题

1.（湖南师范大学，2012；东北师范大学，2017）简述目标设置理论。

2.（南开大学，2016）简述内容型激励理论的种类。

四、论述题

1.（东北师范大学，2012/2013）结合过程型激励理论，谈如何调动教师工作积极性？

2.（天津师范大学，2013）试简介三种最有代表性的内容性

激励理论，并阐述三种理论之间的相互关系及对管理工作的启示。

五、案例分析题

1.（苏州大学，2015）白泰铭在读大学时成绩不突出，老师和同学都以为他今后无多大作用。他读完日语专业后便被一家中日合资公司招为推销员。他很满意这份工作，因为工资高，还是固定的，不用担心没有受过专门训练的自己比不过别人。若拿佣金，比人少得太多就会丢面子。上班头两年，小白对工作兢兢业业。随着他的业务和他与客户们的关系越来越熟悉，他的销售额也渐渐上来了。到去年他就已经是推销员中的姣姣者。尽管今年他的定额比去年提高了25%，但到十月中旬他就完成了全年的任务。不过他觉得自己的心情并不舒畅，令他最烦恼的事，莫过于公司不告诉大家干得好坏，没个反应。可偏又听说别的合资公司都搞竞赛和有奖活动，有的老板还亲自请最佳推销员到饭店吃一顿饭，并向公司内所有单位通报竞赛结果。以前并不关心排名的小白，如今却重视起来了。他觉得公司对推销员实行固定工资制是不公平的，一家合资企业怎么也搞大锅饭？应该按劳付酬。在日本老板拒绝了他的建议后，小白就辞职去另一家化妆用品公司了。

（1）小白为什么对日企公司制度不满？试用亚当斯的公平理论解释。

（2）小白算高成就需要的员工吗？试用麦克里兰的标准说明。

第四章 领导理论

本章考点是领导的基本概念和各种领导理论。领导理论包括领导特质理论、领导行为风格理论、领导权变理论、生命周期理论。本章内容属于管理心理学重要考点内容，这部分的知识通常以选择、名解、简答、论述等形式考查考生对于该知识点的整体掌握，还可能通过案例分析的形式考查考生对于理论在实际生活中的运用能力。因此，希望考生在复习时能够详细理解每部分的内容，多多练习，并认真识记。

第一节 领导心理概述

研究真题，明确考况

考试要求	自主命题	
	考题	考查点
1. 领导的概念	浙江师范大学，2012 湖南师范大学，2016	名解：领导的含义
	西北师范大学，2013	名解：领导的基本功能
2. 领导与管理	湖南师范大学，2015 天津师范大学，2011/2019 南开大学，2014	简答：领导与管理的区别与联系
3. 领导者的影响力	苏州大学，2011 天津师范大学，2017 湖南师范大学，2021	名解 / 简答 / 论述：领导影响力的构成因素

考点 1 领导的概念

考研基础必备

1. 领导的定义

领导的实质是引导和影响个体、组织或群体，在一定条件下实现所期望目标的行动过程。其中，实施指引和影响的人称为领导者，接受指引和影响的人称为被领导者，“一定的条件”一般指领导过程所处的环境因素。

2. 领导的特点

领导作为一种动态的行为，具有以下特点：

（1）系统性。领导行为由“领导者”“被领导者”和“环境因素”三个要素组成，三者互相结合、相互作用，构成有效的领导活动。目前被普遍认可的领导模式：领导 =f（领导者，被领导者，环境）就体现了领导行为的系统性。

（2）双向性。领导行为总是相互的，领导者在影响下属的同时，也必然会受到下属某方面的影响。

3. 领导的基本功能

领导行为的影响和作用表现为领导功能，通常体现为如下几个方面：

（1）计划功能。规定评定组织成绩的标准，建立规章和业务处理程序，指定工作计划，对执行决策过程中的条件和环境进行分析、预测，了解组织和环境的变化并引导组织成员认识和适应这种变化。

（2）组织功能。设立组织开展业务所需的各个部门，给组织员工分配工作，对下属进行授权，建立职权指挥系统，明确交换和沟通的渠道，对所管辖员工的工作进行协调。

（3）人事功能。进行人员的招聘和选拔，设立衡量工作绩效的标准，对员工的能力与业务水平进行训练和培养，评定员工的业绩并对优秀员工进行奖励。

（4）激励功能。包括对员工进行领导者的榜样激励、“员工参与制”激励、“素质提高”激励、“需要满足”激励等。

（5）控制功能。设定各项业务完成的标准并按期检查，对未完成工作的原因加以分析并采取适当措施，对员工进行适当形式的激励。

考研考法突破

考法 1 领导的定义

领导与领导者的定义均是最基本的知识点，一般仅通过名词解释题进行考查，属于记忆型知识点。

例 1：（浙江师范大学，2012）名词解释：领导。

【解析】本题考查领导的定义，直接作答即可。

参考答案：领导的实质是引导和影响个体、组织或群体，在一定条件下实现所期望目标的行动过程。

考法 2 领导的基本功能

通常以名词解释或简答题直接考查领导基本功能的内容，对该部分内容的考查相对较少，在学习中简要记忆领导功能的五个方面，能够分点答出即可。

例 2：（西北师范大学，2013）名词解释：领导的功能

【解析】本题考查领导的功能，回答出领导基本功能的五个方面即可。

参考答案：领导行为的影响和作用表现为领导功能，通常体现为"计划功能""组织功能""人事功能""激励功能"以及"控制功能"五个方面。

考研考法实战 答案见 D69 页

1.（湖南师范大学，2016）名词解释：领导者

2. 简答：简述领导的特点有哪些。

考点 2 领导与管理

考研基础必备

管理是"由领导者或非领导者通过计划、组织、协调、激励、指挥和控制，进而实现组织目标的行为过程"。

管理是一种特殊的领导，管理的范围小于领导的范围，管理行为和活动也是领导行为的组成部分；但管理者的范围大于领导者的范围，领导者一般处于组织团体的高层地位，具有相当的权力与影响力，人数较少，而管理者包括团体中的基层领导以及从事业务管理职能的一般人员，人数较多；一般称领导者为"帅才"，负责运筹帷幄，决胜千里；而称管理者是"将才"，负责考虑方案的制定、实施的细节。

1. 领导与管理的区别：

领导与管理的区别具体而言包括几个方面：

（1）在制定计划上不同。管理关注的是具体目标和短期结果（例如制定详细的工作计划，分配资源以完成计划）。而领导则注重长远的发展（例如制定长远的发展与战略目标，为实现组织目标进行相应的变革）。

（2）在人员调配上不同。管理侧重于给具体的任务配备合适的人员，并指导员工开展工作。领导则侧重于联合和激励团队员工，促进团队效用的发挥以达到公司的远景目标。

（3）在计划执行上不同。管理侧重于控制和解决问题，随时准备监督和纠正目标执行过程中的偏差。领导侧重于鼓励和激励，帮助员工克服困难并满足他们的需要。

（4）在结果上不同。管理侧重于产生可预测的结果。领导侧重发现客观发生的各种巨大变化。

2. 领导与管理的互补

对现代领导者来说，单纯的管理或领导是不够的，二者中任一有余，另一不足，都无法达到良好的组织和领导管理的效果，只有领导与管理均衡发展，优势互补，才是组织管理的最佳状态。

考研考法突破

考法 1 领导和管理的区别与联系

一般通过简答题进行考查，学习该部分考点内容时在理解的基础上分点记忆即可，需要注意的是，领导与管理之间的关系不仅存在一定的区别，还存在一定的联系与互补关系。

例 3：（天津师范大学，2011）简答：简述领导和管理的区别。

【解析】本题考查领导与管理的区别，直接作答即可。

参考答案：

领导通常被认为是"指引和影响个人或组织，在一定条件下实现组织目标的过程"；管理则是"由领导者或非领导者通过计划、组织、协调、激励、指挥和控制，进而实现组织目标的行为过程"。虽然二者的定义相近，二者的功能也相似，但领导与管理之间还是存在一定的差别，具体而言包括如下几个方面：

（1）在计划制定上，管理关注的是具体目标和短期结果。而领导则注重长远的发展。

（2）在人员调配上，管理侧重于给具体的任务配备合适的人员，并指导员工开展工作。领导则侧重于联合和激励团队员工，促进团队效用的发挥以达到公司的远景目标。

（3）在计划执行上，管理侧重于控制和解决问题，随时准备监督和纠正目标执行过程中的偏差。领导侧重于鼓励和激励，帮助员工克服困难并满足他们的需要。

（4）在结果上，管理侧重于产生可预测的结果。领导侧重发现客观发生的各种巨大变化。

考研考法实战 答案见 D69 页

1.（南开大学，2014；湖南师范大学，2015；天津师范大学，2019）简答：简要说明领导与管理的区别与联系。

考点 3 领导者的影响力

考研基础必备

领导者的影响力包括两类，权力性影响力和非权力性影响力。这两种影响力产生的基础和在领导过程中发挥的作用截然不同。

1. 权力性影响力

权力性影响力又称为强制性影响力，以法定的地位与奖惩权为基础，是领导者借助其作为权力的拥有者这一特殊地位而对他人所产生的一种强制性的影响力。权力性影响力由正式组织授予，具有强迫性、不可抗拒性等特征。构成权力性影响力的要素主要包括三个方面：

（1）传统因素。指人们对领导者的一种传统观念与认知，在这一观念影响下人们认为领导者有权力有能力，比一般人强，会对领导者产生服从感，这使领导者的言行具备影响力。

（2）职位因素。处于领导地位的人具有组织赋予的一定的权力，这种权力使被领导者产生敬畏感。通常，职位越高、权力越大，所带来的影响力也越大。

（3）资历因素。即领导者的资格、经历与阅历等因素，这一因素使被领导者对领导者产生敬重感。一般人对资历较深的领导者较为敬重，这样的领导者也具有更强的影响力。

需要注意的是，权力性影响力是一种由外界（组织）赋予的地位权力，它取决于领导者在组织中的地位，其影响作用表现为被领导者对领导者的被动服从，这种影响力有可能随着权力的消失而消失。

2. 非权力性影响力

非权力性影响力也称自然影响力，它既没有正式的规定，也没有组织授予的形式，是以领导者自身的品德、才能、学识等因素为基础产生的影响力。在具体活动中，它具有比权力性影响力更大的影响，并起到权力性影响力起不到的作用，是提高领导者影响力的关键。

构成非权力性影响力的要素主要包括五个方面：

（1）品德因素：主要是指领导者的品行、人格、作风等。品德高尚的领导者会让被领导者对其产生敬爱感，从而有利于领导者带动组织，控制组织。反之，无论领导者地位有多高，如果他威信扫地，就会失去影响力。

（2）能力因素：主要指领导者所应该具备的、与其职务相符的能力（例如创新能力和综合能力）。有才能的领导者会给组织带来成功，使被领导者对其产生敬佩感，感受到安全感，从而自愿服从领导者的管束。

（3）知识因素：领导者丰富的知识储备会使被领导者对其产生信赖感，自觉服从与执行领导者的命令，从而增强领导者的影响力。

（4）情感因素：指领导者对被领导者的感情。如果领导者与被领导者之间具有良好的情感关系，则能够给予被领导者亲切感，从而增强其自身的吸引力和人格魅力。

（5）方法因素：领导方法是一种根据环境、组织内各种条件以及具体情况所选择的工作方式，它要求具备丰富的经验，有较强的艺术性。领导者的领导方法是否得当影响到组织目标的实现和被领导者对领导者的信心。

任何领导都具备上述两种影响力，但对不同领导者来说，两种影响力的大小却是各不相同的。要提高领导者的影响力，一方面要合理用权，使职权相称；另一方面要加强领导者的自身修养，全面提高个人素质，并且应使两种影响力相互促进、彼此呼应。

考研考法突破

考法 1　领导影响力的构成因素

通常以名词解释简答、论述的形式进行考查，在该部分内容的学习中除了要准确记忆两类领导影响力构成因素，还需要能够对影响力构成因素的具体内容、不同类型影响力对领导行为的影响做简要的论述。

例 4：（天津师范大学，2017）简答：简要说明领导影响力的构成要素

【解析】本题以简答题的形式考查领导影响力的构成要素（即构成因素），分别分点介绍两类领导影响力的几方面构成要素即可。

参考答案：

领导者的影响力包括两类，权力性影响力和非权力性影响力。

1）权力性影响力

权力性影响力又称强制性影响力，以法定的地位与奖惩权为基础，是领导者借助其作为权力的拥有者这一特殊地位而对他人所产生的一种强制性的影响力，构成权力影响力的要素主要包括三个方面：

①传统因素：人们会认为领导者均是比一般人强的人，这使领导者的言行具备影响力。传统因素使被领导者产生对领导者的服从感。

②职位因素：权力性影响力由组织赋予，通常情况下领导者的职位越高，权力越大，产生的影响力也越大。职位因素使被领导者产生对领导者的敬畏感。

③资历因素：具有较深资历的领导者往往具有较强的影响力。资历因素使被领导者产生对领导者的敬重感。

2）非权力性影响力

非权力性影响力也称自然影响力，它既没有正式的规定，也没有组织授予的形式，是以领导者自身的品德、才能、学识等因素为基础产生的影响力。

构成非权力性影响力的要素主要包括五个方面：

①品德因素：品德高尚的领导者会让被领导者对其产生敬爱感，从而有利于领导者带动组织，控制组织，反之，则使领导者失去影响力。

②能力因素：有才能的领导者会给组织带来成功，使被领导者对其产生敬佩感，感受到安全感，从而自愿服从领导者。

③知识因素：领导者所具备的广博的知识面与专业的技术知识会使被领导者对其产生信赖感，自觉服从与执行领导者的命令，从而增强领导者的影响力。

④情感因素：若领导者与被领导者之间具有良好的情感关系，则能够给予被领导者亲切感，从而增强其自身的吸引力和人格魅力。

⑤方法因素：领导方法是一种根据环境、组织内各种条件以及具体情况所选择的工作方式，领导者的领导方法是否得当影响到组织目标的实现和被领导者对领导者的信心。

考研考法实战 答案见 D69 页

1.（湖南师范大学，2021）名解：权力性领导影响力。

2.（苏州大学，2011）论述：论述领导影响力的构成因素。

第二节　领导特质理论

研究真题、明确考况

考试要求	自主命题	
	考题	考查点
1. 领导特质理论	华东师范大学，2013 华中师范大学，2011/2015 西北师范大学，2013	选择 / 论述：领导特质理论的观点与评价

考点1 领导特质理论

考研基础必备

领导特质理论侧重研究领导者应该具备什么样的个性品质，以期探讨什么样的人能够作为领导、以获得最佳的领导效果。

领导特质理论研究的是领导者应具备的素质，该理论的出发点是：领导效率的高低主要取决于领导者的特质，那些成功的领导者也一定有某些共同点。研究者认为，只要找出成功领导者具备的特点，就能推断某个领导者是不是一个优秀的领导者。

1. 吉赛利的领导品质论

美国心理学家吉赛利在《管理才能探索》一书中介绍了其领导品质论，提出了8种个性特征和五种激励特征，并分析每种特征对领导者领导行为的影响，指出了这些特征对领导者的重要程度。

吉赛利将这13种特征按照重要程度进行了分类，认为：领导者的个人性格、督查能力、职业成就等特征属于较为重要的因素；决断性、成熟程度、亲近员工等因素属于次重要的因素；性别因素是不太重要的因素，性别对事业成功与否的影响不大。

2. 斯托格迪尔的领导个人因素论

斯托格迪尔认为，智力、学识、可靠性、责任性、社会活动参与性、社会经济地位这几个因素构成了有效领导者的基础，那些具有较高智商、渊博学识、可靠的、有责任心、愿意参与群体活动且所处家庭具有一定社会经济地位的人更适合成为领导者。

3. 现代领导品质理论

在领导特质理论进一步的发展中，现代领导品质理论注意到了传统领导品质理论存在的问题。这一系列理论认为，领导者的特质不是与生俱来的，而是可以在后天的培养和锻炼中形成与发展的，其形成是一种动态的过程。

例如美国管理学大师德鲁克把领导者的特质称为一种"后天习惯"，他在《有效的管理者》一书中指出，有效的领导具备五个特点：①善于利用时间；②注重成果，能够确定自己的努力方向；③善于发现和用人之所长；④能够分清主次；⑤能够做出有效的决策。

4. 对领导特质理论的评价

领导特质理论强调领导者良好的个人特性与品质对于领导工作与提高领导效能的重要意义，其理论研究结果有助于选拔和培养领导人才。

但领导特质理论也受到了一些质疑。一方面，领导与个人特质的关系非常微弱，在某些特质上，领导者与被领导者或优秀领导者与平庸领导者只存在数量上的差异而不存在质上的差异，有少部分优秀领导者具有被认为不适合成为领导者的特质，也有一些具备优秀领导特质的人最后并没有成为领导者；另一方面，传统领导特质理论所提出的领导特质范围很广，不同特质之间相关度不大，甚至有些特质之间相互矛盾，在理论不断的发展中甚至出现了上百种性格特征，导致了理论发展的混乱。并且，领导特质理论忽视了领导过程中的情景因素与被领导者因素，孤立的研究领导的性格，这与实际情况有所不符，也不能单纯地通过领导者单一方面的因素来衡量领导者的水平。

考研考法突破

考法1 领导特质理论的观点与评价

领导特质理论（部分教材为"领导的性格理论"）是领导理论研究中的三大类领导理论之一。主要的领导特质理论包括吉赛利与德鲁克的领导品质理论、斯托格迪尔的领导个人因素理论、胜任特征理论等，但在实际的对领导特质理论的考查中，真题极少涉及某一具体的领导特质理论，而往往是通过选择、简答或论述题等题型直接考查领导特质理论的观点与评价。因此，在学习中建议将重心放在理解领导特质理论的核心观点、对领导特质理论的评价等方面，对于具体的领导特质理论，可以结合目标院校历年考情有选择性地进行详细学习。

例1：（华东师范大学，2013）单选：有学者认为，历史是由伟人创造的，这种领导的伟人论类似于（　　）。

A. 领导的行为理论　　B. 领导的特质理论

C. 领导的权变理论　　D. 领导的生命周期理论

【解析】本题考查领导特质理论的主要内容，该理论研究的是领导者应具备的素质，该理论的出发点是：领导效率的高低主要取决于领导者的特质，那些成功的领导者也一定有某些共同点。研究者认为，只要找出成功领导应具备的特点，就能推断某个领导者是不是一个优秀的领导者。题目描述"历史是伟人创造的"符合领导特质理论的思想。

参考答案：B

例2：（华中师范大学，2011）简答：述评领导特质理论。

【解析】本题通过简答题考查领导特质理论，注意在简要介绍领导特质理论的观点以及主要的几类领导特质理论之外，还需要对领导特质理论的观点进行一定的评价。

参考答案：

领导特质理论侧重研究领导者应该具备什么样的个性品质，以期探对什么样的人能够作为领导，以获得最佳的领导效果。该理论的出发点是：领导效率的高低主要取决于领导者的特质，那些成功的领导者也一定有某些共同点。研究者认为，只要找出成功领导对应具备的特点，就能推断某个领导者是不是一个优秀的领导者。主要的领导特质理论有吉赛利的领导品质论、德鲁克的领导品质理论以及斯托格迪尔的领导个人因素论。

美国心理学家吉赛利在《管理才能探索》一书中介绍了他提出的领导品质论，他在该理论中总结出了3大类共8种个性特征和5种激励特征，并分析了这13种因素对领导者领导行为的影响，指出了这些特征对领导者的重要程度。

斯托格迪尔认为，智力、学识、可靠性、责任性、社会活动参与性、社会经济地位这几个因素构成了有效领导者的基础，那些具有较高智商、渊博学识、可靠的、有责任心、愿意参与群体活动且所处家庭具有一定社会经济地位的人更适合成为领导者。

美国管理学大师德鲁克则把领导者的特质称为一种"后天习惯"，他在《有效的管理者》一书中指出，有效的领导具备5个特点：①善于利用时间；②注重成果，能够确定自己的努力方向；③善于发现和用人之所长；④能够分清主次；⑤能够做出有效的决策。

领导特质理论强调领导者良好的个人特性与品质对于领导工作与提高领导效能的重要意义，其理论研究结果有助于选拔和培养领导人才。

但领导特质理论也存在一些问题。一方面，领导与个人特质的关系非常微弱，在某些特质上，领导者与被领导者或优秀领导者与平庸领导者只存在数量上的差异而不存在质上的差异，有少部分优秀领导者具有被认为不适合成为领导者的特质，也有一些具备优秀领导特质的人最后并没有成为领导者；另一方面，传统领导特质理论所提出的领导特质范围很广，不同特质之间相关度不大，甚至有些特质之间相互矛盾，在理论不断的发展中甚至出现了上百种性格特征，导致了理论发展的混乱。并且，领导特质理论忽视了领导过程中的情景因素与被领导者因素，孤立的研究领导的性格，这与实际情况有所不符，我们也不能单纯地通过领导者单一方面的因素来衡量领导者的水平。

考研考法实战 答案见 D70 页

1.（华中师范大学，2015）单选：以下内容中不属领导特质理论缺陷的是（　　）。

A. 忽视了领导对象的需要差异

B. 没有明确各种特质之间的相对重要性

C. 忽视了情境因素的作用

D. 忽视了领导个人品质的重要性

第三节　领导行为与风格理论

领导行为与风格理论是从领导行为角度研究最佳领导模式的理论，侧重研究领导者在领导过程中所采取的领导行为与他们的工作效率之间的关系。其中比较具有代表性的理论包括俄亥俄州立大学的双维领导理论、密歇根大学的领导行为理论、日本学者三隅二不二提出的 PM 理论、布莱克与莫顿等人提出的领导方格理论以及勒温等人提出的领导风格理论。

研究真题，明确考况

考试要求	自主命题	
	考题	考查点
1. 双维领导理论与密歇根大学的领导行为理论	浙江师范大学，2012 湖南师范大学，2016 江西师范大学，2021	简答：理论的内容
2.PM 理论	华东师范大学，2012；江西师范大学，2015	选择：理论的内容
3. 领导方格理论	陕西师范大学，2015 天津师范大学，2011/2017 华中师范大学，2011	名词解释 / 选择 / 判断：理论的内容
4. 勒温的领导风格理论	北京大学，2015 湖南师范大学，2013	名词解释 / 论述：理论的内容
5. 利克特的领导系统图	湖南师范大学，2019	简答：理论的内容

考点 1　双维领导理论与密歇根大学领导行为理论

考研基础必备

1. 双维领导理论（领导行为四分图模式）

美国俄亥俄州立大学的研究人员通过对国际收割机公司的一家卡车厂为调查对象，进行了领导方式的比较研究，总结出了双维领导理论。

研究者们根据研究结果将领导方式分为体贴和组织两个维度：

①体贴维度：表示领导者对员工之间以及领导者与追随者之间的关系、相互信任、尊重和友谊的关心，即领导者信任和尊重下属的观念程度。

②组织维度：表示领导者建构任务、明察群体之间关系和明晰沟通渠道的倾向，或为了达到组织的目标，领导者界定和构造自己与下属的角色的倾向程度。

两维度相互独立，根据各自维度的水平高低划分为四种类型，即高体贴－高组织型、高体贴－低组织型、低体贴－高组织型、低体贴－低组织型。

研究发现，“低体贴＋低组织”型领导对组织目标与员工都不关心，领导方式效果较差；“高体贴＋低组织”型领导较为关心领导者与员工之间的合作，重视互相信任、尊重的良好工作气氛；“低体贴＋高组织”型领导一般只关心工作任务；“高体贴＋高组织”型领导者一般更能使下属达到高绩效和高满意度，但也并不总是能够产生积极效果。总的来说，这四种领导行为哪一种能够在领导过程中取得良好的效果，要依据具体情况而定。

2. 密歇根大学的领导行为理论

密歇根大学的研究者们在大量调查研究结果的基础上，提出了两种单方面划分的领导行为方式，即员工导向与生产导向：

生产导向的领导者强调生产，关心任务的完成，把员工看成是达成组织目标的工具，积极介入员工活动，容易形成专制型的领导行为方式；

员工导向的领导者重视人际关系，重视员工个性与个人需要，并承认人与人之间的差异，鼓励建立良好的上下级关系，形成良好的意见与信息交流，容易形成民主领导的工作气氛。

基于此的一系列研究的总体研究结果表明：

（1）不同导向与工作效率有关，高效率的单位中6/7的主管以员工为中心，1/7的主管以工作为中心，低效率的工作单位则相反。

（2）不同导向与生产效率的关系与部门有关，在非生产部门，员工导向优于生产导向，而在生产部门，生产导向优于员工导向。

（3）不同导向与组织气氛之间存在关系，生产导向得分高，员工导向得分低，则会导致更多的旷工、工作事故、员工抱怨与离职的情况。

3. 两种理论的关系

密歇根大学的领导行为理论几乎与俄亥俄州立大学研究的双维领导理论同时提出，其理论观点也较为相似。前者理论中的员工导向维度与后者提出的体贴维度类似，生产导向维度与组织维度类似，二者最大的不同在于，俄亥俄州立大学把体贴和组织视为两个独立的维度，而密歇根大学认为生产导向和员工导向是一个维度的两个端点。

考研考法突破

考法1　理论的内容

一般通过简答题直接考查理论的主要内容，在学习中除了需要准确记忆理论的内容之外，还需注意区分理论的提出者与理论名称，切忌与其他理论相互混淆。

例1：（浙江师范大学，2012；江西师范大学，2021）简答：俄亥俄州立大学的领导行为理论的主要思想/领导行为四分图主要内容。

【解析】本题直接考查双维领导理论的主要内容，直接作答即可。

参考答案：

美国俄亥俄州立大学的研究人员通过对国际收割机公司的一家卡车厂为调查对象，进行了领导方式的比较研究，总结出了双维领导理论。

研究者们根据研究结果将领导方式分为体贴和组织两个维度，其中：

体贴维度：表示领导者对员工之间以及领导者与追随者之间的关系、相互信任、尊重和友谊的关心，即领导信任和尊重下属的观念程度。例如，领导者强调在管理工作中能够与员工形成并保持良好关系，就属于高体贴型领导。

组织维度：表示领导者建构任务、明察群体之间关系和明晰沟通渠道的倾向，或为了达到组织的目标，领导者界定和构造自己与下属的角色的倾向程度。例如，领导者在管理工作中强调保证高水平地完成工作任务，达成工作绩效目标，就属于高组织型领导。

两维度相互独立，根据各自维度的水平高低划分为四种类型，即高体贴－高组织型、高体贴－低组织型、低体贴－高组织型、低体贴－低组织型。

该研究发现，一般“高体贴＋高组织”型领导者更能使下属达到高绩效和高满意度，相对其余三种领导方式有更好的领导效果，但总的来说，这四种领导行为哪一种能够在领导过程中取得良好的效果，要依据具体情况而定。

例2：（湖南师范大学，2016）简答：简述密歇根大学的领导行为的研究。

【解析】本题考查考生对该理论的主要内容的掌握。

参考答案：

密歇根大学的研究者们在大量调查研究结果的基础上，将领导行为划分为员工导向与生产导向两个维度：

生产导向的领导者强调生产关心任务的完成，把员工看成是达成组织目标的工具，积极介入员工活动，容易形成专制型的领导行为方式；

员工导向的领导者重视人际关系，重视员工个性与个人需要，并承认人与人之间的差异，鼓励建立良好的上下级关系，形成良好的意见与信息交流，容易形成民主领导的工作气氛。

基于此的一系列研究结果表明，不同的领导行为导向与工作效率、生产效率和组织气氛都存在一定的关系。密歇根大学的调查研究发现：

①在调查的高效率的工作单位中，6/7的主管以员工为中心，1/7的主管以工作为中心，而低效率的工作单位则相反；

②在不同的部门中，不同的导向与生产效率的关系有所不同，在非生产部门，员工导向优于生产导向，而在生产部门，生产导向优于员工导向；

③不同导向与组织气氛之间存在关系，生产导向得分高，员工导向得分低，则会导致更多的旷工、工作事故、员工抱怨与离职的情况。

考研考法实战 答案见D70页

1. 简答：简述密歇根大学的领导行为理论与俄亥俄州立大学的双维领导理论。

考点2　PM理论

考研基础必备

PM领导行为类型理论由日本大阪大学的心理学教授三隅二不二提出，他认为领导方式可分为两大类，分别对应两种团体所具备的团体机能：

一类是以绩效为导向的领导方式：P型领导，对应团体目标达成的机能——即工作绩效；

另一类是以维持群体关系为导向的领导方式：M型领导，对应维持强化团体的机能——团体维系。

根据P、M两种领导方式或团体机能的强度高低，可以划分出PM（二者兼备）、Pm（执行任务型）、pM（机能维持型）和pm（二者均无）四种领导类型。对这四种领导类型进行了大量的现场实证研究以及实验室研究，发现四种类型的领导效果存在差异性，其中PM型领导效果最佳，pm型最差，Pm型和pM型领导居中。

我国学者徐联仓、凌文辁在PM理论的基础上提出了CPM理论。该理论认为，领导行为应包括工作绩效P、团体维系M和个人性格C三个因素。C因素起着一种模范表率作用，通过角色认同和内化作用激发被领导者的内在工作动机，使其努力地去实现组织目标。领导者的模范表率行为对被领导者来说，是一种无形的命令，其影响力往往胜过命令、指挥、控制和监督。可以认为，C机能对P机能、M机能起着一种放大的作用。

考研考法突破

考法 1 理论的内容

一般通过选择题直接考查理论的主要内容，在学习中除了需要准确记忆理论的内容之外，还需注意区分理论的提出者与理论名称，切忌与其他理论相互混淆。

例 3：（江西师范大学，2015）多选：在领导行为 PM 分析模型中，P 区域并不代表（　　）。

A. 低绩效 - 低维持　　B. 高绩效 - 高维持

C. 高绩效 - 低维持　　D. 低绩效 - 高维持

【解析】本题考查考生对该理论的具体内容的掌握。P 是指工作绩效，M 指团体维系，P 区域是指绩效高，故 P 区域不代表低绩效的领导方式组合。

参考答案：AD

考研考法实战 答案见 D70 页

1.（华东师范大学，2012）单选：CPM 领导理论中的 C 是指领导者的（　　）特征。

A. 情感　　B. 品德　　C. 关系维系　　D. 行为绩效

考点 3 领导方格理论

考研基础必备

领导方格理论由布莱克和莫顿在领导行为四分图理论的基础上提出，这一理论认为在对生产关心的领导方式和对员工关心的领导方式之间，可以有使两者在不同程度上相互结合的多种领导方式。

为此，两人提出管理方格法，将“以生产为中心”和“以员工为中心”两个维度分别作为横坐标（X 轴）与纵坐标（Y 轴），两条轴各 9 等分，形成了能够表示 81 种领导方式的管理方格，在评价管理者（或领导者）时，可分别在 9 点评分量表上对其关心员工和关心生产的程度分别进行量化评分，管理方格图中对应的坐标交叉点就是该管理者（或领导者）的领导方式（或管理类型）。

其中，管理方格的四角与中心代表五种最为典型的领导方式（或管理类型），其主要特征为：

（1.1）型领导——虚弱型领导：这类领导者几乎放弃其职责，既不关心生产，也不关心员工，工作目标在于保住职位，在工作中往往逃避责任、敷衍了事；

（9.1）型领导——任务型领导：这类领导者特别关心生产任务的完成，而并不关心员工，其主要特征是通过权力与控制的运用，重点抓生产；

（1.9）型领导——乡村俱乐部型领导：这类领导者只强调关心员工而不关心生产，重视与同事、下属保持良好的人际关系，与所有员工打成一片；

（5.5）型领导——中庸型领导：这类领导者既要完成必要的任务，又要保持必要的士气，推崇对问题进行折中处理、追求一种平衡式的解决方法；

（9.9）型领导——团队型领导：这类领导者既十分关心生产，也十分关心员工，认为工作效率和个人投入状态有关，把员工的愉快和舒适与达到工作目标放在同等重要的程度来关注，是一种团队协作型、兼顾型的领导方式。

考研考法突破

考法 1 理论的内容

这部分的知识点一般通过选择、判断等客观题考查考生对于理论内容的掌握，也可通过选择、判断等题型考查某种类型领导的特征，在这一理论的学习中不仅需要掌握理论的整体内容，也要注意细节知识点。

例 4：（陕西师范大学，2015）判断：依据管理方格理论，团队型管理者十分关心员工，不太关心生产。（　　）

【解析】依据领导方格理论，团队型领导（即 9，9 型领导者）特别重视生产任务和工作条件，同时也十分关注员工的感情与需要。题目描述不正确。

参考答案：错误

考研考法实战 答案见 D70 页

1.（天津师范大学，2011/2017）名词解释：管理方格理论。

2.（华中师范大学，2011）单选：根据管理方格理论，适合团队管理的领导风格是（　　）。

A. 高度关心员工，低度关心生产

B. 中度关心员工，中度关心生产

C. 高度关心员工，高度关心生产

D. 低度关心员工，高度关心生产

考点 4 勒温的领导风格理论

考研基础必备

德裔美国心理学家勒温与其同事利比特、怀特等根据行使权力和发挥影响力的方式不同，提出了专制型、民主型和放任型三种领导风格，并分析了不同领导风格对应的团队氛围与工作效率。

1. 不同领导风格领导者的特点

1）专制型领导

这种领导者依靠个人的能力、经验、知识和胆略来指挥组织的活动，大多独断专行，对下属缺乏应有的尊重。在工作中，下属只能执行领导者的决定，领导者负责进行决策并监督执行情况。

2）民主型领导

这种类型的领导平易近人，平等待人，尊重下属，使下属由衷地愿意追随并愿意接受其领导。组织内成员能够在很大程度上参与决策，并通过集体讨论，在一定范围内决定自己的工作内容与工作方法。

3）放任型领导

这种类型的领导只布置任务，既不监督执行，也不检查完成情况，对下属放任自流或无为而治，一切活动方式都任由组织成员自我摸索，组织的方针和计划也由下属自行制定。

2. 领导风格对员工和工作绩效的影响

勒温于 1939 年开始，通过一系列相关实验研究，分析了不同领导风格对全体成员和工作绩效的影响。

研究结果表明，在放任型领导风格下，群体的工作效率最低，群体只达到社交目标而没有达成工作目标；

在专制型的领导风格下，领导者的监督与控制能够使群体实现工作目标，但当领导离开时工作产出开始下降，并且群体成员的消极态度与对抗情绪增强，并且不断出现群体冲突；

在民主型的领导风格下，群体的工作绩效最高，群体工作产出在有无领导监督的情况下都保持稳定，且群体成员表现得更为成熟主动，有更高的责任感和工作创造性。

考研考法突破

考法 1　理论的内容

这部分的知识点考查较为灵活，可简答或论述题的形式考查考生对于理论内容的掌握，也可通过名词解释、选择等题型考查理论的基本观点与概念性的知识点，在这一理论的学习中不仅需要掌握理论的整体内容，也要注意细节。

例 5：（北京大学，2015）论述：论述领导风格理论。

【解析】本题通过论述题考查领导风格理论的主要内容，在对理论内容进行介绍的基础上，还需要对不同领导风格的领导方式所产生的影响、理论的评价进行一定的介绍。

参考答案：

美国心理学家勒温与其同事利比特、怀特等人根据行使权力和发挥影响力的方式不同，提出了专制型、民主型和放任型三种领导风格，并分析了不同领导风格对应的团队氛围与工作效率。

1. 不同领导风格领导者的特点

1）专制型领导

这种领导者依靠个人的能力、经验、知识和胆略来指挥组织的活动，大多独断专行，对下属缺乏应有的尊重。在工作中，下属只能执行领导者的决定，领导者负责进行决策并监督执行情况。

2）民主型领导

这种类型的领导平易近人，平等待人，尊重下属，使下属由衷地愿意追随并愿意接受其领导。组织内成员能够在很大程度上参与决策，并通过集体讨论，在一定范围内决定自己的工作内容与工作方法。

3）放任型领导

这种类型的领导只布置任务，既不监督执行，也不检查完成情况，对下属放任自流或无为而治，一切活动方式都任由组织成员自我摸索，组织的方针和计划也由下属自行制定。

2. 领导风格对员工和工作绩效的影响

勒温于 1939 年开始，通过一系列相关实验研究，分析了不同领导风格对全体成员和工作绩效的影响。

研究结果表明，在放任型领导风格下，群体的工作效率最低，群体只达到社交目标而没有达成工作目标；

在专制型的领导风格下，领导者的监督与控制能够使群体实现工作目标，但当领导离开时工作产出开始下降，并且群体成员的消极态度与对抗情绪增强，并且不断出现群体冲突；

在民主型的领导风格下，群体的工作绩效最高，群体工作产出在有无领导监督的情况下都保持稳定，且群体成员表现得更为成熟主动，有更高的责任感和工作创造性。

考研考法实战 答案见 D71 页

1.（湖南师范大学，2013）名词解释：专制型领导

2.（江西师范大学，2012）单选：下列概念不属于怀特和李皮特的领导风格理论的内容是（　　）。

A. 权威式　　B. 民主式　　C. 放任式　　D. 自主式

考点 5　利克特的领导系统图

考研基础必备

密歇根大学的利克特在对以生产为中心和以人为中心的领导方式进行比较研究之后，发现后者对生产有效，并得出以下结论：

（1）生产效率高或低的部门，员工的士气可能没有差别；

（2）在领导者关心员工的部门，生产效率高，若部门领导者经常向员工施加压力，则生产效率就低；

（3）部门领导者与下级、员工接触较多的，生产效率就高，反之生产效率就低；

（4）部门领导者注意向下级授权、听取下级意见并让他们参与决策的，生产效率就高，反之采取独裁领导的，生产效率就低。

总的来说，利克特根据大量研究材料，证明只有依靠民主管理，从内部调动员工积极性，才能充分发挥人力资源的作用，独裁型的领导方式永远不能达到民主管理所能达到的生产水平，也不能使员工对工作产生满足感。

1961 年，利克特在《管理新模式》一书中介绍了四种领导作风方式，分别为：

1）第一系统：极端专制

权力集中在最高一级，下级无任何发言权与自由，领导者和下级之间存在不信任气氛，组织目标难以实现。

2）第二系统：仁慈式专制

权力控制在最高层，但领导者对下级较为和气，授予中下层部分权力，下层自由仍旧非常少。上下级之间仅存在表面、肤浅的沟通，领导者不放心下级，下级畏惧领导者，工作主动性差，效率有限。

3）第三系统：民主协商式领导

领导者对下级有一定信任，但仍保有决定权，中下级对次要问题有决定权，上下级联系较深，能够在一定程度上相互支持。

4）第四系统：参与民主式领导

上下级关系平等，遇问题民主协商，领导按照分工进行授权。上下级之间沟通充分，相互信任，具有良好的工作积极性。

考研考法突破

考法 1　理论的内容

在各类领导风格理论中，对利克特的领导系统图（或利克特的领导作风理论）的考查相对较少，一般以简答题的形式直接考查对该理论主要内容的掌握。

例 1：（湖南师范大学，2019）简答：简述利克特的领导理论。

【解析】本题以简答题的形式考查利克特领导系统图（领导作风理论）的主要内容，需要注意的是，题干仅涉及理论的提出者，因此先根据信息确定对应的领导理论，切勿与其他理论混淆。

参考答案：

密歇根大学的利克特在对以生产为中心和以人为中心的领导方式进行比较研究之后，发现后者对生产有效。他根据大量研究材料，证明只有依靠民主管理，从内部调动员工积极性，才能充分发挥人力资源的作用，那些领导者关心员工、与员工接触较多、注意向下级授权、愿意听取下级意见的部门往往具有更高的生产效率。而独裁型的领导方式永远不能达到民主管理所能达到的生产水平，也不能使员工对工作产生满足感。

利克特根据其研究成果，提出了四类领导作风类型，分别为：

（1）第一系统：极端专制式。权力集中在最高一级，下级无任何发言权与自由，领导者和下级之间存在不信任气氛，组织目标难以实现。

（2）第二系统：仁慈专制式。权力控制在最高层，但领导者对下级较为和气，授予中下层部分权力，下层自由仍旧非常少。上下级之间仅存在表面、肤浅的沟通，领导者不放心下级，下级畏惧领导者，工作主动性差，效率有限。

（3）第三系统：民主协商式领导。领导者对下级有一定信任，但仍保有决定权，中下级对次要问题有决定权，上下级联系较深，能够在一定程度上相互支持。

（4）第四系统：民主参与式领导。上下级关系平等，遇问题民主协商，领导按照分工进行授权。上下级之间沟通充分，相互信任，具有良好的工作积极性。

利克特提出的领导系统有一定积极意义，这一理论为推行民主管理提供了心理学的依据。

考研考法实战 答案见 D71 页

1. 单选：利克特提出的领导理论认为，在（　　）的领导系统下，上下级之间能够充分沟通，员工具有良好的工作积极性。

A. 极端专制式　　B. 仁慈专制式
C. 民主式　　D. 民主参与式

第四节　领导权变理论

领导权变理论是研究被领导者特征、领导者与被领导者关系，以及环境因素如何影响领导行为的有效性的理论。权变理论认为，领导的有效性不是取决于领导者不变的品质或行为，而是取决于领导者、被领导者和情境条件三者的配合关系。比较具有代表的领导权变理论包括费德勒的领导有效性权变模型、伊迈斯与豪斯提出的路径－目标模型、弗罗姆和耶顿提出的领导－参与模型以及卡曼等人提出的领导生命周期理论。

研究真题，明确考况

考试要求	自主命题	
	考题	考查点
1. 费德勒模型	湖南师范大学，2013 辽宁师范大学，2013/2021 华东师范大学，2012/2013 浙江师范大学，2020 山东师范大学，2012/2014	选择 / 简答 / 论述：理论的内容
2. 路径－目标理论	华东师范大学，2011 浙江师范大学，2014	选择 / 简答：理论的内容
3. 领导者－参与模型	华东师范大学，2012	选择：理论的内容
4. 生命周期理论（领导情境理论）	天津师范大学，2016 辽宁师范大学，2011 华东师范大学，2019 苏州大学，2014	简答 / 论述：理论的内容

考点 1　费德勒模型

考研基础必备

美国管理学家费德勒于 1967 年系统地阐述了权变理论，提出了第一个综合的权变模型。该理论认为，群体绩效的高低取决于领导风格和领导方法对组织与环境的适合度，任何一种领导类型有效与否的关键在于领导风格和具体组织情境的匹配程度。

1. 领导风格的确定

费德勒编制了 LPC 调查问卷（最不喜欢的合作者调查表）用以测定领导者风格。LPC 调查问卷共有 16 项问题，根据其总分来确定领导者在领导行为上的特性，LPC 低分的领导者具有任务导向的特性，而 LPC 高分的领导者具有关系导向的特性。

费德勒认为，一个人的领导风格在短时间内是稳定的，如果领导者的特性与情境要求领导者特性不同，此时若想要达到最佳效果，则需要替换领导者以适应情境，或是改变情境以适应领导者。

2. 主要的情境变量因素

费德勒认为，领导效果的好坏取决于以下三个情境因素：

①领导者与被领导者的关系：领导者为被领导者所接受的程度，信任、忠诚、喜爱和愿意追随的程度以及领导者对下属的吸引力。

②任务结构：任务的明确度和下属对这些任务的负责程度。

③职位权力：与领导者职位相关的正式职权以及各方面的支持程度。

当这三个情境因素都比较良好时，是对领导者较为有利的情境，反之若三个情境的因素都处于较低水平时，则是对领导者最为不利的情境。

3. 领导风格与情境的匹配

费德勒通过调查，研究了领导类型与三个情境因素之间的匹配关系，如表 4-1 所示。研究结果表明，在群体情况极有利或极其不利的情况下，任务导向型是有效的领导形态；在群体情况一般的情况下（适度有利的情况下），关系导向型是有效的领导形态。

表 4-1　菲德勒领导类型与情境变量之间的匹配（引自车丽萍著《管理心理学》）

对领导的有利性	情境类型	领导者与被领导者的关系	任务结构	职位权力	有效领导类型
有利	1	良好	有结构	强	任务导向型
	2	良好	有结构	弱	任务导向型
	3	良好	无结构	强	任务导向型
中间状态	4	良好	无结构	弱	关系导向型
	5	不良	有结构	强	关系导向型
	6	不良	有结构	强	无资料
	7	不良	无结构	强	无资料
不利	8	不良	无结构	弱	任务导向型

4. 理论的评价

费德勒模型的积极意义在于，它把复杂的环境因素集中概括为领导者与被领导者的关系、任务结构和职位权力三项，为领导者指明了改变环境条件的方向；具体分析了这三个因素交织组合的多种情况；这为上级组织选用企事业领导人提供了参考。

但该模型在实践应用中也存在缺陷，如 LPC 量表的使用方法受到了一些研究的质疑、三个情境因素在实践中的评估也过于复杂。

考研考法突破

考法 1　理论的内容

这部分的知识点常以选择、简答或论述的形式考查考生对于理论的主要内容的掌握，需要注意的是，费德勒模型只是多种领导权变理论中的其中一种，考生在学习时要注意题干信息描述以及与其他理论加以区分。

例 1：（湖南师范大学，2013；辽宁师范大学，2013；华东师范大学，2013；浙江师范大学，2020；辽宁师范大学，2021）简答：简述费德勒的领导权变理论。

【解析】本题以简答题的形式考查费德勒模型理论的主要内容，直接作答即可。

参考答案：

美国管理学家费德勒于 1967 年系统地阐述了权变理论，提出了第一个综合的权变模型。该理论认为，群体绩效的高低取决于领导风格和领导方法对组织与环境的适合度，任何一种领导类型有效与否的关键在于领导风格和具体组织情境的匹配程度。

费德勒编制了 LPC 调查问卷（最不喜欢的合作者调查表）用以测定领导者风格。他认为，一个人的领导风格在短时间内是稳定的，如果领导者的特性与情境要求领导者特性不同，此时若想要达到最佳效果，则需要替换领导者以适应情境，或是改变情境以适应领导者。

该理论认为，领导效果的好坏取决于“领导者与被领导者的关系”“任务结构”和“职位权力”三个情境因素。当这三个情境因素都比较良好时，是对领导者较为有利的情境，反之若三个情境的因素都处于较低水平时，则是对领导者最为不利的情境。

费德勒通过调查，研究了领导类型与三个情境因素之间的匹配关系。研究结果表明，在群体情况极有利或极其不利的情况下，任务导向型是有效的领导形态；在群体情况一般的情况下（适度有利的情况下），关系导向型是有效的领导形态。

考研考法实战 答案见 D71 页

1.（华东师范大学，2012）单选：根据菲德勒的权变理论，当任务有结构，领导－下属关系好且领导者具有较高的职位权力时，最有效的领导方式是（　　）。

A. 任务导向型　　B. 关系导向型

C. 参与型　　D. 支持型

2.（山东师范大学，2012/2014；天津师范大学，2014；西北师范大学，2016）论述：试评述菲德勒的领导权变理论。

考点 2　路径—目标理论

考研基础必备

路径－目标理论（通路－目标模式），也称目标导向模式，由多伦多大学教授伊凡斯提出，其同事豪斯补充、发展完善。该理论将弗洛姆的期望理论与俄亥俄州立大学的双维领导理论相结合，认为领导者的效率取决于他激励下属达成组织目标并在工作中得到满足的能力，领导者的主要任务是阐明对下属工作任务的要求，帮助下属排除实现目标的障碍，使之顺利达到目标，并确保他们的目标与群体和组织的目标相互配合、协调一致，同时还要在实现目标的过程中给予下属多种需要满足和成长发展的机会。

豪斯认为，存在四种领导方式可供领导者在不同环境下进行选择：

（1）指示型。领导者明确对下属提出要求并指明方向，给下属提供他们应该得到的指导和帮助，使下属能够按照工作程序去完成自己的任务，实现自己的目标。

（2）支持型。领导者对下属友好，平易近人，平等待人，关系融洽，关心下属的需求。

（3）参与型。领导者经常与下属沟通信息，商量工作，在作决策前充分听取并认真考虑下属的建议。

（4）成就导向型。领导者向下属设定具有挑战性的目标，期望下属最大限度发挥潜力、达成目标，并不断制定新的目标，持续对下属进行激励。

与费德勒的观点相反，豪斯认为领导者的领导方式是弹性灵活的，可以根据不同的情境表现出任何一种领导方式，领导方式的选择受如下两个因素的影响：

（1）环境因素，如工作性质、权力结构、任务结构、工作群体等。环境因素决定了领导者采用哪种领导方式最为有效。

（2）下属的个性特点，如经验、教育程度、需要等。这一因素决定了环境因素与领导行为的相互作用。

当领导者面临一个新的工作环境时，他可以采用指示型领导方式，指导下属建立明确的任务结构和明确每个人的工作任务；接着可以采用支持型领导方式，有利于与下属形成一种协调和谐的工作气氛。当领导者对组织的情况进一步熟悉后，可以采用参与型领导方式，积极主动地与下属沟通信息，商量工作，让下属参与决策和管理。在此基础上，就可以采用成就指向型领导方式，领导者与下属一起制订具有挑战性的组织目标，然后为实现组织目标而努力工作，并且运用各种有效的方法激励下属实现目标。

考研考法突破

考法 1　理论的内容

这部分的知识点常以选择、简答或论述的形式考查考生对于理论的主要内容的掌握，考生在学习时要注意与其他理论进行区分。

例 2：（浙江师范大学，2014）简答：路径－目标通道领导理论有哪些观点和思想？

【解析】本题通过简答题考查路径－目标理论的观点，直接作答即可。

参考答案：

路径－目标理论也称目标导向模式，由多伦多大学教授伊凡斯提出，其同事豪斯补充、发展完善。该理论将弗洛姆的期望理论与俄亥俄州立大学的双维领导理论相结合，认为领导者的效率取决于他激励下属达成组织目标并在工作中得到满足的能力，领导者的主要任务是阐明对下属工作任务的要求，帮助下属排除实现目标的障碍，使之顺利达到目标，并确保他们的目标与群体和组织的目标相互配合、协调一致，同时还要在实现目标的过程中给予下属多种需要满足和成长发展的机会。

豪斯认为，存在四种领导方式可供领导者在不同环境下进行选择：

（1）指示型。领导者明确对下属提出要求并指明方向，给下属提供他们应该得到的指导和帮助，使下属能够按照工作程序去完成自己的任务，实现自己的目标。

（2）支持型。领导者对下属友好，平易近人，平等待人，关系融洽，关心下属的需求。

（3）参与型。领导者经常与下属沟通信息，商量工作，在作决策前充分听取并认真考虑下属的建议。

（4）成就导向型。领导者向下属设定具有挑战性的目标，期望下属最大限度发挥潜力、达成目标，并不断制定新的目标，持续对下属进行激励。

与费德勒的观点相反，豪斯认为领导者的领导方式是弹性灵活的，为了达到良好的领导效果可以根据不同的情境表现出任何一种领导方式，领导方式的选择受到环境因素（如工作性质、权力结构、任务结构、工作群体等）和下属个性特点（如经验、教育程度、需要等）两个因素的影响。

当领导者面临一个新的工作环境时，他可以采用指示型领导方式，指导下属建立明确的任务结构和明确每个人的工作任务；接着可以采用支持型领导方式，有利于与下属形成一种协调和谐的工作气氛。当领导者对组织的情况进一步熟悉后，可以采用参与型领导方式，积极主动地与下属沟通信息，商量工作，让下属参与决策和管理。在此基础上，就可以采用成就指向型领导方式，领导者与下属一起制订具有挑战性的组织目标，然后为实现组织目标而努力工作，并且运用各种有效的方法激励下属实现目标。

考研考法实战

答案见 D71 页

1.（华东师范大学，2011）单选：根据路径－目标理论，当任务单调且危险时，领导应采用（　　）

A. 成就型风格　　B. 支持型风格

C. 参与型风格　　D. 指导型风格

考点 3　领导—参与模型

考研基础必备

领导－参与模型由弗洛姆和耶顿于 1973 年提出，该模型将领导行为与参与决策联系在一起。该理论认为，有效的领导者应当根据不同情况，让职工不同程度地参与决策，领导方式主要取决于下属参与决策的程度。

领导－参与模型采用决策树的形式提出一系列应遵循的连续规划，以确定在不同情境下参与决策的方式和程序，见图 4–1。这一复杂的决策树模型包含 7 项权变因素（后来扩展为 12 项）和 5 种可供选择的领导方式，领导者分析自己所面临的情境，在决策树末端选择一种最有效的方式，这 5 种领导方式分别是：

（1）独裁 Ⅰ：领导者运用手头资料自己做出决策，解决问题；

（2）独裁 Ⅱ：领导从下属获得必要的供决策的信息资

料，然后独自做出决策。在从下属那里获得信息时，领导可以告诉或不告诉他们领导的问题。在决策中下属的任务是向领导提供必要信息而不是提出或评估可行性解决方案；

（3）磋商Ⅰ：领导与有关的下属进行个别讨论，获得他们的意见和建议。领导在作出决策时可能考虑也可以不考虑下属的意见；

（4）磋商Ⅱ：领导者把决策意图告知下属，并同下属集体讨论有关问题，收集他们的意见和建议，但领导所做出的决策可能考虑也可能不考虑下属的意见；

（5）群体决策 GI：领导者让下属集体了解问题，并共同提出和评价可行性方案，并试图获得一致的解决办法。在决策过程中，领导者只以决策成员的身份参与讨论，并不强求下级遵从他的意见，而是接受和贯彻整个集体所支持的决策。

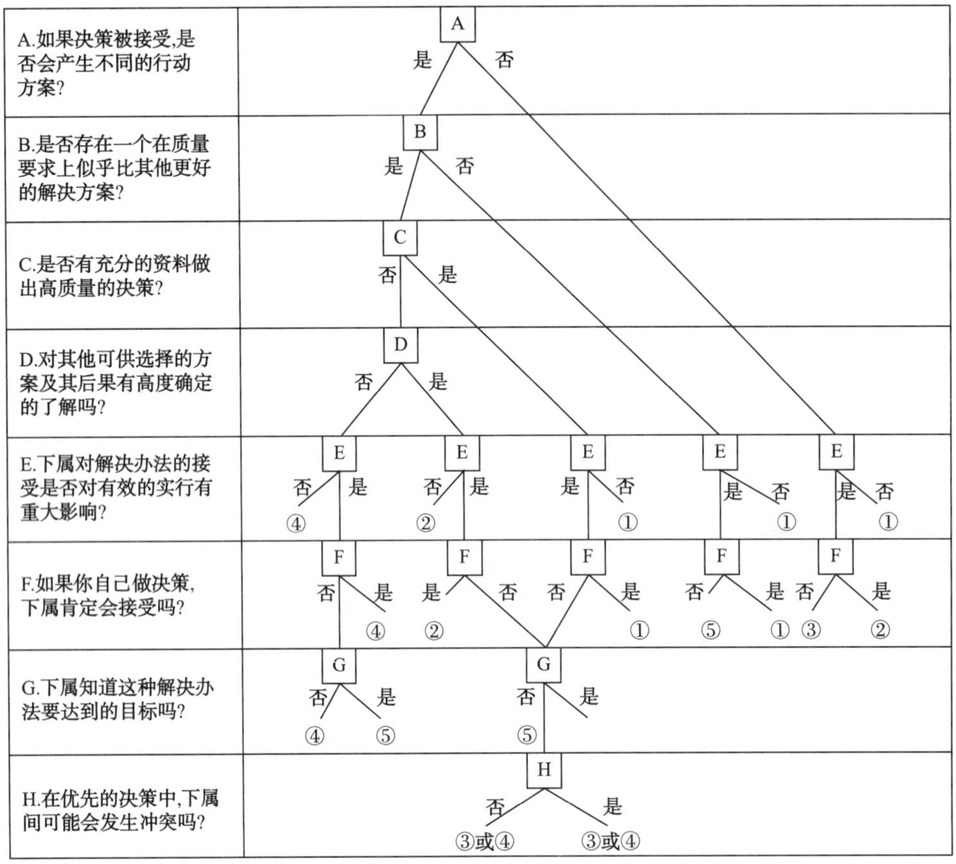

图 4-1　领导－参与模型（引自刘永芳《管理心理学》）

考研考法突破

考法 1　理论的内容

对领导－参与模型这部分的知识点的考查相对较少，一般以选择、判断等客观题形式考查其主要内容，在学习时可先对其主要观点形成一定的了解，在学有余力的基础上进一步学习。

例 3：（华东师范大学，2012）单选：弗鲁姆－耶顿模型是一个立足于（　　）的领导理论。

A. 决策情景　　B. 下属行为

C. 团队管理　　D. 领导能力

【解析】领导－参与模型将领导行为与参与决策联系在一起。该理论认为，有效的领导者应当根据不同情况，让职工不同程度的参与决策，领导方式主要取决于下属参与决策的程度。

参考答案：A

考研考法实战 答案见 D71 页

1. 单选：根据领导－参与模型，领导者从下属处获得必要的信息，然后独自做出决策的方式是（　　）。

A. 独裁Ⅰ　B. 独裁Ⅱ　C. 磋商Ⅰ　D. 磋商Ⅱ

考点 4　生命周期理论（情境领导理论）

考研基础必备

领导生命周期理论（或称情境领导理论）由俄亥俄州立大学学者卡曼提出，保罗何塞（或译保罗赫斯）与肯尼斯布兰查德（或译肯尼斯布朗夏尔）发展而成。该理论认为，在选择适当的领导行为时，下属的成熟水平会发挥着重要作用。领导者所表现出的任务和关系行为的适宜程度取决于下属的成熟程度。

生命周期理论将领导行为分为任务行为（或工作行为）和关系行为两个方面，任务行为表示领导者采取单项沟通方法向下属人员说明应该如何完成任务；关系行为表示领导者采取双向沟通的方式，通过心理关怀、社会情感培养等措施指导下属，并照顾他们的福利。两类行为水平的高低结合出四种领导方式，分别为命令型（指导型）领导、说服型（支持型）领导、参与型领导和授权型领导。

赫斯和布朗夏尔认为，下属的成熟度可以从“工作成熟度”和“心理成熟度”两个方面进行衡量。二者的水平高低结合出四种水平的下属成熟度，分别以 M1 至 M4（或 R1 至 R4）代表不成熟、初步成熟、比较成熟和成熟四种水平，下属的成熟度的水平决定着有效的领导方式，如图 4–2 所示。

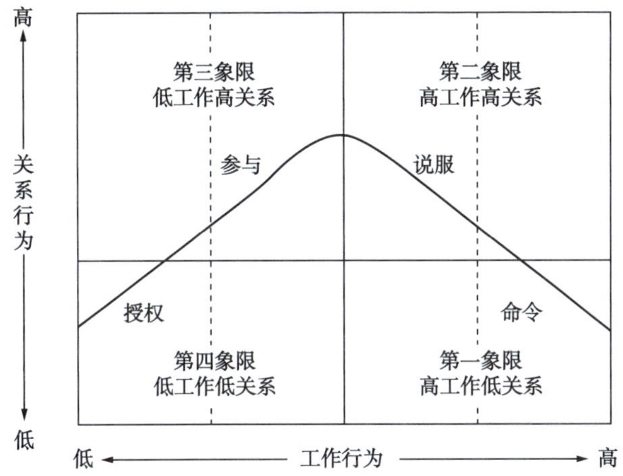

	高	中等		低
成熟	M_4成熟	M_3比较成熟	M_2初步成熟	M_1不成熟
	下属成熟度			

图 4–2　领导生命周期模式（引自刘永芳《管理心理学》）

（1）命令型领导对应高工作、低关系的领导风格，在工作中以单项沟通的方式向下级规定任务。适宜在不成熟的下属中使用。

（2）说服型领导对应高工作、高关系，在工作中与下级通过双向沟通相互交流信息、相互支持。适宜在中等成熟的员工中使用。

（3）参与型领导对应低工作、高关系，在工作中与下级通过双向沟通相互交流信息、相互支持，并欢迎下级参与决策，以鼓励的方式激励下级工作。适宜在中等成熟的员工中使用。

（4）授权型领导对应低工作、低关系，在工作中授权给下级，自身只起到监督保证作用，让下级在取得工作成果的过程中获得胜任感和成就感。适宜在高度成熟的员工中使用。

根据生命周期理论的观点，没有“永远最好”的管理方式，领导者应根据员工所处状态、能力以及意愿来决定自己的领导方式和行为，并结合实际情况不断调整自己的领导行为。例如，职工随着年龄的增长、技术的提高，由不成熟逐渐向成熟发展，因而领导行为也应该按照“低工作高关系→高工作高关系→高工作低关系→低工作低关系”的顺序发展。

考研考法突破

考法 1　理论的内容

这部分的知识点常以选择或简答的形式考查考生对于理论的主要内容的掌握，考生在复习时要注意与其他理论的区分。

例 4：（辽宁师范大学，2011；天津师范大学，2016）简答：简要说明领导情景理论的内涵。

【解析】通过简答题直接考查领导情境理论的主要内容，直接作答即可。

参考答案：

情境领导理论由卡曼、保罗何塞、肯尼斯布兰查德等人提出。该理论认为，在选择适当的领导行为时，下属的成熟水平会发挥着重要作用。领导者所表现出的任务和关系行为的适宜程度取决于下属的成熟程度。

其中，该理论将领导行为分为任务行为和关系行为两个方面，两类行为水平的高低结合出四种领导方式，分别为命令型（指导型）领导、说服型（支持型）领导、参与型领导和授权型领导；下属的成熟度可以从“工作成熟度”和“心理成熟度”两个方面进行衡量。二者的水平高低结合出从不成熟至成熟四种水平的下属成熟度，下属的成熟度的水平决定着有效的领导方式。

在四种领导方式中，命令型领导对应高工作、低关系的领导风格，适宜在不成熟的下属中使用；

说服型领导对应高工作、高关系，适宜在中等成熟的员工中使用；

参与型领导对应低工作、高关系，适宜在中等成熟的员工中使用；

授权型领导对应低工作、低关系，适宜在高度成熟的员工中使用。

考研考法实战 答案见 D71 页

1.（苏州大学，2014）论述：从领导情境理论角度阐述如何使领导者的领导方式与下属员工的成熟度相适应。

第五节　领导理论研究新进展

进入 20 世纪 80 年代后，西方组织行为学界对领导理论的研究进入了大发展的时期，众多领导理论研究学派纷纷登场，研究领域不断拓宽深入，出现了许多领导理论，这里主要介绍变革型和交易型领导理论、领导成员交换理论。

研究真题，明确考况

考试要求	自主命题	
	考题	考查点
1. 领导理论研究的新进展	浙江师范大学，2014 华东师范大学，2011/2012	简答：变革型和交易型领导理论 选择：领导成员交换理论

考点 1 领导理论研究的新进展

考研基础必备

1. 变革型和交易型领导理论

美国政治学家伯恩斯在 1978 年在其撰写的《领导力》一书中划分出了交易型领导与变革型领导两种领导过程类型，认为前者的特征是强调交换，后者的特征是强调改变。1985 年，巴斯提出了范围更广、更加精确的交易型和变革型领导理论，认为这两种领导过程类型是两个独立的概念，具有不同的内涵。

1）变革型领导

变革型领导是指领导者通过让员工意识到所承担任务的重要意义和责任，激发下属的高层次需要或扩展下属的需要和愿望，使下属为团队、组织和更大的政治利益超越个人利益。

变革型领导具有四个方面的特征：

①领导魅力：能够为员工提供任务的愿景和知觉，潜移默化自豪感，以获得尊重和信任。

②感召力（激励）：为员工有持续的高期望，能够用简单的手段表达重要的意图，能够通过动机激励的手段使员工投身工作中。

③智力激发：能够提升员工的智慧，激发员工的创新意识，鼓励员工独立思考、尝试新理论、创造新方法来解决组织的问题。

④个性化关怀：能够创造支持性的氛围，给予员工个人关注，个性化地对待每位员工，提供符合其需求的培训与发展建议。

2）交易型领导

交易型领导是指通过明确自己的工作角色和任务要求来设置自己的工作目标，并引导和激励下级实现这一目标。这类领导重视下属的责任，阐明对下属的期望和下属必须完成的任务，以及下属达到预期标准后所能获取的回报。

交易型领导具有如下几方面的特点：

①一致性的奖励：领导通过向下属承诺、提供一定的报酬来换取下属的努力工作和服从。

②差错管理（例外管理）：是指对下属工作中出现的错误和偏差进行纠正，包括积极的差错管理和消极的差错管理。前者一般在问题发生前观察和寻找对于标准的背离，并对可能偏离规范的员工行为加以纠正；后者一般是领导者在问题已经发生或是已有标准未能满足时所采取的干涉行动。

③放任：即领导者正式放弃责任，避免做出决策。

交易型领导与变革型领导二者是共存、互动的，在管理工作中，应当采取什么样的领导方式还需要根据情况进行灵活的选择。

2. 领导成员交换理论（LMX 理论）

领导－成员交换理论描述了领导者和下属的相互影响，探讨了下属在组织中的角色，和在长时间中如何发展出一种个人关系。

该理论认为，通常在下属加入一个团体或组织后不久，领导者与下属之间就会建立起两种不同类型的关系角色交往，有一些下属会成为“圈内人”（发挥领导者助理、副手或顾问的作用），其他下属成为“圈外人”，并且这种关系一旦建立即相对稳定，不随时间推移而改变。

这两种领导—成员交换是不同的。圈内人交换的特点是信任、相互影响和支持水平高，圈内人在交谈中表现出更高的相互信任，而圈外人之间的信任和支持水平低，领导与属于“圈外人”的下属进行交谈时会表现出更强的支配性。

在工作中，“圈外人”下属只需要达到正式的角色需求，而“圈内人”下属则具有更大的自主权和控制权，但也会受到更高的期望、需要更加努力、承担更高的管理义务、更忠于领导者。相对于此，领导者也必须通过关注圈内下属的需求来维持与圈内人的关系，这是一种不断重复的交换循环，除非循环被打破，否则这一种交换关系可以发展成为很高程度的相互依赖、信任和支持。

考法 1 变革型和交易型领导理论

在领导理论部分的知识点考查中，变革型和交易型领导理论是较少考查到的知识点，一般通过选择、简答题的形式考查考生对于变革型领导理论的主要内容的掌握，在学习中可先对该理论的理论内容形成基本的了解，结合目标院校历年考情有选择性地进行后续学习。

例 1：（浙江师范大学，2014）简答：何谓变革型领导？变革型领导理论有哪些领导特征？

【解析】通过简答题考查变革型领导的概念与领导特征，直接根据题干信息分点作答即可。

参考答案：

美国政治学家伯恩斯在 1978 年在其撰写的《领导力》一书中划分出了交易型领导与变革型领导两种领导过程类型。

其中，变革型领导是指领导者通过让员工意识到所承担任务的重要意义和责任，激发下属的高层次需要或扩展下属的需要和愿望，使下属为团队、组织和更大的政治利益超越个人利益。

变革型领导具有四个方面的特征：

①领导魅力：能够为员工提供任务的愿景和知觉，潜移默化自豪感，以获得尊重和信任；

②感召力（激励）：为员工有持续的高期望，能够用简单的手段表达重要的意图，能够通过动机激励的手段使员工投身工作中；

③智力激发：能够提升员工的智慧，激发员工的创新意识，鼓励员工独立思考、尝试新理论、创造新方法来解决组织的问题；

④个性化关怀：能够创造支持性的氛围，给予员工个人关注，个性化地对待每位员工，提供符合其需求的培训与发展建议。

考法 2 领导成员交换理论

在领导理论部分的知识点考查中，领导成员交换理论是较少考查到的知识点，一般通过选择的形式考查考生对于领导成员交换理论的主要内容的掌握，在学习中可先对该理论的理论内容形成基本的了解，结合目标院校历年考情有选择性地进行后续学习。

例 2：（华东师范大学，2012）单选：领导－成员交换理论关注（　　）

A. 领导者采取何种行为促进下属实现目标

B. 领导者的认知能力和工作绩效

C. 下属的个体差异对上司行为的影响

D. 下属的成熟度

【解析】领导 – 成员交换理论描述了领导者和下属的相互影响，探讨了下属在组织中的角色，和在长时间中如何发展出一种个人关系。一般来说，态度或个性与领导者的相似性，能力的高低、相容性、依赖性等是确定圈内人或圈外人的重要影响因素，也就是下属的个体差异造成的。

参考答案：C

考研考法实战 答案见 D71 页

1.（华东师范大学，2011）单选：强调每对领导者和下属之间的个性化关系重要性的领导理论是（　　）。

A. PM 理论　　B. 行为理论

C. 弗洛姆—耶顿模型　　D. LMX 理论

章节考点　综合训练

答案见 D71 页

一、选择题

1.（华东师范大学，2015）根据日本学者三隅二不二的领导行为理论，（　　）类型的领导效果最好。

A. P 型　　B. M 型　　C. PM 型　　D. pm 型

2. 在管理方格理论中，（9.1）型管理方式又称为（　　）。

A. 贫乏型管理　　B. 俱乐部型管理

C. 任务型管理　　D. 中间道路型管理

3. 豪斯的通路 – 目标领导理论中，领导者是友好而亲近的，对下属行为表现出诚恳的关注，这种领导方式是（　　）。

A. 指导型领导　　B. 参与型领导

C. 授权型领导　　D. 支持型领导

4. 根据生命周期理论，对从事科学工作的专家、从事教育工作的教授，应采取的领导方式是（　　）。

A. 高工作低关系　　B. 高工作高关系

C. 高关系低工作　　D. 低关系低工作

二、名词解释

1. 民主型领导。
2.（天津师范大学，2015）非权力性影响力。
3.（南开大学，2015）变革型领导。
4. 领导特质理论。
5.（湖南师范大学，2011/2015）领导权变理论。

三、简答题

1.（西南大学，2011；湖南师范大学，2013；东北师范大学，2017）简述领导权变理论。

四、论述题

1.（北京大学，2015；东北师范大学，2021）论述领导风格理论。
2.（曲阜师范大学，2021）评述西方领导理论发展过程。

五、案例分析

1.（山东师范大学，2011）请用管理心理学中相关的领导理论分析以下案例。

张峰在某大型家电产品公司工作，前几年因为工作突出被从基层职员提拔为西区的大区经理，他现在管理着 10 个人。张峰认为自己是“富有人情味的人”，但他的手下工作效率并不高。他手下的人一部分有能力而且积极地完成工作，一部分虽然能力差些但工作积极，还有些人有能力但工作不积极，另一些人则显得对工作漠不关心且难以完成工作。有两个典型：王强和吴力。王强已经工作四年，是个靠得住的人，平时关心顾客，工作有效率。张峰与王强处得很好，而且他相信王强能在没有监督的情况下完成工作。吴力的情况则完全不同，他在这个岗位的时间还不到一年。在张峰看来，吴力在与同事的交往上花了太多的时间，天天吴力都是第一个下班的人，他几乎没有完成过规定标准 75% 的工作量。

在一次沟通技巧培训课程结束后，张峰决定对每个人要更加友善和坦诚，尤其是对吴力和其他表现差的人，他要更关心他们的生活、理解他们的感受。因为从前他给了他们太多的压力，要求他们取得更高的绩效并建立有纪律的工作习惯。他希望吴力（还有其他人）会逐渐成长并进入良好的工作状态。

两个星期后，张峰坐在自己的办公室里，心情沮丧。他在自己领导风格方面所做的改变显然是不成功的，不仅吴力的绩效没有提高，而且其他雇员（包括王强在内）的工作业绩与以前相比，都出现了下滑。假日购物黄金季节正处于要害时刻，老板正不断地向他施加压力，要求他马上改进。张峰想知道：到底哪里出了问题呢？

第五章 组织心理与管理

本章有组织的形式、组织承诺、组织文化、组织变革与发展和组织沟通与冲突等内容。本章内容属于管理心理学次重要考点内容，这部分的知识通常以选择、名解、简答等形式考查考生对于知识点的掌握程度，复习过程中注意小知识点的记忆；本章内容也可能通过案例分析的形式考查考生对于理论在实际生活中的运用能力。因此，希望考生在复习时能够详细理解每部分的内容，多多练习，并认真识记。

第一节 组织概述

研究真题，明确考况

考试要求	自主命题	
	考题	考查点
1. 组织的基本概念	苏州大学，2014 浙江师范大学，2015	名解：组织的基本概念

考点 1 组织的基本概念

考研基础必备

1. 组织的定义

组织是指人们为实现某一特定的共同目标，相互依赖、彼此协作而形成的人群集合系统（机构或团体）。组织具有社会功能、管理功能和个人功能。

2. 组织的分类

按照组织的性质进行分类，组织的类型包括正式组织、非正式组织两种。

其中，正式组织的组织结构、成员的权利与义务，均由管理部门规定，其活动必须服从企业的规章制度和组织纪律。正式组织内的个人是可以替换的，不重视个人的独特性；

非正式组织是未经管理部门规定的、自发形成的，是以感情为基础的无形组织。非正式组织的基本功能是满足成员的心理需要。

3. 组织与管理

管理就是在特定的环境下，对组织所拥有的资源进行有效的计划、组织、激励、领导和控制，以达到既定组织目标的过程。

组织与管理之间有密不可分的关系：

（1）任何组织都需要管理。组织成员之间的协调是组织存在并正常运行的前提，也是管理的基本内容之一，管理是任何组织都不可或缺的。

（2）管理的目标是保证组织目标的实现。管理是任何组织不可缺少的，但绝不是独立存在的，管理不具有自己的目标，其目的只是保证作业活动的有效进行，为实现组织目标服务，不能为管理而进行管理。

（3）管理工作的效果通过组织效率和组织效能来衡量。管理要通过运用组织中的各种资源来实现组织的目标。在组织活动中，管理负责把资源转化为成果，将投入转化为产出。

（4）组织的发展演变是管理思想发展、管理技术提高的源泉。对组织发展中出现的问题的探索能够促进管理思想的发展与管理技术方法的进步。

考研考法突破

考法 1 组织的基本概念

组织的基本概念在初试的考查中相对较少，通常以名词解释等客观题形式进行考查，在学习时注意识记概念性的知识点即可。

例 1：（苏州大学，2014）名词解释：非正式组织

【解析】本题考查非正式组织的概念。

参考答案：非正式组织是未经管理部门规定的、自发形成的，是以感情为基础的无形组织。非正式组织的基本功能是满足成员的心理需要。

例 2：（浙江师范大学，2015）名词解释：组织管理。

【解析】本题考查组织管理的含义。

参考答案：组织管理就是在特定的环境下，对组织所拥有的资源进行有效的计划、组织、激励、领导和控制，以达到既定组织目标的过程。

考研考法实战 答案见 D75 页

1. 名词解释：组织。
2. 简答：组织和管理的关系。

第二节　组织结构与组织设计

研究真题，明确考况

考试要求	自主命题	
	考题	考查点
1. 组织结构	华东师范大学，2019 江西师范大学，2016 湖南师范大学，2020	选择：组织结构形式的区分
2. 组织设计趋势	陕西师范大学，2015 华中师范大学，2017	判断 / 简答： 扁平化组织的特点
3. 工作再设计	湖南师范大学，2014 华东师范大学，2012/2013/2015	名解 / 选择： 工作再设计的概念与方法

考点 1　组织结构

考研基础必备

1. 组织结构的概念

组织结构是表现组织各部分排列顺序、空间位置、聚集状态、联系方式以及各要素之间相互关系的一种模式，是执行管理和经营任务的体制，在一定程度上反映了组织内部的文化与各种权力关系，是组织设计的重要依据。

2. 组织结构形式

一般而言，组织结构的形式有以下几种：

1）直线型组织结构

①特点：组织中的一切管理工作均由领导者直接指挥和管理，不设专门的职能机构。

②适用范围：适应于小规模组织，或者是组织规模较大但活动内容比较单纯的组织。

③评价：

优点：结构比较简单；责任与职权明确；

缺点：在组织规模较大的情况下所有管理职能都集中由一个人承担，是比较困难的；部门间协调差。

2）职能型组织结构

①特点：它是按职能来组织部门分工，即从企业高层到基层，均把承担相同职能的管理业务及其人员组合在一起，设置相应的管理部门和管理职务。

②适用范围：主要适用于中小型的、产品品种比较单一、生产技术发展变化较慢、外部环境比较稳定的企业。

③评价：

优点：使用人员灵活性较大；专业人员可以从本职部门获得一条顺畅的晋升途径；有助于项目的技术问题获得创造性地解决等。

缺点：没有一个直接对项目负责的强有力的权力中心或个人；协调十分困难；没有客户问题处理中心等。

3）直线职能型组织结构

①特点：以直线为基础，在各级行政主管之下设置相应的职能部门（如计划、销售、供应、财务等部门）从事专业管理，作为该级行政主管的参谋，实行主管统一指挥与职能部门参谋－指导相结合。

②适用范围：在大中型组织中尤为普遍。

③评价：

优点：快速、灵活、维持成本低且责任清晰；既保持了直线型结构集中统一指挥的优点，又吸收了职能型结构分工细密、注重专业化管理的长处，从而有助于提高管理工作的效率。

缺点：属于典型的“集权式”结构；各职能部门之间的横向联系较差，容易产生脱节和矛盾；信息传递路线较长，反馈较慢，难以适应环境的迅速变化等。

（4）事业部制组织结构

①特点：在总公司领导下设立多个事业部，把分权管理与独立核算结合在一起，按产品、地区或市场（顾客）划分经营单位，即事业部。每个事业部都有自己的产品和特定的市场，能够完成某种产品从生产到销售的全部职能。

②适用范围：适用于产业多元化、品种多样化、各有独立的市场，而且市场环境变化较快的大型企业。

③评价：

优点：每个事业部都有自己的产品和市场，能够规划其未来发展；权力下放；各事业部门之间可以有比较、有竞争；各事业部自主经营，责任明确等。

缺点：由于各事业部利益的独立性，容易滋长本位主义；一定程度上增加了费用开支；对公司总部的管理工作要求较高，否则容易发生失控等。

（5）超事业部制组织结构

①特点：是在事业部制组织结构的基础上，在组织最高管理层和各个事业部之间增加了一级管理机构，负责管辖和协调所属各个事业部的活动，使领导方式在分权的基础上又适当的集中。

②适用范围：适用于产业多元化、品种多样化、各有独立的市场，而且市场环境变化较快的大型企业。

③评价：

优点：更好地协调各事业部之间的关系；减轻公司总部的工作负荷；通过超事业部强化了对各事业部的统一领导和有效管理。

缺点：增加了需要配备的人员和支付的各项费用。

（6）矩阵型组织结构

①特点：按照职能划分的纵向领导系统和按项目（任

务或产品）划分的横向领导系统相结合的组织形式。这种纵横交叉的领导系统构成了矩阵结构。

②适用范围：运用于行政组织和其他组织。

③评价：

优点：把职能分工与组织合作结合起来，从专项任务的全局出发，促进组织职能和专业协作，有利于任务的完成；在执行专项任务组织中，有助于专业知识与组织职权相结合。

缺点：组织结构复杂，各专项任务组织与各职能机构关系复杂，协调困难；专项任务组织负责人的权力与责任不相称，如果缺乏有力的支持与合作，工作难以顺利开展。

考研考法突破

考法 1　组织结构形式的区分

这部分的知识点一般通过选择题的形式考查考生对不同形式组织结构特点的掌握，在学习该考点知识切忌死记硬背，应以理解为主，同时注意对不同形式的组织结构加以区分。

例 1：（华东师范大学，2019）单选："组→车间→工厂→部门→部"体现了（　　）的组织结构。

A. 初级直线型　　B. 复杂直线型

C. 职能型　　D. 直线职能型

【解析】组→车间→工厂→部门→部的组织形式是典型的直线型组织结构，因此 C、D 排除。复杂直线型是指一切初级组织，在领导者的开创下被结合（两个或三个等）成一些部门，这些部门又可同样地被结合成更大的组织单位等。在线性组织内每个人仅有一个领导者。并且服从的路线是自上而下的，任何地方均不交叉。因此选 A

参考答案：A

考研考法实战 答案见 D75 页

1.（江西师范大学，2016）单选：妨碍了必要的集中领导和统一指挥的组织结构是（　　）。

A. 职能型组织结构　　B. 矩阵型组织结构

C. 直线型组织结构　　D. 事业部制的组织结构

考点 2　组织设计的趋势

考研基础必备

现代组织设计出现了一些新的趋势，主要表现为：组织结构扁平化、组织结构柔性化、组织界限模糊化、组织管理信息化、组织运营信息化。

组织结构扁平化的特点：减少组织纵向层次，使组织结构变得扁平。一方面，扁平化组织可以减少组织层次，降低组织运行成本，另一方面，也可以使上下级沟通更方便，高层领导了解基层情况更快捷，从而有利于组织对变化的环境做出快速反应。

扁平化组织的特点：①管理幅度较宽；

②能够丰富管理者的管理技能；

③有利于提高员工的成熟度；

④给员工的授权更充分。

考研考法突破

考法 1　扁平化组织的特点

这部分的知识点常以选择、判断或简答的形式考查考生对于扁平化组织特点的掌握。

例 2：（陕西师范大学，2015）判断：扁平型组织结构的优点是减少了组织层级，增大了控制幅度，通过上下层之间信息传递的效率，但随之而来的工作内容丰富化，导致组织的管理成本有所提高。（　　）

【解析】本题考查扁平型组织的优点。组织结构扁平化一方面可以减少组织层次，降低组织运行成本，另一方面，可以使上下级沟通更加方便，高层领导了解基层情况更便捷。导致组织管理成本提高并不属于扁平化组织的特点。

参考答案：错误

考研考法实战 答案见 D75 页

1.（华中师范大学，2017）简答：简述扁平化组织结构。

考点 3　工作再设计

考研基础必备

组织设计往往还涉及组织工作的再设计。工作再设计是指为了有效地实现组织目标，促进组织发展而采取的满足职工个人需要相关的工作安排，是对于工作内容、工作职能、工作关系的重新设计。

工作再设计主要是为了减少员工长期从事一项工作所产生的单调感，激发员工的工作积极性，帮助员工能够更好地适应组织环境的变化。工作再设计的具体方法包括：

1）工作轮换

工作轮换是将员工从一个岗位换到另一个岗位的方法。一方面减少员工工作的单调感，另一方面可以培养员工多方面的工作技能。

2）工作扩大化

在员工原来工作的基础上，再给员工适当增加一些相关的工作任务。这种工作设计能够节约时间，提高工作效率，由于员工完成整个产品的程度较高，因此能够唤起员工心中的成就感，带来产品质量的改进与员工满意度的提高。

3）工作丰富化

通过纵向深化工作，以改变工作内容来达到激励员工工作积极性的目的。例如把工作设计的更有挑战性、增加员工工作责任感、给予员工工作自主权。工作丰富化的理论基础是赫茨伯格的双因素理论。

4）弹性工作制

通过给予员工一定的工作时间安排自主权，来达到激励员工工作积极性的目的。一方面这种工作再设计的方法更加适应现代社会的生活节奏，减轻员工工作和生活压力，减少员工缺勤率、迟到率和流失率，降低了组织的运行成本。具体形式有如下几种：

①核心时间与弹性时间结合制：规定员工在一定时间期限内到岗，环绕两头的弹性时间由员工自由安排；

②成果中心制：规定员工在一定时限内向组织提交工作成果，工作时间与工作地点都可由员工自行安排；

③紧缩工作时间制：员工可以将一周的工作压缩在两三天内完成，剩余时间自行安排。

考研考法突破

考法 1　工作再设计的概念与方法

这部分的考点通常以选择、判断、名解等客观题形式直接考查考生对于工作再设计的概念与方法的掌握，考生在学习时熟练识记即可。

例 3：（湖南师范大学，2014；曲阜师范大学，2021）名词解释：工作再设计

【解析】本题考查工作再设计的概念。

参考答案：工作再设计是对于工作内容、工作职能、工作关系的重新设计。工作再设计主要是为了减少员工长期从事一项工作所产生的单调感，激发员工的工作积极性，帮助员工能够更好地适应组织环境的变化。

例 4：（华东师范大学，2012）单选：对工作内容和责任进行纵向扩展的工作设计方式是（　　）

A. 工作丰富化　　B. 工作扩大化

C. 工作轮换　　D. 岗位扩展

【解析】本题考查工作再设计的方法。对工作内容和责任进行纵向扩展的工作设计方式是工作丰富化。

参考答案：A

考研考法实战 答案见 D75 页

1.（华东师范大学，2013）名词解释：工作丰富化

第三节　组织变革与发展

研究真题，明确考况

考试要求	自主命题	
	考题	考查点
1. 组织变革	苏州大学，2012 西南大学，2012 天津师范大学，2011 西北师范大学，2012/2015 浙江师范大学，2017 上海师范大学，2021	简答 / 论述：组织变革的动力 论述：组织变革的阻力与应对方法
2. 组织发展	湖南师范大学，2017 苏州大学，2012/2016	名解：组织发展的含义 简答：组织发展的方法

考点 1　组织变革

考研基础必备

1. 组织变革的定义

组织变革也称组织改革，根据组织内外环境的变化要求，运用管理学、管理心理学的原理和方法，对组织的结构和技术进行更新，改变组织成员的心理与行为，以保持和促进组织效率的过程。

2. 组织变革的动因

1）外部环境的变化

组织的生存和发展和竞争能力都与外部环境息息相关并受其制约。当外部环境变动时，各种组织都需通过调整和变革去适应外部环境，并与其保持平衡，从而得到自身生存发展的调节，否则就会被淘汰。所以，外部环境是组织变革的一种巨大的推动力。

具体而言，主要包括社会政治因素、社会经济发展、生成技术与科学技术的发展、国内外市场变化、顾客需要的变化等。

2）内部环境的变化

组织成员的工作态度、工作期望、个人价值观念等方面的变化若同组织目标、组织结构、权力系统不相适应时，就需要进行组织变革。二者之间的不适应和相应矛盾的表现主要有：

①组织成员要求在工作中有个人发展机会，但组织仍倾向于简单化、专制化的管理方式；

②组织成员希望彼此以公平平等的态度相待，但组织仍是等级分明、地位差别大，使组织成员产生强烈的不公平感；

③组织成员的工作热情逐渐转向以工作本身所产生的内在利益、人的尊严和责任性为基础，但组织仍只靠奖惩推动成员工作；

④组织成员希望从工作中立即获得当前需要的满足，但组织的奖惩仍是延迟满足，不能立即兑现；

⑤组织成员希望从组织中获得尊重、信任等情感满足，但组织只强调任务是否完成，不注重人的情感需要；

⑥组织成员随着自身素质的变化和生活水平的提高，要求组织采用新的管理制度或管理方法，但组织领导仍习惯于老一套陈旧的制度或工作方法。

3. 组织变革的阻力与克服办法

1）组织变革的阻力

组织变革的阻力可以是多方面的，有社会的政治、经济、法律秩序等因素的制约，也有组织本身的体制、人员素质、技术、财力等因素的作用，主要有以下三个阻力因素：

①经济因素：经济利益得失的考虑往往也是变革的一种阻力；

②社会因素：组织中存在的非正式群体，会在组织变革时受到巨大的冲击，也可能成为变革的一种阻力；

③心理因素：包括急剧变革导致的陌生感、不适应感而产生的心理失衡，组织成员安于现状、求稳怕乱的心理惰性，人事或技术变革对人员地位与权力的冲击等。

2）组织变革阻力的克服办法

①统一认识：当组织变革成为全体员工的迫切要求时，就会产生一股要求变革的强大动力，推动变革的开展。因此，认识得到统一，组织成员才会有自觉的行动，使变革开展起来、坚持下去。

②积极参与：人们对某项事情的参与程度越高，越会感到自己承担的责任重大，并把这件事当做自己的事情。当组织成员积极参与时，就容易产生认同感，减少抵触情绪，组织变革就会顺利进行。

③威信：威信高的领导对组织的影响力大，有威信的领导人的改革会容易被人接受。

④心理适应：人们对变革所带来的新的活动方式和行为规范有一个适应过程，因此，组织变革需要时间。

⑤注意群体作用：群体是联系个人与组织的桥梁，在组织变革时，应注意引导，善于找到变革的内容与群体成员的心理行为有意义的结合点，利用健康群体的积极力量去影响和转化群体成员的观念和行为。

4. 组织变革的方法与过程

1）组织变革的方法

组织变革应根据任务的不同采取不同的方法，通常而言组织变革有以下几种方法：

①通过改革组织结构，从领导与管理系统的调整入手实现组织变革；

②通过改变心理环境，提高业务素质实现组织变革；

③通过调节与控制外部环境条件实现组织变革；

④通过改变技术实现组织变革。

2）组织变革的过程

勒温将组织变革的过程划分为解冻、移动、重新冻结三个步骤：

①解冻：即激励要求变革的动机，要使职工们认识到照老办法下去不能达到希望的结果，为了做到这一点，就要使职工感到变革的迫切性，只有当职工自己认识的旧观念、旧行为实在行不通，迫切要求变革，愿意接受新的东西时，变革的实行才有可能。

②移动：即按照计划实施和推行变革措施。从形式上看，变革可能是渐进的、微妙的变化过程，也可能是突进的、戏剧性的变化过程。

③再冻结：即巩固变革成果，防止回到以前的角色和行为模式。

考研考法突破

考法1　组织变革的动力

这部分的考点通常以简答或论述的形式直接考查动力都包括什么，可以要求考生结合实际，也可以与组织变革的含义进行综合考查。

例1：（苏州大学，2012）论述：请结合实际论述组织变革的动力。

【解析】本题通过论述题考查组织变革的动力，在作答时需要结合实际介绍组织变革的动力并适当举例。

参考答案：

组织变革是根据组织内外环境的变化要求，运用管理学、管理心理学的原理和方法，对组织的结构和技术进行更新，改变组织成员的心理与行为，以保持和促进组织效率的过程。

组织变革的动力可以分为外部和内部两个方面：

1）外部环境的变化

组织的生存和发展和竞争能力都与外部环境息息相关并受其制约。当外部环境变动时，各种组织都需通过调整和变革去适应外部环境，并与其保持平衡，从而得到自身生存发展的调节，否则就会被淘汰。所以，外部环境是组织变革的一种巨大的推动力。

例如，随着生产技术的发展，生产技术不断复杂化，分工也越来越精细，管理者们对技术的了解越来越有限，而最了解生产技术和服务技巧的往往是处于一线的员工，因此，现代组织企业需要开始从从前的集权制向授权制进行转变，基层的员工需要获得相应的授权，才能够使生产和服务更加周全。并且在此背景下，产品的产量和质量迅速提高，商品的生产成本逐渐降低，顾客对产品质量的需求也随之提高，这使得市场由卖方市场向买方市场进行转变，这就要求企业充分重视和利用消费者的个性化需求，以市场为导向，从多层次和多渠道上建立与市场的联系，这一变化也会导致企业的组织结构不断分散化。

2）内部环境的变化

组织成员的工作态度、工作期望、个人价值观念等方面的变化若同组织目标、组织结构、权力系统不相适应时，就需要进行组织变革。

例如，随着组织与组织成员的发展，组织成员可能会开始要求有更多的个人发展机会、需要有公平平等的组织环境、从组织中获得满足与尊重等等方面的需求，而此时组织若仍然倾向于简单化与专制化的管理方式、等级严明地位差别大、只强调生产效率而忽略情感需要，组织成员与组织之间的矛盾就会推动组织变革的产生。

（注：结合实际进行论述，言之有理即可。）

考法2　组织变革阻力与应对方法

这部分的考点通常以简答或论述的形式直接考查组织变革的阻力与应对方法，学习中可以联系实际对考点内容加以理解。

例2：（西北师范大学，2015；浙江师范大学，2017）简答：简述克服组织变革阻力的途径。

【解析】本题考查组织变革阻力的应对方法，先简要介绍组织变革的阻力，再回答应对阻力的方法。

参考答案：

组织变革的阻力可以是多方面的，有社会的政治、经济、法律秩序等因素的制约，也有组织本身的体制、人员素质、技术、财力等因素的作用。总的来说组织变革的阻力包括经济因素、社会因素和心理因素三个方面。

可以从如下几方面采取适当的方法与措施应对人们抵制变革的心态：

①统一认识：当组织变革成为全体员工的迫切要求时，就会产生一股要求变革的强大动力，推动变革的开展。

②积极参与：人们对某项事情的参与程度越高，越会感到自己承担的责任重大，并把这件事当做自己的事情。当组织成员积极参与到组织变革中时，更容易产生认同感、减少抵触情绪，就能更顺利地进行组织变革。

③威信：威信高的领导对组织的影响力大，有威信的领导人的改革会容易被人接受。

④心理适应：人们对变革所带来的新的活动方式和行为规范有一个适应过程，给予员工缓冲时间、帮助员工完成心理适应过程有利于应对组织变革的阻力。

⑤注意群体作用：群体是联系个人与组织的桥梁，在组织变革时，应注意引导，善于找到变革的内容与群体成员的心理行为有意义的结合点，利用健康群体的积极力量去影响和转化群体成员的观念和行为。

考研考法实战 答案见 D75 页

1.（天津师范大学，2011；西北师范大学，2012）论述：组织变革常常会遇到来自各个方面的抵制和反对。常见的抵制现象有哪些？如何应对？

（上海师范大学，2021）案例分析：结合材料分析组织变革阻力的来源，克服组织变革的方法措施？

考点 2　组织发展

考研基础必备

组织发展是对组织的某些部分或方面进行修正或整顿，或对整个组织进行有计划的、系统的、长远的调整过程，致力于改进组织和组织中的人。

组织发展的方法主要有如下几种：

（1）敏感性训练：通过无结构小组的相互作用改变行为的方法；

（2）调查反馈：评估组织成员所持有的态度，识别成员之间的认知差异；

（3）过程咨询：外部顾问帮助客户对必须处理的事件进行认识、理解和行动，如流程、非正式关系、沟通渠道等；

（4）团队建设：利用高度互动的群体活动来提高团队成员之间的信任与真诚；

（5）群体间关系的开放：致力于改变群体间的态度、成见和观念。

考研考法突破

考法 1　组织发展的方法

这部分的考点一般以名词解释、选择或简答的形式直接考查组织发展的方法。

例 3：（华东师范大学，2012）单选：T 群体训练是（　　）的一种技术。

A. 组织变革　　　　B. 组织发展

C. 组织文化建设　　D. 组织绩效改进

【解析】本题考查组织发展的方法（干预措施），T 群体训练即敏感性训练，因此选 B。

参考答案：B

考研考法实战 答案见 D76 页

1.（苏州大学，2016）简答：实行组织发展的主要方法有哪些？

第四节　组织文化与组织冲突

研究真题，明确考况

考试要求	自主命题	
	考题	考查点
1. 组织文化	南京师范大学，2012 苏州大学，2017 天津师范大学，2014/2016/2019/2021 湖南师范大学，2017 山东师范大学，2015 江西师范大学，2015 浙江师范大学，2016 陕西师范大学，2013	名解 / 简答 / 判断： 组织文化的内容 简答：组织文化的形成
2. 组织冲突	华东师范大学，2014/2017	简答：组织冲突的内容

考点 1 组织文化

考研基础必备

组织文化是指支配组织成员在面对问题和机遇时进行思考和行动的共同设想、价值观和信念的基本模式，是规范组织行为的一种无形力量，是影响组织气氛和士气的重要因素。其中组织文化的核心是组织的价值观。

1. 组织文化的结构

组织文化结构可以分为三个层面：精神层、制度层和物质层。

①精神层是组织文化的最深层结构，是组织文化的核心，包括了组织精神、管理哲学、组织道德、组织价值和组织风貌等，阐释的是组织存在的意义。

②制度层是具有组织文化特色的规章制度、道德规范和职工行为准则的综合，包括组织规定、组织纪律等，目的是为了规范和统一员工的行为，达到组织的具体目标。

③物质层是组织文化的生产经营过程和产品的总和，还包括实体性的文化设施。

2. 组织文化的功能

1）导向功能

组织文化的导向作用，是指组织文化把组织整体及组织员工个人的价值取向及行为取向引导到组织所确定的目标上来。

2）规范功能

组织文化是用一种无形的思想上的约束力量，形成一种软规范，制约员工的行为，以此来弥补规章制度的不足。

3）凝聚功能

组织文化可以向人们展示某种信仰和态度，它影响着组织成员的处世哲学和世界观，而且也会影响人们的思维方式。因此，组织文化能起到“粘合剂”的作用。

4）激励功能

良好的组织文化，往往会产生一种激励机制，这种环境和机制可以使每个成员所做出的贡献都会及时得到其他员工及领导的赞赏和奖励。

5）辐射功能

组织文化的建立，组织形象的梳理，除了对本组织产生很大的影响外，还会对公众、对本地区乃至国内外组织产生一定的影响。

补充：组织形象是社会公众对组织综合评价后形成的总体印象，包括组织精神、价值观念、行为规范、道德准则、经营作风、管理水平等要素的综合反映。

6）决策支持作用

鲜明的组织文化有明确的组织价值观和目标，它使得组织能在纷繁复杂的内外部环境中对不同的事物做出判断和选择。

7）陶冶作用

组织文化能塑造人，在潜移默化中改变组织员工的行为。

3. 组织文化形成过程

一般认为组织文化的形成过程有四个阶段：

①组织创建者的经营理念与经营哲学形成阶段：组织文化的最初源头是组织的创始人，从一定意义上说，组织文化就是创始人的设想和偏好与员工自身经验相互作用的结果。

②甄选阶段：保证所聘员工价值观与组织一致。

③高层管理人员的言传身教阶段：高层管理者通过自己的言行举止，把行为准则渗透到组织中去。

④社会化阶段：帮助新员工适应组织文化。

考研考法突破

考法 1 组织文化的内容

此考点常以名词解释、判断题、简答题的形式直接考查组织文化的定义、结构和功能。考生在学习时需要熟练掌握，多多练习。

例 1：（山东师范大学，2015）简答：什么是组织文化？组织文化的功能表现在哪些方面？

【解析】本题将组织文化的概念和组织文化的功能进行综合考查。

参考答案：

组织文化是指支配组织成员在面对问题和机遇时进行思考和行动的共同设想、价值观和信念的基本模式，是规范组织行为的一种无形力量，是影响组织气氛和士气的重要因素。其中组织文化的核心是组织的价值观。

组织文化的功能表现在如下几个方面：

（1）导向功能：组织文化的导向作用，是指组织文化把组织整体及组织员工个人的价值取向及行为取向引导到组织所确定的目标上来。

（2）规范功能：组织文化是用一种无形的思想上的约束力量，形成一种软规范，制约员工的行为，以此来弥补规章制度的不足。

（3）凝聚功能：组织文化可以向人们展示某种信仰和态度，它影响着组织成员的处世哲学和世界观，而且也会影响人们的思维方式。因此，组织文化能起到“粘合剂”的作用。

（4）激励功能：良好的组织文化，往往会产生一种激励机制，这种环境和机制可以使每个成员所做出的贡献都会及时得到其他员工及领导的赞赏和奖励。

（5）辐射功能：组织文化的建立与组织形象的梳理，除了对本组织产生很大的影响外，还会对公众、对本地区乃至国内外组织产生一定的影响。

（6）决策支持作用：鲜明的组织文化有明确的组织价值观和目标，它使得组织能在纷繁复杂的内外部环境中对不同的事物做出判断和选择。

（7）陶冶作用：组织文化能塑造人，在潜移默化中改变组织员工的行为。

考法 2 组织文化的形成过程

此考点常以简答的形式直接考查组织文化的形成过程或建设步骤。

例 2：（江西师范大学，2015）简答：简述组织文化建设的步骤。

【解析】本题直接考查组织文化的形成过程。组织文化建设的步骤即组织文化的形成过程。

参考答案：

组织文化是指支配组织成员在面对问题和机遇时进行思考和行动的共同设想、价值观和信念的基本模式，是规范组织行为的一种无形力量，是影响组织气氛和士气的重要因素。

组织文化建设的步骤包括以下几步：

（1）组织创建者的经营理念与经营哲学形成阶段：组织文化的最初源头是组织的创始人，从一定意义上说，组织文化就是创始人的设想和偏好与员工自身经验相互作用的结果。

（2）甄选阶段：保证所聘员工价值观与组织一致。

（3）高层管理人员的言传身教阶段：高层管理者通过自己的言行举止，把行为准则渗透到组织中去。

（4）社会化阶段：帮助新员工适应组织文化。

考研考法实战 答案见 D76 页

1.（西北师范大学，2013；湖南师范大学，2017）简答：简述组织文化的基本内容；简述组织文化的结构。

考点 2 组织冲突

考研基础必备

组织冲突是指两个或两个以上的社会单元在目标上互不相容或互相排斥，从而产生心理上或行为上的矛盾。组织冲突的产生不仅会使个体体验到一种过分紧张的情绪，而且会影响正常的群体活动与组织秩序，对管理产生重大的影响。

1. 组织冲突的类型

根据不同的标准，将上述的冲突可以分为很多类型。

①根据对组织有利还是有害，可分为有利的冲突和有害的冲突，或积极的冲突和消极的冲突，或功能正常的冲突和功能失常的冲突。

②根据行为主体或当事人，可以分为个人之间的冲突、个人与团队之间的冲突、团队之间的冲突、个人与组织之间的冲突，以及组织间的冲突。

③根据行为主体在组织中的层次，可以分为垂直冲突或上下级之间的冲突、横向冲突或部门之间的冲突、等级负责人与参谋人员之间的冲突。

④根据冲突的内容和强度，可以分为消极的回避、提出异议、暴力。

2. 组织冲突的原因

引起组织冲突的原因主要有三大方面，即沟通因素、结构因素和个人行为因素。

1）沟通因素

大多数组织冲突可以归咎于组织沟通不良。完善的沟通可以让接收者对信息源发出的信息得到毫无差错的理解。但在实际工作中完善沟通几乎不存在，由于这一因素的影响，在沟通过程中有许多误解。

2）结构因素

①组织规模的大小。组织行为学家罗宾斯总结了有关冲突和组织规模之间的关系，他发现一致的结果是：组织规模越大，冲突也越大。原因可能是规模越大，分工越多，层次越多，因此信息在传递过程中越易被曲解。

②成员参与管理的范围。一般认为，上级邀请下级参与管理可以满足下级受尊重的需要，因此可以融洽员工之间的关系，下级参与越多，冲突也越少。但有关研究表明，下级参与管理程度越高，其冲突水平也越高。原因是参与者越多，其个体差异也越大。

③直线组织与外围组织的矛盾。冲突的经常性来源是组织中直线组织和外围组织之间的矛盾。直线组织的工作直接关系到组织的核心业务活动。

④资源分配不均衡引发的矛盾。在使用组织的资源时，群体之间往往会发生冲突。如果有足够的资金和其他资源，冲突就不会发生。但组织往往并不拥有如此丰富的资源。

3）个人行为因素

组织成员的价值观或知觉方式所表现出来的个体行为差异也是冲突的来源之一。如果管理者的价值观比较传统，那么，把这样的管理观念强加给年轻人必然引起冲突。同样，管理者如果喜欢以某种固定模式看待组织成员，那么他的这种知觉方式也会在其与组织内持不同思维模式者之间导致挑战和冲突。

3. 组织冲突的利弊

对组织中存在的冲突形成了三种不同的观点：

1）传统的冲突观点

该观点认为冲突是有害的，会给组织造成不利影响。冲突成为组织机能失调、非理性、暴力和破坏的同义词。因此，传统观点强调管理者应该尽可能避免和清除冲突。

2）冲突的人际关系观点

该观点认为冲突是任何组织无法避免的自然现象，不一定给组织带来不利的影响，而且有可能成为有利于组织工作的积极动力。既然冲突是不可避免的，管理者就应该接纳冲突，承认冲突在组织中存在的必然性和合理性。

3）冲突的互动作用观点

该观点与人际关系观点只是被动地接纳冲突不同，互动作用观点强调管理者要鼓励有益的冲突，认为融洽、和平、安宁、合作的组织容易对变革和革新的需要表现为静止、冷漠和迟钝，一定水平的有益的冲突会使组织保持旺盛的生命力，善于自我批评和不断革新。

4. 组织冲突管理

冲突管理是指采用一定的干预手段改变冲突的水平和形式，以最大限度地发挥其益处而抑制其害处。

开展冲突管理一般需要从确定适当的冲突管理风格、选择合适的冲突管理策略、采取必要的冲突管理措施三个方面开展冲突管理工作。

冲突管理的策略有如下几种：

①强调高级目标；②减少差异化；③增进沟通和理解；④降低任务依赖性；⑤增加资源；⑥明确规则和程序。

考研考法突破

考法 1 组织冲突的内容

这部分的知识点常以简答的形式考查考生组织冲突的定义、类型、利弊以及管理措施等知识点。

例 3：（华东师范大学，2017）简答：组织冲突的概念、种类和利弊。

【解析】本题将组织冲突的概念、种类及利弊结合起来综合进行考查。

参考答案：

组织冲突是指两个或两个以上的社会单元在目标上互不相容或互相排斥，从而产生心理上或行为上的矛盾。

根据不同的标准，可以将组织冲突划分为不同的类型。

根据冲突对组织的利害关系，可以分为有利的冲突和有害的冲突，或积极的冲突和消极的冲突，或功能正常的冲突和功能失常的冲突；根据行为主体的不同，可以分为个人之间的冲突、个人与团队之间的冲突、团队之间的冲突、个人与组织之间的冲突，以及组织间的冲突；根据行为主体在组织中的层次，可以分为垂直冲突或上下级之间的冲突、横向冲突或部门之间的冲突、等级负责人与参谋人员之间的冲突；根据冲突的内容和强度，可以分为消极的回避、提出异议、暴力。

对于组织冲突的利弊问题，不同的研究者持有不同的看法，目前对于该问题形成了三种不同的观点。其中：

传统的冲突观点认为，冲突是有害的，会给组织造成不利影响。冲突成为组织机能失调、非理性、暴力和破坏的同义词。因此管理者应该尽可能避免和清除冲突；冲突的人际关系观点认为冲突是任何组织无法避免的自然现象，不一定给组织带来不利的影响，而且有可能成为有利于组织工作的积极动力，管理者应该接纳冲突，承认冲突在组织中存在的必然性和合理性；冲突的互动作用观点则强调管理者要鼓励有益的冲突，认为融洽、和平、安宁、合作的组织容易对变革和革新的需要表现为静止、冷漠和迟钝，一定水平的有益的冲突会使组织保持旺盛的生命力，善于自我批评和不断革新。

考研考法实战 答案见 D76 页

1.（华东师范大学，2014）简答：简述组织冲突管理的策略。

第五节 组织承诺

研究真题，明确考况

考试要求	自主命题	
	考题	考查点
1. 组织承诺	北京大学，2013/2017 华东师范大学，2014–2016 南开大学，2017 陕西师范大学，2015	简答：组织承诺的内容 名词解释 / 判断：心理契约

考点 1 组织承诺

考研基础必备

1. 组织承诺的定义

组织承诺是指员工随着对组织单方面的投入增加，而产生的一种心甘情愿地参与组织各种活动的情感，是一个人对组织的认同和投入程度。

组织承诺具体表现为希望加入某个组织、愿意保留某个组织的成员资格、信仰组织的价值观并接受组织目标以及愿意为组织的利益做出自己的贡献。

2. 组织承诺的维度

组织承诺包括三个方面：

①情感承诺：是指员工由于认同组织潜在的目标和价值而持续为一个组织工作的强烈愿望，即对组织的情绪依赖以及对组织价值观的认同。

②持续承诺：是指由于个人认为离开某一组织付出的代价太大而在这一组织内供职的意愿的强度。

③规范承诺：是员工对继续留在组织的义务感，是员工由于长期受组织影响形成的社会责任而愿意留在组织内的承诺。

3. 组织承诺对工作的影响

（1）对员工离职的影响：组织承诺与离职之间存在显著的负相关，组织承诺越高，离职倾向越低。

（2）对员工绩效的影响：组织承诺与员工绩效存在显著的正相关。

（3）对个体行为的影响：组织承诺的束缚力在不同维度之间产生的作用有所不同。当员工以情感承诺为主时，能够产生更强的依附组织的倾向，受外界影响较小。而以持续承诺为主的员工，则更可能表现出和承诺不一致的行为。但总的来说，较高水平组织承诺的员工更有可能表现出与组织同生死、共患难的勇气和决心。

补充：心理契约

1）心理契约的概念

沙因认为，心理契约是在组织中每个成员和不同管理者以及其他人之间，在任何时候都存在的没有明文规定的一整套期望。具有主观隐蔽性、不确定性、双向性和动态性的特点。

2）心理契约的类型

Rousseau 等人根据绩效要求和时间结构两个维度将心理契约划分为四种类型，其中时间维度指的是雇佣关系的持久性程度；绩效要求指的是作为雇佣条件的绩效描述的清楚程度。根据两个维度划分的心理契约类型如图 5–1 所示。

考研考法突破

考法 1　组织承诺的内容

这部分的知识点常以名词解释、简答的形式考查组织承诺的定义、具体表现和主要维度。

例 1：（北京大学，2013）简答：简述组织承诺的概念与主要维度。

		绩效要求：明确界定的	绩效要求：没有明确界定的
时间结构	短时的	**交易型** 特点：低工作模糊性 高流动率 低员工承诺 低身份感 例：销售旺季时临时雇佣的销售人员	**变动型** 特点：高工作不确定性 高不稳定性 高流动率 例：处于组织减员或公司并购过程中的员工
	长时的	**平衡型** 特点：高员工承诺 高身份感 不断开发 相互支持 动态性 例：商参与性工作团队中的成员	**关系型** 特点：高员工承诺 高感性投入 高身份感 稳定性 例：家族企业中的成员

图 5–1　心理契约的类型（引自刘永芳《管理心理学》）

【解析】本题直接考查组织承诺的概念以及组织承诺的主要维度。

参考答案：

组织承诺是指员工随着对组织单方面的投入增加，而产生的一种心甘情愿地参与组织各种活动的情感，是一个人对组织的认同和投入程度。

Meyer 与 Allen 在对前人研究进行分析与总结、并在自己的实证研究的基础上提出了组织承诺的三因素模型，这三个因素（维度）分别为：

①情感承诺：是指员工由于认同组织潜在的目标和价值而持续为一个组织工作的强烈愿望，即对组织的情绪依赖以及对组织价值观的认同。

②持续承诺：是指由于个人认为离开某一组织付出的代价太大而在这一组织内供职的意愿的强度。

③规范承诺：是员工对继续留在组织的义务感，是员工由于长期受组织影响形成的社会责任而愿意留在组织内的承诺。

考法 2　心理契约

心理契约是与组织承诺相关的重要心理概念，一般通过名词解释、判断等形式考查心理契约的定义以及考生对心理契约概念的理解。作为记忆型的知识点，在学习中需要准确记忆其定义、特点与类型。

例 2：（陕西师范大学，2015）判断：根据心理契约理论的维度划分，高员工承诺、高感性投入、高身份感、稳定性的心理契约类型属于平衡型。（　　）

【解析】本题考查心理契约的类型，高员工承诺、高感性投入、高身份感和稳定性的心理契约属于关系型心理契约。

参考答案：错误

考研考法实战 答案见 D76 页

1.（陕西师范大学，2015）判断：组织承诺强调的是员工对组织单方面的投入，而心理契约强调的是组织对成员的支持和帮助。（　　）

2.（华东师范大学，2014~2016；南开大学，2017）名词解释：心理契约。

章节考点　综合训练

答案见 D76 页

一、选择题

1. 在员工原来工作的基础上，再给员工适当增加一些相关的工作任务，这一工作设计方式是（　　）。
   A. 工作丰富化　　B. 工作扩大化
   C. 工作轮换　　D. 岗位扩展
2.（华东师范大学，2015）工作丰富化的核心体现是（　　）
   A. 激励因素　B. 保健因素　C. 公平因素　D. 灵活因素
3. "对组织进行有计划的、系统的改革，以促使整个组织更新和发展的过程"是指组织的（　　）。
   A. 变革　B. 发展　C. 创新　D. 建设
4. 最早的组织结构形式是（　　）
   A. 直线式组织结构　　B. 扁平式组织结构
   C. 矩阵式组织结构　　D. 职能式组织结构
5.（华中师范大学，2014）组织文化的核心是（　　）。
   A. 价值观　B. 规章制度　C. 企业愿景　D. 职业道德

二、名词解释

1.（南开大学，2014；苏州大学，2013；天津师范大学，2012/2018）组织承诺。
2.（湖南师范大学，2012）组织形象。
3.（南京师范大学，2012；苏州大学，2017；天津师范大学，2014/2016/2019/2021；浙江师范大学，2016）组织文化。
4.（苏州大学，2012；湖南师范大学，2017）组织发展。
5.（湖南师范大学，2014；曲阜师范大学，2021）组织变革。

三、简答题

1.（西南大学，2012）组织变革的动力有哪些？
2（湖南师范大学，2020）简述事业部型组织结构。
3.（北京大学，2017）简述组织承诺的三个维度以及组织承诺和工作绩效的关系。

四、论述题

1.（天津师范大学，2012）结合实际阐述组织文化的结构以及组织文化的培育方法。

参 考 文 献

[1] 钱铭怡 . 变态心理学 [M] . 北京：北京大学出版社，2006.

[2] 王建平，张宁，王玉龙，等 . 变态心理学 [M] . 3 版 . 北京：中国人民大学出版社，2018.

[3] 王玲 . 变态心理学 [M] . 3 版 . 广州：广东高等教育出版社，2011.

[4] 钱铭怡 . 心理咨询与心理治疗 [M] . 重排本 . 北京：北京大学出版社，2016.

[5] 江光荣 . 心理咨询的理论与实务 [M] . 2 版 . 北京：高等教育出版社，2012.

[6] 郑希付 . 心理咨询原理与方法 [M] . 北京：人民教育出版社，2008.

[7] 李祚山 . 心理咨询技术 [M] . 重庆：西南师范大学出版社，2014.

[8] 乐国安 . 咨询心理学 [M] . 天津：南开大学出版社，2002.

[9] 许燕 . 人格心理学 [M] . 北京：北京师范大学出版社，2009.

[10] 郑雪 . 人格心理学 [M] . 2 版 . 广东：暨南大学出版社，2017.

[11] 黄希庭 . 人格心理学 [M] . 浙江：浙江教育出版社，2005.

[12] Jerry M.Burger 著 . 陈会昌译 . 人格心理学 [M] . 8 版 . 北京：中国轻工业出版社，2014.

[13] 车丽萍 . 管理心理学 [M] . 2 版 . 武汉：武汉大学出版社，2016.

[14] 朱永新 . 管理心理学 [M] . 3 版 . 北京：高等教育出版社，2014.

[15] 刘永芳 . 管理心理学 [M] . 2 版 . 北京：清华大学出版社，2015.

[16] 程正方 . 现代管理心理学 [M] . 4 版 . 北京：北京师范大学出版社，2009.

心理学考研一本通

——变态、咨询、人格、管理篇

答案及解析

陈　泉　许　念　主编

中国石化出版社

第一篇　变态心理学概述

第一章　心理学的研究对象和方法

第一节　变态心理学研究内容及相关概念

考点2　心理异常的理解及区分标准

1.【解析】心理正常与心理异常的区分标准有:医学标准、统计学标准、内省经验标准和社会适应标准。其中医学标准认为:精神障碍是躯体疾病。如果一个人的某种心理或行为被疑为有病,就必须找到它的病理解释或病理生理变化的根据,在此基础上认定人有精神障碍;其心理和行为表现,则被视为疾病的症状,其产生原因则归结为脑功能失调。

参考答案 A

2.【解析】常用的标准包括:以个人经验为标准、社会文化常模为标准、症状存在与否为标准、统计学标准,不包含权威观点的标准

参考答案 A

3.【解析】是否有异常行为,这种行为是否给个人带来痛苦,导致生活和工作功能失调,是心理健康工作者在判断异常行为时个人所采用的经验标准。

参考答案 C

4.【参考答案】

正常心理与异常心理的标准化区分方法主要有以下几种:

①以个体的经验为标准:涉及出现问题的人自己的主观感觉不良和研究者对异常现象的主观判断。

②社会常模和社会适应标准:将其行为与社会行为的常模相比较。符合社会的准则,能根据社会要求和道德规范行事,这样的行为就是社会适应性行为。

③病因与症状存在与否的标准:医学模式常用的标准,主要根据致病因素和症状的存在与否进行判断。将心理障碍当作躯体疾病一样看待,找到病理解剖或病理生理变化的根据,脑功能的失调,病理性的变化。

④统计学标准:正常人的心理特征的人数分配多为常态分布,位居中间部分的大多数人为正常,居两端者为异常,即以个体的心理特征是否偏离平均值为依据。心理测验即可测查出个体的心理特征。

5.【参考答案】

首先,给患者贴上"精神病人"的标签,人们就会用不同的理论去理解,诊断者也会用自己对该疾病的理解来对照被评估者。精神病人本身是一个诊断名称,用于描述一组行为特征。并不能解释患者疾病的原因。

其次,标签化会给来访者带来持续的负面影响。诊断的标签作用会暗示异常心理现象与正常心理现象有着本质的区别。标签作用也会使周围的人产生消极归类,对当事人过度关注,并产生不利的影响。

最后,标签化会对当事人的自尊、人际关系、求学与就业等产生实际影响,会使当事人陷入"病人"角色而难以摆脱,会使心理卫生工作者只关注疾病,而不是"患者"。另外,"精神病人"的标签会鼓励人们滞留在患病的角色中,而成为永久的患者。

因此,在进行诊断的时候,不要轻易给患者贴上"精神病人"的标签。

考点3　心理异常的相关概念

1.【解析】"重性精神病"如精神分裂症患者的自知力丧失,这是重性精神病最显著的特征。

参考答案 D

2.【解析】本题考察的是心理障碍的评定标准以及关于正常与异常的界限争论。

【参考答案】(1)心理障碍是一种不为某种特定文化所期待或非典型的行为反应,常常表现为内部的心理功能紊乱,并伴随着痛苦或功能性损伤而出现。

(2)目前最广泛认可的评定心理障碍的标准是:

①痛苦:患有心理障碍的人通常是痛苦的。但并非所有的心理障碍都是令人痛苦的,也并非所有的痛苦都能构成心理障碍的条件。所以尽管痛苦在判定心理障碍中是重要的,但它既不是充分条件,也不是必要条件。

②适应不良:几乎所有的心理障碍都会导致适应方面的问题。适应不良的严重程度是必须考虑的,这种适应不良只有当严重影响到正常生活和工作时才被认为是心理障碍。

③不合理:人们习惯于给行为一个合理的解释,当一个行为怪异到无法理解时,我们倾向于认为它是变态的。但行为是具有文化特异性的,在一种文化下合理的行为,在另一种文化下可能是不合理的。

④不可预知性和失去控制感:一个边缘型人格障碍患者会表现出极不稳定的行为,昨天还表示要好好活着,今天却可能要割腕自杀。这种情绪和行为的迅速变换令人难以捉摸和预测,给人一种失控感。

⑤少见和非传统性:有心理障碍的人表现出来的行为方式经常是少见的和非传统的。但如果把少见和非传统性作为界定变态的标准就会带来很多问题。

⑥旁观者不适:心理障碍患者的行为方式可能使旁观者不舒服。有些性格上的特点,如邋遢也会使旁人不舒服,但这不能作为心理障碍的标准。

⑦违背标准:任何社会都有一套规范,我们习惯于把符合规范的行为看成是正常的,把违背规范的行为看成是异常的。但社会规范也是相对而言的,在一个极其强调爱和忠诚的社会里,会把过分的仇恨和背叛看成不正常的行为,但在另一个社会里,情况可能完全不同。

(3)正常与异常界限存在持续争论的原因:

首先,判断别人的心理活动是正常还是异常,这是件不容易的事,因为异常心理活动和正常心理活动之间的差别常常是相对的,两者之间并没有明显的分界线。

其次,异常心理活动的表现受到多种因素的影响,包括客观环境、主观经验以及人际和社会关系等因素的影响,因此其表现是复杂多变。

最后,判别者在判别他人的行为时,其判别的标准又受到判别者对这些因素所起作用的看法及自己的方法论的影响,因而在这一问题上较难有统一而公认的标准。

3.【参考答案】严重心理障碍的评定标准:

(1)缺乏症状自知力:严重心理障碍的患者不太知道自己的患病情况,也不会主动求医。

(2)社会功能严重受损:严重心理障碍的患者的工作、学习和生活因为症状不能正常进行,导致社会功能严重受损。

(3)古怪或无效的行为:严重心理障碍的患者伴有旁人看来古怪或者无效的行为。

(4)个人主观上的痛苦:严重心理障碍的患者会体验到症状所带来的痛苦,但自己无能为力。

章节考点　综合训练

一、单选题

1.【解析】一般心理问题的特点包括以下方面。(1)近期发生的;(2)内容尚未泛化;(3)反应不强烈的;(4)情结问题;(5)常能找到相应的原因;(6)思维合乎逻辑;(7)人格也无明显异常。故A说法错误,符合题意。因此,本题正确答案是A

参考答案 A

2.【解析】许又新提出心理健康可以用三类标准(或从三个维度)去衡量,即体验标准、操作标准和发展标准。

参考答案 C

3.【解析】统计学标准的局限性表现在:智力超常或有非非凡能力的人在人群中是极少数,但很少被认为是病态;有些心理特征和行为不一定成常态分布。

参考答案 C

4.【解析】常识性区分法区分正常心理与异常心理的关键,可以归纳为四点:离奇怪异的言谈,思想和行为,过度的情绪体验和表现,自身社会功能不完整和影响他人生活。

参考答案 D

5.【解析】社会学将心理异常理解为对社会准则的破坏。认知心理学角度,将心理异常看作是个体主观上的不适体验。统计学将心理异常理解为某种心理现象偏离了统计常模。文化人类学将心理异常理解为对某一文化习俗的偏离。因此本题选 B。

参考答案 B

6.【解析】郭念锋评估心理健康水平的十个标准:

(1)心理活动强度:指对突发精神刺激的抵抗能力;

(2)心理活动耐受力:指长期经受慢性精神刺激的能力;

(3)周期节律性:指心理活动在形式和效率上的内在自然节律;

(4)意识水平:指精神活动的专注水平,以注意力品质作为指标;

(5)暗示性:指一个人的思想和情绪是否容易受到他人或自我的影响;

(6)康复能力:指从创伤刺激中恢复到往常水平的能力;

(7)心理自控能力:指对情绪表达、思维过程及行为方式的自我调控能力;

(8)自信心:正确自我认知的能力;

(9)社会交往:正常社会接触、人际交往的能力;

(10)环境适应能力:面对变化的环境条件,应对自我完善和完善的能力;

参考答案 D

7.【解析】促进心理健康的基本原则有遗传因素、教育因素与认知因素并重的原则,身心统一的原则、个体和群体相结合的原则。

参考答案 B

8.【解析】强迫症(与题相符)在 CCMD 诊断体系中属于神经症,不属于重性精神病。

参考答案 C

9.【解析】令人愉快的事情是在客观世界中发生的,而悲伤的语调反映了主观想法,题干中的叙述表现了主客观世界不一致。

参考答案:A

10.【解析】以行为发生频率为依据,符合统计学标准。

参考答案:C

11.【解析】从静态的角度看,健康心理是一种心理状态,它在某一时段展现着自身的正常功能。从动态角度看,健康的心理活动是一种处于动态平衡的心理过程。

参考答案:C

二、名词解释

1.【参考答案】心理障碍是一种不为某种特定文化所期待或非典型的行为反应,常常表现为内部的心理功能紊乱,并伴随着痛苦或功能性损伤而出现。

三、简答题

1.【参考答案】用来标识"变态"的七项标准(美国诊断分类统计手册第四版):

(1)痛苦:患有心理障碍的人通常是痛苦的。但并非所有的心理障碍都是令人痛苦的,也并非所有的痛苦都能构成心理障碍的条件。所以尽管痛苦在判定心理障碍中是重要的,但它既不是充分条件,也不是必要条件。

(2)适应不良:几乎所有的心理障碍都会导致适应方面的问题。适应不良的严重程度是必须考虑的,这种适应不良只有当严重影响到正常生活和工作时才被认为是心理障碍。

(3)不合理:人们习惯于给行为一个合理的解释,当一个行为怪异到无法理解时,我们倾向于认为它是变态的。但行为是具有文化特异性的,在一种文化下合理的行为,在另一种文化下可能是不合理的。

(4)不可预知性和失去控制感:一个边缘型人格障碍患者会表现出极不稳定的行为,昨天还表示要好好活着,今天却可能要割腕自杀。这种情绪和行为的迅速变换令人难以捉摸和预测,给人一种失控感。

(5)少见和非传统性:有心理障碍的人表现出来的行为方式经常是少见的和非传统的。但如果把少见和非传统性作为界定变态的标准就会带来很多问题。

(6)旁观者不适:心理障碍患者的行为方式可能使旁观者不舒服。有些性格上的特点,如邋遢也会使旁人不舒服,但这不能作为心理障碍的标准。

(7)违背标准:任何社会都有一套规范,我们习惯于把符合规范的行为看成是正常的,把违背规范的行为看成是异常的。但社会规范也是相对而言的,在一个极其强调爱和忠诚的社会里,会把过分的仇恨和背叛看成不正常的行为,但在另一个社会里,情况可能完全不同。

2.【参考答案】(1)常识性区分方法主要依据日常生活经验,假如出现以下几种情况,可考虑为心理异常:

①出现离奇怪异的言谈、思想和行为时。例如常常自然自语,对着空气说话等。

②呈现过度的情绪体验和表现时。例如常常情绪失控,情绪不稳定,没有原因的流泪。

③自身社会功能不完整时。比如整天待在家里,不能正常上班,没有正常的社交等。

④影响他人的社会生活时。例如出现妄想,破坏公共设施。

(2)界定心理正常与异常通常根据以下三个原则:

①主观世界与客观世界同一性原则

心理是客观现实的反映,任何正常的心理活动或行为,必须就形式和内容上与客观环境保持一致。

②心理活动的内在协调性原则

心理活动分为认知、情绪情感、意志行为部分,各种心理过程之间有协调一致的关系。比如遇到一件令人愉快的事,产生愉快的情绪,手舞足蹈,这是正常的精神与行为。反之,一边用低沉的语调,向别人述说令人愉快的事,则可以说他的心理过程失去了协调一致性,为异常状态。

③人格的相对稳定性原则

人格一旦形成,便有相对的稳定性;人格特征也有倾向性和独特性。在没有明显外部原因的情况下,一个人的个性相对稳定性出现问题,可能他的心理活动出现了异常。

3.【参考答案】健康不仅是没有虚弱和疾病,还应有生理的、心理的、社会适应能力的完满状态。世界卫生组织对人类健康曾经下过这样的定义:一个人的健康应该包括身体健康、精神健康和社会适应良好 3 个方面。也就是说,健康不仅是没有虚弱和疾病,还应有生理的、心理的、社会适应能力的完满状态。

(1)现代健康:人都生活在社会中,社会环境,社会变化,社会压力等也影响着人们的重视,对它的治疗可以从生理、心理,社会三个角度入手。从心理角度看,各大流派都有各自的治疗方式,比如认知行为疗法较为常用。在社会角度,可以从家庭、社会、学校等角度完善病人的社会支持系统。

(2)知识传播:大众传媒在个体健康行为的塑造方面有重要影响,在促进健康行为的说服中,人们使用的说服策略有 2 种,一种是强调损失,二是强调获利。强调损失的信息表达方式,让人注意到自身或许有某个健康问题,而这些问题可以通过检查行为来加以处理,比如做皮肤癌检查。相反,强调获利,会让人把注意力放在预防行为上,比如阳光下要使用防晒霜。

(3)产业构建:在学校、公司配备心理咨询师,在医院构建三位一体的医疗模式,在社区配备社会工作者。

第三章 临床心理评估与分类诊断

第一节 临床心理评估

考点1 临床评估的概念及方法

1.【参考答案】根据会谈形式,诊断性会谈可分为非结构式会谈、结构式会谈和半结构式会谈。非结构式会谈问题不固定,因人而异,不同的评估者提问重点不同,有人关注现在的症状,有人关注与症状有关的因素,有人关注患者的感受。具有方便、灵活、深入的特点,但也有评定内容和结果不一致,缺乏可比性等缺点。

2.【参考答案】心理评估是指通过观察、会谈和测验等手段对来访者的心理或行为进行全面、系统和深入分析描述的方法和过程。通过临床评估,可以描述和判断来访者的心理状态是否异常,分析评价异常的性质与程度,辅助诊断。

3.【参考答案】谈话法也叫会谈法,根据会谈内容,可以分为最初会谈、收集个案情况的晤谈和诊断性会谈。

①最初会谈:可以问候和关心来访者,建立良好关系。

②收集个案情况的晤谈:可以了解来访者的症状和病史、生理和神经系统状况、社会文化背景等资料。

③诊断性会谈:重点是检查精神症状,可以按精神状况检查提纲进行会谈。

精神检查提纲包括检查来访者:①有无感知觉障碍,如幻觉;②有无智力和思维过程障碍,如妄想;③有无注意力和定向力障碍;④有无情绪高涨或低落;⑤有无异常行为表现;⑥有无自知力

根据会谈形式,诊断性会谈可分为非结构式会谈、结构式会谈和半结构式会谈。

①非结构式会谈问题不固定,因人而异,不同的评估者提问重点不同,有人关注现在的症状,有人关注与症状有关的因素,有人关注患者的感受。具有方便、灵活、深入的特点,但也有评定内容和结果不一致,缺乏可比性等缺点。

②结构式会谈有统一的形式并由一致的问题组成,可以量化评估结果,具有标准化、结果数量化和可比性强等特点,但也有不灵活、费时等缺点。

③半结构式会谈是非结构式会谈和结构式会谈的结合,既有一定灵活性,也有标准化和可比性特点。

总之,谈话法可以帮助治疗者更加全面的了解来访者,帮助治疗者做出更加准确的诊断。

第二节 心理障碍的分类与诊断

考点1 分类学

1.【解析】抑郁症属于心境障碍的分类,恐惧症属于焦虑障碍的分类,自闭症属于儿童心理障碍的分类,通过排除可以得出答案是A。

参考答案 A

2.【参考答案】

(1)癔症亦译作歇斯底里症,是一种以解离症状和转换症状为主的精神障碍,这些症状没有可证实的器质性病变基础。

(2)神经症即神经官能症,是一组精神障碍的总称。此类障碍没有精神病性症状,主要表现为烦恼、紧张、焦虑、恐惧、强迫症状、疑病症状等,病前大多有一定的素质和人格基础,起病常受心理社会因素影响,症状没有可证实的器质性病变基础。

(3)CCMD-3以66例癔症的现场测试和随访结果为依据,将癔症从原来的神经症中分出来单列,并根据我国实际情况,保留癔症的名称,将癔症分为癔症性精神障碍和癔症性躯体障碍。这样使神经症的概念与涵盖内容更趋完善。

考点2 诊断学

1.【参考答案】临床诊断是指医生给病人检查疾病．并对病人疾病的病因、发病机制做出分类鉴别,以此作为制定治疗方案的方法和途径。诊断的首要步骤就是通过询问就诊者的主观感受症状来采集病史资料。病史对诊断可起到定向作用,能提示诊断的线索。

第四章 精神分裂症

第一节 概述

考点1 精神分裂症的概述

1.【解析】精神分裂症的家谱调查资料中发现,精神病患者家属的患病率比一般人的患病率高6.2倍。精神分裂症患者与健康人婚配,所生的子女患精神分裂症几率为16.4%,男女双方均为精神分裂症患者所生的子女患精神分裂症的几率为39.2%,是选项中几种心理疾病中遗传率最高的。

参考答案:D

2.【参考答案】D.Bleuler提出精神分裂症的4A症状理论:联想障碍,情感淡漠,自闭,矛盾观念为精神分裂症的基础症状。

第二节 精神分裂症的临床症状和诊断

考点1 精神分裂症的临床症状

1.【解析】强迫症状、反社会和抑郁不是精神分裂症患者的常见特征。精神分裂症在临床上往往表现为症状各异的综合征,涉及感知觉、思维、情感和行为等多方面的障碍以及精神活动的不协调。思维障碍被认为是精神分裂症的核心症状。

参考答案:C

2.【解析】根据临床统计,精神分裂症最常见的幻觉为幻听

参考答案:B

3.【参考答案】

(1)感知觉障碍。精神分裂症可出现多种感知觉障碍,最突出的感知觉障碍是幻觉,包括幻听、幻视、幻嗅、幻味及幻触等,而幻听最为常见。

(2)思维障碍。思维障碍是精神分裂症的核心症状,主要包括思维形式障碍和思维内容障碍。思维形式障碍是以思维联想过程障碍为主要表现的,包括思维联想活动过程(量、速度及形式)、思维联想连贯性及逻辑性等方面的障碍。妄想是最常见、最重要的思维内容障碍。最常出现的妄想有被害妄想、关系妄想、影响妄想、嫉妒妄想、夸大妄想、非血统妄想等。

(3)情感障碍。情感淡漠及情感反应不协调是精神分裂症患者最常见的情感症状,此外,不协调性兴奋、易激惹、抑郁及焦虑等情感症状也较常见。

(4)意志和行为障碍。多数患者的意志减退甚至缺乏,表现为活动减少、离群独处,行为被动,缺乏应有的积极性和主动性,对工作和学习兴趣减退,不关心前途,对将来没有明确打算,某些患者可能有一些计划和打算,但很少执行。

(5)认知功能障碍。在精神分裂症患者中认知缺陷的发生率高,约85%患者出现认知功能障碍,如信息处理和选择性注意、工作记忆、短时记忆和学习、执行功能等认知缺陷。

4.【参考答案】自知力指患者对其自身精神状态的认知能力,即能否察觉或识辨自己有病和精神状态是否正常,能否分析判断并指出自己既往和现在的哪些状态和表现属于正常,哪些属于病态的能力。

第三节 精神分裂症的类型

考点1 精神分裂症的分类

1.【解析】偏执型精神分裂症是以相对稳定的妄想为主的分裂症,常伴有幻觉,特别是各种听幻觉,还有其他知觉紊乱。

B. 青春型精神分裂症多发于青春期,发病可急可缓。发病年龄较早的,起病一般比较缓慢。发病急骤的,病程发展则较快,短期内即可达到严重的程度。发病后,患者逐渐表现孤僻．情绪不稳,随着病情的发展,可出现许多的心理或精神障碍。

C. 紧张型精神分裂症其突出的症状是紧张性兴奋和紧张性木僵交替出现;或以紧张性木僵为主要表现,偶有紧张性兴奋出现。

D. 单纯型精神分裂症多在青少年期发病。其临床表现为思维贫乏、情感淡漠,或意志减退等“阴性症状”为主。

参考答案:A

第四节　精神分裂症的病因

1.【解析】根据多巴胺假说,精神分裂症是多巴胺在某些突触部位的过量活动所造成的,或者是多巴胺数量增多,或是多巴胺受体过多,或是多巴胺受体由于某些原因变得过渡敏感而造成的。

参考答案:A

2.【参考答案】

(1)压力—易感素质模式:这一模式假定某一个体本身存在着对疾病的易感素质,而当外界不良刺激出现在具有这种特殊素质的人身上时,便产生了精神分裂症的症状。也就是说,生物因素与环境及心理社会因素的共同作用导致了疾病的发生。

(2)生物因素

①遗传因素:基因研究者相信,有些人通过遗传获得了一种精神分裂症的生物学倾向,这种倾向对来自外部的压力导致了精神分裂症,而且这种情况通常发生于青春期后期或成年早期。

②神经生化:很多遗传疾病是由这一机制引起的;抗精神病药物治疗精神分裂症症状有效,这就提示我们,该疾病有某种生化基础;能增强多巴胺功能的药物如苯丙胺可以引起精神分裂症样的疾病。

③脑结构异常与神经发育异常:研究发现,30%~40%的精神分裂症患者有脑室扩大或其他脑结构异常,而且脑结构异常的部位、程度与阴性症状、认知功能障碍有关。精神分裂症患者的大脑存在轻微的多局灶或弥漫性的解剖变异,而且这种变异发生在发病以前。

(3)心理应激与精神分裂症

①社会阶层:社会阶层与精神分裂症之间的关系并没有随着社会阶层变得更低而显示出某种连续发展的更高的精神分裂症比率。在许多最低社会阶层的精神分裂症的数量与其他社会阶层的精神分裂症的数量之间的确存在明显的差异。

②家庭与精神分裂症:早期的理论认为家庭关系,特别是母子之间的关系是导致精神分裂症的关键因素。来自伦敦的研究指出,家庭可能对那些出院后的患者的调适有重要影响。家庭成员对患者的那种经常．强烈的干涉及批评态度非常容易使病症复发。

③产科并发症对胎儿的大脑发育有着不利的影响,与健康人相比,精神分裂症病人有产科并发症的病史可能性更大。

2.【参考答案】

自杀的原因:(1)与应激有关。人际关系冲突、被拒绝和分离是最常见的促使年轻人自杀的因素。(2)心理因素。①精神分析理论提出死亡本能和生命本能相抗衡的假说,认为自杀是破坏性倾向大于建设性倾向 。②认知的因素,无望感是自杀最常见的表现。③行为主义认为自杀是习得的。(3)自杀的文化、宗教和社会因素,某种文化背景下自杀是被认可的。

自杀的预防:(1)提高心理素质、普及有关知识。通过广泛宣传普及心理卫生常识、开设心理健康教育课程、培养良好的心理素质、建立社区心理咨询与心理保健网络并建立干预机构(热线干预和危机干预)来进行预防。(2)警惕、监护高危人群,主要包括做好高危人群自杀危机的评估与监护,协同社会有关力量,作出有效干预,积极治疗原发疾病。(3)做好紧急施救。在社会层面,做到离开、去除敌对因素;在心理层面,做到倾听,交谈,自我表达与宣泄等;在医学层面,做好抗焦虑、抗抑郁的治疗。

3.【参考答案】

章节考点　综合训练

社区心理关注的是社会群体和社会环境对个体行为的影响。社区卫生心理的三级防治主要包含:

(1)初级预防。其目的是在社区内消除尚未有机会影响人们行为的有害油腻感谢,降低精神疾患的发病率。它的特点在人们还没有请求帮助,或还没有处在危险状态下就进行工作。

(2)二级预防。针对的是处于危险阶段但尚未形成症状的人;目标是在家庭和社区中早期发现、及时治疗适应不良行为,避免产生更为严重的问题,防微杜渐。

(3)三级预防。针对的是已经出现心理疾病者;目标是尽可能地减轻损害促进康复,致力于将疾病的持久性与破坏性降至最低。

一、单选题

1.【解析】妄想性精神障碍,主要指1个月以上并不怪异的妄想和与妄想主题有关的触、嗅幻觉,但没有其他精神分裂症症状,不符合精神分裂症的症状标准的一类精神障碍。精神分裂症有行为上的错乱,但妄想性障碍的表现不包括行为错乱,其他表现是两类障碍均会有的表现。

参考答案:D

2.【解析】思维迟钝也可能表现为语言丰富,而思维贫乏则会出现明显的语言内容减少。

参考答案:D

3.【解析】思维散漫指联想内容松散,缺乏主题,一个问题与另一个问题之间缺乏联系,对精神分裂症具有诊断意义。

【参考答案】:D

4.【解析】破裂性思维是患者在意识清楚的情况下,思维联想过程破裂,谈话内容缺乏内在意义上的连贯性和应有的逻辑性。

A. 思维松弛是指联想内容松散,缺乏主体,一个问题与另一个问题之间缺乏联系。表现为患者说话或书写时,每一句话结构完整,可以理解,但整段话或书写内容没有中心思想,各段上下文之间缺乏联系,使人感到交谈困难。

B. 思维不连贯指患者的言语缺乏思维联想内容和结构上的连贯性和逻辑性不仅句子间没有联系,而且言语中的细微语法结构也出现混乱,词组或词之间没有联系,形成互不相关的词的堆砌,多伴有程度不同时意识障碍。

C. 思维中断的患者无意识障碍,又无外界干扰等原因,思维过程突然出现中断。表现为患者说话时突然停顿,片刻之后又重新说话,但所说内容不是原来的话题。

参考答案:D

5.【解析】思维内容的障碍则主要表现为妄想．超价观念及强迫观念等。

参考答案:B

6.【解析】精神分裂症核心的症状表现是思维障碍,因此本题选A。

参考答案:A

7.【解析】感知综合障碍是指患者对客观事物的本质属性或整体能正确认识,但是对这一事物的某些个别属性(例如大小、颜色、位置等)产生错误的认知。主要表现为:(1)空间感知综合障碍:患者感到周围的人或物体在大小、方位、距离等方面发生了变化,又称为视物变形症。(2)时间感知综合障碍:患者对时间的快慢出现不正确的知觉体验,如度日如年。(3)周围环境改变的感知综合障碍:患者觉得周围事物变得似乎是不鲜明的、模糊不清的,缺乏真实感。(4)自身结构的感知综合障碍:患者感到自己的躯体发生了变化,如感到自己的头部膨大起来。B选项的描述是被害妄想的表现,不属于感知综合障碍。

参考答案:B

8.【解析】抗精神病药物主要作用于神经递质,调节神经递质的含量,从而改变精神状态。

参考答案:D

二、论述题

1.【参考答案】

(1)重症精神病属于重度的心理异常,包括精神分裂症、躁狂抑郁症、反应性精神病等。其主要特点为:①具有重精神病症状,包括错觉、幻觉、思维破裂、妄想、情绪情感的极端不稳定等。②社会适应能力丧失,从专门的工作、技能到一般的人际交往和饮食起居都受到严重的影响。③明显的人格改变,即心理异常者与他们以往的人格特点有着明显的不同。④没有自知力。这是重症精神病患者的显著特点,也是区别于其他心理异常的重要特点。严重心理异常的人尽管存在严重的精神病症状,以及明显的社会适应障碍和人格改变,但他们对这些问题并无批判力,认为自己不存在任何障碍,因此不会主动求医。

(2)神经症:属于中度的心理异常,包括焦虑症、强迫症、恐惧症、癔症、神经衰弱等。其主要特点是:①有明显和持续时间比较长的情绪障碍,包括易激惹、紧张焦虑、恐惧和忧郁等不良情绪,以及植物神经功能失调的症状如头晕、头痛、睡眠障碍等。②部分社会适应不良,包括社会工作过程中负担加重,日常人际关系紧张等。③部分的人格改变。这种变化会因人而异,虽然不如严重的心理异常那样严重,但仍会对心理异常者有明显的影响。④有自知力。与严重的心理异常不同,这类心理障碍者对自己的心理异常有批判力,并且一般能主动求治。

第五章 心境障碍与自杀

第一节 概述

考点1 心境障碍的含义及概况

1.【解析】情感障碍也被称为心境障碍,,心境障碍是以明显而持久的心境高涨或低落为主的一组精神障碍,情绪高涨、情绪低落和焦虑,都体现了心境的改变,因此本题选 D

【参考答案】:D

2.【参考答案】心境障碍是指由各种原因引起的以显著而持久的情感或心境改变为主要特征的一组疾病。临床上主要表现为情感高涨或低落,伴有相应的认知和行为改变和有幻觉尧妄想等精神病性症状。多数患者有反复发作倾向,每次发作多可缓解,部分可有残留症状或转为慢性。

第二节 心境障碍的分类、临床表现及诊断

考点1 抑郁发作与抑郁症

1.【解析】重度抑郁患者的自杀率在 15% 左右,为几种心理障碍中最高。

参考答案:A

2.【解析】妇女在分娩后由于内分泌的变化引起的抑郁症称产后抑郁症,属于心境障碍的一种。

参考答案:B

3.【解析】重度抑郁发作有“三低”表现——情绪低落,兴趣减退,意志活动减少。考生要将“情绪低落”和“情绪淡漠”区分开来,后者是精神分裂症的阴性症状。

参考答案:A

4.【参考答案】经历了一次或多次的抑郁发作,期间没有躁狂发作,被称为抑郁症,又叫单相障碍。一个陷入抑郁状态的人,在他的大多数心理机能方面都经历了深刻的变化,不仅是心境,还包括动机、思维、生理和运动技能。抑郁症的主要症状表现为:

(1)抑郁心境:这种抑郁感被人们描述为完全的绝望、孤独感或只是厌倦。

(2)在平常活动中丧失兴趣和乐趣:除了抑郁心境外,最常见的是丧失兴趣,即快感缺乏。

(3)食欲紊乱:许多抑郁症患者食欲很差,另一些则食欲增加。

(4)睡眠紊乱:失眠也是抑郁症的一个显著特征。

(5)精神运动性迟缓或激越:病人看起来十分疲乏或不断活动。

(6)精力减退:抑郁症患者动机减退,伴有明显的精力水平的降低。

(7)无价值感和内疚感:抑郁症患者常把自己看的一无是处。

(8)思维困难:抑郁症患者不能集中注意力,记忆力减退。

(9)欲死亡或自杀的想法:抑郁症患者反复想到自杀。

(10)其他抑郁发作症状:还可能出现妄想和幻觉等。

考点2 躁狂发作与双相心境障碍

1.【参考答案】双相情感障碍又称双相障碍,是指患者既有躁狂或轻躁狂发作,又有抑郁发作的一类情感障碍(心境障碍)。双相障碍是一种常见的精神障碍,国外流行病学调查显示双相障碍患病率 1%~3%,发病年龄高峰期 15~19 岁,首次多为抑郁发作,常一至数次抑郁发作后再出现躁狂或轻躁狂发作。

2.【参考答案】单相躁狂发作的特点是产生与其不相称的心境高涨,主要表现为“三高”症状,即情绪高涨、思维奔逸和病理性意志活动增强,同时伴有一种自身感觉良好的舒适感。

第三节 心境障碍的病因

考点1 抑郁症的病因

1.【解析】5-HT 为五羟色胺,DA 为多巴胺,NE 为去甲肾上腺素,GABA 为 γ 氨基丁酸。研究表明,低水平的 5-羟色胺同重性抑郁障碍的发作有关,因此本题选 A。

参考答案:A

2.【解析】本题考察抑郁症的临床表现与病因。

【参考答案】抑郁症的临床表现为如下特征:

(1)抑郁心境:这种抑郁感被人们描述为完全的绝望、孤独感或只是厌倦。

(2)在平常活动中丧失兴趣和乐趣:除了抑郁心境外,最常见的是丧失兴趣,即快感缺乏。

(3)食欲紊乱:许多抑郁症患者食欲很差,另一些则食欲增加。

(4)睡眠紊乱:失眠也是抑郁症的一个显著特征。

(5)精神运动性迟缓或激越:病人看起来十分疲乏或不断活动。

(6)精力减退:抑郁症患者动机减退,伴有明显的精力水平的降低。

(7)无价值感和内疚感:抑郁症患者常把自己看的一无是处。

(8)思维困难:抑郁症患者不能集中注意力,记忆力减退。

(9)欲死亡或自杀的想法:抑郁症患者反复想到自杀。

(10)其他抑郁发作症状:还可能出现妄想和幻觉等。

从生物医学因素的角度,抑郁症的病因跟下列因素相关:

(1)遗传方面:抑郁症病人的亲属发病率为一般人群的 1.5-3 倍,双相心境障碍为 10 倍;双相心境障碍,同卵双生子共病率为 72%,而异卵双生子为 14%;单相心境障碍,同卵双生子共病率为 40%,而异卵双生子为 11%。

(2)神经生理学方面:研究人员发现,心境障碍在某种程度上带有季节性的特点,这些疾患与环境中所供应的整体光线数量有关。

(3)生物化学方面:神经递质失衡,某些药物治疗改变突触部位神经递质浓度。

从心理社会因素的角度,抑郁症的病因跟下列因素相关:

(1)心理动力学:指向自身的愤怒导致抑郁,口唇期需要没有得到满足或过分得到满足,心理发展固着在此阶段,倾向过分依赖他人以维持自尊。

(2)行为理论:对个体正常行为的强化过少,对异常情绪奖励增加的结果。许多行为主义者将抑郁看做是消退的结果,认为抑郁是一种不完全或不充分的活动。抑郁患者缺乏获得强化和与他人交往的能力。抑郁者的糟糕的人际关系是抑郁持续存在的重要因素之一。

(3)认知理论:个体的想法和信念是引发和影响情绪状态的关键因素。

①贝克的理论:消极的信心信念、负性生活事件背后的消极图式或信念、歪曲的认知三个因素相互作用力,导致抑郁。

②习得性无助理论:个体的消极状态和无法有所行动、无法控制自己的生命感

觉来自于个体不成功的控制尝试的经历和心理创伤。

③归因和习得性无助理论：归因于稳定的因素会导致失败对个体产生长期的消极影响。将失败归因于内在的自身的原因，会导致个体自尊的下降。

④无望感理论：个体存在一种对自己所希望的结果不会发生，或自己不希望的结果将会发生的预期，并因此不再作出任何行动以改变这种情境的心理反应。

第四节　心境障碍的治疗

1.【解析】治疗机理是选择性的阻断5-HT的再摄取。

参考答案：C

第五节　自杀

考点1　自杀的预防

1.【参考答案】自杀跟以下危险因素有关：

(1)家族史：如果一个家庭成员自杀了，其他成员自杀的可能性也会增加。这种情况的原因可能是自杀者采用了一种相似的解决方式，也有可能是因为同时存在一种遗传的特质，如冲动。

(2)神经生物学：低水平的五羟色胺与自杀及暴力的自杀未遂有关。极低水平的5-羟色胺与冲动．不稳定和对环境的过度反应有关。低水平的五羟色胺很可能会导致冲动行为的易感性，包括自杀这一非常冲动行为。

(3)心理障碍：90%以上的自杀者都患有心理障碍。有研究人员认为青少年的自杀行为在很大程度上是严重抑郁的表达。一些研究者分离出无望感(抑郁的一个特定成分)，它才是强烈预示着自杀。同时存在物质滥用和心境障碍，存在多种心境障碍，物质滥用合并其他危险行为，有以上三种情况中至少一种的个体更容易自杀。

(4)应激生活事件：导致自杀的最重要的危险因素是令人感到羞愧或耻辱的应激生活事件。自然灾害造成的应激和混乱也会增加自杀的可能性。

2.【参考答案】

自杀的原因：(1)与应激有关。人际关系冲突、被拒绝和分离是最常见的促使年轻人自杀的因素。(2)心理因素。①精神分析理论提出死亡本能和生命本能相抗衡的假说，认为自杀是破坏性倾向大于建设性倾向　。②认知的因素，无望感是自杀最常见的表现。③行为主义认为自杀是习得的。(3)自杀的文化、宗教和社会因素，某种文化背景下自杀是被认可的。

自杀的预防：(1)提高心理素质、普及有关知识。通过广泛宣传普及心理卫生常识、开设心理健康教育课程、培养良好的心理素质、建立社区心理咨询与心理保健网络并建立干预机构(热线干预和危机干预)来进行预防。(2)警惕、监护高危人群，主要包括做好高危人群自杀危机的评估与监护，协同社会有关力量，作出有效干预，积极治疗原发疾病。(3)做好紧急施救。在社会层面，做到离开、去除敌对因素；在心理层面，做到倾听，交谈，自我表达与宣泄等；在医学层面，做好抗焦虑、抗抑郁的治疗。

3.【参考答案】

社区心理关注的是社会群体和社会环境对个体行为的影响。社区卫生心理的三级防治主要包含：

(1)初级预防。其目的是在社区内消除尚未有机会影响人们行为的有害油腻感谢，降低精神疾患的发病率。它的特点在人们还没有请求帮助，或还没有处在危险状态下就进行工作。

(2)二级预防。针对的是处于危险阶段但尚未形成症状的人；目标是在家庭和社区中早期发现、及时治疗适应不良行为，避免产生更为严重的问题，防微杜渐。

(3)三级预防。针对的是已经出现心理疾病者；目标是尽可能地减轻损害促进康复，致力于将疾病的持久性与破坏性降至最低。

章节考点　综合训练

一、单选题

1.【解析】抑郁发作以抑郁心境为典型症状，其特点为：情绪低落、思维缓慢、语言动作减少和迟缓。B选项属于精神分裂症中思维形式障碍的表现。

参考答案：B

2.【解析】抑郁发作的特征性表现为睡眠紊乱，睡眠障碍主要表现为入睡困难。

参考答案：A

3.【解析】此患者有明显的思维障碍，且行为紊乱、怪异，所以容易误选精神分裂症。需要注意的是，精神分裂症的核心症状是幻觉、妄想，而题目中的男子并未出现类似症状，因此要排除精神分裂症的可能。该患者的主要症状为情绪高涨，思维奔逸，行为冲动且易激惹，首先考虑躁狂发作。

参考答案：C

4.【解析】抑郁症患者情感低落，表现为心境低落，郁郁寡欢，可有昼重夜轻的特点，对一切都漠然置之，不为周围刺激所动。所以选择B。

参考答案 B

5.【解析】抑郁性神经症的主要临床特点：①兴趣减退，甚至丧失；②常常感到精神疲惫；③常对前途悲观失望；④感到生活没有意义。

参考答案 D

6.【解析】抑郁主要表现为显著而持久的情感低落，抑郁悲观。轻者闷闷不乐、无愉快感、兴趣减退，重者痛不欲生、悲观绝望、度日如年、生不如死。典型患者的抑郁心境有晨重夜轻的节律变化。并且认为自己毫无用处。

参考答案 C

二、名词解释题

1.【参考答案】情绪高涨指患者的情绪异常高涨，心境特别愉快。患者表现喜悦、语音高亢、言语和动作明显增多、自我感觉良好、洋洋得意、盛气凌人，常常伴有明显的夸大色彩。

2.【参考答案】情感障碍也被称为心境障碍或情感性精神障碍。心境障碍是以明显而持久的心境高涨或低落为主的一组精神障碍，并有相应的思维和行为改变。心境障碍与正常的心境区分的一个明显的特征是它们的时间特性。

3.【参考答案】指人或动物接连不断地受到挫折，便会感到自己对一切都无能为力，丧失信心，陷入一种无助的心理状态。心理特征是低成就动机，低自我概念，消极定势，低自我效能感。

三、简答题

1.【参考答案】(1)经历了一次或多次的抑郁发作，期间没有躁狂发作，被称为抑郁症，也被称为单相障碍。

(2)抑郁发作的临床特征表现为：

①抑郁心境：这种抑郁感被人们描述为完全的绝望、孤独感或只是厌倦。

②在平常活动中丧失兴趣和乐趣：除了抑郁心境外，最常见的是丧失兴趣，即快感缺乏。

③食欲紊乱：许多抑郁症患者食欲很差，另一些则食欲增加。

④睡眠紊乱：失眠也是抑郁症的一个显著特征。

⑤精神运动性迟缓或激越：病人看起来十分疲乏或不断活动。

⑥精力减退：抑郁症患者动机减退，伴有明显的精力水平的降低。

⑦无价值感和内疚感：抑郁症患者常把自己看得一无是处。

⑧思维困难：抑郁症患者不能集中注意力，记忆力减退。

⑨欲死亡或自杀的想法：抑郁症患者反复想到自杀。

2.【参考答案】经历了一次成多次的抑郁发作，期间没有躁狂发作称为抑郁症。抑郁症可能的原因包括以下几个方面：

从生物医学因素的角度，抑郁症的病因跟下列因素相关：

(1)遗传方面：抑郁症病人的亲属发病率为一般人群的1.5-3倍，双相心境障碍为10倍；双相心境障碍，同卵双生子共病率为72%，而异卵双生子为14%；单相心境障碍，同卵双生子共病率为40%，而异卵双生子为 11%。
(2)神经生理学方面:研究人员发现,心境障碍在某种程度上带有季节性的特点,这些疾患与环境中所供应的整体光线数量有关。
(3)生物化学方面:神经递质失衡,某些药物治疗改变突触部位神经递质浓度。研究表明,低水平的 5-羟色胺同重性抑郁障碍的发作有关
从心理社会因素的角度,抑郁症的病因跟下列因素相关:
(1)心理动力学:指向自身的愤怒导致抑郁,口唇期需要没有得到满足或过分得到满足,心理发展固着在此阶段,倾向过分依赖他人以维持自尊。
(2)行为理论:对个体正常行为的强化过少,对异常情绪奖励增加的结果。许多行为主义者将抑郁看做是消退的结果,认为抑郁是一种不完全或不充分的活动。抑郁患者缺乏获得强化和与他人交往的能力。抑郁者的糟糕的人际关系是抑郁持续存在的重要因素之一。
(3)认知理论:个体的想法和信念是引发和影响情绪状态的关键因素。
①贝克的理论:消极的信心信念、负性生活事件背后的消极图式或信念、歪曲的认知三个因素相互作用力,导致抑郁。
②习得性无助理论:个体的消极状态和无法有所行动、无法控制自己的生命感觉来自于个体不成功的控制尝试的经历和心理创伤。
③归因和习得性无助理论:归因于稳定的因素会导致失败对个体产生长期的消极影响。将失败归因于内在的自身的原因,会导致个体自尊的下降。
④无望感理论:个体存在一种对自己所希望的结果不会发生,或自己不希望的结果将会发生的预期,并因此不再作出任何行动以改变这种情境的心理反应。
3.【参考答案】抑郁发作的临床特征表现为:
(1)抑郁心境:这种抑郁感被人们描述为完全的绝望、孤独感或只是厌倦。
(2)在平常活动中丧失兴趣和乐趣:除了抑郁心境外,最常见的是丧失兴趣,即快感缺乏。
(3)食欲紊乱:许多抑郁症患者食欲很差,另一些则食欲增加。
(4)睡眠紊乱:失眠也是抑郁症的一个显著特征。
(5)精神运动性迟缓或激越:病人看起来十分疲乏或不断活动。
(6)精力减退:抑郁症患者动机减退,伴有明显的精力水平的降低。
(7)无价值感和内疚感:抑郁症患者常把自己看得一无是处。
(8)思维困难:抑郁症患者不能集中注意力,记忆力减退。
(9)欲死亡或自杀的想法:抑郁症患者反复想到自杀。
(10)其他抑郁发作症状:还可能出现妄想和幻觉等。
抑郁发作的治疗可以结合药物治疗、心理学治疗和家庭教育。
(1)首先,可以采用百忧解等抗抑郁药物,减轻患者的抑郁症状。
(2)其次,采用心理学疗法来辅助治疗:
①采用心理动力学治疗方法,减少病人的焦虑使他们感到安全,获得支持、舒适和轻松来缓解症状。
②利用认知治疗,改变患者的抑郁性的想法,通过认知重建用积极的、符合现实的认知替代患者那些消极的、与现实不相符合的认知。。
③通过行为治疗,操纵强化的时机,提高患者获得强化的比率来消除抑郁状态的。借助于社会技能训练的技术来帮助患者,获得社交技能训练以及放松训练等。
④采用人本主义治疗,尝试帮助抑郁和自杀的病人认识到他们的情感痛苦是一种真实的反应,让患者真实地追求自己的目标。
⑤也可以采用团体心理治疗,通过团体治疗可以激发和运用患者之间的积极的互动作用,从而提高患者治疗的效果和病人对治疗的信心和依从性。
(3)要联动家庭教育:让患者家属一方面提高对疾病的认识,增强患者及家属其战胜疾病的信心,提高对治疗的依从性;另一方面可帮助病人获得更多来自家庭的支持和有效的帮助。
4.【参考答案】心理干预包括三个方面:
(1)初级预防。其针对的是普通群众;目标是提高人的心理素质,消除生物、心理及社会的病因,防患于未然。
(2)二级预防。针对的是处于危险阶段但尚未形成症状的人;目标是在家庭和社区中早期发现、及时治疗适应不良行为,避免产生更为严重的问题,防微杜渐。
(3)三级预防。针对的是已经出现心理疾病者;目标是尽可能地减轻损害促进康复,致力于将疾病的持久性与破坏性降至最低。
四、论述题
1.【参考答案】单相情感障碍是情感障碍的一种。与"双相情感障碍"相对。仅有抑郁或仅有躁狂发作的情感障碍。
临床表现:
(1)抑郁心境:完全的绝望、孤独感或只是厌倦。
(2)在平常活动中丧失兴趣和乐趣:快感缺乏
(3)食欲紊乱
(4)睡眠紊乱
(5)精神运动性迟缓或激越
(6)精力减退
(7)无价值感和内疚感
(8)思维困难
(9)欲死亡或自杀的想法
(10)其他抑郁发作症状
成因:
(1)生物医学:遗传方面——双相/单相情感障碍(躁狂、抑郁)双生子共病率72%;生物化学方面——神经递质失衡,某些药物治疗改变突触部位神经递质浓度。
(2)心理动力学:指向自身的愤怒。口唇期需要没有得到满足或过分得到满足,心理发展固结在此阶段,倾向过分依赖他人以维持自尊。在离丧生活事件中易表现出来。
(3)行为理论:对个体正常行为的强化过少,对异常情绪奖励增加的结果。许多行为主义者将抑郁看作是消退的结果,认为抑郁是一种不完全或不充分的活动。抑郁患者缺乏获得强化和与他人交往的能力。抑郁者的糟糕的人际关系是抑郁持续存在的重要因素之一。
(4)认知理论:个体的想法和信念是引发和影响情绪状态的关键因素。
①贝克的理论:Beck 的解释:消极的信心信念、负性生活事件背后的消极图式或信念、歪曲的认知三个因素相互作用力,导致抑郁。Beck 的认知三联征(负性的自我观、世界观和未来观)。
②习得性无助理论:个体的消极状态和无法有所行动、无法控制自己的生命感觉来自于个体不成功的控制尝试的经历和心理创伤。
③归因和习得性无助理论:人对失败的解释方式决定了失败的影响作用。归因于稳定的因素会导致失败对个体产生长期的消极影响。将失败归因于内在的自身的原因,会导致个体自尊的下降。
④无望感理论:个体存在一种对自己所希望的结果不会发生或自己不希望的结果将会发生的预期,并因此不再做出任何行动以改变这种情境的心理反应。
2.【参考答案】双相障碍属于心境障碍的一种类型,指既有躁狂发作又有抑郁发作的一类疾病。双相障碍的临床表现按照发作特点可以分为抑郁发作、躁狂发作或混合发作。
(1)抑郁发作
①病程特点:与单相抑郁相比,双相抑郁起病较急,病程较短,反复发作较频繁;
②症状特征:双相抑郁区别于单相抑郁的症状,特征包括情绪的不稳定性、易激惹、精神运动性激越、思维竞赛/拥挤、睡眠增加、肥胖/体重增加、注意力不集中、更多的自杀观念和共病焦虑及物质滥用(烟草、酒精、毒品等)。

(2)躁狂发作
①心境高涨:自我感觉良好,整天兴高采烈,得意洋洋,笑逐颜开,具有一定的感染力,常博得周围人的共鸣,引起阵阵的欢笑。
②思维奔逸:反应敏捷,思潮汹涌,有很多的计划和目标,感到自己舌头在和思想赛跑,言语跟不上思维的速度,言语增多,滔滔不绝。
③活动增多:精力旺盛,不知疲倦,为了吸引眼球过度修饰自己,哗众取宠。
④躯体症状:睡眠需要减少,入睡困难,早醒,睡眠节律紊乱;食欲亢进,暴饮暴食,或因过于忙碌而进食不规则,加上过度消耗引起体重下降;对异性的兴趣增加,性欲亢进,性生活无节制。
⑤其他症状:注意力不能集中持久,容易受外界环境的影响而转移;记忆力增强,紊乱多变;发作极为严重时,患者极度的兴奋躁动,可有短暂、片段的幻听,行为紊乱而毫无目的指向,伴有冲动行为;也可出现意识障碍,有错觉、幻觉及思维不连贯等症状,称为谵妄性躁狂。多数患者在疾病的早期即丧失自知力。
(3)混合发作
指躁狂症状和抑郁症状在一次发作中同时出现,临床上较为少见。通常是在躁狂与抑郁快速转相时发生。例如,一个躁狂发作的患者突然转为抑郁,几小时后又再复躁狂,使人得到"混合"的印象。但这种混合状态一般持续时间较短,多数较快转入躁狂相或抑郁相。混合发作时躁狂症状和抑郁症状均不典型,容易误诊为分裂心境障碍或精神分裂症。
病因:
双相障碍病因未明,生物、心理与社会环境诸多方面因素参与其发病过程。
(1)生物学因素
①神经生化,精神药理学研究和神经递质代谢研究证实,患者存在中枢神经递质代谢异常和相应受体功能改变,大脑神经突触间隙五羟色胺等神经递质含量异常;
②五羟色胺(5-HT)功能活动缺乏可能是双相障碍的基础,是易患双相障碍的素质标志;
③去甲肾上腺素(NE)功能活动降低可能与抑郁发作有关,去甲肾上腺素功能活动增强可能与躁狂发作有关;
④多巴胺(DA)功能活动降低可能与抑郁发作有关;
⑤γ-氨基丁酸(GABA)是中枢神经系统抑制性神经递质,有研究发现双相障碍患者在血浆和脑脊液中水平降低;
⑥第二信使平衡失调,第二信使是细胞外信息与细胞内效应之间不可缺少的中介物;
⑦神经内分泌功能失调,主要是下丘脑—垂体-肾上腺皮质轴和下丘脑—垂体—甲状腺轴的功能失调。
(2)遗传学因素
调查发现,双相I型障碍先证者的一级亲属中双相障碍的发病率,较正常人的一级亲属中发病率高数倍,血缘关系越近,患病率越高。分子遗传学方面,不少学者探讨了与双相障碍可能有关的标记基因,但尚无确切可重复验证的结果,双相障碍的易感基因尚需进一步研究。目前,有关双相障碍遗传方式倾向为多基因遗传。
(3)心理社会因素
不良的生活事件和环境应激事件可以诱发情感障碍的发作,如失业、失恋、家庭关系不好、长时期高度紧张的生活状态等。遗传因素在情感障碍发病中可能导致一种易感素质,而具有这种易感素质的人在一定的环境因素促发下发病。

3.【参考答案】

(1)网络上的说法有合理以及不合理的地方:
"网络上声称抑郁症是一种心理疾病,非常常见"这种观点是正确的。在每个人的日常生活中,"正常的抑郁"情绪非常常见,正常的抑郁和临床上的抑郁只是在程度上有所不同,他们以相同的症状为特点,所以对于抑郁症的发生,不需要感到恐慌,有一个正确的认识和平和的心态是非常重要的,这种认识能够减轻抑郁症带给患者的心理压力。但是"抑郁症无需求治"这种观点是错误的。抑郁症会给患者带来巨大的精神痛苦,甚至带来自杀风险,对患者本人、家庭乃至整个社会造成严重危害,因此发现抑郁症一定要引起足够的重视。
(2)如果身边有疑似抑郁症的患者,我会从以下几个方面来提供帮助:
首先,耐心的倾听亲友的感受,真诚的陪伴左右,同时给亲友介绍抑郁症的相关知识,让亲友对待抑郁症有个正确的认识。
其次,劝说亲人积极就诊,陪伴亲人到本地三甲医院的精神科寻求专业的诊断。当亲人病情严重,出现拒绝就医、一心求死的情况,必要时可以采取强制就医的手段,要保证自己和病人的安全。
再者,如果被诊断为抑郁症,督促亲友听从医生的指导和建议,确保病人按时吃药、早睡早起、督促运动等等。
最后,要联合病人家属,给与亲友更多的社会支持,鼓励病人积极治疗,帮助患者打开心结,树立康复信心。

五、案例分析题

1.【参考答案】

(1)诊断:该患者可诊断为抑郁发作
(2)诊断依据:①患者的临床表现:患者病情持续半年多,情不好、烦躁、睡眠差,对什么活动都不感兴趣,食欲差,思维变得迟钝,社会功能受到影响(拒绝朋友的邀约,上班时无法完成工作),有自杀的想法,有典型的抑郁发作特征性表现。
②患者符合抑郁发作的诊断标准。DSM-IV 中对抑郁发作与抑郁症的诊断标准
A. 在同一个 2 周时期内,出现与以往功能不同的明显 改变,表现出下列 5 项以上,其中 至少 1 项是心境抑郁或丧失兴趣或乐趣。
①几乎每天的一天中大部分时间都心境抑郁,这或者是主观的体验(例如感到悲伤或空虚),或者是他人的观察(例如,看来在流泪)。注:儿童或青少年,可能是心境激惹。
②几乎每天的一天中大部分时间,对于所有(或者几 乎所有)活动的兴趣都显著减低。
③显著的体重减轻(未节食)或体重增加(一月内体 重变化超过原体重的 5%),或几乎每天食欲减退或增加。
④几乎每天失眠或嗜睡。
⑤几乎每天精神运动性激越或迟缓(由他人观察到的 情况,不仅是主观体验到坐立不安或缓慢下来)。
⑥几乎每天疲卷乏力或缺乏精力。
⑦几乎每天感到生活没有价值,或过分的不合适的自罪自责(可以是妄想型的程度,不仅限于责备自己患了病)。
⑧几乎每天感到思考或集中思想的能力减退,或者犹 豫不决(或为自我体验 ,或为他人观察)。
⑨反复想到死亡(不只是怕死),想到没有特殊计划的 自杀意念,或者想到某种自杀企图或一种特殊计划以外以实行自杀。
2.这些症状并不符合混合发作的标准。
C. 这些症状产生了临床上明显的痛苦烦恼,或在社交、职业和其他重要方面造成功能缺损。
D. 这些症状并非由于某种物质(例如滥用某种药物, 某治疗药品)或由于一般躯体性情况(例如甲亢)所致之直接生理效应。
E. 这些症状不能归于离丧;后者即,在失去所爱者后出现这些症状并持续 2 个月以上,其特点为显著的功能缺损,病态地沉溺于生活无价值、自杀意念,精神病性症状或精神运动性迟缓。
(3)可能导致这种心理困扰的风险因素
①生物医学因素。在遗传方面,抑郁症病人的亲属发病率高于一般人群。在神经生理学方面,抑郁的疾患与环境有关,与低水平的 5- 羟色胺有关。在生物化学方面,抑郁症的发作与神经递质失衡有关。
②社会心理学因素。心理动力学认为抑郁源于先天的缺陷,常常源于早年的丧

失有关，且被现在的创伤性事件激活。行为理论认为对个体正常行为的强化过少，对异常情绪奖励增加的结果。认知理论认为个体的想法和信念是引发和影响情绪状态的关键因素。

第六章 焦虑障碍

第一节 概述

考点1 焦虑障碍的概况

1.【解析】疑病症在 DSM-IV 中属于躯体化障碍，不属于焦虑障碍。

参考答案：B

2.【解析】惊恐障碍的最核心症状是惊恐发作，不同个体或同一个体在不同时期发作的频率有很大区别，且症状一般最多持续 30 分钟；恐怖症的患者是对于特定事物或处境具有强烈的恐惧情绪，患者会采取主动的回避行为进行避免；双向情感障碍部分症状与焦虑障碍相似，但它并不属于焦虑障碍，而是一种心境障碍；强迫症是焦虑障碍最糟糕的极点，常常伴随着广泛性焦虑障碍，反复出现的惊恐发作，使人无能为力的逃避以及重度抑郁，从这个角度上来说，强迫症患者无法回避，其症状持续存在，因此为焦虑障碍最糟糕的极点。

参考答案 C

3.【解析】本题考查焦虑的分类。产生对外界危险的知觉，如人们害怕毒蛇、持有凶器的暴徒和失去控制的汽车等。属于现实性焦虑。

参考答案 A

考点2 神经症

1.【解析】本题考查神经症的含义和类型

【参考答案】（优加考研温馨提示：神经症在 DSM-IV 的体系里面已经被删除，在 CCMD-3 里面才有这部分内容，这部分答案来源于以 CCMD-3 为参考体系的王玲老师版本的教材）

（1）神经症也叫神经官能症，是一组精神障碍的总称。在 CCMD-3 中，神经症被定义为一组主要表现为焦虑、抑郁、恐惧、强迫、疑病症状，或神经衰弱症状的精神障碍，

（2）它包括了以下几种类型：恐怖症、焦虑症、强迫症、躯体形式障碍、神经衰弱和其它神经症

①焦虑症是以焦虑为主要表现的一种神经症，具体表现为持续性紧张或发作性惊恐状态。包括广泛性焦虑障碍、惊恐障碍等。

②恐惧症是一种以过分或不合理的惧怕外界客体或处境为主的神经症。主要特征为：某种外在的客体情境引起强烈的恐惧；患者明知过分、不合理、不必要，却又无法控制；患者发作时往往伴有明显的焦虑不安及植物性神经症状；因尽力回避所恐惧的客体或情境而影响患者的正常生活或工作。包括广场恐怖症、单纯型恐怖症、社交恐惧症等。

③强迫症是以不能为主观意志所克制的，反复出现的观念、意向、和行为为临床特征的一种神经症。其特点是有意识的自我强迫和反强迫并存。

④躯体形式障碍是一种以持久的担心或相信各种躯体症状的优势观念为特征的神经症。其主要特征是患者反复陈述躯体症状，不断要求给予医学检查，无视反复检查的阴性结果。

⑤癔症是指一种以解离症状（部分或完全丧失对自我身份的识别和对过去的记忆）和转换症状（在遭遇无法解决的问题和冲突时产生的不快心情，以转化成躯体形式的方式出现）为主的精神障碍。

⑥神经衰弱指一种以脑和躯体功能衰弱为主的神经症，以精神易兴奋却又易疲劳为特征。

第二节 恐怖症

考点1 恐怖症的含义

1.【解析】恐怖症患者常夸大环境中存在的危险，使之与现实情况不符。

参考答案 B

考点2 恐怖症的分类

1.【解析】场所恐惧症主要包括怕单独一人离家，进商店、人多的地方和公共场所，或单独乘坐火车、公共汽车或飞机。该案例中的表现过分担心处于特定情境，如在酒会大厅中，没有可以立即使用的出口正是场所恐惧症。因此本题选 A。

B. 社交恐惧症的患者害怕自己在别人面前出洋相，害怕被别人观察。与人交往，甚至在公共场所出现，对他们来说都是一件极其恐怖的事情。

C. 特定恐惧症的情景范围一般来说是比较小的。当特定的恐惧症患者面临恐惧情景，可能会有惊恐发作，或出现心率加快或心跳很重、震颤、虚脱或头晕、呼吸困难、出汗等。

D. 焦虑障碍其表现为：无明确客观对象的紧张担心，坐立不安，还有植物神经功能失调症状，如心悸、手抖、出汗、尿频等，及运动性不安。

参考答案：A

2.【解析】场所恐惧症主要包括怕单独一人离家，进商店、人多的地方和公共场所，或单独乘坐火车、公共汽车或飞机。该案例中的小刚过分地害怕黑暗的地下室正是属于场所恐惧症。

A. 社交恐惧症的患者害怕自己在别人面前出洋相，害怕被别人观察。与人交往，甚至在公共场所出现，对他们来说都是一件极其恐怖的事情。

B. 惊恐障碍是以反复出现显著的心悸、出汗、震颤等自主神经症状，伴以强烈的濒死感或失控感，害怕产生不幸后果的惊恐发作为特征的一种急性焦虑障碍。

D. 思想强迫症的患者其痛苦在于难以克制意识中出现的某些思想，但是越努力地去克制、排除这些想法，痛苦就越明显。

参考答案：C

3.【解析】恐惧症包括场所恐惧症、社交恐惧症和特定恐惧症。

参考答案：D

4.【参考答案】（1）社交焦虑的定义：社交恐怖也被称作社交焦虑障碍，是指对一种或多种人际处境存在持久的强烈恐惧和回避行为。恐惧的对象可以是某个人或某些人，也可以相当泛化，可包括除了某些特别熟悉的亲友之外所有的人。

（2）社交焦虑者的特征：①对于社交场景过分恐惧，尽量避免与人接触，主要是为了避免负性评价；②害怕说话或做事遭到羞辱或尴尬；③好像有千万双眼睛盯着自己的一举一动，所以很不自在；④如果不能避免人际接触，则“非常痛苦的忍耐着和别人在一起”，所以倾向于寻找减少社交邀请的借口或事务；⑤社交恐怖的典型表现是怯场和演讲焦虑；⑥大多起病于童年期或青春期。

（3）社交焦虑形成的原因：①个体有焦虑的生物易感性或社会抑制的生物倾向性；②在压力情境下，个体可能会在社会情境中出现未预期的惊恐发作（虚慌），而后会对在相同或相似的社会情境中再次发作而感到焦虑；③个体可能经历了源于真实惊恐的社会创伤，并对相同或相似社会情境感到焦虑（条件化作用），创伤性社会经历可以追溯到童年早期经历。

考点4 恐怖症的治疗

1.【解析】本题综合考察恐怖症的诊断和治疗方法。

【参考答案】：（1）根据对心理健康的定义，按照程度的不同，可以将个体心理问题的类型划分为三类：发展性心理问题、适应性心理问题与障碍性心理问题。他的心理问题属于障碍性心理问题中的焦虑性障碍。

（2）属于美国 DSM-V 中的特殊恐怖症，又被称为单纯恐怖症，诊断依据如下：

A. 由于存在或预期某种特殊物体或情境（如飞行、高空或动物）而出现显著或不合理的害怕。

B. 暴露于所恐惧的刺激时，几乎不可避免地立即产生焦虑，并可能出现仅限于此情境惊恐发作。注：若是儿童，焦虑可表现为哭闹、发脾气或紧紧地拖住他人。

C. 患者认识到这种害怕是不合理的或过度的。注:若是儿童,则无此项。
D. 患者一般都设法避免这种情景,否则便以极度的焦虑或痛苦忍受着。
E. 这种对恐怖情境的避免、焦虑的期待或害怕反应,显著地干扰个人的生活、工作或社交,或者对于患有恐怖症感到极度的精神痛苦。
F. 如患者年龄小于18岁,应至少有6个月病程。
G. 排除其他精神障碍如强迫症PTSD、分离性焦虑障碍、社交恐怖症、惊恐障碍而引起的焦虑、惊恐发作或恐怖性回避。
(3)采取的咨询措施。
①药物治疗:对恐怖症而言,药物治疗从整体上说是辅助治疗,其作用往往是缓解患者的焦虑情绪或伴随的抑郁情绪。
②心理治疗
A 行为疗法
a 系统脱敏法。该法是先让患者学会放松,将患者恐惧的刺激或情境按照其恐惧的程度由小到大按等级排列出来,然后在患者放松的状态下逐一循序渐进地暴露于引起焦虑、恐惧的刺激,从而减轻对恐怖性刺激的害怕反应。
b 满灌疗法,又称冲击疗法。该法是把患者置于最令其恐惧的情境中,并要求和鼓励患者在恐惧面前不退缩,坚持到底,直到恐惧程度下降,最终不感到恐怖或焦虑为止。
c 模仿法:该法是治疗师作为榜样去面对患者害怕的事物或处境,而患者进行观察学习。行为治疗师通过示范,证明患者对于某种刺激或情境的害怕是没有事实根据的,同时让患者也跟着学习治疗师的样子去接触害怕的对象。这一方法通常和系统脱敏法结合起来使用。
B 认知疗法:对社交恐怖症而言,因为患者往往持有不合理的信念,认知疗法帮助患者识别和挑战负性的、不合理的想法而起到治疗作用。通常它与行为治疗技术,如暴露技术、社交技巧训练、满灌法、松弛训练等,联合使用。
C 其他心理疗法:森田疗法也是恐怖症的适应症,其治疗原则是"顺其自然,为所当为",如对于社交恐怖症治疗,就是要让患者接受社交中的"胆怯、紧张或脸红"的症状,不把其当做身心异物加以排斥,不再关心体察心理症状,而是要带着胆怯、紧张或脸红像正常人一样交往,使症状在不知不觉中消失。心理分析取向的治疗方法,如分析性心理治疗、钟氏认识领悟疗法,也可用于恐怖症的治疗。

第三节 焦虑症

考点1 焦虑症

1.【解析】本题考查焦虑症的含义及类型,考生要清楚焦虑症包括了惊恐障碍和广泛性焦虑障碍。
【参考答案】(1)定义:焦虑症是以焦虑为主要表现的一种神经症,具体表现为持续性紧张或发作性惊恐状态,但此状态并非由实际威胁所引起,或其惊恐程度与现实事件不相称。CCMD-3中将焦虑症分为广泛性焦虑障碍和惊恐障碍两种。
(2)广泛性焦虑障碍为具有对一系列生活事件或活动感到过分的、难以控制的担忧。其基本特征是慢性、不可控的担忧。其核心症状是漂浮不定的焦虑。其基本特征是在焦虑的同时常伴有易激惹、注意集中困难、难以作决定以及害怕犯错误的情况。往往表情紧张,双眉紧锁,姿势僵硬而不自然,常伴有震颤,同时有程度不等的运动性不安,包括小动作增加、不能静坐等。睡眠障碍也较为多见,典型者为入睡困难,睡眠浅而多梦也不少见。
(3)惊恐障碍又简称惊恐症,是指以反复出现的惊恐发作为原发的和主要临床特征,并伴有持续地担心再次发作或发生严重后果的一种焦虑障碍。惊恐发作,是惊恐障碍的核心症状,并通常伴有一些躯体症状和灾难临头的想法。惊恐发作常突然产生,可在任意时间和地点,没有预感,在10分钟左右症状达到高峰。发作通常持续20~30分钟,极少有超过1小时。约20%发作时有晕厥表现。其最主要的精神症状是极度的恐惧、濒死感、末日感,且患者不知道自己恐惧的来由,同时伴有许多急性发作的躯体症状,这包括心悸、呼吸困难、胸闷、多汗、颤抖、恶心等。

考点2 惊恐障碍

【解析】本题考查惊恐障碍的含义。惊恐障碍是指以反复出现的惊恐发作为原发的和主要临床特征,并伴有持续地担心再次发作或发生严重后果的一种焦虑障碍。选项D不符合惊恐障碍的症状特点。因此本题选D。
参考答案 D

考点3 广泛性焦虑障碍

1.【解析】广泛性焦虑障碍的患者会出现在多数时间里过分焦虑的行为。强迫症患者会有明显的强迫观念或行为,重性抑郁发作以心境低落为主,而惊恐障碍患者则会担心自己惊恐发作。
参考答案 D
2.【解析】广泛性焦虑障碍的治疗方法,包括心理分析疗法、以人为中心疗法、行为疗法和认知疗法。
参考答案 D
3.【参考答案】广泛性焦虑障碍为具有对一系列生活事件或活动感到过分的、难以控制的担忧。其基本特征是慢性、不可控的担忧。
4.【参考答案】广泛性焦虑障碍的诊断标准
A. 对多种事件或活动(例如工作或学习)呈现过分的焦虑和担忧(一种提心吊胆的等待和期待),至少持续6个月以上。
B. 患者感到难以控制自己不去担忧。
C. 这种焦虑和担忧同时伴有至少如下3项(至少在6个月的大多数时间里存在)。注:如是儿童只需1项。
①坐立不安或感到紧张;②容易疲劳;③思想难以集中或脑子一下子变得空白;④易激惹;⑤肌肉紧张;
D. 排除发生在其他轴I精神障碍的焦虑和担忧,如惊恐发作时的焦虑和担心(惊恐障碍)、在公众场合感到难堪(社交恐怖症)、担心被污染(强迫症)、害怕离家或离开亲人(分离性焦虑障碍)、担心肥胖(神经性厌食症)、多种躯体不适的主诉(躯体化障碍)、担心患严重疾病(疑病症)以及创伤后应激障碍的焦虑和担心。
E. 焦虑、担心和躯体症状造成了患者的严重痛苦,并且患者的人际交往、工作等社会功能严重受损。
F. 排除由某种药物(如某种滥用药物、治疗药物)、躯体疾病(如甲亢)、心境障碍、精神病性障碍或广泛性发育障碍所致的焦虑症状。
5.【参考答案】参照第4题。

第四节 强迫症

考点1 强迫症的含义及临床表现

1.【解析】强迫观念,指在患者脑中反复出现的某一概念或相同内容的思维,明知没有必要,但又无法摆脱。。
A. 超价观念:是指在患者个人心理活动中一段时间内占主导地位的一种观念,具有强烈的情感色彩,表现为偏激、偏爱、偏恨,明显地影响患者的行为及其他心理活动。缺乏事实根据,但患者坚信不疑。
B. 强制性思维又称思维云集,是指思维不受病人意愿的支配,强制性地大量涌现在脑内。其内容大多是杂乱无章,且毫无意义,出乎病人的意料而又无法加以控制的。思维云集突然出现,又突然消失,往往反复出现,多见于精神分裂症。
D. 牵连观念又称关系妄想。指病人认为在他周围出现和经历的事情都是为了他的缘故,不断地思考这对他将意味着什么。病人把周围与他无关的事情都当成是与他有关的。多见于精神分裂症。
参考答案 C
2.【解析】C选项属于惊恐障碍的症状。
参考答案 C
3.【解析】强迫症不一定会出现回避行为,但恐怖症会尽力回避恐惧对象。ABD都是二者共同特点。

参考答案 C

4.【解析】D 选项是强迫观念的症状表现,A 常见于恐怖症,B 常见于精神分裂症,C 是惊恐发作的表现。

参考答案 D

5.【解析】精神分裂症患者没有自知力,因此不会为症状苦恼,也没有主动摆脱的愿望和治疗要求,精神分裂症的强迫症状主要表现为妄想,内容荒诞离奇,相比于强迫症还会有其他精神病性症状比如幻觉。

参考答案 ABCD

6.【参考答案】强迫思维:是指一些字句、话语、观念或信念,反复进入患者意识,干扰了正常思维,但无法摆脱。有以下几种表现形式:强迫怀疑;强迫性穷思竭虑;强迫联想;强迫回忆。

7.【参考答案】以不能为主观意志所克服,反复出现的观念、意向和行为为临床特征。患者认识到这些观念和行为是毫无意义的、不合理的,以致引起显著的焦虑或痛苦的一种心理障碍。临床上根据其表现,强迫症状分为强迫观念和强迫行为两类

考点 3　强迫症的治疗

1.【解析】本题综合考察强迫症的相关内容。

【参考答案】(1)强迫症是以不能为主观意志所克服,反复出现的观念、意向和行为为临床特征。患者认识到这些观念和行为是毫无意义的、不合理的,以致引起显著的焦虑或痛苦的一种心理障碍。根据案例描述,符合强迫症的临床特点。

(2)强迫症在临床上主要包括强迫观念和强迫行为。

①强迫观念:强迫症的核心症状,是指反复进入患者意识领域的思想、表象或意向,患者意识到这些都是他自己的心理活动,极力摆脱,但又无能为力,因而感到十分苦恼和焦虑,强迫观念主要有以下几种:

A. 强迫思维:一些字句、话语、观念或信念,反复进入患者意识,干扰了正常思维,但无法摆脱。有以下几种表现形式:强迫怀疑;强迫性穷思竭虑;强迫联想;强迫回忆。

B. 强迫表象:反复呈现逼真、形象的内容,出现的表象通常是令患者难堪或厌恶的,多见的是生殖器或性行为的形象。

C. 强迫恐惧:并非对特殊环境和物体的害怕,而是对自己情绪的恐惧,害怕自己失去控制、会发疯、会做出什么违反社会规范,甚至是伤天害理的事。

D. 强迫意向:又称强迫冲动,这是一种强有力的内在驱使,一种即将要行动起来的冲动感,但患者从来不会有真正的行动。患者明知这样做是非理性的、荒谬的、甚至是不可能的,努力控制住不去做,但其内心的冲动无法摆脱。

②强迫行为:是指反复出现的、刻板的仪式化动作,患者感觉到这样做不合理,别人也不会这样做,但却不能不做。强迫行为有下面几种形式:强迫洗涤;强迫检查;强迫询问;强迫计数;强迫整理;强迫仪式行为;强迫性迟缓。

根据案例描述,王某"头脑中经常不受控制的反复出现玩游戏和不能玩游戏的对立念头",这是强迫思维的表现。王某"重复摆鞋"属于强迫行为中的强迫整理;"反复开关门"、"反复检查作业"这些都是强迫行为中强迫检查的表现。

(3)强迫症形成的心理社会因素:不同流派对强迫症的病因进行了不同的阐释。

①人格特点和家庭教养方式:案例中,王某的父母对其期望很高,管教严格,使其自小形成胆小谨慎、做事认真、追求完美的性格,这种严厉管教的家庭教养方式和由此养成的人格特点,是王某发展成强迫症的一个重要因素。

②从心理分析理论的角度,认为强迫行为来源于被压抑的攻击性冲动或欲望。案例中,王某从小被家庭管教严格,王某潜意识里面想突破这种严厉的管教,而这种潜意识的想法不符合社会道德,因此只能通过自我防御机制来压抑这种内心的冲突,强迫思维和强迫行为的出现是由于自我防御机制过度或者失败造成的。

③根据认知行为疗法的观点,闯入性思维变得频繁而持久,患者发现强迫行为能暂时缓解焦虑,强迫行为由于不断地重复而得到强化。王某不断一些重复的思维出现,而他自己认为这些想法都是消极的,必须清除,却又由于过度焦虑无法清除,因此通过强迫行为能够缓解这种焦虑,于是强迫的思维和行为被强化保留下来。

第五节　应激相关障碍

考点 3　创伤后应激障碍

1.【参考答案】创伤后应激障碍是指经历异乎寻常的威胁性或灾难性应激事件或情景后而引起精神障碍的延迟出现或长期持续存在,其特点是时过境迁后的痛苦体验仍然驱之不去,持续回避与事件有关的刺激,并长期处于警觉焦虑状态。

2.【参考答案】创伤后应激障碍是指经历异乎寻常的威胁性或灾难性应激事件或情景后而引起精神障碍的延迟出现或长期持续存在,其特点是时过境迁后的痛苦体验仍然驱之不去,持续回避与事件有关的刺激,并长期处于警觉焦虑状态。

(1)反复体验创伤性事件

这是 PTSD 的中心症状,它以各种形式反复重新体验创伤性事件,主要表现为反复地闯入性地出现有关创伤性事件的痛苦回忆,没有警告,就像"从天而降",不需要刺激或者相关引发物。有的可能会生动地看到当时的情境,并伴发相应的情绪和行为反应,好像创伤再次发生,如同电影中"闪回"。有的可在梦中反复重现创伤性事件或做噩梦。

(2)回避与创伤性事件有关的刺激,或情感麻木

患者回避谈及与创伤有关的想法、感受及话题,或回避可能勾起恐怖回忆的事情和环境,似乎已经遗忘了此事。有时可表现出一种"麻木"感(情绪迟钝),患者在整体上给人以木然、淡漠的感觉。

(3)警觉性增高

经历创伤的人会体验到过度的警觉性。这说明个体长时间处于"战斗或逃跑"的状态,就像正在经历创伤性事件一样。即便是在比较"安全"的情境中,个体也做好了随时应对威胁的准备。这种状态下,个体会花很多的时间和精力去寻找环境中的威胁性信息。

(4)其他表现

患者的内疚和自责的情绪反应也非常常见。失去亲人的居丧反应与负罪感密切相关。儿童也可发生 PTSD,但表现与成人有所不同。

3.【参考答案】(1)创伤后应激障碍的临床表现有:

①反复体验创伤性事件

这是 PTSD 的中心症状,它以各种形式反复重新体验创伤性事件,主要表现为反复地闯入性地出现有关创伤性事件的痛苦回忆,没有警告,就像"从天而降",不需要刺激或者相关引发物。有的可能会生动地看到当时的情境,并伴发相应的情绪和行为反应,好像创伤再次发生,如同电影中"闪回"。有的可在梦中反复重现创伤性事件或做噩梦。

②回避与创伤性事件有关的刺激,或情感麻木

患者回避谈及与创伤有关的想法、感受及话题,或回避可能勾起恐怖回忆的事情和环境,似乎已经遗忘了此事。有时可表现出一种"麻木"感(情绪迟钝),患者在整体上给人以木然、淡漠的感觉。

③警觉性增高

经历创伤的人会体验到过度的警觉性。这说明个体长时间处于"战斗或逃跑"的状态,就像正在经历创伤性事件一样。即便是在比较"安全"的情境中,个体也做好了随时应对威胁的准备。这种状态下,个体会花很多的时间和精力去寻找环境中的威胁性信息。

④其他表现

患者的内疚和自责的情绪反应也非常常见。失去亲人的居丧反应与负罪感密切相关。儿童也可发生 PTSD,但表现与成人有所不同。

(2)创伤后应激障碍的治疗可以采用如下方法:

①药物治疗

急性期,尤其是在病人焦虑和痛苦严重时,药物治疗往往是必要的。短时间作用的苯二氮卓类药物对急性焦虑有效。SSRI、三环类抗抑郁剂或单胺氧化酶抑制剂已经有效地用于治疗慢性创伤后应激障碍。

②心理治疗

心理治疗的初期目标在于减轻焦虑症状,缓和其情绪痛苦。目前,最常用的心理治疗方法是行为疗法和认知疗法。在行为疗法中,主要采用以暴露于患者所害怕的事件或情境为主的技术,系统脱敏法是首选的方法之一。认知疗法主要帮助患者处理被创伤破坏的想法和信念,它常与行为疗法联合使用。

③眼动脱敏和再加工

眼动脱敏和再加工在治疗过程中可以产生一种神经生物状态,这与快速眼动睡眠类似,这种状态可以减轻由海马调节的关于创伤性事件的记忆发作强度,同时也可减轻相关记忆和负性情感,促进将那些与创伤相关的负性认知重建。由于它不仅有眼动的成分,也包括暴露和认知的成分,因此被认为是一种认知行为疗法。

考点4 适应障碍

1.【参考答案】适应障碍是指因长期存在应激源或困难处境,加上患者有一定的人格缺陷,产生以烦恼、抑郁等情感障碍为主,同时有适应不良的行为障碍或生理功能障碍,并使社会功能受损的一种应激障碍。通常在应激性时间或生活改变发生后1个月内起病,一般不超过6个月。

2.【参考答案】:(1)B男是由于学习环境的变动,导致其产生了焦虑、害怕的情感症状,且产生了适应不良的行为障碍:每周一就肚子疼。因此可以判断B男为适应障碍。

(2)产生的原因:

青少年期的适应障碍,大多与学习、人际和性心理发展有关。比如,学习不良或受挫、学习环境发生的变化、人际出现纠纷或难以被群体接纳、性生理和性心理的困扰、恋爱与前途问题等,都可能导致青少年的适应障碍。其表现除了情绪和行为的紊乱之外,可能还会出现生理心理的障碍,严重者甚至会自杀。

此外,个体的性格特点、应付方式、生理状态、家庭、社会支持系统的强弱,也是影响适应障碍产生的重要原因。一般来说,个性开朗、乐观,坦诚、善于处理人际关系,身体状况良好,有良好的家庭环境和得到社会支持均有助应付应激和挑战;而性格内向、冷漠、胆小怕事、意志薄弱、戒心过重和难以沟通者应付心理应激的能力低下,往往成为适应障碍的易感者。

(3)干预治疗

适应障碍的病程限定为1~6个月,也就是说,随着时间的推移,适应障碍能够自行缓解,或者转化为更为特定的,更为严重的其他精神障碍。因此,适应障碍的治疗重点应该以心理治疗为主,心理治疗主要是解决患者的心理应对方式和情绪发泄的途径问题。可采用支持性心理治疗、行为治疗、认知疗法,也可用精神疏泄疗法等。

药物治疗则可根据具体的情况采用抗焦虑药物和抗抑郁药物等,以低剂量、短疗程为宜。

章节考点 综合训练

一、单选题

1.【解析】强迫意向是患者体会到一种强烈的内在冲动要去做某种违背自己意愿的事,但一般不会转变为行动。

A.强迫动作是指患者在某种难以抑制意向影响下发生的动作;患者虽然清楚地知道这些动作缺乏现实意义并为此感到苦恼,但仍然控制不住要这样做;多见于强迫症。

C.意向增强是指患者在对待或处理某事物时,表现为反复增强的欲望、愿望、希望和/或谋虑等行为反应倾向。

D.意向倒错指患者的意向活动与一般常情相违背,导致其行为无法为他人所理解。例如,患者吃粪便、喝尿、喝痰盂里的脏水等。意向倒错见于精神分裂症青春型。

参考答案 B

2.【解析】强迫性穷思竭虑属于强迫观念,所以A错;C.强迫性怀疑属于强迫观念,所以C错;D选项:强迫性对立是指两种对立的思维同时出现,为此不安,难以摆脱,不属于强迫观念或者是强制思维。

参考答案 B

3.【解析】超价观念指为某种强烈情绪所加强并在意识中占主导地位的那种观念。一般都有一定的事实基础,不过由于情绪影响强烈,便对事实做出了超常的评价,并坚持此观念,以致影响行为,是强迫观念的表现。

参考答案 A

4.【解析】强迫性思维的主要表现形式为:强迫怀疑、强迫性穷思竭虑、强迫联想和强迫回忆。

参考答案 D

5.【解析】在重大的生活改变或应激性生活事件的适应期,出现的主观痛苦和情绪意乱状态,常会影响社会生活和行为表现。通常在遭遇生活事件后1个月内起病,病程一般不超过6个月。

参考答案 A

6.【解析】来访者担心家人出事,又怀疑自己得病,坐立不安,其主导症状是焦虑,并伴有躯体头痛乏力的症状。因此最有可能是焦虑症。

神经衰弱是指一种以脑和躯体功能衰弱为主的神经症,以精神易兴奋却易疲劳为特征,表现为紧张、烦恼、易激惹等情感症状以及肌肉紧张性疼痛和睡眠等生理功能紊乱症状。神经衰弱可追溯到存在长期的精神压力。来访者有头痛乏力等症状,但是没有表现出精神很容易兴奋或者易激惹典型症状。

抑郁症的典型症状是抑郁心境、兴趣缺乏、睡眠紊乱、精神运动性激越以及无价值感和内疚感。患者并未表现出抑郁心境和兴趣缺乏这种典型症状。

疑病症的核心表现是焦虑或恐惧——对自己患有一种严重疾病的可能性的焦虑或恐惧。因此会反复求医,但是对于检查结果并不满意。总是把自己的躯体症状当成某种疾病的征兆。来访者虽然有怀疑自己得病,但并没有反复求医,也不仅仅只是担心自己得病。

参考答案 B

二、名词解释题

1.【参考答案】创伤后应激障碍是指经历异乎寻常的威胁性或灾难性应激事件或情境后而引起精神障碍的延迟出现或长期持续存在,其特点是时过境迁后的痛苦体验仍然驱之不去,持续回避与事件有关的刺激,并长期处于警觉焦虑状态。

三、简答题

1.【参考答案】创伤后应激障碍是指经历异乎寻常的威胁性或灾难性应激事件或情景后而引起精神障碍的延迟出现或长期持续存在,其特点是时过境迁后的痛苦体验仍然驱之不去,持续回避与事件有关的刺激,并长期处于警觉焦虑状态。

临床表现有:

(1)反复体验创伤性事件

这是PTSD的中心症状,它以各种形式反复重新体验创伤性事件,主要表现为反复地闯入性地出现有关创伤性事件的痛苦回忆,没有警告,就像“从天而降”,不需要刺激或者相关引发物。有的可能会生动地看到当时的情境,并伴发相应的情绪和行为反应,好像创伤再次发生,如同电影中“闪回”。有的可在梦中反复重现创伤性事件或做噩梦。

(2)回避与创伤性事件有关的刺激,或情感麻木

患者回避谈及与创伤有关的想法、感受及话题,或回避可能勾起恐怖回忆的事情和环境,似乎已经遗忘了此事。有时可表现出一种“麻木”感(情绪迟钝),患者在整体上给人以木然、淡漠的感觉。

(3)警觉性增高

经历创伤的人会体验到过度的警觉性。这说明个体长时间处于"战斗或逃跑"的状态,就像正在经历创伤性事件一样。即便是在比较"安全"的情境中,个体也做好了随时应对威胁的准备。这种状态下,个体会花很多的时间和精力去寻找环境中的威胁性信息。

(4)其他表现

患者的内疚和自责的情绪反应也非常常见。失去亲人的居丧反应与负罪感密切相关。儿童也可发生 PTSD,但表现与成人有所不同。

2.【参考答案】

(1)人格因素是产生焦虑障碍的原因之一,不少研究认为,行为退缩(表现为胆小羞怯)的婴儿,长大后易发生恐怖症。心理分析理论特别强调童年期的心理体验被压抑在潜意识中,成年后一旦因特殊境遇或压力的激发,便成为意识层面的焦虑。

(2)"易感性—应激"模型认为,发展成为惊恐障碍的患者往往具有反应过度敏感的生物学易感性,而这种过度敏感的生物学易感性与他们的人格密切相关。

(3)具有某些人格特点的人容易产生焦虑症,具体有以下三种:

①完美主义倾向:过度追求十全十美的人要求自己所做的每一件事都要完美无缺,因此他们把自己的全部精力都放在所追求的事物上,往往有很强的占有欲、控制欲。具有完美主义倾向的人在一件事情尚完成时,会产生相当强烈的焦虑感,觉得浑身不对劲,不论在任何情况下都非得做到今日事今日毕不可,一旦碰到什么事没法马上做完时就会紧张万分。

②过度关心自己:有些人把那些用在顾虑外界事物上的精神转向自己身上,最常表现出来的就是担心自己的身体状况。他衷心渴求自己身体的完全健康与舒适感,因此当他发现到自己有任何的身体症状时就会非常紧张而马上采取各种医疗行为。

③自卑倾向:有些人深信自己的容貌、身体特征、口才、学业成绩、体能状况等处处不如人。由于一向坚信不疑以致这种观念根深蒂固,每当跟别人在一起时这种想法就无法阻止地涌入脑海中,使其无法放松跟人交谈或交往,总觉得自己与别人有很大差距。过分在意自己的缺点也是成为焦虑症的病因之一。

3.【参考答案】(1)精神分析学派:

以弗洛伊德为代表的精神分析学派认为,焦虑是理解所有神经症的关键。当本我的情欲与攻击驱力和超我要控制和调节这类驱力发生冲突时,自我如果不能运用理性机制来调节它们的冲突以及缓解冲突引起的焦虑,就不得不采用一些心理防御机制来避免焦虑。

假如这些防御机制不足以抵御或缓解这些焦虑,为了替代本能欲望冲动,神经症性冲突就产生了。由于本我要寻求的表现的本能冲动处于潜意识领域,自我就很难意识其冲突的真正对象,因此就体验到莫名的恐惧、焦虑。

在精神分析看来,从上述理论假设出发,有两类情况最容易引发神经症:恋母情结和性心理发展的固恋。下面就用精神分析的观点来解释由性心理发展的固恋而引发的神经症。这类神经症的出现,通常表现为固恋或退行于其性心理发展的某个早期阶段。这些疾病可能由于病人遇到与早期生活中的创伤性经历相应的现实境遇所激发。

(2)行为主义学派:

多拉德和米勒认为神经症起源于潜意识的冲突,而且这些冲突大多数是在儿童时期形成的,儿童一方面想表达自己的愿望满足自身的需要,而另一方面又要听从父母的管教,有时儿童不服从管教,有时又觉得应该顺从父母,由此引起焦虑和不安,为了消除焦虑和不安,就可能习得某种反应,久而久之,就可能会形成神经症症状,可以通过学习来进行治疗。

4.【参考答案】(一)创伤后应激障碍的涵义:是指经历异乎寻常的威胁性或灾难性应激事件或情境后而引起精神障碍的延迟出现或长期持续存在,其特点是时过境迁后的痛苦体验仍然驱之不去,持续回避与事件有关的刺激,并长期处于警觉焦虑状态。通常是在创伤事件后经过一段无明显症状的潜伏期才发病。潜伏期从几日、几周或数月不等,超过半年以上出现症状者少见。

(二)主要症状

(1)反复体验创伤性事件

这是 PTSD 的中心症状,它以各种形式反复重新体验创伤性事件,主要表现为反复地闯入性地出现有关创伤性事件的痛苦回忆,没有警告,就像"从天而降",不需要刺激或者相关引发物。有的可能会生动地看到当时的情境,并伴发相应的情绪和行为反应,好像创伤再次发生,如同电影中"闪回"。有的可在梦中反复重现创伤性事件或做噩梦。

(2)回避与创伤性事件有关的刺激,或情感麻木

患者回避谈及与创伤有关的想法、感受及话题,或回避可能勾起恐怖回忆的事情和环境,似乎已经遗忘了此事。有时可表现出一种"麻木"感(情绪迟钝),患者在整体上给人以木然、淡漠的感觉。

(3)警觉性增高

经历创伤的人会体验到过度的警觉性。这说明个体长时间处于"战斗或逃跑"的状态,就像正在经历创伤性事件一样。即便是在比较"安全"的情境中,个体也做好了随时应对威胁的准备。在这种状态下,个体会花很多的时间和精力去寻找环境中的威胁性信息(高易感性)。

(4)其他表现

患者的内疚和自责的情绪反应也非常常见。失去亲人的居丧反应与负罪感密切相关。儿童也可发生 PTSD,但表现与成人有所不同。

(三)病因

PTSD 的发生是一个复杂的过程,一般认为是创伤性经历与生物、心理、社会等因素相互作用的过程。

(1)创伤性事件

突如其来且超乎寻常的威胁性生活事件和灾难是发病的直接因素。创伤性事件多种多样,大体上可以分为三类:人为灾难、自然灾难、暴力、犯罪和恐怖主义事件。

(2)生物学因素

有其他焦虑障碍家族史的人发生 PTSD 的可能性明显增加。PTSD 患者两个重要的大脑结构(即海马和杏仁核)发生改变。

(3)心理社会因素

①心理分析理论

心理分析观点认为,创伤性事件的经历不断地在脑海里闪现是一件十分痛苦的事,以致痛苦的记忆要么通过分散注意力等方法加以克制,要么无意识地被压抑。而患者在是否把创伤经历整合到自己原先的信念中,内心存在着冲突。

②行为主义理论

PTSD 的产生是害怕的一种条件反射。创伤记忆和其他的一些线索能够引发焦虑和恐惧,个体回避或者逃避这些线索,以使焦虑和恐惧水平下降,于是,回避行为得到了负强化。

③认知理论

认知理论强调创伤对个体预存信念系统的影响,从而导致各种各样的创伤后反应。目前,对 PTSD 的认知理论存在着社会认知理论、信息加工理论和双重表征理论等不同的解释。

(四)治疗

(1)药物治疗

急性期,尤其是在病人焦虑和痛苦严重时,药物治疗往往是必要的。短时间作用的苯二氮卓类药物对急性焦虑有效。SSRI、三环类抗抑郁剂或单胺氧化酶抑制剂已经有效地用于治疗慢性创伤后应激障碍。

(2)心理治疗

心理治疗的初期目标在于减轻焦虑症状,缓和其情绪痛苦。目前,最常用的心理治疗方法是行为疗法和认知疗法。在行为疗法中,主要采用以暴露于患者所

害怕的事件或情境为主的技术，系统脱敏法是首选的方法之一。认知疗法主要帮助患者处理被创伤破坏的想法和信念，它常与行为疗法联合使用。

(3)眼动脱敏和再加工

眼动脱敏和再加工在治疗过程中可以产生一种神经生物状态，这与快速眼动睡眠类似，这种状态可以减轻由海马调节的关于创伤性事件的记忆发作强度，同时也可减轻相关记忆和负性情感，促进将那些与创伤相关的负性认知重建。由于它不仅有眼动的成分，也包括暴露和认知的成分，因此被认为是一种认知行为疗法。

(五)研究意义

通过全面了解创伤后应激障碍，从而提前做好预防工作，降低患病的概率；如果在经历创伤后患有该疾病，可以通过有效治疗得到缓解，最终痊愈。

5.【解析】(优加考研温馨提示：这部分答案来源于王玲老师版本的教材)

【参考答案】(1)定义：焦虑症是以焦虑为主要表现的一种神经症，具体表现为持续性紧张或发作性惊恐状态，但此状态并非由实际威胁所引起，或其惊恐程度与现实事件不相称。CCMD-3 中将焦虑症分为广泛性焦虑障碍和惊恐障碍两种。

(2)广泛性焦虑障碍是指一种以缺乏明确对象和具体内容的提心吊胆及紧张不安为主的焦虑症。

①临床表现：焦虑，症状持续性：症状持续存在，非发作性；焦虑呈弥散性：没有具体理由，无法说出焦虑的缘由；伴躯体交感神经兴奋症状：肌肉紧张，睡眠障碍、胸闷、呼吸困难、血压升高等等。

②病因：

A. 神经生化研究发现，五羟色胺对广泛性焦虑障碍的发病有重要作用。

B. 心理分析理论认为：广泛性焦虑是由于儿童在社会生活中其心理发展受到挫折和失败的结果，如童年丧失父母，遭父母嫌弃等。不良家庭环境所造成的孩子过分依赖他人，对自己的生存能力缺乏自信、感情脆弱或缺乏安全感等心理缺陷，往往成为广泛性焦虑障碍的易感因素。

C. 认知学派认为，焦虑性神经症患者的认知特点，发现他们的焦虑水平与他们对伤害的不现实的期望和幻想有关。所期望或幻想的伤害越严重，他们的焦虑水平就越高。高焦虑状态又会进一步激起不合理的思维方式，这种恶性循环导致了焦虑状态的持续存在。

D. 人本主义学派认为：那些在童年时期没有受到关键人物赞赏的人会给自己设定苛刻的目标，他们认为自己一定要达到这些标准才能被社会接受。当他们达不到自己所设定的目标，就会感到焦虑和沮丧。

(3)惊恐障碍是指一种以反复的惊恐发作为主要原发症状的神经症。

①临床表现：惊恐发作是惊恐障碍的典型症状。(惊恐发作：病人突然感到心悸，好像心脏要从空腔里跳出来，胸闷或呼吸困难，透不过气来，出现强烈的恐惧感，好像即将死去，或即将失去理智。)发作无明显诱因、无相关的特定情境、发作不可预测。在 1 个月内至少有 3 次惊恐发作，或在首次发作后继发害怕再发作的焦虑持续 1 个月。

②病因：生活事件应激和遗传易感性的相互作用是惊恐障碍产生的根本原因。有证据表明在儿童和成人期经历创伤性事件或负性生活事件与惊恐障碍的形成有关。惊恐障碍的患者比无障碍的个体对创伤效应更敏感，特别是涉及分离和依恋关系破裂的事件。遗传学的研究表明，惊恐障碍有家族聚集性，如果一级亲属患有惊恐障碍，那么实质上这个家庭惊恐障碍的患病机会要比人群中的基本患病率有所升高

6.【参考答案】焦虑症是以焦虑为主要表现的一种神经症，具体表现为持续性紧张或发作性惊恐状态，但此状态并非由实际威胁所引起，或其惊恐程度与现实事件不相称。CCMD-3 中将焦虑症分为广泛性焦虑障碍和惊恐障碍两种。

Lewis 认为作为一种精神病理现象的焦虑具有以下几个特点：

(1)焦虑是一种情绪状态，病人基本的内心体验是害怕，如提心吊胆、忐忑不安，甚至极端惊恐或恐怖。

(2)这种情绪是不快的和痛苦的，可以有一种死在眉睫或马上就要虚脱昏倒的感觉。

(3)这种情绪指向未来，它意味着某种威胁或危险即将到来或马上就要发生。实际上并没有任何威胁和危险，或者，用合理的标准来衡量，诱发焦虑的事件与焦虑的严重程度不相称。

(4)在焦虑体验同时，有躯体不适感、精神运动性不安和植物神经系统功能紊乱。

7.【参考答案】焦虑是一种内心紧张不安、预感到似乎将要发生某种不利情况而又难以应付的不愉快情绪。

焦虑虽然是一种痛苦的体验，但它具有重要的适应功能。第一是信号功能：它向个体发出危险信号，当这种信号出现在意识中时，人们就能采取有效措施对付危险，或者逃避，或者设法消除它。焦虑提醒人们警觉已经存在的内部或外部危险，在人们的生活中起着保护性作用。第二是动员机体处于战斗准备状态：焦虑发生时受植物性神经支配的器官产生兴奋状态，警觉增强，血液循环加速，代谢升高，为采取行动对付危险作出适当准备，因此，适度焦虑时的行为效能可能更好。第三是参加学习和经验积累的过程：焦虑帮助人们提高预见危险的能力，帮助人们不断调整自己的行为，学习应对不良的情绪的方法和策略。由此可见，焦虑并不都是有害的，适度的焦虑甚至是有益 。只有焦虑过度，焦虑无明确的诱因或仅有微弱的诱因时，才能视为病理性的。

8.【参考答案】(一)焦虑障碍：指过分地，没有理由地担忧为主要症状的一类心理障碍，它包括恐怖症、惊恐障碍、广泛性焦虑障碍、强迫症、创伤后应激障碍等主要类型。

(二)焦虑的基本成分：焦虑的基本成分包括：认知成分、生理成分和行为成分。

(三)广泛性焦虑障碍和惊恐障碍的特点

(1)定义

广泛性焦虑障碍为具有对一系列生活事件或活动感到过分的、难以控制的担忧。其基本特征是慢性、不可控的担忧。

(2)临床表现

核心症状：漂浮不定的焦虑。

基本特征：在焦虑的同时常伴有易激惹、注意集中困难、难以作决定以及害怕犯错误的情况。往往表情紧张，双眉紧锁，姿势僵硬而不自然，常伴有震颤，同时有程度不等的运动性不安，包括小动作增加、不能静坐等。睡眠障碍也较为多见，典型者为入睡困难，睡眠浅而多梦也不少见。

例如一名患者是一位 32 岁的工程师，他常常感到心里发慌，无缘无故地紧张又害怕。他心里想着都是担忧的事情，如害怕上班迟到、担心被解雇等等，他诉说每时每刻都感到全身酸痛，肌肉紧张，以至于难以入睡，无法正常工作，身体健康状况也不佳。

(3)定义

惊恐障碍又简称惊恐症，是指以反复出现的惊恐发作为原发的和主要临床特征，并伴有持续地担心再次发作或发生严重后果的一种焦虑障碍。在 DSM-Ⅳ 里，惊恐障碍是作为一个独立的诊断类别，分为伴有和不伴有广场恐怖的惊恐障碍。

(4)临床表现

①惊恐发作，是惊恐障碍的核心症状，并通常伴有一些躯体症状和灾难临头的想法。惊恐发作常突然产生，可在任意时间和地点，没有预感，在 10 分钟左右症状达到高峰。发作通常持续 20～30 分钟，极少有超过 1 小时。约 20% 发作时有晕厥表现。其最主要的精神症状是极度的恐惧、濒死感、末日感，且患者不知道自己恐惧的来由，同时伴有许多急性发作

的躯体症状，这包括心悸、呼吸困难、胸闷、多汗、颤抖、恶心等。

②惊恐障碍与抑郁症常同时并存，大约1/3的患者符合重性抑郁症的诊断标准，中、重性抑郁症的终身患病率则达70%。

③惊恐障碍往往与其他的焦虑障碍相伴发，如广场恐怖症、其他恐怖症、强迫症等。

④惊恐障碍患者最常见的社会问题是酒精或药物滥用及自杀企图。

例如患者会突然感到自己不能很好地呼吸，恐慌开始发作，随后感到眩晕，出汗，并注意到自己心跳加速，有时会感到恶心或好像要窒息了，手指发麻，脚有刺痛感，好像自己与现实隔离了，患者开始想象自己将会失去控制或死去，尽管发作只持续了5分钟或10分钟，但感觉就像症状会永久存在，而且永远恢复不过来。

9.【参考答案】(1)焦虑的特点

Lewis认为作为一种精神病理现象的焦虑具有以下几个特点：

①焦虑是一种情绪状态，病人基本的内心体验是害怕，如提心吊胆、忐忑不安，甚至极端惊恐或恐怖。

②这种情绪是不快的和痛苦的，可以有一种死在眉睫或马上就要虚脱昏倒的感觉。

③这种情绪指向未来，它意味着某种威胁或危险即将到来或马上就要发生。实际上并没有任何威胁和危险，或者用合理的标准来衡量，诱发焦虑的事件与焦虑的严重程度不相称。

④焦虑体验同时有躯体不适感、精神运动性不安和植物神经系统功能紊乱。

(2)辅导考生焦虑的方法

①准备充分是降低焦虑的第一步。所以告知考生在考试之前需要将所学习的知识点掌握透彻，题型可以做到一题多解，不打无准备之仗。

②焦虑是一种指向未来的恐惧，考生降低对结果的期待，对自己进行内部稳定的归因，将努力和自信放在首位。

③在考场上焦虑时可以采用深呼吸放松法，多深呼吸几次，使自己完全放松下来。

10.【参考答案】恐怖症的表现：恐惧症是指对于特定事物或处境具有强烈的恐惧情绪，患者采取回避行为，并有焦虑症状和植物性神经功能障碍的一类心理障碍。患者知道自己的害怕是过分的、不应该或不合理的，但这种认知并不能阻止恐怖发作，具体表现为广场恐怖症、社交恐怖症和特殊恐怖症。

恐惧症的治疗：

(1)药物治疗，主要通过药物缓解患者的焦虑情绪或伴随的抑郁情绪。

(2)行为疗法。①系统脱敏法：该法是先让患者学会放松，将患者恐惧的刺激或情境按照其恐惧的程度由小到大按等级排列出来，然后在患者放松的状态下逐一循序渐进地暴露于引起焦虑、恐惧的刺激，从而减轻对恐怖性刺激的害怕反应。②满灌疗法，又称冲击疗法。该法是把患者置于最令其恐惧的情境中，并要求和鼓励患者在恐惧面前不退缩，坚持到底，直到恐惧程度下降，最终不感到恐怖或焦虑为止。③模仿法：该法是治疗师作为榜样去面对患者害怕的事物或处境，而患者进行观察学习。行为治疗师通过示范，证明患者对于某种刺激或情境的害怕是没有事实根据的，同时让患者也跟着学习治疗师的样子去接触害怕的对象。这一方法通常和系统脱敏法结合起来使用。

(3)认知疗法。对社交恐怖症而言，因为患者往往持有不合理的信念，认知疗法帮助患者识别和挑战负性的、不合理的想法而起到治疗作用。通常它与行为治疗技术，如暴露技术、社交技巧训练、满灌法、松弛训练等，联合使用。

(4)其他心理疗法。例如，使用森田疗法，其治疗原则是“顺其自然，为所当为”，如对于社交恐怖症治疗，就是要让患者接受社交中的“胆怯、紧张或脸红”的症状，不把其当做身心异物加以排斥，不再关心体察心理症状，而是要带着胆怯、紧张或脸红像正常人一样交往，使症状在不知不觉中消失。

四、案例分析题

1.【参考答案】(1)强迫症以不能为主观意志所克服，反复出现的观念、意向和行为为临床特征。患者认识到这些观念和行为是毫无意义的、不合理的，以致引起显著的焦虑或痛苦的一种心理障碍。根据案例描述，小李由于害怕自己在厂里感染疾病，极度的焦虑，反复洗手，由此，可以初步诊断小李可能出现了强迫症。

(2)病因：

①生物学因素：脑功能异常是强迫症产生的中介机制，主要涉及前额叶、扣带回、尾状核、基底节，也可能与5-HT相关。

②心理分析学派认为：强迫行为来源于被压抑的攻击性冲动或性欲望。强迫症患者没有处理好性器欲阶段的本能冲突。由钟友彬创立的认识领悟疗法则认为，OCD的根源在于儿童时受过的精神创伤，这些创伤或幻想引起的恐惧体验虽然被压抑到无意识中而被遗忘，但并没有消失。

③行为主义认为：一个中性事物当它与能够引发焦虑或者躯体不适的刺激同时出现后，这个事物与恐惧就联系在一起，小李可能将自己的不舒服感与工厂受到感染联系在一起。

④认知理论认为：大多数人都会有重复性的、闯入性的、消极的念头，比如伤害他人、不能接受的性行为、被细菌污染等，然而，小李难以消除这些想法，就可能发展成为强迫症。

(3)治疗方法：

很多临床医生将药物治疗作为强迫症的一线治疗，而另一些心理社会取向的治疗师则将药物治疗作为辅助手段。

①药物治疗：如果小李的强迫症状严重影响到生活和学习，可以采用选择性五羟色胺再摄取抑制剂这种药物进行辅助治疗。

②心理分析疗法：揭示被压抑的欲望和冲动，让患者面对其所真正害怕的东西——某种给他带来满足的冲动。

③认知行为治疗被认为是治疗强迫症最有效的心理治疗方法，主要包括思维阻断法及暴露反应预防。暴露反应预防是在治疗师的指导下，鼓励小李逐步面对可引起强迫思维的各个情境而不产生强迫行为，比如小李很怕脏必须反复洗手以确保自己不会得病，在暴露反应预防中就需要小李在几次治疗中逐步接触工厂的东西而不洗手，因患者所担心的事情实际上并不会发生，强迫症状伴随的焦虑将在多次治疗后缓解直至消退，从而达到控制强迫症状的作用。

2.【参考答案】(1)根据案例描述，患者的核心症状是焦虑，“担心父母的健康”、“担心妻子是否离他而去”、“担心同事是否喜欢他”，表现出漂浮不定的焦虑，同时伴有“掌心出汗、经常性的紧张不安及精神不集中”等症状，因此患者可能患有广泛性焦虑障碍。

(2)对于广泛性焦虑障碍，常用的治疗方法包括：

①药物治疗：苯二氮类药物能有效地降低GAD的焦虑水平。这类药物都有共同的副作用，一般只在必要时服药。

②心理治疗

A. 心理分析疗法：帮助患者认识到这种冲突的真正根源，而客体关系治疗则集中于患者在童年时代与母亲的早期关系，帮助他们认识和解决儿童时的关系问题。

B. 以人为中心疗法：重视创造一种有利于患者成长的人际关系，无条件的积极关注、真诚和共情是建立治疗关系的最基本的条件。

C. 认知疗法：治疗要点是改变患者对外界刺激的危险评价。人们倾向于把认知疗法和行为疗法结合起来使用，这不仅可提高疗效，同时可缩短疗程。Barlow建立的认知行为综合疗法，包括三部分：

A. 针对焦虑的生理症状(如肌肉紧张)采取渐进性肌肉放松法。

B. 对与焦虑相关的认知采取认知重建的方法。

C. 对焦虑的行为成分如回避、谨慎、兴奋和烦躁，采用担忧行为阻止法、时间管理和问题解决的方法。

D. 行为疗法：例如放松训练、系统脱敏法、生物反馈法。

3.【参考答案】(1)根据案例描述，李某一看到猫有强烈的恐惧情绪，还会出现恶心、呼吸加快、心慌等症状，因此李某可能患有恐怖症。

恐怖症又译为恐惧症，是指对于特定事物或处境具有强烈的恐惧情绪，患者采取回避行为，并有焦虑症状和植物性神经功能障碍的一类心理障碍。患者知道自己的害怕是过分的、不应该或不合理的，但这种认知并不能阻止恐怖发作。

恐惧症包括广场恐怖症、社交恐怖症和特殊恐怖症。

①广场恐怖症：最初描述对聚会的场所感到恐惧，目前已不限于广场。不仅包括害怕开放的空间或害怕离家，也害怕置身于人群拥挤场合以及难以逃回安全处所

②社交恐怖：也被称作社交焦虑障碍，是指对一种或多种人际处境存在持久的强烈恐惧和回避行为。恐惧的对象可以是某个人或某些人，也可以相当泛化，可包括除了某些特别熟悉的亲友之外所有的人。

③特殊恐怖：又称单纯恐怖症，是指对存在或预期的某种特殊物体或情境的不合理焦虑。最常见的恐惧对象包括：某些动物(如狗、猫、蛇、老鼠)、昆虫(如蜜蜂、蜘蛛)、登高、雷电、黑暗、坐飞机、外伤或出血、锐器，以及特定的疾病(如放射性疾病、性病、艾滋病)。

李某属于特殊恐怖症。

(2)病因：

①行为主义认为，所有的行为都可以通过学习而获得，恐惧反应也可以经过条件反射而建立。Mowrer 则提出了恐怖症形成和发展的著名的两阶段模式，通过经典条件反射，一个人习得了对条件刺激(即中性刺激)的害怕反应；为了减少对条件性的害怕反应，习得了回避性条件反应的行为。李某看到猫的时候，两只猫正在打架，而且浑身是血，有一只猫转过身瞪着他，猫的存在引起了李某的恐惧反应，让他看到了不好的事情的发生，因此李某习得了对猫的害怕反应。为了减少这种害怕反应，李某再也不敢去可能有猫的地方，这种回避行为能够减少他恐惧的情绪，因此回避行为又被强化。于是，对猫的恐惧逐渐形成，发展成特殊恐怖症。

②观察学习理论认为，恐惧反应可以通过观察学习，而不必经历创伤性经历。有可能在李某很小的时候，他的妈妈害怕猫的反应被李某看到了，因此李某通过了模仿作用也患上猫的恐怖症。

③间接学习也可以通过语言教导和收听信息的方式完成，也就是说，通过听他人描述某一恐怖事件也可以习得恐怖反应。有可能在李某很小的时候，经常被母亲教导不要靠近猫，猫很危险，让李某习得了对猫的恐怖反应。

(3)治疗方案：

①放松训练。让李某坐在舒适的椅子上，深呼吸后闭眼，并想象可令人轻松的情景，如躺在放松椅上听音乐，而后让李某依次练习放松前臂、头面部、颈、肩、背、胸、腹及下肢，亦可借助肌电反馈仪来增强训练效果。反复这样的训练，直至李某达到能在实际生活中运用自如。

②建立恐怖等级表。首先要根据李某的病史以及会谈资料找出所有使李某感到恐怖的事件。将这些事件进行相互比较，根据致病作用的大小分成若干等级。通常可以将刺激因素按其可引发李某的主观恐怖程度，分为五等或采用百分制，如引起 1 分主观恐怖的刺激为一等，引起 2 分的为二等，而后将这些不同的刺激因素按其等级依次排列成表，即为恐怖等级表。

③系统脱敏。首先让李某在放松的情况下进行脱敏学习，而后按照设计的恐怖等级表由小到大依次逐渐脱敏。先让李某想象最低等级的刺激物，比如猫的图片，当他能清楚地想象并确实感到有些紧张时，就让其停止想象，并全身放松，而后反复重复上述过程，直至李某对猫的图片这样的想象不再感到恐怖为止，从而完成第一等级脱敏。接着再对下一个等级的刺激物(恐怖等级表中列为 2 分的刺激)进行同样的脱敏训练。最后迁移到现实生活中，不断练习，巩固治疗。

4.【参考答案】(1)根据案例描述，王女士由于经历了地震这种创伤性事件，地震过去两个月以后，地震的情景依然历历在目，反复体验创伤性事件，床板一摇动就惊醒，警觉性增高。符合创伤及应激相关障碍的临床症状。

按照 DSM-Ⅳ 的诊断标准，创伤及应激相关障碍分为创伤后应激障碍、急性应激障碍以及适应障碍。

①创伤后应激障碍是指：是指经历异乎寻常的威胁性或灾难性应激事件或情境后而引起精神障碍的延迟出现或长期持续存在，其特点是时过境迁后的痛苦体验仍然驱之不去，持续回避与事件有关的刺激，并长期处于警觉焦虑状态。

②急性应激障碍：是指在突如其来的应激源作用下，机体出现的暂时性的异常或心理创伤。

可出现各种分离症状，严重时呆若木鸡、僵硬不动，既无言语也无反应。

③适应障碍：是指因长期存在应激源或困难处境，加上患者有一定的人格缺陷，产生以烦恼、抑郁等情感障碍为主，同时有适应不良的行为障碍或生理功能障碍，并使社会功能受损的一种应激障碍。通常在应激性时间或生活改变发生后 1 个月内起病，一般不超过 6 个月。

王女士属于创伤后应激障碍。

(2)临床症状：

①反复体验创伤性事件

这是 PTSD 的中心症状，它以各种形式反复重新体验创伤性事件，主要表现为反复地闯入性地出现有关创伤性事件的痛苦回忆，没有警告，就像“从天而降”，不需要刺激或者相关引发物。有的可能会生动地看到当时的情境，并伴发相应的情绪和行为反应，好像创伤再次发生，如同电影中“闪回”。有的可在梦中反复重现创伤性事件或做噩梦。

②回避与创伤性事件有关的刺激，或情感麻木

患者回避谈及与创伤有关的想法、感受及话题，或回避可能勾起恐怖回忆的事情和环境，似乎已经遗忘了此事。有时可表现出一种“麻木”感(情绪迟钝)，患者在整体上给人以木然、淡漠的感觉。

③警觉性增高

经历创伤的人会体验到过度的警觉性。这说明个体长时间处于“战斗或逃跑”的状态，就像正在经历创伤性事件一样。即便是在比较“安全”的情境中，个体也做好了随时应对威胁的准备。这种状态下，个体会花很多的时间和精力去寻找环境中的威胁性信息。

④其他表现

患者的内疚和自责的情绪反应也非常常见。失去亲人的居丧反应与负罪感密切相关。儿童也可发生 PTSD，但表现与成人有所不同。

(3)治疗方法：

①药物治疗：急性期，尤其是在病人焦虑和痛苦严重时，药物治疗往往是必要的。短时间作用的苯二氮卓类药物对急性焦虑有效。SSRI、三环类抗抑郁剂或单胺氧化酶抑制剂已经有效地用于治疗慢性创伤后应激障碍。

②心理治疗

心理治疗的初期目标在于减轻焦虑症状，缓和其情绪痛苦。目前，最常用的心理治疗方法是行为疗法和认知疗法。在行为疗法中，主要采用以暴露于患者所害怕的事件或情境为主的技术，系统脱敏法是首选的方法之一。认知疗法主要帮助患者处理被创伤破坏的想法和信念，它常与行为疗法联合使用。

③眼动脱敏和再加工

眼动脱敏和再加工在治疗过程中可以产生一种神经生物状态，这与快速眼动睡

眠类似,这种状态可以减轻由海马调节的关于创伤性事件的记忆发作强度,同时也可减轻相关记忆和负性情感,促进将那些与创伤相关的负性认知重建。由于它不仅有眼动的成分,也包括暴露和认知的成分,因此被认为是一种认知行为疗法。

5.【参考答案】(1)主要症状表现:眩晕、出汗、胸口发紧,难以自控,在公众场所时会心慌,极力回避这些情境。

(2)区分正常和异常

①标准化的区分

A. 医学标准:将心理障碍当做躯体疾病一样看待,找到病理解剖或病理生理变化的根据,归因于脑功能的失调和病理性的变化。但目前有些心理障碍未能发现明显的病理改变。

B. 统计学标准:人的行为是呈正态分布的,大多数人的行为处于中间状态,异常心理是少见的行为,即统计学的偏移。因此,极端的内向或外向、极度的兴奋或抑郁不正常。我们可以确定智力低下为异常,而不能认为智力超常是异常。心理测验多以此为标准评价个体的心理健康水平。

C. 内省经验标准:一是指病人的内省经验;二是指观察者的内省经验(将自己的经验与被观察的行为相比较)。但有很大主观性。

D. 社会适应标准:将其行为与社会行为的常模相比较。符合社会的准则,能根据社会要求和道德规范行事,这样的行为就是社会适应性行为。

②心理学的区分原则:

A. 主观世界与客观世界的统一原则

因为心理是客观现实的反应,所以任何正常心理活动或行为,在形式和内容上必须与客观环境保持一致。例如,一个人坚信他看到或听到了什么,而客观世界中,当时并不存在引起这种感觉的刺激物。

B. 心理活动的内在协调性原则

知、情、意等心理过程之间具有协调的关系。例如,遇到愉快的事情,会产生愉快的情绪。如果失去这种协调一致性,就会出现异常状态。例如,用低沉的语调向别人诉说愉快的事情。

C. 人格的相对稳定性原则

人格一但形成,便具有相对稳定性,在没有明显外部原因的情况下,一般不轻易改变。如果在其生活环境中找不到足以促使他发生改变的原因,那么他的心理就会出现异常。

③由案例可知,该患者的行为属于异常行为,症状均符合恐怖症的症状,并且持续时间长。

(3)根据案例分析,可以推断是恐怖症。依据是患者具有焦虑症状,担心自己在公共场所发作,但又无法迅速离开,具有极度的恐惧情绪,伴随有回避行为。

6.【参考答案】根据案例描述,患者的主要表现症状为:担心再次发生晕厥,并担心报告被打回来,并伴有躯体的症状,如手脚发冷等。患者以焦虑为主要表 现,具体表现为持续性紧 张或发作性惊恐状态,但此状态并非由实际威胁所引起或其惊恐程度与现实事件不相称,可被诊断是一种焦虑障碍。

第七章　躯体形式障碍与分离性障碍

第二节　躯体形式障碍

考点1　躯体形式障碍含义和类型

1.【解析】疑病症的核心表现是焦虑或恐惧——对自己患有一种严重疾病的可能性的焦虑或恐惧。对自己的身体状况过分关注,便导致了对自己身体生理现象和感觉的曲解,认为某种生理现象或感觉即是疾病的征兆或表现。

参考答案 A

2.【解析】躯体化障碍表现为多种多样、反复出现、时常变化的躯体症状,有时有模拟的神经系统症状,患者反复申诉变化不定的躯体症状,可涉及身体的任何系统和任一部位,却很少主动提出心理问题。

参考答案 C

3.【参考答案】躯体形式障碍,是指心理冲突或者心理障碍以身体障 碍的形式表现出来,比如胃疼、呼吸问题等;或者表现为 突然丧失了某些生理机能,如看、听及行走等机能,而这些身体形式的障碍找不到任何器质性的病变,相反却有证据或者至少可以说有理由怀疑这些症状与心理因素相关,这些躯体形式的障碍都不是有意识装出来的。

第三节　分离性障碍

考点1　分离性障碍的含义和分类

1.【参考答案】人格解体障碍表现为病人突然丧失了对自己的感觉,主要特征就是感觉到自己很奇特或不真实。奇特的感觉通常是对自己身体或精神而言的。人格解体与现实解体者会对某个地方有似曾相识的错觉。人格解体与现实解体者都丧失了再认记忆,即不能将当前的经历与过去的经验联系起来。

2.【参考答案】(优加考研温馨提示:答案来源于 DSM-5 的诊断标准)

A. 具备以下特征的身份分裂:有两个或更多独特的人格状态,或者有被附体的体验,自我感、认知、行为、情感、知觉和记忆的不连续性可以为这种体验提供证据。这一分裂可以由他人观察到或由患者自己报告

B. 至少有两个人格反复地对行为进行交替控制。

C. 至少有一个人格无法回忆重要的个人信息

D. 症状并非被广泛认可的文化或宗教行为,且不是由药物或躯体疾病引起的。

第八章　进食障碍

第二节　临床表现

考点1　神经性贪食症

1.【解析】神经性贪食症的临床表现:不能自控的进行暴食,并且频繁发生,继而出现防止体重增加的代偿行为,如自我诱吐、使用泻剂或利尿剂、禁食等。存在对肥胖的过度恐惧,看重自己的体重和体形,不断地想要减肥。但对自己体形有相对现实的评判。体重往往是正常的,有时还轻度超重。

参考答案:C

2.【参考答案】神经性贪食症的临床表现:

(1)暴食。

(2)对进食行为不能控制。即当病人想停止暴食时却停不下来。采用补偿性行为以防止暴食引起的体重增加,最常用的是导泻技术,如进食后立即进行呕吐或使用利尿剂或其它类似的药物。还有比如过度运动或者服用甲状腺药物。DSM 中将之分为泻出型与非泻出型。研究发现泻出型神经性贪食症有更严重的病态心理,包括更频繁的暴食现象、更高的抑郁及惊恐障碍的患病率,还有更病态的进食态度和行为。

(3)神经性贪食症病人对自己的评价或自尊在很大程度上取决于体重和体形。也是重要特征之一。

考点2　神经性厌食症

1.【解析】神经性厌食症有“优先诊断权”,神经性厌食症有更高的死亡率。神经性贪食症很少直接导致死亡。

参考答案:C

2.【参考答案】:神经性厌食症的临床表现:

(1)核心症状:是对肥胖的强烈恐惧及对苗条的狂热追求。一般是先开始节食,然后逐步发展成对苗条的强迫性关注,一般发病于青春期。

(2)症状特点:限制型即只通过节食以减少热量摄入,他们严格限制吃入食物的

数量,并且控制摄入的热量。

(3)暴食-泻出型即要依赖泻出以限制热量摄入。不过,与神经性贪食症病人不同,暴食-泻出型神经性厌食症病人吃相对较少的东西就会泻出,通常用到的泻出方法包括自我引吐、滥用泻药、利尿剂,并且这种行为发生的更经常。

章节考点 综合训练

一、判断题

1.【解析】神经性厌食症除了受个体心理因素影响,社会文化大众传媒也会对个体有很大影响。

参考答案错误

二、名词解释题

1.【参考答案】异食症是由于代谢机能紊乱,味觉异常和饲养管理不当等引起的一种非常复杂的多种疾病的综合征。患有此症的人或家禽持续性地咬一些非营养的物质,如泥土、纸片、污物等。

三、简答题

1.【参考答案】(1)两者都以严重异常的进食态度及行为为特征。害怕发胖和对体形、体重的歪曲认识与期望是神经性厌食症和神经性贪食症共同的重要心理病理特点。

(2)神经性厌食症患者对于饮食超乎寻常的控制备感自豪,而神经性贪食症患者则对症状以及对进食失去控制感到羞耻。

(3)神经性厌食者体重绝对偏低,神经性贪食者体重不偏低。

2.【参考答案】

(1)青春期是个体生长发育的飞速期,青春期少年的心理活动往往处于矛盾状态,其心理水平呈现半成熟、半幼稚性。由于青春期女孩的心理发展不成熟,很容易受到社会文化宣传的“只有瘦才算美”这种观念的影响。大众媒体对于苗条身材的模特和明星的宣传,成为很多青春期女孩减肥的支撑和动力。

(2)青春期女孩出现自我中心思维,典型的表现是“假象的观众”,他们感觉每天就像生活在舞台上一样受到别人的欣赏和评判,他们非常重视别人对自己的评价,所以要花很多时间和心力来应付这些假想的观众。青春期女孩过度关注自己的外表,专注于变瘦变美,就会对自己的体形越来越不满意,这样又会出现更多的节食和消极情绪。对苗条身材的关注和对体形的不满意都是进食障碍的病理性因素。

(3)青春期女孩,朋友关系在生活中日益重要,并且开始与异性融洽相处。在朋友关系中,很多人都以女性的外表来评价女孩,为了获得高自尊和评价,青春期女孩更容易节食保持自己的苗条身材。

四、论述题

1.【参考答案】(1)神经性厌食是对肥胖的强烈恐惧和对苗条的狂热追求。一般是先开始节食,然后逐步发展成对苗条的强迫性关注,一般发病于青春期。

(2)生理机制:

①基因:厌食症和神经性贪食症都有家族性。双生子研究也提示神经性厌食症有基因影响。

②设定点理论:认为至少在一段有限的时间里,我们的身体有自己设定好了的体重正常值范围,并拒绝大幅度的改变。这样,当个体达到或维持低于设定点的体重时,会遭到内部生理机能的反对,而补偿措施就是饥饿的感觉。

③进食障碍与脑:动物实验表明,下丘脑外侧损伤会使动物没有食欲及体重减轻。还有研究发现,内源性血清素在神经性厌食症和神经性贪食症中都具有某种作用。此外,5-HT 与 NE 也会影响进食。

④社会文化因素:

社会文化因素在进食障碍的发生、发展上是有显著的作用的。跨文化研究发现,不同的社会对肥胖的态度是有差异的,进食障碍患病率也有差异。研究表明,女性对社会文化认同态度越高,患进食障碍的可能性也越大。大众对进食障碍的发展也起到-定的作用。进食障碍或许是最有社会文化差异的障碍,它更经常在工业化国家出现。

⑤心理学因素:

A. 人格特点:神经性厌食症患者具有完美主义、害羞、依从的特点;而神经性贪食症病人还包括其他的歇斯底里特征、情绪不稳定及好交际的倾向;进食障碍病人有较高的神经质与焦虑及低自尊,并且表现出一种对家庭及社会标准的强烈认同。

B. 心理动力学观点:经典心理动力学理论认为,神经性厌食症是一种对口唇受孕恐惧的防御,之所以要回避事物,是因为食物象征性地等同于性和怀孕。其他观点还认为,进食障碍和童年受虐及其他创伤等有关。

C. 家庭动力学观点:将心理动力学的因素与关注家庭联系在一起,认为孩子在生理上是脆弱的。这些家庭有几个促使孩子发展出进食障碍的特征,孩子的症状在家庭中称为其他冲突的替代物。Minuchin 概括该种家庭的特征:纠结、过度保护、僵化和缺乏解决冲突的能力。

D. 认知行为观点:怕胖的恐惧和体相障碍是引起自我挨饿的动机因素,而体重的减轻是有力的强化物。另外一个引发强烈求瘦欲望的重要因素是来自同伴和父母的对过重体重的批评。

(3)厌食症患者本身有一定的人格特征,比如低自尊、完美主义、刻板固执、敏感多虑、严谨耿直、不能坚持己见、犹豫不决等,对成功或成就的要求非常高。近年来,随着全球化的发展,广告业飞速发展、饮食习惯发生改变、健身行业大量涌现以及妇女社会角色发生转变,大量的媒体信息和营销策略营造出节食促进成功这样的氛围,女孩在她们早年社会化过程中就认为苗条的女性比胖的女性更具有吸引力、更成功。在这样的文化背景下,更容易患上厌食症。

(4)对厌食症患者良好的治疗需要多学科专业人员之间密切合作,包括营养学家、内科医生、精神科医生、社工等,也需要与患者和家庭之间的紧密合作。具体内容包括:与患者建立良好的关系,取得患者的信任和配合;对患者进行耐心细致的解释、心理教育和营养咨询,使患者了解其疾病的性质,认识到科学、合理的饮食对身体发育和健康的重要性;鼓励其主动、积极参与治疗;培养患者的自信心和自立感,使其在治疗计划中负起个人责任,矫正患者饮食行为,最终战胜疾病。

2.【参考答案】:

世界卫生组织把健康定义为:身体上,精神上,社会上的完整状态,并不只是没有疾病和虚弱的现象。心理健康属于健康的范畴,它比一般意义上的健康所涉及的对象范围要小一些,主要指个体由心理变量的失常所引发的健康问题。生物-心理-社会模型认为,人都生活在社会中,所以抛开社会因素的影响来看待健康问题是不全面的,社会环境、社会变化、社会压力等无疑影响着人们的健康。压力是当一个人觉得无法应付环境中的要求时,产生的负性感受和消极信念。现代的工业化社会给人们带来了快节奏、高消耗的生活。人们仅有的时间不仅有许多事情要做,还要为渺茫的前景担忧,很少有时间分给家庭和娱乐、每个有机体都要面临来自外界环境和个体需求的压力。正是这些压力,这给人们带来了很多健康问题。

以肥胖为例,一些人因为压力大,在情绪低落的时候对食物产生依赖,通过大量摄取食物来获得满足感,因此暴饮暴食导致肥胖。这样的肥胖正是社会、心理的压力导致的,通过节食等方式进行减肥往往效果不佳,反而使得压力更大。当我们遇到这样的问题就需要从心理方面入手。

心理学家把心理健康定义为:指个体能够积极地、正常地、平衡地适应当前和发展的社会环境的良好心理状态,心理健康的人不仅有良好的自我意识,能够认识到自己的长处和不足,而且能够与社会相和谐。心理学对于健康的服务体现于心理学能够从心理学的角度找出症状的原因和反应,给出健康方案和治疗技术。以减肥为例,心理学可以提供的服务有许多。

(1)心理学可以通过心理手段来提升个体的自我效能感。自我效能感是个体认为自己有能力采取特定行为来达成目标的信念。一个人的自我效能感往往决定了他能否发挥自身能力,最终实现目标,一个自我效能感低的人,在减肥过程中往往容易放弃,不仅如此,在工作,学习和生活中往往容易失败。因此,心理学提升求助者的自我效能感可以大大提高减肥成功的可能性。

(2)心理学可以通过心理手段改善个体的情绪管理。情绪管理是对情绪进行控制和调节的过程。情绪不仅能极大影响人态度和行为,还能影响自身的身体器官功能甚至身体健康。研究表明,情绪管理不好的个体往往更容易发胖。减肥本身也是一件辛苦且考验耐心的事情,在减肥的过程中,倘若情绪管理不好往往无法坚持下来。因此,心理学改善人的情绪管理对减肥的效果是很明显的。

(3)心理学可以通过心理手段为个体排解心理压力。人的心理与生理是相互适应的,心理混乱必然引发生理的不适,心理压力会导致多种生理问题。心理压力大的个体会常常处于生理不适状态,导致减肥的过程中效果很差,并且在减肥效果不明显的时候容易崩溃。因此,心理学排解求助者的心理压力对减肥大有禅益。

不仅这些,心理学有更多手段技术为人们服务。因此,现代医学模式的转变具有很大的意义,心理学为人类的健康贡献巨大价值。

五、案例分析题

1.【参考答案】(1)诊断:该患者可被诊断为神经性贪食症。

(2)诊断的依据:①患者表现为大量进食,想停止暴食时却停不下来。采用补偿性行为以防止暴食引起的体重增加,例如使用引吐、导泻、增加运动量等方法来减少体重,且这种行为与生理因素无关,且持续时间接近 3 个月,符合神经性贪食症的临床表现。②患者符合神经性贪食症的诊断标准:

A. 反复出现暴食。这里的暴食需具备以下

2 项:①在分段的一个短时间内(比如在 2 个小时里),吃下 大量的食物,数量明显多于大部分人在相同时间和相同情境下的食量。②在进食过程中有失控的感觉,如感到想停下来不吃很困难,或无法控制吃什么,吃多少。B. 反复出现的不适当的补偿行为以防止体重增加,比如自我引吐;滥用泻药、利尿药、灌肠药或其他药物;或完全禁食;进行过度运动。

C. 暴食和不适当的补偿行为至少平均每周发生两次,

持续 3 个月。

D. 自我评价过分受到体形和体重的影响。

E. 以上障得不是仅仅发生在神经性厌食症的发病期间。

故患者可被诊断为神经性贪食症。

(3)病因:①心理动力学观点认为,不能发展出充分的自我感觉导致了神经性贪食症,而母女之间的冲突型的支配关系造成了女儿不能发展出充分的自我感觉,食物成为失败关系的象征。②家庭动力学观点

将心理动力学的因素与关注家庭联系在一起,认为孩子在生理上是脆弱的。这些家庭有几个促使孩子发展出进 食障碍的特征,孩子的症状在家庭中称为其他冲突的替代物。③认知行为观点,认为怕胖的恐惧和体相障碍是引起自我挨饿的动机因素,而体重的减轻是有力的强化物。另外一个引发强烈求瘦欲望的重要因素是来自同伴和父母的对过重体重的批评。

(4)干预措施:

①生物学治疗:各类抗抑郁剂在某种程度上能够治疗进食障碍。

②帮助病人建立正常的进食模式:第一步,对病人进行心理教育。包括暴食及泻出行为的生理后果、引吐与使用泻药作为控制体重手段的无效性、节食的危害性。提供一个计划以促发病人的常规进食行为模式。病人需要学会按时按量进行一日三餐以及在正餐之间稍稍吃一些零食。第二步:致力于改变病人的不合理信念。鼓励病人质疑关于外表魅力的社会标准,发现和改变那些刺激病人挨饿以防止增重的信念,从而建立更合理的一些信念。

③心理干预:在学校环境和家庭环境中进行心理教育,提供关于进食障碍的基本信息。例如,摄入高热量饮食的潜在危险,如何进行健康饮食,对完美身材的期待等,节食的相对无效性。在家庭中,妈妈对体重的关注等,都能影响患者的态度。

第九章 物质滥用及依赖

第一节 概述及诊断标准

考点 1 物质依赖

1.【解析】物质依赖的标准包括耐受性、戒断症状和冲动性使用行为。危害性不是物质依赖的标准,是物质依赖的后果。

参考答案 D

2.【参考答案】戒断状态是指依赖者长期大量使用某种物质后突然停用而出现的一组症候,包括口干、恶心、焦虑、头痛等不适感。

考点 2 物质滥用

1.【参考答案】物质滥用是指由于重复使用某种精神活性物质导致对躯体或心理产生明显的损害和危险,但是没到物质依赖的程度。物质滥用是一种物质使用的不良模式,尽管不是完全依赖,但导致了临床上明显的损害或痛苦。

章节考点 综合训练

一、单选题

1.【解析】中枢神经抑制剂、中枢神经兴奋剂和致幻剂都是可以使个体产生依赖的物质。

参考答案 ABC

2.【解析】酒精会麻痹神经系统,所以酒精是一种抑制剂。

参考答案 B

二、名词解释题

1.【参考答案】戒断症状是指依赖者长期大量使用某种物质后突然停用而出现的一组症候,包括口干、恶心、焦虑、头痛等不适感。

三、简答题

1.【参考答案】

(1)生物因素:成瘾的神经生理机制:成瘾的神经生化过程核心在于药物激活了大脑内的"快乐通路"多巴胺通路。多巴胺通路参与情绪、记忆以及愉悦感的调控,而酒精通过刺激该区域,使人产生愉悦感。

(2)父母教养及亲密关系、父母生活方式、性格特点、物质使用情况和对物质使用的态度及忍耐程度,家庭关系的好坏,兄弟姐妹的物质使用情况以及不良家庭教养方式等都会与子女物质使用有关。有较少亲密关系或者支持的成年个体,在心情低落或者是其他负性情绪时,更可能采用饮酒的方式。

(2)心理易感性、人格特征与物质使用和滥用行为高度相关;压力与紧张的缓解以及强化、对酒精及其他物质的认知和态度。

(4)社会文化因素:同伴团体、文化和种族传统、社会群体、酒精的易得性、社会生活节奏等都会对酒精依赖产生影响。

2.【参考答案】

(1)生物治疗:戒酒硫(用于减少饮酒渴望)、镇定剂(用于减少急性戒断反应)。

(2)小组治疗:如嗜酒者匿名互戒会,小组治疗可以帮助这些患者看到应对他们生活中问题的其他选择,在此过程中,他

们也能学习到处理自己饮酒问题的有效方法。

(3)环境干预:来自家庭、朋友、社会团体对于戒酒行为的支持非常重要。

(4)家庭治疗:在酗酒问题的治疗中,如果配偶或伴侣加入进来的话,会增加获得积极治疗结果的可能性。

(5)预防:预防是最好的办法,最好的方法就是在最初不要去使用任何成瘾物质。

第十章　心身疾病

第一节　概述

考点1　心身疾病的概念

1.【解析】明显与心理因素相关的躯体疾病是心身疾病。反应性精神病是指患者在与其有密切关系的另一人出现妄想之后,也表现出与其妄想内容相似的症状。疑病性神经症是指患者对自己患有一种严重疾病的可能性的焦虑和恐惧,对自己身体生理现象和感觉的歪曲,认为某种生理现象或感觉即是疾病的征兆或表现,因此频繁就医,检查结果并无器质性的病变。疼痛障碍的主要特征是患者主诉症状是疼痛。

参考答案 A

2.【参考答案】压力和心理健康的关系十分复杂,不同的人面临的压力也不一样,但是压力对于人们的生理、心理及行为等都会有一定的影响。

(1)研究发现,压力会使人们新陈代谢出现紊乱,心率和呼吸频率加快,血压升高,出现头痛,易患心脏病。

(2)最近有研究显示,有压力的工作要求会导致上呼吸道疾病的增加和免疫系统功能的下降,对那些自我效能低的人来说尤其如此。

(3)对工作的不满意是压力的"最简单和最明显的心理影响"。

(4)压力还在其他心理状态中反映出来,如紧张、焦虑、易怒、枯燥和拖拉等。

(5)压力的行为症状包括生产率的变化、缺勤、离职、饮食习惯的变化,烟酒消费的增多、言语速度的加快、烦躁、睡眠障碍等。

(6)压力与绩效的关系是一种倒U曲线关系。当压力处于中低水平时,它会激活机体并增强其反应能力。但是过高的压力会使员工的工作绩效降低。

(7)如果个体长期处于一种高压力状态下会造成其身心的伤害。

(8)Selye曾提出,适度的应激可以提高人的警觉水平,激活机体的非特异性适应系统,增强适应能力,但过度的精神压力也会导致个体的适应不良。

(9)精神压力有维护心理健康和导致心理障碍的双重作用,适度的精神压力有利于维持个体的心理健康,但强而持久的精神压力会使人失去心理平衡和生理机能失调,进而发生心理困扰、甚至导致心理障碍。

(10)压力对个体心理健康的影响具有个体差异,个人认知、工作经验、社会支持及人格特质四个变量可以调节压力的影响。

第二节　应激与应激的生理机制

考点1　应激的含义

1.【解析】在意外的紧急情况下所产生的适应性反应称为应激。

参考答案 B

2.【解析】成功应对应激事件会使个体更多发现其建设性

参考答案 A

3.【参考答案】社会支持系统认为社会支持需要深入考察,是一个系统的心理活动,它涉及到行为、认知、情绪、精神等方方面面。社会支持网络指的是一组人之间的接触,通过这些接触,个人得以维持社会身份并且获得情绪支持、物质援助和服务、信息与新的社会接触。一个人所拥有的社会支持网络越强大,就能够越好地应对来自各种环境的挑战。

(1)从社会支持分类的方式界定方面来说,实际社会支持包括物质上的直接援助和社会网络、团体关系的直接存在和参与,是客观存在的现实,这是人们赖以满足他们社会、生理和心理需求的重要资源;当个体在出现意外事件或遇到危险情境时出现高度紧张的情绪状态时,无论面对的是来自躯体性还是心理社会性的刺激源,能够直接从社会网络中获取物质或心理上的援助,对于个体缓解紧张的情绪状态都有很大的帮助;领悟社会支持,即个体所体验到的情感上的支持,也就是个体在社会中受尊重、被支持、被理解因而产生的情感体验和满意程度,与个体的主观感受密切相关,情感上的支持是对个体面对危险情境时一个有力的支持,给予及时的心理安慰,帮助个体适应巨变的环境状况,减轻应激状态给个体带来的紧张。

(2)家庭支持、朋友支持、其他支持。这是从社会支持来源角度进行的分类,强调个体对来自各种社会支持来源的理解和领悟。个体如能客观的理解和接受来自家人、朋友和社会上其他人的支持,就可以重新调整自己的应激情绪,比如重新评价应激源或者在他们的帮助下采取某种应对方式。

(3)认知支持。情感支持、行为支持。这是以社会支持维度为出发点的分类。认知支持指提供各种信息。意见与知识等;情感支持指安慰、倾听、理解及交流等;行为支持指实际的帮助行动。

考点2　应激的生理机制

1.【参考答案】一般适应综合症(general adaptation syndrome, GAS),为加拿大心理学家汉斯・塞里(Hans Selye)提出,把总的应激生理反应称为一般适应综合征,认为包含三个阶段:

(1)惊觉阶段,攻击或逃跑反应。

面对威胁性的刺激,机体立即动员自身资源,准备做出攻击或者逃跑的反应。表现为肾上腺素分泌增加,心率加快,体温和肌肉弹性降低,贫血,以及血糖水平和胃酸度暂时性增加,严重可导致休克。

(2)阻抗阶段,适应应激。

机体动员资源之后,又达到了平衡状态。身体动员许多保护系统去抵抗导致危急的动因,此时全身代谢水平提高,肝脏大量释放血糖。如时间过长,可使体内糖的储存大量消耗,以及下丘脑、脑垂体和肾上腺系统活动过度,会给内脏带来物理性损伤,出现胃溃疡、胸腺退化等症状。

(3)枯竭期:有限的资源已经被耗完,而新资源的储备又因为应激反应而大大减缓。机体处于危机状态,可导致重病或死亡。故要尽量减少和避免不必要的应激状态,并学会科学地对待应激状态。

第十一章　人格障碍

第一节　概述

考点1　人格障碍的含义和诊断标准

1.【解析】神经症与人格障碍不是非此即彼的。据P. Tyrer(1983)的观点,神经症病人的40%有人格障碍。又据A. Sims(1975)的观点,一组神经症病人追踪12年发现70%有人格障碍,而对照组外科病人有人格障碍者只占25%。在不同的时期,同一病人可能处于神经症状态,也可能处于精神病状态。

参考答案 B

2.【解析】人格障碍起源于童年期、青少年或成年早期,并一直持续到成年乃至终生。

参考答案 B

3.【参考答案】(1)人格障碍:人格特征显著偏离正常,使患者形成了一贯的反映个人生活风格和人际关系的异常行为模式。

这种模式显著偏离特定文化背景和一般

认知方式(尤其在待人接物方面),明显影响其社会和职业功能,造成对社会环境的适应不良,病人为此感到痛苦,并已具有临床意义。病人虽无智能障碍,但适应不良的行为模式难以矫正,仅少数病人在成年后程度上可有改善。人格障碍通常开始于童年期或青年期,并长期持续发展至成年或终生。

(2)人格障碍具有如下共同特征:

①人格障碍开始于童年、青少年或成年早期,并一直持续到成年乃至终生。没有明确的起病时间,不具备疾病发生发展的一般过程。

②可能存在脑功能损害,但一般没有明显的神经系统形态学病理变化。

③人格显著的、持久的偏离了所在社会文化环境应有的范围,从而形成与众不同的行为模式。个性上有情绪不稳、自制力差、与人合作能力和自我超越能力差等特征。

④人格障碍主要表现为情感和行为的异常,但其意识状态、智力均无明显缺陷。一般没有幻觉和妄想,可与精神病性障碍相鉴别。

⑤人格障碍者对自身人格缺陷常无自知之明,难以从失败中吸取教训,屡犯同样的错误,因而在人际交往、职业和感情生活中常常受挫,以致害人害己。

⑥人格障碍者一般能应付日常工作和生活,能理解自己行为的后果,也能在一定程度上理解社会对其行为的评价,主观上往往感到痛苦。

第二节 人格障碍的类型

考点1 偏执型人格障碍

1.【解析】偏执型人格障碍的特征为猜疑,不信任他人。

参考答案 C

考点6 强迫型人格障碍

1.【参考答案】强迫型人格障碍过分追求完美和秩序性,固执、僵硬、异常节俭、谨小慎微、犹豫不决、严肃沉闷等是强迫型人格障碍的特征。此类病人还易于出现强迫症、抑郁症、心身疾病。

考点9 边缘型人格障碍

1.【参考答案】(1)边缘型人格障碍的核心特征:以人际关系、自我形象和情感的不稳定性为特征。人际关系不良,情绪不稳定、行为具冲动特征,存在自我认同障碍。此类病人同时也易于出现抑郁、酒精与药物滥用等方面的问题。

(2)在人际关系中的表现:

①疯狂的努力以避免真正的或想象出来的遗弃

②一种不稳定的强烈的人际关系,其特点是从极端理想化到极端的贬低之间变来变去;

③身份障碍:对自我形象或自我感觉的显著和持久的不稳定变化;

④至少在两个方面出现冲动性,有潜在的自我毁灭可能性;

⑤反复发生自杀行为、自杀姿态、或威胁,或者自伤行为;

⑥由于显著的心境反应而情绪不稳定;

⑦长期的空虚感;

⑧不合适的强烈发怒,或难以控制的发怒;

⑨短暂的与应激有关的偏执观念或严重的分离性症状。

考点10 反社会型人格障碍

1.【解析】对于罪犯的研究表明,大部分犯罪的人有反社会型人格障碍。

参考答案 C

2.【参考答案】(1)一直忽视或冒犯他人的权利,起自15岁前,包括至少下列3项以上:

①不能遵守合法行为有关的社会规范,表现为多次可遭拘捕的行为。

②欺诈,表现为为了个体利益或乐趣而多次说谎,使用假名或诈骗他人。

③冲动性或事先不做计划。

④易激惹和攻击性,表现为重复性地斗殴或攻击。

⑤鲁莽地不顾他人或自身的安全。

⑥一贯不负责任,表现为重复性地不坚持工作或履行经济义务。

⑦缺乏懊悔之心,表现为作出伤害、虐待或偷窃他人的行为后显得不在乎或合理化。

(2)个体至少18岁。

(3)在15岁前起病者有品行障碍的证据

(4)反社会行为并非发生在精神分裂症或躁狂发作的病程中。

章节考点 综合训练

一、填空题

1.【参考答案】分裂样人格障碍

2.【参考答案】偏执型人格障碍。

3.【参考答案】分裂型人格障碍

4.【参考答案】反社会型人格障碍。

5.【参考答案】边缘型人格障碍

6.【参考答案】自恋型人格障碍

7.【参考答案】依赖型人格障碍

8.【参考答案】强迫型人格障碍

9.【参考答案】回避型人格障碍

二、单选题

1.【解析】分裂型人格障碍在社交关系中感到孤独和不适,而且还有知觉或者认知歪曲以及古怪的行为。A 选项偏执型人格障碍主要表现为偏执和猜疑。C 选项反社会型人格障碍主要表现为违反社会的行为。D 选项冲动型人格障碍情绪高度不稳定,极易产生兴奋和冲动。

【答案】B

2.【解析】反社会型人格障碍具有高度攻击性,缺乏羞惭感,不能从经历中取得经验教训。

【参考答案】B

3.【解析】强迫型人格障碍以过分要求秩序严格和完美,缺少灵活性、开放性和效率为特征。这类患者在日常生活中按部就班、墨守成规,不允许有变更,生怕遗漏某一要点,因此常过分仔细和重复、过度注意细节而拖延;追求完美,以高标准要求自己,对别人也同样苛求,以至沉浸于琐碎事务无法脱身。研究表明具有这类人格障碍的人容易发生强迫性神经症。

【参考答案】C

4.【解析】表演型人格障碍表现为过分感情用事或夸张言行以吸引他人注意为主要特点的人格障碍。具有表演型人格障碍的人在行为举止上常带有挑逗性并且他们十分关注自己的外表。

【参考答案】D

5.【解析】反社会型人格障碍患者具有高度攻击性,缺乏羞惭感,不能从经历中取得经验教训,行为受偶然动机驱使,社会适应不良等。

【参考答案】B

6.【解析】偏执性人格障碍表现固执,敏感多疑,过分警觉,心胸狭隘,好嫉妒;有某些超价观念并且把错误归为别人;拒绝接受批评,对挫折和失败过分敏感,如受到质疑则出现争论,诡辩,甚至冲动攻击和好斗;常有某些超价观念和不安全、不愉快、缺乏幽默感;这类人经常处于戒备和紧张状态之中,寻找怀疑偏见的根据,对他人的中性或善意的动作歪曲而采取敌意和藐视,对事态的前后关系缺乏正确评价。因此选项 A 错误。

【参考答案】A

7.【解析】依赖型人格障碍缺乏自信,依附于他人,因此选项 A 符合。

【参考答案】A

8.【解析】表演型人格障碍主要表现为过分的情绪表达和招引他人注意,成为人们注意的中心是其需要的。因此本题选 C。这里要注意跟自恋型人格障碍相区分。自恋型人格障碍主要表现为妄自尊大,专注于自己的智慧和成功的幻想,自我中心。

【参考答案】A

9.【解析】人格障碍中不包括“内向型人格障碍”。

【参考答案】B

三、简答题

1.【参考答案】DSM-V 中列出10种人格障碍,分3大类群:

(1)A 类群:以行为古怪、奇异为特点;包括偏执型、分裂样、分裂型人格障碍。

①偏执型人格障碍:以偏执和猜疑为主

要特征,对他人普遍的不信任,把他人的动机解释为恶意。

②分裂样人格障碍:以社会隔绝、情感疏远为突出特征。病人在日常社会生活中常常表现为孤单、冷淡、沉默,不介入日常事务,不交际,不关心他人。但此类人往往投注较大的精力于与人无关的兴趣方面(如数学、天文学等)

③分裂型:以社会隔绝、古怪行为和多疑为特征,病人虽因此感到痛苦,但并不能意识到自己的问题。

(2)B类群:以戏剧化、情感强烈、不稳定为特点;包括表演型、自恋型、反社会型、边缘型人格障碍。

④表演型人格障碍:往往因其过分招摇和轻浮的表现突出而引人注目,而成为人们注意的中心恰是其所需要的。但因其人格不成熟、情绪不稳定的特征,社会适应不良,难以维持稳定的人际表现和关系。

⑤自恋型人格障碍:妄自尊大,全神贯注于对自己的智慧和成功的幻想,自我中心,这不仅令他人无法忍受,而且也给病人自己带来适应不良的痛苦。

⑥边缘型人格障碍:以人际关系、自我形象和情感的不稳定是突出特征。人际关系不良,情绪不稳定、行为具冲动特征,存在自我认同障碍。此类病人同时也易于出现抑郁、酒精与药物滥用等方面的问题。病人在人际关系方面易走极端,常常使自己周围的人也陷入困扰的漩涡,而他们自己也因适应不良而痛苦。

(3)C类群:以紧张、焦虑行为为特点;包括回避型、依赖型、强迫型人格障碍。

⑦回避型人格障碍:以长期和全面地脱离社会关系为特征,表现回避,退缩,过分敏感,易于焦虑,对自我价值缺乏信心。

⑧依赖型人格障碍:缺乏自信、依附于他人,遇到轻微应激即退却,寻求帮助,需要保护,且其性关系多不成熟,往往存在婚姻问题,缺乏亲密朋友。可同时伴有焦虑、抑郁症状,也可继发酒精和药物依赖方面问题。

⑨强迫型人格障碍:过分追求完美和秩序性,固执、僵硬、异常节俭、谨小慎微、犹豫不决、严肃沉闷等是强迫型人格障碍的特征。此类病人还易于出现强迫症、抑郁症、心身疾病。

2.【参考答案】

(1)生物因素:基因的影响

双生子研究:同卵双生子同病率高于异卵双生子。反社会或犯罪行为可有中等程度的遗传。

研究者认为,强烈的社会影响和基因的先天倾向交互作用,共同决定一个人是否会成为罪犯或形成反社会人格障碍。

(2)神经生物学的影响:普通的脑损伤似乎不能解释人们会成为精神病态者或罪犯。有两种理论得到了关注:①低兴奋性假说认为,精神病态者的大脑皮层兴奋水平异常的偏低,是造成其反社会和冒险行为的主要原因。②恐惧缺失假说认为,精神病态者的恐惧阈限比正常人要高。精神病态者难于在一定的线索和惩罚或危险之间建立联系。他们在学习避免受到惩罚方面有困难。

(3)家庭的影响:缺乏情感和遭到父母粗暴拒绝是精神病态行为的主要原因。父母对孩子的纪律性和责任感的教育不一致;父亲有反社会行为;与父母攻击性行为的互动;混乱的家庭环境。

(4)心理因素的影响:具有反社会人格障碍的人,在道德原则和推理能力的发展是滞后的。

3.【参考答案】可以采用如下治疗方法:

(1)生物学方法:电休克和药物治疗。

(2)行为治疗:被认为是最有前途的治疗,Bandura提出了运用学习的原理,提供一个可以控制的环境,使病人受到必要的外在约束,并能够使其中一个病人的改进成为其他人的榜样,从而相互促进,获得持久的改变。主要步骤是:

①撤除对反社会行为有意义的强化,并在必要时对这种行为进行惩罚

②塑造希望获得的替代行为,并对模仿行为进行系统的强化或奖赏

③在个体行为逐渐能够自我控制的情况下,逐渐用象征性的奖励替代物质奖励。

(3)认知治疗:通过提高病人的认知力来改善和道德行为。治疗者试图通过引导性讨论、结构性认知练习、行为试验等方法引导病人按照道德和认知发展的规律,在更高和更抽象的水平上进行思考。

4.【参考答案】偏执型人格障碍和猜疑型人格障碍主要的区别表现在主要特征的不同。偏执型人格障碍以偏执和猜疑为主要特征,对他人普遍的不信任,把他人的动机解释为恶意。边缘型人格障碍以人际关系、自我形象和情感的不稳定是突出特征。人际关系不良,情绪不稳定、行为具冲动特征,存在自我认同障碍。

第十二章　儿童心理障碍

第一节　精神发育迟滞

考点1　精神发育迟滞的临床表现与诊断

1.【解析】先天愚型的智力迟滞又叫唐氏综合症。

【参考答案】B

第二节　孤独症

考点1　孤独症的含义及临床表现

1.【解析】感知觉异常常见于精神分裂症,不是孤独症的典型症状。

【参考答案】D

2.【解析】社交障碍是孤独症的核心特点。不是所有自闭症儿童的智商都低于正常值,有高功能自闭症患者的存在;C选项和D选项的症状常出现在ADHD中。

【参考答案】B

3.【解析】孤独症的三大症状群为:社会交往缺损、语言交流缺损和刻板行为,并且孤独症的发病年龄较早,在三岁之前,故B错误。

【参考答案】B

考点3　孤独症的治疗

1.【解析】孤独症儿童的受训练年限越高,其预后越理想。

【参考答案】C

2.【解析】现有研究表明,对孤独症最有效、最主要的治疗方法是教育和训练。

【参考答案】A

第三节　多动症

考点1　多动症的含义及临床表现

1.【解析】儿童多动症的临床表现不包括非语言交流障碍。

【参考答案】D

注意力不集中,注意短暂,活动过多,情绪易冲动,学习成绩普遍较差。

2.【参考答案】(1)多动症的临床症状:

①活动过多:活动过多是多动症的主要症状。这种儿童在婴儿期就表现出好动、不安宁,他们不能专注于一种活动,从来不能集中注意力做一件事情。他们的活动是杂乱的、缺乏组织性和目的性的。

②注意力不集中:这是多动症的核心症状。这类儿童的注意力很容易受环境的影响而分散,对来自各方面的刺激几乎都起反应,不能过滤无关刺激,因而注意力集中的时间很短。

③冲动行为:缺乏克制力,行动多先于思维,他们不经考虑就行动。常常人性、克制力差、易激惹冲动、易受外界刺激而兴奋、挫折感很强。行动前不顾后果,常出现危险举动,且事后不会吸取教训。

④不良行动和情绪不稳定:几乎百分之八十的多动症儿童有各种各样不良行为的表现,如好打架、好顶嘴、不服从、倔强、违抗、横行霸道等。这种儿童情绪也

不稳定，人们难以知道为什么他有时那么高兴，有时却不高兴，他的行为也难以预测。

(2)DSM根据核心症状的不同，ADHD又有三种亚型，分别是注意缺陷/多动障碍(混合型)，注意缺陷/多动障碍(注意缺陷为主)，注意缺陷/多动障碍(多动-冲动为主)。

考点3　多动症的治疗

1.【参考答案】孤独症的治疗方法：

(1)药物治疗

治疗ADHD主要有哌甲酯(利他林)，右旋苯丙胺和苯异妥因(匹莫林)，此类药物的服用需在有经验的医生指导下进行。

(2)心理治疗

①行为矫正疗法：采用强化方法进行矫正。在适宜行为出现时给予奖励；当不适宜行为出现时，加以漠视，或暂时剥夺一些权利，以示惩罚。

②认知训练：训练其学习自我控制、自我引导；多加思考和提高解决问题的能力。训练目的在于使其养成“三思而后行”习惯，在活动中养成“停停、看看和听听”的习惯。加强自我调节，可采用言语指导的方式。

(3)家庭治疗

对患有多动症的儿童进行治疗时，其中一项重要组成内容是要进行家庭治疗和家庭训练。在许多情况下，儿童的行为只是家庭关系的症状表现，是家庭关系的不和谐。

(4)学校的管理和教育

多动症儿童的治疗必须有学校老师的参与和合作，其中包括课程行为管理、课外行为管理以及必要的特殊教育安排。

章节考点　综合训练

1.【解析】儿童障碍多以行为障碍的方式表现出来。

【参考答案】C

2.【解析】孤独症的核心症状是社交障碍。

【答案】A

3.【解析】ADHD又称注意缺陷/多动障碍，其特点是冲动和注意力难以集中，因而学习成绩受到影响。

【答案】B

第二篇　心理咨询与治疗

第一章　概述

第一节　心理咨询与心理治疗的含义及特征

考点1　咨询的含义及特征

1.【解析】本题考查咨询的特征以及定义。咨询的根本目的是帮助来访者自立自强,帮助来访者认清自己的问题所在,帮助的过程实际上是一种教育的过程和使来访者产生某种转变,促使他们成长的过程。

参考答案:B

2.【解析】本题考查心理咨询的特点。

参考答案:

咨询涉及职业指导、教育辅导、心理健康咨询、婚姻家庭咨询等生活的各个方面。各种咨询具有某些共同的特征:

(1)体现着对来访者进行帮助的人际关系。

(2)咨询是一系列心理活动的过程。

(3)属于一个特殊的服务领域。

考点2　心理治疗的含义与特征

1.【解析】本题考查心理治疗的定义。

参考答案:心理治疗是在良好的治疗关系基础上,由专业训练的治疗者运用心理治疗的相关技术和理论,对来访者进行帮助的过程,以消除或缓解来访者存在的问题或障碍,促进其人格向健康、协调的方向发展。

考点3　心理咨询与心理治疗的异同

1.【解析】本题考查临床心理学与咨询心理学的异同。

参考答案:(1)临床心理学是心理学的分支学科之一,它既提供心理学知识,也运用这些知识去理解和促进个体或群体的心理健康、身体健康和社会适应。临床心理学更注重对个体和群体心理问题的研究,以及严重心理障碍的治疗。咨询心理学是心理学的分支学科之一,它运用心理学的知识去理解和促进个体或群体的心理健康、身体健康和社会适应。咨询心理学更关注个体日常生活中的一般性问题,以增进个体良好的适应和应对。二者都是心理学的分支学科,都是为了更好的促进个体的心理健康发展。

(2)临床心理学与咨询心理学的差异:

①问题程度不同:咨询心理学偏向于正常人和日常问题,而临床心理学偏向于较严重的心理障碍。

②训练场所不同:咨询心理学的训练大多在教育系或心理系进行,实习都是在学校咨询处完成,而临床心理学的训练则在大学的医学系进行,实习都是在医院完成。

③训练的侧重点不同:虽然二者都包括心理评估和心理治疗的内容,但临床心理学更强调研究方法和人格理论。

④理论基础不同,咨询心理学更多受职业指导运动和人本心理学的影响,而临床心理学主要是基于遗传学、心理动力学、心理生物学等。

⑤使用的方法不同:咨询心理学的模式更加人本,节奏比较柔和,更加注重人际关系和其它环境因素,而临床心理学更多走的是医学模式,侧重做诊断,然后选择相对应的循证治疗,治疗的时候侧重于病症。

2.【解析】本题考查心理咨询与心理治疗的联系与区别以及心理咨询的特征。

参考答案:(1)相同点

①理论方法:二者所采用的理论方法常常是一致的,例如来访者中心疗法和合理情绪疗法的理论和技术,两者的理论和技术别无二致。

② 工作对象:二者的工作对象常常相似,例如心理咨询和心理治疗都可能面对婚姻问题。

③ 强调帮助来访者成长和改变方面,两者是相似的,都希望帮助者和求助者之间的互动,以达到使求助者改变和增长的目的。

④建立良好的人际关系,都注重建立良好的人际关系,这是帮助求助者改变和成长的必要条件。

(2)差异性

①心理咨询的工作对象主要是正常人,正在恢复或已复原的病人。心理治疗主要是针对有心理障碍的人进行工作的。

②心理咨询所着重处理的是正常人所遇到的各种问题,主要问题有日常生活中人际关系的问题,职业选择方面的问题,教育过程中的问题,婚姻家庭中的问题,等等。心理治疗的适应范围则主要为某些神经症、某些性变态、心理障碍、行为障碍、心身疾病、康复中的精神病人等。

③心理咨询用时较短,一般咨询次数为一次至几次;而心理治疗费时较长,治疗由几次到几十次不等,甚至次数更多,经年累月才可完成

④心理咨询在意识层次进行,更重视其教育性、支持性、指导性工作,焦点在于找出已经存在于来访者自身的内在因素,并使之得到发展;或在对现存条件分析的基础上提供改进意见。心理治疗的某些学派,主要针对无意识领域进行工作,并且其工作具有对峙性,重点在于重建病人的人格。

⑤心理咨询工作是更为直接地针对某些有限的具体的目标而进行的;心理治疗的目的则比较模糊,其目标是使人产生改变和进步。

(2)心理咨询的特征

咨询涉及职业指导、教育辅导、心理健康咨询、婚姻家庭咨询等生活的各个方面。各种咨询具有某些共同的特征:

①体现着对来访者进行帮助的人际关系。咨询过程是建立在咨询者与来访者良好的人际关系基础之上的。咨询者利用其专业技能及所创造的良好咨询气氛,来帮助人们学会以更为有效的方式对待自己、对待他人和生活中的难题。

②咨询是一系列心理活动的过程。咨询者所运用的有关理论与技术,也是以心理学为基础的。从来访者的角度,来访者在咨询过程中需要接收新的信息,学习新的行为,学会解决问题的技能及做出某种决定,这也涉及一系列的心理活动。

③属于一个特殊的服务领域。在咨询过程中,咨询者可以帮助来访者认识自己,确定目标,作出决定,解决难题。

考点4　心理咨询的适宜对象

1.【解析】本题考查心理咨询的对象。从一般意义上讲,除了精神病人、有脑器质性病变的人、有人格障碍的人以外,一般人均可进行心理咨询与治疗。因此本题选A。

参考答案:A

2.【解析】SCL-90的适用范围包括:①在精神科和心理咨询门诊中,作为了解就诊者或受咨询者心理卫生问题的一种评定工具。②在综合性医院中,常以SCL-90了解躯体疾病求助者的精神症状,并认为结果满意。③应用SCL-90调查不同职业群体的心理卫生问题,从不同侧面反映各种职业群体的心理卫生问题。任何心理量表都不能作为诊断依据,必须要结合临床表现才能做出诊断。

参考答案:B

3. **参考答案**:转介指由于各种原因使得咨询师必须将前来求助的来访者转介给更适合于对方的其他咨询师或者专业机构。

一般需要转介的情况有两种:

(1)来访者的心理问题超出了心理咨询的工作范围。如有器质性病变、精神疾病及严重人格障碍等异常心理的来访者,应将其转介到精神科医生或者相关专业的医疗机构。

(2)来访者与咨询师关系

并非所有适合咨询的来访者都适合于某位特定的咨询师,咨询师与来访者的匹配关系有三种情况:

①非常适宜；
②一般适宜，双方会先尝试不断地加深了解，相互磨合，增加适宜性，如果双方仍然无法达到较好的匹配状态，才选择中止咨询或转介。
③完全不适宜，咨访关系完全不匹配，则应直接转介。

第二节　心理咨询与心理治疗的类别和原则

考点1　心理咨询的类别

1.【解析】补救性心理咨询是指以各种类型的心理障碍（非精神病性）为主要咨询内容的咨询。因此答案应选 D

参考答案：D

考点2　心理咨询的一般原则

1.【解析】本题考查心理咨询综合性的含义原则。

参考答案：

来访者的心理问题并不是单方面，单范围的，因此咨询者须根据不同理论和方法的特点，并结合具体情况以最优效果为原则，选择适当的方法，即所谓综合性原则。

（1）心身的综合：心理和生理是互相作用、互为因果的，因此，咨询者应将二者综合起来考虑。

（2）原因的综合：来访者的心理问题是生理、心理、社会文化诸因素交互作用的结果。一因多果，一果多因，互为因果，错综复杂。

（3）问题的综合：人的某种心理活动往往是与整个心理活动联系在一起的，牵一发而动全身，思维、情感、行为三者是互相联系的，很难将三者割裂开来。

（4）方法的综合：在咨询实践中，有针对性的综合方法常常比单一的方法更有效，能够发挥各种咨询方法的最大效能。

考点3　心理咨询中的价值问题

1.【解析】本题考查心理咨询价值问题的处理原则。

参考答案：心理咨询实务中处理价值问题的公认原则包括：

（1）咨询者应该对自己的价值观有高度的警觉，对咨询中的价值问题有高度的敏感。

（2）承认多元化价值取向存在的权利。

（3）当涉及价值问题的时候，鼓励咨询者公开、清晰地和来访者讨论，同时不故意地以任何明白或隐晦、直接或间接的方式把自己的价值观强加于来访者。

（4）咨询者在做价值判断时，必须遵循有相对普遍意义的价值。比如尊重人的生命等。

（5）小心地处理咨询师的价值观与当事人的价值观不一致的问题：当咨询师的价值观和当事人的价值观不一致，尤其是两者相反的时候，往往会产生对当事人的负面态度。如果咨询师没有敏感和自觉，就极易妨碍咨询关系。

江光荣教授在总结了各项原则的基础上，认为价值干预的总原则是：侧重功能干预，避免内容干预。价值的功能干预是引导当事人把自我探索集中于个人选择与个人的需要之间的关系上，而不是由咨询师根据自己的价值判断来评判一个选择是否有价值，然后把自己的观点加诸当事人。在做这些工作时，尽可能避免价值说教，不向当事人宣讲应该有什么样的价值追求，也不对来访者的价值观做好坏、正误判断。可以引入别的价值观，比如表明咨询师自己的价值态度，但这种引入目的在于扩大当事人的视野，认识到多种价值选择的可能性，而不应存有直接地或暗示性的迫使其接受某种价值的企图。

第三节　心理咨询与心理治疗的发展历史

考点1　咨询心理学的发展进程

1.【解析】本题考查现代咨询心理学的起源，现代的学校的心理咨询与辅导起源于20世纪初美国的"指导运动"。这一阶段帮助学生的活动主要定位在指导，其特点是：帮助者处于主导地位，评估学生的特点，提供与职业有关的信息，为学生的决策起导向作用。

参考答案：D

2.【参考答案】（1）产生背景

第一次世界大战以后，很少有人怀疑心理学是一门独立的科学或是一种新的职业。这主要是因为实践的要求和军事紧急情况的出现。当时心理学已在自然科学中占据一席之地，心理能力的评价和测量，尤其是对智力的评价，对临床心理学在实践中的应用起到了很大的作用。一个很重要的原因是比奈—西蒙量表在欧洲和美国，特别是在美国的传播。与魏特默的测验相比，比奈—西蒙量表评价了较高的人类功能并考虑了个体差异。当这一量表在教育心理学领域作为对人的归类普遍应用时，引起了临床心理学的重视。心理诊断要求评价和诊断心理能力，使用对象由儿童逐渐扩大到成人。在第一次世界大战中量表的使用是众所周知的事，测验的内容不仅仅是对智力的评价。临床心理学家被看作专家来评价和解释对儿童、院外成人患者甚至心理病人的测验。

临床心理学开始编制测量人格和兴趣、情绪的工具，这些工具大多数建立在欧洲心理分析观点的基础之上，对北美临床心理学有很深的影响。心理学家霍尔起到了关键性的作用，他邀请弗洛伊德、荣格等心理学家到美国讲学，使精神分析的观点在美国得到了传播。美国人对精神分析的观点如此感兴趣是因为它对人和环境的关系作出了解释，临床心理学不仅需要元素主义和结构主义的观点，也需要精神分析的这种解释。在临床心理学变得越来越需要的时候，对这些人员的训练和管理就出现了问题，因而急需一个组织机构。当时临床心理学仅依托于美国心理学会（APA）。1917年，临床心理学家成立了独立于 APA 的组织，虽然只持续了两年，但是此后逐渐进入了临床心理学的建立和发展阶段。

（2）标志

美国心理学家赖特纳・韦特默（1867－1956）是第一位临床心理学家，在 1896 年创建了第一个心理诊所，这是世界上第一个儿童指导诊所，并成为临床心理学产生的标志。

3.【参考答案】（1）国内心理咨询存在的问题

缺乏培训心理咨询人员的专门机构和系统的培训课程，缺乏专职的人员，咨询工作不规范，没有统一的资格认定制度，咨询员队伍良莠不齐，咨询以及相关概念混乱，行业缺乏管理，服务质量不高，难以满足社会的需要。

（2）解决办法：

①澄清并规范心理咨询的基本概念：目前在专业用语方面存在比较混乱的现象，不仅内地、港台用语不统一，而且内地不同部门，甚至不同培训者专业用语也不同，导致学术交流和沟通困难，也使学习者无所适从。

②重视并建立咨询员的专业培训课程：政府应根据社会发展的要求，在相应的大学开设咨询心理学、应用心理学专业，精心设计心理咨询课程，制定规范的教学计划，在心理咨询员的培训中上规模、有档次、高质量、专业化。同时，可以借助境外的师资以及条件合作培训专业人员。

③规范现有的心理咨询培训工作：要有规范的培训课程，严格的教学计划和内容。

④探讨并试行心理咨询员的专业资格认定工作：可以制定相关职业标准，推动心理咨询的专业化进程。

⑤政府的认同和支持：心理咨询的专业岗位设置需要政府和主观部门的推动。

考点2　心理咨询与思想政治教育工作的区别

1. **参考答案**：心理咨询与思想政治教育（或德育）的关键区别在于对价值的处理不同。德育本质上是以一套既定的、统一的世界观去塑造认得心灵。而心理咨询则是保持价值中立，不指定任何既定的价值观，不从内容上干预对方的价值取向。

心理咨询与思想政治教育工作的主要

区别：
(1)目的：心理咨询的目的是帮助来访者消除或缓和心理症状，促进其人格向健康、协调的方向发展；思想政治工作的目的是调动群众的社会主义革命和建设的积极性，保证党和国家各项政治、经济任务的完成。
(2)内容：心理咨询的内容主要涉及日常生活中各种问题的调适：专业与职业的选择、人际关系的调整、婚姻质量的改善、学习与工作效率的提高、心理障碍的消除等；思想政治工作的内容主要涉及基本路线、爱国主义、集体主义、革命传统、理想道德、形势政策教育等。
(3)理论基础：心理咨询的理论主要包括各种心理治疗理论及人格心理学、变态心理学；思想政治工作的理论主要包括马列主义、毛泽东思想。
(4)方法：心理咨询的方法有个体治疗或咨询、集体治疗或咨询；思想政治工作的方法有个别谈话、集体座谈、大会报告。

第四节　心理咨询师的专业成长与伦理规范

考点1　心理咨询师的专业成长

1.【解析】本题考查对心理咨询师的要求。

参考答案：(1)专业知识、技能方面的要求
从业人员至少应具有必要的心理学知识(例如普通心理学、发展心理学、变态心理、人格心理学)；至少对一种心理治疗的理论有一定程度的了解，并能用于其咨询实践之中；至少应掌握一些如谈话，解决问题等方面的基本技巧和方法，能运用一些基本的心理测量工具等。应具有几十或几百小时的在心理门诊进行临床实习的经验，通过某种较为全面的基本知识与技能的考试。
(2)对治疗者与咨询者个人的要求
①要有帮助别人的心；
②要有敏锐的感觉及了解心理的能力；
③要有精神病理的知识；
④要有丰富的经验；
⑤要保持中立无私的立场；
⑥自己要有健康的心理与态度。

2.【解析】本题考查对心理咨询与治疗工作者的职责。

参考答案：心理咨询与心理治疗工作者的职责：
(1)对来访者负责：在具体事物上要以来访者的利益为出发点。
(2)帮助的根本目标：心理咨询与心理治疗是对求助者的帮助过程，其根本目标是促进求助者成长，自强自立，使之能够自己面对和处理个人生活中的各种问题。
(3)保密原则及保密例外：治疗者应该尊重来访者的个人隐私，对保密原则的遵守也有例外的情况，如果治疗者得到的信息表明来访者有自杀或伤害他人或危机社会安全的尝试或企图，应立即采取必要的措施保护来访者的人身安全，防止意外事件的发生。

考点2　中国心理学会制定的临床与咨询工作伦理守则

1.【解析】当来访者有严重自杀倾向的时候，符合保密例外的原则。

参考答案：A

2.【解析】本题考查心理咨询对咨询者的要求，在咨询过程中，咨询师应保持中立、客观的态度，与此同时，来访者拥有知情同意的权利，因此本题选A。

参考答案：A

3. **参考答案**：心理咨询中涉及到的伦理问题包括：
(1)专业关系：心理师应尊重寻求专业服务者，按照专业的伦理规范与寻求专业服务者建立良好的专业工作关系，这种工作关系应以促进寻求服务者的成长和发展，从而增进其自身的利益和福祉为目的。
(2)隐私权与保密性：心理师有责任保护寻求专业服务者的隐私权，同时认识到隐私权在内容和范围上受到国家法律和专业伦理规范的保护和约束。心理师应清楚地了解保密原则的应用有其限度，下列情况为保密原则外：①心理师发现寻求专业服务者有伤害自身或伤害他人的严重危险时，②寻求专业服务者有致命的传染性疾病等可能危及他人时。③未成年人在受到性侵犯或虐待时。④法律规定需要披露时。
(3)职业责任：心理师应遵守国家的法律法规，遵守专业伦理规范。同时，努力以开放、诚实和准确的沟通方式进行工作。心理师所从事的专业工作应基于科学的研究和发现，在专业界限和个人能力范围之内，以负责任的态度进行工作。心理师应不断更新并发展专业知识、积极参与自我保健的活动，促进个人在生理上、社会适应上和心理上的健康以更好地满足专业责任的需要。
(4)心理测量与评估：心理师应正确理解心理测量与评估手段在临床服务工作中的意义和作用，并恰当使用。心理师在使用心理测量与评估过程中应考虑被测量者或被评估者的个人和文化背景。
(5)教学、培训和督导：心理师应努力发展有意义的和值得尊重的专业关系，对教学、培训和督导持真诚、认真、负责的态度。
(6)研究和发表：提倡心理师进行专业研究以便对专业学科领域有所贡献，并促进对专业领域中相关现象的了解和改善。
(7)伦理问题处理：心理师在专业工作中应遵守有关法律和伦理。

4. **参考答案**：心理咨询与心理治疗工作者应该严格遵守中国心理学会制定的临床与咨询工作伦理守则，内容如下：
(1)总则
①善行：心理师工作目的是使寻求专业服务者从其提供的专业服务中获益。
②责任：心理师在工作中应保持其专业服务的最高水准，对自己的行为承担责任。
③诚信：心理师在临床实践活动、研究和教学工作中，应努力保持其行为的诚实性和真实性。
④公正：心理师应公平、公正地对待自己的专业工作及其他人员。
⑤尊重：心理师应尊重每一个人，尊重个人的隐私权、保密性和自我决定的权利。
(2)专业关系：心理师应尊重寻求专业服务者，按照专业的伦理规范与寻求专业服务者建立良好的专业工作关系，这种工作关系应以促进寻求服务者的成长和发展，从而增进其自身的利益和福祉为目的。
(3)隐私权与保密性：心理师有责任保护寻求专业服务者的隐私权，同时认识到隐私权在内容和范围上受到国家法律和专业伦理规范的保护和约束。心理师应清楚地了解保密原则的应用有其限度，下列情况为保密原则外：①心理师发现寻求专业服务者有伤害自身或伤害他人的严重危险时。②寻求专业服务者有致命的传染性疾病等可能危及他人时。③未成年人在受到性侵犯或虐待时。④法律规定需要披露时。
(4)职业责任：心理师应遵守国家的法律法规，遵守专业伦理规范。同时，努力以开放、诚实和准确的沟通方式进行工作。心理师所从事的专业工作应基于科学的研究和发现，在专业界限和个人能力范围之内，以负责任的态度进行工作。心理师应不断更新并发展专业知识、积极参与自我保健的活动，促进个人在生理上、社会适应上和心理上的健康以更好地满足专业责任的需要。
(5)心理测量与评估：心理师应正确理解心理测量与评估手段在临床服务工作中的意义和作用，并恰当使用。心理师在使用心理测量与评估过程中应考虑被测量者或被评估者的个人和文化背景。
(6)教学、培训和督导：心理师应努力发展有意义的和值得尊重的专业关系，对教学、培训和督导持真诚、认真、负责的态度。
(7)研究和发表：提倡心理师进行专业研究以便对专业学科领域有所贡献，并促进对专业领域中相关现象的了解和改善。
(8)伦理问题处理：心理师在专业工作中

应遵守有关法律和伦理。

分析职业守则对心理咨询的重要性：此工作伦理守则，提供给心理咨询师解决问题的参考标准，对心理咨询行业也有着重要的意义。

①调节功能：它可以调节心理咨询从业人员内部的关系，即运用职业守则规范约束咨询师的行为，也可以调节心理咨询中咨询师和当事人的关系。

②有助于维护和提高本行业的信誉：咨询师职业守则是产品质量和服务质量的有效保证。

③促进本行业的发展：职业守则的规范要求咨询师有较强的责任心，能促进本行业的发展。

章节考点　综合训练

一、选择题

1.【**解析**】本题主要考查心理学家魏特默的贡献。1896 年，魏特默在宾州大学创设第一个心理诊所。在性质上与现在的心理诊所不同，他创设诊所的目的是协助教师解决儿童心理问题，其功能与现在的辅导咨询相似。同年，他在《小儿科》杂志上发表了《心理学的要务》一文，首次使用临床心理学（clinic psychology）和临床法（clinic method）等名词。1907 年创办《心理临床》杂志，1920 年再创设魏特默学校，专门培育特殊教育师资。他一生奉献于临床心理学，使临床心理学后来成为整修心理学领域内最大的学门。1990 年以后各大学培养的心理学人才，单是临床心理学就占 45% 左右。如果再加咨询辅导、精神病学与特殊教育等相关学门的人数，将超过心理学全部总人数的 70%。100 年前他单枪匹马开辟临床心理学学门时，有人讥笑他是“自负的侏儒”。现在看来，魏特默真正具有伟大的远识，他被后人誉为临床心理学之父，实可以当之无愧矣。

参考答案：C

2.【**解析**】保密原则是心理咨询师首要遵循的原则。

参考答案：B

3.【**解析**】心理咨询是指咨询者运用心理学的有关理论和方法，通过特殊的人际关系，帮助来访者解决心理问题，增进心理健康，提高适应能力，促进个性发展和潜能发挥。而建立良好的咨询关系是心理咨询中非常重要的核心内容。

参考答案：D

4.【**解析**】出现妄想属于精神病性症状，因此不适宜通过心理咨询的方式解决。

参考答案：B

5.【**解析**】心理咨询中价值问题的本质是价值干预问题。价值干预是合法的，价值干预是必要的，价值干预也是必然的，价值干预的原则是：侧重功能干预，避免内容干预。

参考答案：B

二、多项选择题

1.【**解析**】心理咨询中普遍联系的观点有整体性观点，心身一体的观点，心理、生理和社会因素交互作用的观点，唯物主义与实用主义都不属于心理咨询中普遍联系的观点。

参考答案：ABD

2.【**解析**】咨询师不应与求助者建立除咨询关系外的其他关系，心理咨询中咨询师保持价值中立是一个重要原则，因此心理咨询师不应帮助求助者做出决定。

参考答案：AD

3.【**解析**】职业指导，个体心理咨询，协商调节，同伴咨询都属于大学心理咨询中的常见模式。

参考答案：ABCD

4.【**解析**】下列三种都不属于心理咨询范围：(1)精神病或严重心理障碍患者(2)脑器质性病变患者引起的心理或精神活动异常的人。(3)日常生活中非心理问题性质的人也不是心理咨询的工作对象。

参考答案：BCD

三、名词解释

1.【**解析**】本题考查咨询分类的定义。

参考答案：根据咨询内容不同，分为发展性心理咨询和补救性心理咨询。发展性心理咨询是以帮助来访者认识自我、适应心理发展、挖掘心理潜能为主要咨询内容的咨询。它是一种预防性咨询，咨询内容一般都是人生发展过程中必然会出现的。其咨询内容包括：学习心理咨询、情绪失调咨询，人际关系冲突咨询，社会适应问题咨询，婚姻咨询，就业心理咨询，儿童发展中的心理问题，青少年心理问题，老年人的角色再适应等。

2.【**解析**】本题考查双重关系的含义。

参考答案：双重（多重）关系是指咨询师与来访者之间既是咨访关系，同时又存在着另一种（或几种）关系，诸如上下级、师生、社会、生意或者性关系等等。在咨询过程中，处理双重或多重关系是最复杂的咨询道德问题。一般来说，双重关系有互补和冲突两种。互补的关系是指来访者能从双重关系中获益。相反，冲突的双重关系会导致咨询时有失客观，或者对来访者造成伤害。

3.【**解析**】本题考查临床心理学的含义。

参考答案：临床心理学是根据心理学原理、知识和技术，解决人们心理问题的应用心理学科。该学科主要借助心理测验对病人的心理和行为进行评估，并通过心理咨询和心理治疗等途径调整和解决个体的心理问题。

参考答案：“临床心理学”这一术语由美国心理学家赖特纳·韦特默在 1896 年首次提出。到目前为止，临床心理学已经成为美国最大的心理学分支，从事这项工作的人很多称为临床心理学家或心理治疗师。临床心理学服务的人群也很广，工作范围遍布学校、医院、机关、政府、军事、商业和法律等。一般而言，临床心理学是医学心理学中的最大临床学科分支，属于应用心理学范畴。

4.【**解析**】本题考查咨询特质的定义。

参考答案：咨询者在咨询过程中表现出来的、对咨访关系和咨询效果有直接影响的人格反应特点。研究表明：有三种咨询师人格特质受到较多关注：支配性、控制点和概念水平。支配性指咨询师倾向于支配、主动还是倾向于依从、被动；控制点是指咨询师个人知觉倾向性——倾向于外部控制还是内部控制；概念水平是指咨询师的认知特点，高概念水平是以较抽象、清晰、复杂的方式看事情，反之是以较具体、感性的方式看事情。研究结果显示，这几个人格特质虽然都跟咨询效果有一定关联，但不同研究所得的关联方向却不一致。

5.【**解析**】本题考查知情同意的含义。

参考答案：知情同意指寻求专业服务者可以自由选择是否开始或维持一段专业关系，且有权充分了解关于专业工作的过程和心理师的专业资质及理论取向

四、简答题

1.【**解析**】本题考查心理咨询与心理治疗工作对专业人员的要求。

参考答案：(1)专业知识、技能方面的要求

从业人员至少应具有必要的心理学知识（例如普通心理学、发展心理学、变态心理、人格心理学）；至少对一种心理治疗的理论有一定程度的了解，并能用于其咨询实践之中；至少应掌握一些如谈话，解决问题等方面的基本技巧和方法，能运用一些基本的心理测量工具等。应具有几十或几百小时的在心理门诊进行临床实习的经验，通过某种较为全面的基本知识与技能的考试。

(2)心理咨询与心理治疗工作者的职责

①对来访者负责；

②帮助的根本目标；

③保密原则及保密例外。

(3)对治疗者与咨询者个人的要求

①要有帮助别人的心；

②要有敏锐的感觉及了解心理的能力；

③要有精神病理的知识；

④要有丰富的经验；

⑤要保持中立无私的立场；

⑥自己要有健康的心理与态度。

2.【**解析**】本题考查心理咨询与心理治疗工作对专业人员的要求，注意问法不同。

参考答案：同上

3.【**解析**】本题考查心理咨询的意义及

价值。

参考答案:

总体来说,心理咨询的任务是帮助正常人群在生活中化解各类心理问题,提高个人心理素质,使人健康、愉快、有意义地生活。包括:

(1)认识自己的内、外世界。

(2)了解和改变不合理的观念。

(3)学会面对现实和应对现实。

(4)使来访者学会理解他人。

(5)使来访者正确认识自我,增强自知之明。

(6)协助来访者构建合理的行为模式。

具体地说,心理咨询可以帮助人们:(1)建立新的人际关系。(2)认识到自己尚未解决的内部冲突。(3)纠正错误观念,代之以理性观念。(4)引导来访者进行自我探索,深化自我认识(5)学会面对现实。(6)增加心理自由度,接受矛盾和不完美。(7)帮助求助者做出新的有效行为。

4. **参考答案:**①制定中国心理学会临床与咨询心理工作伦理守则的目的是让心理师、寻求专业服务者以及广大民众了解心理治疗与心理咨询的工作专业伦理的核心理念和专业责任,并借此保证和提升心理治疗与心理咨询专业服务的水准,保障寻求专业服务者和心理师的权益,增进民众的心理健康、幸福和安宁,促进和谐社会的发展。

②伦理守则也是临床与咨询心理学注册心理师的专业伦理规范以及处理有关临床与咨询心理学专业伦理申诉的主要依据和工作基础。

③能以符合伦理的方式处理与当事人的关系,是心理咨询与治疗工作者的一个特别的标志。

④一套明确的准则可以规范本专业人员的职业行为,从而借以维护本专业在公众中的信誉,也让本专业的从业人员具有安全感。

5. **参考答案:**(1)心理咨询:是通过人际关系,运用心理学的方法,帮助来访者自强自立的过程。咨询的根本目的是帮助来访者自强自立。

(2)心理治疗:是在良好的治疗关系基础上,由经过专业训练的治疗者运用心理治疗的有关理论和技术,对来访者进行帮助的过程,以消除或缓解来访者的问题或障碍,促进人格向健康,协调的方向发展。

(3)心理咨询的最大特征:

①心理咨询的工作对象主要是正常人,正在恢复或已复原的病人,心理治疗则主要针对有心理障碍的人进行工作的。

②心理咨询所着重处理的是正常人遇到的各种问题,心理治疗的适应范围则主要为某些神经症,某些性变态,心理障碍,行为障碍,心身疾病,康复中的精神病人。

③心理咨询用时短,心理治疗费时较长,治疗由几次到几十次不等。心理咨询在意识层次进行,心理治疗主要针对无意识领域进行工作。

④心理咨询工作是更为直接地针对某些有限的具体的目标进行的,心理治疗的目的则比较模糊,其目标使人产生改变和进步。

6.【解析】本题考查临床心理学研究的方法,参考书籍为《临床心理学》(姚树桥 傅文清等著)

参考答案:

临床心理学研究的方法主要包括:

(1)个案设计。个案设计是在控制条件下研究个案的系列方法。包括 ABA 设计和多基线设计两种方法。

(2)描述性研究设计。描述性研究设计常作为了解某人群中某种心理特征或心理问题发生率或患病率的研究方法,其目的主要是为了描述特性现象的状况。

(3)相关研究设计。相关研究设计主要用于确定两个或两个以上变量之间相关程度。

(4)实验研究设计。实验研究设计通过控制一个或一个以上变量,来确定它们对另一个变量或一系列变量的影响。

五、论述题

1.【解析】本题考查心理咨询的伦理原则。

参考答案:心理咨询中涉及到的伦理问题包括:

(1)专业关系:心理师应尊重寻求专业服务者,按照专业的伦理规范与寻求专业服务者建立良好的专业工作关系,这种工作关系应以促进寻求服务者的成长和发展,从而增进其自身的利益和福祉为目的。

(2)隐私权与保密性:心理师有责任保护寻求专业服务者的隐私权,同时认识到隐私权在内容和范围上受到国家法律和专业伦理规范的保护和约束。心理师应清楚地了解保密原则的应用有其限度,下列情况为保密原则外:①心理师发现寻求专业服务者有伤害自身或伤害他人的严重危险时,②寻求专业服务者有致命的传染性疾病等可能危及他人时。③未成年人在受到性侵犯或虐待时。④法律规定需要披露时。

(3)职业责任:心理师应遵守国家的法律法规,遵守专业伦理规范。同时,努力以开放、诚实和准确的沟通方式进行工作。心理师所从事的专业工作应基于科学的研究和发现,在专业界限和个人能力范围之内,以负责任的态度进行工作。心理师应不断更新并发展专业知识、积极参与自我保健的活动,促进个人在生理上、社会适应上和心理上的健康以更好地满足专业责任的需要。

(4)心理测量与评估:心理师应正确理解心理测量与评估手段在临床服务工作中的意义和作用,并恰当使用。心理师在使用心理测量与评估过程中应考虑被测量者或被评估者的个人和文化背景。

(5)教学、培训和督导:心理师应努力发展有意义的和值得尊重的专业关系,对教学、培训和督导持真诚、认真、负责的态度。

(6)研究和发表:提倡心理师进行专业研究以便对专业学科领域有所贡献,并促进对专业领域中相关现象的了解和改善。

(7)伦理问题处理:心理师在专业工作中应遵守有关法律和伦理。

2.【解析】本题考查心理咨询对专业人士的要求。

参考答案:(1)专业知识、技能方面的要求

从业人员至少应具有必要的心理学知识(例如普通心理学、发展心理学、变态心理、人格心理学);至少对一种心理治疗的理论有一定程度的了解,并能用于其咨询实践之中;至少应掌握一些如谈话,解决问题等方面的基本技巧和方法,能运用一些基本的心理测量工具等。应具有几十或几百小时的在心理门诊进行临床实习的经验,通过某种较为全面的基本知识与技能的考试。

(2)心理咨询与心理治疗工作者的职责

①对来访者负责;

②帮助的根本目标;

③保密原则及保密例外。

(3)对治疗者与咨询者个人的要求

①要有帮助别人的心;

②要有敏锐的感觉及了解心理的能力;

③要有精神病理的知识;

④要有丰富的经验;

⑤要保持中立无私的立场;

⑥自己要有健康的心理与态度。

心理咨询与心理治疗工作者应该严格遵守中国心理学会制定的临床与咨询工作伦理守则。

此工作伦理守则,提供给心理咨询师解决问题的参考标准,对心理咨询行业也有着重要的意义。

①调节功能:它可以调节心理咨询从业人员内部的关系,即运用职业守则规范约束咨询师的行为,也可以调节心理咨询中咨询师和当事人的关系。

②有助于维护和提高本行业的信誉:咨询师职业守则是产品质量和服务质量的有效保证。

③促进本行业的发展:职业守则的规范要求咨询师有较强的责任心,能促进本行业的发展。

3.【解析】本题考查发展性咨询和障碍性

咨询的联系与区别及发展趋势。

参考答案：(1)针对适应问题和情绪问题的咨询也叫补救性心理咨询或障碍性心理咨询,是指以各种类型的心理障碍(非精神病性)为主要咨询内容的咨询。这意味着凡是由各类心理社会刺激(包括学习、工作、婚姻、家庭等)而引起的心理障碍均属于补救性心理咨询的范围。补救性心理咨询的内容主要包括:各类神经症如焦虑症、恐怖症、强迫症、抑郁症等,各种情绪障碍,人际交往障碍,学习心理障碍,性功能障碍,各类心身疾病,人格障碍,创伤后应激障碍等。

(2)针对正常人的咨询叫发展性心理咨询:是以帮助来访者认识自我、适应心理发展、挖掘心理潜能为主要咨询内容的咨询。它是一种预防性咨询,咨询内容一般都是人生发展过程中必然会出现的。其咨询内容包括:学习心理咨询、情绪失调咨询,人际关系冲突咨询,社会适应问题咨询,婚姻咨询,就业心理咨询,儿童发展中的心理问题,青少年心理问题,老年人的角色再适应等。

(3)二者的区别

①服务对象不同:前者主要针对有心理障碍的人进行工作;后者的工作对象主要是正常人,正在恢复或已经复原的病人。

②适用范围:前者的适应范围主要为某些心理障碍等,后者着重处理的是正常人所遇到的长远的、联系的、整体的发展性问题。

③花费时间:前者费时较长,治疗由几次到几十次不等,甚至更多;后者用时较短,一般咨询次数为1次到几次。

④工作重点:前者工作重点在于重建人格;后者更重视其教育性、支持性、指导性工作,寻找来访者身上的内因使之得到发展,促进自我认识和自我完善。

⑤目的:前者的目的较为模糊,其目标是使人产生改变和进步;后者是更为直接地针对某些有限的具体的目标而进行。

(4)二者的联系

①都体现着对来访者进行帮助的人际关系。咨询过程是建立在咨询者与来访者良好的人际关系基础之上的

②都是一系列心理活动过程。从咨询者、咨询过程、来访者三个角度看,咨询涉及一系列的心理活动。

③都属于一个特殊的服务领域。在咨询过程中,咨询者可以帮助来访者认识自己,确定目标,作出决定,解决难题。

(5)发展趋势

首先,两者互相的联系,相辅相成。即促进心理健康和发展是预防心理障碍的最好方法,发展性咨询是基础性工作,障碍性咨询是补救性工作,两者都是心理咨询内容的组成部分,两者相辅相成是促进心理健康发展的保证。

其次,强调发展性咨询的推广和普及,尤其是学校心理咨询将以发展性心理咨询为基本模式。促进个体顺利完成心理发展任务、人生发展课题,促进人的成长和潜能开发。

4.【解析】本题考查国内心理咨询行业存在的问题及解决办法。

参考答案：(1)国内心理咨询存在的问题缺乏培训心理咨询人员的专门机构和系统的培训课程,缺乏专职的人员,咨询工作不规范,没有统一的资格认定制度,咨询员队伍良莠不齐,咨询以及相关概念混乱,行业缺乏管理,服务质量不高,难以满足社会的需要。

(2)解决办法:

①澄清并规范心理咨询的基本概念:目前在专业用语方面存在比较混乱的现象,不仅内地、港台用语不统一,而且内地不同部门,甚至不同培训者专业用语也不同,导致学术交流和沟通困难,也使学习者无所适从。

②重视并建立咨询员的专业培训课程:政府应根据社会发展的要求,在相应的大学开设咨询心理学、应用心理学专业,精心设计心理咨询课程,制定规范的教学计划,在心理咨询员的培训中上规模、有档次、高质量、专业化。同时,可以借助境外的师资以及条件合作培训专业人员。

③规范现有的心理咨询培训工作:要有规范的培训课程,严格的教学计划和内容。

④探讨并试行心理咨询员的专业资格认定工作:可以制定相关职业标准,推动心理咨询的专业化进程。

⑤政府的认同和支持:心理咨询的专业岗位设置需要政府和主观部门的推动。

六、案例分析题

1.【解析】本题将考查考生对于咨询伦理原则的应用。

参考答案：在本个案中,咨询师没有遵循治疗关系中的特征。

(1)咨询师违背了多重关系的伦理原则。在本个案中,咨询师对其好友的感情问题帮忙咨询是不合适的,二者存在多重关系,在心理咨询中,治疗者和来访者应该存在于友情之外。因此,当咨询师与来访者存在私人关系时,咨询师可以选择将来访者转介给其他咨询师。

(2)咨询师在价值问题的处理是不合适的,在咨询过程中,治疗者应该保持客观、中立的立场对来访者的情况正确的了解、客观的分析,并尽可能提出适宜的处理办法。在本个案中,当咨询师得知好友男友脚踏两只船时,咨询师给出了自己的分手建议,这样做是违背了咨询师应该持有的客观、中立的立场的。因此,在咨询过程中,咨询师不应该给对方带有指导性的具体建议,应该引导来访者去探索自己内心的答案,把选择决定权交给来访者自己。

(3)根据治疗关系的专业限制,在咨询过程中,咨询是有时间限制的,时间的限制是保证治疗成效的有效制约,一次会谈应该在40分钟至一个小时,在本个案中,咨询师与来访者进行了两个小时的会谈,也是不正确的,这样的咨询不能够保证来访者能够有效的提取到必要的信息量。

2.【参考答案】(1)案例中的来访者想要寻求咨询师的帮助,但带着礼物拜访咨询师,是不妥的行为。这种行为可能会破坏咨询关系的设置,使得专业的“心理咨询”成为了日常生活中的“礼尚往来”,使得孩子小A担心咨询师会将自己的事情告诉父母,从而不愿意真正吐露心声。此外,对于咨询师来说,咨询师要处理双重关系的问题。

(2)在该案例中,咨询师与来访者之间存在亲戚关系,这是一种双重关系。在进行心理咨询时,咨询师应避免为与自己存在双重关系的人做咨询,保持一种单纯的咨访关系,更有利于来访者问题的解决。但在实际的心理咨询中,除了咨询关系之外,其它关系无法避免,咨询师若要进行心理咨询,应该做出一些专业上的防护措施,比如签署正式的知情同意书、寻求专业督导、做好相关文件的记录,以确保双重关系不会损害自己的判断并且不会对寻求专业帮助者造成危害。

第二章 治疗关系的建立

第一节 治疗关系的含义和特征

考点1 治疗关系的含义和特征

1.【解析】本题考查治疗关系的特征。

参考答案：(1)独特性:治疗者与每一位来访者的关系都是独特的,它完全是一种在特定的时间期限内,隐蔽的、具有保密性的特殊关系,其时间性、隐蔽性和保密性使得来访者易于向治疗者敞开心扉。

(2)客观性与主观性的统一:客观性指在心理咨询与治疗工作的全部过程,治疗者都应该保持客观、中立的立场对来访者的情况正确的了解、客观的分析,并尽可能提出适宜的处理办法。主观性指治疗者应以共情、真诚的态度对待来访者,尊重来访者,使之感到温暖,治疗(咨询)关系没有日常的瓜葛和利害冲突,能够

有意识地利用良好的人际互动原则，使得治疗者能够站在客观的立场上澄清来访者的问题，同时由于治疗联盟的存在，使得治疗关系获得深度发展，改善个体的内心建构，促进症状的消除。

(3)专业限制

①治疗关系独特性的限制。来访者遇到了使他无法独立解决或无法通过其他途径加以解决的难题，来访者感到他需要特别帮助或支持才产生和发展起来的。

②职责的限制。治疗者应认清什么是治疗者的责任，什么是来访者应负的责任。治疗者不可能代替来访者的生活，不可能伴随来访者去应付一切他可能遇到的生活事件。因此治疗者职责的限制，是以帮助来访者成长为目标的。

③时间的限制。时间的限制是保证治疗成效的有效制约。一次会谈时间为40分钟至一个小时，简短的会谈中必要的信息量是有助于来访者学习的，长时间的谈话、超量的信息反而会使来访者的收获下降。

④其他限制。如来访者对治疗者提出个人要求的限制、来访者攻击性行为的限制。

2.【解析】本题考查心理咨询限制性和中立性内容和意义。

参考答案：心理咨询限制性主要指的专业限制，它主要包含了以下内容：

(1)治疗关系独特性的限制：如果来访者不想寻求帮助 或停止咨询，咨询师不应主动去找对方。

(2)职责的限制。咨询师的责任：①遵守职业道德，遵守国家有关 的法律法规；②帮助来访者解决心理问题；③严格遵守保 密原则，并说明保密例外。来访者的责任：①向咨询师提供与心理问题有关的真实资料；②积极主动地与咨询师一起探索解决问题的 方法；③完成双方商定的作业。

(3)时间的限制。时间的限制是保证治疗成效的有效制约。一次会该时间为40分钟至一个小时。

(4)其他限制。如来访者对治疗者提出个人要求的限制、来访者攻击性行为的限制。

心理咨询限制性的意义：每一种咨询情境都有其限制，这些限制对于咨询与治疗的成功是非常必要的。所有的限制都能够更好的服务于心理治疗的专业目的，能更好有效的帮助来访者，来访者在这种专业帮助的关系中也能够获得对自己行为的调整，在专业关系中所学习到的行为的调整，能够应用到生活中去，产生积极的影响。

心理咨询中立性指咨询师从求助者的角度出发解决求助者的问题，对求助者的困惑和处境表示理解，同时不予评价，不掺杂个人的情绪和观点。只有保持客观的、中立的立场，才能让治疗师能够客观的了解和分析来访者的情况，给出适宜的处理办法。

考点2 治疗关系的意义和作用

1.【解析】本题考查咨询关系的作用以及如何构建有效的咨询关系。

参考答案：咨询关系的作用：

(1)咨询关系有治疗作用：良好的咨询关系能诱发当事人多方面的积极反应，其中一些反应本身就构成了改善。

①积极的情绪体验：咨询师的宽容、接纳、非评价和理解的态度有助于当事人自由地表达和探索情绪。

②提高自尊心：在良好的关系气氛下，当事人对自己的看法变得更积极了。在提高自尊心的基础上又会进一步增加“我能变好”的信心。

③提高自我效能：咨询师对待当事人的信任、鼓励，以及相信当事人一定能改变的信念，会感染当事人，提高他的自我效能。

(2)咨询关系是其他改变因素的载体

在咨询过程中，协助当事人对自己以及自己的困难产生更好的了解，确定咨询目标并寻找实现目标的方案，给予解释和指导，都以一定的咨询关系为背景。这些治疗程序能否起作用，在很大程度上取决于双方的情感关系。

在咨询过程中，咨询师可以运用如下咨询技术，构建有效的咨询关系：

①共情，是指治疗者理解和体验来访者内心世界的能力。治疗者要时刻保持敏感，能够理解与分担对方精神世界中的各种负担，理解来访者的精神境界

②积极关注，治疗者以积极的态度看待来访者，有选择的突出其言语或行为中的积极方面，利用其自身的积极因素，与此同时，直接明确地针对他们的问题进行工作。

③尊重与温暖：要能接受对方，能容忍甚至接受对方的不同观点、习惯等。鼓励来访者向前迈进的作用。温暖要求治疗者把组成他自身态度的每一种成分都动员起来，以表现对来访者的关心。

④真诚可信：要开诚布公的与来访者谈，直截了当的表达自己的想法，而不要让来访者去猜测谈话中的真实含义或去想象治疗者所做的一切是否还提供了什么别的信息。一方面治疗者要真实地对待自己；另一方面要真诚地对来访者。

⑤具体化。具体化在治疗中是指要找出事物的特殊性，事物的具体细节，使重要的、具体的事实以及情感得以澄清。治疗者要做好两方面的工作，一是澄清具体事实，二是搞明白来访者所说词汇的具体含义

⑥即时化。其一要求来访者注意“此时此地”的情况。治疗者需要影响来访者，使之讲出他们当时的想法和感觉。其二治疗者对来访者与自身的关系要敏感，对来访者指向自身的言语、行为、情感应予以必要的反应。其三治疗者对来访者的情感体验及行为及时进行反馈。

⑦对峙，对峙就是指出存在于各种态度、思想、行为之间矛盾。

第二节 治疗关系的影响因素

考点1 治疗关系的影响因素

1.【解析】本题考查治疗关系影响因素的具体含义。向来访者直接指出其存在的混乱不清、自相矛盾、实质各异的观点、态度或言行，这是对峙。

参考答案：D

2.【解析】本题考察治疗影响因素共情的操作要点。

参考答案：(1)共感又称为共情。是指治疗者理解和体验来访者内心世界的能力。“体验他人的精神世界，就好像那是自身的精神世界一样的能力”。

(2)伊甘曾把共感分为两种类型：一种是初级共感它主要运用倾听技巧，重在对对方内心体验和想法的了解并反馈这种了解。第二种是高级准确的共感，不仅使用倾听技巧，而且常结合一些影响性技巧。

(3)准确的共情反应包含下述步骤：①治疗者从来访者内心的参照体系出发，设身处地的体验来访者的内心世界。②以言语准确的表达对来访者内心体验的理解。③引导来访者对其感受做进一步的思考。

(4)假如一位男性工作者，长期在外工作，一次回家后发现妻子有外遇，愤怒之下砸了家里的东西，他在谈及此事时说：我当时真气极了，真想把家里的东西都砸了，不过了…初级共情的反应会说：我可以理解你当时的这种心情…而高级的准确的共情反应治疗者会说：要是我也可能会这样想的，你是不是觉得这件事对你的伤害太大了。在高级的准确的共情水平上，治疗者设身处地的表明了自己的态度，并进一步引导来访者，使对方的思维不是一般地停留在原水平上。

3.【解析】本题考查治疗关系的含义及影响因素。

参考答案：(1)咨询关系也常称为“治疗关系”，它是存在于需要心理帮助的人与能给予这种帮助的人之间的一种独特的人际关系，它有助于当事人的良性改变。

(2)治疗关系的影响因素：

①共情：是指治疗者理解和体验来访者内心世界的能力。“体验他人的精神世界，就好像那是自身的精神世界一样的能力”。

②积极关注：积极关注是一种共情的态

度,是指治疗者以积极的态度看待来访者,有选择的突出其言语或行为中的积极方面,利用其自身的积极因素,与此同时,直接明确地针对他们的问题进行工作。

③尊重与温暖:尊重来访者要求治疗者要能接受对方,能容忍甚至接受对方的不同观点、习惯等。在治疗过程中,尊重还可以使积极关注的效果增强,具有鼓励来访者向前迈进的作用。温暖是治疗者对来访者的主观态度的体现,它不是能以言语来表达的,而是以某些人类交往中最基本的成分来表现的。比如语气、姿势、面部表情等。温暖要求治疗者把组成他自身态度的每一种成分都动员起来,以表现对来访者的关心。

④真诚可信:真诚体现了一个人的态度,要开诚布公的与来访者谈,直截了当的表达自己的想法,而不要让来访者去猜测谈话中的真实含义或去想象治疗者所做的一切是否还提供了什么别的信息,真诚可信包含两方面的内容:一方面治疗者要真实地对待自己;另一方面要真诚地对来访者。真诚不等于实话实说。

⑤与治疗有关的其他影响因素:具体化、即时化、对峙。

章节考点　综合训练

一、选择题

1.【**解析**】罗杰斯心目中咨询特质包括共感、真诚一致和无条件积极关注。

参考答案:A

2.【**解析**】本题考查影响因素中共情的概念。共情一词(投情、神入、同感心、同理心、通情达理、设身处地等译法)按照罗杰斯的观点,是指治疗者理解和体验来访者内心世界的能力。"体验他人的精神世界,就好像那是自身的精神世界一样的能力"。共情的具体含义:

(1)通过来访者的言行深入对方内心去体验他的情感与思维。

(2)借助于知识和经验,把握来访者的体验与其经历和人格之间的联系,更深刻理解来访者的心理和具体问题的实质。

(3)运用咨询技巧,把自己的共情传达给对方,表达对来访者内心世界的体验和所面临问题的理解,影响对方并取得反馈。

参考答案:D

3.【**解析**】心理求助者的行为表现理解是指治疗师知道了来访者的问题所在,并对他的行为表示理解。

参考答案:B

4.【**解析**】本题考查共情的意义。共情要求治疗者从来访者内心的参照体系出发,设身处地的体验来访者的内心世界,以言语准确的表达对来访者内心体验的理解,引导来访者对其感受作进一步的思考,因此最重要的意义在于帮助求助者自我表达。

参考答案:B

5.【**解析**】本题考查治疗关系的影响因素,积极关注是一种共情的态度,是指治疗者以积极的态度看待来访者,有选择的突出其言语或行为中的积极方面,利用其自身的积极因素,与此同时,直接明确地针对他们的问题进行工作。因此选择A。

参考答案:A

6.【**解析**】具体化的要求:一方面要澄清具体事实,另一方面要搞明白来访者所说的词汇的具体含义。

参考答案:A

7.【**解析**】良好的咨询关系应该是能顺利进行咨询工作,而又不让求助者形成对咨询师的依赖。在咨询中可以适当有情感的卷入,并且切忌不宜发展出双重关系。

参考答案:C

8.【**解析**】共情又称作同理心、同感、同理心、投情等。由罗杰斯所提出,是咨询师借助求助者的言行,深入对方内心去体验他的情感、思维,把握求助者的体验与他的经历和人格之间的联系并运用咨询技巧,把自己的共情传达给对方,以影响对方并取得反馈。

参考答案:C

9.【**解析**】对求助者的隐私保密是有条件的,特殊情况还需要向有关人士或部门报告,所以B错;在心理咨询过程中,咨询师要无条件尊重求助者,所以C错;对求助者要因人而异,有时候不能一视同仁,所以D错。

参考答案:A

10.【**解析**】良好咨询关系的建立受到咨询师与求助者的双重影响。就求助者而言,其咨询动机、合作态度、期望程度、自我觉察水平、行为方式以及对咨询师的反应等,会在一定程度上左右咨询关系。就咨询师而言,其咨询态度对咨询关系的建立和发展具有更为重要的影响。

参考答案:A

11.【**解析**】该题查考的是心理咨询领域的一些常识性问题,真诚不等于实话实说,咨询师对来访者资料的保密不是绝对的,存在"保密例外"的情况,心理咨询中应该由咨询师和来访者一起确定咨询目标。

参考答案:B

二、名词解释

1. **参考答案**:积极关注是一种共情的态度,是指治疗者以积极的态度看待来访者,有选择的突出其言语或行为中的积极方面,利用其自身的积极因素,与此同时,直接明确地针对他们的问题进行工作。

2. **参考答案**:即时化的表现有三:其一要求来访者注意"此时此地"的情况。治疗者需要影响来访者,使之讲出他们当时的想法和感觉。其二治疗者对来访者与自身的关系要敏感,对来访者指向自身的言语、行为、情感应予以必要的反应。其三治疗者对来访者的情感体验及行为及时进行反馈。

3. **参考答案**:具体化在治疗中是指要找出事物的特殊性,事物的具体细节,使重要的、具体的事实以及情感得以澄清。治疗者要做好两方面的工作,一是澄清具体事实,二是搞明白来访者所说词汇的具体含义。

4. **参考答案**:真诚体现了一个人的态度,要开诚布公的与来访者谈,直截了当的表达自己的想法,而不要让来访者去猜测谈话中的真实含义或去想象治疗者所做的一切是否还提供了什么别的信息,真诚可信包含方面的内容:一方面治疗者要真实地对待自己;另一方面要真诚地对来访者。另外,真诚地对待来访者,要求治疗者有帮助他人的意愿,要求其尽可能达到共情的境界。真诚不等于实话实说。

5. **参考答案**:面质是指向来访者直接指出其存在的混乱不清、自相矛盾、实质各异的观点、态度和言行。

三、简答题

1. **参考答案**:尊重来访者要求治疗者要能接受对方,能容忍甚至接受对方的不同观点、习惯等。在治疗过程中,尊重还可以使积极关注的效果增强,具有鼓励来访者向前迈进的作用。

恰当表达尊重必须做到以下几点:一是尊重要完整地接纳来访者,尤其要悦纳对方与自己不同的方面;二是尊重要平等,对不同身份、地位、职业和民族等来访者要做到一视同仁,三是尊重要有礼貌,礼貌要求不冷漠无情、歧视嘲笑地对待来访者;四是尊重要保护隐私,咨询师对来访者某些方面的秘密或隐私要给予保护,不泄露,不随意传播。五是尊重要以真诚为基础。

2. **参考答案**:咨询关系的影响因素包括:

(1)共情:是指治疗者理解和体验来访者内心世界的能力。"体验他人的精神世界,就好像那是自身的精神世界一样的能力"。

(2)积极关注:积极关注是一种共情的态度,是指治疗者以积极的态度看待来访者,有选择的突出其言语或行为中的积极方面,利用其自身的积极因素,与此同时,直接明确地针对他们的问题进行工作。治疗不是帮助来访者把问题抹平或化小的过程,而是帮助来访者正视他们置身其中的世界的过程。

(3)尊重与温暖:尊重来访者要求治疗者

要能接受对方，能容忍甚至接受对方的不同观点、习惯等。在治疗过程中，尊重还可以使积极关注的效果增强，具有鼓励来访者向前迈进的作用。温暖是治疗者对来访者的主观态度的体现，它不是能以言语来表达的，而是以某些人类交往中最基本的成分来表现的。比如语气、姿势、面部表情等。温暖要求治疗者把组成他自身态度的每一种成分都动员起来，以表现对来访者的关心。温暖不是一种技能，没有办法借助于实践、练习去发展它，它存在于每个人的心里，有待于治疗者自己去开发。

(4)真诚可信：真诚体现了一个人的态度，要开诚布公的与来访者谈，直截了当的表达自己的想法，而不要让来访者去猜测谈话中的真实含义或去想象治疗者所做的一切是否还提供了什么别的信息。

(5)与治疗有关的其他影响因素

①具体化：具体化在治疗中是指要找出事物的特殊性，事物的具体细节，使重要的、具体的事实以及情感得以澄清。

②即时化：即时化的表现有三：其一要求来访者注意"此时此地"的情况。治疗者需要影响来访者，使之讲出他们当时的想法和感觉。其二治疗者对来访者与自身的关系要敏感，对来访者指向自身的言语、行为、情感应予以必要的反应。其三治疗者对来访者的情感体验及行为及时进行反馈。

③对峙，对峙就是指出存在于各种态度、思想、行为之间矛盾。

3. **参考答案**：罗杰斯关于如何建立良好的咨询关系，提出了以下三个条件。

(1)共情式的理解与交流

治疗者对来访者的共情的态度与理解可以从两个方面表示出来。一个方面是治疗者的非言语性行为，例如治疗者的身体姿势、面部表情、语气语调等；另一方面表现在治疗者与来访者的言语交流之中。

(2)真诚地交流

真诚的交流要注意以下事项：治疗者要从专业角色中解放出来、自发性交流、非防御的态度、一致性、自我暴露。

(3)积极关注式地交流

要帮助来访者就必须尊重来访者个人，相信来访者具有成长的潜力，相信他们具有自我指导的能力，支持他们去发展自己的潜力，支持他们发展其独特的自我。

4. **参考答案**：各种心理咨询和治疗起作用的共同因素包括：(此答案来源于乐国安版)

(1)来访者对咨询本身的期待：来访者一旦接受心理咨询并期待早日付诸实施之后，开始关注自己的心理状况，费心检讨自己的想法，无形中就发挥了心理咨询的功效。

(2)温暖和信赖的咨询关系：咨询者通过尊重、真诚、共情和无条件的积极关注与来访者建立起温暖、信赖的咨询关系。这种关系可以增强来访者战胜困难、治愈疾病的信心。

(3)保证和支持：咨询者的保证和支持，使来访者感到有依靠、安全和希望，焦虑水平降低。

(4)脱敏：在接受的气氛中同来访者一起谈论让来访者担心的问题和事件，这些问题和事件便逐渐失去威胁性，在安全的咨询场合重谈痛苦的经历，可逐渐消退与之有关的焦虑、。

(5)理解或领悟：同专业人员接触本身便有消除疑虑、获得新知识和培育希望的作用。

(6)适应反应的强化和学习：所有心理咨询和治疗都是以促进来访者行为或态度改变、帮助来访者进步和成长为目标，因此也都包含学习。

(7)宣泄：所有咨询者都要倾听来访者的诉述，来访者倾述内心的痛苦和烦恼，这本身就有积极作用，可以缓解内心的紧张、减轻心理压力。

(8)促进自然复愈与成长：心理咨询使个体发挥自身的生命力去达到康复。

5. **参考答案**：(优加考研温馨提示：此答案来源于江光荣版)弗兰克致力于对心理治疗中各种对改变有影响的要素进行研究，发现和强调治疗改变中的共同性。这种共同性体现在三个方面：当事人出现心理痛苦的共同性；各种治疗的共有特性；各种治疗原理和方法的共同治疗功能。

(1)心理痛苦的共同性

弗兰克称之为心理委顿。心理委顿起于人的主观无能感，即无法应付他自己以及周围的人都觉得他能够处理好的问题。典型的形式有这样一些表现：对自己丧失信心，不仅感到失去了外在环境的控制能力，也失去了对自身情感和思维的控制能力。

(2)各种治疗的共有要素

①与一位鼎力相助的人保持一种密切、信任、注入了情感的信赖关系。这个相助的人往往是咨询师，有时候还有某个团体(如在团体治疗中)的参与。咨询师在当事人心里如同知己。

②治疗背景或设置。指与治疗和治疗者相联系的一些象征性、标志性的事物和情境。例如，一个有名望的诊所，布置有书架、书桌、安乐椅、治疗者的毕业文凭或其他证明治疗者专业能力的文件等的会谈室，安静和给人安全感的气氛，一些体现治疗的专业性的规定等。

③一套治疗原理或概念构想。能够解释当事人症状的起因，并能提示治疗程序的方向，弗兰克认为，治疗原理必须能使咨询双方都深信不疑。它与咨询双方所属文化中占主导地位的世界观相关联，因而是牢固的，不致因治疗无效而动摇。在现代世界，心理治疗的原理应具有(至少是外表上的)科学性。

④与基本原理相联系的治疗程序和具体方法。它们是能够从基本原理或根据基本原理予以说明的，而且双方都相信这种方法能够使当事人恢复健康。

(3)各种治疗之共有功能

①激起和维持当事人的获助期望：当事人相信治疗者和治疗能够帮助他，这对积极的治疗结果具有莫大意义。在咨询和治疗全过程中，期望始终是一个与改善密切相关的变量，尤其是当事人遇到改变途中的困难时，期望的作用更明显。

②唤起当事人的情绪：情绪的疏泄是各种治疗的共同功能。弗兰克认为情绪唤起有助于建立和维持当事人对治疗者的信赖，从而增强治疗者的影响力；能够降低焦虑和抑郁，并促使当事人重构(即重新认识)自己的问题；有助于当事人的病理性态度的改变。

③提供新的学习经验：弗兰克特别强调"体验性学习"的作用。体验性学习是认知与情感体验并重的学习。它的两种可能的情况是：经验到强烈的情绪感受，然后通过理智的力量认识感受的含义；或者伴随着新的认识产生强烈的震撼、惊奇和欣喜。

④增强当事人的"主宰感"或自我效能：个人是否感到自己能够有效控制、支配周围环境及自己，与一个人行为和思维的积极性、情绪体验的好坏有很高的相关。

⑤提供机会，使当事人能够内化并维持治疗收获：所谓内化不光指认知上的理解，而是指当事人把改变从认知、情感和行为习惯上与个人的生活予以整合，形成新的认识、体验、行动模式，并且使之巩固下来。

四、论述题

1.【**解析**】本题考查影响因素的实际运用。

参考答案：

案例：雨桐是一个19岁的男孩，从记事开始，他就把自己当作女孩。还不到5岁，就开始完全穿着女孩子的衣服，直到初中，一直异装。现在他爱上了一个比他大两岁的男孩。

(1)在面谈过程中，咨询师首先应该运用倾听技巧，展现出一定的共情。共情是指治疗者理解和体验来访者内心世界的能力。"体验他人的精神世界，就好像那是自身的精神世界一样的能力"。由于案例事件的特殊性，咨询师应当在保持中立、客观的态度的基础上，转变视角，务必从来访者的角度而不是自己的角度看待来访者及其存在的问题。

(2)其次，咨询师应当展现出积极关注的态度，积极关注是是指治疗者以积极的态度看待来访者，有选择的突出其言语或行为中的积极方面，利用其自身的积极因素，与此同时，直接明确地针对他们的问题进行工作。治疗不是帮助来访者把问题抹平或化小的过程，而是帮助来访者正视他们置身其中的世界的过程。在本案例中，咨询师应当用积极的态度发现来访者事件的积极方面，比如在异装的过程中是否有发现更好地自己。

(3)除此之外，咨询师也要表现出一定的尊重与温暖，这一点在本案例中是十分重要的。尊重来访者要求治疗者要能接受对方，能容忍甚至接受对方的不同观点、习惯等。在治疗过程中，尊重还可以使积极关注的效果增强，具有鼓励来访者向前迈进的作用。温暖是治疗者对来访者的主观态度的体现，它不是能以言语来表达的，而是以某些人类交往中最基本的成分来表现的。比如语气、姿势、面部表情等。温暖要求治疗者把组成他自身态度的每一种成分都动员起来，以表现对来访者的关心。温暖不是一种技能，没有办法借助于实践、练习去发展它，它存在于每个人的心里，有待于治疗者自己去开发。

(其余运用影响因素的描述只要表述即可)

2.【参考答案】(1)咨询关系有治疗作用

良好的咨询关系能诱发当事人多方面的积极反应，其中一些反应本身就构成了改善。

①积极的情绪体验：咨询师的宽容、接纳、非评价和理解的态度有助于当事人自由地表达和探索情绪。

②提高自尊心：在良好的关系气氛下，当事人对自己的看法变得更积极了。在提高自尊心的基础上又会进一步增加“我能变好”的信心。

③提高自我效能：咨询师对待当事人的信任、鼓励，以及相信当事人一定能改变的信念，会感染当事人，提高他的自我效能。

(2)咨询关系是其他改变因素的载体

在咨询过程中，协助当事人对自己以及自己的困难产生更好的了解，确定咨询目标并寻找实现目标的方案，给予解释和指导，都以一定的咨询关系为背景。这些治疗程序能否起作用，在很大程度上取决于双方的情感关系。

(3)建立良好的咨询关系可以运用以下技术：

①共情：理解和体验来访者内心世界的能力。“体验他人的精神世界，就好像那是自身的精神世界一样的能力”。

②积极关注：积极关注是一种共情的态度，治疗者以积极的态度看待来访者，有选择的突出其言语或行为中的积极方面，利用其自身的积极因素，与此同时，直接明确地针对他们的问题进行工作。

③尊重与温暖：尊重来访者要求治疗者要能接受对方，能容忍甚至接受对方的不同观点、习惯等。在治疗过程中，尊重还可以使积极关注的效果增强，具有鼓励来访者向前迈进的作用。温暖是治疗者对来访者的主观态度的体现，它不是能以言语来表达的，而是以某些人类交往中最基本的成分来表现的。比如语气、姿势、面部表情等。温暖要求治疗者把组成他自身态度的每一种成分都动员起来，以表现对来访者的关心。

④真诚可信：真诚体现了一个人的态度，要开诚布公的与来访者谈，直截了当的表达自己的想法，而不要让来访者去猜测谈话中的真实含义或去想象治疗者所做的一切是否还提供了什么别的信息，真诚可信包含方面的内容：一方面治疗者要真实地对待自己；另一方面要真诚地对来访者。真诚不等于实话实说。

⑤具体化：找出事物的特殊性、事物的具体细节，使重要的、具体的事实及情感得以澄清。要做到这一点，一方面要澄清具体事实，另一方面要搞明白来访者所说的词汇的具体含义。

⑥即时化：帮助来访者注意“此时此地”的情况；治疗者对来访者与自身的关系要敏感，对来访者指向自身的言语、行为、情感予以必要的反应。此外，治疗者在治疗过程中对来访者的情感体验及行为及时地进行反馈。

⑦对峙：指出来访者混乱不清、自相矛盾、实质各异的观点、态度或言行。

第三章　会谈

第一节　会谈的技巧

考点1　注意倾听的技巧

1.【解析】本题考察会谈倾听技巧中具体化的含义。

参考答案：具体化指咨询师协助来访者清楚、准确地表述他们的观点及其所用的概念、所体验到的情感以及所经历的事情。在问题模糊、过分概括、概念不清等情况下使用具体化技术。

考点2　影响对方的技巧

1.【解析】本题考察不同会谈技巧以及其意义。

参考答案：临床会谈中的反应技术包括：

(1)解释：运用心理学理论来描述来访者的思想、情感和行为的原因、实质等，或对某些抽象复杂的心理现象、过程等进行解释。解释的意义在于能给来访者提供一种新的认识他们的问题和自身的方式。解释还可使来访者的世界观产生认知性的改变。

(2)指导。咨询师直接地指示来访者做某件事、说某些话或者以某种方式行动。这是对来访者影响力最明显的一种技术。指导技巧对来访者的影响很大，适当运动定会有效。

(3)忠告与信息：治疗者借助为来访者提供建议，给予指导性的信息，或为其提供具有指导意义的思想观点等来帮助来访者。起了为来访者提供新的信息的作用，对来访者的思维与行动具有潜在的影响力。

(4)自我暴露，是指把自己个人的有关信息讲出来，使别人知道这样一个过程。治疗者的言语性的自我暴露具有开辟治疗的交流渠道的功效。自我暴露对治疗者来说是一种有助于与来访者建立相互信任和开诚布公的良好关系的影响技巧。

(5)反馈：是指治疗者为来访者提供自己或他人会怎样看待来访者的问题的特殊信息，应用反馈技巧的目的是帮助来访者开拓眼界，看看其他人是怎样想、怎么处理同类事情的。通过这样的方式，为对方提供与之不同的感知思维模式，以达到影响对方的目的。

(6)逻辑推论：是治疗者根据来访者所提供的有关信息，运用逻辑推理的原则，引导来访者认识其思维及行动可能引出的结果。引导对方从不同的角度、不同的方式思维，预先想到事情发展的可能结果，进而使其意识到自己思维、言行的不妥之处，从而改变之。

(7)影响性总结：总结此次会谈发现来访者都有些什么样的问题，讲一下在此次治疗中重点对哪几个问题进行了工作，概括本次会谈的治疗要点。这样做有利于会谈双方对此次会谈的情况有更为清楚的了解，更重要的是有利于来访者抓住会谈要点。加深对其在会谈中所学到的东西的印象。

(8)会谈中的非言语技巧：目光接触与身体语汇与其他非言语性的技巧。非言语性活动是交换信息的重要手段。

2.【解析】本题考察会谈倾听技巧中自我暴露的含义。

参考答案：自我暴露是指把自己个人的有关信息讲出来，使别人知道这样一个过程。自我暴露的两种形式，一种是向来访者表明自己在治疗会谈当时对来访者言行问题的体验，一种是告诉对方自己过去的一些有关的情绪体验及经历经验。

章节考点 综合训练

一、选择题

1.【解析】本题综合考察治疗关系的影响因素和倾听的技巧。选项中共情、积极关注、尊重和温暖都是罗杰斯提出的,倾听是艾维提出的,艾维等人曾列举了会谈中与找出来访者问题所在的有关言语引导的倾听基本技巧,这些技巧是:开放式问题、封闭式问题、鼓励、说明、对来访者感情的反应和总结等。

参考答案:C

2.【解析】A. 开放式提问指提出比较概括、广泛、范围较大的问题,对回答的内容限制不严格,给对方以充分自由发挥的余地。开放式问题常常运用包括"什么"、"怎么"、"为什么"等词在内的语句发问。让来访者对有关的问题、事件给予较为详细的反应,而不是仅仅以"是"或"不是"等几个简单的词来回答。C. 半开放式提问结构不够完善,方法不确定,可有一系列可能的方法,其结论或答案可能也是一系列的。D. 半封闭式提问是融合开放式问题及封闭式问题的优点,根据求助者的问题进行适当的调整和改进。

参考答案:B

3.【解析】会谈中经常用到倾听技巧和影响性技巧,但是影响性技巧的使用往往会妨碍来访者的自主性,所以倾听往往比指导更重要,只有来访者说出自己的故事他才可能意识到自己的问题所在,有时候咨询师什么都不做只是倾听,来访者的"症状"也会改善。

参考答案:D

4.【解析】A. 概括是把当事人的口语叙述、情绪感受和行为进行分析综合,以整理过的形式向来访者表述出来。B. 总结就是把当事人在咨询过程中的表现及反应进行相应总结概括并表述出来,总结一般发生在治疗的最后一个阶段。C. 归纳是一种推理方法,咨询师从一系列求助者的具体的事实概括出一般原理(跟"演绎"相对)。

参考答案:D

5.【解析】A. 具体性技术:指咨询师帮助来访者清楚准确的表达自己所持的观点,所用的概念,常使用:"何人?何时?何地?有何感觉?有何想法?发生何事?如何发生?帮助来访者更清楚更准确的描述"你指的是…""你是说…""那个问题发生在…"B. 自我开放技术也称自我暴露技术是指心理咨询师在适当的情况下,公开自己适当的经验与来访者分享,协助来访者对自己的感觉、想法与行为后果有进一步的了解,并且从中得到积极的启示。D. 情感表达技术就是咨询师将自己的情绪、情感及对求助者的情绪、情感等,告之求助者,以影响求助者。情感表达技术的作用是通过情感的表达,促进求助者的探索和改变,促使咨询顺利进行。

参考答案:C

6.【解析】B. 对峙技术又叫"对质"、"面质"、"质询",是指咨询师通过语言陈述、语句描述和行为描述,帮助来访者发现对自己、他人、世界及某一特定事件扭曲的看法和外显行为上的不协调和矛盾,从而达到展现矛盾的目的。A. 具体性技术又称具体化技术/澄清技术,指咨询师帮助来访者清楚准确的表达自己所持的观点,所用的概念,常使用:"何人?何时?何地?有何感觉?有何想法?发生何事?如何发生?帮助来访者更清楚更准确的描述"你指的是…""你是说…""那个问题发生在…"C. 内容表达技术指咨询师传递信息、提出建议、提供忠告,给予保证、进行解释和反馈,以影响求助者,促使求助者实现咨询目标。D. 自我开放技术也称自我暴露技术是指心理咨询师在适当的情况下,公开自己适当的经验与来访者分享,协助来访者对自己的感觉．想法与行为后果有进一步的了解,并且从中得到积极的启示。

参考答案:B

7.【解析】解释技术指在心理咨询过程中常见的一种影响性咨询技术,超出当事人表面的陈述和认识,为当事人的行为、想法或者情感赋予一种新的意义、原因和说明,使得咨询者从一种新的角度来看待自己的问题,解释应该通俗易懂并且因人而异。

参考答案:D

8.【解析】解释是指在心理咨询过程中常见的一种影响性咨询技术,超出当事人表面的陈述和认识,是为求助者提供新的思维方法,为当事人的行为、想法或者情感赋予一种新的意义、原因和说明,使得咨询者从一种新的角度来看待自己的问题。释义是心理咨询中重要的参与性技术,是指咨询师把求助者陈述的主要内容经过概括、综合和整理,用自己的话反馈给求助者,以达到加强理解、促进沟通的目的。

参考答案:C

9.【解析】指导技术是给来访者提出建议或是提供来访者所不知道的信息。包含认知上的和情感上的,给予个体积极关注,帮助个体确立治疗方法和策略。指导没必要随时都要进行所以 A 错,B 错;对于咨询师的指导来访者有权利考虑是否接受,所以 D 错。

参考答案:C

10.【解析】情感表达技术就是咨询师将自己的情绪、情感及对求助者的情绪、情感等,告之求助者,以影响求助者,疏解求助者的情绪。

参考答案:C

11.【解析】自我开放技术也称自我暴露技术是指心理咨询师在适当的情况下,公开自己适当的经验与来访者分享,与求助者所谈内容有关的个人经验,来协助来访者对自己的感觉．想法与行为后果有进一步的了解,并且从中得到积极的启示。

参考答案:D

12.【解析】心理诊断是应用心理学的理论和技术,对来访者的心理活动和人格特征进行评估和鉴定的过程,目的是确定其心理变化的程度和性质。其主要目的是探求个体心理特征并找到个体在群体中的分布位置以进行进一步治疗。

参考答案: D

13.【解析】采用谈话法进行心理评估的优点:对病因有针对性,对个性发展及矫正起关键作用,信息覆盖面广,形式灵活,对改变患者的态度、改善认知及正确理解问题有帮助,能合患者的接受能力等。

参考答案:C

14.【解析】咨询中对求助者的问题进行归类的目的能区分不同的心理问题,根据来访者具体的心理问题做出具有针对性的方案从而进行进一步治疗。

参考答案:A

15.【解析】实施心理学测验应该秉着必要性原则和安全性原则,一切以当事人利益和权利优先的原则来实施。心理测验的目的应该能正确解决来访者的问题,而不是单纯的为了诊断。

参考答案:D

16.【解析】在鉴别神经症和精神分裂症的时候,有些神经症性心理障碍的求助者,偶尔也会出现类似精神障碍的症状,要仔细询问加以澄清和鉴别。有的人在强烈的精神刺激下,出现一段时间的情绪波动,类似神经症的症状,当刺激消除后,情绪好转,症状消失,这可以称之为"神经症性反应"。在神经症病人中,有人格障碍的占 40%。

参考答案:B

17.【解析】咨询师对求助者的临床资料进行整理分析后,必须对求助者的心理和行为问题就严重程度和归类诊断方面,形成大致的判断,这称为初步印象。

参考答案:C

二、名词解释

1.【解析】本题考察倾听技巧中具体化的含义。

参考答案:咨询师协助来访者清楚、准确地表述他们的观点及其所用的概念、所体验到的情感以及所经历的事情。在问题模糊、过分概括、概念不清等情况下使用具体化技术。

2.【解析】本题考察倾听技巧中逻辑推论的含义。

参考答案:根据当事人提供的信息,运用逻辑推论的规则,引导当事人对其思维和行动可能得到的结果。

3.【解析】本题考查内容反应的含义。

参考答案:内容反应是指咨询师把来访者陈述的主要内容经过概括综合与整理,用自己的话反馈给来访者,以达到加强理解、促进沟通的目的。

三、简答题

1.【解析】本题考察会谈技巧中情感表达的作用。

参考答案:情感表达,是指咨询师准确而有效地向求助者展示自己的价值关系,以便取得求助者有效的合作,情感表达有以下几点作用:

(1)体现对求助者设身处地的理解;

(2)传达咨询师的感受,使求助者感受到一个活生生的咨询师形象;

(3)有助于求助者了解咨询师的人生观;

(4)咨询师这种开放的情绪分担方式可以为求助者做出示范,促进求助者的自我表达。

2.【解析】本题考察会谈技巧中两种不同提问技巧的区别。

参考答案:(1)含义:

①开放性询问通常使用"什么""如何""为什么""能不能""愿不愿意"等词来发问,让求助者就有关问题、思想、情感给予详细说明。它没有固定的答案,容许求助者自由地发表意见,从而带来较多的信息;

②封闭性询问通常使用"是不是""对不对""要不要""有没有"等词,而回答也是"是""否"式的简单答案

(2)作用:

①开放性询问使咨询师获得对来访者问题的一般性了解,掌握与问题有关的具体事实;引出对一些问题的探讨,了解来访者的情绪反应和他对于此事的看法及推理过程;促进来访者作自我剖析;

②封闭性询问用来使收集资料并加以条理化;澄清事实,获取重点,缩小讨论范围;当求助者的叙述偏离正题时,用来适当地终止其叙述。

(3)适用范围:

①开放性询问一般在收集资料时使用;

②封闭性询问一般在明确问题或求助者的叙述偏离正题时使用;

(4)应用:

过多使用封闭性技术会使求助者陷入被动,其自我表达的愿望和积极性受到压制从而产生阻抗,有时咨询师再三使用封闭性提问而不是开放性提问,可能会花费时间而不得要领,因为求助者更清楚自己的问题是什么. 原因何在,所以咨询中把封闭性提问和开放性提问结合起来效果更好。

3.【解析】本题考察正确的倾听方法。

参考答案:倾听并不只是单纯的听,它包含着更多的反应,咨询师在倾听时有以下几点要求:

(1)用心去听,设身处地的感受,既要听懂求助者通过语言行为表达的内容,又要听出其省略的和没有表达的内容;

(2)要有参与,有适当的言语性的或非言语性的反应;

(3)理解求助者,不排斥、不歧视,设身处地的思考,鼓励其宣泄。

4.【参考答案】为了更好的理解和帮助来访者,需要从以下几个方面收集求助者信息并分析其问题产生的原因:

(1)来访者的一般情况和背景信息

①性别、年龄、出生地、居住地、文化程度、婚姻与否、职业、民族、经济状况等;

②总体外观形象和行为,如相貌、有无残疾等;

③与现在问题有关的往事;

④以往的精神病史或心理咨询和治疗史;

⑤教育和工作背景;

⑥健康和医疗史;

⑦社会或成长史,包括宗教和文化背景、主要的价值观、主要成长事件、目前社会状况;

⑧家庭、婚姻、性历史;

⑨精神和神经系统(主要是大脑)状况。

(2)来访者求助解决的问题

①发生了什么事情?包括事情的具体情况怎样?这样的或类似的事情以往是否经常发生?频率和强度怎样?是在什么样的情况下发生的?

②问题是何时发生的?包括是什么时候开始的?其时间顺序的重要线索是什么?问题发生之前后的情境如何?

③问题在何处发生?包括问题发生的地点、发生时与何人在一起?

④来访者对问题的反应是什么?包括来访者对问题的认知反应、情绪反应和行为反应是什么?

(3)从心理学理论分析问题产生的原因:

①精神分析途径:人的大多数心理疾病和心理问题来自于童年时代的心理冲突或创伤性事件,由于这些事件会引起焦虑和痛苦,故被压抑到无意识之中,然而这些经历并没有失去作用,它们可以对人的心理健康产生深远的影响,是心理疾病或心理问题产生的原因所在。沿这条途径寻求来访者问题产生的原因,就要了解来访者个人生活史,特别是早期经历中有无心理创伤。

②反射-行为-学习路径:人的许多心理问题和症状实际上就是非适应性行为(或称适应不良行为)。非适应性行为如同适应性行为一样,在很大程度上也是习得的,即个体是通过学习获得了非适应性行为的。因此,也同样可以通过学习来调整、矫正和改造它们,也可通过学习新的适应性行为来代替它们。

③人本主义途径:人类有五种基本需要:生理需要、安全需要、归属和爱的需要、尊重需要和自我实现需。这些需要受到威胁或不能满足。就会导致自我实现受阻,潜能不能发挥。

④认知途径:个体认知上的歪曲与局限是造成其情绪障碍和行为适应不良的主要原因,为此,治疗的关键在于纠正错误的认知过程以及由此而形成的错误观念。采用认知途径寻求来访者问题产生的原因,就要了解来访者的认知特点,尤其是来访者是否持有不合理的认知。

⑤生物医学途径:了解来访者及其家族既往病史,特别是精神疾病史;了解来访者当前的躯体健康状况,许多患有躯体疾病的病人的认识、情绪和意志过程乃至人格等都可能发生变化,这些由躯体疾病引发的心理改变,是采用生物医学途径的咨询者所要探明的重要问题。

⑥社会文化途径:处于社会底层的人群,如经济条件差、教育程度低、职业不好、生活环境不良等,心理障碍的发生率高;高速的工业化和现代化等社会性应激源增加,使个体在价值观念、行为准则等方面无所适从,出现焦虑、恐惧、抑郁、愤怒等情绪反应,从而出现心理问题

5.【参考答案】:在进行诊断会谈时,咨询师需要格外注意不能出现以下做法:

(1)负面的判断性表述:即咨询者以"错"、"差"、"坏"、"讨厌"、"愚蠢"、"可怕"之类词语或埋怨的口气对来访者的思想、情感和行为做负面判断。

(2)过分的探查性表述:这类表述要求的信息超越了来访者自愿提供的范围,也常给交谈带来障碍。最常见的形式是以"为什么"开头,如果来访者不愿意透露过多的情况,这种提问会引起来访者的焦虑不安,或想好怎样一步一步答复,甚至只好撒谎。

(3)咨询者如果对来访者的诉述反应迟钝或采取轻视、厌烦、傲慢或粗暴的态度与表述,则会加剧来访者的不安与不满,甚至增强不适感。这是会谈中所不容许的。

6.【参考答案】:会谈技巧包含了倾听技巧和影响对方的技巧两个方面

倾听的技巧:

(1)开放式提问与封闭式提问。开放式提问是指问题 没有预设的答案,也不能简单地用一两个字来回答,从而 尽可能多地收集来访者的相关资料信息。封闭式提问是指

问题带有预设答案,回答不需要展开,从而使咨询师明确

某些问题。
(2)鼓励。咨询师通过语言等鼓励来访者进行自我探索和改变。
(3)重复。咨询师直接重复来访者刚刚所陈述的某句话,引起来访者对自己某句话的重视或注意,以明确要表达的内容。
(4)情感反应。把来访者所陈述的有关情绪、情感的主要内容经过概括、综合与整理,用自己的话反馈给来访者,以达到加强对来访者情绪、情感的理解,促进沟通的目的。
(5)内容反应。也称释义或说明,是指咨询师把来访者陈述的主要内容经过概括综合与整理,用自己的话反馈给来访者,以达到加强理解、促进沟通的目的。
(6)具体化。咨询师协助来访者清楚、准确地表述他们的观点及其所用的概念、所体验到的情感以及所经历的事情。
(7)参与性概述。咨询师把来访者的言语和非言语行为包括情感等综合整理后,以提纲的方式再对来访者表达出来,相当于内容反应和情感反应的整合。
(8)非言语行为的理解与把握。
影响对方的技巧
(1)解释。运用某一理论来描述出来访者的思想、情感和行为的原因、过程、实质等。解释被认为是面谈技巧中最复杂的一种。
(2)指导。指导被人们认为是最有影响力的技巧,就是告诉来访者做某事。
(3)忠告与信息。治疗者借助为来访者提供建议,给予指导性的信息,或为其提供具有指导意义的思想观点等来帮助来访者。
(4)自我暴露。指把自己个人的有关信息讲出来,使别人知道这样一个过程。
(5)反馈,指治疗者为来访者提供自己或他人会怎样看待来访者的问题的特殊信息,应用反馈技巧的目的是帮助来访者开拓眼界,看看其他人是怎样想、怎么处理同类事情的。
(6)逻辑推论,是治疗者根据来访者所提供的有关信息,运用逻辑推理的原则,引导来访者认识其思维及行动可能引出的结果。
(7)影响性总结。总结此次会谈发现来访者都有些什么样的问题,讲一下在此次治疗中重点对哪几个问题进行了工作,概括本次会谈的治疗要点。
(8)澄清,指咨询者为了更清楚地了解来访者谈话的意义,根据自己的理解确认来访者的意思而使用的一种反应技巧。

四、论述题

1.【**解析**】本题考察会谈的基本过程以及会谈应该注意的问题。

参考答案:(1)每一次治疗都是一次会谈的过程,治疗的过程主要包括:心理诊断阶段、帮助和改变阶段、结束阶段。在第一阶段中,治疗者的主要任务是对来访者的问题进行确认,制定出治疗目标;第二阶段则是帮助来访者改变其认知、情绪或行为;最后在结束阶段中,治疗者要帮助来访者巩固其治疗所获成果,适应结束治疗的情况。
(2)应注意的问题:
①来访者的文化背景:咨询者应该帮助来访者认识到他的文化背景对于他的行为的影响,应该对双方文化的差异性具有足够的敏感性,并对于这种差异性保持一种正确的态度。
②来访者的失约和迟到:咨询者要敏锐的觉察和作出评估,进而作出适当的反应和处理。
③咨访双方间的不协调:要协助当事人减少认知、感受和行为三方面的差距,以促进改变的发生。
④咨询者的期待作用:咨询者要防止犯对人认知的错误。

2.【**解析**】本题考察会谈过程中的倾听技巧。

参考答案:
倾听技巧重在引导当事人自我探索,自我认识,咨询师不主动地干预当事人的探索,而是起支持作用,倾听技巧主要有以下几种:
(1)探询:包括开放式问题和封闭式问题
(2)鼓励:借助一些短语,或复述当事人谈话中的一两个关键词或语气词,或点头、注视等表情动作来完成的。
(3)澄清:让来访者对于模糊不清的信息、或意思不明确的地方,或意义隐藏的语句作出进一步的说明、解释和补充。
(4)释意:将当事人表达的意思,经过咨询师的理解后,再反馈给当事人。常用方式是直接引用当事人的原话中的关键语句。
(5)情感反映:咨询师用言语和非言语的方式,来表达当事人所谈到、所体验到的感受,即重现当事人的情绪感受。
(6)具体化:使用具体技术,以"何人、何时、何地、有何感觉、有何想法、发生什么事,如何发生"等问题,协助当事人更清楚、更具体地描述问题。
(7)概述:把当事人的口语叙述,情绪感受和行为进行综合,整理后向当事人表达出来。

3.【**参考答案**】对测验结果进行解释时,应该遵循以下原则:
(1)重在告诉当事人对测验结果的解释,不简单地报告测验分数。
(2)结合其他资料来源考虑和解释测验结果。
(3)以积极的、发展的眼光看待消极的测验结果。
(4)解释应该是尝试性的,要留有余地。
(5)用当事人能够理解的表述,通俗浅显进行解释,避免满口专业名词。
(6)弄清做此测验的目的,确保测验结果不被第三方用做损害当事人利益的依据。

4.【**参考答案**】评估来访者问题的有许多手段,但由于客观条件的限制,常采用以下方法:
(1)心理测验:任何心理测验都有一定的适用范围,超出一定的范围,测验的效度和信度就不可靠了。心理测验是为了帮助诊断和分析,如果通过与咨询或治疗对象的交谈,对其问题已形成明确的看法,就可放弃不必要的心理测验。测验结果要可靠,为了做到这一点,首先专业人员要有标准的指导语、标准的答案和统一的记分方法。
(2)诊断性会谈:也称会面诊断,是指咨询者通过与来访者的会谈,弄清来访者问题的性质、程度、根源与实质的过程。它是心理评估的重要手段之一。
会谈目的是为了作出正确评估:会谈是一种有意义的评估技术,这是因为了解一个人经历的最直接的方法莫过于去问他本人。诊断性会谈中,咨询者和来访者双方有较一致的认识,目的是确认问题。

5.【**解析**】本题考查会谈过程中的倾听技巧。

参考答案:
见论述题第2题。

第四章 心理治疗的目标与阶段

第二节 治疗的几个不同阶段

考点1 心理诊断阶段

1.【**解析**】本题考查咨询方案的制定。咨询方案的制定要根据求助者问题的性质而定。因此本题选D。

参考答案:D

2.【**解析**】咨询目标的确定应注意:治疗目标是具体的、现实可行的、是心理学的目标、是分轻重缓急的、对治疗目标应经常进行评价。咨询目标是帮助来访者自强自立,并不是解决求助者的实际困难,因此本题选C。

参考答案:C

3.【**解析**】本题考查影响心理诊断的因素,答案参考郑希付版。

参考答案:影响心理诊断的因素包括:
(1)咨询者因素:
①第一印象:在心理诊断中,如果咨询者先获得来访者的一些资料,包括病史及最初与来访者的接触和过分随意的交谈

所形成的第一印象都可能给咨询者以暗示,咨询者可能会产生不全面或者错误的判断。

②心理定势:心理定势使咨询者作出诊断时可以参照已有的知识经验作出快速的诊断,并使咨询者在心理诊断中可以节约一些心理资源。

③询问不够深入:当来访者报告有某些症状发生时,只注意来访者报告的表层意思,没有对原因进行深入的询问,故对诊断产生误导。

(2)来访者因素:

①来访者受咨询者的暗示:在心理诊断中,咨询者的期望效应通常通过非言语方面的暗示对来访者产生影响,一般有姿势暗示和面部暗示。

②来访者的不配合:某些来访者并非是出于自愿进行心理咨询的,当面对咨询者的询问时,可能会产生不配合的行为。

③来访者的夸大描述:某些来访者存在强烈的求医心理,急于要咨询者为其消除困扰,对于咨询者关于症状的询问,只要有一点点症状符合便给予肯定回答,但没有报告症状程度。

考点2 帮助和改变的阶段

1. **参考答案**:移情是指来访者可能把他以前生活里与他人的关系中产生过的感情、态度等主观体验移植到治疗者身上。来访者对治疗者的移情反应既可能是积极影响也可能是消极影响。

2. **参考答案**:以下一些策略有助于帮助当事人进入探索状态(温馨提示:答案参考江光荣版)

(1)专注于当事人

咨询师专注于当事人,与当事人同在,是营造安全的探索氛围的首要条件。

(2)准确地同感

同感是支持当事人探索的利器。同感关键是要准确,不要偏离当事人的原意,要让当事人感到你听懂了他。

(3)不要评价当事人及其经验

评价是当事人最敏感的事情,它极易引起当事人的警惕,升高它的防御。咨询师要学会作没有评价的交流。

(4)适当地自我表露

自我表露有多种功能,尤其是能够促进当事人的自我表露。

(5)作出必要的保证

当事人可能会有一些顾虑,他需要一些保证,比如咨询师不会责怪自己,会对所谈的内容保密,允许当事人自己决定谈什么及谈到什么程度等等。

(6)做好结构化工作

结构化提供了一个会谈的框架,在这个框架下,当事人知道自己的任务之一是谈自己的感受和想法。

章节考点 综合训练

一、选择题

1.【**解析**】心理咨询的大目标即终极目标,是促进求助者的心理健康和发展,充分实现人的潜能,达到人格完善。

参考答案:D

2.【**解析**】求助者自我认识的关键是自我探索,咨询师是协调作用。

参考答案:D

3.【**解析**】心理咨询阶段分为:(1)心理诊断:咨询师需要对求助者的问题和相关的方面情况有一个全面地了解,对求助者的问题的类型和严重程度有一个诊断,需要对造成求助者问题的原因进行分析和判断;(2)帮助和改变阶段:包括根据求助者的心理问题确定咨询方案并以此进行心理咨询;(3)结束巩固:在咨询目标达成,或者求助者不愿意继续进行咨询,咨询即告结束。在结束的时候咨询师和求助者一起对咨询效果进行评估。在咨询结束后一段时间里,还会与求助者联系了解求助者的改善情况。

参考答案:D

二、简答题

1.【**解析**】本题考查心理咨询的目标分类。

参考答案:咨询目标是一个笼统的概念,实际上在不同场合使用这个词时,所指会略有不同,心理咨询的目标可以分为以下几类:

(1)医学目标和心理学目标

心理治疗要以心理学的目标为标准,为改善来访者的心理健康服务。对于某些问题严重的来访者,其治疗目标可能与医学目标重合;某些来访者可能同时需要心理治疗与药物治疗。

(2)一般目标和个别目标

一般目标指某一流派或某一流派的治疗家所持的、被认为适用于所有当事人的目标。个别目标指针对某位特定的当事人所确定的目标。

(3)终极目标和中间的目标

帕洛夫指出最终目标都是要减少焦虑,提高来访者的生理技能和社会能力。中间目标可被看作是向着终极目标迈进的步骤,但要达到什么程度为止,与治疗者及其所采用的理论有关。

(4)矫正的目标和发展的目标

矫正的目标主要着眼于消除临床症状,克服消极的、不适应的行为;发展的目标则重在学习新经验、开发潜能这样一些提升生命价值的努力上。

(5)内部目标与外部目标

内部目标指那些来访者自己对自己所提出的目标;而外部目标是由其他人对来访者提出的,比如:父母、治疗者等。

2.【**解析**】本题考查心理咨询的各个阶段。

参考答案:(此答案参考江光荣版)

(1)进入与定向阶段(核心任务:接案,确定接诊或转介)

反应要点:建立咨访关系;搜集相关资料;初步了解问题;作出接案决定;作出咨访安排(结构化)。

(2)问题-个人探索阶段(核心任务:继续了解问题,为制定咨询方案作准备)

反应要点(咨询师):处理好问题和人的关系;处理好张和弛的关系(把握节奏,张弛有度);处理好领和跟的关系(以跟为主,以领为辅);处理好咨询师对当事人的理解和当事人自我理解的关系(促进自我探索-达到概念化);处理好忘我和监控的关系(进得去,出得来)。

(3)目标与方案探讨阶段(核心任务:确立咨询目标与方案)

反应要点(咨询师):激发当事人改变的动机;处理好当事人期望与目标的关系;明了现有的干预手段和自己能力的局限;恰当制定目标,选择方案。

(4)行动-转变阶段(核心任务:促使当事人达到认知和行为的转变)

反应要点(咨询师):灵活调整方案;促进当事人认知和行为的迁移;激发当事人的主动性;进行阶段性评估。

(5)评估-结束阶段

反应要点:评估目标收获;妥善结束关系;讨论当事人的后续成长;安排最后一次会谈。

第五章 心理治疗中的阻力与问题

第一节 阻抗简述

考点1 阻抗的含义及表现形式

1.【**解析**】本题考查阻抗的表现形式。阻力的表现形式:(1)对会谈时间及规定的消极态度(对决定的治疗时间采取消极态度,对治疗的时间规则的抗拒);(2)把注意力集中在与治疗者有关的问题上;(3)回避问题的方式;阻力的一种常见表现形式,就是来访者对问题的回避,有三种形式:直接反映在对问题的回答上(较为直接的抵触形式)。以答非所问的形式回避关键性问题。来访者把话题从主要的问题上转移到另外的问题上。(4)为自己的行为辩护。根据题意可知是假提问题。

参考答案:B

考点2 阻抗的原因

1.【**解析**】本题考查阻力的表现形式以及阻力的产生原因。

参考答案:来访者阻力的表现形式:

①对会谈时间及规定的消极态度:比如对决定的治疗时间采取消极态度,对治疗的时间规则的抗拒,要求延长会谈时间。
②把注意力集中在与治疗者有关的问题上;
③回避问题的方式;阻力的一种常见表现形式,就是来访者对问题的回避,有三种形式:直接反映在对问题的回答上(较为直接的抵触形式):比如既不点头也不回答是否;以答非所问的形式回避关键性问题;来访者把话题从主要的问题上转移到另外的问题上,把要谈的问题拖至下一次会谈。
④为自己的行为辩护:比如常把产生矛盾的原因归结为他人有问题。
阻抗产生的原因:
(1)阻力来自成长中的痛苦
①开始新的行为的问题:来访者需重新考察自己基本的信念和价值观,这需要一种深刻的反省,面对自己过去相信的东西的瓦解是痛苦的,而建立新的信念和价值观也是很艰难的过程。来访者可能需要转变成一个独立自主的人,会感到紧张和焦虑。来访者可能需要承认自己在欺骗自己,这种发现可能会使他感到痛苦、内疚,而且这痛苦还来自他需要在领悟的基础上对此作出改变。
②结束或消除旧的行为的问题:来访者必须停止那些他很喜欢的行为,例如饮酒、操作他人等,抑制这些行为所带来的痛苦常使来访者为之怯步。
(2)阻力来自机能性的行为失调:失调的行为是偶然发生的,因其使某方面的需要在这里得到了满足,行为发生的次数增加,以致固定下来。
①阻力的产生源于失调的行为填补了某些心理需要的空白
②阻力的产生源于来访者仅仅是在以失调的行为掩盖更深一层的心理矛盾和冲突
(3)阻力来自对抗治疗或治疗者的心理动机
①阻力来自来访者只是想得到治疗者的某种赞同的意见和动机
②阻力来自来访者想证实自己与众不同或治疗者对自己也无能为力的动机
③阻力来自来访者并未发自内心的求治动机

章节考点　综合训练

一、选择题

1.【**解析**】本题考查来访者的阻力表现形式,在心理咨询与治疗过程中,来访者基于各种原因会有意无意地采用某些防御措施或方法,阻碍对其心理失调问题的分析或探查,阻碍治疗进程,便是阻力的产生。根据题意可知,是阻抗的表现。
参考答案:A
2.【**解析**】本题考查阻力的本质。阻抗最早由弗洛伊德提出,是指求助者在自由联想过程中对于那些使人产生焦虑的记忆与认识的压抑,阻抗的意义在于增强个体的自我防御。本质上是求助者对于心理咨询过程中自我暴露和自我改变的抵抗。
参考答案:A
3.【**解析**】本题考查阻抗产生的原因。阻抗产生的主要原因有三:一是因为成长必然带来的某种痛苦;二是因为行为的失调是机能的;三是来访者可能带有某种反抗心理或治疗的动机。
参考答案:BCD
4.【**解析**】本题考查来自来访者的阻力。阻抗在讲话程度上表示为:沉默、寡言和赘言,以沉默最为突出;在讲话内容上表示为:理论交谈、情绪发泄、谈论小事和假提问题等;在讲话方式上表示为:心理外归因、健忘、顺从、控制话题和最终暴露等;在咨询关系上表示为:不认真履行心理咨询的安排、诱惑咨询师以及请客、送礼等。
参考答案:B

二、名词解释

1.【**解析**】本题考查阻力的含义。
参考答案:阻力是心理咨询与治疗过程中的伴随现象,是影响心理咨询与治疗顺利进行的最重要因素。兰斯将阻力定义为:来访者反抗心理治疗的适宜程序并以此干扰领悟性效果的产生的所有努力。

三、简答题

1. **参考答案**:来访者阻力的表现形式有如下形式和特征:
①对会谈时间及规定的消极态度:比如对决定的治疗时间采取消极态度,对治疗的时间规则的抗拒,要求延长会谈时间。
②把注意力集中在与治疗者有关的问题上;
③回避问题的方式;阻力的一种常见表现形式,就是来访者对问题的回避,有三种形式:直接反映在对问题的回答上(较为直接的抵触形式):比如既不点头也不回答是否;以答非所问的形式回避关键性问题;来访者把话题从主要的问题上转移到另外的问题上,把要谈的问题拖至下一次会谈。
④为自己的行为辩护:比如常把产生矛盾的原因归结为他人有问题。
2. **参考答案**:处理阻抗的策略有:
(1)解除戒备心理:治疗者不必把阻力问题看得过于严重,似乎治疗会谈中处处有阻力。一方面要了解阻力的原因和表现形式,以便在阻力真正出现时,能及时发现并进行处理;另一方面也不必"草木皆兵",而使治疗气氛过于紧张。
(2)正确地进行诊断和分析。
(3)以诚恳的帮助对方的态度对待阻力:一旦治疗者确认治疗中出现了阻力,可以从帮助对方的角度出发,以诚恳的态度,与对方共同探讨问题的态度向对方提出这一问题。有些来访者对治疗进展的抵抗十分强烈,对这种情况,一方面治疗者要采取直接揭示其阻力的方法,另一方面要考虑对来访者进行较为长期的治疗。
(4)应付阻力的主要目的在于解释阻力,了解阻力产生的原因,以便最终超越这种阻力,使治疗取得进展。关键是要调动对方的积极性,使之能与治疗者一同寻找阻力的来源,认清阻力产生的源泉。弗洛伊德认为克服阻力,解释是最重要的武器,要分析、解释阻力的表现和性质,向来访者说明无意识阻力的真实意义,反复进行长期的修通工作。

四、案例分析题

1. **参考答案**:陈同学在随后的几次会谈中出现了迟到的现象,而且,虽然陈同学也认可这些行动计划,但执行情况却并不理想,老是找各种理由和借口,这是很明显的阻抗表现。心理咨询中的阻力,也称阻抗,是指来访者在心理咨询过程中以公开或隐蔽的方式否定咨询师的分析,拖延、对抗咨询师的要求,从而影响咨询的进展,甚至使得咨询难以顺利进行的一种现象。阻力是心理咨询过程中的伴随现象,只是程度不同而已。
(1)可能的原因:
①成长必然带来某种痛苦,求求助者要正视自己的问题,并从内心力真正解决。小陈想摆脱网瘾就必然要承受远离网络后的各种不适应,在这个过程中,小陈不能接受这种成长的痛苦,势必要逃离或不按商讨好的计划执行,迟到。
②功能性的行为失调。如果小陈的网瘾问题换来了家人和朋友的关爱和帮助,一旦网瘾解除,就失去了关注,也可能导致小陈产生阻抗。
③求助者可能带有某种反抗心理咨询的动机。小陈主动与咨询师讲述自己情况,也表达出了想要治疗的意愿,带有反抗性的动机这个原因机率较低。
(2)处理建议
①咨询师要正确诊断与分析,找出阻抗的主要原因。关键是要调动对方的积极性,使之能与治疗者一同寻找阻力的来源,认清阻力产生的源泉。弗洛伊德认为克服阻力,解释是最重要的武器,要分析、解释阻力的表现和性质,向来访者说明无意识阻力的真实意义,反复进行长期的修通工作。
②以诚恳的帮助对方的态度对待阻力,一起与小陈探索具体的成长痛苦,以及

解决办法。

③同时，要解除戒备心理，治疗者不必把阻力问题看得过于严重。

第六章 心理分析的理论与方法

第一节 心理分析的理论

考点1 心理分析的理论

1.【解析】心理分析，又称精神分析、心理动力学。

参考答案：C

2.【参考答案】反向形成指把无意识之中不能被接受的欲望和冲动转化为意识之中的相反的行为。例如，一个人明明很喜欢对方，但表现出对对方很厌烦、嫌弃的样子。例如作家张爱玲对于爱人胡兰成，她一面写信说分手，一面又在信中附了30万元支票。

第二节 心理分析的治疗

考点1 心理分析的治疗

1.【解析】本题考查心理分析的理论。弗洛伊德曾经将其学说运用于阐述神经症、性变态、妄想型精神分裂症等心理异常现象的形成过程及机制，其中唯有对神经症的心理病理学的阐述最有实际意义。在神经症中，弗洛伊德的学说所涉及的是癔症、强迫症和恐怖症这三种类型的神经症。因此选择B。

参考答案：B

2.【解析】本题考查心理治疗中出现的阻抗现象。阻抗指病人有意识或无意识的回避某些敏感话题，有意无意的使治疗重心偏移。包括有意识的阻抗和无意识的阻抗。

参考答案：阻抗

3.【解析】本题考查心理治疗中产生的自由联想。自由联想是让病人很舒适地躺着或坐好，把自己想到的一切都讲出来，不论多么微不足道都要如实报告。心理分析家的工作在于对对方所报告的材料加以分析和解释，直到从中找到病人无意识之中的矛盾冲突，起病的起因为止。

参考答案：自由联想法

章节考点 综合训练

一、选择题

1.【解析】精神分析法：自由联想、梦的分析，口误分析。虚拟现实技术是现代的科学技术。

参考答案：D

2.【解析】精神分析把无意识的心理冲突看作神经症的根本原因，分析治疗工作的要旨可以简明归结为：促使无意识过程向意识转化。

参考答案：D

二、名词解释

1.【参考答案】移情是精神分析的术语，是指在以催眠疗法和自由联想法为主体的精神分析过程中，来访者对分析者产生的一种强烈的情感。是来访者将自己过去对生活中某些重要人物的态度、情感、属性会太多投射到分析者身上的过程。

2.【参考答案】自由联想法是让病人很舒适地躺着或坐好，把自己想到的一切都讲出来，不论多么微不足道都要如实报告。心理分析家的工作在于对对方所报告的材料加以分析和解释，直到从中找到病人无意识之中的矛盾冲突，即病的起因为止。

3.【参考答案】反移情指治疗者自己以不适当的行为来对待来访者在治疗中的某些行为表现，这种移情既可以是积极的也可以是消极的。反移情对于治疗者来说，既有有利的一面也有不利的一面。

4.【参考答案】系统脱敏利用的是交互抑制的原理或反条件作用的原理来达到治疗的目的。放松状态多次与引起来访者焦虑或恐怖的刺激物结合，即可消除原来因该刺激物引发的焦虑或恐怖的条件反应。

三、简答题

1.【参考答案】

当代精神分析治疗没有一个完全统一的过程模式，但也没有太大分歧，按照亚罗的说法，治疗可以分为四个阶段：

(1)开始阶段：明确来访者的问题，并确定这些问题是否适合采用分析式治疗来解决；治疗者设法了解来访者及其潜隐的无意识冲突的情形。

(2)移情发展阶段：向来访者解释移情，来访者在理解了过去的行为和经验怎样影响着决定着他现在的行为和经验后，就能选择较为灵活而非刻板的行为方式并作出更适当的选择。

(3)修通阶段：包括运用以解释为主的各种技术，结合自由联想的材料和移情表现，向来访者揭示他的无意识欲望和无意识冲突，使来访者了解症状的真意，获得并加深理解和领悟。

(4)移情的解决阶段：最终解决移情并结束治疗的阶段。

2.【参考答案】正统的精神分析治疗技术仅使用自由联想和解释，当代精神分析治疗已经很少有人固守弗洛伊德的传统，而是使用非常多样的方法和技术：(此答案参考江光荣版本)

(1)自由联想法

让病人很舒适地躺着或坐好，把自己想到的一切都讲出来，不论多么微不足道都要如实报告。心理分析家的工作在于对对方所报告的材料加以分析和解释，直到从中找到病人无意识之中的矛盾冲突，即病的起因为止。

(2)释梦

梦的工作通过凝缩、置换、视像化和再修饰才把原本杂乱无章的东西加工整合为梦境，这就是梦者能回忆起来的显梦。对梦的解释和分析就是要把显梦的重重化装层层揭开，由显相寻求其隐义。

(3)阻抗

指病人有意识或无意识的回避某些敏感话题，有意无意的使治疗重心偏移，包括有意识的阻抗和无意识的阻抗。治疗者需经过长期的努力，通过对阻抗产生的原因的分析，帮助病人真正认清和承认阻抗。

(4)移情

把早期对别人的感情转移到了治疗者身上，把他当成自己的父母、亲人等。分为正移情和负移情。正移情：当事人对咨询师充满好感，崇拜之，顺从之；负移情：与正移情相反的情况，即当事人对治疗师出现的敌视、贬低等负面情绪。治疗师先是要发展与病人的关系，以利于移情的发生，通过移情分析来实现治疗的主要目标，最后再解决移情关系本身的问题。

(5)解释

目的是让病人正视他所回避的东西或尚未意识到的东西，使无意识中的内容变成意识的。

3.【解析】本题考查精神分析的理论、主要方法及评价。

参考答案：(1)精神分析理论认为：精神分析理论的基本点是认为人受意识不到的潜意识控制，人格结构本我、自我和超我遵循不同的原则，这种内心冲突引起个体的焦虑，为了缓解这种焦虑，自我发展出自我防御机制，当自我防御机制过度或者失败时，就会通过躯体形式来表达，因而导致各种异常行为的产生。因此，精神分析治疗的焦点不应放在消除外显症状上，而应放在向病人揭示内在冲突的原因和冲突过程上，分析治疗工作的要旨是促使无意识过程向意识转化。

(2)弗洛伊德的精神分析理论包括潜意识理论、人格结构学说、自我防御机制和性心理发展阶段以及治疗方法。

①潜意识理论：弗洛伊德认为人的精神生活是由意识、前意识和潜意识组成。意识是可以直接感知到的有关的心理部分。前意识介于意识和无意识之间，所包含的内容经过回忆可以记忆起来；潜意识是不能意识到的内容。人的心理活动中的意识、无意识、前意识之间所保持的是一种动态的平衡。

②人格结构说：弗洛伊德把人格划分为

本我、自我和超我。本我是人格中最原始、最模糊和最不易把握的部分。是由一切与生俱来的本能冲动所组成的。自我是现实化了的本能,是在现实的反复教训之下,从本我分化出来的一部分。超我称为理想自我,道德典范,是从自我发展起来的一部分,是道德化了的自我。本我、自我和超我之间不断交互作用着,如果这三种力量不能保持这种动态的平衡,会导致心理异常的产生。

③自我的心理防御机制:弗洛伊德认为自我同时服侍着三个主人:外部世界,超我和本我。本我和外界现实之间,本我和超我之间,会经常出现矛盾冲突,这时,人就会感到焦虑。焦虑的产生,促使自我发展了一种机能,用一定的方式解决冲突,缓和3种危险对自身的威胁。心理防御机制包括:压抑、投射、否认、退行、固着、升华、置换、抵消、反向形成。

④性心理的发展:弗洛伊德认为,人的发展是性心理的发展,发展源于力比多的驱动。分为以下几个阶段:口欲阶段(0-1岁)、肛欲阶段(1-3岁)、性器欲阶段(3-6岁)、潜伏期阶段(6-12)、青春期阶段(12-18)。弗洛伊德认为,性心理的发展过程如果不能顺利的进行,停滞在某一发展阶段,即发生固着;或在个体受到挫折后从高级的发展阶段倒退到某一低级的发展阶段即产生了退行,就可能导致心理的异常,成为各种神经症、精神病产生的根源。

(3)心理分析的治疗方法包括:

①自由联想法:让病人很舒适地躺着或坐好,把自己想到的一切都讲出来,不论多么微不足道都要如实报告。心理分析家的工作在于对对方所报告的材料加以分析和解释,直到从中找到病人无意识之中的矛盾冲突,即病的起因为止。

②释梦:梦的工作通过凝缩、置换、视像化和再修饰才把原本杂乱无章的东西加工整合为梦境,这就是梦者能回忆起来的显梦。对梦的解释和分析就是要把显梦的重重化装层层揭开,由显相寻求其隐义。

③阻抗:指病人有意识或无意识的回避某些敏感话题,有意无意的使治疗重心偏移。治疗者需经过长期的努力,通过对阻抗产生的原因的分析,帮助病人真正认清和承认阻抗。

④移情:移情是指把早期对别人的感情转移到了治疗者身上,把他当成自己的父母、亲人等,分为正移情和负移情。治疗师先是要发展与病人的关系,以利于移情的发生,通过移情分 析来实现治疗的主要目标,最后再解决移情关系本身的问题。

⑤解释:目的是让病人正视他所回避的东西或尚未意识到的东西,使无意识中的内容变成意识的。

(3)评价:(优加考研温馨提示:对于理论的评价,都来自于后人的解读,因此不同版本教材上内容表述也有所不一致,大家也可以有自己的观点和看法。此答案参考江光荣版)

①贡献:

第一,精神分析疗法是第一个对人类的无意识心理现象作了系统探讨的疗法,无意识概念已经被正统心理学所接纳。它对成年人人格结构的分析包含许多合理成分,强调自我在人格结构中的核心作用,强调自我整合、组织经验等,与当代大多数人格理论家看法一致。它偏重从生物学角度看待人格的发展原因,包含了一些重要事实。

第二,它是第一个正规的治疗体系,它的出现使心理治疗跨入了一个新的历史时期。后兴的疗法有的直接从它这里接受了某些思想和原理,有的从它身上吸取了灵感,也有的在反对它、攻击它的过程中创造了新东西。

②批评:

首先精神分析疗法的治疗效果不是很肯定。其次它的疗程太长、花费太大是公认的事实。加上它对当事人的选择条件,只有极少一部分人有可能成为接受分析者。再者,精神分析学说有太强的生物决定论色彩,单纯强调人的生物本性的作用。更严重的是,经典精神分析学说把性本能的作用强调过头了,把性驱力看成心理发展的基本动力以及心理障碍的基本原因。而且,把性失调和性压抑解释成一切神经症的成因更不符合事实,同时忽视环境、社会力量的作用。最后,精神分析疗法的方法论遭到批评。收集资料、处理和解释资料的程序不符合一般科学研究的要求。

四、论述题

1.【参考答案】弗洛伊德认为,人的发展是性心理的发展,发展源于力比多的驱动。根据性感区域的不同,分为以下几个阶段:口欲阶段(0-1岁)、肛欲阶段(1-3岁)、性器欲阶段(3-6岁)、潜伏期阶段(6-12)、青春期阶段(12-18)。其中,前三个阶段(6岁以前)的发展对于人的一生的发展都有关键性的作用,这种观点称为早期经验决定论。在口欲阶段(0-1岁),在生命的最初两年,口唇是主要的性感区域,婴儿的最大的满足源泉是吸允、吃,长牙后,快感来自于咬牙、咬东西。此时期的口腔活动若受限制,可能会留下后遗性的不良影响。酗酒是在口欲期没有得到满足的一种表现。在肛门期(1-3岁),肛门提供了主要快乐的刺激来源,婴儿要接受排泄大小便的训练,主要为肌紧张的控制,快感表现为忍受和排便。如果父母在这一时期对婴儿过于严格,会使个体无法得到满足,从而形成洁癖。在性器欲阶段(3-6岁),儿童能分辨两性,产生对异性双亲的爱恋和对同性双亲的嫉妒。若儿童在此阶段没有发展好,则会在潜意识中种下异性恐怖的种子,成年后害怕与异性有性接触,形成同性恋。

第七章　行为治疗的理论与技术

第一节　行为主义的基本理论

考点1　行为主义的涵义

1.【解析】行为治疗就是要利用通过各种实验而确定的有关学习的原理和范型去克服不适应的行为习惯,也可以理解为帮助求助者建立好习惯。

参考答案:B

第二节　行为治疗中的常用技术

考点1　行为主义的常用技术

1.【解析】厌恶疗法是通过附加某种刺激的方法,使求助者在进行不适行为时,同时产生令其厌恶的心理或生理反应。如此反复实施,结果使不适行为与厌恶反应建立了条件联系,从而达到消除不适行为的目的。厌恶疗法的原理是经典条件反射。

参考答案:B

2.【解析】每次吸烟,都会引起恶心、呕吐不良的反应,吸烟跟不良反应多次结合,从而形成条件反射,这种戒烟方法是厌恶疗法。

参考答案:D

3.【解析】认识-领悟疗法是由钟友斌教授在精神分析的基础上结合中国国情所创立的一种心理分析疗法,最主要是使来访者达到领悟从而缓解症状。认识领悟疗法严格来说属于心理分析疗法的一种,不属于行为疗法。

参考答案:A

章节考点　综合训练

一、选择题

1.【解析】行为主义强调学习的作用,即认为可以通过训练以及对目标行为的强化来达到治疗效果。A是精神分析流派的治疗观点;D是人本主义的观点。

参考答案:B

2.【解析】A. 条件反射理论是巴甫洛夫的高级神经活动学说的核心内容,指在一定条件下,外界刺激与有机体反应之间建立起来的暂时神经联系。B. 约翰·华生是美国心理学家，行为主义心理学的创始人。主要研究领域包括行为主义心理学理论和实践．情绪条件作用和动物心理学。他还把行为主义研究方法应用到了动物研究、儿童教养和广告方面。C. 托尔曼是新行为主义学派代表人物之一。并且在他看来，所有行为都是由目的来指导的，如白鼠走迷津、猫试图逃出迷箱等都是由目的导向的。D 斯金纳，提出行为治疗的概念，把条件作用分为经典条件反射和操作性条件反射两种形式

参考答案:D

3.【解析】行为主义疗法分为放松疗法、系统脱敏技术、模仿学习疗法/示范疗法、代币法。A. 人本主义疗法并无固定的技术模式，但需掌握：理解、沟通和关注等原则。B. 人性主义心理学认为只有从人的本质属性，即从人性出发才能正确地阐明人的心理活动，只有把握住人性，才能走进人类心理世界的殿堂。C. 精神分析疗法的治疗策略和技术包括：自由联想、梦的解析、澄清、联结、反映、质对、解析等。

参考答案:D

4.【解析】所谓行为治疗，就是要利用通过各种实验而确定的有关学习的原理和范型去克服不适应的行为习惯，是由沃尔普在1990年提出。

参考答案:C

5.【解析】系统脱敏疗法又称交互抑制法，是由美国学者沃尔普创立和发展的。这种方法主要是诱导求治者缓慢地暴露出导致神经症焦虑．恐惧的情境，并通过心理的放松状态来对抗这种焦虑情绪，从而达到消除焦虑或恐惧的目的。在使用中应该注意：每一级焦虑应小到能被全身松弛所拮抗的程度．焦虑等级的设定主要取决于求助者本人和焦虑等级之间的级差尽量的均匀。

参考答案:D

6.【解析】行为主义疗法分为放松疗法、系统脱敏技术、模仿学习疗法/示范疗法、代币法。A. 完形疗法常用到的技术包括：热椅子技术、心理剧、行为指导和梦的整合。B. 认知疗法常用到的技术包括：情绪行为疗法和贝克雷米疗法。D. 理性情绪疗法中最常用的，也是区别于其他心理治疗的最具特色的几种治疗技术：与不合理信念辩论的方法、合理情绪想象技术及认知的家庭作业。

参考答案:C

7.【解析】A. 代币法是行为疗法中运用最广泛的方法之一，也称表征性奖励制。用奖励强化所期望的行为，用惩罚消除不良行为而达到目的。B. 惩罚法是依据条件反射原理发展而来的一种为矫正方法。即当行为者在一定情景或刺激下产生某一行为后，若及时使之承受厌恶刺激（又叫惩罚物）或撤消正在享用的正强化物，那么其以后在类似情景或刺激下该行为的发生频率就会降低。C. 增强法是行为矫正中常用的方法之一，增强法有两种方式，一个是正强化，一个是负强化。所谓正强化就是给予正性强化物（即人所喜欢的刺激）；负强化就是指撤销惩罚物（即人所厌恶的刺激），两者都可以用来刺激求助者产生受欢迎的行为和抑制不受欢迎的行为。

参考答案:D

8.【解析】模仿法的基本操作程序如下：（其中有案例）①现场示范法：让求助者在现实环境中，观看其他儿童如何与狗玩耍、相处。据报道，该法有效率达50%~67%。②参与模仿法：让求助者观摩示范儿童与狗玩耍，还让他在指导下逐步参与此种活动。有效率高达80%~92%。③电影、电视或录像示范法：让求助者观看示范者与狗相处的有关电影、电视或录像，使之逐渐模仿示范者的行为举止，消除对狗的恐惧。效率为20%~30%。在运用示范法时，尤其应当根据病儿的能力来确定目标行为。示范过程中，患者若能集中注意力，可以增加示范行为的呈现时间，让他有较多的时间观看示范行为。在模仿行为产生之后，立即记录其进步情况，确保强化效果。其中最重要的步骤是及时地强化正确的模仿行为，这样才能巩固新习得的行为。

参考答案:D

9.【解析】由于每次饮酒后，令个体厌恶的东西，即"烦闷感"得到去除，个体更可能重复饮酒行为，这种现象属于行为治疗中的"负强化"。

参考答案:D

10.【解析】脱敏疗法属于行为疗法

参考答案:A

11.【解析】阳性强化法是以阳性强化为主，即使奖励正常行为，漠视或淡化异常行为。对目标行为的阳性强化，应该在行为出现时进行，不可提前或错后，阳性强化应适时、适当，且目标行为单一、具体。根据时间进程，强化物可以由物质刺激变为精神奖励，待目标行为固化为习惯，最终撤销强化物。

参考答案:BCD

二、名词解释

1.【参考答案】强化疗法又称操作条件疗法，是指系统地应用强化手段去增加某些适应性行为，以减弱或消除某些不适应行为的心理治疗方法。强化是指通过施加或呈现一定刺激来加强对某种行为的刺激。强化疗法是以操作学习理论为基础的。即个体活动的结果直接影响其行为在以后发生的概率，如果行为的结果是积极的、就会形成条件反射，这种行为在以后还会发生；如果行为的结果是消极的就只会产生消退作用，个人在以后就不会再出现这种行为。

2.【参考答案】厌恶疗法的原理是拮抗条件作用，即设法使一个要消除的行为（这一行为受到某种愉快反应的强化）与一种厌恶反应建立联系，从而使行为人放弃或回避问题行为。

3.【参考答案】运用代币并编制一套相应的激励系统来对符合要求的目标行为的表现进行肯定和奖励，是利用强化原理促进更多的适应性行为出现的方法。代币是指可以某一范围内兑换物品的证券，其形式有小红旗、小铁牌、小票券等。求助者可以用这些证券换取自己所需的物品。

三、简答题

1.【解析】本题考查系统脱敏法的含义及步骤，考生在复习时不要忽略步骤。

参考答案：

（1）系统脱敏法是由沃尔朴最先发明及应用的。主要用于来访者在某一特定的情境下产生的超出一般紧张的焦虑或恐怖状态。系统脱敏法利用的是交互抑制的原理或反条件作用的原理来达到治疗的目的。系统脱敏法在具体实施过程中，利用的是人的肌肉放松状态去颉颃由焦虑或恐怖引起的个体的心率、呼吸等生理指标的变化反应。放松状态多次与引起来访者焦虑或恐怖的刺激物结合，即可消除原来因该刺激物引发的焦虑或恐怖的条件反应。

（2）系统脱敏法有三个部分

①放松训练；

②建立恐怖或焦虑的等级层次：首先找出所有使来访者感到恐怖或焦虑的事件，并报告出对每一事件他感到恐怖的主观程度。这种主观程度可用主观感觉尺度来度量，尺度一般为0—100分。然后将来访者报告出的恐怖事件按等级程度由小至大顺序排列。

③系统脱敏步骤：

a. 放松：让来访者按放松训练中学到的方法放松

b. 想象脱敏：由治疗者做口头描述，让来访者进行想象。从等级层次中最低的一个恐惧（焦虑）事件开始。

c. 停止想象：让来访者报告此时的主观恐惧（焦虑）的等级分数。

2.【参考答案】行为治疗的常用技术包括：

（1）放松训练：对于应付紧张、焦虑、不安、气愤的情绪与情境非常有用，帮助人们振奋精神，恢复体力。训练过程为：集中注意—肌肉紧张—保持紧张—解除紧张—肌肉放松。

（2）系统脱敏法：由沃尔朴最先发明及应用的，主要用于来访者在某一特定的情

境下产生的超出一般紧张的焦虑或恐怖状态。利用的是交互抑制的原理或反条件作用的原理来达到治疗的目的。系统脱敏法有三个部分:放松训练、建立恐怖或焦虑的等级层次、系统脱敏步骤。
(3)模仿学习:通常采用三种方式:看电影或看电视录像,听录音,由治疗者做示范。
(4)角色扮演或行为排练:多用于改变来访者的不良行为和进行社会技能训练。在个别治疗和小组治疗中都比较常用,是对现实生活的一种重复又是一种预演。
(5)决断训练:又译肯定性训练。适用于人际关系情景,用于帮助来访者正确的适当的与他人交往表达自己的情绪情感。特别适用于那些不能表达自己愤怒或苦闷的人,很难对他人说"不"和那些很难表达自己积极情感的人。
(6)强化的方法:系统地应用强化手段去增进某些适应性行为,减弱或消除某些不适应行为的方法。包括塑造、代币管制法、消退法。
3.【参考答案】(1)所谓行为治疗就是要利用通过各种实验而确定的有关学习的原理和范型去克服不适应的行为习惯。
(2)行为治疗遵守下面一些原则:
①强调以行为为中心。行为疗法不谈论人格、自我、动机这样一些不能直接观察的变量,而以能用某种方式进行观察、测量的行为为中心。
②行为治疗强调的是当事人目前的问题和影响这些问题的因素,不强调对可能的历史性的决定因素的分析。
③强调环境因素等外在变量的作用。
④行为疗法力图使自己建立在科学方法的原则和程序的基础之上。
⑤在行为治疗中,咨询师期望当事人是积极的,他们应从事特定的行动以解决自身的问题。
⑥行为的方法强调当事人的自我管理和自我控制,强调将在治疗室里学到的东西应用到日常生活中去。

四、论述题

1.【解析】本题考查惩罚与负强化的联系与区别。
参考答案:(1)惩罚是指有机体作出某一行为反应的结果,降低了该行为以后发生的概率的过程。负强化是指:有机体作出某一行为之后,导致了刺激的消失或刺激强度的降低,并且结果也提高了该行为在今后发生的概率。例如:一个学生上课迟到,罚他放学后打扫卫生,那么他下次迟到的频率就会降低,这是惩罚;同样是这个学生,如果他在今天的课堂上表现积极,老师决定撤销他放学后扫地的惩罚,那么他今后在课堂积极发言的频率就会增加,这就是负强化。
(2)联系:负强化和惩罚都是施加一个消除厌恶刺激。都具有三个基本要素:个体作出某一行为,在行为之后跟随一个结果,这一结果对将来该行为的出现产生影响。
(3)区别:负强化是有机体为了消除厌恶刺激或降低厌恶刺激的强度,以增加目标行为(通常指希望出现的行为)发生概率的过程,强调的是目标行为出现的概率的提高。而惩罚是指有机体为了消除厌恶刺激或降低厌恶刺激的强度,以减少目标行为(通常指不希望出现的行为)出现概率的过程,强调的是目标行为发生的概率的降低。
2.【解析】本题考查行为治疗的集中常用技术的实际应用。
参考答案:(1)系统脱敏法:由沃尔朴最先发明及应用的,主要用于来访者在某一特定的情境下产生的超出一般紧张的焦虑或恐怖状态。利用的是交互抑制的原理或反条件作用的原理来达到治疗的目的。系统脱敏法的操作步骤包括:放松训练、建立恐怖或焦虑的等级层次、系统脱敏步骤。
(2)应用系统脱敏法可以按照如下步骤进行:
首先,对小阿尔伯特进行放松训练。在对带毛的东西产生恐惧时,尽量使他的身体放松,或者是转移注意力。
其次,将恐惧事物由轻到重分级。例如先从毛巾开始,再到毛毯,毛公仔,动物,如狗和小兔,最后就是跟白鼠有两个地方相像的白猫。
最后,实施系统脱敏。在每一级中要同时让幼儿放松身体,或者是适时转移注意力。每一级都要等到幼儿的恐惧感接近消失时,才能升级到更恐怖的内容。一级一级慢慢来,不能过急。从恐惧的衍生物到真实恐惧的事物的过渡。当幼儿对上面第二点的全部恐惧事物的恐惧消失后,就让幼儿面对实验一开始他害怕的白鼠。同样要在幼儿放松状态下进行。面对恐惧的事物,消除的关键还是面对。从轻到重逐步消除是最好的方法。

第八章 以人为中心的治疗理论及过程

第一节 以人为中心的有关理论

考点1 以人为中心的有关理论

1.【解析】科学心理学建立以后,出现了现代心理学的十个主要学派,其中行为主义心理学、精神分析学派和人本心理学逐渐发展壮大,对人类的生产生活产生了巨大影响,被称为"西方心理学的三大势力"。其中华生开创的行为主义心理学为第一势力,以弗洛伊德、容格为代表的精神分析学派为第二势力,以马斯洛为代表的人本主义心理学为第三势力。
参考答案:B
2.【解析】罗杰斯创造了"以人为中心"疗法。
参考答案:D
3.【解析】罗杰斯认为人都有自我实现倾向,当这种倾向受阻,就有可能发展成心理问题,罗杰斯非常强调咨询关系对于咨询的重要性。
参考答案:A

第二节 以人为中心的治疗过程与方法

考点1 以人为中心的治疗过程与方法

1.【解析】本题考查人本主义的几种治疗方法。共情、真诚和积极关注都是属于以人为中心疗法的咨询特质。
参考答案:A
2.【解析】本题考查罗杰斯对于影响治疗关系的看法,考生要注意跟前面影响治疗关系的因素相区别。
参考答案:罗杰斯认为,在治疗过程中治疗者的主观态度影响治疗关系的治疗,而治疗关系比治疗技术对治疗结果的影响更大,罗杰斯认为影响治疗关系的因素包括:
(1)共情式的理解与交流(表现在言语性与非言语性行为中)。包括表层的理解和深层的理解。
(2)真诚地交流(治疗者要从专业角色中解放出来、自发性交流、非防御的态度、一致性、自我暴露)。
(3)积极关注式地交流。给予来访者一种在缺乏价值条件下的无条件关注,使其在这种无条件关注中重新体验与评价自我全部的真实经验及其对自我的威胁,接受自己全部的真实经验,是改变神经症症状的前提。
罗杰斯认为,共情、真诚和积极关注是心理咨询有效的助长条件。

章节考点 综合训练

一、选择题

1.【解析】罗杰斯认为,当事人中心疗法的助长条件包括共情、真诚和积极关注。
参考答案:BCD
2.【解析】以罗杰斯为代表的人本主义咨询理论,强调咨询关系对于咨询的效果,并且认为尊重、真诚、共情和积极关注等因素能够促进心理咨询的有效进行。因此D选项不符合人本主义学派的观点。
D
3.【解析】求助者中心疗法也称作来访者中心疗法,认为心理失调是自我概念与经验不协调而产生的。

参考答案：C

4.【解析】A. 是认知心理学家所强调的重点；B 是行为主义流派所强调的重点；D 是精神分析流派强所强调的。

参考答案：C

5.【解析】罗杰斯的当事人中心疗法的核心内容包括：真诚的治疗关系、积极回应、无条件积极关注、同理心、沟通和一致性。

参考答案：B

6.【解析】罗杰斯提出了“以人为中心的治疗”代表着人本主义心理治疗的主要趋向，认为求助者具有自我治愈的能力，即如果给来访者提供一种最佳的心理环境或心理氛围，他们就会倾其所能，最大限度地去进行自我理解，改变他们对自我和对他人的看法，产生自我指导行为，并最终达到心理健康的水平。

参考答案：C

7.【解析】罗杰斯提出了“以人为中心的治疗”方法，认为求助者发生积极的改变的充分必要条件是良好的咨询关系。

参考答案：C

8.【解析】罗杰斯提出“现象场”的概念，认为每个人都有自己一个“现象场”。这是一个人的主观经验世界，我们会根据自己的现象场去评判他人和世界。但想理解另外一个人，我们就必须放下自己的现象场，进入对方的现象场，感他人所感，想他人所想，设身处地地为对方考虑。

参考答案：A

9.【解析】求助者中心疗法的实质是重建个体在自我概念与经验之间的和谐，从而达到个体人格的重建，罗杰斯认为每个人都存在自我实现的倾向，都有一种积极成长的取向。

参考答案：C

二、简答题

1.【解析】本题考查人本主义疗法的特点。

参考答案：患者中心疗法具有以下特点：

(1)基本理念的人本主义色彩。主张从健全发展的人身上去观察人的基本属性，这样才能正确把握“人是什么样的”这一根本属性。

(2)重视当事人的主观世界。其哲学立场是现象学和格式塔心理学。罗杰斯认为，一个人的主观经验世界是他的直接现实。现象的世界是一个整体的世界，其中任何部分都只从其与整体的联系中才能得到解释。

(3)反对教育的、行为控制的治疗倾向。当事人有能力自己发现价值，发现问题，并有潜在的个人资源解决自己的问题。

(4)由当事人主动治疗过程。因为咨询师总是不如当事人更了解他自己，所以会谈的主题和方向应交给当事人掌握，由当事人选择。

(5)咨询师做当事人的“朋友”、伙伴。首要条件是建立、发展和维系双方之间的咨询关系。

2.【解析】本题考查两种不同心理治疗方法的比较。

参考答案：

(1)①以人为中心的疗法认为：只要经验与自我之间存在不一致和冲突，个体否认或歪曲经验，这个人就存在心理失调。当个人的自我和经验出现不一致时，个体会意识到经验的威胁，直接表现出焦虑，焦虑产生后，防御过程就会启动。防御过程可借助以下三种方法来实现。A. 选择性知觉：只容许那些与自我价值感（价值条件）相一致的经验被意识到；B. 歪曲经验：将与自我不一致的经验从认知上歪曲，使之与自我一致；C. 否认：否认经验的真实性。

②而理性情绪疗法认为：心理适应问题的根源在于个体自我中那些无效的、与其本性相异的自我概念。事件本身的刺激情境，并非引起情绪反应的直接原因，个人对刺激情境的认知解释和评价，才是引起情绪反应的直接原因。理性行为疗法关于心理失调的原因集中体现在“ABC”理论中：A 代表诱发事件；B 代表信念，即人对于 A 的信念、认知、评价或看法；C 代表在 A 发生之后个体出现的认知、情绪和行为，一个人带着非理性信念来理解、评价，这种思维过程往往是非理性的、畸形的。正是这种非理性的思维及其结果最终导致心理失调。

要解决认知失调，最重要的就是改变求助者的认知。

3.【解析】本题考查人本主义心理治疗方法的影响因素。

参考答案：

(1)在以人为中心疗法中，咨询过程中的侧重点是针对来访者对情感或感受的体验。把重点集中在创造一种良好的关系氛围，使得来访者能够自己探索内在感受。咨询者最大的策略就是把他自己作为一种手段，把整个人投入到关系中，通过对来访者的真诚、共情、积极关注来创造出所需要的那种关系，以达到两个真诚相待的朋友交心换心。

(2)如何创造这种助人关系，咨询师应该表现出下列一些个人特点、态度和人际反应方式：

①咨询者自己要体验到内在的协调，要做到对自己真诚一致。

②不对来访者这个人以及他的感受和行为作评价，不把外在的价值观和标准强加给对方。

③满怀热情，投入的倾听来访者，以共感的态度，用来访者的眼光来理解来访者，尽可能准确，甚至比来访者自己还要准确的体察对方，并把自己的这种体察表达出来。

④无条件的接纳对方，把对方作为一个完整的个人来接纳，而不是有条件的接纳，不是只接纳他的哪一部分。

⑤尽力向来访者传递对他的无条件的关注，不戴专家权威的面具，没有“我帮助你”这种疏离态度，像两个平等的朋友那样，关怀对方，喜爱对方 。

⑥保持自己的独立性，向对方传递出这种独立性，同时向来访者传递自己对对方独立性的尊重，信任他们自己对自己负责的能力。

4.【解析】本题考查人本主义的心理观点及治疗方法。

参考答案：

人本主义认为自我概念是了解心理失调的关键。当自我与自我概念的实现倾向一致时，人就达到了一种理想的状态，自我得到的经验、体验与自我概念相矛盾时，自我概念受到威胁就产生了恐惧，通过防御机制否认和歪曲自身的经验、体验。当经验、体验与自我不一致有可能被意识到、知觉到时，焦虑就产生了。一旦防御机制失控，个体就会产生心理失调。

人本主义常用的治疗方法有：(1)使用非指导(nondirective)的治疗方式，让来访者为他自己的生活作出选择。(2)建立治疗者与来访者的关系。通过共情式的理解与交流（表现在言语性与非言语性行为中）、真诚地交流（治疗者要从专业角色中解放出来、自发性交流、非防御的态度、一致性、自我暴露）和积极关注式地交流（给予来访者一种在缺乏价值条件下的无条件关注）等方式建立积极的咨访关系。(3)在会谈过程中使用会谈技巧，包括使用非言语技巧和言语技巧、鼓励、重复和对感情的反映等技巧。

三、案例分析题

1.【解析】本题考查人本主义疗法的综合运用

参考答案：(1)晓静目前的问题是她的真实自我与现实世界的冲突。她的自我概念中并不包括读研、继续学习，并且感觉学习太累，而现实是她觉得考研会让自己的未来更顺利，也更能迎合父母的期望。

(2)可能的成因是价值条件化：大多数父母总是表扬孩子的好行为，对这些好行为给予积极的关注，父母不表扬不良的行为，不给予积极关注。这样，孩子们就会知道得到父母的积极关注是有条件的，需要做某些事情才可以得到，如果做另一些事情就得不到这种关注，这就是价值条件。

(3)咨询和治疗：

①以人为中心，让晓静自己去探索，打破

外在的他人评论系统，寻找自身的机体评价过程，跳出价值条件化，决定是否继续考研。

②对晓静持有真诚、积极关注，站在晓静的角度，深入她的内心世界，真诚、热情的帮助她探索其内心真正想法。

第九章 合理情绪治疗的理论与方法

第一节 合理情绪治疗的理论与方法

考点1 合理情绪治疗的理论特点

1.【解析】合理情绪治疗认为情绪障碍是由人们的不合理信念所造成，因此本题选B，贝克的认知治疗认为心理障碍是由于认知的歪曲所引起的。人本主义心理治疗认为心理障碍的产生是由于自我实现倾向受阻所引起的。行为治疗认为心理障碍是由于习得了错误的行为方式。

参考答案：B

2.【解析】合理情绪疗法的提出者是美国心理学家艾利斯。

参考答案：C

3.【参考答案】典型的三种不合理信念主要包括：

(1)绝对化的要求：是指人们以自己的意愿为出发点对某一事物怀有认为其必定发生或不会发生这样的信念。例如，一位处在恋爱中的人，认为男友一定要完全满足自己的需要，否则就是不爱她。

(2)过分概括化：是一种以偏概全，以一概十的不合理思维方式的表现。例如，一位学生英语没有考好，其它学科都考得很好，他以偏概全，认为自己没有能力。

(3)糟糕至极：是一种认为如果一件不好的事发生将是非常可怕、非常糟糕、是一场灾难的想法。例如，一位学生没有考上研究生，他觉得这辈子都完蛋了。

第二节 合理情绪治疗的基本步骤及技术方法

考点1 合理情绪治疗的基本步骤及技术方法

1.【解析】修通阶段的主要技术有与不合理信念辩论，合理情绪想象技术，家庭作业，其他方法(合理情绪疗法也使用行为技术，如自我管理程序，停留于此，放松训练，系统脱敏)。

参考答案：ABC

2.【解析】本题考查合理情绪疗法的运用。

参考答案：合理情绪疗法是由美国心理学家艾利斯于20世纪50年代创立了，是认知行为疗法的一种。该疗法认为情绪障碍是由人们的不合理信念所造成，治疗时要以理性治疗非理性，帮助求治者以合理的信念代替不合理的信念，从而最大限度地减少不合理的信念对情绪带来的不良影响。通过改变认知为主，来帮助求治者减少或消除已有的情绪障碍。通常适用于各种神经症和某些行为障碍的病人。

例如两个人一起走在路上，迎面碰到一个认识他俩的人，但对方没与他们打招呼，径自走过去了。这两个人中的一个对此是这样想的："他可能正在想事情，没注意到我们；就算是看到了我们而没理我们，也可能有什么特殊的原因"；而另个人却可能有不同的想法："他可能是故意这样做的，就是不想理我，就是看不起我。他凭什么这么对待我？！"这样他们两个人的情绪及行为反应就会不同，前者可能觉得无所谓，该干什么还继续干自己的；而后者则可能怒气冲冲，以致无法平静下来做自己该做的事情了。

在这个例子中可以看到，人们的情绪及行为反应与人们对事物的想法、看法有关。在这些想法和看法背后，有着人们对一类事物的共同看法，这就是信念。在上述例子中，第一个人可能持有待人要宽容的信念，而第二个人则不同，可能持有"别人绝不能不公正地对待我"这样的信念。这两个人的信念，前者在合理情绪治疗中被称之为合理的信念，而后者则被称之为不合理的信念。合理的信念会引起人们对事物的适当的、适度的情绪反应；而不合理的信念则相反，会导致不适当的情绪和行为反应。当人们坚持某些不合理的信念，长期处于不良的情绪状态之中时，最终将会导致情绪障碍的产生。

章节考点 综合训练

一、选择题

1.【解析】认知立义认为，人们表现出来的异常行为和情绪是由扭曲的认知过程决定的。A. 精神分析重视将无意识意识化，认为无意识的冲突是神经症治疗的重点。B. 行为主义强调学习的作用，即认为可以通过训练以及对目标行为的强化来达到治疗效果。C. 人本主义强调通过尊重与关注等助长条件可以达到治疗效果。

参考答案：D

2.【解析】认知心理学将人看作是一个信息加工的系统，认为认知就是信息加工，包括感觉输入的编码、贮存和提取的全过程，应该了解人基于过去和未来对事件的看法和态度来纠正非理性信念。选项B当前的内部不平衡状态是马斯洛的观点。

参考答案：B

3.【解析】A是指诱发性事件；B是指个体在遇到诱发事件之后相应而生的信念，即他对这一事件的看法、解释和评价；C是指在特定情景下，个体的情绪及行为的结果。该理论指出，诱发事件A只是引起情绪以及行为反应的间接原因，而B指人们对诱发事件所持的信念、看法、解释才是引起人的情绪和行为反应的更直接的原因。

参考答案：D

4.【解析】在合理情绪疗法中，咨询师需要帮助求助者达到的三种领悟包括：①信念引起了情绪及行为后果，而不是诱发事件本身；②求助者对自己的情绪和行为反应负有责任；③只有改变了不合理的信念，才能减轻或消除目前存在的各种症状。

参考答案：A

5.【解析】黄金规则指像你希望别人如何对待你那样去对待别人。"我对别人怎样，别人必须对我怎样"或"别人必须喜欢我，接受我"的观念都是不合理的，绝对化的要求，实际上违背了黄金规则，构成了"反黄金规则"。

参考答案：B

6.【解析】非理性观念的主要特征包括：绝对化的要求、过分的概括化、糟糕至极的。A. 绝对化是指个体以自己的意愿为出发点，认为某一事物必定会发生或不会发生的信念。这种特征通常是与"必须"和"应该"这类词联系在一起，如"我必须获得成功"；"别人必须友好地对待我"等等。D. 过分概括即以偏概全，它是个体对自己或别人不合理的评价，其典型特征是以某一件或某几件事来评价自身或他人的整体价值。例如，一些人面对失败的结果常常认为自己"一无是处"或"毫无价值"。

参考答案：B

7.【解析】认知行为疗法认为人的情绪来自人对所遭遇的事情的信念、评价、解释或哲学观点，而非来自事情本身。正如认知疗法的主要代表人物贝克所说："适应不良的行为与情绪，都源于适应不良的认知"。

参考答案：B

8.【解析】叙事治疗是后现代心理咨询流派中最具代表性的治疗方法

参考答案：C

二、名词解释

1.【解析】本题考查理性-情绪想象的含义。

参考答案：(优加考研温馨提示：本答案参考江光荣版)

这一技术的要领是：(1)让当事人生动地想象自己面临曾使自己心烦意乱的情境，并重新体验不适情绪。(2)让当事人改变这种情绪，以在该情境中可能允许的较适宜的情绪取而代之。(3)停止想象,让当事人报告自己是怎样作到情绪改变的。当事人往往是通过形成理性信念和理性思维才作到改变的。此时治疗者要注意强化新发现的理性思维,必要时可启发其他理性思维。(4)让当事人按此方式,实践练习一段时间。

2.【解析】本题考查过分概括化的含义。

参考答案:它是一种以偏概全,以一概十的不合理信念、过分概括化的人在看问题时容易走极端,往往导致对自身或他人的不合理评价、如一遇失败便认为自己"没用"、"非常笨"、"不可救药";或别人稍有过失就认为这个人无一可取,全面否定、持有这种信念的人要么会导致盲目自责自罪、自卑自弃,要么会一味责备他人或外在环境,产生敌意、愤怒等不良情绪.

三、简答题

1.【解析】本题考查理性—情绪疗法的优缺点。

参考答案:(优加考研温馨提示:本答案参考江光荣版)

(1)理性—情绪疗法贡献:

①REBT的基本理论假设有相当牢固、坚实的基础,对人类关于理性关系的知识做出了自己的贡献。

②REBT积极主动明快和追求速效的咨询治疗风格,相比于心理分析和以人为中心的疗法,REBT的确显得非常有力,有一种不断推进的动感。

③它对待资料的方法和策略是折中主义态度,主张"有效即可用"的原则,综合采用认知的、情绪的和行动定向的治疗策略。

④REBT具有再教育、价值干预的倾向,这一点是需要引起注意的。

(2)理性—情绪疗法的局限:

①当事人和问题的选择:REBT对受过较多逻辑思维训练的当事人比较适合,对文化程度低的人比较费力。

②非理性信念的文化差异:从跨文化心理学研究结果来看,已经表明中国人的价值、信念取向与西方人有不小的差别。

③口服与心服:我国当事人容易出现"口服心不服"的情况。

2.【解析】本题考查非理性信念辩论的策略。(优加考研温馨提示:本答案参考江光荣版)

参考答案:这是理性情绪行为治疗的核心环节,一方面设法动摇、破坏当事人的非理性信念和自我挫败式思维,另一方设法树立理性信念和思维,用理性思维取代非理性思维。

(1)质疑:关键是抓住信念中违反逻辑,不合常理,与经验事实相悖之处,撼动非理性信念,常用反诘式的问法。

(2)辨析:使当事人认识到非理性信念的危害;包括三项工作,一是识别或分辨;二是证明前者为什么合理,后者为什么不合理;三是作用或后果分析,说明为什么前者不会导致情绪困扰,后者会导致情绪困扰。

(3)语义精确法:以合理、现实的方式来界定自己面临的情境,防止按非理性思维的特征形式来认识、评价情境条件。

(4)替代性选择:引导当事人想象其他可能的解释和行事方式,通过让他们想象其他办法带来的积极后果激励当事人采取行动改变。

(5)去灾难化:让当事人设想最坏可能是什么。

3.【解析】本题将认知行为疗法与精神分析疗法进行综合考查。注意题目中的列表要求。

参考答案:见下表。

4.【参考答案】(备注:参考《心理咨询技术》(李祚山 主编))

贝克认知疗法是贝克在研究抑郁症治疗的临床实践中逐步创建的。他认为,认知产生了情绪及行为,异常的认知产生了异常的情绪及行为。认知是情感和行为的中介,情感问题和行为问题与歪曲的认知有关。例如,一个人看到熟悉的人从对面走来,没有跟他打招呼,他认为"对方看不起我",在这种想法支配下,就会产生愤怒的情绪,不愿意再理会这个熟人的行为。

人们在早期经验形成的功能失调的假设或者是图示,决定着人们对事物的评价,成为支配人们行为的一个准则,而不为人们所觉察,一旦这种图示为某种严峻的生活实践激活以后,会有大量的负性自动想法在脑子当中呈现,导致情绪抑郁,焦虑和行为问题。可以通过对认知的调整来改善情绪和行为问题。例如,一个人的成绩非常好,但有一次考试由于感冒,考试失利,他产生了"我失败了,我完蛋了"的想法,这是由于在早期,他的父母总是对他要求完美,不允许犯错,只要错了,人生就完了,所以他一直能保持名列前茅的成绩,但一次考试失利激活了他原来的图式,使得他陷入了抑郁的情绪之中。

表认知行为疗法与精神分析疗法的区别

	认知行为疗法	精神分析疗法
相同点	作为心理治疗的不同流派,两种治疗方法都是解释人类心理活动的角度。	
差异	(1)理论基础:认知行为治疗是以行为主义理论和认知主义理论为基础的。 (2)对于心理障碍产生原因的观点:认知行为治疗认为心理障碍产生的原因是习得了错误的认知方式。 (3)治疗目标:在认知行为疗法中,来访者和治疗师的一切努力都是围绕着症状减轻和社会功能的恢复,当症状能够通过认知或行为的策略得到减轻时,治疗就可以结束了。 (4)治疗师的角色:认知行为疗法中,治疗师充当的是教育者和教练的角色,他们的目的是教会来访者一些减少症状和应对情绪的策略,促进来访者认识到自己的认知错误。 (5)治疗的方法:认知行为治疗主要通过改变来访者的错误认知,达到减轻来访者症状的目标。	(1)理论基础:心理动力性治疗方法是以精神分析理论为基础的。 (2)对于心理障碍产生原因的观点:心理动力性治疗方法认为心理障碍产生的原因是被压抑的潜意识的冲突所引起的。 (3)治疗目标:精神分析认为,症状是个体对核心恐惧的防御方式。当核心恐惧能够得以被个体理解,而它带来的恐惧感不再是那么具有淹没性的时候,充当防御的症状自然会随之消失。 (4)治疗师的角色:在精神分析疗法中,治疗师不会给来访者很多心理教育,只是在治疗者开始时和必要时进行心理教育,他们更多关注的是来访者的体验和情绪。 (5)治疗方法:精神分析的治疗主要采用自由联想、梦的解析,通过揭示来访者的内心冲突,使潜意识的内容意识化,减轻来访者的症状。

四、论述题

1.【参考答案】(备注:参考《心理咨询技术》(李祚山 主编))

贝克的认知治疗的技术主要包括了找出来访者认知歪曲的方法和改变认知歪曲的方法等。具体如下:

(1)找出来访者认知歪曲的方法。认知治疗认为不良认知是情绪和行为困扰的症结所在,要向对特定的个体进行认知行为的改变,这必须找出特定个体不良认知的具体内容。常用的方法有:

①回忆最近的一个具体事例。例如,一个患者有惊恐发作的表现,可以问他,"最近一次发生惊恐发作是什么时候,有哪些表现""当时担心发生一些什么",帮助来访者梳理他的认知。

②心理想象或角色扮演。当来访者不能回想具体的事例时,可以引导来访者去想象,并进行简单的描述。例如,"你可以想象一下,当你和上司发生争吵的时候,你脑海当中在想什么?"通过这种方式确定来访者脑海中的想法。

③在来访者出现强烈情绪反应时询问。例如,一个来访者害怕自己被细菌侵蚀,咨询师可以提问"在你脑海中是一种什么样的图像,可以描述出来吗?"

④了解对某些事件的看法。当来访者总是声称找不到任何的自动想法或者负性思维时,咨询师可以询问"那么,咨询对于你来说意味着什么呢?",了解来访者的真实想法。

⑤情绪事件自助表。咨询师可以利用情绪事件自主表来整理来访者情绪困扰的真正原因,例如,可以指导来访者绘制情绪事件观察表来追踪自己的问题。

(2)改变认知歪曲的技术

①提问技术。可以采用质疑式和夸张式两种。A 质疑式:咨询师直截了当地向来访者的不合理信念发问。例如"你有什么证据证明你自己的这一观点?""有什么证据证明,你这个观点是不合理的吗?夸张式是治疗者针对来访者信念的不合理之处故意提出一些夸张的问题,例如,社交恐惧症的患者认为别人都盯着他看,咨询师可以问"别人什么事情都不干,都围着你看?"

②真实性验证。这是来访者与心理咨询师协作的一种行为作业,以检验来访者负性想法的真实性。例如,来访者总是认为别人不喜欢他,可以让他去随机询问几个人,听听别人对他的评价。

④去中心化。一些患者会认为自己是人们注意的中心,他们的一言一行都会受到其它人的评头品足。例如,一个社交恐惧症的患者,总是觉得别人盯着他看,他可以去做一些怪异的行为,看看是否有人在关注他。

⑤监控忧郁或焦虑水平。很多焦虑症或者抑郁症华中会认为他们的焦虑会一直不变的存在,但事实上是会发生波动的。例如,治疗者可以让来访者回忆这一个星期感觉到稍微开心一些的事情,证明情绪是在波动的。

五、案例分析题

1.**【解析】**本题考查合理情绪疗法的综合运用。

参考答案:(1)ABC 理论认为情绪不是由某一诱发性事件本身所引起的,而是由经历了这一事件的个体对这一事件的解释和评价所引起的。A 是指诱发性事件;B 是指个体在遇到诱发事件之后相应而生的信念,即他对这一事件的看法、解释和评价;C 是指在特定情景下,个体的情绪及行为的结果。该理论指出人们对诱发事件所持的信念、看法、解释才是引起人的情绪和行为反应的更直接的原因。

(2)小王经历了研究生失败,这是诱发性事件 A。小王认为自己运气不好,能力低下,一无是处,这是他对于此次事件的看法、解释和评价 B。小王情绪十分低落,吃饭不香,学习没精神,这是在此次事件后的情绪和行为的结果 C。小王的情绪和反应是由于他对于此次事件所抱有的消极信念和认知歪曲所导致的。

(3)处理方式:

①要向小王指出其思维方式,信念是不合理的,讲清楚不合理的信念与他们的情绪困扰之间的关系。可以直接介绍 ABC 的基本原理。

②要向小王指出,他们的情绪困扰是由于现在他们自身所存在的不合理信念所导致的。

③与小王的不合理信念辩论,帮助来访者认清其信念的不合理,进而放弃这些不合理的信念,帮助来访者产生某种认知层次的改变。小王认为自己必须成功考上研究生,这是一种绝对化的要求,他以能不能考研上岸作为对自己整个人能力的评价,以偏概全,这种一种过分概括化的不合理信念,同时认为考不上研是非常可怕和糟糕的事情,这种一种糟糕至极的不合理信念。可以通过质疑和夸张式的方法跟小王辩论他的这些不合理信念,"比如通过质问小王是否别人都可以有失败的时候,而你不能有?"让他领悟自己并不是学习能力低下和一无是处。

④改变小王常见的不合理信念,帮助他们学会以合理的思维方式代替不合理的思维方式。

可以跟小王探讨考试成功的影响因素,引导小王对研究生考试有个正确的认识。

第三篇　人格心理学

第一章　人格心理学导论

第一节　人格的界定

考点1　人格的定义

1.【参考答案】C

【解析】人格是个体在先天生物遗传素质的基础上,通过与后天社会环境的相互作用而形成的相对稳定而独特的心理行为模式。因此人格概念的主要特点是行为一致性。

考点2　人格的基本性质

1.【参考答案】A

【解析】人格的统合性是指人格是由多种成分构成的一个有机整体,具有内在的一致性,受自我意识的调控。题干中的定义体现了人格的统合性,也叫整体性。

2.【参考答案】D

【解析】人格的功能性是指人格决定一个人的生活方式,甚至有时会决定一个人的命运,因而是人生成败的根源之一。因此"性格决定命运"体现了性格的功能性。

3.【参考答案】B

【解析】"三岁看大,七岁看老"是指从3岁的孩子的心理特点、个性倾向,就能看到这个孩子青少年时期的心理与个性形象的雏形;而从7岁的孩子身上,你能看到他中年以后的成就和功业。这句话体现了人格在人格表现方面的稳定性。

4.【参考答案】人格的统合性是指人格是由多种成分构成的一个有机整体,具有内在的一致性,受自我意识的调控。人格的统合性是心理健康的重要指标。

综合考点　人格的定义和基本性质

1.【参考答案】人格是一个人的内在心理生理系统的动态组织,它决定了此人对其环境的独特适应。人格的基本性质包括以下四点:

1. 独特性("人心不同,各如其面")

一个人的人格是在遗传、成熟、环境、教育等先后天因素的交互作用下形成的。不同的遗传环境、生存及教育环境,形成了各自独特的心理特点。

奥尔波特曾说过:"火可以使黄油融化或使鸡蛋变硬"。这句话即反应了人格的独特性。

2. 稳定性("江山易改,禀性难移")

人格的稳定性反映在三个方面:

①人格形成方面,一个人的某种人格特点一旦形成后,就相对稳定下来了,要想改变它是较有难度的事情。

②人格表现方面,在不同时间、不同情境下人格表现出一致性。包括平均水平上的稳定性和个体间的稳定性。

③人格特征方面,人格特征是指一个人经常表现出来的稳定的心理与行为特点,那些暂时、偶然表现出来的行为则不属于人格特征。

3. 统合性

人格是由多种成分构成的一个有机整体,具有内在的一致性,受自我意识的调控。人格的统合性是心理健康的重要指标。

4. 功能性

人格决定一个人的生活方式,甚至有时会决定一个人的命运,因而是人生成败的根源之一。当面对挫折与失败,坚强者可能发奋拼搏,懦弱者则可能表现出一蹶不振。

第二节　人格成因

综合考点　人格的影响因素

1.【参考答案】

一、遗传与生理因素

1. 遗传因素

可通过以下研究方法证明遗传因素对人格的影响:

(1)家族史或家谱法

通过研究前代人的某种人格特征在家系内后人身上得到显现的频率,用以说明某种人格特征的遗传性和遗传形态。

(2)双生子研究

许多心理学家认为双生子研究是研究人格遗传因素的最好方法。研究者认为同卵双生子之间的差异可能是由环境造成的,而异卵双生子的差异可能是由基因决定的。

(3)收养研究

这种研究可以比较被收养的孩子与其亲生父母之间的相似性,同样也可以比较被收养儿童与收养者之间的相似性。这样,被收养儿童与其亲生父母之间的相似性程度可以考虑是基因的作用,与收养父母之间的相似性程度可以认为是环境的因素。

(4)选择性饲养

选择性饲养的实验研究多用动物来做,方法是选择具有某种特质的动物,予以控制性交配,然后从第二代中再选出具有该特质的动物,相互交配,如此继续繁衍数代,来考察其特质的遗传性。

(5)早晚期行为差异的对比研究

该研究是通过婴儿早期行为与长大后的行为差异来看遗传因素的作用。研究指标有:观察0至1岁的笑的次数,出生数周哭的量,吸吮率,身体动作量。

(6)体质差异研究

体质差异研究强调身心关系,自古以来就存在着人的身体特征与人格有关的观点。

2. 生理因素

人格心理学家主要通过生物化学和脑功能定位两方面的研究来证实生理因素对人格的影响,比如五羟色胺(5-HT)被认为与焦虑和抑郁有关;男性中缺乏单胺类氧化酶A会产生侵犯性行为等等。还比如卡根的研究显示,内向儿童的杏仁核兴奋阈值低。

综上所述,遗传对人格的作用表现在以下几个方面:

①遗传是人格不可缺少的影响因素。

②遗传因素对人格的作用程度随人格特质的不同而异。通常在智力、气质这些与生物因素相关较大的特质上,遗传因素的作用较重要;而在价值观、信念、性格等与社会因素关系紧密的特质上,后天环境的作用可能更重要。

③人格的发展是遗传与环境两种因素交互作用的结果。

二、家庭与早期经验

1. 家庭成因

家庭是社会的细胞,家庭成员间不仅有其自然的遗传因素,也有其社会的"遗传"因素。这种社会遗传因素主要表现为家庭对子女的教育作用。

(1)父母人格的影响力

①父母是权威型的人格类型时,孩子容易形成消极、被动、依赖、服从、懦弱,做事缺乏主动性,甚至会形成不诚实的人格特征。

②父母是放纵型人格类型时,孩子多表现为任性、幼稚、自私、野蛮、无礼、独立性差、惟我独尊,蛮横无理,胡闹等。

③父母是民主型的人格类型时,孩子能形成一些积极的人格品质,如活泼、快乐、直爽、自立、彬彬有礼、善于交往、富于合作、思想活跃等。

(2)家庭教养方式

研究人格的家庭成因,重点在于探讨家庭的差异和不同的教养方式对人格发展和人格差异的影响。如母亲教养方式是保护——纵容型时,孩子的人格类型往往是小霸王型,母亲的教养方式是保护——支配时,孩子的人格类型通常是温顺乖孩子型。

2. 早期童年经验

人格发展的确受到童年经验的影响,幸福的童年有利于儿童发展健康的人格,不幸的童年也会使儿童形成不良的人格。但二者不存在一一对应的关系,溺爱可能使孩子形成不良的人格特点，逆境也可能磨练出孩子坚强的性格。早期经验不能单独对人格起决定作用，它与其他因素共同决定着人格的形成与发展。

综上所述，家庭是"人类性格的工厂"，家庭对人格的影响主要体现在以下方面：

①家庭是社会文化的媒介，对人格具有强大的塑造力；

②父母的教养方式的恰当性会直接决定孩子良好人格特征的形成；

③父母在养育孩子的过程中，表现出了自己的人格，并有意无意地影响和塑造着孩子的人格，形成家庭中的"社会遗传性"。

三、学校与社会文化

1. 学校

①教师对学生人格发展具有导向作用；

②同伴群体对人格发展具有"弃恶扬善"的作用；

③学校是人格社会化的主要场所。

2. 社会文化

①社会文化对人格具有重要作用，特别是后天形成的一些人格特征；

②社会文化因素决定了人格的共同性特征，它使同一社会的人在人格上具有一定程度的相似性。

第三节　人格心理学方法

考点1　一般方法论原则

1.【参考答案】

①被试自愿参加，即在进行研究之前，研究者应征得被试的同意。

②接近真实生活，即研究情境应尽可能靠近被试日常以及习惯的生活，使其成为自然环境，从而避免研究对被试造成不利影响。

③有利的研究设计。首先，这个研究不仅对人类的社会福利有意义，而且以及最大限度地考虑了被试的利益；其次，研究要尽可能减少欺骗措施的运用；再次，研究要尽可能减少对被试的不利影响。

④被试自愿终止。

⑤充足的补救。如果研究出现了对被试的不利影响，研究者必须及时终止研究，并对受影响者做充分的心理补救。

考点2　人格研究的途径

1.【参考答案】D

【解析】人格心理学的研究途径包括临床研究、相关研究和实验研究。因此答案选择D。

章节考点　综合训练

一、简答题

1.【解析】该题答案来自于郑雪版《人格心理学》，该知识点考查频率较低，大家可以根据自己院校的考情来选择性掌握。

【参考答案】科学人格心理学的发展大致可以分为两个阶段：

(1)第一阶段：20世纪30年代至60年代。

这一阶段是人格心理学中主要人格理论体系的建立时期。在六大主要人格理论体系中，除了古典精神分析之外，其他五大人格理论体系都产生于这个阶段。古典精神分析产生于人格心理学的形成时期，1900年弗洛伊德发表《梦的解析》，标志着古典精神分析的形成。自此之后，精神分析内部经过阿德勒、荣格等人的多次分裂，最终在二十世纪三四十年代的美国，产生了以霍妮、沙利文和埃里克森等人为代表的新精神分析学派。与此同时，斯金纳、多拉德和米勒等人在巴甫洛夫和华生行为主义思想与研究的影响下，开创了人格心理学中的行为主义学习论。在此之后，罗特和班杜拉等人进一步提出了社会学习论的人格理论体系。在20世纪30年代，奥尔波特提出了特质论思想。在40年代，卡特尔等人进一步发展了人格测量与因素分析技术，从而完善了人格的特质论体系。在二十世纪五六十年代，马斯洛、罗杰斯等人创立了人本主义的人格理论体系。与此同时，凯利初步创立了认知主义的人格理论体系。至此，人格心理学中的六大人格理论体系均已形成。

(2)第二阶段：20世纪70年代至今。

这一阶段的主要特点是各种人格理论体系相互对立和界限分明的局面逐渐消失，出现了综合化的趋势。目前，人格心理学家中自认为自己属于某一学派，如精神分析或人本主义的情况非常少见，多数人格心理学家倾向于采用各家各派之所长，综合性地运用各种人格理论体系中的思想精华，对自己感兴趣的问题或研究领域进行探讨。综合化不仅表现在理论上，而且表现在方法上，许多重要研究都综合性地运用各种主要的人格研究方法。例如，在研究儿童攻击性问题时，采用临床观察和个案法、测验与相关研究法，以及实验方法。

二、材料分析

1.【参考答案】

(1)奥尔波特认为：人格是一个人的内在心理生理系统的动态组织，它决定了此人对其环境的独特适应。许燕认为：人格是个体在社会生活的适应过程中，对己、对人、对事、对物做出反应时，其自身所显示出来的异于别人的独特心理品质。

(2)人格的研究方法

①自陈量表：是一种要求被试自行报告，回答关于他们在各种情况下的行为或感受等问题的测量工具。

A. 以经验建构的量表

明尼苏达多相人格量表：它是一种探测人格病理倾向的测量工具，其设计是将被试的反应与已知患有某种心理疾病的人的反应相比较来计分。

B. 因素分析建构的量表

卡特尔16种人格因素问卷。

②投射测验：是向被试呈现模棱两可的刺激材料，如(如墨迹或不明确的人物图片)，要求被试解释其知觉，让他在不知不觉中将其情感、态度、愿望、思想等投射出来。

A. 罗夏墨迹测验

由十张对称的不同的墨迹图片组成。其中五张是黑白图片，墨迹的深浅不一，两张是黑色加红色的墨迹图片，另外三张是彩色的墨迹图片。让被试一次看一张墨迹图片，并描述它看到了什么，然后主试又让被试再看一次图片，并询问与其当初反应有关的特定问题，在测试过程中，主试同时观察被试的行为，记录其动作与表情，对某个墨迹图的特殊反应，以及一般的态度。

B. 主题统觉测验

这套测验共有19张内容暧昧的图片，其中一张空白卡片。要求被试去构建一个和图片中的人物有关的故事，描述导致图片中所示情境的原因是什么，人物正感受到怎样的情绪以及可能有怎样的结局。

心理学家在解释这些故事时会考虑下列因素：所涉及的人际关系的性质，人物的动机以及这些人物所显露出来的现实感。

③其它方法

A. 观察：我们可以在日常生活中，也可以在特定的场合观察个人的行为以了解其人格。主要采用两种方法：项目查核法和等级评定法。

B. 晤谈：通常是结构式晤谈，即按照预定的程序，通常是根据问卷或晤谈表进行的。

C. 评定情境中的行为：是指在不同的情境中对一个人的行为模式和稳定态度进行考察。

(3)该学校的做法恰当。学校是一种有目的、有计划地向学生施加影响的教育场所，学校教育对人格形成具有重要作用。

学校教育对性格的形成和定型有深远的影响。学校德育使学生形成一定的思想品德，树立正确的人生观和价值观。智育使学生掌握系统的科学文化知识和技能，促进智力的发展。课堂教学是智育的主要环节。在传授知识的过程中，教师训练学生系统地、有明确目的地学习，克服学习中的困难，可以培养学生坚定、顽强等性格特征。体育不仅使学生掌握运动技能,也能培养意志力和勇敢精神。美育使学生掌握审美知识,形成一定的审美能力,通过对美的理解和欣赏,正确区分美与丑、真与假、高尚与低级、文明与野蛮,形成审美情操。劳动教育使学生形成正确的劳动观点和劳动态度,建立良好的劳动习惯。

校风也影响学生性格的形成。良好的校风、班风促使学生养成勤奋好学、追求上进和自觉遵守纪律等性格特征,不好的校风会使学生形成懒散、无组织、无纪律等特性。

教师是学生的一面镜子,是学生经常学习的榜样。教师的言行对学生性格的形成会产生潜移默化的作用。对于有威信的教师,学生言听计从,教师高尚的品格、渊博的知识、强烈的事业心和责任感等都会对学生产生深刻的影响。对于没有威信、缺乏责任心的教师,学生不愿接受其教育,而教师的消极性格,如粗暴、偏心、神经质等,可能对学生产生自暴自弃、不求上进等不良的影响。

第二章　经典精神分析学派

第一节　弗洛伊德的经典精神分析理论

考点 1　人格结构

1.【参考答案】C

【解析】弗洛伊德首次提出潜意识概念。

2.【参考答案】A

【解析】本我是原始的、与生俱来的和非组织性的结构。本我为人的整个心理活动提供能量,其力量最强大。

3.【参考答案】C

【解析】本我遵循"快乐原则",以非理性的方式工作。

4.【参考答案】

超我(superego)是从自我中分化出来、道德化了的自我,处于人格的最高层。超我代表着人的心理结构中道德和伦理的一面,是传统价值观和社会理想内化的结果。超我包括良心和自我理想两部分。

5.【参考答案】

弗洛伊德认为人格包括本我、自我和超我三个部分。

自我(ego)是从本我中分化而来,是人格中有组织的、合理的、现实取向的系统,也是意识的结构部分。

自我是在本我的冲动与实现本我的环境条件之间的冲突中得到发展的一种心理组织,是本我与外界关系的调节者,遵循现实原则,是人格中现实性的一面。

自我不能脱离本我而独立存在,但按照现实原则进行操作,现实地解除个体的紧张状态以满足其欲望。

自我是人格的执行者,决定着什么行动是合适的。

考点 2　人格发展

1.【参考答案】C

【解析】Oedipus complex 即俄狄浦斯情结,是弗洛伊德提出来的。

2.【参考答案】C

【解析】1-3 岁是肛门期。

3.【参考答案】

男童在 3-5 岁时,会处于一种既爱慕母亲,又怕招惹父亲而受到报复的矛盾状况,就是"俄狄浦斯情结",俗称"恋母情结"。

4.【参考答案】

弗洛伊德把人格的发展分为 5 个阶段:

(1)口唇期(出生-1 岁)

这个时期,口腔部分是性感带(引起快乐的部位)。可以分为两个阶段:一是靠吸吮来获得口腔的满足。这一阶段得到满足容易形成乐观、信任他人等性格;得不到满足则会形成悲观、敌对等性格,成人以后还会表现出好吃、好吸烟等行为特征。二是长出牙齿之后,用啃咬的方式获得满足。这个阶段开始发展出攻击性。

这个阶段的儿童的人格结构中只有本我,儿童会有一种"全能的感觉",即感到自己能控制一切,并且只对自己进行刺激和反应,这种行为特征叫做"原始的自恋"。

(2)肛门期(1-3 岁)

这一阶段,性感带转移到肛门附近。这一阶段是儿童社会化进程的发端。

儿童在这个阶段发展的不顺利容易形成顽固、吝啬、冷酷、破坏、羞怯等性格;顺利发展则会形成慷慨、勤奋和创造等性格。

(3)前生殖器期/性器期(3-5 岁)

这一阶段的性感带为性器官。这一时期要解决的主要问题是男童的"俄狄浦斯情结"(恋母情结)和"阉割焦虑",以及女童的"奥列屈拉情结"(恋父情结)和"阴茎妒羡"。

性器阶段的发展影响儿童的良心(超我)的建立以及对于同性的认同感。

弗洛伊德认为人格结构在 5 岁时就已大致发展完成。

(4)潜伏期(6-12 岁)

这一个时期,儿童的力比多处于暂时的潜伏状态,性兴趣被其他兴趣,如探索自然环境、知识学习、文艺体育活动和同伴交往等所取代。

(5)两性期/生殖期(12 岁之后)

这一个时期,由于性器官的成熟,儿童的性冲动再次萌发,他们开始对异性产生兴趣,喜欢参加由两性组成的集体活动。这时儿童的心理发生了根本的转变,从"自恋"转变为"异性恋"。

考点 3　研究方法

1.【参考答案】

自由联想法是让来访者在毫无拘束的情况下,尽情地说出心中所想到的一切经验。自由联想是精神分析治疗的第一步。

2.【参考答案】

梦的解析是根据来访者在意识状态下所描述的梦境去解析在潜意识状态下所做的梦,也就是根据来访者所陈述的梦境来解析梦的含义。

考点 4　研究主题

1.【参考答案】A

【解析】弗洛伊德认为梦都是本能欲望的满足,是过去特别是儿童时期被压抑和排斥的潜意识欲望的改头换面的复活,是经过修饰改装后的表达。因此本题选择 A。

2.【参考答案】A

【解析】弗洛伊德将人们防止焦虑的能力叫做防御机制。

3.【参考答案】D

【解析】内心有一种欲望或观念要求表达,但表现出来可能引起不良后果,于是以相反的方式进行表达。比如恨一个人,却因为道德约束的作用,而对这个人特别的客气。

4.【参考答案】

防御是自我在解决那些可能导致精神疾病的冲突时所使用的全部策略的总称。防御机制包括压抑、投射、转移或代替、合理化、反向形成、否认和升华等。

第二节　荣格的分析心理学理论

考点 1　人格动力

1.【参考答案】B

【解析】荣格提出的原则包括等值原则、平衡原则和反相原则。

考点 2　人格结构

1.【参考答案】D

【解析】集体潜意识概念是由荣格提出来的。

2.【参考答案】B

【解析】阿尼玛指男性心灵中的女性成分或意象,可以用于解释"伪娘"现象。

3.【参考答案】

集体潜意识是人类在种族进化中所遗留下来的心灵印象,是千百亿年人类集体经验的沉积物,是对外在世界作适当反应所需的潜能。它的主要内容是"原型"。

4.【参考答案】

集体潜意识是人类在种族进化中所遗留

下来的心灵印象,是千百亿年人类集体经验的沉积物,是对外在世界作适当反应所需的潜能。它的主要内容是"原型"。

原型是对某一外界刺激做出特定反应的先天遗传倾向,可以是某个人物、某个情境,或者某些抽象概念。主要的原型类型有以下四种:

(1)人格面具:人格面具是个体适应社会环境的机能表现。是个体在各种情况下角色面具的总和,是个人展示给公众的一面,其目的是给人一个好的印象,得到社会的承认。

(2)阿尼玛和阿尼姆斯:又称异性的原型。阿尼玛指男性心灵中的女性成分或意象;阿尼姆斯指女性心灵中的男性成分或意象。这是人类祖先在漫长的岁月中男女相互交往和共同生活的经验而形成的。

(3)阴影:阴影比任何原型都更多地容纳着人的最基本的动物性或兽性的一面,在人类进化过程中有其深远的根源,是原型中最强大的和最具威胁的一个。它包含了人的心灵中通过遗传获得的最黑暗、最隐密和最邪恶的倾向,因而被称之为阴影。

(4)自性:也是统一、组织和秩序的原型。它是集体潜意识中的一个核心的原型,它把所有别的原型吸引到自己周围,使它们处于一种和谐的状态。

考点4 人格类型

1.【参考答案】B

【解析】荣格根据两种态度或倾向性,把人划分为内倾型和外倾型。

2.【参考答案】外倾感觉型是荣格提出的八种人格类型之一,这种类型的人多为男性。他们喜欢追求欢乐,活泼,有魅力,对客观事物感觉敏锐,精明而求实。但易变成寻欢作乐的酒色之徒。

3.【参考答案】

1. 两种人格倾向

荣格根据两种态度或倾向性,把人划分为内倾型和外倾型。

内倾型,态度指向个人内部的主观世界。喜欢安静、富于幻想、善于探索、孤僻。

外倾型:态度指向外部环境。好社交、开朗、适应能力强、善于冒险。

任何人都同时具有这两种倾向,只是其所处地位或者所占比重不同而已。

2. 四种心理机能

荣格进一步区分出四种心理机能:思维、情感、感觉、直觉。

①思维属于观念和智力的领域,用来思考和领悟。

②情感是一种评价功能,用以判断事物的价值,是人类的各种主观经验。

③感觉是一种感官作用,使人知觉到世界的表面和某些事实。

④直觉则超越了事实、感觉和思维,直接以潜意识过程来认识世界。

思维和情感是理性功能,是完全对立的;感觉和直觉属于非理性功能,也是对立的。

4. 八种人格类型

荣格把两种态度与四种功能结合起来,划分出了八种不同的人格类型。

①外倾思维型:这种人喜欢分析、思考外界事物,生活有规律,客观而冷静,但比较固执己见,情感压抑。

②外倾情感型:这种类型的人多为女性。她们的思维常常被情感压抑,没有独立性,非常注重与社会和环境建立情感与和睦关系。

③外倾感觉型:这种类型的人多为男性。他们喜欢追求欢乐,活泼,有魅力,对客观事物感觉敏锐,精明而求实。但易变成寻欢作乐的酒色之徒。

④外倾直觉型:这种人喜欢追求外部世界的新感觉,易变而富有创造性,有多种嗜好,但难以坚持到底,做事常凭主观预感。

⑤内倾思维型:这种人喜欢离群索居,独自追求自己的思想,常以主观因素为依据分析事物,待人冷漠,倔强偏执,情感受压抑。

⑥内倾情感型:这种人沉默寡言,不易接近,给人一种神秘莫测的吸引力。但内心有非常丰富的和强烈的情感体验。

⑦内倾感觉型:这种人对事物有深刻的主观感觉。喜欢通过艺术形象表现自我。缺乏思想和情感,较被动,安静而沉稳,自制力强。

⑧内倾直觉型:这种人富于幻想,性情古怪。思想往往脱离现实,不易被人理解。常产生各种离奇的幻想和想象,体验奇特怪异。

第三节 阿德勒的个体心理学理论

考点1 人格动力

1.【参考答案】A

【解析】阿德勒提出了自卑理论的器官补偿,认为对器官缺陷和生理自卑的补偿,是人格的原初动力。

2.【参考答案】B

【解析】阿德勒认为,追求优越,克服自卑感,是人生的主导动机,也是人类的天性。

考点2 人格结构

1.【参考答案】

在阿德勒看来,每个人追求优越的目标是不同的,个体所处的环境条件也千差万别,从而导致每个人试图获得优越的方法也迥然不同。阿德勒把个人追求优越目标的方式称为"生活风格"。

阿德勒总结出来三条了解生活风格的途径:

①看他的出生顺序。出生顺序的差别会形成一个人对生活的不同看法和不同的人格。

②对早期的回忆。从早期回忆中可以看出一个人的生活目标。

③对梦的解释。他认为梦更主要是体现出个人对日常生活中所遇问题的态度,因而梦贯穿了人的生活风格。

章节考点 综合训练

一、单选题

1.【参考答案】C

【解析】超我代表着人的心理结构中道德和伦理的一面,是传统价值观和社会理想内化的结果。因此一个人的"犯罪感和羞耻心"是由超我决定。

2.【参考答案】A

【解析】本我是原始的、与生俱来的和非组织性的结构,是人出生时人格的唯一成分,是原始的潜意识的本能。

3.【参考答案】C

【解析】本我遵循"快乐原则";自我遵循"现实原则";超我遵循"道德原则"。

4.【参考答案】B

【解析】自我是意识的结构部分。是本我与外界关系的调节者,遵循现实原则。自我是人格的执行者,决定着什么行动是合适的。

5.【参考答案】B

【解析】本我遵循"快乐原则";自我遵循"现实原则";超我遵循"道德原则"。

6.【参考答案】B

【解析】性器期要解决的主要问题是男童的"俄狄浦斯情结"(恋母情结)和"阉割焦虑",以及女童的"奥列屈拉情结"(恋父情结)和"阴茎妒羡"。

7.【参考答案】A

【解析】压抑是把那些不为超我所容忍,具有威胁性的记忆、念头等禁锢在无意识之中。

8.【参考答案】C

【解析】升华是指人们将具有威胁性的潜意识冲动转化为可被接受的社会性行为的过程。

9.【参考答案】C

【解析】反向作用是指内心有一种欲望或观念要求表达,但表现出来可能引起不良后果,于是以相反的方式进行表达。

10.【参考答案】C

【解析】升华是指人们将具有威胁性的潜意识冲动转化为可被接受的社会性行为的过程。

11.【参考答案】D

【解析】润饰是梦的工作方式之一,不属于防御机制。

12.【参考答案】C

【解析】自身即自性,是集体潜意识中的一个核心的原型,它把所有别的原型吸引到自己周围，使它们处于一种和谐的状态。

13.【参考答案】C

【解析】阿德勒认为，追求优越，克服自卑感，是人生的主导动机，也是人类的天性。

14.【参考答案】D

【解析】超我（superego）是从自我中分化出来、道德化了的自我，处于人格的最高层。超我代表着人的心理结构中道德和伦理的一面，是传统价值观和社会理想内化的结果。因此弗洛伊德人格结构中最文明的部分是超我。

15.【参考答案】C

【解析】反向作用是指内心有一种欲望或观念要求表达，但表现出来可能引起不良后果，于是以相反的方式进行表达。题干中的"明明喜欢一个人却说讨厌他"即为反向作用。

16.【参考答案】B

【解析】自我从本我中分化而来，是本我与外界关系的调节者，遵循现实原则。自我需要调节本我和超我的矛盾，维持人格的平衡。因此对人格健康起关键作用的是自我。

17.【参考答案】C

【解析】潜意识代表的是深藏于内心的、不可接近的部分，是精神活动的主要方面。包括人的原始冲动、各种本能和出生后所形成的的与本能有关的欲望。潜意识过程遵循快乐原则进行，不管现实，只顾享乐。

二、名词解释

1.【参考答案】

潜意识（无意识）是弗洛伊德早期人格结构的核心。潜意识代表的是深藏于内心的、不可接近的部分，是精神活动的主要方面。包括人的原始冲动、各种本能和出生后所形成的的与本能有关的欲望。

2.【参考答案】

本我（id）是原始的、与生俱来的和非组织性的结构，是人出生时人格的唯一成分，是原始的潜意识的本能，遵循"快乐原则"，以非理性的方式工作。

3.【参考答案】

现实性焦虑是人对一个真实的外部威胁的反应，是人觉察到周围环境中存在的现实危险所产生的内心紧张、不安和恐惧。对应的是现实。

4.【参考答案】

移置作用是用一种精神宣泄代替另一种精神宣泄，以一种可获得的对象替代另一个不可获得的对象，或者以一种不引起焦虑的对象替代会引起焦虑的对象。

5.【参考答案】

个体潜意识是曾经在意识中出现，但由于种种的原因而被压抑或忽视了的个体的经验。

6.【参考答案】

情结是一组具有情绪色彩的心理观念聚集在一起，形成心理观念丛，这就是情结。

7.【参考答案】

原型是对某一外界刺激做出特定反应的先天遗传倾向，可以是某个人物、某个情境，或者某些抽象概念。

8.【参考答案】

在阿德勒看来，每个人追求优越的目标是不同的，个体所处的环境条件也千差万别，从而导致每个人试图获得优越的方法也迥然不同。阿德勒把个人追求优越目标的方式称为"生活风格"。

9.【参考答案】

优越情结是指在力争上游的过程中一味地要高人一等，以胜过别人为人生乐趣，待人倨傲、喜人奉承，时常以贬抑他人来抬高自己，以显示自己的优越性。

三、简答题

1.【参考答案】

防御是自我在解决那些可能导致精神疾病的冲突时所使用的全部策略的总称。应对挫折的防御机制主要有以下几种：

（1）压抑

最简单、最基本的防御机制，把那些不为超我所容忍，具有威胁性的记忆、念头等禁锢在无意识之中。例如，我们常说："我真希望没这回事"，"我不要再想它了"，或者在日常生活中，有时我们做梦、不小心说漏了嘴或偶然有失态的行为表现，都是这种压抑的结果。

（2）投射

有些本我欲望和冲动为超我不容，个体便把自己的这些东西加在外人身上，断定是别人而不是自己有这些动机和愿望。例如："仁者见仁，智者见智"、"以小人之心度君子之腹"都是一种心理投射。

（3）转移或代替

用一种精神宣泄代替另一种精神宣泄，以一种可获得的对象替代另一个不可获得的对象，或者以一种不引起焦虑的对象替代会引起焦虑的对象。如一个孩子被妈妈打后，满腔愤怒，难以回敬，转而踢倒身边板凳，把对妈妈的怒气转移到身边的物体上（如"替罪羊"）。这时虽然客体变了，但其冲动的性质及其目的仍然未改变。在心理治疗中，情感的无意识置换既是移情的基础，也是反移情的基础。

（4）合理化

又称文饰作用。对于某一种行为，找一个看似合理正当的理由来解释，以免除焦虑。合理化有两种表现：一是酸葡萄心理，即把得不到的东西说成是不好的；二是甜柠檬心理，即当得不到葡萄而只有柠檬时，就说柠檬是甜的。两者均是掩盖其错误或失败，以保持内心的安宁。

（5）反向形成

内心有一种欲望或观念要求表达，但表现出来可能引起不良后果，于是以相反的方式进行表达。比如恨一个人，却因为道德约束的作用，而对这个人特别的客气。

（6）否认

即不承认现实，扭曲对现实的认知，从而不必面对生活中那些无法解决的困难和无法达成的愿望，从而降低内心的焦虑。如拒绝亲人的亡故，仍坚持其未死。

（7）升华

是指人们将具有威胁性的潜意识冲动转化为可被接受的社会性行为的过程。升华是唯一正向积极的防御机制。例如，参加某些具有攻击性的运动，如拳击，橄榄球等，就使得潜在的攻击冲动以社会接受甚至鼓励的方式宣泄出来。

2.【参考答案】

阿德勒是精神分析学派中第一个与弗洛伊德决裂的人，决裂之后创立了自己的理论体系，即"个体心理学"。阿德勒的个体心理学并非指完全个人的或个别差异的心理学。他所指的个体是一个与社会、与他人不可分割的有机整体，一个有自己独特的目的、寻求人生意义、追求未来理想的和谐整体。

阿德勒对"个体"的理解可以从其人格动力、生活风格、创造性自我和社会兴趣几个方面来了解。

（1）人格动力

阿德勒认为，追求优越，克服自卑感，是人生的主导动机，也是人类的天性。

（2）生活风格

在阿德勒看来，每个人追求优越的目标是不同的，个体所处的环境条件也千差万别，从而导致每个人试图获得优越的方法也迥然不同。阿德勒把个人追求优越目标的方式称为"生活风格"。

阿德勒根据社会兴趣和活动度两个维度，将生活风格划分为四种：①统治支配型；②索取型；③回避型；④社会利益型。

（3）创造性自我

认为个体在成长过程中不是被动地接受遗传和环境的塑造，而是会创造性地自由运用遗传和环境所提供的素材，依照自己独特的方式加以组合，从而形成独一无二的自己。

（4）社会兴趣

指个体觉知到自己是人类社会的一份子，以及个体在处理社会事务时的态度。

3.【参考答案】荣格的人格理论主要包括以下内容：

（一）人格动力

荣格认为，人的整个人格和精神是一个相对封闭的且不断变化的动力系统，人格动力的源泉来自于心理能，有时荣格会用力比多来称呼心理能,它代表着一般生命的能量。
荣格提出了三个原则:①等值原则;②平衡原则;③反相原则。
(二)人格结构
心灵包括一切有意识和潜意识的思想、情感及行为,主要由意识、个体潜意识和集体潜意识三个层面构成。
1. 意识和自我
荣格认为意识是人心中唯一能够被个体直接知晓的部分。自我是个体意识的中心。
2. 个体潜意识和情结
个体潜意识是曾经在意识中出现,但由于种种的原因而被压抑或忽视了的个体的经验。
情结:一组具有情绪色彩的心理观念聚集在一起,形成心理观念丛,这就是情结。
3. 集体潜意识和原型
集体潜意识:是人类在种族进化中所遗留下来的心灵印象,是千百亿年人类集体经验的沉积物,是对外在世界作适当反应所需的潜能。它的主要内容是"原型"。
原型:对某一外界刺激做出特定反应的先天遗传倾向,可以是某个人物、某个情境,或者某些抽象概念。主要的原型类型有以下四种:(1)人格面具;(2)阿尼玛和阿尼姆斯;(3)阴影;(4)自性
(三)人格发展
荣格认为人格的发展过程就是一个人的心灵的个性化过程,经由此过程,人格逐渐变成一个心理独立、不可分割的统一体。荣格将人生主要划分为三个阶段:童年、青年、中年。
(1)童年阶段(出生到青春期)
是人生的早期,力比多指向于学习基本的生活技能。
(2)青年阶段(由青春期到四十岁左右)
以青春期发生的生理变化为标志,荣格称之为"心灵的诞生",这时候心灵开始获得了自己的形式。
(3)中年阶段(大约四十岁以后)
这一时期是人生最重要的发展阶段,个体更关心智慧和人生意义。这一阶段是荣格最感兴趣和著述最频繁的人生阶段。
荣格对老年阶段不太有兴趣,他认为,老年阶段的个体在他们的潜意识里度过的时间越来越多。
(四)人格类型
荣格根据两种态度或倾向性,把人划分为内倾型和外倾型。荣格进一步区分出四种心理机能:思维、情感、感觉、直觉。荣格把两种态度与四种功能结合起来,划分出了八种不同的人格类型。①外倾思维型;②外倾情感型;③外倾感觉型;④外倾直觉型;⑤内倾思维型;⑥内倾情感型;⑦内倾感觉型;⑧内倾直觉型。

四、论述题

1.【参考答案】
弗洛伊德最初把人格分为意识、前意识和潜意识:
①意识:是人对客观现实的自觉的反映,是人清醒知觉的思想和情绪等,是随时可以观察到的心理现象,代表人在任何时刻所能够觉知到的每一件事,包括感觉、知觉和各种经验、记忆等。
②前意识:指没有浮现出意识表面的心理现象,是人们能够回忆起来的经验。前意识是意识同潜意识之间的过渡领域。
③潜意识(无意识):是弗洛伊德早期人格结构的核心。潜意识代表的是深藏于内心的、不可接近的部分,是精神活动的主要方面。包括人的原始冲动、各种本能和出生后所形成的与本能有关的欲望。
弗洛伊德借助冰山模型来说明其人格结构理论,意识只是显露在水面上的冰山一角;那些随着海水载浮载沉,忽隐忽现的冰山部分则是前意识;那些永远隐没在水面之下的巨大部分,则是潜意识。
后来,弗洛伊德将其人格结构表述为本我、自我和超我。
①本我(id):原始的、与生俱来的和非组织性的结构,是人出生时人格的唯一成分,是原始的潜意识的本能,遵循"快乐原则",以非理性的方式工作。
②自我(ego):从本我中分化而来,是意识的结构部分。是本我与外界关系的调节者,遵循现实原则。自我是人格的执行者,决定着什么行动是合适的。
③超我(superego):从自我中分化出来、道德化了的自我,处于人格的最高层。超我代表着人的心理结构中道德和伦理的一面,是传统价值观和社会理想内化的结果。超我包括良心和自我理想两部分。良心是儿童受惩罚而内化了的经验;自我理想是儿童获得奖赏而内化了的经验。超我主要有三个功能:一是抑制本我的冲动;二是诱导自我用合乎社会规范的目标代替较低的现实目标;三是使个人向理想努力,达到完善的人格。
弗洛伊德的"人格三结构"理论是第一个完整的人格理论,其提出的潜意识的概念,使人们进一步认识了心理活动的复杂性和多维性,拓宽了心理学的研究领域。但是其过分重视本我(即本能)的作用,认为人的一切行动都受本我的驱使,使得其人格结构理论显得过于悲观,有失偏颇。

2.【参考答案】
荣格的潜意识理论主要体现在其对人格结构的划分上面,荣格认为心灵包括一切有意识和潜意识的思想、情感及行为,主要由意识、个体潜意识和集体潜意识三个层面构成。
1. 意识和自我
荣格认为意识是人心中唯一能够被个体直接知晓的部分。自我是个体意识的中心。
2. 个体潜意识和情结
个体潜意识是曾经在意识中出现,但由于种种的原因而被压抑或忽视了的个体的经验。
情结:一组具有情绪色彩的心理观念聚集在一起,形成心理观念丛,这就是情结。
3. 集体潜意识和原型
集体潜意识:是人类在种族进化中所遗留下来的心灵印象,是千百亿年人类集体经验的沉积物,是对外在世界作适当反应所需的潜能。它的主要内容是"原型"。
原型:对某一外界刺激做出特定反应的先天遗传倾向,可以是某个人物、某个情境,或者某些抽象概念。主要的原型类型有以下四种:
(1)人格面具
人格面具是个体适应社会环境的机能表现。是个体在各种情况下角色面具的总和,是个人展示给公众的一面,其目的是给人一个好的印象,得到社会的承认。
(2)阿尼玛和阿尼姆斯
又称异性的原型。阿尼玛指男性心灵中的女性成分或意象;阿尼姆斯指女性心灵中的男性成分或意象。这是人类祖先在漫长的岁月中男女相互交往和共同生活的经验而形成的。
(3)阴影
阴影比任何原型都更多地容纳着人的最基本的动物性或兽性的一面,在人类进化过程中有其深远的根源,是原型中最强大的和最具威胁的一个。它包含了人的心灵中通过遗传获得的最黑暗、最隐密和最邪恶的倾向,因而被称之为阴影。
(4)自性
也是统一、组织和秩序的原型。它是集体潜意识中的一个核心的原型,它把所有别的原型吸引到自己周围,使它们处于一种和谐的状态。
荣格对于集体潜意识和原型的研究几乎涵盖了人类一切文化精神现象,完全超越了现代心理学的研究范围,大大扩展了心理学的研究视野,促进了民族心理学、文化心理学和宗教心理学的发展。

第三章 新精神分析学派

第一节 霍妮的人格理论

考点1 霍妮的理论观点

1.【参考答案】B

【解析】霍妮提出了三种神经症的行为方式,分别是亲近他人、反抗他人和逃避他人。

2.【参考答案】

"基本焦虑"是一种独自面对严重问题且完全无助的感觉。感到无助是儿童遇到的基本问题,因为儿童还未发展出一套应付环境和满足自己需要的有效方法。

3.【参考答案】当一个人被理想自我控制时,他就生活在虚幻的世界里,对自己和他人提出许多无理的要求。霍妮把这种现象称为"应该专制"(tyranny of the should)。某些神经症的人常常会说"我应该这样,你应该那样...."。他们受到"应该"的控制而不能自拔,自寻烦恼,自己跟自己过不去,同时也跟别人过不去。

第二节 弗洛姆的人格理论

考点1 弗洛姆的理论观点

1.【参考答案】B

【解析】弗洛姆认为人克服孤独感的积极方式是积极自由。

2.【参考答案】

弗洛姆把人的性格分为两部分:个体性格和社会性格。

(1)个体性格用以区分人和人的个体心理差异;

(2)社会性格是一个社会中绝大多数成员所具备的基本性格结构,社会性格具备以下基本特点:

①它是群体心理,在不同场合指不同群体,也可以指民族或阶级心理;

②它是一个群体在共同的处境下在共同的生活方式和基本的实践活动的基础上形成的;

③它是激发一个群体的行为的共同的内在驱动力。

(3)弗洛姆认为社会性格是联系经济基础和上层建筑的中介之一,一定社会的经济基础是造就社会性格的决定因素,具有一定社会性格的人会形成一些共同的观念,这些观念经理论化形成了意识形态。

(4)形成的意识形态又容易被具有一定社会性格的人所接受并强化了这种社会性格。因此,经济基础决定了社会性格,意识形态根植于社会性格中,反过来意识形态对经济基础起作用,推动其向前发展。

章节考点 综合训练

一、单选题

1.【参考答案】A

【解析】弗洛姆把人的性格分为两部分:个体性格和社会性格。个体性格用以区分人和人的个体心理差异;社会性格是一个社会中绝大多数成员所具备的基本性格结构。弗洛姆强调人格的社会因素。

二、简答题

1.【解析】霍妮的人格理论并不属于人格特质理论,这里可以回答其人格结构理论以及三种神经症人格。

【参考答案】霍妮把人格看成是完整动态的自我,自我有三种基本的存在形态。

①现实自我:指个体在此时此地所拥有和表现出来的一切存在的总和。相当于自我概念。

②真实自我:也叫做可能的自我。指个体的潜能,是个体得以生长发展的主要内在力量。

③理想自我:也叫做不可能的自我。是指个体为了逃避内心冲突,寻求合理统一,而凭空在头脑中设想的一种不合理的自我形象,是纯粹虚幻,不可能实现的。

理想自我是一种病态的自我,霍妮认为它是形成神经症或变态人格的主要原因。

霍妮还提出了3种神经症的行为方式和人格倾向:

①亲近他人与顺从型人格:对应前两种神经症需要。这类人通过顺从、友好、合作和极度依赖来获得安全感。他们不给予,只是得到;不分享,只是索取。

②反抗他人与攻击型人格:对应第三至第七种神经症需要。这类人通过控制和主宰别人来获得安全感。

③逃避他人与退缩型人格:对应后三种神经症需要。这类人通过离群索居来获得安全感。

正常人也会使用这些方式,但会根据环境的变化将三种行为加以统整,寻求最有效的策略。而神经症的患者总是固执地使用一种行为方式。

2.【参考答案】

弗洛姆是从以下三个方面来解释社会化的:

(1)弗洛姆提出社会性格论来解释人的社会化,他认为人格包括气质和性格,气质是体质性的、不可改变的,而性格是由人的经验尤其是早期经验构成是可变的,是人的能量引向同化和社会化的过程,性格是人适应社会的基础,它的产生和发展是以适应社会为核心的。

(2)他还提出性格取向的概念,指一些性格特征具有共同的倾向性,并根据占主导地位的性格取向来划分性格类型。根据同化过程中的取向是否具有生产性,把人的性格分为:生产性取向和非生产性取向,非生产性取向包括接受取向、剥削取向、囤积取向和市场取向。

(3)人的社会化过程中也会形成四种不健康的性格取向:受虐狂,施虐狂、破坏性和机械地自动适应。社会性格是指一个社会中绝大多数成员所具有的基本性格结构,并把它看作是联系经济基础和上层建筑的重要中介之一。

对弗洛姆人格理论的评价:

①拓宽了精神分析以及整个心理学研究的视野。

②社会变革论陷入乌托邦的空想主义,改革方案空泛、难以实施;

③缺少定量的分析和研究;

④较难发现弗洛姆的理论与治疗实践之间的对应关系,理论显现出明显的说教意味,流于主观化;

⑤没有提出一个全面完整的人格理论。

3.【参考答案】弗洛姆根据同化过程中的取向是否具有生产性,将人的性格分为非生产性取向和生产性取向。非生产性取向包括:接受取向、剥削取向、囤积取向和市场取向。接受取向的人乐于被动地接受所需要的东西,不管是物质的还是精神的;剥削取向的人则通过暴力或狡诈来得到他所需要的东西;囤积取向的人通过囤积和节俭来获取安全感;市场取向(或雇佣取向)的人则随市场的需要和老板的要求而行动。

生产性取向的人关心的是人的潜能的实现,其性格特征体现在思维、工作和情感过程中。生产性的思维即理性思维,能透过现象看本质。生产性的工作不是为了活下去或因强权所迫,也不是为克服空虚,而是为了实现自己的潜能。

人在社会化过程中也会形成四种性格取向,包括:受虐狂、施虐狂、破坏性和机械地自动适应。它们与同化过程中的四种非生产性取向是一一对应的,如接受取向和受虐狂取向所指的是同一类人,如此类推。受虐狂者通过屈服于他人,以逃避孤立无助的处境,同时也可以从中得到(接受)所需要的东西。施虐狂者通过使他人屈服来显示自己的伟大,并从被统治者那里获取(剥削)所需要的东西。破坏性者是由于害怕自己营造的世界(囤积)被侵犯,而主动且非理性地加以消灭和摧毁。以上三种倾向都常常以爱、责任、良心、爱国主义等合理化的形式出现。机械地自动适应就是放弃个性,根据市场效应自动地与他人保持一致。

实际上人的性格往往是各种取向的混合，只是其中一种取向占主导地位。如接受取向和剥削取向混合的人表现出欺软怕硬的两面性格，他在权力大的人面前献媚，在权力小的人面前逞强。

三、论述题

1.【参考答案】(一)古典精神分析理论的主要内容

1. 以无意识本我为核心的人格结构论

(1)无意识、前意识和意识

①意识：人格的表层部分，它是人能随意想到、清楚觉察到的主观经验所组成。具有逻辑性、时空规定性和现实性。

②潜意识：不曾在意识中出现的心理活动和曾是意识的但已受压抑的心理活动。也叫无意识。

③前意识：位于意识和潜意识之间，由那些虽不能即刻回想起来，但经过努力就可以进入意识领域的主观经验所组成。

(2)本我、自我和超我

①本我：人格中的动物性部分。由先天的本能、原始的欲望所组成，包含在无意识之中，遵循"快乐原则"。

②自我：是人格中理智的、符合现实的部分。派生于本我，总是根据现实的可能性力图满足本我的要求，按照"现实原则"办事。

③超我：它是人格中最文明、最有道德的部分。超我有两个方面，一是自我理想，另一个是良心。按照"道德原则"行事。

(3)焦虑和自我防御机制

焦虑理论：弗洛伊德认为人有三种焦虑。第一种是现实焦虑；第二种为神经质焦虑；第三种焦虑称为道德焦虑。

自我防御机制：为了减轻或消除人格内部的冲突、降低或避免焦虑，以保持人格的完整和统一，自我发展了许多保护性的机制，弗洛伊德称之为自我防御机制，包括：①压抑；②否认；③投射；④反向作用；⑤合理化；⑥转移；⑦升华

2. 人格动力理论

在早期，弗洛伊德认为人有两种基本的本能，一种是生存本能，另一种是性本能。在后期，弗洛伊德提出了生本能和死本能新的概念。死本能是有机体返回自己先前无机状态的趋向。与死本能相对立的概念是生本能，它包括生存本能和性本能。

3. 以性心理为主线的人格发展阶段论

弗洛伊德认为，随着年龄的增长，幼儿性欲最敏感的区域或处于显著地位的动欲区会发生转移，不同年龄阶段的婴幼儿都有其不同的主要动欲区。其发展阶段包括：

(1)口唇期(0-1岁)；(2)肛门期(1-3岁)；(3)生殖器期(3-6岁)；(4)潜伏期(6-11岁)；(5)生殖期(11或13岁开始)。

(二)新精神分析人格理论

新精神分析是在弗洛伊德古典精神分析的基础上演化出来的一个新的理论流派。新精神分析人格理论主要包括：(1)阿德勒的个体心理学：阿德勒认为，克服自卑感，追求优越感是人格的动力，并且提出了生活风格理论。(2)哈特曼的自我心理学：区分了自我的两种自主性，一级自我自主和二级自我自主；(3)埃里克森的自我心理学：提出了自我发展的八个阶段；(4)霍妮和弗洛姆等人的社会文化论。

(三)两者的比较

新精神分析人格理论与弗洛伊德的体系有许多重大分歧，但也保留了精神分析的某些基本观点与原则，如心理动力观、心理决定论、无意识理论、早期经验对人格的决定性影响，以及自我与防御机制等。

新精神分析人格理论在弗洛伊德的理论基础之上的改变主要体现以下几个方面：(1)更强调自我的功能；(2)社会变量对人格有重要影响；(3)较少强调力比多的作用；(4)人格发展贯穿人的一生，而不仅是童年。

四、案例分析

1.【参考答案】

我们可以用埃里克森的自我同一性理论来分析该主人公的事例。

(1)埃里克森人格理论的内容

自我同一性是指人对自我一致性或连续性的感知，常常出现在青年的后期。在个人方面，有个人同一性，他指认识清楚自己固有的特点、爱好、理想，这是一个要确定自己做什么样的人的时期。在社会方面，有集体同一性，是追求一种社会的认同感。

埃里克森认为，人格发展的每个阶段都由一对冲突或两极对立的矛盾所构成，并形成一种危机。包括以下阶段：

①基本信任对基本不信任(0-1岁)

这个阶段相当于弗洛伊德所称的口腔期。此时儿童最为软弱，完全需要成人的照料，对成人的依赖性很大。当危机得到解决时，儿童人格中会产生一种品质，这就是希望。具有希望品质的儿童对人有一种基本的信任感，敢于希望、富于理想，具有较强的未来定向。自我的希望品质是人际信任和健康人格的基础。

②自主对羞怯和疑虑(1-3岁)

这个阶段相当于弗洛伊德所称的肛门期。这个时候的儿童学会了爬、走、推、拉和说话等大量生活技能，更为重要的是他们逐渐学会了怎样坚持或放弃，也就是说此时的儿童开始有自我"意志"。当儿童学会适应社会规则而又不至于过分丧失自己的自主性时，自主对害羞和怀疑的危机就解决了，由此获得一种新的人格品质，即意志。

③主动对内疚(3-6岁)

这个阶段相当于弗洛伊德所称的性蕾期。这时的儿童有更为精细的活动，语言更为熟练，想象更为丰富。有目的的儿童富于想象力和主动性，具有追求有价值目标的勇气，不怕失败和惩罚。

④勤奋对自卑(6-12岁)

这个阶段相当于弗洛伊德所称的潜伏期此时的儿童大多数都在上小学，学习成为儿童的主要活动，如果这一阶段的危机得到积极解决，就会形成能力的品质。

⑤同一性对角色混乱(12-20岁)

这个阶段相当于弗洛伊德所称的生殖期。艾里克森认为青少年时期主要的任务就是建立一种新的同一性或自我认同感。青少年获得的是积极同一性，就会形成忠诚的品质。

⑥亲密对孤独(20-25岁)

这一阶段属于成年早期。如果这一阶段的危机得到积极解决，就会形成爱的品质；如果得到消极解决，就会产生混乱的两性关系。

⑦繁殖对停滞(25-65岁)

这一阶段属于成年期，一个由儿童变成成年人、结婚生子、成就事业的时期。如果这一阶段的危机得到积极解决，就会形成关心的品质；如果是消极解决，就会形成自私的品质。

⑧自我整合对失望(65岁至死亡)

这一阶段属于成年晚期或老年期。这时的主要工作都差不多已经完成，是回忆往事的时候。如果这一阶段的危机得到积极解决，就形成智慧的品质。

(2)对案例的分析

小鬼当家的主人公麦考利小时候表演天赋惊人，在10岁时因为出演电影《小鬼当家》更是一炮而红，这之后麦考利的人生却慢慢的发生了逆转。根据埃里克森的人格发展阶段理论，我们可以分析在麦考利进入"同一性对角色混乱"阶段时，麦考利需要建立起自我的同一性和自我认同感，但是年少成名的他身处复杂的演艺圈，其父母看到他火了之后根本不关心他的感受，一心想要利用他赚钱，甚至最后离婚打官司争夺抚养权逼得麦考利选择永久退出演艺圈，这些全都导致麦考利无法正确的认识自我并建立起自我同一性，而是处于同一性混乱的状态。最终演变成了15岁酗酒吸毒抽烟，17岁结婚，19岁离婚，如今演艺之路没有起色，淡出人们视野的现状。

(也可选用其他新精神分析理论进行分析，言之有理即可)

第四章　行为主义学派

第一节　多拉德和米勒的人格理论

考点1　学习的四要素

1.【参考答案】A

【解析】多拉德和米勒认为人格是习得的，而学习是由以下四个要素组成的：内驱力、线索、反应和奖赏（强化）。

考点2　挫折-攻击假说

1.【参考答案】

可以用多拉德和米勒提出的挫折-攻击假说来解释攻击行为产生的原因。

挫折-攻击假设的基本观点是：攻击是挫折的一种后果，攻击行为的发生总是以挫折的存在为先决条件。反之，挫折的存在总要导致某种形式的攻击。

挫折多大程度上能够引起攻击行为，取决于这几点：①挫折感的强度；②受挫折的范围；③遭受挫折的次数；④对攻击行为后果的预期。

在1941年，米勒修正了这一理论，认为攻击不是挫折的唯一反应，人们在遭遇挫折以后既可以产生攻击行为，也可以产生退缩、退让等行为。个体遭遇挫折以后可以引起两类反应，一类是情绪性反应，一类是理智性反应。挫折是否导致攻击是以认知为中介的。

考点3　童年期的四个关键训练

1.【参考答案】B

【解析】多拉德和米勒认为儿童时期四个关键训练包括：喂食情境、大小便训练、早期的性教育和激怒-焦虑冲突。

章节考点　综合训练

一、简答题

1.【参考答案】

1. 多拉德和米勒认为人格是习得的，而学习是由以下四个要素组成的。

(1)内驱力：内驱力是促使有机体行动的任何一种强烈刺激。

内驱力可以分为内部驱力（如饥饿、干渴等）和外部驱力（如寒冷、吵闹等）。

内驱力还可以分为基本内驱力和二级内驱力。基本内驱力也叫原始内驱力，是与生俱来的并且和维持有机体的生命有关，与有机体的基本需要有关，如饥饿、渴、性等；二级内驱力也叫习得性内驱力，是后天习得的，如恐惧、焦虑等。

(2)线索：线索是决定有机体何时、何地做出反应，以及做出何种反应的刺激。内驱力驱使行为，线索则指导行为采取适当的方向。

(3)反应：反应是由内驱力和线索诱发出来的，旨在降低或消除内驱力强度的行为或心理活动。

反应可以是外显的动作或行为，也可以是内部的心理活动，如思维、计划等，其最终目的是为了降低内驱力。这种内隐的反应被称为线索性反应，它们通常决定随后的反应是什么。

(4)奖赏（强化）：指任何能够使得某一特定刺激或线索所引发的反应频率增加的东西。

多拉德和米勒认为，只要同时具备了上述四个要素，学习就会发生。

2. 对多拉德和米勒的人格理论的评价：

(1)贡献：

①使弗洛伊德的概念客观化；

②推动了行为治疗的进一步发展；

③搭起了动物学习实验和临床心理治疗之间的桥梁。

(2)缺陷：

①过分强调原始驱力的决定作用，相对忽视自我意识对行为的重要影响；

②使用老鼠来研究人类的行为，这一点遭受人们的广泛批评；

③过分强调受环境刺激所规范的习得性行为，轻视遗传因素的作用。

第五章　人本主义学派

第一节　马斯洛的人格理论

考点1　需要理论

1.【参考答案】D

【解析】马斯洛的需要层次理论，从低到高的需要分别为：生理需要、安全需要、归属与爱的需要、尊重的需要和自我实现的需要。

2.【参考答案】A

【解析】安全需要是指生命对于稳定、安全感、依赖、秩序、法律、界限、避免痛苦和恐吓、受保护的需要等等。

3.【参考答案】C

【解析】这段话反映了人们对需要的满足是由低到高的，先是生理需要，再是安全需要，再是爱和归属的需要，并且低层次的需要得到满足之后，人们就会开始追求高一层次的需要。

4.【参考答案】

马斯洛最初将需要分为七个层次：生理需要、安全需要、爱和归属需要、尊重需要、认知需要、审美需要和自我实现需要。后来，他把认知需要和审美需要归入自我实现的需要，形成最终的五层次说。这些需要是有层次的，是由低到高的逐级上升的过程，呈金字塔式排列。

5.【参考答案】

马斯洛最初将需要分为七个层次：生理需要、安全需要、爱和归属需要、尊重需要、认知需要（对于知识、理解的需要，包括认识自己和周围世界的需要）、审美需要（对于美、对称、简洁、完满和秩序的需要）和自我实现需要。后来，他把认知需要和审美需要归入自我实现的需要，形成最终的五层次说。

(1)生理需要

与有机体生存、繁衍有关的需要，是人和动物所共有的。如对于食物、水、氧气、性、排泄和睡眠的需要等等。这些需要在所有需要中占绝对优势，是人的需要中最基本、最强烈的，优先于任何其他需要。

(2)安全需要

生命对于稳定、安全感、依赖、秩序、法律、界限、避免痛苦和恐吓、受保护的需要等等。

(3)爱和归属的需要

渴望在生活圈子里与他人建立亲密的感情联系，渴望被别人接纳，能够给予爱并获得爱，并被认为很有吸引力。马斯洛认为爱分为匮乏之爱和存在之爱。

(4)尊重的需要

包括自尊和来自他人的尊重两方面。自尊包括对自己有力量、有成就、有信心以及要求独立自由的渴望，即感觉到自己是有能力的、有价值的。来自他人的尊重是指需要别人承认我们是有能力和有价值的，包括希望自己有名誉、威望、地位，得到他人的认可和赏识。

(5)自我实现的需要

最高层次的需要，是人类所特有的需要。自我实现的需要是指促进个人发挥自身最大潜能的需要，是促使潜在能力得以实现的趋势，这种趋势促使他成为他所能成为的人。

马斯洛认为这些需要是有层次的，是由低到高的逐级上升的过程，呈金字塔式排列。他认为在满足较高层次需要之前，必须先满足较低层次的需要，但是也可以是低级需要部分地满足时，有高级需要的产生。

大学生报考研究生的行为动力：

(1)大学生的低级需要，如生理需要、安全需要、爱和归属的需要等一般已经得到满足，因此他们开始追求更高层次的需要，如尊重的需要和自我实现的需要。

(2)考取研究生可以使个体充实自己的知识，提高自己的阅历，获得自信和受到来自他人的尊重，实现自己的人生价值。

(3)需要在一定程度上可以引发动机，学生有追求知识的需要，有获得更高学历的需要，才会引发人们去努力学习，考上研究生。

（言之有理即可）

考点2 自我实现的理论

1.【参考答案】

天才常陷于一种内心冲突:一方面他像每个正常的人一样愿意表达自我,发挥自己全部的潜能;另一方面。他又发现自己要学会像圣经中的约拿一样掩饰自己,贬低自己,来避免他人的攻击。这种内心深处的矛盾冲突就是约拿情结。

2.【参考答案】

高峰体验是指人们在追求自我实现的过程中,基本需要获得满足后,达到自我实现时所感受到的短暂的、豁达的、极乐的体验,是一种趋于顶峰、超越时空、超越自我的满足与完美的体验。

第二节 罗杰斯的人格理论

考点1 理论观点

1.【参考答案】

罗杰斯认为个体的基本动力是谋求自我的充分发展,即自我实现的倾向。换句话说,个体有一种基本的驱力:实现自我、维持自我并提升自我。

2.【参考答案】

罗杰斯认为自我是关于自己各个方面的印象。自我是一个具有组织性、一致性和整体性的知觉模式,它主要包括以下内容:

①个体对自己的知觉及其与之相关的评价;

②个体对自己与他人关系的知觉与评价;

③个体对环境各方面的知觉及自己与环境关系的评价。

另外,罗杰斯还提出了理想自我的概念,理想自我是个体希望自己能够具备的样子。

罗杰斯认为个体的自我概念应当与其理想自我相接近,这表示个人对自己本身的知觉和所希望成为的形象相符合。

3.【解析】该题答案来自于郑雪版《人格心理学》,其内容类似于许燕版《人格心理学》中的人格适应的内容,但郑雪版中介绍的更为详细,同学们可以结合理解学习。

【参考答案】自我实现受阻碍到恢复正常的过程包括以下几个阶段:

(1)威胁的经验

当外部价值条件中强加的评价与机体内部评价过程的评价不同时,自我概念和经验之间不可避免地会发生冲突。这种冲突的意义在于它威胁到自我的一些部分。我们在情感上对威胁的体验是模糊的不安和紧张感,通常称为焦虑。焦虑是整合的自我概念正处于被分解的危险之中的一个信号。这将会在一个人完全意识到自我概念和有威胁经验之间的差距时体验到。焦虑引起防御过程试图减少非整合感,不断降低焦虑带来的不愉快感觉。

(2)防御过程

防御过程维持自我和经验之间的一致。罗杰斯于1959年阐述了达到这一目标的基本道路:感知歪曲和否认。通过感知歪曲,人们改变(歪曲)经验的感知方式来使它与自我概念相符。否认是另一个基本的防御过程,当我们感觉到经验与自我概念不一致的时候,自己就应该相信经验不存在。

(3)心理调整

罗杰斯根据自我和经验之间的和谐来看待心理调整。心理调整需要主观经验与外部现实的紧密符合。当这样的符合存在时,一个人不会感到经验是一种威胁,而对经验开放,从而使经验与自我概念一致。

(4)瓦解和崩溃

当自我与经验之间的不一致变得过大时,个体的防御过分地歪曲和否认经验,其结果是一致的和整体的自我解体了。

(5)重新整合

自我概念和经验的不一致能通过对人格的重新整合过程来减少。重新整合过程通过修改防御过程来修复一致性,换句话说,个体开始清楚意识到他歪曲和否认的经验。罗杰斯认为,重新整合仅仅在个体价值条件减少、无条件积极看待增加的情况下才有可能出现。

考点2 研究方法

1.【参考答案】D

【解析】Q分类法是罗杰斯在史蒂文森的基础上发展出来应用于自我概念的研究的一种方法。Q分类法要求被试将写有描述自我特征的一系列卡片,根据卡片中符合个人的程度分为若干类,要求被试按照正态分布的方式来选择卡片,然后研究者按照被试分类的结果进行分析,了解他的自我特征。

章节考点 综合训练

一、单选题

1.【参考答案】D

【解析】这句话的意思是百姓的粮仓充足,丰衣足食,才能顾及到礼仪,重视荣誉和耻辱。这和马斯洛的需要层次理论的观点一致,人们只有满足了低级需要之后,才会追求高级需要。

2.【参考答案】D

【解析】马斯洛把需要分为两类,一类是基本需要,也叫缺失性需要,直接关系到个体的生存,另一类是心理需要,也叫成长性需要,可以产生成长性动机,是一种超越了生存需要之后,所产生的发自内心的希望发展和实现自身潜能的需要,它不受本能的支配,为人类所特有。

3.【参考答案】A

【解析】马斯洛的需要层次理论,从低到高的需要分别为:生理需要、安全需要、归属与爱的需要、尊重的需要和自我实现的需要。

4.【参考答案】C

【解析】马斯洛的需要层次理论不是绝对正确的,任何理论都不是绝对正确的。生理需要和安全需要是很重要的。不同的人对低级需要的需求是不同的,这句话正确但是与题干无关,因此C选项是正确的。

5.【参考答案】B

【解析】罗洛·梅被称为存在主义心理学之父。

二、名词解释

1.【参考答案】

自我实现的需要是最高层次的需要,是人类所特有的需要。自我实现的需要是指促进个人发挥自身最大潜能的需要,是促使潜在能力得以实现的趋势,这种趋势促使他成为他所能成为的人。

2.【参考答案】

在高峰体验时,人会产生一种存在认知,这与一般的认知不同,这种体验仿佛与宇宙融合了,是人自我肯定的时刻,是超越自我的、忘我的、无我的状态。

3.【参考答案】

是指无论孩子是什么样子,无论孩子做了什么,无论孩子胖或瘦,高或矮,聪明或愚笨,顺从或不听话,都能获得父母的全部的、真正的爱,父母会无条件的尊重孩子。

三、简答题

1.【参考答案】

机能完善的人是依照机体内部估价过程而不是外在价值条件生活的人。其具有以下几个特征:

①经验开放;

②自我协调;

③机体估价过程;

④无条件的积极自我看待;

⑤与同事和睦相处。

在走向自我实现的过程中,人具有以下特征:

①对经验日益开放;

②越来越重视存在的经验;

③对自己机体的信赖不断增强。

2.【参考答案】

罗洛·梅认为人格有六大特征,他把这六种特征视为存在的六种本体论特点。

(1)自我中心:每一个存在着的人都是以自我为中心的。

(2)自我肯定:也称为成为自我的勇气,指人保持自我中心的勇气。自我肯定的勇气分为四种:①身体勇气:指人对自己身体力量的肯定;②道德勇气:指与同情心有关的勇气;③社会勇气:指与人交往,建立亲密人际关系的勇气;④创造勇气:也称艺术勇气,指促使人不断发展、变化的勇气。这是最难得的勇气。

(3)参与:个体必须融入周围的环境,和周围环境发生联系,在各种各样的联系中,分享世界,发展自我。

(4)觉知:指人与外界接触时,发现外在威胁的能力,是人关于感觉、愿望、身体需要以及欲望的体验。

(5)自我意识:是自我观察的能力。觉知是人和动物所共有的,而自我意识是人所特有的的能力。自我意识可以觉知外部的危险,也可以对自我进行认知。

(6)焦虑:指人的存在面临威胁时所产生的一种痛苦的情绪体验,是个体对威胁自身的存在的反应。

罗洛·梅根据人格发展特征将人的成长划分为四个阶段:

(1)天真的人格:两三岁以前,人还未形成自我意识。这一阶段,各种潜能尚未发掘,奠定了儿童人格发展的基础。

(2)内在力量的反抗:个体两三岁和青少年时,会对父母或某些规则表示出不满、忽视,甚至拒绝,即心理断乳。

(3)寻求发展的自我意识:从婴儿期到青少年后期,人的心理平衡地发展。这一阶段自我意识状态不是真正意义上的存在,也不意味着真正的人格成熟。

(4)创造的辉煌:也叫做创造性的自我意识阶段,达到这一阶段意味着人格的成熟(自我实现)。

对罗洛·梅人格理论的评价:

(1)贡献:①促进了现代人格心理学的发展,丰富人格概念,开拓新视角;②开创了美国存在心理治疗理论,重视心理治疗中的人性和理解,确立心理治疗的原则和标准;③创建了美国存在心理学,开辟了人本主义心理学的新取向。

(2)缺陷:①理论结构不很清晰,其著作体系比较杂乱,主要理论存在不确定性;②具有明显的非理性特征;③具有浓厚的宗教色彩;④对精神病成因讨论模糊;⑤缺乏科学的严谨性;⑥被认为是哲学;⑦有一定的反社会倾向;⑧过分注重整体综合。

3.【参考答案】(一)马斯洛的人格理论

马斯洛强调人类所有的行为都是由需要引起的,而不是由性本能引起的。他认为人类是由一系列具有生命意义的和满足内在的需求所驱动。

马斯洛最初将需要分为七个层次:生理需要、安全需要、爱和归属需要、尊重需要、认知需要(对于知识、理解的需要,包括认识自己和周围世界的需要)、审美需要(对于美、对称、简洁、完满和秩序的需要)和自我实现需要。后来,他把认知需要和审美需要归入自我实现的需要,形成最终的五层次说。

自我实现的概念有两层含义:一是作为一种人格的自我实现,只有少数人才能够做到,这种人可以成为自我实现的人;二是作为一种基本需要或动力的自我实现,是人潜能的实现,是人的高级需要,任何人都有可能体验到。

(二)罗杰斯的人格理论

1. 人格结构

(1)自我/自我概念:是关于自己各个方面的印象。自我是一个具有组织性、一致性和整体性的知觉模式。

(2)理想自我:是个体希望自己能够具备的样子。

2. 人格发展

罗杰斯认为人格的发展受到他人评价的影响。影响自我发展的因素主要有以下几个方面:

(1)积极关注的需要:指在生活中得到周围人的关心、同情、尊敬、认可、温暖等情感的需要。

(2)价值的条件:得到父母的积极关注是有条件的,需要做某些事情才可以得到,如果做另一些事情就得不到这种关注,这就是价值的条件。

(3)无条件的积极关注:罗杰斯认为孩子需要的是父母无条件的积极关注,无论孩子是什么样子,无论孩子做了什么,无论孩子胖或瘦,高或矮,聪明或愚笨,顺从或不听话,都能获得父母的全部的、真正的爱,父母会无条件的尊重孩子。

3. 人格适应

(1)自我的一致性

罗杰斯认为,个体的功能就是维持自我的一致性,个体愿意表现出与其自我概念相一致的行为,使获得的经验与自我相符合,便可以维持自我概念。

因此一个心理健康的人,应该具有自我一致性,能够采取开放的态度,接受自己所有的经验,能够将他的经验同化到自我的结构中。

(2)自我不协调

当自我概念与实际经验之间出现差距的时候,个体就处于不协调状态,就会产生强烈的焦虑。这种与自我概念不一致的经验会对自我概念产生威胁,个体会采用否认和曲解的防御方式来应付现状。

罗杰斯认为心理不健康的人,自我概念与自身经验是不协调的。个体不能客观认识环境,阻碍自我发展。自我不协调是造成适应不良和病态行为的根源。

综上所述,由于自我具有筛选功能,人格的改变相当困难。

4. 人格动力

罗杰斯认为个体的基本动力是谋求自我的充分发展,即自我实现的倾向。换句话说,个体有一种基本的驱力:实现自我、维持自我并提升自我。

(三)对中国教育现象的启示

马斯洛的需要层次理论和自我实现理论启示我们在教学过程中不能只是单纯的传授知识,还需要关注学生不同层次的需求,并且帮助学生满足其需求,激发学生的潜能,达到自我实现。

罗杰斯的人格理论启示我们在教学中应该"以学生为中心",把教学活动的重心从教师引向学生,针对不同学生的情况进行个别化教学。另外在教学中应该突出情感的地位和作用,以情感作为教学活动的基本动力。

(对教育现象的启示言之有理即可)

3.【参考答案】罗杰斯认为人格的发展受到他人评价的影响。影响自我发展的因素主要有以下几个方面:

(1)积极关注的需要

积极关注的需要是指在生活中得到周围人的关心、同情、尊敬、认可、温暖等情感的需要,每个人都有获得他人积极关注的需要,这种需要的满足来自于他人的赞许。

(2)价值的条件

大多数父母总是表扬孩子的好行为,对这些好行为给予积极的关注,父母不表扬不良的行为,不给予积极关注。这样,孩子们就会知道得到父母的积极关注是有条件的,需要做某些事情才可以得到,如果做另一些事情就得不到这种关注,这就是价值的条件。

(3)无条件的积极关注

罗杰斯认为孩子需要的是父母无条件的积极关注,无论孩子是什么样子,无论孩子做了什么,无论孩子胖或瘦,高或矮,聪明或愚笨,顺从或不听话,都能获得父母的全部的、真正的爱,父母会无条件的尊重孩子,也就是说,孩子不会担心失去父母对自己的爱和喜欢,罗杰斯认为这对孩子人格的发展非常重要。

四、论述题

1.【参考答案】

马斯洛强调人类所有的行为都是由需要引起的,而不是由性本能引起的。他认为人类是由一系列具有生命意义的和满足内在的需求所驱动。

1. 需要的种类

①基本需要:也叫缺失性需要。如果缺失,可引起匮乏性动机,为人和动物共有;如果得到满足,紧张就会消除,兴奋就会降低,便会失去动机,它与人的本能相联系。

②心理需要:也叫成长性需要,可以产生成长性动机,是一种超越了生存需要之后,所产生的发自内心的希望发展和实现自身潜能的需要,它不受本能的支配,为人类所特有。

2. 需要的层次

马斯洛最初将需要分为七个层次:生理需要、安全需要、爱和归属需要、尊重需要、认知需要(对于知识、理解的需要,包括认识自己和周围世界的需要)、审美需要（对于美、对称、简洁、完满和秩序的需要）和自我实现需要。后来，他把认知需要和审美需要归入自我实现的需要，形成最终的五层次说。

（1）生理需要

与有机体生存、繁衍有关的需要，是人和动物所共有的。如对于食物、水、氧气、性、排泄和睡眠的需要等等。这些需要在所有需要中占绝对优势，是人的需要中最基本、最强烈的，优先于任何其他需要。

（2）安全需要

生命对于稳定、安全感、依赖、秩序、法律、界限、避免痛苦和恐吓、受保护的需要等等。

（3）爱和归属的需要

渴望在生活圈子里与他人建立亲密的感情联系，渴望被别人接纳，能够给予爱并获得爱，并被认为很有吸引力。马斯洛认为爱分为匮乏之爱和存在之爱。

（4）尊重的需要

包括自尊和来自他人的尊重两方面。自尊包括对自己有力量、有成就、有信心以及要求独立自由的渴望，即感觉到自己是有能力的、有价值的。来自他人的尊重是指需要别人承认我们是有能力和有价值的，包括希望自己有名誉、威望、地位，得到他人的认可和赏识。

（5）自我实现的需要

最高层次的需要，是人类所特有的需要。自我实现的需要是指促进个人发挥自身最大潜能的需要，是促使潜在能力得以实现的趋势，这种趋势促使他成为他所能成为的人。

马斯洛认为这些需要是有层次的，是由低到高的逐级上升的过程，呈金字塔式排列。他认为在满足较高层次需要之前，必须先满足较低层次的需要，但是也可以是低级需要部分地满足时，有高级需要的产生。

马斯洛的需要层次理论具有一定的合理性，对于教育界和企业管理均有很大的启发意义。但是其理论缺乏实证研究，建立在经验概括和构想的基础之上，且其认为低级需要满足或部分满足之后，人们才会追求高级需要，无法解释如革命战士的行为。因此其理论也存在一定的局限性。

第六章　人格特质理论

第一节　奥尔波特的特质理论

考点1　人格结构

1.【参考答案】D

【解析】奥尔波特将人格特质分为首要特质、中心特质和次要特质，其中首要特质表现一种占绝对优势的行为倾向，这种倾向的渗透性极强，几乎所有的行动均可受此倾向的影响。中心特质也叫核心特质，是指普遍性与渗透性略弱于首要倾向的重要人格特征。该题选择首要特质更为合理，但是由于选项中只有中心特质，因此选择中心特质。

2.【参考答案】A

【解析】奥尔波特将特质分为个人特质（一个人所特有的特质）和共同特质（许多人所共有的特质）。

3.【参考答案】

特质是一种概括化的神经生理系统（是个体所特有的），它具有使许多刺激在机能上等值的能力，能诱发和指导相等形式的适应性和表现性的行为。

4.【参考答案】奥尔波特将特质分为个人特质（一个人所特有的特质）和共同特质（许多人所共有的特质）。

随后奥尔波特将个人特质改为了个人倾向，并将个人倾向分为了：首要倾向、中心倾向和次要倾向。

（1）首要倾向

也叫显著特质，表现一种占绝对优势的行为倾向，这种倾向的渗透性极强，几乎所有的行动均可受此倾向的影响。一个人身上只有一个首要倾向，且并不是每个人都有。比如关云长的"忠义"、曹操的"奸诈"、林黛玉的"多愁善感"。

（2）中心倾向

也叫核心特质，是指普遍性与渗透性略弱于首要倾向的重要人格特征。一般人具有5~10个中心特质。如林黛玉的清高、率直、聪慧、孤僻、内向、抑郁、敏感等都属于她的中心特质。

（3）次要倾向

代表那些最不显著、最不具概化性与一致性、渗透性最弱的特征。次要倾向很少体现出来，某些次要倾向可能只有个别的亲密朋友才能发现。如林黛玉在某些情境中的"冷漠"。

第二节　卡特尔的特质因素论

考点1　人格结构

1.【参考答案】A

【解析】卡特尔的人格理论属于人格特质理论。

2.【参考答案】B

【解析】卡特尔将特质分为表面特质和根源特质。

3.【参考答案】

根源特质是行为的内在根源，它们是个体人格结构最重要的组成部分，支配个人的一贯行为。卡特尔认为每个人都拥有同样的根源特质，但其程度不同。他概括出了16种根源特质，并设计了著名的16种人格问卷（16PF）。

第三节　艾森克及生物学理论

考点1　艾森克的人格结构理论

1.【参考答案】C

【解析】艾森克通过因素分析得出了两个最基本的维度：内外向性、神经质。后来，又加入了第三个维度：精神质。

2.【参考答案】

艾森克编制了用来测量内外向性、神经质和精神质的工具：艾森克人格问卷（简称EPQ），包含四个量表：内外倾量表（E量表）、神经质量表（N量表）、精神质量表（P量表）和说谎量表（L量表）。

3.【参考答案】

1. 人格层次模型

艾森克依据各个特质对行为影响的范围大小彼此不同而将人格特质分为几个层次：

①类型层次：最高层次的特质，几乎会影响到一个人所有各方面的行为。

②特质层次：其影响范围也很大，但往往只涉及某一方面。

③习惯反应层次：涵盖的范围会更小一些，常只涉及和某方面有关的行为。

④特定的行为反应：往往只和某一个情境的某一种行为有关。

2. 人格维度模型

艾森克通过因素分析得出了两个最基本的维度：内外向性、神经质。后来，又加入了第三个维度：精神质。

（1）外向-内向维度

典型的外向型人格：开朗的，冲动的和非抑制的，有广泛的社交接触并经常参加群体活动。喜欢社交、集会、有许多朋友，需要有人与之交谈，并不喜欢一个人读书学习。

典型的内向型人格：一个安静、退缩、内省的人，不喜欢交往而喜欢读书；自我保守，除了亲密朋友外，与人的距离较远。

大部分人在两个极端之间，但是或许都有一点倾向于这边或那边。

（2）神经质-稳定性维度

得分高的人：情绪不稳定或情绪化的人。

得分低的人：情绪稳定，更少出现情绪失控，也不大会有大起大落的情绪体验。

（3）精神质-超我机能维度

精神质（又称倔强，讲求实际），并非暗指精神病，在所有人身上都存在，只是程度不同。

在该维度上得分高的人，往往被看成是"自我为中心的、攻击性的、冷漠的、缺乏同情的、冲动的、不考虑他人的，并且通常是不关心正义和他人福利的"。

考点3　其他生物学理论

1.【参考答案】

对感觉刺激和经验变化的需求称为"感

觉寻求倾向”。美国心理学家朱克曼通过研究认为感觉寻求倾向主要是由生物遗传因素决定的一种气质特征。

感觉寻求倾向的表现形式：①渴望参加各种冒险活动，以获得刺激体验；②通过违反常规的生活方式来获得感觉刺激；③对无聊的敏感度。

第四节 五因素模型

考点2 大五模型

1.【参考答案】C

【解析】尽责性也称谨慎性，这个维度是指如何控制自己，如何自律。该维度上的分数用来评估组织能力，持久性、控制能力、动机水平在目标指向行为中的作用。

2.【参考答案】A

【解析】宜人性也叫随和性，是测量人际关系的维度，它意指人际交互作用的特征，这种相互作用是指个人的人际喜好由同情到憎恨的一个连续区。宜人性水平高的人，表现为有责任感，友好合作，乐于助人，可信赖的，易被他人接纳的和富有同情心的。

3.【参考答案】

人格的五因素模型认为人格包括五个特质，分别是：外倾性、宜人性、尽责性、神经质和开放性，其首字母正好构成了“O-CEAN”，意为“人格的海洋”。

4.【参考答案】

格尔顿最先提出词汇假设的观点：每一种文化下的自然语言包含了所有能描述人格的维度。有什么样的人格表现就会有什么词来描述它。

章节考点 综合训练

一、单选题

1.【参考答案】B

【解析】人格特质理论的创始人是美国心理学家奥尔波特。

2.【参考答案】A

【解析】首要特质也叫显著特质，表现一种占绝对优势的行为倾向，这种倾向的渗透性极强，几乎所有的行动均可受此倾向的影响。

3.【参考答案】C

【解析】卡特尔认为每个人都拥有同样的根源特质，但其程度不同。他概括出了16种根源特质，并设计了著名的16种人格问卷（16PF）。

4.【参考答案】C

【解析】艾森克通过因素分析得出了两个最基本的维度：内外向性、神经质。后来，又加入了第三个维度：精神质。

5.【参考答案】B

【解析】外倾性指人们活动能量的强度和数量。其一端是极端外向，另一端是极端内向。外向者非常爱好交际，通常表现为精力充沛、乐观、友好和自信。因此外倾性得分高的大学新生更容易适应大学生活。

6.【参考答案】D

【解析】尽责性也称谨慎性，这个维度是指如何控制自己，如何自律。该维度上的分数用来评估组织能力，持久性、控制能力、动机水平在目标指向行为中的作用。

7.【参考答案】A

【解析】奥尔波特是人格心理学的先驱。他重视人格的个体性，其特质理论直接从个体行为特点出发探讨人格问题。因此奥尔波特的人格理论的着重点是个体特征。

8.【参考答案】A

【解析】首要特质表现一种占绝对优势的行为倾向，这种倾向的渗透性极强，几乎所有的行动均可受此倾向的影响。“一个人主要因为一种突出的性格如吝啬所驱使”即为首要特质。

9.【参考答案】A

【解析】根据艾森克的理论，典型的外向型人格是开朗的，冲动的和非抑制的；神经质维度得分高的人是情绪不稳定或情绪化的人。因此“一个激动、冲动、喜欢变化的人”具有高外向高神经质。

10.【参考答案】C

【解析】特质论的缺陷之一就是缺乏对特质概念的理论探讨。特质流派的心理学家是根据特质来描述人，但是却不能解释这些特质到底是什么，它们是如何产生的，怎样才能帮助这些得分过高或者得分过低的人。也就是说特质理论无法解释我们为什么如此行为。

二、名词解释

1.【参考答案】

首要特质也叫显著特质，表现一种占绝对优势的行为倾向，这种倾向的渗透性极强，几乎所有的行动均可受此倾向的影响。一个人身上只有一个首要倾向，且并不是每个人都有。比如关云长的“忠义”、曹操的“奸诈”、林黛玉的“多愁善感”。

2.【参考答案】

特质是一种概括化的神经生理系统（是个体所特有的），它具有使许多刺激在机能上等值的能力，能诱发和指导相等形式的适应性和表现性的行为。

3.【参考答案】

动力特质指个性结构中那些使人趋向于某一风格的行为动力，是一种积极成分。主要包括能、外能（情操和态度）、辅助。

4.【参考答案】

卡特尔认为每个人都拥有同样的根源特质，但其程度不同。他概括出了16种根源特质，并设计了著名的16种人格问卷（16PF）。

5.【参考答案】

艾森克依据各个特质对行为影响的范围大小彼此不同而将人格特质分为几个层次：①类型层次：最高层次的特质，几乎会影响到一个人所有各方面的行为。②特质层次：其影响范围也很大，但往往只涉及某一方面。③习惯反应层次：涵盖的范围会更小一些，常只涉及和某方面有关的行为。④特定的行为反应：往往只和某一个情境的某一种行为有关。

三、简答题

1.【参考答案】

艾森克通过因素分析得出了两个最基本的维度：内外向性、神经质。后来，又加入了第三个维度：精神质。

（1）外向-内向维度

典型的外向型人格：开朗的，冲动的和非抑制的，有广泛的社交接触并经常参加群体活动。喜欢社交、集会、有许多朋友，需要有人与之交谈，并不喜欢一个人读书学习。

典型的内向型人格：一个安静、退缩、内省的人，不喜欢交往而喜欢读书；自我保守，除了亲密朋友外，与人的距离较远。

大部分人在两个极端之间，但是或许都有一点倾向于这边或那边。

（2）神经质-稳定性维度

得分高的人：情绪不稳定或情绪化的人。

得分低的人：情绪稳定，更少出现情绪失控，也不大会有大起大落的情绪体验。

（3）精神质-超我机能维度

精神质（又称倔强，讲求实际），并非暗指精神病，在所有人身上都存在，只是程度不同。

在该维度上得分高的人，往往被看成是“自我为中心的、攻击性的、冷漠的、缺乏同情的、冲动的、不考虑他人的，并且通常是不关心正义和他人福利的”。

艾森克编制了用来测量这三个因子的工具：艾森克人格问卷（简称EPQ），包含四个量表：内外倾量表（E量表）、神经质量表（N量表）、精神质量表（P量表）和说谎量表（L量表）。

2.【参考答案】

（1）外倾性（E）

指人们活动能量的强度和数量。其一端是极端外向，另一端是极端内向。

（2）宜人性（A）

也叫随和性，是测量人际关系的维度，它意指人际交互作用的特征，这种相互作用是指个人的人际喜好由同情到憎恨的一个连续区。

（3）尽责性（C）

也称谨慎性，这个维度是指如何控制自己，如何自律。该维度上的分数用来评估组织能力，持久性、控制能力、动机水平在目标指向行为中的作用。该维度也叫“成就意志”维度或“工作”维度。

（4）神经质（N）

也称情绪稳定性，依据人们情绪的稳定

性和情绪调控情况而将其置于一个连续统一体的某处。
(5)开放性(O)
也称求新性，是指对经验持开放、探索态度。
在此维度上得分高的人是不依习俗的、独立的思考者，是好奇的，具有想象力的，喜欢娱乐性的新颖的想法。
四、论述题
1.【参考答案】
卡特尔认为人格的基本结构元素是特质，提出了心理元素周期表(见图6-1)：
1. 个别特质和共同特质
①共同特质是某一地区、某一群体、某一社会中各成员所共有的特征；
②个别特质是指个体所具有的独特特征。
2. 表面特质和根源特质
①表面特质是彼此关联的可以观察到的特质，不是一种解释性概念。
②根源特质是行为的内在根源，它们是个体人格结构最重要的组成部分，支配个人的一贯行为。卡特尔认为每个人都拥有同样的根源特质，但其程度不同。他概括出了16种根源特质，并设计了著名的16种人格问卷(16PF)。
表面特质和根源特质既可能是个别的特质，也可能是共同的特质。它们是人格层次中最重要的一层。
3. 体质特质和环境特质
在根源特质中又可区分为体质特质和环境特质两类。
①体质特质是由遗传的身体内部条件构成的特质。
②环境特质来源于环境与后天经验，是社会环境的影响和文化模式的客观现实造成的。
4. 能力特质、气质特质和动力特质
①能力特质是决定个体如何有效地完成预定目标的特质。智力是最重要的能力特质之一，卡特尔将智力分为晶体智力和流体智力。
②气质特质指人们存在着遗传决定的特性，它决定人的一般风度和速度。气质特质决定反应的速度、能量和情绪。
③动力特质指个性结构中那些使人趋向于某一风格的行为动力，是一种积极成分。主要包括能、外能(情操和态度)、辅助。
卡特尔的理论是建立在统计资料的基础之上的，他用因素分析的方法来确定他的概念，使得其理论不流于空泛；而且他利用因素分析发现了16种根源特质，使其理论显得精简。但是其理论由于太多统计资料，并且喜欢用一些新的字词，使得其理论颇为生涩难懂，而且因素分析运用的资料仍是研究者放进去，因此并不能完全免除研究者偏见的影响。
五、案例分析
1.【参考答案】
(1)艾森克的人格维度模型理论
艾森克通过因素分析得出了两个最基本的维度：内外向性、神经质。后来，又加入了第三个维度：精神质。
①外向-内向维度
典型的外向型人格：开朗的，冲动的和非抑制的，有广泛的社交接触并经常参加群体活动。喜欢社交、集会、有许多朋友，需要有人与之交谈，并不喜欢一个人读书学习。
典型的内向型人格：一个安静、退缩、内省的人，不喜欢交往而喜欢读书；自我保守，除了亲密朋友外，与人的距离较远。
大部分人在两个极端之间，但是或许都有一段倾向于这边或那边。
②神经质-稳定性维度
得分高的人：情绪不稳定或情绪化的人。
得分低的人：情绪稳定，更少出现情绪失控，也不大会有大起大落的情绪体验。
③精神质-超我机能维度
精神质(又称倔强，讲求实际)，并非暗指精神病，在所有人身上都存在，只是程度不同。
在该维度上得分高的人，往往被看成是“自我为中心的、攻击性的、冷漠的、缺乏同情的、冲动的、不考虑他人的，并且通常是不关心正义和他人福利的”。
艾森克编制了用来测量这三个因子的工具：艾森克人格问卷(简称EPQ)，包含四个量表：内外倾量表(E量表)、神经质量表(N量表)、精神质量表(P量表)和说谎量表(L量表)。
(2)“小孙开学两个就和学长学姐混熟了，且非常喜欢参加社团活动和各种聚会”说明小孙在内外向维度上属于一个高外向的人；“小孙经常出现焦虑，有面试、考试前压力，甚至会有身体不舒服(头疼、消化不良)”说明其情绪变化不够稳定，在神经质维度上面属于高神经质的人，因此小孙属于外向-不稳定的人格类型，对应于胆汁质的人格。
最后，“小孙有时候忍不住嘲讽别人，经常给他人恶作剧，事后她开心得不行，却意识不到给别人造成困扰了”说明其在精神质维度上也有较高的得分。

第七章　认知学派

第一节　凯利的个人建构理论

考点1　理论观点
1.【参考答案】
凯利认为人格的核心概念是建构。建构或构念是人们用来解释世界、分析世人的观点，是人们用来对事件整理分类的一种概念，也是人们看待并控制事件的思维模式。
考点2　固定角色疗法
1.【参考答案】
固定角色治疗方法就是让来访者扮演一个由心理治疗者设定的新角色，来访者按照新的角色要求来行动，治疗者鼓励患者以新的方式来看自己，以新的方式行动，并以新的方式来解释自己，也就成为一个新的人。具体治疗步骤包括：(1)测定旧建构；(2)建立新角色；(3)扮演新角色；(4)巩固新角色。

第二节　社会认知理论

考点1　罗特的社会认知论
1.【参考答案】
类化预期是预期的一种，是指运用于多种情境中的预期，是个体对于行为是否能引发奖罚所持有的一般性信念，它在人们面临新情境时特别重要。
2.【参考答案】D
【解析】外控者相信凡事都不是自己能左右的，把成功归因于幸运，把失败归因于外部因素，即将行为结果视为运气，命运或其他力量的作用。
3.【参考答案】C
【解析】控制点也称为控制源或强化的内外控，指个体日常生活中对自己和周围世界关系的看法。控制点可分为内控和外控，内控者相信凡事都是由自己控制的；外控者相信凡事都不是自己能左右的。
4.【参考答案】A
【解析】罗特提出了控制点理论。
考点2　班杜拉的社会认知论
1.【参考答案】C
【解析】自我效能是指个体对自己能成功表现某种行为所具有的能力的一种预期或主观评估，与题干描述一致，因此选择C。
2.【参考答案】ABCD
【解析】班杜拉认为，自我效能感有四个影响因素，分别是：操作成败(直接经验)、替代经验、言语劝说和情绪唤起。

章节考点　综合训练

一、单选题
1.【参考答案】C
【解析】罗特首次提出“控制点”理论。
2.【参考答案】B
【解析】控制点也称为强化的内外控，指个体日常生活中对自己和周围世界关系的看法。也可以说是人们所持有的泛化的关于事件是否受控于自己的预期。

3.【参考答案】A

【解析】内控者相信凡事都是由自己控制的,将成功归于自己的努力或能力,把失败归于自己的疏忽或能力不足,即将行为的结果视为自己的努力或个人的特质。

4.【参考答案】B

【解析】自我效能是指个体对自己能成功表现某种行为所具有的能力的一种预期或主观评估。

5.【参考答案】A

【解析】社会认知取向的人格理论的特点在于强调行为的社会根源及认知过程的重要性,也就是强调理性信息处理。

6.【参考答案】B

【解析】外控者相信凡事都不是自己能左右的,把成功归因于幸运,把失败归因于外部因素,即将行为结果视为运气,命运或其他力量的作用。B 选项"生活中许多好事或坏事大部分归于运气"最能反映典型外控者的特征。

二、名词解释

1.【参考答案】

凯利提出了 CPC 循环理论。人遇到新情境时,其行动是依照详察—预断—控制三个阶段的循环而进行的。

①详察期:人们在开始接触事物时,会谨慎地考虑各种可能性,提出各种建构,反复尝试。

②预断期:通过尝试各种建构,选择出对情境最适合的建构。

③控制期:将所选择的建构付诸行动。

2.【参考答案】

自我效能是指个体对自己能成功表现某种行为所具有的能力的一种预期或主观评估。

自我效能有四个获得来源/影响因素:①操作成败;②替代经验;③言语劝说;④情绪唤起或生理唤醒。

自我效能感有四个功能:①决定人们对活动的选择及对该活动的坚持性;②影响人们在困难面前的态度;③影响新行为的获得和习得行为的表现;④影响活动时的情绪。

三、简答题

1.【参考答案】

罗特提出了控制点理论,控制点(或控制源)也称为强化的内外控,指个体日常生活中对自己和周围世界关系的看法。

根据控制点的不同,可以将人分为内控者和外控者:

内控者相信凡事都是由自己控制的,将成功归于自己的努力或能力,把失败归于自己的疏忽或能力不足,即将行为的结果视为自己的努力或个人的特质。

外控者相信凡事都不是自己能左右的,把成功归因于幸运,把失败归因于外部因素,即将行为结果视为运气,命运或其他力量的作用。

四、案例分析

1.【参考答案】

可以用班杜拉的社会认识论中的学习理论来解释该行为。

班杜拉提出了两种学习:观察学习和替代学习。

(1)观察学习

观察学习是指通过对他人行为的观察而产生学习,也称为无尝试学习。

观察学习包括四个阶段:注意过程、保持过程、动作再现过程和动机过程。

(2)替代学习

替代学习是指经由观察他人行为而习得情绪反应的过程。

替代性强化:在观察学习过程中,观察者看到某行为受到奖励/惩罚,他们相应的行为会增加/减少,这个现象就是替代性强化。

孩子通过观看电影中的人使用刀枪伤害他人,从而习得了该行为。再加上有些电影中对于暴力伤人行为不仅没有惩罚,反而还会有奖励,被称为英雄等等,从而产生了替代性强化,导致孩子认为该行为是被认可的,于是在日常生活中模仿电影情节用刀枪伤害他人。

第四篇　管理心理学

第一章　管理心理学概论

第一节　绪论

考点1　管理心理学的概念

1.【参考答案】ABCDE

【解析】管理心理学的研究对象包括个体心理、群体心理、领导心理、组织心理、管理心理学理论五个方面。

第二节　管理心理学的历史

考点1　管理心理学的历史

1.【参考答案】D

【解析】学界认为，20世纪初泰勒倡导的科学管理运动和闵斯特伯格开创的工业心理学是管理心理学形成的先驱，真正推动管理心理学产生的是1927年由梅奥领导的“霍桑实验”以及在此基础上提出的人际关系理论。切忌混淆。

2.【参考答案】20世纪初，泰勒倡导的科学管理运动、闵斯特伯格开创的工业心理学是管理心理学形成的雏形；1927年由梅奥领导的“霍桑实验”以及在此基础上提出的人际关系理论推动了管理心理学的产生，梅奥也被公认为工业心理学的创始人和管理心理学的先驱；1958年，美国斯坦福大学教授莱维特出版《管理心理学》，管理心理学有了自己的名称和学科体系。

管理心理学的历史发展大致包含如下几个阶段：

在最初的古典管理心理学阶段，研究重点是如何通过改进工作条件、健全工作制度、用科学的管理方法来提高工作效率。

在20世纪20至40年代间，随着资本主义社会资本家与工人之间的矛盾日益深化，科学管理思想理论开始逐渐失效，管理心理学的研究进入人际关系理论阶段，研究重点是如何通过调节人际关系、改善劳动条件等方法来提高劳动生产率。

20世纪40年代末，行为科学理论的出现标志着西方管理心理学理论进入新的发展时期，这一阶段的研究主要以人的行为为中心，探讨如何通过满足人的需要、调整人的行为、改善人际关系来激发人的工作积极性与创造性，从而提高工作效率。

20世纪70年代前后，管理心理学进入了现代管理心理学阶段。这一阶段的理论研究开始把行为科学和科学管理理论调和起来的倾向，更强调从心理学和社会学的角度来研究管理问题，重视社会环境、个性发展、人际关系对提高工作效率的影响。

考点2　霍桑实验

1.【参考答案】

霍桑实验是1924年至1932年间在美国西方电器公司的霍桑工厂中进行的一系列实验。整个实验分为照明实验、继电器装配实验室实验、大规模访谈以及继电路绕阻工作实验四个阶段。

梅奥以霍桑实验的实验结果为基础进行总结归纳，提出了人际关系理论，该理论指出：

①工人是“社会人”，金钱收入不是其唯一追求，工人在社会与心理方面的需要得到满足才能够使工作效率得到提高；

②企业中存在以人们情感交流为基础而形成的“非正式组织”，其作用与意义不可低估；

③管理者应当采用以人为中心的管理方式进行管理，满足工人的社会欲望、提高工人的士气与工作满意度，才能够有效地提高工作与生产效率。

启示：

根据人际关系理论的观点，在组织管理工作中，管理者应当采取以人为本的管理方式，注重员工的友情、归属感等心理需要，而非单纯地关注员工对金钱等物质方面的需求，从社会心理层面着手提升员工的士气与工作积极性，从而提高劳动生产率；

同时，注重组织中存在的非正式群体，协调非正式群体与正式群体的关系，以管理者与员工之间、员工与员工之间能够充分地相互协作、发挥作用，从而提高工作效率。

另外，在管理者方面，管理者应当通过进行一定的培训，发展并提高了解员工思想情感与内在需要的能力、提高员工工作满意度的管理能力、协调正式群体与非正式群体的能力，以“以人为本”的管理理念开展组织管理的工作。

（可结合霍桑实验的结果与人际关系理论的内容进行作答，言之有理即可）

章节考点　综合训练

一、选择题

1.【参考答案】A

【解析】霍桑实验的主持者是梅奥。

二、名词解释

1.【参考答案】霍桑实验是1924年至1932年间在美国西方电器公司的霍桑工厂中进行的一系列实验。整个实验分为照明实验、福利实验、访谈实验和群体实验四个阶段。霍桑实验的结果表明职工的士气、生产的积极性主要决定于社会因素、心理因素，决定于职工与管理人员以及职工与职工之间是否有融洽的关系；而物理环境（如照明等）、物质刺激只有次要意义。

2.【参考答案】管理心理学是研究组织中的人和心理活动规律，用科学的方法改进管理工作，充分调动人的积极性的一门学科。

3.【参考答案】由梅奥在霍桑实验后创立的理论，该理论的主要观点包括：①工人是“社会人”，除了金钱收入的需求之外，也有社会、心理方面的需要；②企业中存在着非正式组织；③企业应采取新型领导办法，满足工人的社会欲望、提高工人的士气与工作满意度。

三、论述题

1.【参考答案】

霍桑实验是指在1924年至1932年间，以哈佛大学的著名心理学家梅奥为首的一批学者，在美国西方电气公司所属的霍桑工厂进行的一系列实验（主要是4个阶段：照明实验、福利实验、访谈实验和群体实验）。

梅奥等人经过研究得出结论：职工的士气、生产的积极性主要决定于社会因素、心理因素，决定于职工与管理人员以及职工与职工之间是否有融洽的关系；而物理环境（如照明等）、物质刺激只有次要意义。

基于霍桑实验及由此引发的思考，梅奥首次把管理中的人际关系问题摆到了管理工作的首位，提出了“人际关系理论”，并以这一理论为基础，把重视社会需要和自我尊重需要，而轻视物质需要与经济利益的人称为“社会人”，并提出了社会人假设。

根据社会人假设与人际关系理论的观点，在组织管理工作中，管理者应当：

1. 将职工看做有社会心理需求的“社会人”，除了应该注意工作目标的完成外，还应该注意工人从事某项工作过程中的各种需求，并设法给予满足；

2. 管理者不但要注意指挥、监督、计划、控制和组织等，而且应重视职工之间的关系，培养和形成员工的认同感、归属感、整体感；

3. 在实行奖励时，提倡集体奖励制度，而不主张个人奖励制度；

4. 管理人员的职能应有所改变，社会人假设框架下的管理者的职责不应仅限于制定计划、组织与监督工作、检验产出，而应当承担起作为员工与上级领导之间联络人与沟通桥梁的作用，一方面倾听、了解员工的各方面需要，另一方面将上级领导的意图与工作部署向下级进行传达。

第二章 管理哲学

第一节 传统管理学理论

考点1 传统管理学理论

1.【参考答案】A

【解析】法约尔的管理理论属于西方早期管理理论；科学管理理论一般指泰勒的科学管理理论，部分教材中也用于指代现代，C选项错误；行为科学理论是在管理心理学理论发展至“行为科学”阶段时的一系列管理理论，包括马斯洛的人类需求论、期望理论、麦克利兰的成就需要理论、莫顿的管理方格理论等，D选项错误；传统管理理论的范畴包括了中国古代管理思想、西方早期管理理论、西方行为科学理论与部分现代管理理论，根据最佳答案原则，故不选择B。

2.【参考答案】C

【解析】包括泰勒科学管理理论在内的古典管理理论的研究重点都是如何通过改进工作条件、健全工作制度、用科学的管理方法来提高工作效率（劳动生产率）。B选项实施标准化管理是泰勒科学理论提出的管理原则，而非根本目的。A、D选项为干扰项。

第二节 人性假设理论

考点1 “经济人”假设（X理论）

1.【参考答案】

经济人假设也称理性经济人或实利人。经济人假设认为人的本性是追求自身利益最大化，其工作动机就是为了获得经济报酬。强调满足人的经济利益需要。美国心理学家麦格雷戈用X理论对经济人假设进行了归纳总结。

1. 经济人假设的基本观点

经济人假设的观点认为，大多数人天生懒惰、没有雄心壮志，希望少干工作、少负责任、在工作中甘愿受别人领导和指挥，具有“以自我为中心”的本性而不关心组织（或集体）的目标，同时缺乏自制能力，容易受到他人影响。

2. 经济人假设框架下的管理措施

美国组织心理学家雪恩认为，在经济人假设的框架之下，对应的管理措施主要有如下几个方面：

①管理的重点应当是以强调工作任务为中心，完成生产任务，提高生产效率；

②管理的主要职能是计划、组织、经营、指导、控制与监督。在生产工作中强调“阶梯原则”，运用权威来实现对组织成员的督导与控制，忽略工人的心理需要在管理过程中的作用；

③领导者一般采用专制型领导方式，管理决策权在领导者手中，工人的主要任务是听从管理者的指挥与安排；

④采用“胡萝卜加大棒”的管理方法，通过金钱（或物质）奖励刺激工人的生产积极性，通过严厉的惩罚措施来对抗工人们的消极怠工。

3. 对经济人假设的评价

经济人假设是一种以金钱激励为主的机械管理模式，把人看作非理性的，天生懒惰而不喜欢工作的自然人，这与马克思主义关于“人是社会的人，人的本质是社会关系的总和”的观点相对立，否认了人的主动性、自觉性、创造性和责任心，将管理者和被管理者对立起来，反对工人参与管理，否定了工人在生产中的地位和作用。

但在当时的历史背景下，这一理论改变了当时放任自流的管理状态，加强了社会上对消除浪费和提高效率的关心，促进了科学管理体系的建立，同时也为缓和劳资矛盾、提高生产率提供了可操作的理论基础。

考点2 “自我实现人”假设（Y理论）

1.【参考答案】

自我实现人假设由马斯洛、阿基里斯和麦格雷戈等人提出。这一假设认为，人并无好逸恶劳的天性，当人的潜力得到充分发挥，表现出自己的才华，达到了自我实现，人才能感受到最大的满足。麦格雷戈将自动人假设，结合管理问题，将其概括为与X理论相对立的Y理论。

考点3 “社会人”假设

1.【参考答案】

社会人假设认为人们在工作中得到的物质利益对于调动生存积极性只有次要意义，人们最重视的是工作中与周围人的友好关系，良好的人际关系是调动人的生产积极性的决定性因素。

社会人假设的理论框架下的管理措施可以从如下几个方面进行概括：

1. 管理重点：管理者要注意工人的社会需要，要建立各种各样的组织，使员工尽可能地参与到“组织机构”中去，使其有归属感。

2. 管理职能：不应只注意指挥、监督等管理职能，还要重视培养员工之间良好的人际关系，提高员工的认同感、归属感、整体感，同时担负起上下级之间信息沟通的责任。

3. 领导方式：提出新型的参与管理形式，要使员工参与管理，淡化管理者和被管理者之间的对立情绪。

4. 奖励制度：实行集体奖励制度而非个人奖励制度。

考点4 “复杂人”假设（超Y理论）

1.【参考答案】C

【解析】复杂人假设也叫超Y理论。

2.【参考答案】错误

【解析】超Y理论是复杂人假设的具体化。自我实现人假设对应的理论是Y理论。

3.【参考答案】错误。

【解析】复杂人假设认为，人是因时因地、因各种情况采取适当反应的复杂人，人没有万能不变的管理模式，要根据不同类型的人采取不同类型的管理方式。复杂人假设认为工作效率和人的需求状况以及与组织之间的相互关系有关。而社会人假设认为人们在工作中得到的物质利益对于调动生存积极性只有次要意义，人们最重视的是工作中与周围人的友好关系，良好的人际关系是调动人的生产积极性的决定性因素。

考点5 “文化人”假设（Z理论）

1.【参考答案】A

【解析】文化人假设认为，人是文化的产物，人的心理和行动归根结底由人的价值观等内在因素决定。因此来自不同文化背景下的员工，其行为方式受到原有环境的文化与价值观的影响，会有所不同。B选项，组织通过提供事实和价值影响员工的决策，属于决策人假设的观点；C选项，人的需要与动机具有发展变化性，更符合复杂人假设的观点；D选项，将社会心理需要看做是员工工作积极性的影响因素，属于社会人假设的观点。

2.【参考答案】A

【解析】美国心理学家威廉大内在其发表的《Z理论》一书中，将美国原有的管理模式称为A模式（American Mode），将日本的管理模式称为J模式（Japan Mode），美国为应对日本挑战，将J模式按照美国的方式进行修改，得到的理想管理模式被大内称之为Z理论。

考点6 “决策人”假设

1.【参考答案】错误

【解析】根据决策人假设的观点，人们在进行决策的过程中追求的是最满意解而非最优解。

考点7 “学习人”假设

1.【参考答案】

根据彼得·圣吉的理论，学习不仅仅是人为达到追求最佳业绩目标服务的技术手段，更重要的是学习可以最终帮助人获得生命的价值，享受生命的意义，甚至可以说工作业绩的取得不过是人在享受生命意义进程中的副产品。学习型组织理论就是试图以学习和激励的方式，让人在工作中通过自我超越的创造过程，来实现生命的价值。

学习人假设认为，员工是“知识人”，他们具有“利己性”、“公益性”和“理性”。

1. 基本观点

(1)知识人具有利己性，知识型员工的利己性早高层次的，其追求的自身利益虽然首先表现为经济利益，但绝不只是经济利益，而是多种利益的合理组合，是对多种需求的综合满足。

(2)知识人具有公益性。知识型员工作为有高度社会责任感的人，愿意将其追求的个人目标与组织、社会追求的整体目标协调一致。

(3)知识人具有理性。

2. 评价：

学习人的假设及其相应的管理方式的理论依据是知识型员工的自身特点，是对传统人性假设的扬弃和发展，是对传统管理学的人性假设和管理方式的突破，它消除了组织目标和个人目标，管理者和被管理者的对立。

3. 学习人假设的启示

“学习人”假设理论认为，知识型员工是“知识人”，他们具有“利己性”、“公益性”和“理性”。因此我们在管理员工、经营企业时可以充分运用“学习人”假设的思想，利用员工团体自身的特点，消除组织目标和个人目标的对立、管理者和被管理者的对立。

章节考点 综合训练

一、单选题

1.【参考答案】A

【解析】X理论（经济人理论）认为管理的主要职能是计划、组织、经营、指导、控制、监督，强调“阶梯原则”，通过权威的运用来实现对组织成员的督导与控制。分权化管理是自我实现人假设的管理措施，即领导者将管理权力下放，满足员工的自我实现需要，故B选项错误；X理论忽视人的社会性，也忽略了工人的各种社会需要与心理需要，故C选项错误；复杂人假设强调因人而异灵活调整管理措施，因此将工作绩效低归结于管理方式不当属于复杂人假设（超Y理论）的观点，D选项错误。

2.【参考答案】A

【解析】社会人假设认为，人们在工作中得到的物质利益对于调动生存积极性只有次要意义，人们最重视的是工作中与周围人的友好关系，良好的人际关系是调动人的生产积极性的决定性因素，故靠良好的人际关系来调动人的积极性属于社会人假设的观点。

3.【参考答案】A

【解析】“社会人”假设提出新型的参与管理方式，要使员工参与管理。

4.【参考答案】C

【解析】“复杂人”假设强调因人而异，承认人的个性差异，但是由于过分强调人的差异性、特殊性，在某种程度上忽略了人的共性和普遍性，不利于管理组织和管理制度的相对稳定。

5.【参考答案】D

【解析】自我实现人假设认为，人的需要从低级到高级发展，低级需要满足后，便追求更高级的需要，自我实现是人的最高级需要。

6.【参考答案】A

【解析】泰勒提出的科学管理方法就是这种管理方式的典型代表，泰勒极力主张通过“刺激性的差别工资制”来刺激工人按照“科学的定额和作业方法从事生产”，从而提高工作效率。

二、多选题

1.【参考答案】ABD

【解析】选项C描述的是“经济人”假设（即X理论）的观点，其余选项均属于“复杂人”假设（即超Y理论）的内容。

三、名词解释

1.【参考答案】

经济人假设也称理性经济人或实利人。经济人假设认为人的本性是追求自身利益最大化，其工作动机就是为了获得经济报酬。强调满足人的经济利益需要。美国心理学家麦格雷戈用X理论对经济人假设进行了归纳总结。

2.【参考答案】

社会人假设也称社交人假设。社会人假设认为人们在工作中得到的物质利益对于调动生存积极性只有次要意义，人们最重视的是工作中与周围人的友好关系，良好的人际关系是调动人的生产积极性的决定性因素。

3.【参考答案】

复杂人假设由雪恩等人提出，复杂人假设认为，人是因时因地、因各种情况采取适当反应的复杂人，人没有万能不变的管理模式，要根据不同类型的人采取不同类型的管理方式。基于复杂人假设，莫尔斯和洛斯奇于1970年提出了超Y理论对复杂人假设的观点进行了总结。

4.【参考答案】

学习人假设认为，知识型员工是“知识人”，他们具有“利己性”、“公益性”和“理性”。此假设的特点在于：承认人性的复杂性，多样性和变化性。

四、简答题

1.【参考答案】

管理学中主要的关于人性假设的理论包括经济人假设、社会人假设、自我实现人假设、复杂人假设等。

1. 经济人假设

在西方管理心理学发展的早期阶段，经济人假设的理论观念就已经存在，泰勒提出的科学管理方法就是“经济人”假设管理方式的典型代表。经济人假设认为，人的本性是追求自身利益最大化，其工作动机就是为了获得经济报酬。强调满足人的经济利益需要。

经济人假设是一种以金钱激励为主的机械管理模式，否认了人的主动性、自觉性、创造性和责任心，否定了工人在生产中的地位和作用，使管理者与被管理者对立。但这一理论改变了当时放任自流的管理状态，促进了科学管理体系的建立。

2. 社会人假设

梅奥基于霍桑实验的结果，提出了“人际关系理论”，并以这一理论为基础，提出了社会人假设。认为，人们在工作中得到的物质利益对于调动生存积极性只有次要意义，人们最重视的是工作中与周围人的友好关系，良好的人际关系是调动人的生产积极性的决定性因素。

社会人假设过度否定了经济人假设的管理作用，忽视了员工的经济需要，同时过于偏重对非正式组织的研究。但其观点重视人的内在需求的满足，特别是重视员工群体间的尊重和合作，突出了人际关系对调动员工积极性的重要性，是管理思想的一次进步。

3. 自动人假设（自我实现人假设）

20世纪50年代末，马斯洛、麦格雷戈等人提出了“自我实现人假设”，认为人并无好逸恶劳的天性，当人的潜力得到充分发挥，表现出自己的才华，达到了自我实现，人才能感受到最大的满足。

这一理论强调为职工创造学习与深造的机会，帮助其发挥潜能，同时提倡建立决策参与制度与提案制度，主张通过安排具有挑战性的工作，让职工在工作中获得成就感与自我实现感，这一理念对管理实践具有重要意义。但其理论基础是错误的，人既非天生慵懒也非天生勤奋，其人格的形成是先天与后天因素共同作用的结果，同时自我实现并非自然成熟或单纯奋斗即可达到，能够发展出自我实现需要的人少之又少，这是该假设的局限所在。

4. 复杂人假设

复杂人假设由美国心理学家雪恩（部分教材翻译为沙因）于20世纪60/70年代末提出，认为人并非单纯的经济人、也不是完全的社会人，更不会是纯粹的自我实现人，人是因时因地、因各种情况采取适当反应的复杂人，因此没有万能不变的管理模式，主张根据不同类型的人采取不同类型的管理方式。

复杂人假设承认了人的个性差异，强调因人而异，提出灵活多变的管理方式，这对改善企业管理是具有一定的启示作用的。但这一理论过分强调了人的个别差异性而忽略了共性，片面强调管理措施的灵活性，否定管理工作的普遍性与一般性规律,这不利于形成稳定的管理组织与管理制度,也不利于管理科学理论的进一步发展。

此外,在管理心理学发展的过程中,还出现了一系列关于人性的假设,例如美国日裔管理学家大内提出的“文化人假设”、巴纳德、西蒙等人提出的“决策人假设”、20世纪80年代美国学者彼得圣吉提出的“学习人假设”以及我国学者提出的“创新人假设”、“生态人假设”、“知识人假设”、“和谐人性假设”等,这些关于人性假设的观点极大地丰富了管理心理学领域的理论,为我们在管理工作中正确运用人性,发挥人的工作价值提供了启示。

五、论述题

1.【参考答案】

“每个人的需要不同,组织应灵活应对”属于复杂人假设的观点。

复杂人假设由雪恩等人提出,基于复杂人假设,莫尔斯和洛斯奇于1970年提出了超Y理论对复杂人假设的观点进行了总结。

该假设认为,人不但复杂,且变动很大,其需求与他所处的组织环境有关系。人是否会愿意为组织目标作出贡献,决定于他自身的需求状况以及他与组织之间的相互关系。并且,人在不同的组织环境、不同的时间、不同的地点下会有不同的需求,人也会依据自己的需求与能力对不同的管理方式作出不同的反应。

例如,网络上流传的一句话,“不要大声责骂年轻人,他们会立刻辞职。要骂就骂那些有房贷车贷、有生活压力的中年人,即使骂了他们,他们也不敢轻易离开公司”。但如果是在小地方的“体制之内”下,也许“大声责骂”对于管理年轻人更加有效,因为他们需要积累经验和工作经历来成长、晋升,而对于中年人来说,训斥与责骂对他们的效果反而有限,因为他们有可能已经达到职业生涯的瓶颈期,只想要安稳无事地完成工作就好。因此,人没有万能不变的管理模式,在不同的组织环境下,要根据不同类型的人采取不同类型的管理方式。

根据复杂人假设的观点,领导者在组织管理工作中应有权变论的思想,根据企业情况不同,采取弹性、应变的领导方式,采取不同的组织形式提高管理效率,同时注重员工的个性差异,视具体情况采取灵活多变的管理方式与奖惩措施。

六、案例分析题

1.【参考答案】

富士康的管理措施体现的是“经济人假设”的理念。

经济人假设认为,大多数人天生懒惰、胸无大志、甘愿受别人的领导和指挥、以自我为中心、缺乏自制能力。因此主张以“强调工作任务为中心”作为管理重点、以专制型领导方式对员工进行管理、以“胡萝卜加大棒”的方法作为奖惩制度、强调通过权威的运用实现对组织成员的督导与控制(即阶梯原则)。

在案例中,首先,富士康的管理观念采用严格的层级制度,强调员工的服从性,认为员工工作的终极目的就是为了挣钱,忽视员工的社会性质,同时用金钱激励他们加班,对犯错员工处以比较严厉的责罚。这体现了经济人假设理论框架下的管理职能中的“阶梯原则”以及“胡萝卜加大棒”的激励(奖惩)制度;

其次,富士康采用的是泰勒制度模式,泰勒提出的科学管理方法就是“经济人”假设管理方式的典型代表,泰勒极力主张通过“刺激性的差别工资制”来刺激工人按照“科学的定额和作业方法从事生产”,从而提高工作效率。

最后,在富士康,人员等级分明,管理人员与普通员工收入差距大、管理者采用专制型领导方式随意对下层员工进行指挥、某些高管歧视一般员工,将员工置于“被管理者”的地位。这些措施使管理者与被管理者处于对立地位,这也是经济人假设的理念在管理实践中的局限性之一。

第三章　激励行为与管理

第一节　激励概述

考点1　激励概述

1.【参考答案】

激励是指通过某些精神或物质的刺激,激发人的工作动机,使人朝着组织所希望的目标和方向前进的心理活动过程。其目的是使员工充分发挥潜能,调动人的积极性与创造性,以作出最大的成绩。

第二节　内容型激励理论

考点1　马斯洛的需要层次理论

1.【参考答案】正确

【解析】自我实现需要是指发挥自己潜能,做有意义、能体现自身价值的事,实现自己的理想与抱负的需要。

考点2　三重需要理论(成就需要理论)

1.【参考答案】B

【解析】权力需要是指影响和控制他人行为的欲望,具有较高权力欲望的人对影响和控制别人表现出很大的兴趣。

2.【参考答案】

成就需要指的是为争取优秀、追求卓越的需要。具有成就需要的人经常更多地考虑个人事业的前途与发展,对工作的胜任感和成功有要求。

考点3　ERG理论

1.【参考答案】C

【解析】奥德弗的ERG理论与马斯洛的需要层次理论的不同之处之一就在于,奥德弗认为,需要不仅会得到满足而发展成更高层次的需要,还会因为高层次的需要得不到满足而导致对低层次的需要增多,即需要的挫折-退化。

2.【参考答案】C

【解析】ERG理论认为人类的三种核心需要是:生存需要、相互关系需要、成长发展需要。需要注意的是,生理需要是马斯洛需要层次理论中的提法,权力需要则是三重需要理论中的概念。

考点4　双因素理论

1.【参考答案】错误

【解析】双因素理论认为激励因素是导致满意的因素。

2.【参考答案】B

【解析】工作成就得到认可、工作具有挑战性、工作赋予个体的发展机会与责任都属于激励因素,人际关系特别是在组织中与上下级之间的关系属于保健因素。

第三节　行为改造型激励理论

考点1　行为矫正理论

1.【参考答案】B

【解析】撤销警告,即在个体表现优秀时,消除一个消极刺激,以提高个体某种行为出现的概率,属于负强化的过程,即消极强化的过程。

2.【参考答案】在管理中运用强化要遵循以下原则:

①要建立目标体系。遵循目标强化的原则。

②要采取小步子强化的原则(即把总目标分成若干步完成)以增强行为转化的信心。

③贯彻及时反馈、及时强化的原则。

④实行奖惩结合以奖为主的原则。

⑤贯彻精神奖和物质奖结合的强化原则。

⑥贯彻公开、公平、公正的强化原则。

⑦贯彻因人而异的强化原则。由于人们的年龄、职业、学历、经历不同,需要就不同,进而想要的强化方式也不一样。如有的员工重视物质奖励,而有的员工更重视精神奖励,所以应采用不同强化措施。另外,不同的员工,其业绩好坏不同,如果奖酬实施平均主义,这种一刀切的模式只会惩罚了完成工作最好的,而

奖励完成工作最差的。
⑧采取定期不定期,定值不定值的强化原则。
⑨采取连续强化(一次正确反应,一次强化)间断强化(几次正确反应,一次强化)相结合,固定比率(正确反应达定额数)强化与变化比率(正确反应达变化定额数)强化相结合原则等。

第四节 过程型激励理论

考点1 期望理论

1.【参考答案】
期望理论由弗鲁姆提出,认为人之所以要从事某项工作并达到组织目标,是因为这些工作和组织目标会帮助他们达到自己的目标,满足自己某方面的需要。因此某种激励因素对某人的激励强度取决于完成目标的价值(效价)与预期的完成目标的概率(期望值)之间的乘积。
根据期望理论的观点,要有效地激发人的工作积极性,其关键在于处理好以下几点关系:
(1)确定组织目标,提高期望值,明确努力与绩效的关系
努力与个人绩效的关系取决于个体对目标的期望值。一方面管理者要与员工一起设置切实可行的目标,确保为员工们设置的激励目标是他们通过努力能够做到的,并以明确的、可量化的标准对其业务水平进行合理评估。另一方面要通过教育和培训,提高员工的工作能力。
(2)明确绩效与奖励的关系
提高组织绩效目标与效价的关联性,将绩效与报酬紧密结合,当个人和团体取得成绩后,组织应该根据组织绩效目标及时兑现同等水平的物质或精神奖励,这对员工的行为可以起到强化作用。
(3)注重奖励和满足需要的关系
每个人的需要是有所差异的,同一种奖励对不同的人的吸引力也是不同的,所以在进行激励过程中,首先应当确定员工完成激励目标之后所应得的报酬是他们所渴求的,或是灵活地采用多种内容和形式的奖励,满足不同人的不同需要,才能够得到良好的激励效果。

考点2 公平理论

1.【参考答案】
亚当斯以费斯汀格的认知不协调理论(认知失调理论)为理论基础来源,提出了公平理论的观点,他着重研究个人通过与他人进行比较所获得的公平感,认为员工所得的绝对报酬(即实际收入)与相对报酬(即与参照对象相比较的相对收入)都会影响员工的积极性。
参照对象可以是同一企业的某个员工或参照群体(横向比较),也可以是与过去的自己(纵向比较),还可以是与系统参照者进行比较。
亚当斯用结果和投入的比值(O/I)来说明公平问题,其中O代表结果(即收益,Out),I代表投入(即贡献,In)。当员工与参照者双方的比值相等时,才会感到合理与公平,从而具有良好的工作积极性,即使双方所获得的收益在绝对数量存在悬殊差异,也不一定会造成不公平感;相反,如果比值不相等,员工则会产生不公平感与心理失衡的现象。此时,员工可能会通过改变自己的投入或产出、改变对自己或对他人的看法与观念、设法调整自己与他人的报酬、通过抱怨与制造矛盾甚至离开原有组织等方法来缓解感受到的不公平感。
根据公平理论的观点,在组织管理中管理者应当尽量减少员工的不公平感,这对满足员工的需要、维护身心健康、改善组织内人际关系以及激发员工的工作积极性具有重要意义,具体而言包括如下几个方面:
(1)奖罚分明,贯彻“按劳分配、奖惩分明”的原则指定分配与奖励制度;
(2)发展并完善员工参与决策制度,在制定分配制度时让员工参与进来,保证制度本身的公平性,增加员工与领导者之间的信任感,增强在后续过程中员工的公平感;
(3)加强组织沟通,做好建立畅通的沟通体系,畅通组织的沟通脉络,促进上下级之间的交流;
(4)并且做好员工的心理疏导工作,引导员工从不同的角度看待问题、从不同的角度进行对投入与收获的比较与评价,教导员工不要盲目过度攀比,引导员工成为内控型的人。
公平理论的积极性在于,这一理论揭示了员工在工作中产生不公平感的原因和规律,重视消除员工不公平感对调动积极性的促进作用;但公平感具有主观性、相对性,公平感的评价缺少客观的标准,同时员工的投入和收益也不易量化,公平理论的观点在实际管理工作中的应用性也较为一般,这是公平理论的局限所在。

考点3 目标设置理论

1.【参考答案】
目标设置理论由洛克提出,该理论认为人们的行为是由目标驱动的,工作目标的不同情况会对工作绩效产生不同的影响。洛克指出,在管理工作中,管理者不需要直接控制员工的行为,通过设定一些为员工所接受、认同的目标来指引员工的行为。
目标的基本特征有三个,即目标的具体性(清晰度)、难度和反馈性,目标的特征与工作效率之间存在关联
(1)清晰而具体的目标比起不明确的目标更能激发高绩效;
(2)具有一定难度的目标比起相对容易的目标而言,会带来更高的工作绩效;
(3)有反馈比无反馈更能提供工作绩效,因为反馈能检查任务效果。同时,管理者还可以通过对下属提供目标达成程度的回馈信息,来使目标成为一个更加有效的激励因子。
2.【参考答案】
目标设置理论由洛克提出,该理论认为,管理者不需要直接控制员工的行为,通过设定一些为员工所接受、认同的目标来指引员工的行为。
该理论指出,与工作绩效或工作动机的激发效果相关的是目标的三方面基本特征——目标的具体性、目标的难度和目标的反馈性。清晰、具体的目标,具有一定难度且对员工有价值、有意义、有挑战性的目标更能够促进工作绩效,更能够激发员工的工作动机。而目标反馈的作用在于阶段性地检查任务效果,管理者也可以通过对下属提供目标达成程度的回馈信息,来使目标成为一个更加有效的激励因子。
根据目标设置理论的观点,在管理工作中,管理者应当及时了解员工的目标设置状况,结合员工所拥有的目标指定激励措施,并且在激励过程中管理者还应当采取一定的措施引导员工的目标设置。由此出现了目标管理技术。
目标管理是一种由美国心理学家德鲁克开创的管理技术,是指管理者和员工为工作绩效和个人发展共同设置目标,定期对员工在实现目标的过程中的进步进行评价,并对个体、团队、部门和组织的目标进行整合。
目标管理具体可分为三个阶段:
(1)目标的设立。在该阶段,企业设立总目标,员工积极主动参与目标的设置或提出建议,每个下属部门根据总目标订立部门的目标,员工再根据所属部门的目标订立个人目标,从而形成完整的目标链条。
(2)过程管理。让员工发挥各自的积极性,通过自我控制来完成自己所制定的个人目标,具体方法由个人自行确定。
(3)目标考评。对照既定的目标来考评目标达成的效果,并讨论未达成目标的原因,同时为下一个目标管理周期创造条件,以利于设置新目标。
在通过目标管理技术进行管理工作时,同样也需要注意目标的三方面基本特征,作出的目标设置应符合与员工的工作能力、员工的需要相匹配,也可通过让员工参与到目标设置的过程中来提高他们对目标的认可度,令员工接受自己的个人目标并作出自我承诺,以促进目标设置对工作积极性的激发;设定的目标还应该是具体的、清晰的,具体而清晰的目标往往比模糊、不明确的目标更具有激励效果;同时管理者在过程管理中可以通过阶段性的反馈与总结,鼓励员工

在工作中发现问题、解决问题，也在这一过程中促进上下级之间的良好沟通，为后续下一阶段的目标管理周期创造有利条件。

章节考点　综合训练

一、单选题

1.【参考答案】B

【解析】题干描述的是ERG理论的观点，当员工在工作上得不到情感支持或认可，于是就要求更高的薪酬或福利待遇作为补偿，这一描述体现的是员工的相互关系需要未得到满足，从而导致对生存需要的渴求增强的“挫折-退化”现象，故选B

2.【参考答案】D

【解析】亚当斯公平理论着重研究个人通过与他人进行比较所获得的公平感。他认为，一方面员工所得的绝对报酬（即实际收入）会影响职工的工作积极性，另一方面员工的相对报酬（即与他人相比较的相对收入）也会影响员工的工作积极性。

3.【参考答案】B

【解析】效价是指行为的结果对个体的满足程度，个体会对行为的结果进行主观评估。通过强化员工的绩效与奖励之间的关系，会提高员工的效价。

4.【参考答案】D

【解析】期望理论认为某种激励因素对某人的激励强度取决于完成目标的价值（效价）与预期的完成目标的概率（期望值）之间的乘积。工具性指的是对一阶结果和二阶结果之间相关性的主观认识和判断。

5.【参考答案】B

【解析】20世纪60年代，洛克最先提出了“目标设置理论”。

6.【参考答案】B

【解析】弗洛姆提出了期望理论。

7.【参考答案】B

【解析】亚当斯提出的公平理论。

二、名词解释

1.【参考答案】

洛克认为目标本身就是具有激励作用，目标能够把人的需要转化为动机，使人们的行为朝着一定方向努力，并将自己的行为结果与给定的目标进行比较，并及时进行调整和修正，实现目标从而满足自己的需要。

2.【参考答案】

成就需要指的是争取优秀、追求卓越的需要。成就需要高的人具有以下特征：①渴望将事情做得更为完美，提高工作效率，获得更大的成功；②追求的是在争取成功过程中克服困难、解决难题、努力奋斗的乐趣；③往往会以最高的工作效率工作，而且并不看重成功所带来的物质奖励。

3.【参考答案】

激励因素是能促使人们产生工作满意感的因素，是指与工作内容紧密相关的因素，包括工作富有成就感、工作成绩得到认可、工作具有挑战性、工作赋予的发展机会和责任等。

4.【参考答案】

ERG理论是由奥德弗在马斯洛需要层次理论的基础上提出。将需要层次压缩为三种需要，分别为生存需要（Existence）、相互关系需要（Relatedness）与成长发展需要（Growth），简称为ERG理论。

5.【参考答案】

亚当斯以费斯汀格的认知不协调理论（认知失调理论）为理论基础来源，提出了公平理论的观点，他着重研究个人通过与他人进行比较所获得的公平感，认为员工所得的绝对报酬（即实际收入）与相对报酬（即与参照对象相比较的相对收入）都会影响员工的积极性。

6.【参考答案】

目标激励，就是确定适当的目标，诱发人的动机，以调动人的积极性。目标激励的作用通常表现在两个方面：(1)经过努力目标实现的可能性越大，人们就越感到有信心，激励作用也就越强。(2)目标效价即目标实现后满足个人需要的价值越大，社会意义越大，就越能鼓舞人心，激励的作用就越强。

7.【参考答案】

期望理论由弗鲁姆提出，认为人之所以要从事某项工作并达到组织目标，是因为这些工作和组织目标会帮助他们达到自己的目标，满足自己某方面的需要。因此某种激励因素对某人的激励强度取决于完成目标的价值（效价）与预期的完成目标的概率（期望值）之间的乘积。

三、简答题

1.【参考答案】

目标设置理论由洛克提出，该理论认为人们的行为是由目标驱动的，工作目标的不同情况会对工作绩效产生不同的影响。在管理工作中，管理者不需要直接控制员工的行为，通过设定一些为员工所接受、认同的目标来指引员工的行为。

目标的基本特征有三个——难度、具体性与反馈性。其中，目标难度是一项目标的挑战性和需要努力的程度，目标难度会影响员工对目标的接受和认可，具有一定难度的、有意义、有价值目标比相对容易的目标更能够带来高工作效率；目标的具体性或清晰度是一项目标的明确与清楚的程度，清晰而具体的目标比不明确的目标带来更高的工作绩效；而目标的反馈性也会影响目标对员工的激励作用。

此外，目标设置理论认为外部目标影响人们工作积极性的原因在于它与人们对目标的承诺以及自我效能感有关，当员工对目标作出了自我承诺，完成目标的自我效能感较高时，目标更容易促成高工作积极性与高工作绩效。

2.【参考答案】

内容型激励理论着重从人的需要角度出发，探讨哪些因素对人的行为具有激励作用。主要包括马斯洛的层次需要理论、ERG理论、三重需要理论（成就需要理论）和双因素理论。

(1)马斯洛需要层次理论

需要层次理论由马斯洛提出，是世界上被广泛认可、普遍应用的主要激励理论之一。这一理论认为，人的需要按照由低级到高级的顺序，分为生理、安全、归属与爱、尊重、自我实现五类需要。在人的发展过程中，需要是按照层次由低到高逐级发展的。一般来说，只有当低层次的需要被满足之后，更高一层的需要才会被激活并影响个体的行为。

(2)ERG理论

ERG理论是由奥德弗在马斯洛需要层次理论的基础上提出。将需要层次压缩为三种需要，分别为生存需要（Existence）、相互关系需要（Relaedness）与成长发展需要（Growth）。ERG理论认为，各个层次的需要满足越少，则这种需要越为人们所渴求，较低层次需要越是获得满足，对高层次需要渴求越大，并且不同于马斯洛的需要理论，奥德弗认为需要不仅可以向上发展还会向后倒退，高层次需要满足越少或缺乏，对低层次需要的追求越多。

(3)三重需要理论

美国心理学家麦克利兰认为需要是不断发展的，当人的生理需要得到满足之后有权力需要、友谊需要与成就需要三种高级需要。其中：

权力需要是指影响和控制他人行为的欲望；友谊需要也称归属需要，是指与他人建立和保持亲密人际关系的愿望；成就需要是指为争取优秀、追求卓越的需要。

这三种需要可以同时并存，同时发挥激励作用，但其排列的层次和重要性因人而异。因此也需要根据不同人的情况采取不同的激励措施。

(4)双因素理论

赫茨伯格于20世纪50年代末提出了双因素理论，认为员工对工作的满意感和不满意感不是同一连续体的两极，而是存在“满意”和“不满意”两种状态，他总结出人们对工作满意和不满意的两类因素，分别将其称为“保健因素”和“激励因素”。

其中，激励因素主要指使员工感到满意的因素，包括工作本身、工作成就得到认可、成就和责任等,这些因素涉及对工作的积极感情,又和工作本身的内容有关。激励因素导致满意;保健因素主要指一些与外界工作环境有关的因素,包括公司政策和管理、技术监督、薪水、工作条件以及人际关系等。保健因素防止产生不满意。

在管理工作中,应当在保证保健因素的基础上,重视激励因素的作用。同时,还需要注意处理好保健因素和激励因素的关系,要善于把保健因素转化为激励因素,将二者结合起来对员工进行动机激励。

四、论述题

1.【参考答案】

过程型激励理论着重研究如何由需要引起动机,由动机引起行为,并由行为导向目标的理论。主要有期望理论、公平理论、目标设置理论。

(1)主要的过程型激励理论

①期望理论

期望理论由弗鲁姆提出,认为人之所以要从事某项工作并达到组织目标,是因为这些工作和组织目标会帮助他们达到自己的目标,满足自己某方面的需要。因此某种激励因素对某人的激励强度取决于完成目标的价值(效价)与预期的完成目标的概率(期望值)之间的乘积。

②公平理论

亚当斯提出的公平理论着重研究个人通过与他人进行比较所获得的公平感。他认为,一方面员工所得的绝对报酬(即实际收入)会影响职工的工作积极性,另一方面员工的相对报酬(即与参照对象相比较的相对收入)也会影响员工的工作积极性。

③目标设置理论

目标设置理论由洛克提出,该理论认为在管理工作中,管理者不需要直接控制员工的行为,通过设定一些为员工所接受、认同的目标来指引员工的行为。

目标的基本特征有三个——难度、具体性与反馈性。其中,目标难度是一项目标的挑战性和需要努力的程度,目标难度会影响员工对目标的接受和认可,具有一定难度的、有意义、有价值目标比相对容易的目标更能够带来高工作效率;目标的具体性或清晰度。是一项目标的明确与清楚的程度,清晰而具体的目标比不明确的目标带来更高的工作绩效;而目标的反馈性也会影响目标对员工的激励作用。

(2)过程型激励理论对提高教师工作积极性的启示

过程型激励理论从认知的角度探讨激励问题,根据三种主要的过程型激励理论的观点,可从如下几方面入手,提高教师的工作积极性:

①适当提高教师薪酬水平,建立健全教师激励制度

目前,我国教师行业的薪酬水平虽与之前相比有了较为明显的改善和提高,但教师的薪资水平仍旧略显不足,近十年来,国务院、教育部等部门不断印发文件、通知,要求提高教师薪资待遇,保证教师工资水平不低于当地公务员标准,最近召开的"两会"中,也有代表纷纷提议提高经济发展水平较低地区教师待遇。这说明,教师薪酬水平的问题仍然存在。

根据期望理论的观点,要有效激发人的工作积极性,需要处理好努力与绩效的关系、成绩与奖励的关系以及奖励和需要满足的关系。因此,在物质激励方面,在一定范围内适当提高待遇、加大对优秀教师的奖励力度,可以在一定程度上强化教师的工作热情,进而提高教师的工作积极性。此外,还需要根据教师目前的需要,对不同情况的教师因人而异采取不同的激励方式,例如,对于生活条件不好,有安家立业需求的青年教师,可以适当提高奖金水平、通过"青年教师计划"在职称评定等方面适当予以政策倾斜等方式,以更高效价的奖励来提高教师的工作积极性。

②设置科学的工作目标,明确教师职责

教师的日常工作与绩效目标繁杂而琐碎,例如教师除了要完成日常教学工作之外,每年还需要完成一定学时的进修培训,若是兼有班主任职责的教师还需要负担所在班级学生的学生管理事务、思想政治工作等,且这些因素都会影响到教师的待遇与职业发展。

根据目标设置理论的观点,人们的行为是由目标驱动的,工作目标的不同情况会对工作绩效产生不同的影响。针对这一情况,可以通过设置合理的、科学的工作目标,帮助教师"减负"、明确教师的主/次要工作职责、具体工作的主/次要方面,对于工作压力较大的教师(例如毕业班年级的教师),同时完善激励反馈制度,对教师尽可能多的进行积极反馈,以此来提高教师的工作积极性。

③营造公平、透明的教师发展制度

分配的公平感是指人们对组织资源或奖酬分配是否公正合理的个人判断与感受。对于教师而言,投入与获得的公平感是十分重要的,不管是辛苦加班工作之后得到的带薪休假、还是多年之后金榜题名的学生返校看望、或是达成工作目标之后的待遇提升与发展机会,都构成了教师在工作中获得"收益"的一部分。

根据公平理论的观点,人在主观上的投入与主观上获得收益的比值达到接近相等时才会感受到公平感,进而才能提高工作积极性。因此,营造公平合理的工作环境,力求在教师的工资奖金评定、职务职称晋升评定以及工作绩效评定时,都力求做到公平、公正、公开,努力消除不合理的教学评定结果,能够在较大程度上调动教师的工作积极性,使教学质量得到一定提升。

(根据期望理论、公平理论以及目标设置理论的观点,联系实际进行论述,言之有理即可)

2.【参考答案】

内容型激励理论着重从人的需要角度出发,探讨哪些因素对人的行为具有激励作用。其中,马斯洛的层次需要理论、ERG理论、和双因素理论是较有代表性的三种激励理论。

(1)主要的内容型激励理论

①马斯洛需要层次理论

需要层次理论由马斯洛提出,这一理论认为,人的需要按照由低级到高级的顺序,分为生理、安全、归属与爱、尊重、自我实现五类需要。在人的发展过程中,只有当低层次的需要被满足之后,更高一层的需要才会被激活并影响个体的行为。

根据需要层次理论的观点,在管理工作中,首先要先了解、掌握员工当前所处的需要层次并设法予以满足,同时关注员工在一定时期内需要的发展与变化,以准确把握其优势需要,灵活调整管理措施与激励措施。

②ERG理论

ERG理论是由奥德弗在马斯洛需要层次理论的基础上提出。将需要层次压缩为三种需要,分别为生存需要、相互关系需要与成长发展需要。ERG理论认为,各个层次的需要满足越少,则这种需要越为人们所渴求,较低层次需要越是获得满足,对高层次需要渴求越大,并且需要不仅可以向上发展还可以向后倒退,高层次需要满足越少或缺乏,对低层次需要的追求越多。

根据ERG理论的观点,在管理工作中,应当先充分了解和满足员工的合理需要,若在一定时间内无法得到满足,也应当及时做好思想工作,防止员工的需要发生"挫折-倒退"。并且实施"以人为本"的管理理念,为员工提供良好的工作环境,支持他们参与决策与管理工作,发展并满足员工的高层次需要。

③双因素理论

赫茨伯格提出了双因素理论,认为员工对工作的满意感和不满意感不是同一连续体的两极,而是存在"满意"和"不满意"两种状态,他总结出人们对工作满意和不满意的两类因素,分别将其称为"保健因素"和"激励因素"。

其中,激励因素主要指使员工感到满意

的因素,包括工作本身、工作成就得到认可、成就和责任等,激励因素导致满意;保健因素主要指一些与外界工作环境有关的因素,包括公司政策和管理、技术监督、薪水、工作条件以及人际关系等。保健因素防止产生不满意。

根据双因素理论的观点,在管理工作中,应当在保证保健因素的基础上,重视激励因素的作用。同时,还需要注意处理好保健因素和激励因素的关系,要善于把保健因素转化为激励因素,将二者结合起来对员工进行动机激励。

(2)三种理论的相互关系

马斯洛需要层次理论是出现最早,也是世界上被广泛认可、普遍应用的主要激励理论之一,ERG 理论就是在需要层次理论的基础上发展起来的,ERG 理论中的生存需要相当于马斯洛提出的生理和安全需要、关系需要相当于归属与爱的需要、成长需要相当于自尊和自我实现的需要。ERG 理论在需要层次理论的基础上提出了需要的“挫折倒退”,对不同层次需要之间的动态变化进行了更详细的阐述,对管理工作具有启示意义。

在双因素理论中,保健因素对应需要层次理论中生理、安全、归属与爱三种需要以及 ERG 理论中的关系与生存需要,激励因素则对应着需要层次理论中的自尊与自我实现的需要以及 ERG 理论中的成长需要。双因素理论是对前两种理论的进一步发展,该理论强调重视激励因素,同时处理好保健因素与激励因素之间的关系,使二者协调发展,促进保健因素转化为激励因素而对员工起激励作用。

(拓展资料:陈福娣.(2008).内容型激励理论及其对企业管理的启示.改革与战略,024(007),145-146.)

五、案例分析题

1.【参考答案】

(1)亚当斯公平理论着重研究个人通过与他人进行比较所获得的公平感。他认为,一方面员工所得的绝对报酬(即实际收入)会影响职工的工作积极性,另一方面员工的相对报酬(即与参照对象相比较的相对收入)也会影响员工的工作积极性。

小白在多年的锻炼中,不管他是已经成为了推销员中的佼佼者,还是他在业绩定额提高的基础上仍旧提前完成了全年任务,这些进步、投入与对公司的贡献的提高完全没有使他得到更高的收入。这使得小白在与参照对象相比较来计算相对报酬时,无论是横向比较(与其他推销员相比)还是纵向比较(与去年同期的自己相比),都觉得自己拿固定酬劳是一种“不公平”的体现,因此这种不公平感导致了他对日企公司“吃大锅饭”的制度产生了不满。

(2)麦克利兰的三重需要理论认为,人的高级需要可归纳为成就、权力和友谊的需要。其中成就需要指的是争取优秀、追求卓越的需要。高成就需要的人具有如下特征:

①渴望将事情做得更为完美,提高工作效率,获得更大的成功;

②追求的是在争取成功过程中克服困难、解决难题、努力奋斗的乐趣;

③高成就需要者一般选择中等难度的目标;

④高成就需要者喜欢能及时提供反馈的工作,如有明确销售指标规定的销售工作;

⑤往往会以最高的工作效率工作,并不看重成功所带来的物质奖励,而是将物质报酬作为衡量自己成就的一项指标。

在案例中,一方面,小白对公司不告诉大家业绩完成的好坏最为烦恼,而其他公司奖励优秀推销员,并通报排名;另一方面,公司实行固定工资制的薪酬制度无法体现自己在工作中取得的成就与贡献,这使得他对此十分不满。

上述这两方面的内容均符合高成就需要个体的特征,因此小白属于高成就需要的员工。

第四章　领导理论

第一节　领导心理概述

考点1　领导的概念

1.【参考答案】

领导的实质是引导和影响个体、组织或群体,在一定条件下实现所期望目标的行动过程。其中,实施指引和影响的人称为领导者。

2.【参考答案】

领导作为一种动态的行为,具有以下特点:

(1)系统性。领导行为由“领导者”、“被领导者”和“环境因素”三个要素组成,三者互相结合、相互作用,构成有效的领导活动;

(2)双向性。领导行为总是相互的,领导者在影响下属的同时,也必然会受到下属某方面的影响。

考点2　领导与管理

1.【参考答案】

领导通常被认为是“指引和影响个人或组织,在一定条件下实现组织目标的过程”;管理则是“由领导者或非领导者通过计划、组织、协调、激励、指挥和控制,进而实现组织目标的行为过程”。二者之间存在一定区别与联系。

1. 管理与领导的联系

管理是一种特殊的领导。管理行动和管理活动是领导行为的组成部分。

管理的范围小于领导的范围,但管理者的范围大于领导的范围,领导者一般处于组织团体的高层地位,具有相当的权力与影响力,人数较少。而管理者除了包括领导者之外,还包括从事业务管理职能的一般人员,管理者中包含领导者。

2. 管理与领导的区别

领导与管理之间存在一定的区别,主要包括如下几个方面:

(1)在计划制定上,管理关注的是具体目标和短期结果。而领导则注重长远的发展;

(2)在人员调配上,管理侧重于给具体的任务配备合适的人员,并指导员工开展工作。领导则侧重于联合和激励团队员工,促进团队效用的发挥以达到公司的远景目标;

(3)在计划执行上,管理侧重于控制和解决问题,随时准备监督和纠正目标执行过程中的偏差。领导侧重于鼓励和激励,帮助员工克服困难并满足他们的需要;

(4)在结果上,管理侧重于产生可预测的结果。领导侧重发现客观发生的各种巨大变化。

3. 领导与管理之间存在互补关系

对现代领导者来说,单纯的管理或领导是不够的,二者中任一有余,另一不足,都无法达到良好的组织和领导管理的效果,只有领导与管理均衡发展,优势互补,才是组织管理的最佳状态。

考点3　领导者的影响力

1.【参考答案】

权力性影响力又称为强制性影响力,以法定的地位与奖惩权为基础,是领导者借助其作为权力的拥有者这一特殊地位而对他人所产生的一种强制性的影响力。权力性影响力由正式组织授予,具有强迫性、不可抗拒性等特征。

2.【参考答案】

领导者的影响力包括权力性影响力和非权力性影响力两类,这两类影响力具有不同的基础,在领导过程中发挥不同的作用。

(1)权力性影响力

权力性影响力又称为强制性影响力,以法定的地位与奖惩权为基础,是领导者借助其作为权力的拥有者这一特殊地位而对他人所产生的一种强制性的影响力。权力性影响力由正式组织授予,具有强迫性、不可抗拒性等特征。

构成权力性影响力的要素主要包括三个

方面：

①传统因素。指人们对领导者的一种传统观念与认知，在这一观念影响下人们认为领导者有权力有能力，比一般人强，这使领导者的言行具备影响力，令被领导者对领导者产生服从感；

②职位因素。处于领导地位的人员有组织赋予的一定的权力，通常，职位越高、权力越大，所带来的影响力也越大，这种权力使被领导者产生敬畏感；

③资历因素。即领导者的资格、经历与阅历等因素。一般人对资历较深的领导者较为敬重，高资历的领导者也具有更强的影响力，这一因素使被领导者对领导者产生敬重感。

需要注意的是，权力性影响力是一种由外界（组织）赋予的地位权力，它取决于领导者在组织中的地位，其影响作用表现为被领导者对领导者的被动服从，这种影响力有可能随着权力的消失而消失。

2. 非权力性影响力

非权力性影响力也称自然影响力，它既没有正式的规定，也没有组织授予的形式，是以领导者自身的品德、才能、学识等因素为基础产生的影响力。在具体活动中，它具有比权力性影响力更大的影响，并起到权力性影响力起不到的作用，是提高领导者影响力的关键。

构成非权力性影响力的要素主要包括五个方面：

①品德因素。主要是指领导者的品行、人格、作风等。品德高尚的领导者会让被领导者对其产生敬爱感，领导者所具备的良好品德有利于他们带动、控制组织。反之，无论领导者地位有多高，如果他不具备良好品德，威信扫地，就会失去影响力；

(2)能力因素。主要指领导者所应该具备的、与其职务相符的能力（例如创新能力和综合能力）。有才能的领导者会给组织带来成功，使被领导者对其产生敬佩感，从而自愿服从领导者的管束；

(3)知识因素。主要指领导所具有的知识储备。领导者所具备的广博的知识面与专业的技术知识会使被领导者对其产生信赖感，自觉服从与执行领导者的命令，从而增强领导者的影响力；

(4)情感因素。情感因素是指领导者对被领导者的感情。如果领导者与被领导者之间具有良好的情感关系，则能够给予被领导者亲切感，从而增强其自身的吸引力和人格魅力。反之，若领导者与被领导者之间没有建立起健康、积极的情感关系，则领导者的影响力会大打折扣；

(5)方法因素。领导方法是一种根据环境、组织内各种条件以及具体情况所选择的工作方式，它要求具备丰富的经验，有较强的艺术性。当领导者能够在工作中根据情况采取正确的处事方法，保证工作效率，则被领导者会积极效仿，对领导工作而言事半功倍。反之，若领导者的领导方法不当，则会影响到组织目标的实现，降低被领导者对其的信心。

任何领导都具备上述两种影响力，但对不同领导者来说，两种影响力的大小却是各不相同的。要提高领导者的影响力，一方面要合理用权，使职权相称；另一方面要加强领导者的自身修养，全面提高个人素质，并且应使两种影响力相互促进、彼此呼应。

第二节　领导特质理论

考点 1　领导特质理论

1.【参考答案】D

【解析】领导特质理论认为，领导效率的高低主要取决于领导者的特质，那些成功的领导者也一定有某些共同点。持有领导特质理论观点的研究者们认为，只要找出成功领导着应具备的特点，就能推断某个领导者是不是一个优秀的领导者。因此，领导特质理论强调领导个人特质的重要性。

第三节　领导行为与风格理论

考点 1　双维领导理论与密歇根大学领导行为理论

1.【参考答案】

20 世纪 40-50 年代，美国密歇根大学与俄亥俄州立大学几乎在同时通过调查研究提出了两种类似的关于领导行为的理论。

1. 双维领导理论

俄亥俄州立大学的领导行为理论被称为双维领导理论或领导行为四分图模式，该理论认为领导方式存在两个维度——体贴维度和组织维度。

其中，体贴维度表示领导信任和尊重下属的观念程度，而组织维度则为了达到组织的目标，领导者界定和构造自己与下属的角色的倾向程度。

这两维度相互独立，根据各自维度的水平高低划分为四种类型，即高体贴-高组织型、高体贴-低组织型、低体贴-高组织型、低体贴-低组织型。研究表明，“高体贴+高组织”型领导者更能使下属达到高绩效和高满意度，相对其余三种领导方式有更好的领导效果，但总的来说，这四种领导行为哪一种能够在领导过程中取得良好的效果，要依据具体情况而定。

2. 密歇根大学的领导行为理论

密歇根大学的研究者们在大量调查研究结果的基础上，将领导行为划分为员工导向与生产导向两个维度：

生产导向的领导者强调生产关心任务的完成，把员工看成是达成组织目标的工具，积极介入员工活动，容易形成专制型的领导行为方式；

员工导向的领导者重视人际关系，重视员工个性与个人需要，并承认人与人之间的差异，鼓励建立良好的上下级关系，形成良好的意见与信息交流，容易形成民主领导的工作气氛。

基于此的一系列研究结果表明，不同的领导行为导向与工作效率、生产效率和组织气氛都存在一定的关系。密歇根大学的调查研究发现：

①在调查的高效率的工作单位中，6/7 的主管以员工为中心，1/7 的主管以工作为中心，而低效率的工作单位则相反；

②在不同的部门中，不同的导向与生产效率的关系有所不同，在非生产部门，员工导向由于生产导向，而在生产部门，生产导向优于员工导向；

③不同导向与组织气氛之间存在关系，生产导向得分高，员工导向得分低，则会导致更多的旷工、工作事故、员工抱怨与离职的情况。

3. 两种理论之间的异同

密歇根大学的领导行为理论与俄亥俄州立大学的双维领导理论类似，都将领导行为划分为两个维度，前者理论中的员工导向维度与后者提出的体贴维度类似，生产导向维度与组织维度类似。

而二者最大的不同在于，俄亥俄州立大学把体贴和组织视为两个独立的维度，而密歇根大学认为生产导向和员工导向是一个维度的两个端点，认为不存在既是员工导向型又是生产导向型的领导。

考点 2　PM 理论

1.【参考答案】B

【解析】CPM 理论即品德绩效维系理论。凌文辁等在将日本学者三隅二不二的 PM 量表标准化的过程中，发现除了 P 和 M 两因素外，中国人对领导的期望还包括一个重要的方面：个人性格或个人品格，即 C 因素。

考点 3　领导方格理论

1.【参考答案】

领导方格理论由布莱克和莫顿在领导行为四分图理论的基础上提出，这一理论认为，在对生产关心的领导方式和对员工关心的领导方式之间，可以有使两者在不同程度上相互结合的多种领导方式。为此，布莱克和莫顿提出管理方格法，将“以性率为中心”和“以员工为中心”两个维度分别作为横坐标（X 轴）与纵坐标（Y 轴），并将两条轴各 9 等分，形成了能够表示 81 种领导方式的管理方格，在评价领导者时，可分别在 9 点评分量表上对其关心员工和关心生产的程度分别进行量化评分，管理方格图中对应的坐标交叉点就是该管理者的领导方式。

2.【参考答案】C

【解析】根据管理方格理论（即领导方格

理论）的观点，团队型的领导者既关心生产又关心员工，在管理方格图中，（9，9）型管理者（领导者）就是典型团队型领导风格，故选 C

考点 4　勒温的领导风格理论

1.【参考答案】

心理学家勒温等人提出了领导风格理论，区分出了专制型、民主型和放任型三种领导风格，其中，专制型领导依靠个人的能力、经验、知识和胆略来指挥组织的活动，这类领导大多独断专行，对下属缺乏应有的尊重。

2.【参考答案】D

【解析】怀特和李皮特的领导风格理论即勒温的领导风格理论，该理论将领导风格分为专制型（即权威式）、民主型和放任型。在领导风格理论中不涉及自主式领导，故 D 不属于领导风格理论的内容。

考点 5　利克特的领导系统图

1.【参考答案】D

利克特在《管理新模式》一书中介绍了四种领导作风方式，分别为极端专制式、仁慈专制式、民主协商制、民主参与制。其中，在民主参与制的领导系统下，上下级关系平等，遇问题民主协商，领导按照分工进行授权。上下级之间沟通充分，相互信任，具有良好的工作积极性。C 选项民主式是勒温的领导风格理论中的划分类型，属于干扰项。

第四节　领导权变理论

考点 1　费德勒模型

1.【参考答案】A

【解析】根据费德勒领导类型与情境变量之间的匹配，可知在领导与下属关系好且领导者具有较高职位时，用任务导向型领导方式较好。

2.【参考答案】

美国管理学家费德勒于 1967 年系统地阐述了权变理论，提出了第一个综合的权变模型。该理论认为，群体绩效的高低取决于领导风格和领导方法对组织与环境的适合度，任何一种领导类型有效与否的关键在于领导风格和具体组织情境的匹配程度。

费德勒首先编制了 LPC 调查问卷（最不喜欢的合作者调查表）用以测定领导者风格。一个人的领导风格在短时间内是稳定的，如果领导者的特性与情境要求领导者特性不同，此时若想要达到最佳效果，则需要替换领导者以适应情境，或是改变情境以适应领导者。

费德勒认为，领导效果的好坏取决于“领导者与被领导者的关系”、“任务结构”和“职位权力”三个情境因素。其中：

领导者与被领导者的关系是指领导者为被领导者所接受的程度，信任、忠诚、喜爱和愿意追随的程度以及领导者对下属的吸引力；任务结构是指任务的明确度和下属对这些任务的负责程度；职位权力是指与领导者职位相关的正式职权以及各方面的支持程度。

当三个情境因素都比较良好时（例如，领导者的职位较高、权力较大，领导者与被领导者之间关系融洽，组织任务明确、常规性与例行性程度较高且下属责任心强），是对领导者较为有利的情境，反之则是对领导者不利的情境。

费德勒通过调查，研究了领导类型与三个情境因素之间的的匹配关系。研究结果表明，在群体情况极有利或极其不利的情况下，任务导向型是有效的领导形态；在群体情况一般的情况下（适度有利的情况下），关系导向型是有效的领导形态。

费德勒模型把复杂的环境因素集中概括为领导者与被领导者的关系、任务结构和职位权力三项，具体分析了这三个因素交织组合的多种情况，这为领导者指明了改变环境条件的方向，为上级组织选用企事业领导人提供了参考。但该模型在实践应用中也存在缺陷，如，LPC 量表的使用方法受到了一些研究的质疑、三个情境因素在实践中的评估也过于复杂，在实际过程中很难确定领导者与被领导者的关系是否融洽、工作任务是否具有高结构化程度，也难以衡量领导者究竟有多大的权利。

考点 2　路径—目标理论

1.【参考答案】B

【解析】根据路径—目标模型，当员工从事单调的工作（即常规性的工作）时，较低的指令程度能够提高员工的工作满意度，同时若工作较为危险（例如在有锋利工具的流水线上工作），领导对员工心理、情感需要的关注也有助于提高员工的工作满意度。因此当任务单调且危险时，领导者应当采用支持型的领导方式。

考点 3　领导—参与模型

1.【参考答案】B

【解析】领导者从下属处获得必要的信息，然后独自做出决策的方式属于独裁 II 型领导方式。

考点 4　生命周期理论（情境领导理论）

1.【参考答案】

情境领导理论认为，在选择适当的领导行为时，下属的成熟水平会发挥着重要作用。领导者所表现出的任务和关系行为的适宜程度取决于下属的成熟程度。

其中，任务行为表示领导者采取单项沟通方法向下属人员说明应该如何完成任务；关系行为表示领导者采取双向沟通的方式，通过心理关怀、社会情感培养等措施指导下属，并照顾他们的福利。两类行为水平的高低结合出四种领导方式。分别为命令型（指导型）领导、说服型（支持型）领导、参与型领导和授权型领导。

下属的成熟度可以从“工作成熟度”和“心理成熟度”两个方面进行衡量。工作成熟度是表现出来的与任务有关的能力、技巧和知识；心理成熟度与员工的信心、自愿和动力方面的感觉有关。二者的水平高低结合出四种水平的下属成熟度，分别以 M1 至 M4（或 R1 至 R4）代表不成熟、初步成熟、比较成熟和成熟四种水平，下属的成熟度的水平决定着有效的领导方式。（如下图所示）

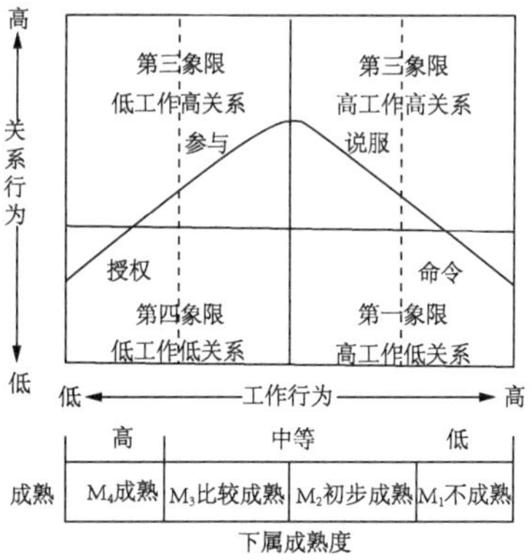

根据情境领导理论的观点，在管理工作中没有“永远最好”的管理方式，领导者应根据员工所处状态、能力以及意愿来决定自己的领导方式和行为，并结合实际情况不断调整自己的领导行为。

例如，若当员工目前的成熟度处于 M1 状态，其心理成熟度与工作成熟度均较低，他们对执行任务既无能力也不情愿，此时适宜的领导方式是命令型领导，领导者在工作中以单项沟通的方式向下级规定任务，指导下属“干什么”、“怎样干”。

当员工的成熟度处于 M4 状态，其心理成熟度与工作成熟度均较高，他们既有完成任务的能力，也愿意执行任务，此时适宜的领导方式是授权型领导，领导者在工作中授权给下级，自身只起到监督保证作用，让下级在取得工作成果的过程中获得胜任感和成就感。

第五节　领导理论研究新进展

考点 1　领导理论研究的新进展

1.【参考答案】D

【解析】领导—成员交换理论描述了领导者和下属的相互影响，探讨了下属在组织中的角色，和在长时间中如何发展出一种个人关系。该理论强调每对领导者和下属之间的个性化关系。

章节考点　综合训练

一、选择题

1.【参考答案】C

【解析】根据日本学者三隅二不二的领导

行为理论：以 P 为横坐标，M 为纵坐标，并在 P 和 M 坐标中点画一条平行线，就可分为 PM(两者兼备型)、Pm(执行任务型)、Mp(机能维持型)、pm(两者俱无型)四种领导类型。一般来说，PM 型组织生产最高，对工会和公司的信赖度也高，凝聚力最好，效果最好；Pm 型、Mp 型居中；pm 型最差。

2.【参考答案】C

【解析】罗伯特·布莱克和简·莫顿提出的管理方格理论中：(1,1)型管理方式称为虚弱型领导，(9,1)型管理方式称为任务型领导，(1,9)型领导称为乡村俱乐部型领导，(5,5)型管理方式称为中间型领导，(9,9)型管理方式称为团队管理型领导。

3.【参考答案】D

【解析】在豪斯的路径-目标理论中领导者是友好而亲近的，对下属行为表现出诚恳的关注是一种支持型领导方式。

4.【参考答案】D

【解析】从事科学工作的专家、从事教育工作的教授都是属于心理成熟度和工作成熟度都高的高成熟的下属，他们既有技能，又有信心或心甘情愿，所以对于他们应该要采取低关系低工作的授权型领导。

二、名词解释

1.【参考答案】

勒温等人提出了领导风格理论，根据行使权力和发挥影响力的方式不同，区分出专制型、民主型和放任型三种领导风格。其中，民主型领导平易近人，平等待人，尊重下属，使下属由衷地愿意追随并愿意接受其领导。组织内成员能够在很大程度上参与决策，并通过集体讨论，在一定范围内决定自己的工作内容与工作方法

2.【参考答案】

非权力性影响力也称自然影响力，它既没有正式的规定，也没有组织授予的形式，是以领导者自身的品德、才能、学识等因素为基础产生的影响力。在具体活动中，它具有比权力性影响力更大的影响，并起到权力性影响力起不到的作用，是提高领导者影响力的关键。

3.【参考答案】

变革型领导是指领导者通过让员工意识到所承担任务的重要意义和责任，激发下属的高层次需要或扩展下属的需要和愿望，使下属为团队、组织和更大的政治利益超越个人利益。

4.【参考答案】

领导特质理论侧重研究领导者应该具备什么样的个性品质，以期探讨什么样的人能够作为领导、以获得最佳的领导效果。该理论的出发点是：领导效率的高低主要取决于领导者的特质，那些成功的领导者也一定有某些共同点。研究者认为，只要找出成功领导应具备的特点，就能推断某个领导者是不是一个优秀的领导者。

5.【参考答案】

领导权变理论是研究被领导者特征、领导者与被领导者关系，以及环境因素如何影响领导行为的有效性的理论。权变理论认为，领导的有效性不是取决于领导者不变的品质或行为，而是取决于领导者、被领导者和情境条件三者的配合关系。

三、简答题

1.【参考答案】

领导权变理论是研究被领导者特征、领导者与被领导者关系，以及环境因素如何影响领导行为的有效性的理论。权变理论认为，领导的有效性不是取决于领导者不变的品质或行为，而是取决于领导者、被领导者和情境条件三者的配合关系。比较具有代表的领导权变理论包括费德勒权变模型、路径-目标模型、领导-参与模型以及领导生命周期理论。

(1)费德勒模型

美国管理学家费德勒于 1967 年系统地阐述了权变理论，提出了第一个综合的权变模型。该理论认为，群体绩效的高低取决于领导风格和领导方法对组织与环境的适合度，任何一种领导类型有效与否的关键在于领导风格和具体组织情境的匹配程度。

组织情境由“领导者与被领导者的关系”、“任务结构”和“职位权力”三个情境因素组成，根据三个情境因素水平高低，形成八种不同的情境，不同的领导风格与对应的情境相匹配才能够取得良好的领导效果。

(2)路径-目标理论

路径目标理论由伊凡斯、豪斯等人提出并发展完善。该理论认为领导者的主要任务是阐明对下属工作任务的要求，帮助下属排除实现目标的障碍，使之顺利达到目标，并确保他们的目标与群体和组织的目标相互配合、协调一致，同时还要在实现目标的过程中给予下属多种需要满足和成长发展的机会。

与费德勒模型的观点不同，豪斯认为领导者的领导方式是弹性灵活可选的，存在“指示型”、“支持型”、“参与型”和“成就导向型”四种类型的领导方式可供领导者在不同环境下选择，而哪种领导方式能够达到良好的效果，则取决于环境因素与下属个性特点两个方面因素的影响。

(3)领导-参与模型

领导-参与模型由弗洛姆和耶顿于 1973 年提出，该模型将领导行为与参与决策联系在一起。该理论认为，有效的领导者应当根据不同情况，让职工不同程度的参与决策，领导方式主要取决于下属参与决策的程度。

领导-参与模式采用决策树的形式提出一系列应遵循的连续规划，以确定在不同情境下参与决策的方式和程序。这一复杂的决策树模型包含 7 项权变因素(后来扩展为 12 项)和 5 种可供选择的领导方式，领导者可以通过这一模型分析自己所面临的情境，在决策树末端选择一种最有效的方式。

(4)生命周期理论

领导生命周期理论由俄亥俄州立大学学者卡曼提出，何塞与布兰查德发展而成。该理论认为，在选择适当的领导行为时，下属的成熟水平会发挥着重要作用，领导者所表现出的任务和关系行为的适宜程度取决于下属的成熟程度。

根据生命周期理论的观点，没有“永远最好”的管理方式，领导者应根据员工所处状态、能力以及意愿来决定自己的领导方式和行为，并结合实际情况不断调整自己的领导行为。

四、论述题

1.【参考答案】

领导行为与风格理论是从领导行为角度研究最佳领导模式的理论，侧重研究领导者在领导过程中所采取的领导行为与他们的工作效率之间的关系。其中比较具有代表性的理论包括双维领导理论、密歇根大学领导行为理论、PM 理论、领导方格理论以及勒温的领导风格理论。

1. 主要的领导风格理论

(1)双维领导理论

美国俄亥俄州立大学的研究人员通过对国际收割机公司的一家卡车厂为调查对象，进行了领导方式的比较研究，总结出了双维领导理论。

研究者们根据研究结果将领导方式分为体贴和组织两个维度，其中体贴维度代表领导信任和尊重下属的观念程度，组织维度代表领导者建构任务、明察群体之间关系和明晰沟通渠道的倾向。体贴维度与组织维度相互独立，按照各自维度的水平高低划分出四种领导类型，即高体贴-高组织型、高体贴-低组织型、低体贴-高组织型、低体贴-低组织型。四种类型的领导方式具有各自的特点，一般来说“高体贴-高组织型”的领导能够使下属达到高绩效和高满意度，但总的来说，这四种领导行为哪一种能够在领导过程中取得良好的效果，还是要依据具体情况而定。

(2)密歇根大学领导行为理论

类似于双维领导理论，密歇根大学的研究者提出了两种单方面划分的领导行为方式，即员工导向与生产导向，其中：

生产导向的领导者强调生产关心任务的

完成,把员工看成是达成组织目标的工具,积极介入员工活动,容易形成专制型的领导行为方式;员工导向的领导者重视人际关系,重视员工个性与个人需要,并承认人与人之间的差异,鼓励建立良好的上下级关系,形成良好的意见与信息交流,容易形成民主领导的工作气氛。

(3)PM 理论

PM 领导行为类型理论由日本大阪大学的心理学教授三隅二不二提出,三隅二不二认为领导方式可分为两大类,分别对应两种团体所具备的团体机能:

一类是以绩效为导向的领导方式,即 P 型领导,对应团体目标达成的机能;一类是以维持群体关系为导向的领导方式,即 M 型领导,对应维持强化团体的机能。根据 P、M 两种领导方式或团体机能的强度高低,可以划分出 PM(二者兼备)、Pm(执行任务型)、pM(机能维持型)和 pm(二者均无)四种领导类型。对这四种领导类型进行了大量的现场实证研究以及实验室研究,发现四种类型的领导效果存在差异性,其中 PM 型领导效果最佳,pm 型最差,Pm 型和 pM 型领导居中。

(4)管理方格理论

管理方格理论由布莱克和莫顿在领导行为四分图理论的基础上提出,这一理论认为在对生产关心的领导方式和对员工关心的领导方式之间,可以有使两者在不同程度上相互结合的多种领导方式。为此,两人提出管理方格法,将“以生产为中心”和“以员工为中心”两个维度分别作为横坐标(X 轴)与纵坐标(Y 轴),两条轴各 9 等分,形成了能够表示 81 种领导方式的管理方格,在评价管理者(或领导者)时,可分别在 9 点评分量表上对其关心员工和关心生产的程度分别进行量化评分,管理方格图中对应的坐标交叉点就是该管理者(或领导者)的领导方式(或管理类型)。

(5)勒温的领导风格理论

德裔美国心理学家勒温与其同事利比特、怀特等人根据行使权力和发挥影响力的方式不同,提出了专制型、民主型和放任型三种领导风格,并分析了不同领导风格对应的团队氛围与工作效率。其中:

专制型领导依靠个人的能力、经验、知识和胆略来指挥组织的活动,大多独断专行,对下属缺乏应有的尊重;民主型领导平易近人,平等待人,尊重下属,能使下属由衷地愿意追随并愿意接受其领导;放任型领导只布置任务,既不监督执行,也不检查完成情况,对下属放任自流或无为而治,一切活动方式都任由组织成员自我摸索,组织的方针和计划也由下属自行制定。

相关研究结果表明,在三种领导风格中,民主型领导风格下,群体的工作绩效最高,群体工作产出在有无领导监督的情况下都保持稳定,且群体成员表现的更为成熟主动,有更高的责任感和工作创造性。

2. 对领导风格理论的评价

领导行为与风格理论研究的重点是领导行为和风格,即领导者本身做了什么、通过什么样的行动来完成自己的工作从而取得成功。相比特质理论,领导风格理论并不孤立地关注领导者的某些个性特征与心理品质,而是关注领导者的行为取向与被领导者工作绩效的影响,分析哪种领导风格与成功有关,这同特质理论相比具有进步的意义。

但是,领导绩效并非只由领导者因素决定,而是取决于领导者、被领导者和环境的相互作用。领导风格理论脱离被领导者与环境的特点,孤立地研究领导行为与领导风格对领导绩效的影响,同样存在偏颇之处。例如勒温的领导风格理论认为,民主型领导风格的领导效果最好,但是事实上却并非必然如此,在组织平稳运行时期,可能民主型领导具有良好的效果,但如果在紧急情况下,或是组织刚开始成形时,专制型的领导方式也许更有效。同样地,若被领导者是能力出众、学识渊博的行业专家,可能采取放任型的领导方式会有最好的效果。

2.【参考答案】

西方领导理论的发展可以概括为四个阶段,前三个阶段属于传统领导理论:

(一)领导特质理论

领导特质理论侧重研究领导者应该具备什么样的个性品质,以期探什么样的人能够作为领导、以获得最佳的领导效果。该理论的出发点是:领导效率的高低主要取决于领导者的特质,那些成功的领导者也一定有某些共同点。研究者认为,只要找出成功领导应具备的特点,就能推断某个领导者是不是一个优秀的领导者。主要的领导特质理论有吉赛利的领导品质论、德鲁克的领导品质理论、以及斯托格迪尔的领导个人因素论。

(1)美国心理学家吉赛利在《管理才能探索》一书中介绍了他提出的领导品质论,他在该理论中总结出了三大类共 8 种个性特征和 5 种激励特征,并分析了这 13 种因素对领导者领导行为的影响,指出了这些特征对领导者的重要程度。

(2)斯托格迪尔认为,智力、学识、可靠性、责任性、社会活动参与性、社会经济地位这几个因素构成了有效领导者的基础,那些具有较高智商、渊博学识、可靠的、有责任性心、愿意参与群体活动且所处家庭具有一定社会经济地位的人更适合成为领导者。

(3)美国管理学大师德鲁克则把领导者的特质称为一种“后天习惯”,他在《有效的管理者》一书中指出,有效的领导具备五个特点:①善于利用时间;②注重成果,能够确定自己的努力方向;③善于发现和用人之所长;④能够分清主次;⑤能够做出有效的决策。

(4)评价:领导特质理论强调领导者良好的个人特性与品质对于领导工作与提高领导效能的重要意义,其理论研究结果有助于选拔和培养领导人才。

但领导特质理论也存在一些问题。一方面,领导与个人特质的关系非常微弱,在某些特质上,领导者与被领导者或优秀领导者与平庸领导者只存在数量上的差异而不存在质上的差异,有少部分优秀领导者具有被认为不适合成为领导者的特质,也有一些具备优秀领导特质的人最后并没有成为领导者;另一方面,传统领导特质理论所提出的领导特质范围很广,不同特质之间相关度不大,甚至有些特质之间相互矛盾,在理论不断的发展中甚至出现了上百种性格特征,导致了理论发展的混乱。并且,领导特质理论忽视了领导过程中的情景因素与被领导者因素,孤立的研究领导的性格,这与实际情况有所不符,我们也不能单纯地通过领导者单一方面的因素来衡量领导者的水平。

(二)领导行为与风格理论

领导行为与风格理论是从领导行为角度研究最佳领导模式的理论,侧重研究领导者在领导过程中所采取的领导行为与他们的工作效率之间的关系。其中比较具有代表性的理论包括双维领导理论、密歇根大学领导行为理论、PM 理论、领导方格理论以及勒温的领导风格理论。

(1)双维领导理论

美国俄亥俄州州立大学的研究人员通过对国际收割机公司的一家卡车厂为调查对象,进行了领导方式的比较研究,总结出了双维领导理论。

研究者们根据研究结果将领导方式分为体贴和组织两个维度,其中体贴维度代表领导信任和尊重下属的观念程度,组织维度代表领导者建构任务、明察群体之间关系和明晰沟通渠道的倾向。体贴维度与组织维度相互独立,按照各自维度的水平高低划分出四种领导类型,即高体贴-高组织型、高体贴-低组织型、低体贴-高组织型、低体贴-低组织型。四种类型的领导方式具有各自的特点,一般来说“高体贴-高组织型”的领导能够使下属达到高绩效和高满意度,但总的来说,这四种领导行为哪一种能够在领导过程中取得良好的效果,还是要依据具体情况而定。

(2)密歇根大学领导行为理论

类似与双维领导理论,密歇根大学的研

究者提出了两种单方面划分的领导行为方式，即员工导向与生产导向，其中：

生产导向的领导者强调生产关心任务的完成，把员工看成是达成组织目标的工具，积极介入员工活动，容易形成专制型的领导行为方式；员工导向的领导者重视人际关系，重视员工个性与个人需要，并承认人与人之间的差异，鼓励建立良好的上下级关系，形成良好的意见与信息交流，容易形成民主领导的工作气氛。

(3)PM 理论

PM 领导行为类型理论由日本大阪大学的心理学教授三隅二不二提出，三隅二不二认为领导方式可分为两大类，分别对应两种团体所具备的团体机能：

一类是以绩效为导向的领导方式，即 P 型领导，对应团体目标达成的机能；一类是以维持群体关系为导向的领导方式，即 M 型领导，对应维持强化团体的机能。根据 P、M 两种领导方式或团体机能的强度高低，可以划分出 PM(二者兼备)、Pm(执行任务型)、pM(机能维持型)和 pm(二者均无)四种领导类型。对这四种领导类型进行了大量的现场实证研究以及实验室研究，发现四种类型的领导效果存在差异性，其中 PM 型领导效果最佳，pm 型最差，Pm 型和 pM 型领导居中。

(4)管理方格理论

管理方格理论由布莱克和莫顿在领导行为四分图理论的基础上提出，这一理论认为在对生产关心的领导方式和对员工关心的领导方式之间，可以有使两者在不同程度上相互结合的多种领导方式。

为此，两人提出管理方格法，将“以员工为中心”和“以生产为中心”两个维度分别作为横坐标(X 轴)与纵坐标(Y 轴)，两条轴各 9 等分，形成了能够表示 81 种领导方式的管理方格，在评价管理者(或领导者)时，可分别在 9 点评分量表上对其关心员工和关心生产的程度分别进行量化评分，管理方格图中对应的坐标交叉点就是该管理者(或领导者)的领导方式(或管理类型)。

(5)勒温的领导风格理论

德裔美国心理学家勒温与其同事利比特、怀特等人根据行使权力和发挥影响力的方式不同，提出了专制型、民主型和放任型三种领导风格，并分析了不同领导风格对应的团队氛围与工作效率。其中：

专制型领导依靠个人的能力、经验、知识和胆略来指挥组织的活动，大多独断专行，对下属缺乏应有的尊重；民主型领导平易近人，平等待人，尊重下属，能使下属由衷地愿意追随并愿意接受其领导；放任型领导只布置任务，既不监督执行，也不检查完成情况，对下属放任自流或无为而治，一切活动方式都任由组织成员自我摸索，组织的方针和计划也由下属自行制定。

相关研究结果表明，在三种领导风格中，民主型领导风格下，群体的工作绩效最高，群体工作产出在有无领导监督的情况下都保持稳定，且群体成员表现的更为成熟主动，有更高的责任感和工作创造性。

(6)对领导风格理论的评价

领导行为与风格理论研究的重点是领导行为和风格，即领导者本身做了什么、通过什么样的行动来完成自己的工作从而取得成功。相比特质理论，领导风格理论并不孤立地关注领导者的某些个性特征与心理品质，而是关注领导者的行为取向与被领导者工作绩效的影响，分析哪种领导风格与成功有关，这同特质理论相比具有进步的意义。

但是，领导绩效并非只由领导者因素素决定，而是取决于领导者、被领导者和环境的相互作用。领导风格理论脱离被领导者与环境的特点，孤立地研究领导行为与领导风格对领导绩效的影响，同样存在偏颇之处。例如勒温的领导风格理论认为，民主型领导风格的领导效果最好，但是事实上却并非必然如此，在组织平稳运行时期，可能民主型领导具有良好的效果，但如果在紧急情况下，或是组织刚开始成形时，专制型的领导方式也许更有效。同样地，若被领导者是能力出众、学识渊博的行业专家，可能采取放任型的领导方式会有最好的效果。

(三)领导权变理论

领导权变理论是研究被领导者特征、领导者与被领导者关系，以及环境因素如何影响领导行为的有效性的理论。权变理论认为，领导的有效性不是取决于领导者不变的品质或行为，而是取决于领导者、被领导者和情境条件三者的配合关系。比较具有代表的领导权变理论包括费德勒权变模型、路径-目标模型、领导-参与模型以及领导生命周期理论。

(1)费德勒模型

美国管理学家费德勒于 1967 年系统地阐述了权变理论，提出了第一个综合的权变模型。该理论认为，群体绩效的高低取决于领导风格和领导方法对组织与环境的适合度，任何一种领导类型有效与否的关键在于领导风格和具体组织情境的匹配程度。

组织情境由“领导者与被领导者的关系”、“任务结构”和“职位权力”三个情境因素组成，根据三个情境因素水平高低，形成八种不同的情境，不同的领导风格与对应的情境相匹配才能够取得良好的领导效果。

(2)路径-目标理论

路径目标理论由伊凡斯、豪斯等人提出并发展完善。该理论认为领导者的主要任务是阐明对下属工作任务的要求，帮助下属排除实现目标的障碍，使之顺利达到目标，并确保他们的目标与群体和组织的目标相互配合、协调一致，同时还要在实现目标的过程中给予下属多种需要满足和成长发展的机会。

与费德勒模型的观点不同，豪斯认为领导者的领导方式是弹性灵活可选的，存在“指示型”、“支持型”、“参与型”和“成就导向型”四种类型的领导方式可供领导者在不同环境下选择，而哪种领导方式能够达到良好的效果，则取决于环境因素与下属个性特点两个方面因素的影响。

(3)领导—参与模型

领导-参与模型由弗洛姆和耶顿于 1973 年提出，该模型将领导行为与参与决策联系在一起。该理论认为，有效的领导者应当根据不同情况，让职工不同程度低参与决策，领导方式主要取决于下属参与决策的程度。

领导—参与模式采用决策树的形式提出一系列应遵循的连续规划，以确定在不同情境下参与决策的方式和程序。这一复杂的决策树模型包含 7 项权变因素(后来扩展为 12 项)和 5 种可供选择的领导方式，领导者可以通过这一模型分析自己所面临的情境，在决策树末端选择一种最有效的方式。

(4)生命周期理论

领导生命周期理论由俄亥俄州立大学学者卡曼提出，何塞与布兰查德发展而成。该理论认为，在选择适当的领导行为时，下属的成熟水平会发挥着重要作用领导者所表现出的任务和关系行为的适宜程度取决于下属的成熟程度。

根据生命周期理论的观点，没有“永远最好”的管理方式，领导者应根据员工所处状态、能力以及意愿来决定自己的领导方式和行为，并结合实际情况不断调整自己的领导行为。

(四)现代领导理论

进入 20 世纪 80 年代后，西方组织行为学界对领导理论的研究进入了大发展的时期，众多领导理论研究学派纷纷登场，研究领域不断拓宽深入，出现了许多领导理论。如变革型和交易型领导、服务型领导等等。这些领导理论致力于突破传统理论的个体化取向，重视团队合作、共享领导，使领导更加科学化和艺术化。

五、案例分析题

1.【参考答案】

案例中张峰遇到的问题可以通过领导理论中的生命周期理论来进行分析。

张峰手下存在“有能力且工作积极”、“能力差但工作积极”、“能力强但工作不积极”、“能力不强且工作也不积极”四类员工,这四类员工分别对应赫斯与布朗夏尔提出的四类成熟度不同的下属。案例中的王强工作四年,平时关心顾客、工作有效率,可以将其归为M3比较成熟型的员工,而吴力工作时间不到一年,工作效率低,将大部分精力投入到与同事的交往中,可以将其归为M1不成熟型的员工。
在张峰原有的领导工作中,一方面他与王强相处的较好,相信王强能够在没有监督的情况下完成工作,说明他对待王强采用的是参与型的领导方式;另一方面他对于吴力这类表现差的人,一开始要求他们取得高绩效并建立有纪律的习惯,即支持型(或说服型)的领导方式,随后开始"更加关心他们的生活、理解他们的感受,试图减轻他们的工作压力,期望他们自发地进入良好的工作状态",即将领导方式转变成为"授权型"的领导方式。
根据生命周期理论的观点,下属的成熟度的水平决定着有效的领导方式,不同的领导方式对与成熟度不同的员工会有不同的领导效果。在最初,张峰以参与型领导方式对待比较成熟型的员工(即王强),以支持型的领导方式对待不成熟的员工,可知张峰的领导方式与王强是相匹配的,与吴力等人是不匹配的,故而张峰能够与王强相处良好,但无法很好地管理吴力等人。在培训课程结束后,张峰转变了领导方式,对于所有员工开始一视同仁地采取授权型的领导方式,此时的领导方式不仅与王强这类员工的成熟度开始变得不匹配,也并没能与吴力等人的成熟度达成契合,因此新的领导方式使得这些员工的业绩都出现了下降。这也是案例中情况出现的原因。
要解决这一问题,张峰应当根据员工所处状态、能力以及意愿来决定自己的领导方式和行为,并结合实际情况不断调整自己的领导行为。例如,张峰可以对吴力这类员工采取命令型的领导方式,以使得他们快速成长,提高工作能力与工作积极性,发展其成熟度;对王强则重新以原有的领导方式进行,在工作中与下级通过双向沟通与之相互交流信息、相互支持、欢迎王强与他共同进行决策以进一步提升王强的工作能力,通过鼓励的手段激发王强的工作积极性,使王强进一步成为成熟型的员工。
(可从不同领导理论的角度入手进行作答,言之有理即可)

第五章 组织心理与管理

第一节 组织概述

考点1 组织的基本概念

1.【参考答案】
组织是指人们为实现某一特定的共同目标,相互依赖、彼此协作而形成的人群集合系统(机构或团体)。
2.【参考答案】
组织是指人们为实现某一特定的共同目标,相互依赖、彼此协作而形成的人群集合系统。
管理就是在特定的环境下,对组织所拥有的资源进行有效的计划、组织、激励、领导和控制,以达到既定组织目标的过程。
组织与管理之间存在密不可分的关系:
(1)任何组织都需要管理。组织成员之间的协调是组织存在并正常运行的前提,也是管理的基本内容之一,管理是任何组织都不可或缺的。
(2)管理的目标是保证组织目标的实现。管理是任何组织不可缺少的,但绝不是独立存在的,管理不具有自己的目标,其目的只是保证作业活动的有效进行,为实现组织目标服务,不能为管理而进行管理。
(3)管理工作的效果通过组织效率和组织效能来衡量。管理要通过运用组织中的各种资源来实现组织的目标。在组织活动中,管理负责把资源转化为成果,将投入转化为产出。
(4)组织的发展演变是管理思想发展、管理技术提高的源泉。对组织发展中出现的问题的探索能够促进管理思想的发展与管理技术方法的进步。

第二节 组织结构与组织设计

考点1 组织结构

1.【参考答案】A
【解析】职能制组织结构妨碍了必要的集中领导和统一指挥,形成了多头领导。

考点2 组织设计趋势

1.【参考答案】
扁平化组织是现代组织设计中出现的一种新趋势,扁平化组织减少了组织的纵向层次,使组织结构变得扁平。扁平化组织具有管理幅度较宽、能够丰富管理者的管理技能、有利于提高员工的成熟度、给员工的授权更充分等特点。
在扁平化的组织结构中,一方面减少了组织层次,降低了组织的运行成本;另一方面,扁平化组织的信息传递的速度快、失真小,便于高层领导了解基层情况,使上下级沟通更方便,有利于组织对变化的环境做出快速反应。
但在扁平化组织下,一方面,管理人员的管理幅度宽,难以对下级进行深入、具体的管理,在工作中也更难以协调和取得一致意见。另一方面,扁平化组织对管理人员能力与素质的要求较高,若组织中缺乏具备相应能力的主管人员时可能会出现问题。

考点3 工作再设计

1.【参考答案】
工作丰富化是指通过纵向深化工作,以改变工作内容来达到激励员工工作积极性的目的。例如把工作设计的更有挑战性、增加员工工作责任感、给予员工工作自主权等

第三节 组织变革与发展

考点1 组织变革

1.【参考答案】
组织变革也称组织改革,根据组织内外环境的变化要求,运用管理学、管理心理学的原理和方法,对组织的结构和技术进行更新,改变组织成员的心理与行为,以保持和促进组织效率的过程。
1. 组织变革的阻力
组织变革的阻力可以是多方面的,有社会的政治、经济、法律秩序等因素的制约,也有组织本身的体制、人员素质、技术、财力等因素的作用。主要包括如下几个方面:
(1)经济因素
经济利益得失的考虑往往也是变革的一种阻力。
(2)社会因素
组织中存在的非正式群体会在组织变革时受到巨大的冲击,也可能成为变革的一种阻力。
(3)心理因素
①人们长期尝试某种工作,对其内容和操作方式已经熟悉,急剧的组织变革会打破人们对原来工作的认可,破坏已形成的安全感、稳定感。员工对新管理方式、新工作内容和新的操作方式等变化都会感到陌生和不适应,导致心理失衡,从而产生抵制变革的心理;
②组织中的多数职工安于现状,求稳怕乱,这种心理惰性也是一种变革阻力。同时,组织变革带来的内部人际关系的变化、部门的的拆散与重组容易导致员工之间相互的不适应与摩擦。这两种情况会导致心理上的紧张与不愉快,这一问题也会是组织变革中的障碍;
③人事或技术变革涉及人的地位变化,组织变革必然会导致一些干部地位的升降变迁,对于一部分干部而言,组织变革意味着他们已有地位、权益以及附带的既得利益的损失,因此这一因素也会导致对组织变革的抵制。
2. 组织变革阻力的应对方法
可以从如下几方面采取适当的方法与措施应对人们抵制变革的心态:
①统一认识:当组织变革成为全体员工的迫切要求时,就会产生一股要求变革的强大动力,推动变革的开展。因此,认识得到统一,组织成员才会有自觉的行

动,使变革开展起来、坚持下去;
②积极参与:人们对某项事情的参与程度越高,越会感到自己承担的责任重大,并把这件事当做自己的事情。当组织成员积极参与到组织变革中时,更容易产生认同感、减少抵触情绪,就能更顺利地进行组织变革;
③威信:威信高的领导对组织的影响力大,有威信的领导人带领的改革会容易被人接受;
④心理适应:人们对变革所带来的新的活动方式和行为规范有一个适应过程,给予员工缓冲时间、帮助员工完成心理适应过程有利于应对组织变革的阻力;
⑤注意群体作用:群体是联系个人与组织的桥梁,在组织变革时,应注意引导,善于找到变革的内容与群体成员的心理行为有意义的结合点,利用健康群体的积极力量去影响和转化群体成员的观念和行为。

考点2 组织发展

1.【参考答案】
组织发展是对组织的某些部分或方面进行修正或整顿,或对整个组织进行有计划的、系统的、长远的调整过程,致力于改进组织和组织中的人。
组织发展的方法主要有如下几种:
1. 敏感性训练:通过无结构小组的相互作用改变行为的方法;
2. 调查反馈:评估组织成员所持有的态度,识别成员之间的认知差异;
3. 过程咨询:外部顾问帮助客户对必须处理的事件进行认识、理解和行动,如流程、非正式关系、沟通渠道等;
4. 团队建设:利用高度互动的群体活动来提高团队成员之间的信任与真诚;
5. 群体间关系的开放:致力于改变群体间的态度、成见和观念。

第四节 组织文化与组织冲突

考点1 组织文化

1.【参考答案】
组织文化是指支配组织成员在面对问题和机遇时进行思考和行动的共同设想、价值观和信念的基本模式,是规范组织行为的一种无形力量,是影响组织气氛和士气的重要因素。其中组织文化的核心是组织的价值观。
组织文化结构可以分为三个层面:精神层、制度层和物质层,其中:
精神层是组织文化的最深层结构,是组织文化的核心,包括了组织精神、管理哲学、组织道德、组织价值和组织风貌等,阐释的是组织存在的意义。
制度层是具有组织文化特色的规章制度、道德规范和职工行为准则的综合,包括组织规定、组织纪律等,目的是为了规范和统一员工的行为,达到组织的具体目标。
物质层是组织文化的生产经营过程和产品的总和,还包括实体性的文化设施。

考点2 组织冲突

1.【参考答案】
冲突管理是指采用一定的干预手段改变冲突的水平和形式,以最大限度地发挥其益处而抑制其害处。
冲突管理的策略有如下几种:
(1)强调高级目标
高级目标是指超越冲突双方各自具体目标的更高一级的目标,是冲突双方服务和追求的共同目标。通过各种方法突出高级目标的重要性,有利于增强组织凝聚力,减少社会情绪性冲突。在解决由目标不兼容和差异化造成的冲突时,此种策略的作用尤为显著。
(2)减少差异化
减少差异化是指通过改变或消除导致差异的各种条件,直接抵制分化。它包括消除形式上的差别和培养共同经历等方法。
(3)增进沟通和理解
有效的沟通对冲突管理是至关重要的,它能消除刻板印象带来的偏见和负面情绪,增进彼此的理性认识。
(4)降低任务依赖性
降低任务依赖性可以有效减少冲突发生的几率。对于共用型任务依赖,可以采用分离共用资源的方法;而对于顺序型和交互型任务依赖,则可以采用合并任务的方式来降低任务依赖性。
(5)增加资源
解决由资源匮乏导致的冲突时,增加资源无疑是最直接、最有效的方法。当然管理者需权衡增加资源的成本及冲突带来的损失。
(6)明确规则与程序
明确规则与程序能够有效解决由模糊性带来的冲突,尤其是当资源匮乏时,如何分配和利用资源需要作出明确的规定。这有利于消除误解,建立公平、公正的工作环境,增强组织的凝聚力。

第五节 组织承诺

考点1 组织承诺

1.【参考答案】错误
【解析】组织承诺是指员工随着对组织单方面的投入增加,而产生的一种心甘情愿地参与组织各种活动的情感,是一个人对组织的认同和投入程度。但心理契约的双向性特点强调了组织与组织成员在心理契约中是双向的、完全平等的,一方面包含了员工对自己在组织中的权力、发展等方面的期望,另一方面是指组织对于员工忠诚、责任方面的期望,并非单方面强调组织对成员的帮助。
2.【参考答案】
心理契约是在组织中每个成员和不同管理者以及其他人之间,在任何时候都存在的没有明文规定的一整套期望。

章节考点 综合训练

一、选择题

1.【参考答案】B
【解析】工作扩大化是指在员工原来工作的基础上,再给员工适当增加一些相关的工作任务。
2.【参考答案】A
【解析】工作丰富化是通过纵向深化工作,以改变工作内容来达到激励员工工作积极性的目的。工作丰富化的理论基础是赫茨伯格的双因素理论,在该理论中,通过改变工作内容来达到激励员工工作积极性的目的属于对激励因素的改善。
3.【参考答案】A
【解析】对组织进行有计划的、系统的改革,以促使整个组织更新和发展的过程指的是组织变革。
4.【参考答案】A
【解析】直线式组织结构是最早的组织结构形式。扁平式组织结构是通过减少行政管理层次,裁减冗余人员,从而建立一种紧凑、干练的组织结构。矩阵式的组织结构是在直线职能式垂直形态组织系统的基础上,再增加一种横向的领导系统,它由职能部门系列和完成某一临时任务而组建的项目小组系列组成,从而同时实现了事业部式与职能式组织结构特征的组织结构形式。职能式组织结构它是按职能来组织部门分工,即从企业高层到基层,均把承担相同职能的管理业务及其人员组合在一起,设置相应的管理部门和管理职务。随着生产品种的增多,市场多样化的发展应根据不同的产品种类和市场形态,分别建立各种集生产、销售为一体,自负盈亏的事业部制。
5.【参考答案】A
【解析】组织文化的核心是组织的价值观。

二、名词解释

1.【参考答案】
指员工随着对组织单方面的投入增加,而产生的一种心甘情愿地参与组织各种活动的情感,是一个人对组织的认同和投入程度。
2.【参考答案】
组织形象是指社会公众对组织综合评价后形成的总体印象。
3.【参考答案】
组织文化是指支配组织成员在面对问题和机遇时进行思考和行动的共同设想、价值观和信念的基本模式,是规范组织行为的一种无形力量,是影响组织气氛和士气的重要因素。简单而言,是一个由许多不同内容组成的有丰富内涵的概念。

4.【参考答案】

组织发展是对组织的某些部分或方面进行修正或整顿，或对整个组织进行有计划的、系统的、长远的调整过程，致力于改进组织和组织中的人。与组织变革不同，是一种改善或改良策略。

5.【参考答案】

组织改革也叫组织改革，是根据组织内外环境的变化要求，运用管理学、管理心理学的原理和方法，对组织的结构和技术进行更新，改变组织成员的心理和行为，以保持和促进组织效率的过程。

三、简答题

1.【参考答案】

组织变革的动力可以分为外部动力和内部动力

一方面，组织的生存和发展和竞争能力都与外部环境息息相关并受其制约。当外部环境变动时，各种组织都需通过调整和变革去适应外部环境，并与其保持平衡，从而得到自身生存发展的调节，否则就会被淘汰。所以，外部环境是组织变革的一种巨大的推动力。

另一方面，组织成员的工作态度、工作期望、个人价值观念等方面的变化若同组织目标、组织结构、权力系统不相适应时，就需要进行组织变革。

2.【参考答案】

事业部型组织结构又称分权结构，是在总公司的领导下，根据产品、地域划分成各个事业部门，而每一个事业部门分别有其独自的产品、市场，进而实行分权化管理的一种结构，该结构下的生产部门能够完成某种产品从生产到销售的全部职能。这一类型的组织结构适用于产业多元化、品种多样化、各有独立的市场，而且市场环境变化较快的大型企业。

事业部型组织结构的优点在于，每个事业部都有自己的产品和市场，能够规划其未来发展，权力下放，各事业部门之间可以有比较、有竞争，各事业部自主经营，责任明确等。

其缺点在于，由于各事业部利益的独立性，容易滋长本位主义，一定程度上增加了费用开支，对公司总部的管理工作要求较高，当总公司的控制力不足时容易发生失控。

3.【参考答案】

组织承诺是指员工随着对组织单方面的投入增加，而产生的一种心甘情愿地参与组织各种活动的情感，是一个人对组织的认同和投入程度。

组织承诺包括情感承诺、持续承诺和规范承诺三个维度。

情感是指员工由于认同组织潜在的目标和价值而持续为一个组织工作的强烈愿望，即对组织的情绪依赖以及对组织价值观的认同；持续承诺是指由于个人认为离开某一组织付出的代价太大而在这一组织内供职的意愿的强度；规范承诺是员工对继续留在组织的义务感，是员工由于长期受组织影响形成的社会责任而愿意留在组织内的承诺。

研究表明，组织承诺与员工绩效之间存在显著的正相关，组织承诺的三个维度均会对工作绩效产生显著的影响。

四、论述题

1.【参考答案】

组织文化是指支配组织成员在面对问题和机遇时进行思考和行动的共同设想、价值观和信念的基本模式，是规范组织行为的一种无形力量，是影响组织气氛和士气的重要因素。

组织文化的结构可以分为三个层面——精神层、制度层和物质层。

其中，物质层也称文化外显层，是组织文化的生产经营过程和产品的总和，例如厂房、设备等物质形态部分；制度层是具有组织文化特色的规章制度、道德规范和职工行为准则的综合，包括组织规定、组织纪律等，目的是为了规范和统一员工的行为，达到组织的具体目标；精神层是组织文化层次的最深层次与核心层次，包括了组织精神、管理哲学、组织道德、组织价值和组织风貌等精神形态。

进行组织文化的培育工作，可以从组织文化形成的四个阶段，即“经营理念与经营哲学形成阶段”、“甄选阶段”、“高层管理人员言传身教阶段”、“社会化阶段”几个方面入手。

在经营理念与经营哲学形成阶段，应在企业创立与发展之初就形成一套组织内部广泛认可的运营理念或运营理想。例如，迪士尼公司最初的设想就是要把迪士尼乐园建设成为一个制造幻想和欢乐的王国，小米公司在创立之初也打出了“为发烧而生”的口号。这些都是企业在创立之初就逐渐开始形成的经营理念，这些经营理念会影响企业与组织早期文化的建立，也会对企业未来的组织文化发展造成巨大影响。

在甄选阶段，应着重雇佣那些能够匹配组织已有的组织文化、组织价值观的员工，若应聘者与组织价值观之间存在一定的观念冲突，或是应聘者存在的个人特质不符合组织文化，那么雇佣这类员工可能会破坏组织的核心价值观。例如，应聘宝洁公司品牌管理工作的求职者往往要经历一系列的筛选过程，同时公司为了考察候选人是否具备某些特质，还会对候选人进行深入的面谈。在生活中我们也能够发现，一些公司在挑选其产品代言人时会强调代言人特质与公司文化的匹配，比如被标榜为具备“高端”“精英阶层”“勇攀高峰”等标签的8848钛金手机，在进行产品宣发的时候挑选著名企业家、登山爱好者王石作为其产品代言人，也是强调代言人特质与组织文化之间的匹配。

在言传身教阶段和社会化阶段，此时组织已经形成较为完善的组织结构，此时高层管理人员的言传身教对组织文化的培养就显得至关重要。一方面，高层管理者应当通过自己的言行举止，把相应的行为准则渗透到组织中去，若高层管理者自己都无法践行组织文化，也就无法组织成员认同组织文化背后的价值理念；另一方面，还可以通过社会化的方式使组织成员逐渐形成与组织文化相匹配的心理-行为模式，例如可以通过各种工作总结会、团队建设、开展企业发展史介绍会、在工作场所张贴与组织文化有关的标志标语等方式向新员工灌输组织文化、帮助新员工适应组织文化。

（联系实际进行论述，言之有理即可）